第四届全国航空航天类课程思政教学改革论坛论文集

组委会　编

北京航空航天大学出版社

内 容 简 介

第四届全国航空航天类课程思政教学改革论坛由哈尔滨工业大学、中国宇航学会和教育部高等学校航空航天类专业教学指导委员会共同举办。论文集共收录了91篇论文，内容涉及航空航天类高校课程思政教学体系、教学方法、团队建设。

本书可作为各高等院校航空航天类专业课程思政工作者的参考用书。

图书在版编目(CIP)数据

第四届全国航空航天类课程思政教学改革论坛论文集 / 组委会编. -- 北京 ：北京航空航天大学出版社，2024.6

ISBN 978-7-5124-4410-2

Ⅰ. ①第… Ⅱ. ①组… Ⅲ. ①高等学校－思想政治教育－教学改革－中国－文集 Ⅳ. ①G641-53

中国国家版本馆 CIP 数据核字(2024)第 097536 号

第四届全国航空航天类课程思政教学改革论坛论文集

组委会　编

责任编辑　董　瑞

*

北京航空航天大学出版社出版发行

北京市海淀区学院路37号(邮编100191)　http://www.buaapress.com.cn

发行部电话：(010)82317024　传真：(010)82328026

读者信箱：goodtextbook@126.com　邮购电话：(010)82316936

北京建宏印刷有限公司印装　各地书店经销

*

开本：787×1 092　1/16　印张：30.5　字数：781千字

2024年6月第1版　2024年6月第1次印刷

ISBN 978-7-5124-4410-2　定价：799.00元

第四届全国航空航天类课程思政教学改革论坛
组 委 会

主办单位： 哈尔滨工业大学
中国宇航学会
教育部高等学校航空航天类专业教学指导委员会

承办单位： 哈尔滨工业大学本科生院
哈尔滨工业大学研究生院
哈尔滨工业大学航天学院
哈尔滨工业大学马克思主义学院
哈尔滨工业大学党委宣传部

协办单位： 北京航空航天大学出版社

前　言

为深入学习贯彻党的二十大精神和习近平新时代中国特色社会主义思想，贯彻落实全国教育大会精神，深入实施教育部《高等学校课程思政建设指导纲要》，落实立德树人根本任务，坚持“为党育人、为国育才”，持续推进航空航天类课程思政教学改革工作，提升教师课程思政教学能力，促进课程思政建设经验交流与推广，弘扬“两弹一星”精神、载人航天精神，着力培养一批在建设航天强国征途上勇于创新突破、接续奋斗的杰出人才，助力航空航天事业发展和航天强国建设，由教育部高等学校航空航天类专业教学指导委员会、中国宇航学会和哈尔滨工业大学共同举办的第四届全国航空航天类课程思政教学改革论坛于 2023 年 12 月 15—17 日在哈尔滨举行。

来自全国 45 所高校的专家学者和教师代表围绕“完善航空航天类课程思政优质资源共享机制”“一体化推进航空航天类人才价值塑造、知识传授和能力培养”“着力提升航空航天类课程思政教学的意识和能力”等进行了深入研讨交流。论文集共收录了 91 篇论文，内容涉及航空航天类高校课程思政教学体系、教学方法、团队建设。

组委会

2023 年 12 月

目　录

庄逢辰院士“采集工程”的课程思政案例库建设与应用设计*

白晓　李清廉　成鹏　杨波　张宇

（国防科技大学 空天科学学院，长沙　410083）

摘　要：为了适应空天融合型航空航天推进技术领域人才的培养需求，基于庄逢辰院士学术成长“采集工程”成果，融合空天发展史上做出重大贡献的科学家的伟大事迹，创建了具有航空航天专业特色的老科学家成长事迹经典案例库。总结其学术思想，案例库包括爱国情怀、科研创新、倾心育人等几个子集。将采集到的经典案例、音视频资料、实物类资料等进行分类规整，精选出适用于教学的案例。基于所创建的本科生课程“喷气推进原理”及研究生课程“空天发动机喷雾燃烧过程”课程知识体系，针对各类发动机工作过程特点，结合各章节重难点问题，精选与教学内容相匹配的空天融合式课程思政教学案例，并进一步设计形成合理的课程思政融合实例，将专业内容和思政教育融会贯通，形成了完善的课程知识体系。最终，高质量实现满足空天融合、空天一体发展趋势下的航空航天人才培养需求。

关键词：空天发动机喷雾燃烧过程；喷气推进原理；采集工程；空天融合；课程思政；案例库

前　言

“采集工程”是2010年由中国科协联合11部委共同实施的一项抢救性工程，主要采集80岁以上、学术成长经历丰富的两院院士以及为科技发展事业做出突出贡献的老科技工作者的学术成长资料。其中，作为我国液体火箭发动机燃烧数值模拟方向的开创者，庄逢辰院士于2019年入选该工程。庄院士60多年来一直辛勤耕耘在教学与科研第一线，始终把爱国之情、报国之志融入祖国发展的伟大事业之中，在科学前沿孜孜求索，在人才培养领域不懈努力，为我国国防科技事业和人才培养做出了巨大贡献。庄逢辰院士曾有20年（1971—1991）的时间工作于国防科技大学，他是我国液体火箭发动机燃烧数值模拟方向的开创者，同时也是学校航空宇航学科方向的奠基人。

自2012年，习近平总书记在党的十八大上提出“把立德树人作为教育的根本任务”[1]，课程思政理念开始萌芽。至2018年，时任教育部部长陈宝生提出“加强课程思政、专业思政十分重要，要把它提升到中国特色高等教育制度层面来认识”[2]，“专业课程思政”概念得以正式提出。近年来，课程思政逐渐成为教育教学改革的前沿问题，在理论研究与实践推进中取得了较

* 基金项目：2022庄逢辰院士"采集工程"成果在《空天发动机喷雾燃烧过程》课程思政建设中的应用研究与实践（编号：2022JGSZ007）；2021年高等学校能源动力类教学研究与实践项目“基于空天融合理念，创建理实一体的喷气推进原理系列课程及实践体系”（编号：NDJZW2021Z－10）；2021学校本科和任职教育教学研究课题“面向空天融合需求，创新构建《喷气推进原理》课程知识体系与教学模式”（编号：U2021016）

为丰富的成果。研究主要集中于课程思政的本源问题[3]、关系问题[4]、路径问题[5-7]、实践问题和评价问题上面。总结发现，最重要的则是高校多学科课程思政的实践研究，主要集中于人文、社科、理科、工科、医科等多学科课程思政实践的研究。在工科类方面，蔡小春等[8]提出了嵌入式、支撑式和补充式三种工科研究生课程思政教学路径。在课程思政教学体系设计方面，对于工科专业课程，要根据学科专业的特色和优势，深度挖掘提炼本专业知识体系中所蕴含的思想价值和精神内涵，构建全员全程全方位育人大格局，为实现中华民族伟大复兴培养德智体美劳全面发展的社会主义建设者和接班人。

伴随航空航天科技的发展，空天融合已经成为重要趋势。特别在军事领域，空天一体化作战和防御体系已经成为世界主要大国的重点研究方向[9]。习近平主席曾在接见空军第十二次党代会代表时强调，要建设“空天一体、攻防兼备”的强大人民空军[10]。为满足空天融合型人才培养需求，开展了火箭、航空涡轮、冲压发动机等三类典型空天动力装置结构及工作过程的本科生课程“喷气推进原理”，以及针对三类主流发动机喷雾燃烧机理的融合式研究生课程“空天发动机喷雾燃烧过程”。当前，为深入贯彻落实习近平总书记关于教育的重要论述和全国教育大会精神，把思想政治教育贯穿人才培养体系，全面推进高校课程思政建设，发挥好每门课程的育人作用，提高高校人才培养质量，开展专业课程思政建设是当务之急。

而目前基于老科学家学术成长“采集工程”成果在专业课程建设中的应用研究与实践研究暂时处于空白。为了适应空天融合型航空航天推进技术领域人才的培养需求，教学团队计划在“喷气推进原理”和“空天发动机喷雾燃烧过程”中开展思政改革。拟创建具有航空航天专业特色的老科学家经典成长事迹案例库，包括爱国情怀、科研创新、倾心育人等子集。进而，结合各章节重难点内容，通过深入研究课程各章节专业内容与相关思政素材的匹配性，形成合理的课程思政融合实例，增加专业课程的知识性、人文性，强化学生工程伦理教育，培养学生的空天融合意识，激发其空天报国的家国情怀和使命担当，推进形成“三全育人”新格局。

1　爱国情怀案例集

纵观庄院士的求学及工作之路，他始终胸怀祖国、志存高远，一直把国家的需要作为自己奋斗的方向，弘扬“两弹一星”精神，坚持科学家艰苦奋斗、科学报国的优秀品质，无论是顺境逆境，无论是岗位和单位的变化，始终脚踏实地、全身心培养学生和着力攻克航天燃烧领域的基础前沿难题和核心关键技术，满腔热情地投入到建设祖国的平凡工作中。基于此，本案例库重点收集庄院士爱国情怀的伟大事迹，主要包括以下几个方面。

第一，庄院士面向祖国建设的迫切需要，在年轻的时候，他选择学校和专业都是以国家的需要为出发点。以此为思政目标，进行素材收集。比如，1949 年庄院士报考浙江大学机械设计专业，目的就是希望通过为国家造飞机、造大炮，来圆工业强国之梦。1960 年，庄院士到莫斯科动力学院进行学习和进修，在那里他接触了航天，立志要从事航天事业。在莫斯科动力学院学习期间，在当时生活费非常紧张的情况下，庄院士还每个月拿出 10 卢布捐赠给大使馆。1962 年，庄院士在苏联两年进修期满，莫斯科动力学院要留他继续工作，并资助他攻读副博士学位，但他放弃优厚待遇义无反顾按时回国、报效国家。

第二，庄院士始终服从组织安排，干一行、爱一行、精一行，无私奉献一生。庄院士的一生，可以说是横跨祖国大江南北，无论单位和岗位如何变化，一直不改奉献祖国的初心。1956—

1970 年，在哈尔滨工业大学主要从事火箭发动机的研究。1971—1978 年，在长沙工学院创立了火箭发动机推力室设计课程，编写了两本教材，教材最大的特点就是把燃烧研究引入了发动机设计。1978 年，长沙工学院改为国防科技大学，庄院士的研究工作主要集中在液体火箭发动机燃烧工作过程的研究。1991 年庄院士调到了装备指挥学院，在那里又扩展他的研究领域，除了继续开展火箭发动机燃烧研究，还新建了兵器发射理论与技术学科。

第三，庄院士总是自觉瞄准国家不同发展时期的重大实际需求，精益求精干好本职工作，以服务国家需要为最大追求。从庄院士所承担过的主要科研项目来看，它们都是紧密结合我国各个时期的重点工程项目。从早期承担红旗 1 号发动机性能提高任务，到之后的 FY－20 发动机、FC－5 远地点发动机、YF－75 发动机、2500N 轨控发动机等，这些工作，不仅为航天事业做出了重大贡献，也得到了国内外一致的好评和赞扬，产生了重要的影响。

2 科研创新案例集

在科研工作方面，庄院士始终立足于学术前沿，解决发动机研制面临的科学难题，开拓了液体火箭发动机燃烧过程的数值仿真领域，是我国液体火箭发动机燃烧数值方向研究的奠基人。那么，以矢志创新，勇于开拓的伟大精神为主导开展科研创新案例集建设。

首先，庄院士面向工程实际，提炼重大科学问题，以前瞻性的思维开拓创新，创造出世界一流的学术前沿成果。他勇于追求复杂工程问题背后的科学真相，总是挑战难题。在六七十年代，选中了喷雾燃烧这一世界性难题，并且在这个领域耕耘了几十年。到八九十年代，又瞄准了火箭发动机燃烧不稳定性这一燃烧领域的另一个重大科学问题开展研究。发展了常规推进剂器液体火箭发动机数值仿真系统，发展了氢氧发动机液体火箭发动机数值仿真系统，也发展了空天姿次轨控发动机的数值仿真系统，涵盖了火箭发动机的所有发动机类型，而且这些仿真系统都在我国的重大研究当中获得了应用。创立了一系列的液体火箭发动机燃烧模型，包括液滴高压蒸发模型、喷雾雾化模型、燃烧模型等，这些研究很多填补了我国在这个领域研究的空白。仿真和实验条件见图 1。

图 1　仿真和实验条件

其次，庄院士始终坚持理论和实践相结合的科研理念，坚持研究要扎扎实实地试验验证，要以解决实际工程问题为成果的评价标准。为此建立了系列的液滴高压蒸发、喷雾剂燃烧试验台，用以验证所建立的各种理论模型。他常常告诫团队成员和学生，不论是模型、程序、数据，都必须经过反复的检查和验证，一定要注重科学研究中物理模型的物理本质。要研究的 8 个模型和相应的试验装置以及 4 种计算方法见图 2。

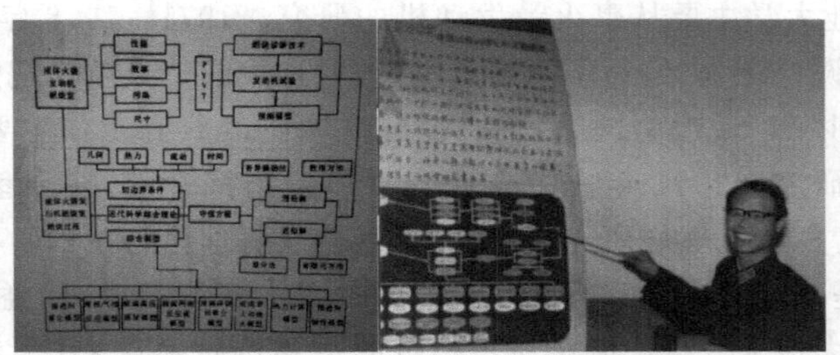

图 2　要研究的 8 个模型和相应的试验装置以及 4 种计算方法

最后，庄院士总是自觉坚持辩证唯物主义的科学思维方式，深入学习自然辩证法和科学技术理论，用实践论和矛盾论的思想指导科研。钱学森说："世界上第一流的科学家都是自发的辩证唯物论者"，庄院士说："科研工作中注意学习辩证唯物主义"。进而，总结出了一套科学研究方法，就是从实践中发现问题，用矛盾分析法解决问题，先解决主要矛盾，再逐步解决次要矛盾，再在实验中检验，再发现问题，再研究解决。对于科学问题，庄院士也总结了从观测现象到提炼模型、列出方程、计算结果、实验验证到做好分析，以及到最后的应用。他常常教导学生，要按照这样的思路来进行科学的研究。给 F. A. Williams 教授介绍研究计划见图 3。

图 3　给 F. A. Williams 教授介绍研究计划

3　倾心育人案例

庄院士一生非常珍视作为教育工作者的第一身份，知行合一、立德树人、教研相长，为国家培养了一大批高水平创新人才。

庄院士爱岗敬业，对于学生也是倾囊相助。在他刚当老师的时候，庄老师就说："自觉要做老师了，爱岗敬业、教书育人更应是天职，对学生更应做到大爱无疆"。当时庄院士为了上好一门课，花了半年的时间备课，差点耽误了拍结婚照。当他到达照相馆之后，才发现拍照的衣服都没带，结果当时庄老师里面穿的这件白衬衣，是他太太的女士衬衫。

由于燃烧理论本身就非常复杂，涉及七八门学科的综合知识，而且非常抽象，再加上液体火箭推进剂都是有毒性的，所以研究得很不透。上课时，为了使抽象问题具体化，使学生容易理解，他想了不少办法，做了很多形象化的演示教具，导致胳膊曾被二度烧伤，而且由于多次做自燃推进剂的点火试验，身体也受到推进剂毒性的侵害，但他都无怨无悔。

为人师表，亦师亦友，他用自己的榜样形象教育和引导学生成长，燃烧自己，照亮和点燃别人。庄院士说"教师的任务在于点燃学生心中的火种，激发学生自身的光和热"。他总是以身作则，以行利教，言传身教，引导学生健康成长。他经常带领学生一起熬夜调程序，验证模型和算法。他带着学生实习调研，常常和学生同吃同住。从而培养了一大批创新型科技人才，包括院士、教授、型号总师、单位领导等。图 4 所示为庄院士 80 年代上课和指导研究生时的照片。

图 4 80 年代上课和指导研究生时的照片

4 "采集工程"课程思政案例在课程建设中的应用设计

限于篇幅，上述案例库子集仅介绍了一些典型代表事迹，课程所建立的具有航空航天专业特色的课程思政案例库还包括庄院士以及与其相关的航空航天专业其他科研工作者的经典成长事迹，同时还融合空天发展史上做出重大贡献的科学家的伟大事迹案例。基于所创建的案例库，针对各类发动机工作过程特点，针对本科生课程"喷气推进原理"和研究生课程"空天发动机喷雾燃烧过程"的课程内容及授课对象接受层次的不同，结合两门课程各章节重难点问题，充分筛选出与各课程及各章节内容相匹配的思政素材，形成与教学内容相匹配的具有不同思想特点的课程思政教学案例。

两门课的绪论部分都会系统讲授课程的空天发动机的结构组成、工作原理以及发展历史等，这里需要尽可能最大程度地吸引学生对本门课程的学习兴趣，并进一步激发其空天报国的家国情怀与使命担当。那么，就可以在该部分中融入庄逢辰院士的爱国情怀案例。比如，最初报考浙江大学选择机械设计专业目的就是希望通过为国家造飞机、造大炮圆工业强国之梦；庄院士到莫斯科动力学院进行学习和进修时接触了航天，就立志要从事航天事业；庄院士始终服从组织安排，干一行、爱一行、精一行，无私无我地奉献一生。

两门课中发动机的喷雾燃烧过程是学习的重难点，本科生课程重点介绍基本物理过程，而研究生课程则关注喷雾燃烧的内在物理机制及学术前沿进展。那么这部分内容就可以融入庄院士矢志创新，勇于开拓，始终立足于学术前沿，解决发动机研制面临的科学难题等事迹。比如，庄院士始终坚持理论和实践相结合的科研理念，坚持研究要扎扎实实的试验验证，为此建立了系列的液滴高压蒸发、喷雾剂燃烧试验台，用以验证所建立的各种理论模型；庄院士乐于追求复杂工程问题背后的科学真相，总是挑战难题，在六七十年代，就选中了喷雾燃烧这一世界性难题，八九十年代，又瞄准了火箭发动机燃烧不稳定性这一重大科学问题，而且持续耕耘数十年。

将所建立的思政素材库内容与课程内容充分筛选匹配，形成完善的课程知识体系。同时，根据授课对象的专业（航空宇航、能源动力、力学及机械等专业）、身份（军人、地方生、在职人员等）、学历（硕士、博士）等差异，合理调整课程思政思政素材，将专业内容和思政教育融会贯通，形成可通用但同时具有针对性的多版本课程知识体系，最终实现满足空天融合、空天一体发展趋势下的航空航天人才培养需求。

5 结 论

1）基于庄逢辰院士学术成长资料采集工程成果，创建了具有航空航天专业特色的老科学家经典成长事迹案例库，具体包括爱国情怀、科研创新、倾心育人等几个案例库子集；

2）针对本科生课程“喷气推进原理”和研究生课程“空天发动机喷雾燃烧过程”，综合考虑课程重难点、授课对象身份/专业等因素，结合各章节重难点内容，开展了研究课程内容与相关思政素材的匹配性研究，设计形成合理的课程思政融合实例；

3）该思政案例库是以庄逢辰院士为代表的具有航空航天专业特色的老科学家成长事迹经典案例库，体现的是航空航天专业伟大学术精神，可拓展应用于本专业方向的其他专业课程。

参考文献

[1] 中共中央文献研究室. 十八大以来重要文献选编(上)[M]. 北京：中央文献出版社，2014.

[2] 陈宝生. 在新时代全国高等学校本科教育工作会议上的讲话[R]. 中国高等教育，2018(15)：4-10.

[3] 伍醒，顾建明. “课程思政”理念的历史逻辑、制度诉求与行动路向[J]. 大学教育科学，2019(3)：54-60.

[4] 赵继伟. 关于“思政课程”与“课程思政”辩证关系的思考[J]. 思想政治课研究，2018(5)：51-55.

[5] 肖香龙，朱珠. “大思政”格局下课程思政的探索与实践[J]. 思想理论教育导刊，2018(10)：133-135.

[6] 王莹，孙其昂. 高校课程思政教师的政治底蕴：学理阐释与厚植路径[J]. 高校教育管理，2021(2)：88-97.

[7] 齐鹏飞. 全面实现思政课程与课程思政的同向同行[J]. 中国高等教育，2020(Z2)：4-6.

[8] 蔡小春，刘英翠，顾希垚，等. 工科研究生培养中“课程思政”教学路径的探索与实践[J]. 学位与研究生教育，2019(10)：7-13.

[9] 刘艳琼. 从“天”、“空”到天空[J]. 国防科技，2015，36(5)：59-64.

[10] 朱江明. 习近平为何提空天一体战[J]. 领导文萃，2014，10：44-46.

人机环专业科研课堂的课程思政教学探讨*

曹晓东　杨波

（北京航空航天大学 航空科学与工程学院，北京　100191）

摘　要： 为适应新工科背景下对本科生科研创新能力培养的要求，北京航空航天大学充分发挥学科优势，以科研反哺教学，组织开设了科研课堂课程建设工作。在科教融通培养专业人才的同时，更应注重引导学生形成正确的人生观、价值观，培养科研责任感和实践创新精神。本文基于人机环专业方向的微课题，探索了将思政教学融入科研课堂的思路。阐述了融入微课题设计中的思政教学内容，说明在研究型教学中引入思政内容的重要性。在此基础上开展了问卷调查，分析了学生对于科研课堂教学效果的看法。通过引入思政教学，使本科生在接触航空航天科研课题的同时，能够认真思考国家重大需求和科学研究伦理等问题。

关键词： 思政教学；科研课堂；微课题；创新能力；科教融通

随着航空航天领域的迅速发展，人机与环境工程（以下简称人机环）专业在我国航空航天学科体系中日益受到重视，为具备实践创新能力的航空航天专业人才培养提供了良好学科平台。然而，在培养专业人才的同时，也面临着如何引导学生积极树立正确的人生观、价值观，培养社会责任感和创新精神的重大挑战[1]。

工科类课程通常更注重理论知识的传授和实践技能的培养，而对于思想政治教育的融入却相对较少[2]。随着社会的复杂性和多元性不断增加，仅仅具备技术本领已经不能满足社会对专业人才的全面要求[3]。因此，为了更好地适应时代发展的需要，将思政教学融入新工科教育已经成为当务之急。引入思政教学既是一种创新举措，又是适应时代要求的重要举措。加强思政教育可以使学生更好地认识技术发展的社会背景，深刻理解技术应用的伦理和社会责任，提升学生的人文素养和社会责任感[4,5]。然而，在课程中开展思政教学并非一帆风顺，仍面临着一系列的挑战与难点[6]，包括如何有效整合思政教学与专业知识，如何引导学生主动参与思考和探索，以及如何在课程中体现思政教育的实效性等问题。本文将围绕北航人机环专业科研课堂的思政教学案例和效果进行探讨，旨在为加强基于研究型教学的思政教学设计提供一些经验。

1　科研课堂课程介绍

为推进科教融通，把优势科研资源转化为创新人才培养资源，探索构建具有北航特色的研究型教学模式，学校自2021年春季学期开始进行科研课堂的建设工作。科研课堂的建设主要依托省部级以上重点实验室。不同于优秀本科生的“提前进组”，科研课堂面向已完成公共基础课和部分专业课学习的所有大二、大三学生。学生根据自身兴趣来选课，以团队合作的形式

* 基金项目：北京航空航天大学教学改革项目（2021）

自主完成微课题研究。科研课堂采用小班研究型教学形式，开设1学期(32学时)，接受3～8名本科生选课。每门次科研课堂都基于一项微课题研究开展，要求从国家自然科学基金、国家重大项目、重要校企合作等高质量科研项目中，梳理、筛选、提炼出适应本科生专业认知及实践创新水平的微课题。在学生完成课程学习以及微课题研究后，科研导师以成果为导向进行考核，给出“通过”或“不通过”的成绩评价。目前科研课堂的建设已取得了显著效果，学生们在任课教师的指导下普遍都完成了预期的研究目标，并基于微课题的研究成果，后续还取得了论文发表、专利申请、软件著作权、科技竞赛获奖等成果产出。对于学生在科研课堂中取得的优秀创新性成果，经科研导师推荐可直接参与申报“挑战杯”“冯如杯”等科技竞赛。

科研课堂是一门以科学研究为主的课程，强调学生的动手能力和创新能力；强调跨学科的学习，鼓励学生打破学科壁垒，进行跨学科的研究[7]；强调团队合作，鼓励学生在团队中发挥自己的优势，共同解决问题。科研课堂的核心在于微课题设计，将前沿研究问题与学生的认知水平和实践能力相结合。微课题设计“以小见大”，既关注前沿研究，又解构出基础性和实用性强的内容。设计时考虑教学周期、实践过程和成果产出等因素，确保学生在较短时间内全面掌握科研基本过程，最终产出实质性成果。

基于微课题的思政教学设计包括聚焦前沿研究问题与强化思政元素两部分[8]。一方面，聚焦前沿研究问题，结合人机环专业特点，选定那些既具有创新性又涉及国家重大需求、研究伦理等方面的问题。这样的设计有助于拓展学生的学科视野，引导学生关注科技发展对社会产生的深远影响。另一方面，微课题设计注重学生团队合作，通过组建学术团队，促使学生在协同中形成集体主义观念。在这个过程中，思政教育的元素渗透其中，引导学生在实际科研活动中思考团队协作的价值、个人的社会责任感等问题[9]。

微课题设计将专业科研知识与思想政治理论知识有机整合，使学生在专业领域积累的同时，加深对思政知识的理解。例如，在研究“智能温度控制技术用于人体热物理治疗”微课题时，不仅涉及工程技术，还需考虑医学伦理、社会医疗问题等。微课题设计着力培养学生的创新能力，通过设定难度适中的研究目标，鼓励学生提出独立见解。与此同时，强调科研工作者的社会责任，使学生明白科技创新应当为社会发展做出积极贡献，引导学生在科研实践中不仅仅是追求技术突破，更要考虑其对社会发展的积极作用，使学生在思政素养和科研能力上均得到全面培养。

2 微课题思政教学案例

人机环专业科研课堂的微课题设计应致力于思政建设，在培养学生科研能力的同时，注入思想政治教育的元素。这一模式旨在使学生既能深入专业领域，又能在科研实践中思考社会、伦理等问题，更好地理解航空航天事业的国家使命和社会责任。以下通过空间站电解水、火星膜蒸发器、人体热物理治疗设备三个微课题案例，介绍微课题设计中的思政教学。

2.1 空间站电解水

在研究“与空间站同呼吸—电解制氧技术演示与实验”微课题时，学生需要深入了解电解制氧技术的工程细节，并考虑其在太空环境下的应用。思政元素通过对伦理、生命保障等方面的讨论，引导学生思考科技发展如何服务人类社会，特别是在探索太空的过程中，如何确保生命的可持续。在教学过程中，向学生介绍载人航天、中国空间站等国家重大航天工程科技成就，以及介绍中国航天领域杰出人物生平事迹。这些教育案例不仅培养了学生对于航空航天工程的深刻理解，同时激发他们崇尚科学、热爱航天、探索宇宙的热情，引导他们思考科技应用背后的社会责任。

2.2 火星膜蒸发器

微课题“用于火星短时高热流散热的膜蒸发器”将学生带入火星探测器的研究领域。在研究膜蒸发器技术的同时，将思政教育融入课题，如向学生们讲述我国首次火星探测任务总设计师张荣桥获全国“五一”劳动奖章的光荣事迹。将光荣的航天形象走进校园课堂，走在科研一线，播撒科学种子，把航天梦想传递给更多的学生。通过思政教学引导学生思考火星探测对人类文明发展的深远影响，激发他们对未知领域的好奇心，同时也让学生思考航天研究探索的动力和责任。通过这个案例，学生不仅学到了实际工程技术，还培养了对于科研的社会责任感，理解了科技创新对于人类未来的影响。

2.3 人体热物理治疗设备

微课题“用于人体热物理治疗的智能温度控制技术”旨在将医学需求与工程技术结合，研制具有主动制冷、制热功能的热物理治疗样机。为使学生更好地理解并投入到研究项目中，结合时事热点，如甘肃白银越野马拉松失温死亡事件等，给出定量研究案例，引导学生运用所学的工程热力学和传热学知识解决实际问题，搭建了理论与实践之间的桥梁。学生们组成小型研究团队，制定了研制方案，综合应用多学科知识，共同开展机械制图、电路设计、代码编写、组装与调试等实践工作。通过不断调整和改进，最终成功完成了实验样机的研制，如图 1 所示。该护理设备样机能够实现 8 分钟内制取 5～10 ℃(±0.5 ℃)冷却水的预期温控目标。

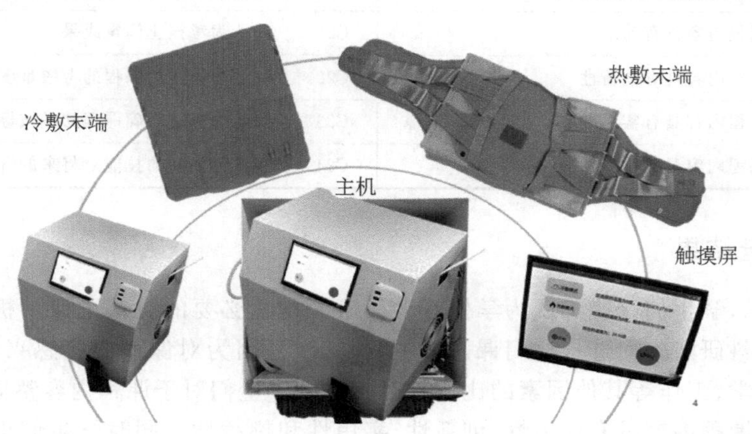

图 1 基于微型热泵与自适应温控的护理设备

通过上述微课题的研究型教学，学生不仅在科研创新上得到了提升，还深刻体会到了团队协作的重要性，以及将理论知识转化为科研成果的成就感。而思政教学案例的融入则引导学生在实践中思考科研工作者应承担的国家使命和社会责任，为今后投身科研实践工作打下坚实的思想基础。

3 学生对科研课堂的看法

3.1 调查方法

针对人机环专业科研课堂的教学效果，进一步设计并开展了问卷调查。通过调查结果分析评估课程教学效果，了解学生对课程的看法，聚焦学生关切的问题，为之后继续优化教学内容、改进教学方法指明方向，有的放矢推进课程体系建设。表1给出了学生对科研课堂看法的调查问卷设计。每个问题都设置了5个选项，分为完全不同意、比较不同意、一般、比较同意、完全同意，依次按0、25、50、75、100计分。参与调查的学生人数为31人，均完成了人机环专业科研课堂学习。90%的学生在参与科研课堂之前基本没有科研经验。

表1 学生对科研课堂看法的调查问卷设计

编号	问题	编号	问题
C1	我认为学校开设科研课堂是有必要的	C13	我认为课程内容能激发研究兴趣
C2	我是因为对课程内容感兴趣而选择这门课	C14	我认为课程内容与专业知识结合紧密
C3	我是因为想锻炼科研能力而选择这门课	C15	我认为课程内容具有多学科交叉性
C4	我是因为科研导师知名度高而选择这门课	C16	我认为科研导师应增加讲授内容
C5	我是因为想攻读科研导师的研究生而选择这门课	C17	我认为科研导师应在研究中给予更多指导
C6	我是因为想提升升学或工作简历而选择这门课	C18	我认为科研导师应鼓励学生自主探索
C7	我是因为参加科技竞赛而选择这门课	C19	我认为科研导师应增加与学生的研讨交流
C8	我是因为学分要求而选择这门课	C20	我认为考核应侧重过程
C9	我认为课程内容具有前沿性	C21	我认为考核应侧重成果
C10	我认为课程内容具有创新性	C22	我认为应增加课程的考核难度
C11	我认为课程内容具有实用性	C23	我认为应更明确课程的考核标准
C12	我认为课程内容具有挑战性	C24	我认为学到的技能对将来的升学或工作有帮助

3.2 调查结果

如图2所示，学生们普遍都认为学校开设科研课堂是必要的。从选课动机的统计结果来看，因为想锻炼科研能力而选择这门课占最主要，其次是因为对课程内容感兴趣，而考虑任课教师知名度、升学、工作等其他因素的比例相对较少。学生们对于课程内容整体上是比较认可的，大多数同意课程内容具有前沿性、创新性、实用性和挑战性。同时学生们也认为微课题能够激发研究兴趣，课程内容与专业知识结合紧密，且具有多学科交叉性，说明各位任课教师都在各自的研究领域给出了受学生欢迎的选题。同时，科研课题的选择和研究可以围绕国家重大战略需求和社会主义核心价值观，引导学生理解和关注国家的发展，从而增强国家意识和爱国情怀。科研课堂不仅可以提供锻炼科研能力的机会，还是开展思政教育的良好平台。

在教学方法上，学生们认为科研导师还可以再扩充授课内容，给予更多的指导，同时也要提供机会鼓励学生自主探索，增加研讨交流的频次。这说明学生希望能在微课题的自主探索和研究过程中，从科研导师处获得更多的指导和交流机会。从考核方式统计结果上看，学生明显更倾向于过程考核。这说明，学生希望增加课题研究过程中的参与度，通过阶段性的进展来检验学习与实践效果。学生们普遍不希望再增加课程的考核难度，说明微课题的研究难度不宜多高。同时，学生们比较认可目前采用的“通过/不通过”的考核形式，而对采用打分制的考核形式意愿一般，但也表示需要有更明确的考核标准。这表明目前的科研课堂成绩考核形式是比较合理的，但在具体判断标准上应更为明确。

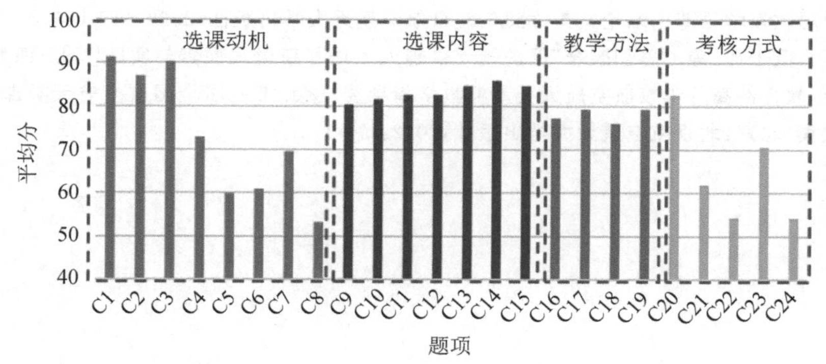

图 2　学生对课程看法的调查结果统计

4　结　论

人机环专业科研课堂的建设已取得了初步成效，学生完成了预期的培养目标，产出了较为丰富的成果。通过在微课题设计中融入思政教学，不仅激发了学生从事科研工作的兴趣和好奇心，也加深了对国家重大战略需求、社会责任感和科研伦理问题的思考。学生对科研课堂的整体教学效果普遍持积极态度。但调查结果也反映出在能力培养和考核机制上，仍然存在一些值得改进的地方。今后应继续对教学设计的迭代优化，强化研究型教学和思政元素的融合，努力培养兼具创新能力和社会责任感的科研人才。

参考文献

[1] 樊尚春，范奎武，卢阳. 航空航天专业课程思政的实践思考与实践[C]//西北工业大学，中国航空学会，教育部高等学校航空航天类专业教学指导委员会. 第三届全国航空航天类课程思政教学改革论坛论文集. 北京：北京航空航天大学出版社，2022：81-84.

[2] 蔡小春，刘英翠，顾希垚，等. 工科研究生培养中“课程思政”教学路径的探索与实践[J]. 学位与研究生教育，2019(10)：7-13.

[3] 李保军，杜军，彭浩，等. 专业课教师课程思政能力建设重难点问题研究[C]//西北工业大学，中国航空学会，教育部高等学校航空航天类专业教学指导委员会. 第三届全国航空航天类课程思政教学改革论坛论文集. 北京：北京航空航天大学出版社，2022：196-198.

[4] 曹柳星，贺曦鸣，窦吉芳. “新工科”视角下的“课程思政”实践——面向理工科专业本科生的主题式通识写作课设计[J]. 高等工程教育研究，2021(01)：24-30.

[5] 杨丹，徐彬，闫欣. “新工科”背景下自动化专业“模拟电子技术”课程思政教学初探[J]. 工业和信息化教育，2020(05)：53-57.

[6] 段晓君,晏良,王泽龙,等."系统科学概论"课程思政教学设计与实践探索[J].高等教育研究学报,2020,43(03):81-85.
[7] 陈洁.基于案例库的"无人机飞行原理"课程思政建设研究[C]//西北工业大学,中国航空学会,教育部高等学校航空航天类专业教学指导委员会.第三届全国航空航天类课程思政教学改革论坛论文集.北京:北京航空航天大学出版社,2022:41-44.
[8] 龚愉,邹罗欢,刘浩,等."因地制宜"的航空航天专业课程思政融合实践——以"飞行器总体设计"为例[C]//西北工业大学,中国航空学会,教育部高等学校航空航天类专业教学指导委员会.第三届全国航空航天类课程思政教学改革论坛论文集.北京:北京航空航天大学出版社,2022:112-116.
[9] 霍明英,张刚,范子琛,等."思创融合"促进航天卓越人才培养新模式探索与实践[C]//西北工业大学,中国航空学会,教育部高等学校航空航天类专业教学指导委员会.第三届全国航空航天类课程思政教学改革论坛论文集.北京:北京航空航天大学出版社,2022:171-175.

无人驾驶航空器系统工程专业课程思政建设与实践*

常绪成　任高峰　张超　刘元朋　耿直

（郑州航空工业管理学院 航空宇航学院，郑州　450046）

摘　要：课程思政建设是构建全员全程全方位育人大格局的重要措施。航空航天产业是强国的战略支柱，航空航天类专业肩负着为航空航天产业培养技术人才的重任，如何开展面向整个专业的课程思政建设尤为重要。本文以无人驾驶航空器系统工程专业为例，首先分析了开展专业课程思政建设的意义，接着从专业课程思政目标顶层设计出发，深入挖掘和梳理了无人驾驶航空器领域课程思政元素，基于无人驾驶航空器系统工程专业的课程体系的特征，将课程思政元素融入"力学、电子、控制、实践"等课程模块中，形成了无人驾驶航空器系统工程专业课程思政结构，同时探索并实践了课程思政有机融入课堂教学，最后探索了课程思政效果评价机制和方法，在潜移默化中实现了德育目标和知识目标的融会贯通，实现了课程思政育人目的。

关键词：无人驾驶航空器系统工程；课程思政；课程体系；效果评价

2016 年 12 月 7 日至 8 日，全国高校思想政治工作会议召开，习近平总书记强调："要坚持把立德树人作为中心环节，把思想政治工作贯穿教育教学全过程，实现全程育人、全方位育人，努力开创我国高等教育事业发展新局面"。习近平总书记指出："其他各门课都要守好一段渠、种好责任田，使各类课程与思想政治理论课同向同行，形成协同效应。"为课程思政的建设指明了方向。2020 年 5 月 28 日，教育部印发的《高等学校课程思政建设指导纲要》（以下简称《纲要》）明确提出，要紧紧抓住教师队伍"主力军"、课程建设"主战场"、课堂教学"主渠道"，深入挖掘各类课程和教学方式中蕴含的思想政治教育资源，让所有高校、所有教师、所有课程都承担好育人责任，把思想政治教育贯穿人才培养体系，将价值塑造、知识传授和能力培养紧密融合，将显性教育和隐性教育相统一，推动构建全员全程全方位育人大格局[1]。

课程思政是指依托课程这一载体，以隐性教育的方法，将思想政治教育的原则、要求和内容与课程的教学设计、教材研发、课堂实施、课程评价等有机结合起来的一种思想政治教育形式。"课程思政"表达了一种现代教育教学理念，即所有课程都兼有传授知识培养能力及思想政治教育双重功能[2]。

* 基金项目：郑州航院教育教学改革研究与实践项目（zhjy23-128/zhjy23-06）；河南省高等教育学会高等教育研究项目（2021SXHLX076）；河南省精品在线开放课程（教高〔2021〕474 号-200）；河南省高等教育教学改革研究与实践项目（2021SJGLX472）；河南省本科高校虚拟教研室（教高〔2022〕394 号-32）；河南省本科高校课程思政教学团队（教高〔2022〕400 号-16）；河南省本科高校课程思政样板课程（教高〔2021〕432 号-92）；教育部教指委高等学校能源动力类教学研究与实践项目（NSJZW2021Y-99）；中国高等教育学会高等教育科学研究规划课题（22SZJY0417）；研究生研究性教学教改与质量工程专项项目（2022YJSYJ10）；郑州航院共青团专项研究课题（GQT202311）

航空航天技术是高度综合的现代科学技术，是衡量一个国家科学技术水平、国防力量和综合国力的重要标志[3]。航空航天与国家重大战略需求紧密相连，是新时代下国际大国竞争激烈的重要构成部分，这就更需要航空航天类高校加强对学生的思想政治教育。如何在航空航天类专业课程中有效融入思想政治教育，使其自然地承载起思政教育功能，教学过程中学生的思想与精神潜移默化地得以升华，培养具有扎实专业知识和精益求精的大国工匠精神、科技报国的家国情怀和使命担当的航空航天人才，已经成为当前教育研究人员与航空航天类专业教师共同关注的热点问题[4-6]。

1 无人驾驶航空器系统工程专业开展课程思政建设的意义

1.1 课程思政建设是落实立德树人根本任务的根本要求

课程思政是新时代党和国家对高等教育提出的新要求。当前，我们正处在中华民族伟大复兴战略全局和世界百年未有之大变局的历史交汇点，我国经济社会已进入高质量发展阶段，同时，国际形势日趋复杂，意识形态领域斗争更加激烈，挑战之大前所未有。高等院校是为国家输送高质量人才的主阵地，所培养的人不仅要具备扎实、过硬的才能，还要具备为国家、社会及个人服务的德行。因此，各类课程与思政课程同向同行，将显性教育和隐性教育相统一，培养学生正确的世界观、人生观、价值观，对于专业课程实现价值塑造、知识传授和能力培养的“三位一体”职能，达到全员、全程、全方位的“三全育人”的目的，实现立德树人根本任务，具有重要的意义。

1.2 课程思政建设是培养高素质无人机人才的有效途径

无人驾驶航空器系统工程专业属于航空航天类专业，涵盖力学、电子、控制等专业课程，课程普遍具有理论性强、内容抽象等特点，学生普遍存在学习兴趣和积极性不高的问题。围绕培养具有空天报国精神的思政育人目标，梳理挖掘我国航空航天发展历程中出现的典型人物、典型事迹和卓越成就，凝练其中家国情怀、使命担当和科学精神等思政元素，科学有机地融入无人机专业的课程体系中，为无人机专业的课程教学提供丰富的案例教学平台，能够丰富课堂教学内容。将无人机领域的科技发展、真人真事等蕴含思政元素的案例和故事引入课程教学，能够构建鲜活的课堂教学，提高课堂教学的亲和力、吸引力和感染力，加深学生课程专业课程知识的理解和掌握，从而提高学生学习专业课程知识的积极性和动力。

2 无人驾驶航空器系统工程专业课程思政结构构建

2.1 重视顶层设计、科学制定专业思政育人目标

无人驾驶航空器系统工程是国家特设专业，具有多学科交叉、技术密集等特征，涉及航空宇航科学与技术、控制科学与工程、电子科学与技术和信息与通信工程等多个科学领域，强调传感器、电子信息、飞行控制及人工智能等知识的综合应用，具有明显的新工科特点。专业全面学习无人驾驶航空器的系统结构及原理、控制系统设计和研发等专业知识，加强创新创业能力与意识训练，培养高素质应用型人才。基于专业特点，专业的总体思政育人目标指定为具有

健康身心、良好的人文道德素养和较强的社会责任感，具备求真务实、勇于探索的科学思维，具有空天报国的家国情怀与责任担当。

2.2 梳理课程体系结构、建立课程思政结构框架

无人驾驶航空器系统工程的专业课程体系涵盖力学、电子、控制、实践等几个部分，例如：理论力学、材料力学、电工电子基础、单片微机原理及接口技术、自动控制原理、无人机组合导航技术、飞行器动力学与控制、无人机操控实践、无人机组装与调试、专业综合实践等。根据专业总体育人目标以及各专业课程的课程目标，梳理归纳出家国情怀、空天报国、科学精神三个思政主题。其中家国情怀包括：爱党爱国、道德品质、使命担当等，空天报国包括：艰苦奋斗、自力更生、勇于探索、大公无私等，科学精神包括唯物辩证法、求真务实、突破与创新、理论与实践结合等。构建的课程思政结构框架如图 1 所示。

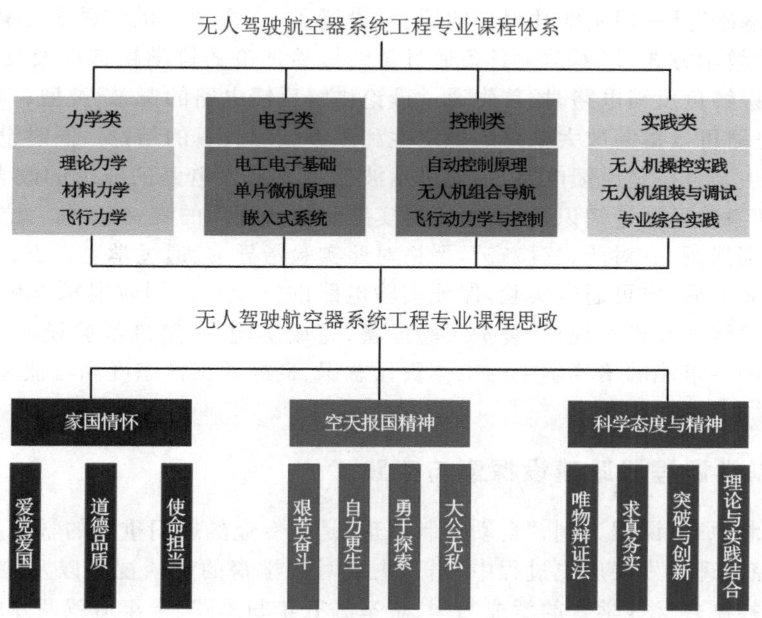

图 1 无人驾驶航空器系统工程专业课程思政结构框架

3 无人驾驶航空器系统工程专业课程思政建设探索与实践

3.1 力学类课程思政建设探索与实践

“理论力学”和“材料力学”是该专业的重要学科基础课，具有概念抽象、理论内容经典等特点，并且与数学、物理等知识联系密切[7]。很多经典性的结论都有严谨的物理基础和严密的数学推导步骤，通过定理、经典理论的推演过程，培养学生严谨的科学态度，并且通过理论公式的表现形式，感受数学公式的形式美。例如，在平面应力状态的知识点讲解过程中，通过讲解斜截面应力的莫尔圆的推演过程，了解其推导过程的逻辑严密以及简洁美观的结论公式。此外，在力学知识的讲解过程中，通过图片、视频的形式展现力学在航空航天、建筑、军事装备中的应

用案例，介绍中华民族古往今来利用力学知识取得辉煌成就，培养学生的文化自信和民族自豪感。例如，在讲解力系的合成与平衡知识点内容时，介绍中华民族的国宝，也是人类的珍贵文化遗产的“悬空寺”，引导学生从力学平衡角度分析悬空寺千年不倒的秘密，并从中凝练力系平衡的原理。在完成思政育人教学目标过程中，同时通过案例的形式完成专业知识的教学目标。

3.2 电子类课程思政建设探索与实践

以“电工电机基础”课程为例，“电工电子基础”是该专业的一门重要的学科基础课，具有课程知识内容广泛、难度较深、实践性较强等特点[8]。在讲解叠加定理和戴维南定理时，首先分析两个定理的理论思想，借助化繁为简的道理，将复杂的电路抽丝剥茧、化繁为简，并将其引申到学习和工作过程中，如果遇到复杂的问题，可通过任务问题分解，转化为一些简单的问题，然后逐个解决，培养学生科学地分析和解决问题的能力。

“电工电子基础”是一门实践性很强的课程，设置了10个课时的实践教学内容，通过理论和实践相结合的教学方式，培养学生具备通过实践检验理论的科学精神以及良好的工程职业素养。例如，在讲解负反馈电路时，首先通过理论讲解反馈电路的概念、类型和电路工作原理，并给出负反馈电路可以提高放大电路的稳定性和改善波形失真的结论。同时设置负反馈电路实验内容，让学生亲自搭建反馈电路，并通过示波器观察放大电路的波形的改善，通过实际的电路和直观的现象验证理论知识，让学生懂得实践是检验真理的唯一标准。此外，在学生动手实验过程中，特别强调“一对照、三检查”，严格对照实验指导书、通过学生自查、学生互查、实验教师检查，检查完成后，方可通电实验，保证实验电路的安全性。同时要求学生实验前进行预习、遵守实验相关制度及操作规程、爱护实验设备，完成实验后，整理实验设备、切断电源后再离开实验室，这些要求能够培养学生的工作责任意识、良好的工作态度和习惯和工程职业道德素养。

3.3 控制类课程思政建设探索与实践

以“自动控制原理”课程为例，“自动控制原理”是该专业的一门重要的学科基础课，在绪论章节介绍经典控制理论发展历史过程中，引入央视对钱学森的访谈视频以及“工程控制论”的介绍，通过中国控制之父钱学森的学成归国、艰辛的五年归国路、十年造就两弹的事迹，厚植爱国精神和攻坚克难精神，激励学生奋发图强，将个人的发展融入到伟大的复兴中国梦中，实现自己的人生理想和价值。

3.4 实践类课程思政建设探索与实践

以“无人机组装与调试”实践课程为例，“无人机组装与调试”是该专业一门基础性的实践课，学习内容主要分为固定翼无人机组装与调试、多旋翼无人机组装与调试两个模块，学习过程分为配件选型、组装、调试、测试四个步骤。在无人机配件选型过程中，引入国内无人机产业发展的新闻，无人机先进技术的突破，无人机应用场景的典型案例视频，国内翼龙、彩虹、大疆等先进无人机的介绍等一系列内容，增强学生的民族自豪感与自信心，引发学生自主创新的热情和追求科技进步的信心。在组装调试实践过程中，引入英国航空5390号航班事件的相关视频，分析因未按照要求安装螺丝钉引起挡风玻璃脱落的案例，要求学生按照“高标准、严要求”的无人机组装与调试工艺规范开展动手实践，引导学生规范操作、精益求精，树立质量和标准意识，发扬严谨细致和精益求精的工匠精神。在测试过程中，主要对组装调试完成后飞机开展飞行前安全检查、飞行测试等，引入身边飞机飞行测试过程中出现的“炸机”案例，培养学生的安全意识，养成“遵守规程、执行工艺、安全操作”的职业素养。

4 实施效果评价

4.1 建设了一支优秀的优秀课程思政教学团队

通过专业课程思政的建设，并融入课程教学中，无人驾驶航空器系统工程专业教学团队教学技能和水平获得了提升，取得了很多荣誉称号。近三年，专业教学团队成员参加并获得了河南省航空专业课程思政教学团队、河南省教育系统教学技能竞赛（高校工科）二等奖、校级“教师课堂教学创新大赛”分别特等奖和二等奖、校级课程思政教学竞赛二等奖等荣誉称号，专业教学团队的课程思政案例获得了校级一等奖。

4.2 促进了课堂教学互动，提高了教学质量

课程思政有机融入课堂教学，课程教学在完成价值引领和传播的同时，学生参与课堂教学活动的比重逐渐增加，学生的学习习惯也发生了变化，学习的积极性也有所提高。无人驾驶航空器系统工程专业共有在校生 127 名，通过调查问卷的形式对课程教学质量进行了问卷调查研究，结果详见图 2，约有 40％左右的同学认为引入课程思政教学以后，课程的考核成绩、知识掌握程度、课堂互动率、学习积极性和趣味性明显提高。

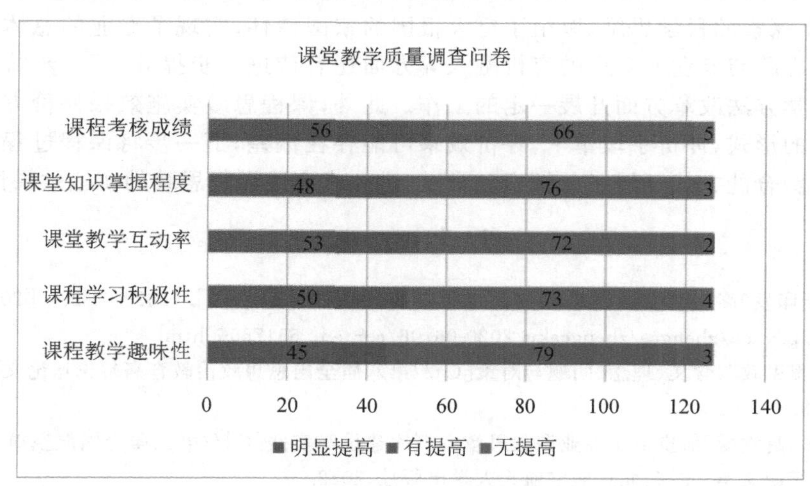

图 2 课堂教学质量调查结果

4.3 训练了科学思维、厚植了家国情怀、传承了空天报国精神

通过课程思政建设，学生们积极参加各类学科竞赛，获得了电子设计竞赛国赛二等奖、飞行器设计仿真赛项竞赛体系设计与运用省赛二等奖、互联网＋大学生创新创业大赛省赛二等奖等多个奖项，提升了科学创新精神。同时设置了无人驾驶航空器系统工程专业课程思政实施效果调查问卷，对该专业全体在校生展开了调查，调查问卷结果如图 3 所示。

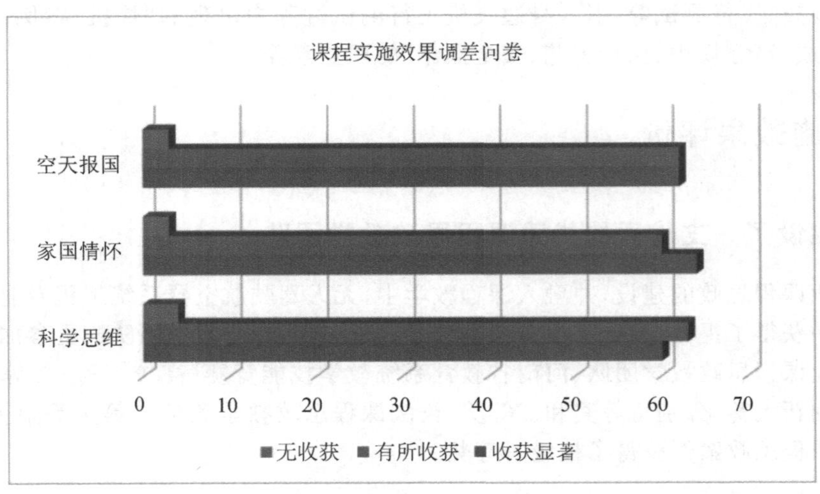

图 3 课程思政实施效果调查结果

5 总 结

本文对无人驾驶航空器系统工程专业的课程思政建设进行了探索和实践，通过将课程思政有机融入专业课程的教学过程，提升了学生的社会责任感和工程职业道德素养，训练了学生求真务实、勇于探索的科学思维，厚植了空天报国的家国情怀，实现了专业的总体思政育人目标。但在课程思政与专业的知识的有机融入等方面还有待进一步提升，下一步将在教学情境创设等课堂教学方法改革方面开展一定的工作。此外，课程思政实施效果评价方面目前仅采用了调查问卷的形式，评价手段单一，评价效果可能存在偏差，下一步将课程过程性考核与课程思政评价相融合的方式开展一些探索和尝试，进一步完成课程思政的实施效果评价方法。

参 考 文 献

[1] 教育部.关于印发《高等学校课程思政建设指导纲要》的通知[EB/OL].(2020-05-28)[2023-22-13].https://www.gov.cn/zhengce/zhengceku/2020-06/06/content_5517606.htm.

[2] 赵继伟."课程思政"：含义、理念、问题与对策[C]//第八届全国思想政治教育高端论坛论文集.北京：人民出版社，2018.

[3] 宜娜，王彤彤，赵洪博.航空电子专业课程思政案例库建设与实践[C]//第三届全国航空航天类课程思政教学改革论坛论文集.北京：北京航空航天大学出版社，2022.

[4] 高艳丽，邹明峰，高丽，等."航空自动控制基础"课程思政改革的实践探索[C]//第三届全国航空航天类课程思政教学改革论坛论文集.北京：北京航空航天大学出版，2022.

[5] 郭晶，李晨亮，高贺群.航空航天类课程思政建设研究[C]//第四届全国高等学校航空航天类专业教育教学研讨会论文集.北京：北京航空航天大学出版社，2022.

[6] 曾超，薛九天，唐子惠.高校航空制造专业课程思政元素挖掘及其育人增效作用[J].高教学刊，2023，9(22)：180-184

[7] 郭士军，卢兰萍，刘红波."材料力学"课程思政教学设计与实践[J].教育教学论坛，2023(22)：96-99.

[8] 赵书玲，罗潇，陈德海."电工电子技术"课程思政案例库的建设与实践[J].电气电子教学学报，2023，45(04)：114-117.

“系统建模与仿真”课程思政教学实践*

晁涛　方可　霍炬　杨明
（哈尔滨工业大学 控制与仿真中心，哈尔滨　150080）

摘　要：新工科教育要求高等教育工作者在教学方法和手段上紧跟时代发展，不断推陈出新，提升自身的教学能力，结合国家需求，响应国家号召。在此背景下，课程思政在工程教育中具有重要的作用。课程思政旨在立德树人。而立德树人是教育的根本要求，在工程教育中不能缺少“德”育，也不能缺少思想政治的贯穿。以往系统建模与仿真课程的教学，更多侧重系统建模理论和仿真软件使用等方面，忽略了课程思政的引入。本文在教学过程中引入相关的思政教学改革，总结课程思政教学改革的经验，将理念付诸实践，通过教学效果和学生反馈情况，验证教学改革实践的有效性。

关键词：课程思政；系统建模与仿真；新工科

2010 年 6 月教育部提出的卓越工程师培养计划，旨在为建设创新型国家助力，明确提出高等教育要培养出创新能力强的高质量工程人才[1]。2017 年 2 月以来，“新工科”建设的实施，表明中国模式、中国经验已经成为我国工程教育的新方向[2-4]。这些国家政策的实施，明确指出了高等教育工作者在教学过程中的人才培养方向，需要我们在教学方法和手段上紧跟时代发展，不断推陈出新，提升自身的教学能力，结合国家需求，响应国家号召。在此背景下，课程思政在工程教育中具有重要的作用。课程思政旨在立德树人。而立德树人是教育的根本要求，在工程教育中不能缺少“德”育，也不能缺少思想政治的贯穿[5-8]。

“系统建模与仿真”课程是自动化专业学生的一门专业基础课，是学生学习“自动控制理论”“系统工程理论”等专业课的先导课程，在自动化专业课程体系中具有重要地位。系统建模与仿真旨在通过对真实世界中的系统建立数学或物理模型，然后通过计算机/物理模型进行系统行为的模拟，从而根据模拟的结果对系统进行分析、预测、设计、综合和优化。其中，系统建模是系统仿真的基础，系统仿真是系统分析、设计、综合和优化的前提，而系统仿真实验（计算机仿真试验或物理仿真实验）则是一种系统仿真的手段和体现。以往该课程的教学更多地侧重系统建模理论和仿真软件使用等方面，忽略了课程思政的引入。因此，在教学过程中引入相关课程思政教学改革具有重要的作用。

本文基于系统建模与仿真课程，参考其他课程教学成果[9-12]，总结课程思政教学改革的经验，将理念付诸实践，通过教学效果和学生反馈情况，验证教学改革实践的有效性。

1　系统建模与仿真课程思政教学改革思路

“系统建模与仿真基础”是自动化类专业的专业核心课，授课对象为自动化类专业大二学

*　基金项目：黑龙江省高等教育教学改革项目 SJGY20210244

生，课程具有承上启下的作用，为学生大三时学习“自动控制原理”和“系统工程”两门课程奠定理论基础。教学思路是通过分析大二学生的特点，结合课程所授专业知识，提炼课程所蕴含的思政要素和德育功能，在教学内容中融入专业发展史、重要人物故事、国家航天国防重大项目攻关故事、时事政治热点等，增强课程趣味性和人文性，让课程内容与思政元素水乳交融，关注学生思想发展和人生规划，用课程内容温暖学生、滋润学生，实现如下目的：

将课程中“系统”“建模”和“仿真”等基础概念与学生的人生规划、日常生活相联系，让学生通过课程学习，在不知不觉中理解万物皆“系统”、人生要“建模”“仿真”让生活更美好，从家国情怀、人生发展等多个层面对学生进行人生观和价值观的引导，传递正能量。

通过巧妙的教学设计，突出课程的航天国防特色。以“嫦娥五号软着陆过程建模与仿真分析”等我国航天国防事业的重大举措为背景，以大型工业仿真软件被禁用背后反映出的中国科技领域博弈等为契机，设置课程内容、安排学生协作完成项目，在课程中渗透航天精神、哈工大精神，让学生体会协同攻关的作用，以润物无声的形式立德树人。

改革学习效果评价方法，对课程的思政和德育教育效果进行有效评估。通过调查问卷、课程小论文、项目研究报告等新的形式对学生的学习效果进行评价，适当对课程思政教育效果进行调研。通过课上以身示范、课下与学生互动，了解学生思想状态和对课程思政的想法，形成闭环反馈，进而改进教学内容和教学方法，实现专业课程和思政教育的相辅相成。

为实现上述目的，从教学内容、教学设计、教学大纲和考核方式与方法四个方面，对课程进行结合思政和德育的教学改革。

2 “系统建模与仿真”课程思政教学内容改革

教学内容的改革思路是深入挖掘知识背后的人文内涵，让思政元素在课程内容中熠熠生辉。“系统建模与仿真”基础课程主要介绍一般意义下的系统概念、模型概念、系统建模方法和对系统进行仿真分析的方法。在课程所涉及的各部分教学内容中，很多知识点背后蕴藏着深刻的人文内涵，有待进一步挖掘其中的思政元素和德育功能，从而在教学内容设计时增加相应的教学环节，实现全方位育人。例如，我国学者如钱学森等在工程系统建模领域进行具有重要意义的开创性工作，其所著《工程控制论》是该领域的奠基性著作。此外，当今时代的许多学者也在国际上占有一席之地。在教学内容中引入领域发展史，增加系统建模与仿真领域大师和中国学者的介绍，可以进一步激发学生对专业知识的热爱，通过榜样的力量实现对学生无形的德育教育。再比如，近年来，国外公司开发的大型工业仿真软件对我国实行出口限制或者停止服务，这类事件反映出中美两国在经济、政治、科技等各个领域的博弈，并且这种局面将是未来很长一段时间内存在的，我国应该从各个层面做好应对措施。针对此事件背后中美博弈的局面，以我国航天事业的发展成绩，激励学生自力更生、引导学生勇于创新，艰苦奋斗，做出中国的科技成果，让我国在自己从事的领域不再被“卡脖子”。

拟采取的具体途径：

1）从学生人生发展的角度，介绍领域大师的人生经历和追求真理的执着，开展人生观教育；

2）从文化自信的角度，介绍中国学者在系统建模与仿真领域内的贡献；

3）拓展系统建模与仿真领域前沿知识，结合学生人生规划、学习生活中的实例，鼓励学生触类旁通、培养创新精神；

4）剖析哈工大精神（如海纳百川，协作攻关的团结精神），激发学生奉献报国。

以下，列举部分初步梳理的课程知识点与思政元素对应关系如表1所示。

表1　课程部分内容与思政元素的融合点

知识点	与思政元素的融合点	思政教育内容
系统模型	我国科学家钱学森的《工程控制论》	中国人可以在科研领域做出奠基性工作，培养文化自信，激发学生的爱国热情、立志科研报国
系统的概念	人生也是一个系统，存在"环境"和"不确定性"的影响。人生是一个闭环反馈系统，需要持续不断的施加反馈，不断完善自我	和引导学生从系统输入、输出和状态变量的角度看待人生，通过自身努力，改变系统结构和参数，可以"自适应"和"鲁棒"地应对人生中的各种"不确定性"
插值函数	嫦娥五号轨道设计时选取不同插值函数，轨道精度不同，稍有不慎无法实现软着陆	培养学生严谨的科学态度，科学研究失之毫厘、谬以千里
数值仿真方法	以嫦娥五号软着陆过程的仿真分析为背景，要求学生协作完成项目的研究和改进	培养学生团队协作精神，在案例分析时适当引入航天精神的介绍，引导学生在学习生活中践行航天精神
图形化建模	一张好图抵得上一千句话	工程设计要有美学思想，丰富知识体系
系统仿真软件应用案例	大型工业软件被禁用	针对此事件背后中美博弈的局面，以我国航天事业的发展成绩，激励学生自力更生、引导学生勇于创新，艰苦奋斗，做出中国的科技成果，让我国在自己从事的领域不再被"卡脖子"

3 "系统建模与仿真"课程思政教学设计

基于航天国防特色、分组项目实践和混合式教学模式进行全新的教学设计。

混合式教学模式是指将线上与线下教学相结合的教学模式，其特征在于课程平台功能、线上资源建设、学生学习方式、教学过程和考核方法的混合性。作为一种新型的教学方式，混合式教学模式在实现课程思政方面具有一定的优势。本项目拟结合混合式教学模式，整合线上资源，突出航天国防特色，以嫦娥登月为背景，设计课堂研讨内容，要求学生分组完成项目，培养学生的团队科研攻关精神，将哈工大精神、航天精神渗入课堂教学之中，激发学生爱国情怀，培养学生创造能力。

采用混合式教学时，根据课程内容特点，将"系统建模与仿真基础"课程的教学环节分为案例学习设计、线上资源选择、虚拟学习方式设计3个部分。学习活动是教学设计的核心内容，以系统概念和模型概念这节课为例。课前，利用线上公开课进行模型概念和系统概念两个基本知识点的学习，为课堂上以嫦娥五号软着陆为案例讲述知识点做铺垫。课上采用灵活的问卷调查和分组讨论等方式进行教学活动。线下授课时，引用案例"嫦娥五号软着陆"和慕课中讲述的系统和模型两个概念进行分析，在授课中结合具体案例，巩固学生对系统和模型两个概念的理解。进而设计两个环节，活跃课堂气氛，激发学生学习兴趣。

环节一：列举嫦娥五号软着陆的系统组成，实现在微信群中设置问卷，提出问题让学生通过手机表决，理解系统的概念。通过现场的答题互动，可以直接了解每位学生的判断结果。结合嫦娥五号的例子，讲解嫦娥五号研制中总体单位、分系统单位承担的职责，适当引入关于嫦娥研制过程中科研人员大力协同攻关的故事，引导学生体会团队协作的精神。

环节二：将学生分为小组，提出系统分类方式都有哪些，列举多个不同类型的系统，让学生分组讨论，并给出结论。学生分组可以 3～4 人为一组，随机抽出 3 组，由小组负责人进行汇报。此过程要求小组讨论时明确目的及与对应知识点的关系，通过小组缜密分析，总结得出结论。小组负责人汇报完毕后，其他小组可以进行提问，提出自己的观点，分享自己的心得，此方案友好开放，学生通过讨论来解决问题，让学生在课堂中体会团队协作的重要作用。

4 “系统建模与仿真”课程思政教学大纲修订

面向课程思政和德育，结合混合式教学模式，有机调整教学大纲。本课程共 32 学时，考虑到课程思政和德育内容的添加，以及有效利用丰富的在线资源，共设置课堂教学 18 学时，线上教学 10 学时，上机试验 4 学时。其中，课堂教学根据内容需要，采用案例教学和分组讨论的方式进行，以提高学生学习兴趣和效率。案例式教学以“嫦娥五号软着陆过程建模与仿真分析”为背景，作为贯穿课程全过程的案例，共安排 14 学时，分别针对建模基本概念、建模方法、离散化原理和积分方法进行，通过案例式教学让学生理解课程的基本知识，并在其中渗透课程思政和德育的内容，例如：针对大型工业仿真软件被禁用事件，分析背后中美博弈的局面，以我国航天事业的发展成绩，激励学生自力更生、引导学生勇于创新，艰苦奋斗，做出中国的科技成果，让我国在自己从事的领域不再被“卡脖子”；以嫦娥五号取得的多项世界第一，说明中国人可以在科研领域做出奠基性工作，激发学生的爱国热情、立志科研，培养学生严谨的科学态度，明白科学研究失之毫厘、谬以千里；培养学生团队协作精神，在案例分析时适当引入航天精神的介绍，引导学生在学习生活中践行航天精神。在每一教学内容完成后安排对应的线上学习，让学生巩固和拓展课堂学习到的知识。

5 “系统建模与仿真”课程思政考核形式改革

面向课程思政和德育，深入优化考核方式。由于在课程中体现了课程思政的教学内容，以往的采用“作业＋笔试”的考核方式不能全面反映教学效果，特别是其中关于思政方面的内容，需要通过新的考核方式进行。为此，建立多样化的考核方式，具体如下：

1）将平时成绩从单纯的作业，修改为观看专题讲座/报告后撰写观后感，撰写课程项目研究小论文等内容。引导学生关注国民经济和国防航天领域中与系统建模与仿真理论相关的科学和社会问题，将学生运用相关知识解决实际问题的效果纳入考核指标体系中。

2）对于难以量化的德育效果，可以采用调查问卷的形式进行考察。通过设置调查问卷，调查学生是否认可“思政融入课程”这种全新的教学模式，调查学生是否在课程学习过程中体会到航天精神、哈工大精神等，是否有效的提升了学生的爱国情怀。

对于学生的调查问卷,可以采用词频分析等辅助手段,进行有效的教学效果分析。同时,通过和学生互动等方式,请学生参与到课程的教学改革中,更好地提升教学效果。

通过两个学年的教学实践和学生问卷调查,学生平均成绩稳中有升,学生普遍反映课程教学有趣味性,不仅学到了专业知识,还对专业相关的历史知识和专业志趣等有了更深的认识,说明课程改革实践有很好的效果。

6 结束语

新工科教育背景下课程思政的教学重要性日益显著,要求高校教师在传授专业知识的同时,在教学方法和手段上紧跟时代发展,不断推陈出新,引入课程思政,在工程教育中加强"德"育,在专业知识讲解中贯穿思想政治,从而实现立德树人。在系统建模与仿真课程的教学实践中,我们引入了相关的思政教学改革,总结课了程思政教学改革的经验,将理念付诸实践,通过教学效果和学生反馈情况,验证了教学改革实践的有效性。

参考文献

[1] 成永生.国际化视野下"卓越计划"面临的主要问题及应对策略[J].高教学刊,2018(08):20-23.

[2] 陈一馨,惠记庄,张志峰,等.新工科背景下工程机械类课程慕课教学模式改革探索[J].高教学刊,2022,8(22):140-143.

[3] 牛萍娟,刘大利,张牧,等.高校工科创新创业课程建设研究[J].教育教学论坛,2018(21):207-209.

[4] 张勇.文化·融合·多元:新工科建设的三重向度[J].重庆高教研究,2018,6(04):90-99.

[5] 梅端,甘瑶瑶.数值分析课程思政教学改革探索[J].科教文汇,2023(21):121-123.

[6] 李秋华,刘敏超,徐学涛,等.课程思政的探索与实施——以大气污染控制工程课程为例[J].高教学刊,2023,9(33):173-176.

[7] 吴江超,熊丽,夏娜,等."工程伦理"课程案例式教学及课程思政融入路径探讨[J].食品工业,2023,44(11):204-206.

[8] 赵东升,靳方明,杨仕伟,等."给排水科学与工程概论"课程思政教学改革措施[J].西部素质教育,2023,9(21):26-29.

[9] 李保龙,陈慧杰,张金朋,等."康复医学概论"课程思政教学改革实施路径[J].西部素质教育,2023,9(21):42-46.

[10] 单莉莉,祝泽兵,麻宏强,等."环境规划与管理"课程思政教学实践[J].西部素质教育,2023,9(21):72-75.

[11] 陈建旭,高桂海.水文与水文地质学课程思政元素的挖掘[J].西部素质教育,2023,9(21):38-41.

[12] 陈敏."课程+竞赛+思政"多元模式下的室内设计课程教学探究[J].中国教育学刊,2023(11):158.

基于“产教融合”的“材料力学性能”课程建设与实践*

晁振龙　姜龙涛　刘淑娟　王黎东　郝凌

（哈尔滨工业大学 材料科学与工程学院，哈尔滨　150001）

摘　要：“材料力学性能”是材料科学与工程领域重要的一门课程，其十分适合作为一门将理论知识与实际工业生产紧密结合、切实培养学生运用相关知识解决实际问题能力的核心课程。本文深入研究了产教融合对于“材料力学性能”课程建设的促进作用，聚焦于实践能力的提升和思政教育的提高，以期为课程的优化和升级提供新的视角和思路。

关键词：材料力学性能；产教融合；实践能力；课程思政

随着科技的迅猛发展和产业结构的日新月异，材料科学与工程作为一门核心学科，对于培养高素质工程技术人才显得尤为关键。“材料力学性能”课程作为材料科学与工程专业的重要基础课程，旨在深化学生对材料力学性能的理解，培养其在实际工程问题中运用相关知识解决实际问题的能力。然而，随着社会需求的不断变化，传统的课程体系已经不能完全满足对工程人才的全面要求，并且疏忽了专业课程的思政作用。如何促进专业课知识传授与思政协同育人，是当前面临的一大挑战[1-3]。

产教融合作为一种先进的课程建设理念，在提升学生综合素养、实践能力以及思政教育方面发挥着关键作用。本文将深入研究产教融合对于“材料力学性能”课程建设的促进作用，聚焦于实践能力的提升和思政教育的提高，以期为课程的优化和升级提供新的视角和思路。

1　产教融合与“材料力学性能”课程

“材料力学性能”课程作为材料科学与工程专业的重要基础课程，致力于深入探索材料在不同应用环境下的性能特点，强调力学性能指标的物理和技术意义。通过理论学习和实际操作，学生将全面了解材料的变形行为、强度、韧性等关键性能，并深入分析材料性能受到的内在和外在因素的影响；学生将深入了解力学性能指标，学习准确测量这些指标并明晰其相互关系。此外，课程还包括对材料变形行为、强度、韧性等方面的深入研究，使学生能够更好地理解材料的强韧化途径，运用微观断裂理论深入分析材料的断裂过程，明晰冲击韧性在工程中的意义和应用价值，同时学习测定材料的断裂韧性及其影响因素。通过理论知识的传授，学生将掌握材料力学的基本原理，为未来的专业实践打下坚实基础。

产教融合是一种先进的课程建设理念，通过将课堂知识与实际工作需求相贯通，使课程更

* 基金项目：黑龙江省高等教育本科教育教学改革研究一般项目“新工科背景下‘材料力学性能’课程改革探索与实践”（SJGY20220026）

贴近产业发展趋势。产教融合的核心理念是将课堂知识与实际工作需求贯通，通过与产业界紧密合作，确保课程紧跟行业发展趋势，使学生获得实际可用的知识。产教融合提供了与工业专业人士互动的平台，让学生直接了解实际工程需求和挑战，使学生深入理解材料力学在实际生产中的应用，获取实际工程经验，提高问题解决能力；除此之外，与企业专家的互动使学生的视野得到拓宽，感受到产业发展的脉搏。同时，产教融合强化了课程中的思政教育元素。学生通过与产业界交流，更全面了解材料科学与工程在国家战略中的地位，培养积极的社会责任感和使命感，不仅体现了对技术问题的认识，更体现了对社会、国家的关切和担当。

综合而言，产教融合与"材料力学性能"课程的结合为学生提供了更为丰富的学习体验，使他们在理论学习的同时能够真切感受到材料力学在实际产业中的重要性。下文将从产教融合对实践能力的提升以及对思政教育的促进两个方面展开论述。

2 产教融合对实践能力的提升

在构建"材料力学性能"课程的过程中，产教融合扮演着关键的角色，其核心任务之一是实现课堂理论知识与实际工程需求之间的深度融通。通过将理论知识与实际工程项目有机结合，我们能够为学生提供更为贴近职场的学习体验，使其能够更好地应对复杂的工程问题[4,5]。

在产教融合的框架下，我们首先考虑如何实现理论知识与实际工程的贯通。通过与产业界建立紧密的合作关系，我们不仅能够深入了解行业的最新发展趋势，还能够迅速调整课程内容，确保所教授的理论知识能够紧密贴合实际工程的需求。这样的融通机制使课程更加灵活和实用，使学生能够及时获取并掌握最新的工程知识。

在这一合作框架中，与产业专业人士的互动成为实现理论与实际融通的重要途径。通过邀请行业专业人士举办讲座，学生能够直接从业界的经验中汲取宝贵的教训和实践经验。这样的直接接触使学生更深刻地了解实际工程的挑战和复杂性，为将来的实际操作奠定了坚实的基础。

以此为例，考虑一个材料强度测试的实际工程场景。在产教融合的模式下，学生将有机会参与到一个由企业发起的实际项目中。通过与企业专业人士的密切合作，学生将能够亲身体验从实验准备、测试操作、数据分析到提出改进建议的全过程。这样的实际参与不仅帮助学生将课堂所学的理论知识真正运用于实际情境，还培养了他们在真实工程中所需的操作技能和解决问题的能力。

总体而言，产教融合通过与产业界的深度合作，实现了理论知识与实际工程需求的有机融通。这样的教学模式不仅提升了课程的实用性，也加强了学生在实际工作中所需的实践能力，为他们未来的职业发展打下了坚实的基础。

3 思政教育在产教融合中的综合体现

产教融合模式不仅在提升学生实践能力方面发挥关键作用，同时对"材料力学性能"课程中的思政教育元素的提升也具有深远的影响。思政教育的重要性在于培养学生正确的人生观、价值观，使其在专业成长的同时能够成为具有社会责任感和使命感的专业人士。

“材料力学性能”课程的思政元素主要聚焦于讲述大国重器中材料的故事。在“上天有神州,下海有蛟龙,入地有盾构”的背景下[6],我们认识到大国重器在国家科技实力和综合国力中的关键地位,尤其在纪录片系列《筑梦太空》《大国重器》和《哈工大与中国航天双向奔赴》中更清晰体现了其对国家的重要性[7]。旨在通过这些事例,培养学生的社会责任感和树立正确的价值观,如表1所列。

表1 各章节教学内容及思政映射

编 号	教学内容	思政映射
1	绪论	(1) 材料的重要性与国家实力:引导学生思考不同材料在现代社会中的广泛应用,特别是在大国重器和关键基础设施中的作用。强调材料科学对国家科技实力和国家安全的重要性,涉及社会主义核心价值观和科技创新 (2) 典型事故案例与工程伦理:在绪论部分可以介绍一些历史上的典型事故案例,如桥梁坍塌、建筑倒塌等,通过分析这些案例,引导学生思考工程伦理和责任心。讨论材料选择与设计对工程安全性的重要性,强调工程师应该具备的社会责任感
2	第一章:静载拉伸试验及拉伸曲线;静载拉伸性能指标;拉伸真实应力一应变曲线	(1) 实验伦理与责任:引导学生思考在进行静载拉伸试验时,科学家和工程师需要遵循的实验伦理和责任。讨论关于实验数据的真实性和可靠性,强调实验过程中的严谨性和对实验结果的正确解读 (2) 国际标准与合作:探讨静载拉伸试验的国际标准,让学生了解不同国家在这一领域的合作和标准化工作。培养学生具备跨文化合作和对全球标准的认识,涉及到国际视野和团队协作精神 (3) 企业生产与质量控制:引入公司生产相关案例,让学生了解在实际生产中如何进行拉伸性能测试以及质量控制。强调企业对产品质量的责任,培养学生的职业道德和实际操作能力
3	第二章:弹性变形及其物理本质;材料的弹性常数;弹性变形的影响因素、弹性的不完整性以及弹性的工程意义	(1) 科学精神与物理本质:引导学生深入理解弹性变形的物理本质,培养科学精神,强调理论知识背后的物理原理。通过这个过程,培养学生对科学研究的热情和对事物本质的深刻理解,涉及到科学道德和科研伦理 (2) 企业实践与材料的弹性常数:引入企业实践案例,让学生了解企业在产品设计中如何考虑材料的弹性常数。通过实际案例,培养学生的实际操作能力和对企业实践的理解
4	第三章:材料的塑性变形;材料物理屈服现象;塑性变形机制、特点以及塑性变形的影响因素	(1) 矛盾的统一性和斗争性的辩证关系原理:材料的内在矛盾,即提高强度通常伴随着牺牲塑性,反之亦然。这个辩证关系的理解将使学生更好地把握材料工程设计中的平衡,从而更好地满足工程需求 (2) 伦理问题与物理屈服现象:探讨物理屈服现象,引导学生深入思考在材料设计中可能涉及的伦理问题。讨论在应用中如何克服物理屈服可能引发的问题,培养学生的伦理意识和解决实际问题的能力
5	第四章:扭转、弯曲、压缩试验条件下材料的力学性能	以大国科技巨头“奋斗者”号载人潜水器的案例为切入点[6],引入了钛合金耐压材料和结构,并详细介绍了与之相关的力学性能检测方法。通过这一实例,培养学生的创新精神和攻克技术挑战的能力

续表 1

编　号	教学内容	思政映射
6	第五章：材料的布氏、洛氏、维氏、显微、努氏硬度的测试原理及测试方法	(1) 以盾构机先进的高硬度滚刀为切入点，引入了“硬度”这一材料性能测试方法。通过深入研究硬度测试的原理和实际应用，为学生呈现了材料硬度与工程设计、制造之间的紧密联系，拓展了他们对这一领域的认识 (2) 通过考察硬度测试方法的演变历史，引导学生形成科研标准化的思维方式。着重强调，硬度测试经历了从经验性方法逐步发展为标准化程序的过程。这一发展过程生动展现了科学研究中标准和规范所扮演的关键角色，为学生打开了一扇更加深入的思维之门
7	第六章：材料断裂的分类，重点介绍几种有代表性的断裂机制	通过美国“挑战者号”航天飞机爆炸事故教训案例，强调了关键材料的脆性断裂可能导致灾难性后果。这个案例不仅有助于学生理解材料工程在航天领域的重要性，还培养了他们严谨认真的科研态度
8	第七章：材料脆性的本质及表现，微观脆性与宏观脆性的联系与区别，冲击载荷特征与冲击变形断裂特点	通过“天问一号”着陆任务案例，突显了材料冲击韧性在极端环境下的至关重要性，特别是在火星着陆等极端任务中。这一历史性时刻生动展示了大国重器在维护国家科技实力和国际地位方面的不可或缺的作用
9	第八章：材料的理论断裂强度；Griffith 强度理论；线弹性断裂力学的基本原理；	通过深入研究材料断裂理论的演进历程，向学生展现了科学理论不断创新的过程，培养了他们的创新思维。这一历史发展过程揭示了科学的不断前进、扩展和完善，激发了学生对科学研究的深刻兴趣。这有助于培养学生适应迅速变化的科技领域需求，鼓励他们积极拓展新领域并提出新观点

产教融合模式为学生提供了在实践中深刻感受机器、结构和装备中材料作用与魅力的机会，从而更好地实现对思政育人的深化。在“材料力学性能”课程的产教融合模式中，思政教育元素不仅仅是理论层面的灌输，更是在学生的实践活动中得以综合而具体体现的重要组成部分。

在产教融合的实践活动中，学生参与真实工程项目。讲解大国重器中材料的实际运用，使学生深刻领悟材料力学在国家重大工程中的关键角色。这样的实例不仅仅是理论的陈述，更是对于技术与社会责任关系的具体呈现。学生在这个过程中将不仅仅是技术问题的解决者，更是社会问题的思考者。在项目决策中，学生不仅需要考虑技术和经济因素，还需要综合考虑道德、社会责任等因素，体现出正确价值观在决策中的指导作用。

通过产教融合，学生在实践中真切地感受到了机器、结构和装备中材料的作用与魅力。这种实践性的感知将使学生更加深入地理解课堂知识的实际应用，激发其对于专业的浓厚兴趣。这样的体验不仅拓宽了学生的视野，也使其在专业领域中更具有激情。

综合而言，产教融合模式下，思政教育在学生实践活动中得以全面而深入地体现。通过项目决策、团队协作、社会责任感的具体表现，学生在实践中展现出了正确的价值观和社会责任感，为其未来的职业发展注入了更多的社会关怀与责任担当。

4 结 语

综上，通过对“材料力学性能”课程的设计与产教融合的探讨，不仅强调了课程的理论基础，也提倡了实践能力的培养和思政教育的融入。产教融合作为一种先进的课程建设理念，为学生提供了更为全面深入的学习体验。

在产教融合与“材料力学性能”课程的交织中，学生不仅能够深刻理解材料力学的理论知识，还能够将这些知识直接应用于实际工程项目中，通过与产业界的密切合作，更好地满足行业的发展趋势。学生不仅提高了实践能力，还更好地理解了材料力学在实际生产中的应用，为未来的职业发展打下坚实基础。

产教融合不仅仅局限于技术层面，还是思政教育的载体。通过课程中融入大国重器中材料的故事，培养学生社会责任感、树立正确的价值观，产教融合在实践中让学生真切地感受到机器、结构和装备中材料的作用与魅力。这有助于提高思政育人的作用，培养学生更积极的社会责任感和使命感。

未来将进一步优化“材料力学性能”课程的内容和教学方法，更好地结合产业发展需求，引入更多实际案例和项目，以培养更多具备全面素养的材料科学与工程专业人才。同时，也期待更多高校能够借鉴我们的经验，不断探索符合本专业特点的产教融合模式，为学生提供更加实用和有深度的学习体验，为材料科学与工程领域的培养贡献力量。

参 考 文 献

[1] 韩奇钢，梁策，李义，等. 材料成型专业课程思政建设与教学改革实践[J]. 高教学刊，2023，9(32)：44-47.

[2] 杨礼林，翟亭亭，李瑞红，等. 金属材料学课程思政的教学建设探索与实践[J]. 中国现代教育装备，2022(17)：93-94，105.

[3] 赵霞，王永东，朱艳，等. 焊接专业《工程材料学》课程思政教学探索与实践[J]. 广州化工，2022，50(15)：210-211，227.

[4] 魏凤春，徐三魁，彭进，等. 新工科背景下材料力学性能课程“线上线下＋课程思政”教学改革与实践[J]. 高教学刊，2023，9(05)：129-132.

[5] 赵汉卿，邸可新，胡明，等. 新工科背景下《材料力学性能》课程思政的探索[J]. 广州化工，2022，50(04)：174-176.

[6] 杨波，刘烨瑶，廖佳伟. 载人潜水器——面向深海科考和海洋资源开发利用的“国之重器”[J]. 中国科学院院刊，2021，36(05)：622-631.

[7] 齐竹泉，陈红兵，李洋，等. 从《大国重器》看工业纪录片创作实践[J]. 电视研究，2018，(04)：22-24.

基于事业引领和兴趣驱动的课程思政探索*

陈淑仙　侯甲栋　孙啸林　姚星宇　程稳

（中国民用航空飞行学院 航空工程学院，广汉　618307）

摘　要：“航空发动机原理”和“航空发动机构造”是飞行器动力工程专业重要的两门专业基础课程，也是“立德树人”根本任务的具体化、操作化和目标化的落实地。同时，“课程”思政的建设有助于提升课程教学质量。以航空发动机原理/结构方面的工程事迹作为桥梁，采用“并行法”将思政要素巧妙地融入知识学习和能力培养过程中，从专业使命、课程兴趣、民族智慧、科学精神、创新精神和攻坚克难精神等维度探索和实践课程思政教学，实现课程育人、协同育人，助力培养堪当民航强国使命的高级工程技术人才。

关键词：事业引领；兴趣驱动；航空发动机；课程思政教育

引　言

“航空发动机原理”与“航空发动机构造”课程是飞行器动力工程专业重要的两门专业基础课程，也是多门课程的先修专业课程。基于培养具有国际视野和创新思维的民航高级工程技术人才的培养目标，课程承载着传授知识，培养能力，提升素养的任务。教育部印发《高校思想政治工作质量提升工程实施纲要》指出，大力推动以“课程思政”为目标的课堂教学改革，优化课程设置，修订专业教材，完善教学设计，加强教学管理，梳理各门专业课程所蕴含的思想政治教育元素和所承载的思想政治教育功能，融入课堂教学各环节，实现思想政治教育与知识体系教育的有机统一[1]。因此，重视并加强航空发动机课程教学中的思政教育[2]，能够帮助学生筑牢信仰之基、补足精神之钙、把稳思想之舵[3]，从而培养出思想坚定能够为党和国家事业拼搏奋斗的航空发动机科技人才，对于突破航空发动机这项关键技术具有重要意义[4]。所以，探索专业基础课的“课程思政”教学改革的有效途径，打破长期以来思想政治教育与专业教育相互独立的状态，使课程成为“立德树人”根本任务的具体化、操作化和目标化的落实地，将成为充分发挥课程育人功能、提升课程育人质量的关键。

为形成专业课程与思政课程的育人合力，多所高校对航空发动机课程的课程思政教育开展了大量的探索和实践，并取得了显著的育人效果[5-8]。本文探索了基于事业引领和兴趣驱动的航空发动机课程思政案例，并以航空发动机原理/结构方面的工程事迹作为桥梁，采用“并行法”将思政要素巧妙地融入知识学习和能力培养过程中，实现课程育人、协同育人，助力培养堪当民航强国使命的高级工程技术人才。

---

* 基金项目：2023 年中央高校教育教学改革专项资金项目（E2023006 - 2，E2023007 - 1）；民航教育人才项目（MHJY2022005）；教育部航空发动机原理课程虚拟教研室教改项目

1 增强专业责任感和使命感

航空发动机是一种高度复杂和精密的热力机械，作为飞机的心脏，不仅是飞机飞行的动力，也是促进航空事业发展的重要推动力。历史上每一次航空史的飞跃都与航空发动机科学技术的重大突破有关。开课之初，辅以大量的案例说明航空发动机是国之重器，是国家科技实力和创新能力的重要体现。航空发动机产业是高精尖端产业，其发展水平是一个国家工业基础、科技水平和综合国力的集中体现，也是国家安全和大国地位的重要战略保障。

作为一种典型技术密集型产品，航空发动机需要在高温、高压、高转速和高负载的特殊环境中长期反复工作，其对设计、加工及制造能力都有极高要求，因此需要高精尖端的高级人才。随着中国航空发动机集团公司的成立，国家实施"航空发动机和燃气轮机"重大专项（两机专项），对发动机创新型人才培养提出了迫切需求，飞行器动力工程专业的发展恰逢其时，飞行器动力工程专业将具有很好的发展前景。在学生油然而生的专业使命感和责任感中，航空发动机课程学习拉开了序幕。

2 激发课程兴趣，增强学习动力

向学生讲清楚航空发动机的重要地位、技术特点、发展趋势以及国内外行业现状与差距后，分析航空发动机原理和结构在专业课程学习中的重要地位，激发学生学习热情，增强学生学好相关知识，投身航空发动机事业的积极性、主动性和信心。引用某航空发动机总工程师在教学会议上提出的"工业部门对高校航空发动机原理与结构课程的教学需求"，说明"航空发动机原理"和"航空发动机构造"是飞行器动力工程专业重要的两门专业基础课程，学生应深刻理解掌握航空发动机基本概念、原理、技术、方法等。同时，以飞行器动力工程专业课程体系为依据（见图1），引导学生认识"航空发动机原理"和"航空发动机构造"课程对于实际工作以及后续学习过程的重要性，增强课程学习的动力。

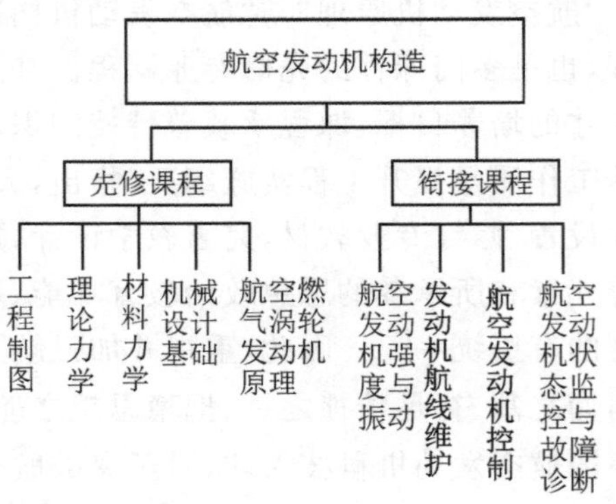

图1 "航空发动机构造"课程的地位

3 民族自信、自强精神培养

燃气涡轮发动机是热机，也是推进器。我国古人利用热气上升带动纸叶轮旋转的原理，设计出了走马灯（见图2），这被称为燃气涡轮发动机的雏形，彰显出了博大精深的中国智慧，在学生心中树立民族自信、文化自信的精神。

我国的航空发动机工业起步比较晚，相关经验不足，加上发达国家技术上的封锁，在很长一段时间航空发动机都依赖国外进口。2023年3月中国航发设计研制的长江1000A（CJ1000A）发动机，装载在航空工业试飞中心一架改造的发动机通用飞行台上进行了试飞。

图 2 喷气发动机的工作原理

CJ1000A 发动机是我国第一个具有完全自主知识产权，严格按照民航适航要求研制的大涵道比涡扇发动机，也是国产大型客机 C919 的唯一国产动力装置。这一成功试飞开创了中国商用航空发动机产业发展先河，也标志着中国研发制造的航空发动机已经开始不断大幅进步，中国商用航空发动机的发展将动力无限、行稳致远。

2022 年 11 月 25 日，国内首台自主研制 F 级 50 兆瓦重型燃机投入商业运行。F 级 50 兆瓦重型燃机由 2 万多个零件组成，与同功率火力发电机组相比，一年可减少碳排放超过 50 万吨，联合循环一小时发电量超过 7 万千瓦时，可以满足 7 000 个家庭一天的用电需求。工作时，这台重型燃机每分钟的转速将达到 6 000 转，压力达到 18 个标准大气压，相当于海底 180 m 深度的水压，工作温度超过 1 300 ℃。全部高温部件均为自主制造，填补了我国自主燃气轮机应用领域的空白。这些大国重器取得的成功彰显了民族智慧与能力，增强了学生战胜困难、掌握核心科技的信心。实验台的墙壁上醒目的标语“关键核心技术是要不来、买不来、讨不来的！”更是激励着青年学生们奋发有为，扛起航发强国重任。

4 矢志创新、航发报国精神的培养

在航空发动机发展史上，有一个中国人为航空发动机的发展做出了巨大贡献，他就是我国工程热物理学的奠基人、燃气轮机发展的领路人——吴仲华先生。吴仲华先生于 20 世纪 50 年代初创立了国际公认的“叶轮机械三元流动通用理论”，即“吴氏通用理论”。基于这一理论与方法，以及此后基于该理论创建的大量基础研究，研制出一代比一代优越的航空发动机和燃气轮机（见图 3），包括现在的最先进的航空发动机的设计都是基于吴先生的“叶轮机械三元流动通用理论”。在这个理论的创建过程中，吴先生将丰富的想象能力、清晰的物理概念、严格的数学演绎和方便的工程应用完美地融合在一起，全方位地体现了工程科学之美。时至今日，“吴氏通用理论”仍然是压气机设计体系中最为重要的核心理论。

图 3 基于“吴氏通用理论”设计的发动机风扇

1965 年，师昌绪院士带领团队研制出我国第一代空心气冷铸造镍基高温合金涡轮叶片，我国成为世界上少数掌握这项尖端技术的国家之一。从一张草图开始，师昌绪院士率队从 0 到 1 研制出铸造九孔高温合金涡轮叶片，解决了一系列技术难题，使我国航空发动机涡轮叶片由锻造到铸造、由实心到空心迈上两个新台阶，成为继美国之后第二个自主开发这一关键材料技术的国家，迄今为止已应用于我国战机发动机。

图 4　中国第一代空心气冷高温合金涡轮叶片

5　科学素养的培养

飞行器动力工程专业俗称“机务专业”，学生容易形成“知道怎么干活就行了”的片面认识，因而轻视专业理论基础的学习和科学素养的培养。在授课过程中通过应用理论知识解释发动机工作中难以理解的问题，吸引学生打好专业基础，用专业知识解决实际问题，提升自己的科学素养。比如在压气机的增压原理中提到：“叶轮中空气压力的提高是相对动能减小的结果，整流环中空气压力的提高是绝对动能减小的结果”(见图 4)，学生难以理解。通过利用热力学定律和动量守恒定理推导出下述公式，使得上述原理简单易懂。在此基础上，承上启下，顺理成章过渡到反力度的定义与应用。以此引导学生注重在校期间夯实理论基础，并提升用所学理论分析和解决问题的能力。

对于开口系统： $q=\Delta h+\frac{1}{2}\Delta c_f^2+g\Delta z+w_s$

在绝热假设下，在整体坐标系下：

$$0=h_{②}-h_{①}+\frac{c_{②}^2-c_{①}^2}{2}+w_s \Rightarrow L_u=-w_s=h_{②}-h_{①}+\frac{c_{②}^2-c_{①}^2}{2}$$

在动坐标系下： $0=h_{②}-h_{①}+\frac{w_{②}^2-w_{①}^2}{2}+0$

因此：

$$L_u=\underbrace{\frac{w_{①}^2-w_{②}^2}{2}}_{\text{相对动能减少量}}+\underbrace{\frac{c_{②}^2-c_{③}^2}{2}}_{\text{绝对动能减少}}$$

图 5　教学过程中的理论推导

6　结　论

“航空发动机原理”和“航空发动机构造”是飞行器动力工程专业重要的两门专业基础课程，也是飞行器动力工程专业“立德树人”根本任务的具体化、操作化和目标化的落实地。在具体的教学过程中，采用“事业引领、兴趣驱动、思政融合”的方法，培养学生的政治涵养、科学素养和职业修养。在课程思政教育具体的实施过程中,“零时差”“冒热气”“无痕迹”地融入课程思政元素,引导学生增强民航强国的信念与决心,激燃学生的航空报国情怀,激发学生基于兴趣的内在学习动力,体现了鲜明的民航课程思政育人特色。同时,在教学过程中探索出了符合课程特点的课程思政育人模式,提升了课程思政育人效果,助力培养堪当民航强国使命的高级工程技术人才。

参考文献

[1] 中共教育部党组. 关于印发《高校思想政治工作质量提升工程实施纲要》的通知:教党〔2017〕62 号[A/OL]. (2017-12-05)[2022-02-26]. http://www. moe. go v. cn/srcsite/A12/s7060/201712/t20171206_320698. html.

[2] 高德毅,宗爱东. 从思政课程到课程思政:从战略高度构建高校思想政治教育课程体系[J]. 中国高等教育,2017(1):43-46.

[3] 付丽莎,杜盈娇,张琦. 航天精神涵育时代新人的“理”与“路”[J]. 北京航空航天大学学报(社会科学版),2023,36(04):8-12.

[4] 于国强,孙志刚,尤超,等. “航空发动机结构分析与设计”课程线上线下混合式教学及思政教学实践研究[J]. 工业和信息化教育,2023(04):1-4,9.

[5]王新军,张文军,左寅,等. 航空发动机构造与维护课程思政教学改革与实践[J]. 教育教学论坛,2020,(25):82-84.

[6] 全静,翟旭升,刘昕晨. “航空发动机原理”课程思政的探索与实施[J]. 教育教学论坛,2022,(42):96-99.

[7] 于向财,赵凯,谭巍,等. 课程思政应用于航空发动机原理课程建设的几点思考[J]. 大学教育,2022,(12):142-144,151.

[8] 尤超,孙志刚,于国强,等. “三全育人”背景下“航空发动机结构分析与设计”课程思政设计与案例式教学探索[J]. 工业和信息化教育,2023,(04):52-56.

航天创新精神融入有机化学思政课程教学设计*

陈向群　郑凌

(哈尔滨工业大学 材料科学与工程学院,哈尔滨　150001)

摘　要:有机化学的创立为唯物辩证法提供了理论基础和事实依据,有机化学的知识体系与唯物辩证法结合紧密。人类的衣食住行离不开有机化合物,有机化合物也是航空航天材料的合成原料。在有机化学课堂教学过程中,探索引入文化自信、大国工匠、航天精神、绿色环保、工程伦理等思政元素,引导学生自信自强、踔厉奋发、实现知识传递和思想引领协同融合的教学目标,以实现文化强国教育强国、科技强国和人才强国的现代化目标,培养具有品德高尚、爱国创新的高质量人才。

关键词:有机化学;航天精神;思政元素;爱国创新

有机化学是研究有机化合物的组成、结构、性质、制备方法与应用的科学。深挖更贴近有机化学理论体系的思政元素,有助于深化和扩展知识面,使学生感觉学有所用,身心愉快地学习和生活,达到终身学习的目的。思政是催化剂,在学生心里产生化学变化,师生间有情感的流动。采用体验式和情境式教学方法,尤其注重引入有机化合物在航空航天材料和双碳研究的应用实例,激发学生们航天创新精神。有机化学学科的建立和发展,对于人类认识自然、改造自然做出巨大的贡献。很多诺贝尔化学奖获得者,是在有机化学领域取得的成就,因此,有机化学知识体系中,蕴含丰富的思政元素,有利于提炼思政内容,并且没有唐突感[1]。学生能够运用所学知识进行"解思政",是课程的一个主要特色。本文针对羧酸及其衍生物章节,举例说明如何将胸怀祖国、服务人民的爱国精神,勇攀高峰、敢为人先的创新精神融入课堂教学。

1　教学内容与教学目标

知识目标:掌握羧酸的制法,羧酸化学性质和β-二羰基化合物的应用,二元羧酸和羟基酸的化学性质。了解羧酸衍生物化学性质的共性与特性,酯的水解历程,氨解、醇解反应。了解一些重要的一元羧酸、二元羧酸。根据不同的原料灵活运用相应的制法。

能力目标:培养学生发现问题—分析问题—解决问题,运用不同的制备方法和羧酸的化学性质,设计合成羧酸及其衍生物。辅以拓展,能够分析航空航天材料对羧酸的结构要求,设计合成相应的羧酸。提高理论联系实际的能力,加强学生科技创新的能力。

价值引领:学习中国科学家强烈的民族责任心、高度的国家使命感,树立科技强国的远大抱负。学习中国科研工作者不畏困难、勇攀高峰和团结合作的精神。为实现文化强国、教育强国、科技强国和人才强国的目标而奋斗。

---

* 基金项目:哈尔滨工业大学教学发展基金项目(课程思政类)

2 羧酸及其衍生物课程思政元素

羧酸的官能团是羧基，极性不饱和基团，容易发生亲核加成反应，表明部分对整体起决定作用。羰基的α—碳上的H受羰基影响，十分活泼，容易发生取代反应，证明没有孤立的事物，都会统一形成一个整体。有机化学的发展历史，基本概念理论与辩证唯物主义相统一，将中国传统文化和中国科学家的故事与羧酸的知识点相融合，使学生坚定文化自信，弘扬家国情怀[2,3]。结合课堂内容，融入航天精神，深化教学内容，使学生吸取中国载人航天的精神力量，潜移默化地培养学生勇攀高峰的科学精神。结合身边人身边事，以航天精神为特色，鼓励学生矢志打造更多国之重器，为发展中国航天事业奋斗终身。结合“大国工程”和“大国工匠”，把做人做事的基本道理，把社会主义核心价值观的要求，把实现中华民族复兴的理想和责任融入课堂教学中[4]。牢固树立创新、协调、绿色、开放、共享的新发展理念，将爱护环境、勤俭节约的社会风尚进一步发扬光大。表1描述了课程思政融入羧酸及其衍生物的课堂教学设计。

表1 课程思政融入羧酸及其衍生物的课堂教学设计

知识点与前沿及拓展	课程思政融合点	育人成效
羧酸的制法 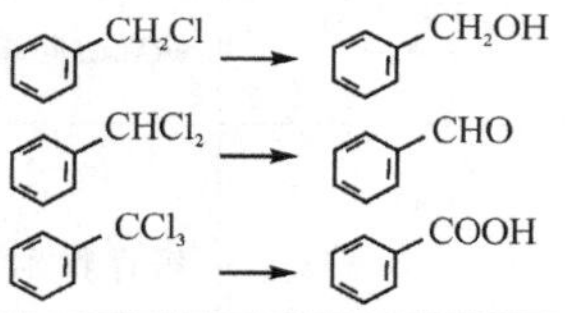 $C_6H_5CH_2Cl \rightarrow C_6H_5CH_2OH$ $C_6H_5CHCl_2 \rightarrow C_6H_5CHO$ $C_6H_5CCl_3 \rightarrow C_6H_5COOH$	一氯甲苯、二氯甲苯、三氯甲苯通过水解反应，分别制得苯甲醇、苯甲醛、苯甲酸	事物普遍联系与发展。质变和量变是事物运动发展的两种基本形式。量变引起质变
人工合成醋酸	1845年，德国化学家柯尔柏由无机物经过多步反应合成醋酸。支持了维勒由无机物合成有机物的实验	人类社会的发展历史，遵循辩证唯物主义。坚持辩证唯物主义和历史唯物主义世界观和方法论
羧酸的酸性 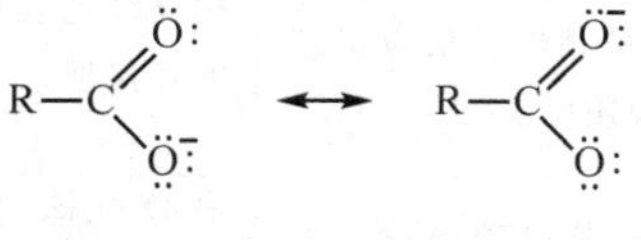 R—C(=Ö:)—Ö:⁻ ⟷ R—C(—Ö:⁻)=Ö:	共价键越多越稳定，结构相似能量越低的极限结构，参与贡献最大，越稳定	团结协作，与国家命运和谐共频。中华文明讲仁爱、重民本、守诚信、崇正义、尚和合、求大同的精神特质
速效救心丸和2-乙酰氧基苯甲酸(阿司匹林) 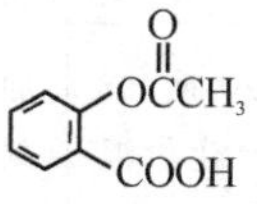 （结构式：苯环邻位取代 $OCCH_3$(C=O) 与 COOH）	速效救心丸的主要成分是川穹和冰片	中药具有悠久的历史和丰富的理论知识，对于推动中华民族文化的传承和弘扬具有重要意义
青蒿素还原生成双氢青蒿素 青蒿素 $\xrightarrow{NaBH_4}$ 双氢青蒿素 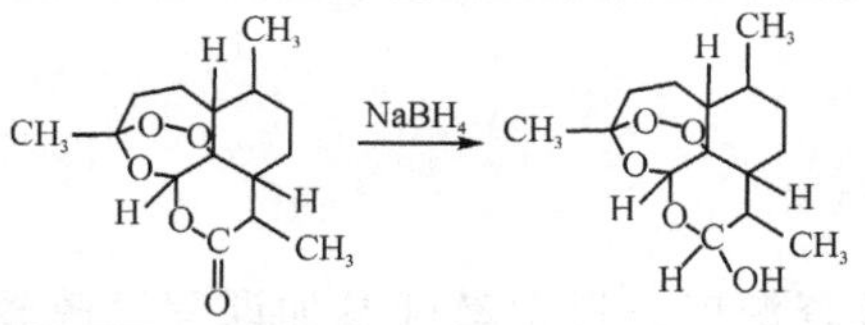	屠呦呦团队将青蒿素还原得到双氢青蒿素，进一步制得青蒿素甲醚，青蒿素琥珀酯。又与上海交通大学共同研发自由基反应合成青蒿素	激发学生们的爱国热情，民族自豪感和探索未知、追求真理、勇攀科学高峰的责任感和使命感

续表 1

知识点与前沿及拓展	课程思政融合点	育人成效
油脂 $RCOOCH_2$ $R'COOCH$ $R''COOCH$	反式脂肪酸对人体的伤害	形成健康生活理念，树立积极向上的人生观、价值观，培养社会责任感
聚对苯二甲酸乙二酯 $nH_3COOC-C_6H_4-COOCH_3+2nHOCH_2CH_2OH$ $\xrightarrow[200℃,\ -2nCH_3OH]{(CH_3COO)_2Zn} nHOCH_2CH_2OOC-C_6H_4-COOCH_2CH_2OH$ $\xrightarrow[275℃]{Sb_2O_3} \left[OC-C_6H_4-COOCH_2CH_2-O\right]_n+n\,HOCH_2CH_2OH$	20 世纪 70 年代初，我国引进聚酯装置。目前，我国拥有国际领先的主要聚酯生产技术和聚酯科技队伍	从一颗螺丝钉也要进口，到大国重器彰显大国底气。当代大学生勇于接受科技革命和产业变革的时代挑战
盖布瑞尔合成法结合丙二酸酯制备 α-氨基酸盖布瑞尔合成法适合制备小分子伯胺，丙二酸酯是引入 CH_2COOH 的方法，将两者方法结合能高产率合成 α-氨基酸	1965 年 9 月 17 日，我国首先合成了具有生理活性的牛胰岛素	老一辈科学家淡泊名利，默默为国家奉献的爱国情怀。不畏困难，勇攀高峰和协同奉献的精神
聚己二酰己二胺的合成 $HOOC-(CH_2)_4-COOH+H_2N-(CH_2)_6-NH_2 \longrightarrow {}^-OOC-(CH_2)_4-COO^-H_3\overset{+}{N}-(CH_2)_6-\overset{+}{N}H_3$ $\xrightleftharpoons{200\sim250℃} HO\left[\overset{O}{\overset{\Vert}{C}}-(CH_2)_4-\overset{O}{\overset{\Vert}{C}}-NH-(CH_2)_6-NH\right]_nH+(n-1)H_2O$ 聚对苯二甲酰对苯二胺的合成 $nH_2N-C_6H_4-NH_2+nClOC-C_6H_4-COCl$ $\xrightarrow{NMP} \left[HN-C_6H_4-NHOC-C_6H_4-CO\right]_n$	聚酰胺结构中引入苯环，提高其耐热性和刚性，用于航天和军事装备	培育特别能吃苦、特别能战斗、特别能攻关、特别能奉献的高素质人才，铸就伟大的载人航天精神
生物合成戊-1,5-二胺 $H_2NCH_2CH_2CH_2CH_2\underset{}{CH}(NH_2)COOH \xrightarrow{酶} H_2NCH_2CH_2CH_2CH_2CH_2NH_2$	赖氨酸通过生物酶的作用合成戊-1,5-二胺，其反应机理是羧酸的脱羧反应	树立绿色发展低碳创新的环保理念
食品添加剂 $CH_3CH=CHCH=CH-COOK$ 山梨酸钾 C_6H_5-COOH 苯甲酸钾	山梨酸钾和苯甲酸钾作为食品防腐剂，必须按照相关规定使用	事必有法，然后有成。系统性，整体性，协同性考虑问题。建立边界感和规则意识
光气	2021 年 3 月 31 日 20 时 36 分，河南发生光气和氯化氢混合气体泄漏，造成人员伤亡	加强学生安全教育，深刻认识实验安全的重要性

3 推进课程思政措施

挖掘更新思政素材，与马克思主义学院共建思政资源库。授课教师参加课程思政教育能力培训以及教学能力提升培训，坚持为党育人，为国育才，全面提高人才自主培养质量。加强党的二十大报告精神和习近平新时代中国特色社会主义思想主题教育的学习，发挥教师的主动性，提升政治素养，将专业知识和思政内容有机融合，实现价值引领的教学目标。关注时事，社会热点，学术热点，收集更新思政案例，扩充课程思政素材库[5]。

强化教师主导理念与学生主体理念，以实现整体优化、提升大学生认同率、增强学生发展潜能的教学目标[6]。子曰："三人行，必有我师焉；择其善者而从之，其不善者而改之。"采用师讲生学，生讲生学。在教学效果分析中，引入课程思政的评价和考核，在学生课堂报告中，体现思政元素，解决现实问题，敢于挑战学术热点和难点，形成"双评价"体系。课堂教学的全过程利用雨课堂辅助，学生通过即时交流反馈、讨论、弹幕、投稿等方式参与课堂互动[7]。采取混合式教学，利用"翻转课堂"，问卷星试题调查等方式积极落实"以学生为中心，学生学习成效驱动"的教育教学理念，推动课程教学从"以教为中心"向"以学为中心"转变，引导学生从注重"考试结果"，向注重"学习过程"转变[8]。

4 结 论

充分体现有机化学课程的特色思政元素，课程思政建设再上新台阶。在"为党育人、为国育才"的教育新征程上，实现孟子提出的"得天下英才而教育之，三乐也"，培养一大批材料领域杰出人才，为党和人民作出重要贡献。

参考文献

[1] 陈向群，宋英，刘淑娟. 探索《有机化学》课程思政建设提高人才培养质量[J]. 广州化工，2022，50(14)：265-267.

[2] 李琳，杨宝华，张爱华. 课程思政背景下促进科学探究意识的"糖类化合物"混合式教学实践[J]. 化学教育，2023，44(22)：78-86.

[3] 尹标林，邓远富，林东恩. 融合课程思政与创新思维的有机化学教学探索与实践[J]. 大学化学，2024，39：1-6.

[4] 蒋卫华，周永生，滕巧巧. 渐进式教学模式在实验课程思政教学中的实践与探讨——以有机化学实验"阿司匹林的合成"为例[J]. 大学化学，2023，38，1-6.

[5] 王芳辉，朱红. 化工专业有机化学理论课多元化教学方式探索[J]. 教育教学论坛，2020，37：238-239.

[6] 李阳，包明，白伟，等. 融合知识素材和课程思政素材促进芳香性内容的教学[J]. 化工高等教育，2023，40(4)：32-37.

[7] 邵黎雄，陆建梅，姜雪峰. 有机化学实验"线上线下"混合模式教学的探索与实践[J]. 化工教育，2023，44(20)：54-59.

[8] 李姝慧，唐海涛，王深艺，等. 大学有机化学课程思政教学的探索与实践[J]. 化工教育，2023，44(14)：36-40.

“焊接质量检测与评价”课程思政教学探索*

迟大钊　林盼盼　陈曦

（哈尔滨工业大学 先进焊接与连接国家重点实验室，哈尔滨　150001）

摘　要：培养三观积极向上的专业人才是高等院校的教学任务之一，因此课程思政教育成为高等院校立德育人教学的普遍理念和模式。本文以“焊接质量检测与评价”课程为例，探索并设计弥散式思政知识教学方法，实现思政知识自然渗入；根据思政教学隐形化原则，设计教学案例，确定精准的课程思政教学内容；教学中注意专业知识与思政知识体量协调，保证教学流畅性。综合运用多种教学教法让思政元素变得更加鲜活生动，调动学生学习能动性，发挥课程思政德育育人的价值。

关键词：思政教学；教学内容；教学案例；教学效果

引　言

2020 年教育部发布了《高等学校课程思政建设指导纲要》，纲要中明确指出“全面推进课程思政建设是落实立德树人根本任务的战略举措、课程思政建设是全面提高人才培养质量的重要任务”。纲要中强调“工学类专业课程要在课程教学中把马克思主义立场观点方法的教育与科学精神的培养结合起来，提高学生正确认识问题、分析问题和解决问题的能力”“工学类专业课程，要注重强化学生工程伦理教育，培养学生精益求精的大国工匠精神，激发学生科技报国的家国情怀和使命担当”。因此，帮助学生塑造正确的世界观、人生观、价值观，是人才培养的应有之义；立德树人成效是检验高校教育工作的根本标准[1-4]。建设培养三观积极向上的专业人才是高等院校的教学任务之一，因此课程思政教育成为高等院校立德育人教学的普遍理念和模式[5-8]。

“焊接质量检测与评价”是焊接专业的重要课程之一，授课对象是焊接专业三年级本科生。课程在培养学生专业素养、分析解决问题能力和工程实践能力方面占有重要的地位。课程的主要任务是通过课堂教学及大作业等环节培养学生的创新意识和科学知识的应用能力，并通过在专业知识学习过程中引入思政育人要素，对学生进行思想政治的良性引导，培养学生团队合作精神、爱国精神、增强民族自信心及民族自豪感，让学生意识到工业产品质量及工业工程安全问题关系人民福祉、关乎民族未来。稳健前行的中国制造精神是实现中国梦的重要内容。在该课程实践教学中，针对课程内容融入思政教育元素，下面分享教学实践中的体会和经验。

* 基金项目：哈尔滨工业大学第八批课程思政教育教学改革项目（XSZ2022018）

1 课程专业知识和思政的联系

“焊接质量检测与评价”课程涉及知识内涵丰富，其相关技术理论基础以近代物理学、化学、电子学、材料学等为支撑。从工程角度讲，它是以全面质量管理科学与无损评定技术紧密结合的一个崭新领域；在具体检测方法和相关原理上，又涉及声、光、电、磁、热等多个领域。为了取得准确的检测结果，经常需要多种检测方法配合使用，并运用获得的多种信息包括信号及图像检测结果，对材料的物理性能、损伤及各类缺陷做出准确的评价。

本门课程的教学目标要求学生达到：掌握焊接质量检测方法的理论基础、特点、常用设备及应用对象场合，初步具备运用所学知识解决实际工程问题的能力；掌握焊接无损检测方法的选择和检测工艺的初步制定，具备基本的焊接缺陷检测方案设计能力，以及分析和解决具体工程问题的创新意识和能力；引导学生应用现代图像及信号处理工具对无损检测原始结果进行分析、提取与处理，逐步具有应用先进工具解决工程问题的能力；从思政教育目标上看，要求学生塑造正确的世界观、人生观、价值观，同时提升学生人文情怀、家国情怀。作者对课程所蕴含的思政要素和德育功能进行了提炼，并从教学内容、教学设计、教学大纲等方面进行了梳理。根据本门课程的特色和优势，研究思政育人切入点，挖掘提炼专业知识体系中所蕴含的思想价值和精神内涵，拓展专业课程的广度、深度，从课程所涉专业、行业、国家、国际、文化及历史等角度，增加课程的知识性和人文性。

2 思政教育实施方案

根据思政教育隐形化原则，广泛查阅相关文献典籍，力求确定精准的课程思政教学内容。注意专业知识/思政知识体量协调，保证专业知识/思政知识传授过程的教学流畅性。探索设计行之有效的弥散式思政知识教学方法，力争实现思政知识自然巧妙渗入。综合运用多种教学方法让思政元素变得更加鲜活生动，调动学生学习能动性，发挥课程思政德育育人的价值。具体步骤及措施如下。

(1)“有机结合式”思政教学内容确定

通过研究课程及其教学中的思政元素、搜集相关的教学素材，探索专业知识教学和思政教学的切入点与结合点，寻求专业知识与思政知识的有机结合，力求实现课程教学与价值引导的“精准对接”。

(2)“弥散/渗入式”隐性思政教学方法

对“焊接质量检测与评价”教学内容，从世界观、方法论等角度进行思政思想提炼，总结课程中的自然科学规律，并在教学过程中将思政元素弥散于专业知识的提出问题、分析问题及解决问题学习环节中。

(3)“线上/线下”混合思政教学模式

线下课堂中，增强与学生互动，充分了解学生对思政教学的需求。利用腾讯会议、微信群等线上教学平台/工具，实现与学生的“课前-课中-课后”全方位互动，上传相关思政学习资料，打破时间与空间限制，进一步激发学生的思政学习兴趣。

(4)“问卷调查”思政教学反馈

根据课堂思政教学效果，同时借助网络教学平台实时观测学生的学习状态。采用问卷调查、学生谈话等方式获得学生的思政学习反馈，从而适时、有针对性地对思政教学内容与教学方法做出调整，更高效地完成对课堂教学的过程管理。

(5)“思政/专业相结合的课程作业”思政学习考核方法

根据焊接专业课程学习密度高、强度大的特点，为了降低思政学习考核的复杂程度和考核结果的客观性，采用“思政/专业相结合的课程作业”的方式进行思政学习效果，使学习和考核过程更为紧凑和流畅。

(6)思政教学内容及教学方法改进

结合“焊接质量检测与评价”课程特点及学生思政学习反馈，深入挖掘课程内容蕴含的思政内容，进行扩大性解释，不断完善自身思想政治和专业知识体系，进一步提升思政教学水平，提升思政课程教学质量。

3 教学设计案例

以“焊接质量检测与评价”课程的“第二章焊接缺陷超声检测”中的“第二节 相关物理基础”为例，给出相关教学设计，主要包括教学内容、知识体系、课程学习目标、学情分析、教学设计及教学过程等。

3.1 教学内容

本节课的主要教学内容包括：

(1) 超声波检测技术原理及特点；

(2) 超声波的产生与接收；

(3) 超声波与缺陷体的作用；

(4) 声学信号的特征。

本节课的学习重点包括：

(1) 基于机械振动机理的焊接缺陷超声检测原理；

(2) 超声波检测的物理基础。

本节课的学习难点包括：

(1) 基于机械振动的声学换能器设计准则；

(2) 声学信号显示原理。

3.2 知识体系

本章节课程的知识体系如图1所示。在上一节课焊接缺陷超声检测技术特点的基础上，讲解超声检测的相关物理基础。主要包括：声学检测中的机械振动机理、超声波的激励与接收、压电换能器工作原理、声波的波型与波形、声波的传播、超声波场等。

3.3 课程学习目标

本章课程学习目标包括知识目标、能力目标及素质目标等。

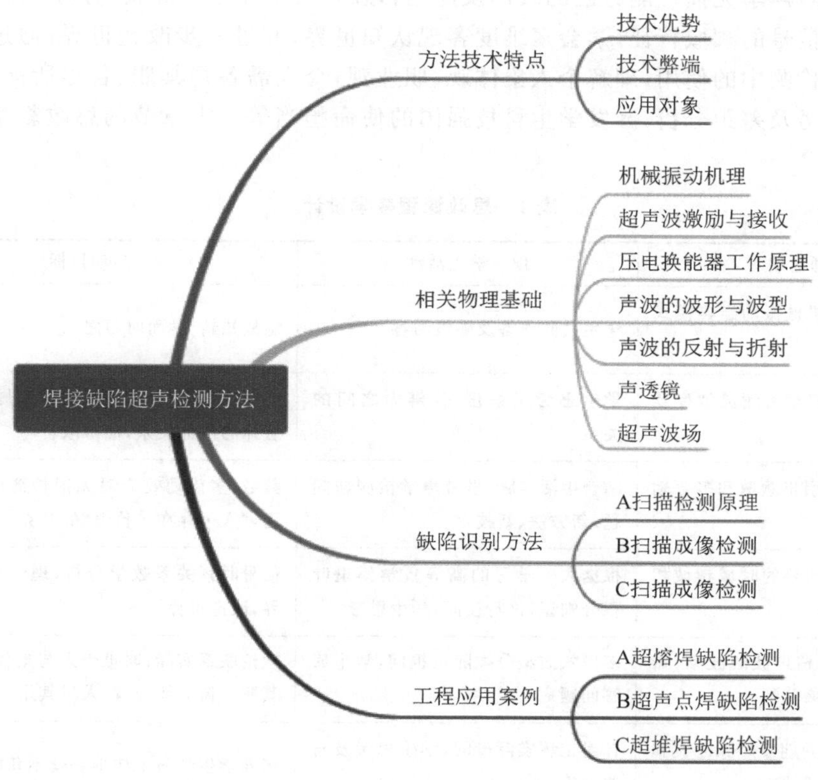

图 1 "焊接缺陷超声检测"知识体系

(1) 知识目标：掌握焊接缺陷超声检测的方法基本原理、特点及基于机械振动的物理基础。

(2) 能力目标：能够解释声学检测过程中的声学现象，并用于声学换能器的设计，完成不同需求下声学换能器的设计准则。提高理论联系实际、学以致用的能力培养。

(3) 素质目标：培养学生学无止境、追求更好的信念，鼓励学生努力追求、奋斗创新，将个人梦与中国梦结合，实现人生梦想及为国家贡献。

3.4 学情分析

"焊接质量检测与评价"是材料加工工程焊接技术与工程专业的本科必修课程，在培养学生专业素养、分析解决问题能力和工程实践能力方面占有重要的地位。该课程涉及声、光、电、磁等多种物理基础及相关方法。其中，学生在中学阶段已掌握声学检测部分的基本概念，但如何将数学、自然科学、工程基础和专业知识融入课堂教学，并用于解决声学检测工程问题，是本章节教学目的所在。

3.5 教学设计及教学过程

融入思政课程元素，设计 50 分钟的教学过程。在教学过程中融入思政元素，包括通过学习超声检测灵敏度/分辨力两者矛盾辩证的哲科思维，学会分析问题，学会取舍；通过学习频散及多普勒现象对声学无损检测方法的限制及应用，理解“人·存在·价值”的马克思主义哲学；通过学习超声信号的频域特征，学会多维度客观认知世界，并进一步改造世界；通过学习多模式波型在无损检测中的使用，理解个人集体观、职业观，个人需各司其职、各尽所能；通过国内外声学产品优劣及差距分析，激发学生科技强国的使命担当等。本章节的思政教学活动具体设计见表1。

表1 思政课程教学设计

教师活动	预设学生活动	活动目标
声学检测特点、机械振动经典模式复习	学生共同作答及随机问答	温故知新，学而时习之
问题切入，引出声学检测灵敏度及分辨力	学生思考灵敏度/分辨力之间的关系	阐明灵敏度/分辨力内在联系规律，揭示矛盾体的辩证关系，懂得取舍
PPT课件讲解，引出频散和多普勒效应	结合生活实际，思考声学检测新问题、新方法、新技术	频散、多普勒效应对无损检测的影响及应用，“人·存在·价值”的马克思主义哲学
图形演示，声学信号的时域频域相关性	根据大一学习的高等数学傅里叶积分知识，进行设问，学生思考	信号时频关系数学分析，理性思维认知世界，改造世界
PPT课件讲解，超声波的波型，振动模式，应用对象范围	多模式波型分类随机提问，学生回答问题	理论联系实际；联想个人与集体关系，各司其职。树立职业观，人尽其用
PPT动画演示，周期发射脉冲波和缺陷反射波重合问题	针对工程实际设问，学生思考及自愿回答	培养学生学习工作中一丝不苟的工匠精神
压电声学换能器制作准则	对不同用途换能器制作原理进行梳理	分析国内外制作水平差距，激发学生科技强国的使命担当

4 结 论

在“焊接质量检测与评价”课程教学中，通过思政课程设计，同时注重潜移默化学生坚定理想信念、厚植爱国主义情怀、加强品德修养、增长知识见识、培养奋斗精神，以期提升学生综合素质。

1）探索并设计弥散式思政知识教学方法，实现思政知识自然渗入；

2）根据思政教学隐形化原则，设计教学案例，确定精准的课程思政教学内容；

3）综合运用多种教学教法让思政元素变得更加鲜活生动，调动学生学习能动性，并保证教学流畅性。

参考文献

[1] 教育部高等教育司.关于印发《教育部高等教育司2020年工作要点》的通知：教高司函〔2020〕1号.[EB/OL](2020-02-20). http:// www.moe.gov.cn/s78/A08/tongzhi/202002/t20200220_422612.html.

[2] 习近平.习近平出席全国高校思想政治工作会议并发表重要讲话[EB/OL].(2016-12-30)[2020-10-11]. https://qnzz.youth.cn/zhuanti/shzyll/tbhdp201612/t20161230_8999207.htm.

[3] 习近平.把思想政治工作贯穿教育教学全过程 开创我国高等教育事业发展新层面[N].人民日报,2016-12-09.

[4] 熊四皓.一流大学应以培养杰出人才为己任[N].光明日报,2021-10-15.

[5] 徐杰,丁朝刚,徐振海,等.习近平总书记贺信精神融入实践类课程的方法研究——以微纳米制造技术及应用课程为例高教学刊[J].2023,9(28):71-74.

[6] 李蕉,郭壮.心怀国之大者:课程思政思想溯源[J]社会主义核心价值观研究,2023,9(01):93-104.

[7] 李东坡,陈静.新时代课程思政建设的真善美特质山西大同大学学报(社会科学版).2023,37(05):112-116.

[8] 陈海燕,王星星,宋晓国,等.新形势下高等院校中传统工科面临的挑战与应对—以"焊接"学科为例[J].焊接技术,2022,51(07):108-112.

飞行原理系列课程思政案例库建设

董超　柳文林　胡家林　潘向宁　张保雷
（海军航空大学 航空基础学院，烟台　264000）

摘　要： 落实新时代军事教育方针“立德树人”要求，以飞行原理系列课程为例，从教学目标入手，确定课程思政的主题。从“结合力学发展史”“结合战例案例”“结合时事热点”三个方面，挖掘课程思政元素。通过多年实践探索，总结形成课程思政案例库。实践表明，利用好课程思政元素，可以将知识传授、能力培养和价值塑造有机融为一体，促进思政教育的走深走实，提升教学效果。

关键词： 飞行原理；课程思政；立德树人；案例库

2016 年 12 月 7 日，习近平总书记在全国高校思想政治工作会议上发表重要讲话，强调各类专业课程要“守好一段渠，种好责任田，使各类课程与思想政治理论课同向同行，形成协同效应”。2019 年，习近平主席在全军院校长集训开班式上宣布的新时代军事教育方针中要求“立德树人，为战育人”。2020 年，教育部下发的《高等学校课程思政建设指导纲要》对立德树人根本任务提出了具体要求，指出“必须将价值塑造、知识传授、能力培养三者融为一体”，让“所有高校、所有教师、所有课程”都承担好育人责任[1-3]。我校飞行原理课程组教师积极响应上级号召，对飞行原理系列课程的课程思政教学设计进行了研究和探索，总结形成了课程思政案例库，取得了较好的成效。

1　飞行原理系列课程课程思政主题

飞行原理系列课程包括“飞机空气动力学”和“飞行力学与控制”等课程，是飞行技术专业贯穿始终的主干课程。课程的主要特点是既有抽象的航空飞行基础理论，又有指导飞行实践的具体方法，与部队实践联系紧密。军事飞行员的基本任务不仅仅是驾驶员，而是“驾驶员＋战斗员＋指挥员”的复合要求。课程思政是飞行原理系列课程达到复合目标的催化剂，结合教学内容合理地设置思政内容，既能很好地将理论联系实际，又能更好地培塑学员的战斗精神[4-6]。

课程教学目标包括知识、能力和素质三个方面。其中，素质目标是：通过课程学习，树立航空理论是飞行实践基石的信念，认识课程在飞行人才培养过程中的重要地位和作用，培养严谨细致的作风；增强对飞行的好奇心和求知欲，乐于探究飞行的奥秘，建立向往军事飞行的情感，培养安全的飞行观念；接受军事飞行职业的挑战性，强化对理论的自信，树立飞行信心。据此，设计课程思政主题如下：

(1) 家国情怀。将世界航空业的发展与中国航空业的发展紧密结合，讲授和分析空气动力学发展概况和航空飞行实践，让学员在理解我国航空事业发展的艰难历程的同时，更加深刻的理解党、国家的英明抉择和诸多英雄们的前仆后继精神和责任担当。

(2) 科学精神。飞行力学的发展离不开技术的进步,更离不开探索创新精神。因此,课程的教学内容将空气动力学理论的发展与关键节点、关键事件、关键人物紧密结合,挖掘背后的科学思维、探索精神、经验教训。

(3) 飞行安全。学习飞行原理,研究飞机在空中与气流之间的作用力,就不能避开飞行事故不提。因此,课程教学内容将空气动力学知识与飞行事故案例紧密联系,分析事故背后涉及的飞行原理,错误操纵、机组管理等因素,加强学员的飞行安全观念,培养严谨细致的作风,树立飞行信心。

(4) 装备自信。讲授我国现役装备发展实现了对世界先进航空工业从望尘莫及到望其项背再到同台竞技的历史跨越,实现了从测绘仿制到自主研制再到自主创新的历史性跨越,特别是“20”家族的横空出世,使我军综合作战能力跃上新台阶。

2 飞行原理系列课程思政元素的挖掘与实践

飞行原理系列课程的许多教学内容都蕴含着思政元素,在以往的教学实践中思政元素主要突出“三结合”,包括“结合力学发展史”“结合战例案例”“结合时事热点”等。

2.1 结合力学发展史开展课程思政

从力学学科发展史重要概念的提出、重要理论的诞生、学科名人事迹等方面切入,培养学员求真务实、勇于探索的科学精神,培养学员的辩证思维和创造性思维,为学员终身学习能力的形成奠定基础[2]。

例如,在讲授“飞机空气动力学”课程中“升力的产生”知识点时,可以结合人类探索飞行发展史思政。人类的飞行梦想由来已久,从“世界航天第一人”万户到“滑翔机之父”李林塔尔再到实现人类史上第一次飞行的莱特兄弟,无数前人为飞行事业付出了大量的心血,甚至献出了自己的生命,这些都来自对天空的向往,对飞行的渴望,激发学员热爱飞行,为梦想献身的大无畏精神。再如,“飞机空气动力学”课程中经常运用的中国航空之父冯如、中国航天之父钱学森等故事。冯如少年壮志,在目睹美国先进工业后,认为国家富强必须依靠工艺的发达,改变中国贫穷落后面貌非学习机械、发展工艺不可。因此他在研制出一些机械的基础上投入了飞机制造,凭着顽强的意志创造了“六个第一”,提出了航空战略理论,被誉为“中国航空之父”。冯如对中华民族航空事业和空军发展带来了深远影响。钱学森的故事早已家喻户晓,他是世界著名科学家、空气动力学家、中国载人航天奠基人、中国科学院及中国工程院院士、中国两弹一星功勋奖章获得者,被誉为“中国航天之父”“中国导弹之父”“中国自动化控制之父”和“火箭之王”。钱学森以强烈的责任意识毅然回国效力,加速推进了中国导弹、原子弹等研究领域的发展。这些故事让学生树立“实现中国梦、我们使命光荣、重任在肩”的责任意识!

2.2 结合战例案例开展课程思政

从我军装备发展、航空领域热点、战例案例等方面切入,培养学员对国家、对民族、对军队的认同感、归属感、自豪感,培养学员的使命担当精神,用爱国情怀为学员在求飞之路和未来的海空战场上注入动力。

例如,在讲授“飞行力学与控制”课程中“机动飞行”知识点时,可以结合“高翔击落美国F104飞机”案例思政。1965年9月20日,美军一架F-104C型战斗机侵入我国海南岛西岸上空。我军两架歼-6飞机迎敌,在距敌机50千米处发现目标后,提前扔掉飞机副油箱并打开加力,以该机能够达到的最大速度冲向敌机。大队长高翔出其不意,采取了切半径战术,瞬间使敌机进入他的目测范围,并于距敌291米处率先开炮,一直打到距敌机39米处,迎着敌机中弹爆炸掀起的火浪拉起飞机,和僚机一起安全返航。这不仅体现了其敢拼敢打、为祖国勇于牺牲的精神,同时也体现了其航理功底深厚。引导学员现阶段认真刻苦学习航理知识,夯实理论基础。再如,阅读“《刀尖上的舞者》——‘航母战斗机英雄试飞员’戴明盟的故事”一书,了解我国首位航母舰载机英雄飞行员戴明盟人生成长故事;观看2018年10月27日中央电视台《开讲了》栏目采访戴明盟的一期节目:“追求极致,永无止境”,了解舰载战斗机飞行员这一群体。在这些舰载战斗机飞行员群体事迹中,都包含了那么一种忠诚爱国、勇担重任、甘于奉献的精神,可以培塑学生们形成积极向上的世界观、人生观、价值观。

2.3 结合时事热点开展课程思政

从时事热点、媒体报道、飞行事故案例等方面切入,培养学员作为一名飞行员所应必备的专业精神,包括飞行中的安全意识、责任意识、团队意识、“精准、守纪、零容忍”的舰载意识等,以更好地满足飞行学员未来职业生涯发展的需要。

例如,在讲授“飞行力学与控制”课程中“失速螺旋”知识点时,可以结合真实事故案例通报案例思政。以某飞机进入平螺旋出现飞行事故为例,分析飞机如何进入平螺旋,为何难进平螺旋以及如何改出。2019年央视《军事报道》栏目,聚焦实战化演兵场,海军航空大学将“失速尾旋”纳入教学训练。将高难度科目训练纳入院校教学,穿插空战训练、作战理念和技巧,让学员更早熟悉和掌握飞机边界性能,锤炼飞行学员过硬的心理素质和打仗本领,从而更好地适应未来作战需求,真正实现从一名飞行员向战斗员的转变。再如,2019年热映的电影《中国机长》,根据2018年5月14日四川航空3U8633航班机组成功处置特情真实事件改编。2019年3月23日中央电视台《开讲了》栏目采访了川航3U8633航班机长刘传健。这期节目的题目是“将平凡做到了极致就是非凡。”采访中,机长刘传健谈到民航机长肩牌上的“四道杠”代表的含义:第一道杠代表“Profession”——专业,空服人员最早是挂一道杠;第二道杠代表“Knowledge”——知识,即对飞机系统的知识,有的飞行工程师是挂两道杠的;第三道杠代表“Flying skill”——飞行技术,副驾驶是三道杠;第四道杠代表“Responsibility”——责任。这些事例都表现了民航飞行机长的责任意识,对于民航飞行员而言,只要接受了飞行任务,就意味着要肩负责任,意味着要敢于担当、勇于挑战、不辱使命、不负重任[1]。

3 课程思政案例库建设

以“飞机空气动力学”课程为例,课程组通过多年探索实践,总结形成课程思政案例库并动态更新,案例库节选如表1所列。

表1 飞机空气动力学课程思政案例库节选

序 号	知识点	思政资源	知识点与思政的融合
1	绪论-风洞技术	JF-22超声速风洞技术全球领先,领先美国20年	JF-22超声速风洞可以复现40～90千米高空、最高速度达到每秒10公里,相当于30倍声速的飞行条件,是目前全球最先进的超声速风洞,具有尺度大,时间长,性能高的优点 思政点:建立装备自信,培养家国情怀
2	伯努利方程的应用	空速管之觞——2018年2月11日,由于飞行员未按章操作,导致一架安-148客机的空速管结冰,飞行速度测算错误,正副驾驶配合又出现问题,最终造成严重飞行事故	安装在飞机上的空速管,是基于伯努利方程来测量飞机飞行速度的。飞行员操纵不当,会导致空速管工作异常、危及飞行安全 思政点:加强飞行安全观念,培养责任意识
3	边界层的分离	舰载机飞行员曹先建案例	当飞机迎角超过失速迎角后,机翼上会发生大面积的气流分离,导致飞机失速。曹先建从空军到海军,从受伤到复飞,从飞行员到飞行教官,把强军事业融入个人使命,把备战打仗融入个人血脉,用忠诚和担当诠释共产党员出新使命的英勇事迹 思政点:培养家国情怀,诠释使命担当
4	翼尖涡	民航客机的翼梢小翼	民航客机的翼梢小翼形形色色,包括翼尖帆(空客A380、A320),端板式小翼(波音B747,空客A330,A340),融合式小翼(波音B737)等。这一代又一代的翼梢小翼,既为各航司节省了大量的燃油成本,也为环保事业贡献了巨大力量 思政点:技术的革新会改变我们的生活方式
5	空气动力加热	SR-71采成为第一种成功突破"热障"的实用型喷气式飞机	飞机高速飞行时,流向飞机的相对气流受到阻滞而温度升高,热量向飞机表面传播,使飞机温度升高,这种现象称为空气动力加热。SR-71采用弹性油箱、能适应热膨胀的机翼等多项巧妙设计,突破了"热障" 思政点:社会发展与科技进步、航空理论与飞机设计之间彼此交融、相互促进的关系
6	卡门-钱公式	卡门-钱公式的提出	卡门-钱公式由我国著名科学家钱学森和他的导师冯·卡门提出。该公式计算出的翼型压力分布,在低亚声速和高亚声速阶段都是准确的,为空气动力学的发展奠定了重要的理论基础 思政点:优秀空气动力学家的严谨作风和责任担当

续表 1

序　号	知识点	思政资源	知识点与思政的融合
7	超临界翼型	我国运-20大型运输机采用超临界翼型	超临界翼型是一种高亚声速翼型，头部形状丰满，上表面比较平坦，下表面后部则有一个反曲段，可以有效减小高速飞行时的激波阻力，获得比较理想的升阻比。使得运-20在气动性能上优于俄式运输机伊尔-76 思政点：建立装备自信，树立飞行信心
8	螺旋桨负拉力、顺桨	CCTV7《军营的味道》——云中“老黄牛”	54岁的特级飞行员牛忠山驾驶运-8运输机在执行任务时，突然发动机故障，火警骤然响起。危急关头，牛忠山准确判断，正确处置，化险为夷 思政点：加强飞行安全观念，培养责任意识
9	翼身融合体	歼-15舰载机采用翼身融合体设计	我国的歼-15舰载机，机身和机翼之间有圆滑的过渡，二者融为一体，这样的设计可以减小飞机的激波阻力和干扰阻力，减小机翼的弯曲力矩，减弱大迎角飞行有横向流时的气流分离 思政点：建立装备自信，培养家国情怀

根据飞行原理系列课程的内容和特点，充分利用自建的飞行特色课程思政案例库等优质资源，结合具体的案例和知识背景，开展课程思政教学，紧紧围绕知识传授、能力培养、价值塑造三位一体的教学目标，在课程中寻找如责任意识、家国情怀、精武精神、战斗精神等德育教育的融合点和切入点，通过典型内容和典型案例等教学素材的设计运用，以“润物细无声”的方式将正确的理想信念、家国情怀和战斗精神等有效地传递给学员，在潜移默化中培养学员正确的世界观、人生观和价值观，帮助学员形成良好的政治素养。

飞行原理系列课程开展课程思政教学，既提升了课堂教学效果，又坚定了学员求飞信念，也提高了学员实践能力，取得了较好的教学效果。

参考文献

[1] 柳文林，郭卫刚，王平. 飞机空气动力学课程中责任意识培育研究[C]//第二届全国高等学校航空航天类专业教育教学研讨会论文集. 北京：北京航空航天大学出版社，2020：49-52.

[2] 胡家林，柳文林，丁祥. 飞机空气动力学课程思政教学方案设计研究[C]//第三届全国高等学校航空航天类专业教育教学研讨会论文集. 北京：北京航空航天大学出版社，2022：174-180.

[3] 郭卫刚，王强. 空气动力学课程思政的探索与实践[J]. 教育教学论坛，2020，51：81-82.

[4] 李颂，郑稀誉，焦胜博. 飞机飞行力学课程思政建设实践——以起飞操纵原理为例[J]. 黑龙江科学，2022，13(21)：144-146.

[5] 王鼎杰，张洪波，吴杰. 于案例驱动的航空航天专业课程思政实践教学研究——以“飞行器导航原理”为例[J]. 教育教学论坛，2022，28：143-146.

[6] 李广文，刘小雄，吕永玺. 国防特色高校专业课课程思政教学探索与实践 ——以“飞行动力学及控制原理”为例[J]. 教育教学论坛，2023，6：172-176.

教师课程思政能力培养提升的关键举措

董鸿波　薛勇　孙庆莉

（战略支援部队航天工程大学 航天保障系，北京　102206）

摘　要：着眼实现教师课程思政能力提升目标，提出了加强教师课程思政能力培养应坚持的基本原则，明确了教师课程思政能力培养的目标、内容，以及保障条件，给出了确保教师课程思政能力培养效果的组织措施。

关键词：课程思政；课程思政能力；培养体系；课程思政能力培养

教师课程思政能力是指教师通过某种方式，将思政教育要求融入课程教学全过程，以达成各类课程与思政课程同向同行，实现协同效应的能力[1]。加强教师课程思政能力培养，对于提升教师课程思政能力，确保课程思政目标的达成，具有重要意义。

1　坚持正确的指导思想与原则

教师课程思政能力培养提升是一项系统工程，需要各级高度重视、科学谋划，需要各级坚持正确的指导思想，遵循基本原则，在综合考虑多种影响因素的基础上，进行整体设计、持续推进，确保有效提升。

1.1　指导思想

指导思想是课程思政理论与实践经验的总结，是培养提升教师课程思政能力的基本遵循。根据面临形势和任务，新时代教师课程思政能力培养提升，要以习近平新时代中国特色社会主义思想为指导，深入贯彻习近平总书记关于新时代思想政治工作的系列重要论述，围绕理解、开发、组织、实施，以及评价等维度，全面提升教师开展课程思政的能力与水平。

1.2　基本原则

遵循指导思想，结合课程思政和教学能力生成的一般原理，教师课程思政能力培养提升应该坚持以下基本原则。

1.2.1　整合资源，有效协同

近几年，随着各级的重视与着力推进，不少院校涌现出了包括虚拟教研室、教研团队等在内的多种类型的提升教师课程思政能力组织，加之原有的课程组、教研室、院系等传统组织，形成了多样化的教师课程思政能力培养提升渠道。加强教师课程思政能力培养，要充分利用这些既有形式，通过结构布局调整、搭建互动交流平台、形成定期协商机制等方式，实现培训资源的共享和有效集成，发挥规模效应。

1.2.2　多方参与，教师为主

教师课程思政能力的形成与提升涉及教师自身、教研室、院系、教务部门等多个方面，课程

思政目标的实现很大程度上依赖全员、全程、全方位育人格局的形成。正因为这样，培养提升教师课程思政能力，必须坚持多方参与，确保形成合力。也要看到，课程思政作为一种活动，最终需要通过教师的课堂活动来实现。为此，教师课程思政能力培养提升，必须突出一线教师主体地位。

1.2.3 注重差异，体现层次

从实施上讲，课程思政要求将相同的，在社会占主导地位的价值追求、思想观念、思维方式等融入不同专业课程。受各类专业特点影响，不同专业课程思政元素、教师课程思政设计等都有所不同，具有明显差异性。这就要求培养提升教师课程思政能力时，在培训内容设计上要对专业差异性予以充分考虑，以满足不同专业、不同层次教师提升课程思政能力水平的要求。

2 明确科学的目标定位

明确的目标定位，是增强培养针对性、提升培养效率的前提与基础。

2.1 总体目标

总体目标是教师课程思政能力培养提升的出发点和落脚点。发挥目标牵引作用，培养提升教师课程思政能力，要在坚持指导思想，遵循基本原则的基础上，进一步明确目标，找准定位。新时代教师课程思政能力培养提升应秉持的总体目标是：着眼为培养德才兼备的高素质、专业化新型高层次人才提供支持，通过培养内容优化、培养方式多元、培养机制顺畅等多种方式，促进教师理解、开发、实施，以及评价等课程思政能力的有效提升。

2.2 具体目标

遵循教学一般性规律，结合课程思政目标的达成，新时代教师课程思政能力培养提升应着力在课程思政理解、开发、实施，以及评价等四个方面下功夫，从而形成了如图 1 所示的教师课程思政能力培养目标体系[2]。

具体目标体系中，课程思政理解能力是教师课程思政能力提升的前提，培养时重在端正教师对课程思政重要性、必要性的认识；课程思政开发能力是基础，培养时重在提升教师结合专业课程挖掘思政元素的能力，避免“巧妇难为无米之炊”；课程思政实施能力培养是关键，课程思政评价能力是持续提升和改进的动力。上述几者相互作用，共同构成了新时代教师课程思政能力培养的目标。

3 把握系统的培养内容与保障举措

教师课程思政能力的培养提升，离不开科学全面的培养内容设计与扎实有效的保障举措。

3.1 培养内容

培养内容是指为确保培养目标的实现，培养中应该采取各种方式有针对性加强的内容。一般认为，教师课程思政能力培训应该注重理念、目标要求、教学设计、内涵、思政元素的挖掘、融入技巧，以及如何评价等内容[3]。论文认为教师课程思政能力与教学基本功、专业知识、课

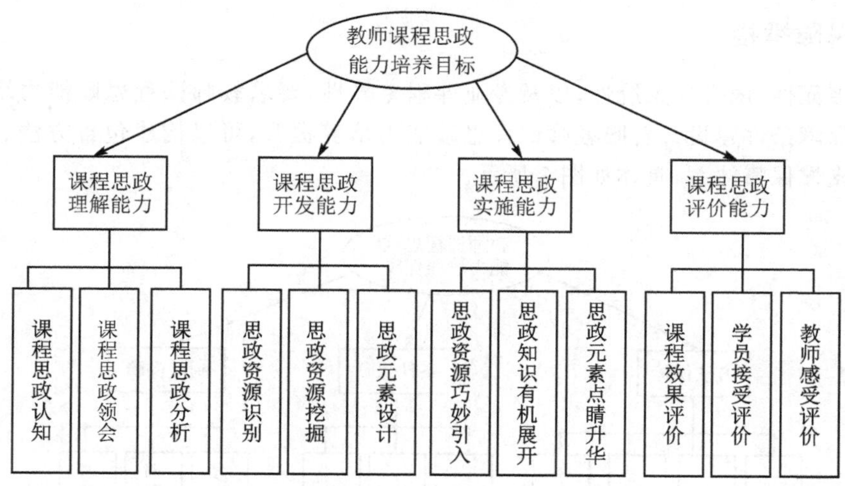

图 1　教师课程思政能力培养提升的具体目标

程思政素养等多种因素有关。增强针对性，提升培养效率，教师课程思政能力培养内容应重点聚集教师课程思政素质的夯实上，具体如图 2 所示。

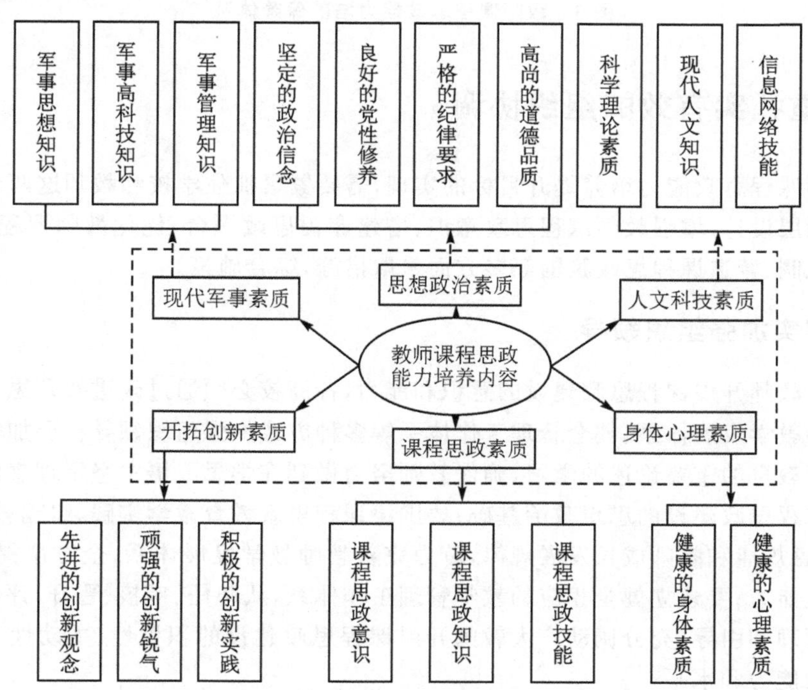

图 2　教师课程思政能力培养内容体系

构成教师课程思政培养内容的六大模块中，思政政治素质和课程思政素质两个模块是重点，直接决定培养目标的实现程度。这两者中“思想政治素质”部分，主要是解决教师个人思想水平，这是基础中的基础，决定教师课程思政水平的高度。而“课程思政素质”部分，则是解决方法手段的问题，对于提升教师课程思政能力具有立竿见影的效果。

3.2 保障举措

目标的多元性、内容的系统性，以及专业课程差异性，要求教师课程思政能力培养提升必须注重支撑保障条件建设。着眼教师课程思政能力培养提升，可以构建包含方法、条件，以及制度在内的支撑保障体系，具体如图3所示。

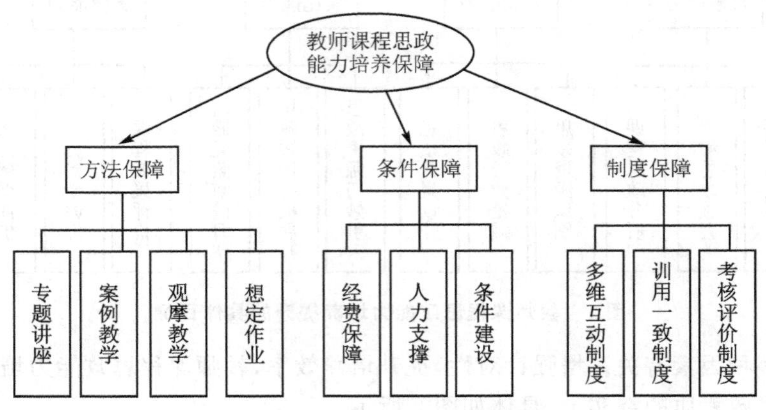

图3 教师课程思政能力培养保障体系

4 注重扎实有效的组织协调

确保教师课程思政能力培养提升目标的实现，需要紧紧抓住学校和教师这两个关键因素，在加强学校顶层设计、增强教师课程思政意识、搭建课程思政平台、优化教师课程思政能力培养体系运行机制、营造课程思政氛围等多方面采取措施，综合施策。

4.1 切实加强组织领导

全面提升教师开展课程思政建设的意识和能力，各高校必须通过改进教师思想政治工作、建设完善教师教学发展体系、健全管理工作体系等多种方式加强组织领导。要加强理论学习，重点加强关于教育的重要论述的学习，确保教师努力做到在学思践悟中坚定理想信念，进而夯实教师开展课程思政建设的思想政治基础；要围绕课程思政教育教学实践，组建教师教学发展平台，遵循教育规律和教师成长发展规律，着力完善教师教学发展体系，全方位提升教师的思想素质和育人能力；要建立健全相应的教师管理工作体系，从聘任、考核、晋升、评优、奖励等各个环节加强管理和引导，充分调动广大教师开展课程思政建设的积极性、主动性，不断提升课程思政建设的能力和水平[4]。

4.2 切实增强自觉性与坚定性

各类教师是确保“课程思政”落到实处的主力军，只有广大教师自觉增强课程思政意识，主动积极作为，能力的培养提升才会有内在动力。正因为这样，确保教师课程思政能力培养提升，需要教师从“立德树人”的高度提高增强自身能力的自觉性，培训和日常教学实践中要全面准确地领会党和政府有关课程思政的一系列文件精神，努力增强课程思政意识，认识到掌握在专业教学过程中融入思政元素"教书育人"的重要性和紧迫性，从自身做起，树立知识传授和能力培养贯通融合一体的新时期的育人理念，不断提升组织开展课程思政能力与水平。

4.3 切实完善体制机制

制度机制更带有根本性、全局性、稳定性、长期性。教师课程思政能力培养提升是一项复杂的系统工程，确保目标实现、效果提升，必须积极构建完善相关体制机制。切实构建完善科学的课程思政教师培养选拔机制，要坚持德才兼备、以德为先的原则，按照教师的能力素质、专业结构和性格特征等多方面因素进行综合考虑，真正把具备一定基础的老师选拔出来进行恰当的培养；切实构建完善教师课程思政能力培养的激励机制，要采取灵活的奖惩制度、坚持公平的竞争制度和建立完善的保障制度来保证参与培养教师开展课程思政的积极性和主动性，激励教师在培养和教学实践中自觉提高个人综合能力素质；切实构建完善培养的绩效考评，要根据加强教师课程思政能力培养效果需要，科学合理地确立人才培养的考评对象、考评目标、考评方式和考评结果，从而达到"以评促学"的目的[5]。

4.4 切实搭建各类平台

课程思政能力发展平台是教师课程思政能力提升的重要载体。必须调动多方面力量、利用好各种资源，搭建包括课程思政资源共享、课程思政交流、课程思政实践等在内的各类平台，实现优质教学资源的共享，开展课程思政理论与实践等多方面的重难点问题研究，有效弥补各自既有培养体系的各类局限，不断提升教师课程思政综合能力水平。

参考文献

[1] 蔡桂秀，冯利.教师课程思政能力培养体系的构建与实施[J].齐齐哈尔大学学报(哲学社会科学版)，2021(11)：159-162.

[2] 王宪平，唐玉光.课程改革视野下的教师教学能力结构[J].集美大学学报，2006(3)：27-32.

[3] 刘稳丰.基于协同论的高校教师课程思政能力培训探析[J].高教论坛，2022(5)：24-26.

[4] 刘承功.抓住全面提升高校教师课程思政建设意识和能力的关键点[J].思想理论教育，2020(10)：10-15.

[5] 徐军喜.云南边防部队基层政治工作人才培养研究[D].北京：战略支援部队航天工程大学，2017.

贯彻新时代军事教育方针深化军校课程思政建设

董受全　刘亿　王少平

（海军大连舰艇学院，大连　116018）

摘　要：军队院校因打仗而生，为打仗而建，目的在于为打赢未来战争奠定坚实基础。2019 年 11 月 27 日在全军院校长集训开班式上，习近平主席明确指出“要全面贯彻新时代军事教育方针，全面实施人才强军战略，全面深化军事院校改革创新，推动院校建设加快转型升级”[1]。新时代军事教育方针，就是坚持党对军队的绝对领导，为强国兴军服务，立德树人，为战育人，培养德才兼备的高素质、专业化新型军事人才[1]。新时代军事教育方针明确了培养什么人、怎样培养人、为谁培养人这个根本问题，是做好军事教育工作的基本遵循，同样也是军校课程思政建设的基本遵循。本文依据新时代军事教育方针，结合军队院校姓军为战的特点，研究梳理得出军队院校课程思政建设的总体要求；在理清总体要求的基础上，围绕军校教学建设的主要内容，提出一套课程思政一体化设计方法，包括思政课程与课程思政一体化设计、专业课程结合思政一体化设计、课堂教学结合思政一体化设计、专业教材结合思政一体化设计、教学管理结合思政一体化设计等，供借鉴参考。

关键词：课程思政；军事教育方针；思政元素；专业课程；教学管理

引　言

高校的根本职能和任务是立德树人，教师的主要角色是教书育人。据教育部高教司调研，高校 80％的教师是专业课教师，80％的课程是专业课程，学生 80％的学习时间是专业学习，因此从思想政治教育育人角度，离不开专业课程教学这一重要环节，思政课程是育人关键课程，专业课程思政是育人关键环节和主渠道。2018 年 9 月 10 日，习近平总书记在全国教育大会上指出，“让所有的高校、所有教师、所有课程教承担好育人责任。守好一段渠、种好责任田，使各类课程与思政课程同向同行，将显性教育和隐性教育相统一，形成协同效应，构建全员全程全方位育人大格局”。军队院校的根本属性是姓军为战，是培养打仗人才的摇篮和基地，在思想政治上要求更高，因此军校课程思政的要求也就更高。

1　军校课程思政的总体要求

根据习近平总书记关于教育的重要论述，特别新时代军事教育方针，结合军事人才培养的特殊性，按照思政课程与课程思政同向同行和全员全过程全方位育人的要求，结合海军院校作战指挥类专业，我们认为课程思政的总体要求包括以下四个方面：

1.1　围绕军队院校办学育人方向设计课程思政

新时代军事教育方针，指明了军队院校办学育人的方向，即“坚持党对军队的绝对领导，为强国兴军服务”[1]。“坚持党对军队的绝对领导”，就是要坚持正确的政治方向，坚持从思想上政治上办学治校育人，把政治建军贯彻到军事教育全部实践中。根据军队院校办学育人方向要求，课程思政重点考虑围绕听党指挥、服从命令、理想信念、铸魂育人、强军责任、使命担当等方面开展，确保培养的人才绝对忠诚、绝对纯洁、绝对可靠，确保枪杆子永远掌握在忠于党的可靠的人才中，确保党和军队事业后继有人。

1.2　围绕立德树人的根本任务设计课程思政

习近平总书记多次指出“立德树人是教育的根本任务”，反复强调并指出，“学校是立德树人的地方，必须坚持正确的政治方向”[2]。根据新时代军事教育方针，立德树人是军队院校的根本任务。坚持立德树人，就是要加强政治引领，把思想政治教育贯穿育人全过程，教育引导官兵坚定理想信念，矢志强军打赢。做人做事第一位是崇德修身。青年学员是军队院校的主体，他们在思想上政治上是否过硬，直接关系到军队的发展的未来。因此在课程思政设计时应当重点考虑以下方面展开：坚定理想信念，端正价值追求，陶冶道德情操，砥砺意志品质，树立马克思主义方法论和实践观，塑造正确的人生观、世界观、国家观、历史观和文化观，厚植家国情怀，崇尚中华美德、传统文化，陶冶高尚道德情操，发扬中国精神和中国方案，激发学员爱国之情、报国之志，增强学员对新时代中国特色社会主义核心价值观的认同，培养符合部队建设和未来战争需要的作风优良人才。

1.3　围绕军队院校建设的根本要求设计课程思政

为战育人是军队院校建设的根本要求，也是军队院校与地方高校的本质区别。军队是要打仗的，军队院校必须把战斗力这个唯一的根本标准贯彻到军事教育全过程，立起为战育人鲜明导向[1]，在专业课程思政中要紧紧围绕战斗力建设，激发学员奋发进取的斗志，专业课程思政设计可重点围绕以下方面展开：英勇战斗不怕牺牲的战斗精神，敢于亮剑的斗争精神，对战斗负责的责任意识，艰苦奋斗的大庆精神、铁人精神，“两弹一星”精神，以舰载机为代表的罗阳精神、张超精神，精益求精的大国工匠精神，刻苦钻研的钉子精神，面对新冠的抗疫精神[3]，舰院学员国庆阅兵精神，引导学员把个人理想融入海军发展伟大事业之中，确保培养的人才能打胜仗。

1.4　围绕人才培养目标设计课程思政

强军之要，要在得人。新时代军事教育方针明确提出“培养德才兼备的高素质、专业化新型军事人才”[1]，立起了一流军事人才培养的目标要求。德才兼备就是既要政治过硬，本领高强；高素质就是具有世界眼光、适应时代要求、堪当强军重任；专业化就是强化军事人才职业素养，提升核心专业能力。根据军队院校人才培养目标，专业课程思政设计可重点围绕以下方面展开：科学研究逻辑思维，对立统一的哲学思想，迎难而上的探索创新精神，探索未知、勇攀高峰的科学精神，追求真理、严谨治学求实精神，新时代北斗精神，载人航天精神，探月精神，华为精神，团结协作精神，军人职业素养、文化素养、人文精神，国际战略视野、爱岗敬业精神等。

2 专业课程思政体系化设计

2.1 思政课程与课程思政一体化设计

在2019年3月召开的学校思想政治理论课教师座谈会上，习近平总书记强调“要完善课程体系，解决好各类课程和思政课程相互配合的问题”[4]。根据各类课程与思政课程同向同行、构建全员全程全方位育人大格局的要求，就必须在顶层按照系统工程的方法，一体化设计思政课程与课程思政，使两者形成协同效应。思政课程设计时，按照军队院校政治理论课程设置要求，由思政课程教学单位统一组织课程设计；专业课程思政总体设计时，由于专业教师对政治理论教学的目标要求、具体内容等掌握不全，难以从总体上把握好专业课程思政的总体要求，需结合专业特色和培养目标要求，由各专业负责人与思政课程负责人共同研究，设计本专业课程思政指南，明确本专业课程思政的原则、方向、要求和内容指向，以巩固和拓展思政课程的成果，使课程思政与思政课程聚力同行，打造“大思政”一体化育人体系。思政课程与课程思政一体化设计的育人要求，要落实到人才培养方案和专业教学大纲中。

2.2 专业课程结合思政一体化设计

根据前期确定的本专业课程思政指南，由专业负责人组织本专业任课教师进行集中研讨，以“价值塑造、知识传授和能力培养”三位一体的育人理念为准则，构建层次递进的专业课程思政教学体系。深入挖掘专业课程思想政治教育资源，讲好本专业科鲜活事例，以人物故事涵养家国情怀，以科技成就传播科学精神，以科学问题激发创新热情[5]，挖掘每一门课、每个知识点所蕴含的思想价值和精神内涵，科学合理拓展专业课程的广度、深度和温度，研究出本专业所有课程可能涉及的思政点具体内容、方法、手段和融入点；根据每门课程内容特点，按照“深度融入、润物无声、避免重复、相对均衡”的原则，将各思政点分解分配到每门课程之中；由课程负责人组织本课程教学团队，根据所分配的思政点，深挖课程思政元素，结合课程教学进度，落实到课程教学计划的课程教学目标中。在挖掘课程思政元素时，可以从学科专业形成背景、建设历程、现实状况和发展前景中，提炼理想信念和世界观、人生观、价值观等教育元素；从重大工程、科学技术、国防建设和强军改革成果中，提炼艰苦奋斗的民族精神、改革创新的时代精神、强军兴军的职业精神、精益求精的工匠精神等教育元素；从党史军史改革开放史、战功战将战例、科学家、后勤人以及英模人物事迹中，提炼爱党爱国爱社会主义的家国情怀、不畏强敌的英雄主义情怀等教育元素。通过集中研讨，从整体到部分，专业教师可全面了解本专业整个培养环节中学员接触到哪些思政元素，并弄清自己所承担的课程在整个培养体系所占位置和所担负的思政教育职责。

2.3 课堂教学结合思政一体化设计

在确定的思政目标、内容、元素后，在课堂教学实施时，如何做到专业内容与思政内容相互配合、深度融入，这需要采取科学的方法手段，进行一体化课堂教学设计。教学过程中，教学小组组长可组织集体备课，研究细化课程思政课堂教学设计，重点研究课程思政方法、手段，力争每节课的教案中要设计明确的思政点，每一份教案的教学内容中，要鲜明突出至少一个思政元素或思政案例。坚持聚焦价值塑造，优化内容供给，注重方式方法，解决“盐溶于水”问题，保证“温度”和亲和力，追求专业课程育人的润物无声，增强课堂教学的生动性和感染力[6]，避免出现贴瓷砖工程、“两张皮”现象、生硬机械组合、标签式引入等问题。各任课教师将课程思政贯穿于课堂授课、教学研讨、实验实训、作业论文等各环节，实现课堂主阵地育人。同时，各位教师以严谨的专业精神，“传道、授业、解惑”，既要精于授业和解惑，更要以“传道”为责任和使命，时刻心系国家、民族和人民军队，勿忘所肩负的国家使命、强军重任和社会责任[5]。课堂教学中，教师要从学员的视角考虑，采取灵活多样的教学方法实施课程思政教学，提高育人效果，比如，在讲解深度上“点到为目，自己理解”，在内容数量上“适可而止，张弛有度”，在授课方式上“精彩故事，理喻基中”“即兴发挥，穿插时政”等[7]。

2.4 专业教材结合思政一体化设计

教材是教育教学的重要工具和支柱，是教育教学活动中必不可少的一环，是课堂教学的核心，是教学的基础和实施过程的先导。教材的内容、结构、形式会对学员的学习过程产生重要的影响。专业教材的思政功能也是立德树人的重要组成部分，因此要将专业教材与思政进行一体化设计。专业教材中要融入思政元素，其基本原则包括政治性原则、思想性原则、准确性原则、行业性原则和先进性原则等，可以考虑从科学精神、科学发现、科学思维方式、对立统一的哲学观、保家卫国的家国情怀、历史悠久的中华文明等方面挖掘思政素材。在教材编写过程中，要注重思政元素与专业元素同向同行和逻辑结构的完整性，科学设计思政内容的表达方式，使教材的专业内容和思政内容浑然一体，润物无声[8]。

2.5 教学管理结合思政一体化设计

军队院校教学管理服务于人才培养这一总目标，其主要任务是坚持正确的办学方向、建立教学指挥系统、建立教学管理制度，以提高教学质量为核心，充分调动教与学积极性。课程思政是新时代的新要求，不再是个体行为，而是有组织、系统、全面地课堂育人，开展好课程思政建设，对领导要求远大于对个人要求，因此教学管理相关的政策、制度、方法等与思政是密切相关的，必须进行一体化设计。通过教学管理的政策制度导向，在教育理念层面凝聚大抓课程思政共识。如院校教学评价、专业评估、课堂教学质量评价、教学各环节的督导检查，均需考虑到课程思政建设这一要素，例如，在教学管理中应当制定相应的课程思政标准和要求，督促课程思政贯穿专业教学全过程，充分发挥主渠道育人功能；在优秀课程评比、教学质量奖评比将课程思政纳入关键评分点；在制定激励措施时，鼓励教师在课程思政上使劲发力，做好思想引领；在教学比武竞赛中，不但要比专业水平，还要比课程思政水平，设置课程思政相关竞赛项目，鼓励广大教师用心、用情研究，把课程思政当成一门学问、一门专业、一种价值，打造课程思政优秀教学团队和课程思政示范课程；定期组织优秀教师进行示范宣讲，推广精品课程思政设计课程，定期组织课程思政能力培训，解决“想干不会干”的问题。院校各级管理层要同频共振，形成上下齐抓共管课程思政的共识，由学校党委统一领导、教务部门牵头、机关其他各部门联动、院系落实推进、教研室和教学小组末端落实的良好局面，大力提升广大教师课程思政能力和育人水平。

参考文献

[1] 习近平.习近平在全军院校长集训开班式上强调贯彻新时代军事教育方针深化军事院校改革创新 培养德才兼备的高素质专业化新型军事人才[N].人民日报,2019-11-28.

[2] 习近平.习近平在全国高校思想政治工作会议上强调把思想政治工作贯穿教育教学全过程 开创我国高等教育事业发展新局面[N].人民日报,2016-12-09.

[3] 王冰洁,赵宁."抗疫精神"融入大学生网络思政教育的有效性研究[J].安徽理工大学学报:社会科学版,2020,22(5):5.

[4] 习近平.用新时代中国特色社会主义思想铸魂育人 贯彻党的教育方针落实立德树人根据任务[EB/OL].(2019-12-09).http://jhsjk.peopl.cn/article/28936173.

[5] 李卫平,李少杰,陈海宁,等.北航材料专业课程思政建设的探索与实践[C]//第三届全国航空航天类课程思政教学改革论坛会议论文集.北京:北京航空航天大学出版社,2021.

[6] 李哲,张腾,王卓健,等.课程思政背景下的飞机流体传动与控制课程教学模式改革探索[C]//第三届全国航空航天类专业教育教学研讨会论文集.北京:北京航空航天大学出版社,2022:206-211.

[7] 单晨伟,姚倡锋,吴宝海,等.专业课程思政元素的挖掘和教学方法探索——以计算机辅助制造课程为例[C]//第三届全国航空航天类专业教育教学研讨会论文集.北京:北京航空航天大学出版社,2022:197-204.

[8] 赵延永,蔡喆.航空航天专业教材思政内容编写原则及思政元素挖掘[C]//第三届全国航空航天类课程思政教学改革论坛会议论文集.北京:北京航空航天大学出版社,2021.

三点一面、空天报国
——飞控类课程思政设计与实践

董一群　张易明　万婧　邓娟　艾剑良

（复旦大学 航空航天系，上海　200433）

摘　要：立德树人是教育的根本任务，课程思政是实现这一任务的重要切入点。“树人”面向学生科研综合素质培养（“一面”），旨在提升学生专业技术、文档写作、汇报陈述（做、写、说，“三点”）3 个维度的能力；“立德”则注重培养学生的家国情怀，尤其面向学生的未来职业抉择，塑造学生空天报国思想情操。复旦大学航空航天系飞控教学团队在本科生、研究生课程两个层面均进行了课程思政设计与教学实践。针对“飞行力学与飞行控制”“飞行器的操稳特性”等本科生课程，展开课程教学改革，以大作业课堂讲解等形式，提升学生对于重要知识点的专业技术掌握能力，并通过我国航空工作者的先进事迹，培育学生空天报国信念。针对“动力学系统建模与控制”“人工智能”等研究生课程，以课程大作业为牵引，展开学生做写说综合素质提升，并结合空天领域各研究所、专业机构的业务范围、拳头产品介绍，引导研究生就业抉择，实践空天报国精神。

关键词：飞行控制；课程思政；三点一面；空天报国；教学改革与实践

引　言

习近平总书记明确指出：“要用好课堂教学这个主渠道，各类课程都要与思想政治理论课同向同行，形成协同效应。”在 2016 年和 2017 年，习近平总书记先后在全国高校思想政治工作会议和第十九次全国代表大会上强调，广泛展开理想信念教育，深化中国特色社会主义和中国梦宣传教育，弘扬民族精神和时代精神，加强爱国主义、集体主义和社会主义教育。这为教育工作者在传统教学中注入爱国主义教育提出了新的要求[1-3]。

教育部于 2018 年颁布了《高校思想政治工作质量提升工程实施纲要》和《新时代高校思想政治理论课教学工作基本要求》，以全面推广“课程思政”建设。爱国主义教育对于个人、社会和国家的发展具有深远影响，因此高校教师在教学过程中应融入爱国主义教育，改革传统课堂的内容和形式，努力实现社会主义核心价值观与学科课程的有机融合。积极探索思想政治教育教学体系，实施“课程思政”教学改革，已成为各高校教育工作者的重要任务[4]。

“立德树人”是高校教育的根本任务，长期以来，其主渠道一直是高校思想政治课程。2018 年，“课程思政”在全国推广，其将“立德树人”目标和“三全育人”理念与专业课程教学有机结合[5]，提出通识课程和专业课程要与思政教育同向同行，发挥合力，着力培养德智体美劳全面发展的社会主义建设者和接班人，培养“有理想、有本领、有担当”的“时代新人”。以“航空航天”为内涵的飞控类课程具有引领性、交融性、创新性、跨界性和发展性等特征。飞控类课程的思政教学改革，需基于课程专业特点，通过将知识点置于世界观、方法论和价值论的大背景下审视，在内容上与思想政治教育融合，通过丰富教学内容、完善教学结构、提高教学水平、拓展教学方法，做到层次明确、布局合理。在结构上，则应以课堂教学为主，通过积极运用网络、新媒体等新手段，对学生进行思政教育。飞控类课程的思政教学改革不仅是对专业课程的讲授，同时还需引导学生优化思维方式，形成科学世界观，确立正确人生态度，提升职业素养，以增强学生对于知识点的专业技术能力；同时，通过我国航空工作者的先进事迹学习，培育并促进学生实践空天报国信念[6-8]。

1 飞控类课程思政的重要性

1.1 弘扬爱国主义精神

飞控类课程思政设计可以通过课程内容的设置，融入航空航天领域的发展历程、重大贡献和标志性成果，讲述爱国奋斗的故事，激发学生立报国之志，培养有为青年。

首先，课程可以通过讲解航空航天领域的发展历程，生动展现我国在航空领域的伟大成就，如从最初引进仿制飞机到如今设计生产大型运输机、歼击机等一系列先进飞行器；基于此，学生可深刻体会中国空天事业的发展，这将有力激发他们的爱国热情。

其次，透过教学手段，课程可融入中国航空英雄的感人事迹，通过这些英雄的拼搏精神和为国家做出的巨大贡献，培养学生对于“空天报国”信念的认同。这样的教学方式不仅使爱国主义理念更具体、更深刻，同时也可激发学生积极向上的精神面貌。

最后，通过课程内容的选择，将国家的航空航天成就与国家民族精神相结合，使学生从学科知识中体会到对祖国的深切眷恋，激发他们为国家繁荣昌盛而努力奋斗的信心和决心。

通过这些手段，飞控类课程思政设计将在弘扬爱国主义精神方面发挥至关重要的作用；课程教育在引导学生专业学习的同时，也可促进其进一步体悟到对国家的热爱，从而塑造学生更为全面和积极向上的人格。

1.2 融合科技发展与爱国情怀

在飞控类课程中，科技发展和爱国情怀并非相互独立，而是相辅相成的。通过深入讲解航空航天领域的科技发展历程、重大贡献和标志性成果，在培养学生专业技术能力的同时，也可引导学生对科技的热爱与对国家的热忱相结合。例如，介绍我国航空军事装备的发展历程，从仿制飞机到自主设计大型运输机、歼击机等，激发学生为国家的科技进步而努力奋斗的信念。

飞控类课程思政设计要紧密结合实践，使学生在课程学习中获得全面的发展。通过课程作业、课堂讲解等方式，提高学生对重要知识点的专业技术能力，并通过先进事迹培养学生的空天报国信念。在研究生课程中，以课程大作业为引导，展开学生做、写、说综合素质提升，结合各研究所的业务范围、拳头产品介绍，引导研究生的职业抉择，实践空天报国的精神。

2 飞控类课程思政实践

2.1 课程概况

“飞行力学与飞行控制”“飞行器的操稳特性”属于本科生课程，学生通过课堂学习、课后作业等形式完成基本知识积累。“飞行力学与飞行控制”是研究飞行器运动规律的一门学科，是联系飞行器总体、制导与控制、气动外形与布局、发射与动力装置等相关技术的桥梁和纽带，是研究和设计飞行器的理论基础。“飞行器的操稳特性”是空气动力学、飞行力学、控制科学等多个学科在飞行器设计具体实践中的综合应用，主要讲述刚体飞机性能、稳定性、动力学和控制的基本原理及其在飞行器研制过程中的相互作用。

“动力学系统建模与控制”“人工智能”属于研究生课程，学生通过大作业形式实现课堂知识与实践技能的综合应用。“动力学系统建模与控制”主要讲授多自由度系统的动力学问题的建模与分析方法，及以飞行器为代表的复杂动力学系统的控制与仿真方法；“人工智能”讲授人工智能相关理论及典型方法，包括深度神经网络、卷积神经网络、递归神经网络、深度强化学习等，并讨论其在航空航天领域的应用。

2.2 课程教学目标

面向本科生授课的“飞行力学与飞行控制”及“飞行器的操稳特性”旨在培养学生运用高等数学、理论力学和空气动力学基础知识进行飞行器运动的动力学建模、飞行性能及操稳特性分析等方面能力，主要目标是知识体系建立。前者要求掌握的主要内容包括：飞行力学常用坐标系定义及变换、作用在飞行器上的力和力矩、飞行器运动建模及简化；追踪法、比例导引法、三点法等典型导引规律；飞行器的动态特性等。后者要求掌握的主要内容包括：飞行器运动的六自由度方程建立及其线性化与求解、飞行器稳定性与平衡的概念、操纵原理，飞行器的操稳特性基本要求及评估方法等。

面向研究生授课的“动力学系统建模与控制”及“人工智能”旨在培养学生综合运用动力学建模、先进控制理论与算法、人工智能方法，面向飞行器等复杂动力系统的控制、决策、故障诊断等问题，建立分析和解决具体工程问题的能力。前者介绍针对旋翼机、小型固定翼飞机、无人车、潜水器等共性动力学建模方法及姿态保持、轨迹跟踪等初步动力学控制相关理论、方法；讲授基于 MATLAB/Simulink 相关工具箱，及 Python 等程序语言的动力学建模与仿真计算方法；介绍深度学习、深度强化学习等初步理论，并讲授基于深度学习、深度强化学习等的复杂环境动力学系统建模及仿真计算方法。后者介绍人工智能基本理论及典型方法，包括深度神经网络、卷积神经网络、递归神经网络、深度强化学习等；讨论人工智能方法在航空航天领域的代表性应用，涵盖动力学与控制、航空交通管制、大型客机初步设计等；教授人工智能相关编程环境、语言及工具箱，并经由相关课程作业、任务设计，促进学生对其的学习和把握。

2.3 思政教学实践与分析

在“飞行力学与飞行控制”以及“飞行器的操稳特性”课程中，以抗美援朝战争中“米格走廊”为背景，以米格-15 和 F-86 战斗机为例，详细介绍了它们的性能差异，特别是在操纵性方面的差异，即前者较为笨重，但俯冲速度较快，而后者则更为灵活尤其是水平机动性能卓越。通过这些对比分析，深入阐述了这些性能差异是如何导致两型战机采用截然不同的作战方式：F-86 偏向水平面机动，米格-15 则更注重垂直面机动。

此外，在课程中还特别讲解了一些英雄人物如王海等的事迹（见图 1），通过这些英雄事迹的生动展现，激发了学生的爱国情怀。这种爱国情怀的培养不仅仅停留在理论层面，更是通过实际的飞行器性能分析和英雄事迹的阐述，让学生深刻感受到航空航天事业的伟大与艰巨，进而引发他们对于航空事业的责任与担当。

图 1　课堂 PPT 截图

在 1951 年 4 月 25 日的抗美援朝时期，王海作为空 3 师第 9 团第 1 大队大队长，带领团队迎击美国空军。在一次战斗中，以 5∶0的惊人战绩结束战斗，个人更是成功击落了 2 架敌机。在接下来的战斗中，尽管面对着 4 对 12 的劣势，王海大队依然以 6∶1的比例再度获得胜果。在整个抗美援朝的战斗中，他率领人民空军第一大队，与美国空军进行激战 80 余次，累计击落敌机 29 架，个人击落敌机 9 架。因为这些卓越的表现，王海所率领的大队后来被正式命名为“王海大队”。至今，中国人民革命军事博物馆还陈列着一架绘有 9 颗红星的米格-15 歼击机，这正是王海当年驾驶过的功勋飞机。

王海于 2020 年 8 月 2 日在北京逝世，享年 94 岁。他在航空航天领域的英勇事迹不仅让他成为空军上将，更是被评为“感动中国 2020 年度人物”。通过王海的生平和作战事迹，学生可以深刻感受到航空航天事业的伟大与艰巨，进而引发对于航空事业的责任与担当的思考。

在“动力学系统建模与控制”和“人工智能”这两门课程中，引入了我国 J-20、J-16 等系列战斗机的案例，以此牵引介绍航空工业成飞、沈飞所设计的战斗机谱系（见图 2）。通过深入介绍这些战斗机的特点和发展历程，旨在引导学生对于航空航天领域的就业方向有更清晰的认识，实践“空天报国”的理念。

通过以上实例，结合实际案例分析，使学生在学习专业知识的同时，培养对于航空航天事业的热爱和责任心，进而将这种热爱和责任心转化为实际行动，为我国空天事业的发展贡献力量。

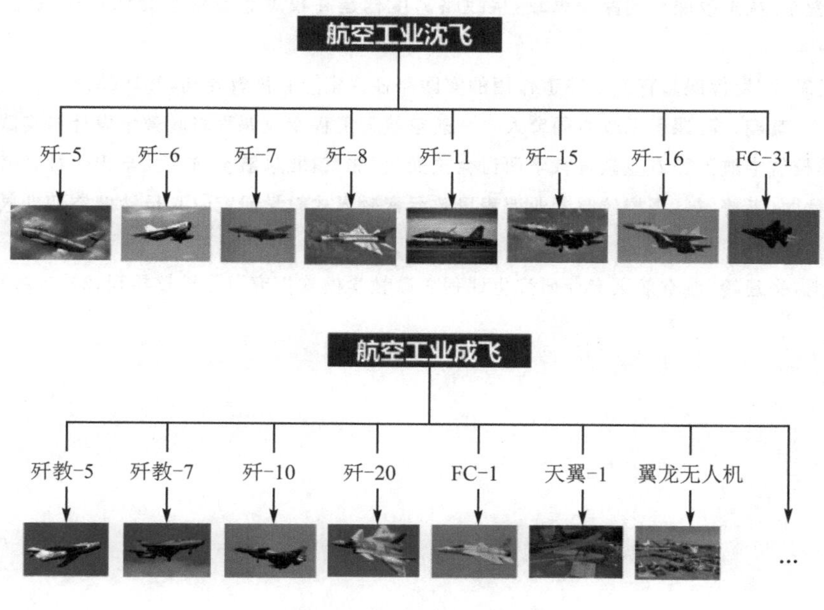

图 2 我国战斗机谱系图

3 结 论

课程思政在我国高等教育领域的引入，旨在更好地实施立德树人这一根本任务，是一项富有创新探索精神的教育环节。通过教师的课程思政实践，原本自发、个体化、朴素的育人行为得以上升为有序、自觉、有组织的行为体系。其核心内涵主要体现在基于课程的知识传授规律，凸显思政价值引领，充分发挥课堂主渠道作用，全面提升新时代人才培养的质量。

在航空航天专业中，课程思政成为一个专业化的命题。需要系统全面地深入学习关于教育工作的重要论述，以此巩固理想信念的基石。需加强自身建设，成为"经师"和"人师"两者统一的专业教师。深入把握航空航天课程的教学脉搏，同时汲取中华优秀传统文化的营养，继续强化师德建设。充分激发航空航天专业教师在课程思政体系下的积极性、主动性和创造性，以专业乐趣感染学生的思想。通过贯穿教育教学全过程，培养学生树立远大理想，热爱伟大祖国，担当时代重任，强化立德修身，努力成为胜任民族复兴使命的时代新人。

参 考 文 献

[1] 习近平. 把思想政治工作贯穿教育全过程 开创我国高等教育事业发展新局面[N]. 人民日报，2016－12-09.

[2] 习近平. 习近平决胜全面建成小康社会夺取新时代中国特色社会主义伟大胜利在中国共产党第十九次全国代表大会上的报告[N]. 人民日报，2017-10-28(1).

[3] 习近平. 习近平主持召开学校思想政治理论课教师座谈会强调用新时代中国特色社会主义思想铸魂育人贯彻党的教育方针落实立德树人根本任务[N]. 人民日报，2017-10-28(1).

[4] 高德毅,宗爱东.从思政课程到课程思政:从战略高度构建高校思想政治教育课程体系[J].中国高等教育,2017(1) 43-46.

[5] 贺娟."课程思政"发挥课堂育人主渠道作用的实践路径探索[J].科教导刊,2019(31):2.

[6] 陈方,周艳平,黄翔,等.课程思政协同育人——航空航天工程专业课程思政教学设计与实践[C]//第三届全国高等学校航空航天类专业教育教学研讨会论文集.北京:北京航空航天大学出版社,2022:181-190.

[7] 刘战合,田秋丽,王菁,等.高校航空专业课程思政元素融入式教学研究[J].长沙航空职业技术学院学报,2020(20):45-49.

[8] 胡海龙,张帆,岳建岭.航空航天专业研究生课程思政教学模式探究[J].科教导刊,2022(27):78-80.

产学研合作背景下高校思政教育的发展路径*

方虹泽[1]　陈瑞润[1]　王琪[1]　陈德志[1]　范阳鹤[2]

(1. 哈尔滨工业大学 材料科学与工程学院，哈尔滨　150001

2. 哈尔滨理工大学 马克思主义学院，哈尔滨　150080)

摘　要：高校、企业、研究院合作培养研究生是一种新兴的人才培养模式，三者的合作关系构成产学研一体化，形成人才培养的联动机制。在共建过程中深度挖掘彼此的德育资源，有利于研究生思政教育的培养，最终达到互惠互利、合作共赢的目的。产学研合作背景下高校思政教育的发展路径可以通过共建思政教育发展阵地、合作思政教育师资配备、共享思政教育研究成果、建设思政教育文化中心等方式，培养研究生的学术交流能力、基本操作能力、思辨能力和创新实践能力，充分适应环境变化的需求，是思政教育改革创新的有效保障。思政教育改革要遵循有效性、创新性和时代性的基本原则，借鉴各个领域的学科特点和内容启示，最终形成全员化合力为效力，构建高校、企业、研究院立体交叉的长效机制。

关键词：产学研合作；思政教育；发展路径；长效机制

引　言

“水之积也不厚，则其负大舟也无力。”现如今社会环境冗杂多变，研究生的思想政治、德育心理以及职业选择不再受到校园环境和家庭环境的禁锢，更多是社会环境的影响，思政教育要确立大境界和大格局才能为研究生引航人生方向。在我国产学研联合培养研究生已成为高等教育发展的主要趋势，尤其是近年来呈现出进一步推广和深化的现象。产学研一体化培养是在国家政策的支持下逐渐展开的，为研究生实操训练提供了相对完善的机制和平台。为了加强研究生的社会实践能力，高校陆续与企业、研究院签订合作协议，共同开展各类科研活动，实施人才培养计划。随着合作模式的逐渐丰富，在共享资源的前提下形成了具有中国特色的研究生培养模式，着重于研究生的社会实践，避免了高校、企业和研究院发展方向脱轨的现象，提高研究生的操作能力和创新精神。可以说产学研一体化培养随着我国创新驱动发展呈现上升趋势，为高层次人才输出奠定了坚实的基础，促进科技创新发展。

在国外的研究生培养过程中校企合作具有同样重要的意义，以教学为主、实践为辅的高等教育中，政府大力支持高校与企业的联合培养模式。例如德国在高等教育中注重实践过程管理型，高校毕业论文选题来源于企业且企业参与联合指导；英国毕业生为了得到注册工程师的资格，在完成两年高校学习后需要去企业实习一年获得政府颁发的工业实习证书；美国拥有世界一流的研究型工程教育大学和应用型工程教育大学，且工程院校设立工业咨询委员会，根据学校的工业课程设计参与相应的教育改革；韩国知名企业参与高校的实习活动，为研究生提供

* 基金项目：哈尔滨工业大学研究生教学改革项目（专业学位研究生人才培养改革专项）（ZYMS0013）

岗位进行实操训练；日本许多企业设立联合研究中心，与高校合作科研项目；新加坡政府鼓励科研成果商业化和产业化；印度等国家也积极推进产学研联合培养人才。除此之外，一些国家鼓励学科之间的交叉，所谓学科交叉就是两门以上的学科之间从不同的学科角度针对同一研究对象进行研究的方法，跨越学科壁垒进行有效的知识整合，拓宽知识视野共同培养具有综合能力的高级人才，启蒙新的思路和想法，有助于提高研究生的创新能力和就业竞争能力，推动科技进步和产业升级。

1 产学研合作背景下高校思政教育发展的重要意义

“深入实施马克思主义理论研究和建设工程，把坚持以马克思主义为指导全面落实到思想理论建设、哲学社会科学研究、教育教学各方面。加强和改进学校思想政治教育，建立全员、全程、全方位育人体制机制。”在以上重要论述中可以看出，中国特色社会主义治理深入高校思政教育中符合时代的要求，是社会发展的需要。为提高高校思想政治教学能力水平，把握时代发展构建教育体系的内生性，培养社会需要的综合素质研究型人才，加强研究生的社会实践能力，高校、企业、研究院合作培养研究生的发展路径研究具有一定的现实意义。在国际影响力方面，产学研合作可以推动国家的技术发展，促进国际交流合作，吸引更多的优秀研究生和企业参与国内科研合作项目。从国内学科发展来看，校企合作模式能够促进高校培养综合素质型人才，鼓励跨学科的研究和合作，解决复杂的学科交叉等问题；在产业界人才需求方面，高校研究生进入企业、研究院实践活动不仅能够缓解社会就业压力，还能培养符合实践应用型人才，加强学校和社会的链接，提高研究生的就业率和就业质量；从高校思政教育的改革方向来看，产学研合作构建思政教育创新性和实效性的长效机制，深度挖掘各方德育资源，这种全新的人才培养模式提升了思政教学质量。

2 产学研合作背景下高校思政教育的发展路径

高校思想政治教育与产学研一体化培养具有相互契合的内在联系。首先，高校思想政治教育承载着产学研联合培养研究生的应然功能，用中国特色社会主义的治理理念引领人才培养和创新发展，党的二十大报告中指出：“我们确立和坚持马克思主义在意识形态领域指导地位的根本制度。”习近平总书记在主持学校思想政治理论课教师座谈会时强调“思政课教师，要给学生心灵埋下真善美的种子，引导学生扣好人生第一粒扣子”，把下一代教育好，思政教师要充分发挥积极性、主动性和创造性，可见思政教育在高校发展中的重要地位。恩格斯说：“一个民族要想站在科学的最高峰，就一刻也不能没有理论思维。”准确把握中国特色高校思政教育的发展内生性，贯穿于研究生的整个培养过程中；产学研一体化是应对思政教育环境变化的客观要求，是思政教育创新的必然路径，是实现中华民族伟大复兴后备人才培养的思想保障。思政教育承载着国家治理体系和治理能力现代化的应然功能，其发展遵循有效性、创新性和时代性的要求，形成符合国家发展规律的教育体系。鉴于产学研一体化背景，高校思政教育可以有以下发展路径。

2.1 产学研共建思政教育发展阵地

产学研一体化是将校园文化和企业文化有机结合起来，为研究生完成角色转换提供丰富的思政教育载体。在工学结合过程中,研究生以定岗实习为目标,在充分了解实训计划的基础上完成实践任务,在实践操练中适应企业和研究院的工作环境,进而为将来社会工作打下坚实的基础。思政教育不仅培育研究生的职业素质,更把职业技能作为培训合格的评价标准,所以培养职业素质和职业技能是企业、研究院联合制定的研究生职业生涯规划的思政目标,实现了思政教育与社会实践之间的充分联动。企业和研究院为研究生提供校外的实践场地,需要配备完善的基础设施,融合职业文化和岗位精神,全方位管理研究生的实训操作,将教育资源外化为研究生的职业操守和实践目标,这充分符合思政教育实践性的长效机制。

2.2 产学研合作思政教育师资配备

提高思政教育水平需要配备综合素质过硬的师资队伍,师资不仅包括高校的理论教师,还需要具有职业经验丰富的实践教师。产学研一体化是以实践为主的育人培养,高校教师虽然具备扎实的理论功底,但是社会实操经验相对匮乏,需要引进一些企业和研究院的管理人员加强对研究生的职业指导,增加研究生的职业规划课时,让研究生了解社会且对自己的人生规划有更加清晰的认识。当然,研究生社会实践离不开理论的支撑,高校指导教师可以分派去企业和研究院兼职学习,考察企业和研究院的工作背景,在今后的授课中做到有的放矢,锻炼自身能力水平的同时更加有效引导研究生思政教学,补充相应的实践经验。思政理论知识来源于社会实践,高校在考核思政教师的任务中增加对社会实践的计划,将校园文化与社会深化融合,优化思政课教师队伍建设,防止理论授课的假空大,增加研究生听课的抬头率,根据研究生的个人特点灌输相应的理论知识,发挥每个学生的专长特点,也是思政课教师教育教学的最终目的。

2.3 产学研共享思政教育研究成果

习近平总书记指出:“好老师应该取法乎上、见贤思齐,不断提高道德修养,提升人格品质,并把正确的道德观传授给学生。”思政教育实践的载体是高校、企业和研究院共同提供的学习环境,产学研共建师资配备可以充分利用人力资源,共享理论成果是产学研一体化过程中最重要的环节。研究成果是检验研究生培养效果的试金石,由于受到地理位置和产业设备及人为因素等影响,高校、企业和研究院的研究方向也大不相同。企业可以把高校和研究院的理论知识应用到实践操作中,转换高校理论和研究院成果为最终效益;高校可以根据企业效益和研究院成果反馈调整培养研究生方案,融合企研文化精准输送高质量人才;研究院依据高校和企业的价值导向制定研究计划、研究目标,深化研究成果。三者加强联合高质量、高层次、高效率完成培养任务,分享研究成果最终推动科研发展,完成思政教育的目的。当然产学研成果共享的过程需要相应的制度作为保障,管理人员要具有开拓创新的精神和较强的责任意识,思政教育要增加工作者的职业素质,将职业素质纳入考核的标准,包括职业精神和职业道德两个方面,增加其奖惩力度,树立典型的榜样模范,由内而外地让每位管理者自愿参加到共享成果的过程中。

2.4 产学研建设思政教育文化中心

“每个时代都有每个时代的精神,每个时代都有每个时代的价值观念。”随着时代的更迭和国家发展的转型,社会对人才考核标准逐渐提高,且科技人才需求量也越来越大,国家之间的竞争实际上是科技的比拼,科学的发展离不开文化的支撑,文化是推动国家进步的软科学,是产学研培养研究生发展的驱动力，校园文化、企业文化和研究院文化是助推思政教育改革的源泉，科技人才的培养对产学研思政教育文化中心建设提出新的挑战。产学研一体化是这三种文化交融的过程，使得对科技人才的培育更加精准，增强研究生的就业竞争力，提升研究生的创新能力，充分发挥高校思政教育的育人功效。文化交流不仅有助于研究生实践能力提升，同时对校园的人才培养、教育理念、办学思路和课程设置等具有深刻影响，及时调整其发展方向，寻求最佳的发展策略。对于企业文化发展来说，可以定期开展理论培训，把校园文化渗透到企业文化中，丰富企业文化的内容，提升企业文化的内涵，在工中学将企业文化转化成为具有思政教育的价值。“加强和改进思想政治工作，深化群众性精神文明创建活动，弘扬科学精神。”研究院文化是校园文化和企业文化的有机结合，具有半工半读的性质，既能深化研究生的学术能力，又可以全方位培养人才的实践能力，将工学一体化发挥出思政教育人的功效，是高校和企业的枢纽站，充分适应国家社会转型的新变化。

除此之外，产学研合作背景下高校思政教育发展的路径还包括组织研究生学术交流、研究生基本能力培训、研究生思辨能力培训、研究生创新实践培训等方式方法。产学研合作为研究生提供更多的实践机会，进一步将理论知识应用到实际工作中，解决工程和科研难题。在实践过程中，研究生可以接触到最先进的科学技术和工作经验，提高专业技能水平，提出创新想法，不断改进和完善企业、研究院的知识体系，更加了解行业趋势，增强研究生就业竞争力，推动相关产业快速进步和发展。

3 结 论

“办好思政课，最根本的是要全面贯彻党的教育方针，解决好培养什么人、怎样培养人、为谁培养人这个根本问题。”一方面，产学研一体化通过实践培训提高了研究生的专业技能和就业竞争力；另一方面，产学研合作背景下思政教育体系得到了充分的发展，以马克思主义为引领完善中国特色社会主义高等教育内容。综合来看，校企研合作对研究生思政教育影响具有广而深的重要意义，提高了思政教育师资队伍建设，促进高校、企业和研究院的资源成果共享，是推进教育现代化的驱动力，团结一致建设社会主义教育强国。

参考文献

[1] 中共中央关于坚持和完善中国特色社会主义制度 推进国家治理体系和治理能力现代化若干重大问题的决定[M]. 北京：人民出版社，2019.

[2] 庄子. 逍遥游[M]. 长沙：岳麓书社，2018.

[3] 薛思敏. 德国高等教育“双元制”项目发展现状及其特点[J]. 职教论坛，2020，(9)：162-168.

[4] 习近平. 高举中国特色社会主义伟大旗帜为全面建设社会主义现代化国家而团结奋斗[M]. 北京：人民出版社，2022.

[5] 马克思恩格斯选集(第3卷)[M]. 中共中央马克思恩格斯列宁斯大林著作编译局，编译. 北京：人民出版社，2012.

[6] 习近平. 习近平著作选读(第1卷)[M]. 北京：人民出版社，2023.

[7] 习近平. 习近平著作选读(第2卷)[M]. 北京：人民出版社，2023.

[8] 中共中央党史和文献研究院. 习近平关于社会主义精神文明建设论述摘编[M]. 北京：中央文献出版社，2022.

校企合作遥感类课程思政建设新思路*

高通[1]　朱瑞飞[2]　顾玲嘉[1]　陈浩[3]　周彬[4]

（1.吉林大学 电子科学与工程学院，长春　130012

2.长光卫星技术股份有限公司，长春　130000

3.哈尔滨工业大学 电子与信息工程学院，哈尔滨　150001

4.哈尔滨工业大学 航天学院，哈尔滨　150001）

摘　要：卫星遥感技术是国家中长期发展规划的关键尖端技术。遥感类课程是电子信息专业本科与研究生培养的核心课程，该课程不仅需要培养学生的卫星遥感与信息处理方面的基础理论功底，更应与遥感行业内领军企业的实际卫星遥感解译业务流程衔接。为此，有必要开展校企协同遥感类课程建设，将学术理论与实际应用相结合，以解决行业"卡脖子"问题为导向，实现校企合作应用型复合型人才的创新培养模式。不同于传统遥感类课程的思政建设，本文在校企合作背景下，以遥感学科特点与行业关键问题为驱动，开拓校企合作思政教学新思路，避免传统课程的思政内容单一、形式同质化的问题，建立校企合作思政素材动态知识图谱库，结合教室—研究室、教材—实际遥感解译系统的跨场景跨平台混合式教学形式，将思政建设融入校企合作的教学过程与课程设计考核环节，弘扬攻坚克难的团队协作精神与工程技术人员解决国家/行业重大问题的工匠精神，承担高等学校遥感类课程的正确价值塑造的社会责任，为筑牢我国遥感科学创新性人才高地贡献力量。

关键词：卫星遥感；课程思政；校企合作；思政素材知识图谱

引　言

思政建设是长期以来高等学校人才培养的重要环节。教育部印发《高等学校课程思政建设指导纲要》的重要指示文件，指出全面推进课程思政建设是落实立德树人根本任务的战略举措。同时，习近平总书记关于教育的重要论述也指出了育人的根本在于立德[1]。如何做好高等学校人才培养工作，树立青年人才"立大志""明大德""成大才""担大任"的远大理想抱负，为国家输送一批有能力有干劲的创新性人才队伍是高等学校的职责所在。

新时期教育改革与课程思政的发展应紧贴人才培养的实际需求。以遥感类课程为例，遥感类课程是高等学校电子信息类专业的专业特色课。具体地，吉林大学的"遥感原理与应用"课程与哈尔滨工业大学的"遥感系统信息处理仿真与实现"课程均是电子信息专业研究生的专业特色课。这两门课程需要既需要学生掌握遥感技术的基本概念和基本原理，还需要学生了解我国卫星技术发展动向与遥感系统实际处理流程。对于这类理论与应用并重的遥感类课程，有必要拓展传统以课堂为主体的教学模式，协同国内卫星遥感领军企业，建设校企协同的

* 基金项目：吉林大学科研启动项目 419080600185

遥感类课程，利用教室一研究室、教材一实际遥感解译系统的跨场景跨平台混合式教学形式，进而让学生全面深入的掌握遥感处理基本技能与方法，提升遥感类人才培养质量。

尽管校企合作地遥感类课程建设有助于提升学生理论与工程相结合的专业能力，但同时也为课程思政建设带来了新的难题。传统的以课堂教学为主体的课程设计，其思政内容较为单一，形式同质化，而校企合作的教学环境既可以是课堂又可以是校企合作培养基地，学习媒介包括教材与实际遥感解译系统，考核手段也可通过考试或企业工程项目报告考查。在这种教学环境动态化、学习媒介多样化、考核手段多维度的情况下，如何发展校企合作遥感类课程的思政新思路是值得研究的重要命题。为此，本文以吉林大学与长光卫星校企合作背景为例，建立校企合作遥感类课程思政建设方案。吉林大学为985工程大学，其遥感类课程是电子信息专业的特色选修课，相关的遥感信息处理方向也是电磁场与微波技术、电路与系统专业的研究生培养的特色方向。长光卫星公司是我国商业遥感卫星的领军企业[2]，该公司发射并自主运控“吉林一号”系列卫星。校企双方在理论与应用方面具备明显的互补性优势，且前期有着较好的合作基础。此外，吉林大学与长光卫星公司均位于长春，具备良好的合作条件，便于开展各项合作事宜，为校企合作的一流遥感类课程建设提供多维度保障。本文结合吉大与长光卫星的实际情况，从校企合作思政建设基本原则、校企合作思政知识图谱库构建、教学过程课程思政建设、考核手段课程思政建设四个方面进行全面论述，为校企合作遥感类课程思政建设提供创新思路与参考依据。

1 校企合作遥感类课程建设目标

传统的遥感类课程，其主要依托的手段为课堂教学，培养目标在于帮助学生了解与掌握卫星遥感基本机理与应用技术，并积极引导学生关注我国航天遥感事业发展。作为比较，校企合作的遥感类课程让学生既能够在课堂学习遥感理论知识，又能够在一线企业了解实际遥感处理业务流程与关键技术问题。然而，在这种教学环境可变，教学形式多样的新型遥感课程，课程思政应具备更多样的表现形式以及与时俱进的建设目标。

对于校企合作课程思政来说，有必要利用丰富的教学环境与多样的教学媒介，并结合Bloom培养模型[3,4]与冰山模型[5]，全方位多阶段地完成学生知识传授、能力培养以及价值塑造，强化学生遥感基础理论以及数学物理方法，让学生充分了解我国卫星遥感技术的蓬勃发展，树立学生的民族自信心与自豪感，还需让学生深入感受遥感行业一线科学家与工程师的科学探索精神，培育学生的航天强国航天报国情怀。具体而言，校企合作遥感类课程建设应从以下三个角度实现学生培养目标：

基础强化：校企合作的遥感类课程建设核心是知识传授与能力提升。遥感学科作为多学科的交叉应用，其涉及电子信息、计算机、地理学与传感科学等多学科知识协同融合。为了便于学生系统地掌握遥感信息处理的基本原理与业务流程，教师应起到知识领路人的职责，在课堂上利用准确的数学阐释与深入浅出讲解，让学生全面了解遥感信息处理的物理数学方法与内在机理。同时，应利用校企合作的资源共享优势，组建校企合作联合培养基地，结合遥感半实物仿真模型，让教材描述的遥感成像与处理过程变得生动形象触手可及，进而加强理论知识理解。通过教室一实验室一教师的循环迭代的知识传授，夯实学生基础理论，强化学生对卫星遥感探测机理与业务处理环节的认识。

考核评价:遥感类课程作为以应用技术为导向的专业特色课程,其评价方式应联合考查学生的遥感基础知识与工程实践能力。对于校企合作的遥感类课程,考核方式应采取自主选题的课程设计。学生的专业能力可以粗略分为基础理论能力与工程应用能力。由于先天差异与成长环境差异,导致不同学生个体能力有所差异,有些学生擅长于理论学习,有些学生对工程应用能力较强。教师应面向学生差异对症下药,通过定制化的考核方式,发展学生的个性化能力进而诱导学生学习兴趣,在理论教学或企业课程设计实战环节发现不同学生的能力点,进而强化培养学生的个性化能力,允许学生自主选择的偏理论或偏应用型课程设计进行个性化评分,实现不同学生的个性培养与充分评价。

价值塑造:校企合作课程建设的价值塑造是学生能力培养的延伸与升华阶段。人才的培养以德育为前提。遥感技术为国家航天领域的高精尖技术,遥感类人才务必心怀"国之大者",有着为我国航天遥感事业发展坚定不移、敢于拼搏的奋斗精神。我国航天遥感自20世纪60年代起步,经过近几十年的蓬勃发展期,已形成覆盖从全色、多光谱、高光谱、雷达多传感器,以及高、中、低轨的多轨道多源卫星空间基础设施基本框架。如此骄人业绩来自于心系祖国、航天报国的一批批科学家与工程师们的日日夜夜的忘我工作。这些鲜活的事例为思政素材的提炼提供了丰富宝藏。不仅如此,校企合作的课程建设能够让学生亲历遥感一线企业去学习去感受科学家与工程师们为解决行业"卡脖子"问题的奋斗事迹。这种思政培育是无声无息又无所不在的,其目的是让学生不仅能从书本科学家的事迹体悟感受开拓者的不易,更能从身边企业奋斗者的真实案例深刻领悟为国铸剑、航天报国的高尚思想情操。

2 校企合作思政知识图谱库构建

传统的课程思政素材库,其素材类型单一、表现形式同质化,其侧重思政素材实体的收集整理,而缺乏对素材—素材以及知识点—素材关系的挖掘,导致思政素材与教学内容彼此孤立,难以做到"润物细无声"的思政熏陶。为此,本文提出校企合作思政知识图谱库构建方法,全面描述不同教学环境下,知识点—应用案例—思政素材的异质信息映射关系,为校企合作的课程思政设计提供有力保障。

知识图谱(Knowledge Graph)[6],作为基于图的知识表示模型,其能够将复杂的文本或图像等知识领域通过知识抽取、知识融合以及图谱生成等环节有效表示,揭示知识间的相互作用机制,为知识查询、检索与推理提供切实参考。为了便于表示知识点-应用案例-思政素材的内在联系,且收集丰富的遥感思政素材案例便于教学工作的开展,提出校企协同的遥感课程思政知识图谱库,其整体设计方案如图1所示。

具体而言,构建校企协同的遥感课程思政知识图谱库。首先需要收集和整理知识点。这些知识点可以从授课教材或互联网信息提取,教材包括遥感课程教材的电子版和相关参考书籍。互联网信息包括与遥感技术和思政素材相关的网页、论文、新闻等。然后,运用知识抽取的方法,将从教材和互联网信息中抽取的知识点和思政素材转化为结构化的实体和关系。通过对遥感课程教材和互联网信息的分析提取,抽取关键的遥感知识点,包括遥感原理、遥感信息处理、遥感图像解译等。采用自然语言处理技术和信息抽取方法,从文本中提取出与遥感知识相关的实体和关系。

随后,需要抽取遥感行业实际工程项目案例。以国内著名商业遥感卫星公司长光卫星为

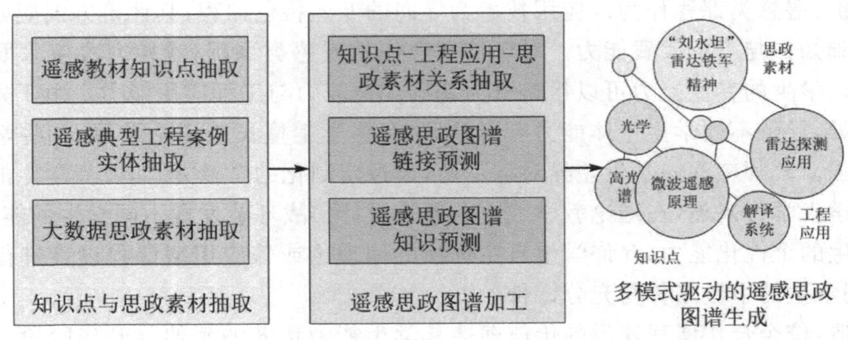

图1　校企协同的遥感课程思政知识图谱库整体设计方案

例，该公司自主运控"吉林一号"系列卫星，可提供全球任意位置覆盖观测能力，其在相关核心技术攻关过程产生多个"全国首次"，比如我国第一颗自主研发的"星载一体化"商用卫星、我国第一颗自主研发的米级高清动态视频卫星等。这些多个敢为人先、追求卓越的奋斗精神，均离不开长光卫星工程师们的不懈努力，均可作为典型的工程案例。

此外，收集与遥感领域相关的思政素材，包括吉林大学黄大年感动中国的优秀事迹、刘永坦雷达铁军的时代楷模事迹，以及众多"国之重器"在国防航天建设发挥突出价值的应用案例，均可作为思政素材。此外，结合互联网大数据，通过文本挖掘和主题分析等技术，也能够从文本中抽取出与遥感课程思政相关的素材实体。

进一步地，从教材库和互联网信息库中抽取的知识点和思政素材转化为结构化的实体和关系，并构建遥感思政图谱库，其中节点表示遥感知识点或工程应用或思政素材实体，边表示知识点与思政素材之间的关系。具体关系抽取方法可采用命名实体识别（NER）和关系抽取（RE）模型，从遥感课程教材和互联网信息中自动识别出实体和抽取关系。此外，采用图神经网络（GNN）模型[7]对构建的遥感思政图谱进行表示学习，可以更好地捕捉知识点到思政素材之间的逻辑关系与语义关系，进而挖掘到知识点之间的关联和思政素材的内在特征，从而实现对遥感思政图谱库的语义理解和推理。

最终形成课堂-校企联合培养基地多模式驱动的遥感思政图谱库，该图谱库明确了遥感知识点和思政素材之间的关系，便于教师根据遥感思政图谱库的内容设计教学活动和案例分析，为教学大纲的制定、课堂教学与工程教学的衔接、思政案例的导入提供了有力参考。不仅如此，学生也可以根据自身的需求和兴趣，深入探索遥感知识和思政素材的相关内容，促进学生的思辨能力和综合素质的提升。

3　校企合作教学过程课程思政建设

校企合作在遥感课程教学中扮演着重要的角色，既有助于学生的专业实践能力培养，又为思政建设提供了宝贵的机遇。在校企合作的遥感课程教学过程中，思政建设应该贯穿始终，通过课堂教学和校企合作培养基地的互相配合，实现思政教育与遥感课程教学的有机融合。

课堂教学的思政建设可以通过以下几个方面实施。首先，教师可以将专业知识与时事热点相结合。比如2023年长光卫星公司长光卫星"一箭41星"成功发射创造中国航天发射新纪录新闻[8]，以振奋学生的努力学习遥感专业知识的热情，提升其从事遥感行业的决心。进一步地，基于该热点，教师可以引导学生进行案例分析和讨论，比如根据构建的思政知识图谱，联系我国遥感卫星发展历史或卫星发射关键技术攻关案例，让学生从多个角度思考与遥感技术息息相关的国家航天事业发展问题，培养学生的航天强国与航天报国的家国意识。此外，还可以定期组织学生参观长光卫星公司，包括相关展览馆与业务处理部门，感受长光公司的精神面貌与企业文化，让学生亲身参与到实际项目中，感受到自己的专业技能对社会发展的影响，进一步增强学生社会责任感和家国使命感。

其次，应当考虑在校企合作实验基地进行思政建设。如图 2 所示为遥感半实物仿真实验室。培养基地可以与学校的思政教育部门合作，共同制订思政建设的目标和计划。不同于课堂教学，校企合作实验室的思政教育应当侧重培养学生的团队协作和沟通能力。遥感解译系统的开发和应用通常需要团队合作。在培养基地环境中，教师可以组织学生进行小组项目，让学生体验团队合作的重要性。同时，通过工程项目实践，注重培养学生的沟通能力，鼓励他们在团队中积极交流、合作，解决遇到的技术难题。此外，校企合作培养基地能够为学生提供了创新和实践的机会。应当鼓励学生提出新的遥感解译方法或应用领域，并组织学生进行实践和验证，对于具备应用潜力的方法，可通过校企合作项目立项并利用“吉林一号”数据实测验证。通过在校企合作培养基地锻炼学生的创新意识和实践能力，引导他们在遥感领域中不断探索和突破，为社会发展做出贡献。

图 2　遥感半实物仿真平台

4　校企合作考核手段课程思政建设

在校企合作的遥感类课程中，考核手段的设计应结合长光卫星公司的实际遥感工程应用，并将其拆分为若干个课程设计任务，以课程设计结果为学生的考核依据。在完成课程设计过程中，从以下几个方面进行思政建设：

对于课程设计选题，应当选择与社会发展和民生需求密切相关的遥感应用课题。例如，关注环境保护、资源管理、灾害监测、防灾减灾或军事目标检测等领域[9]，让学生意识到自己的专业技术能为社会发展和人民生活与国防安全带来积极价值。通过定制有价值的课程设计，培养学生关爱地球的责任感和投身国防建设的使命感。

在指导学生进行课程设计过程中，教师可以强调课程设计的严谨性和科学性，重点关注工程实践的规范性和质量要求。让学生了解并遵守学术道德和行业规范，从而感受长光卫星工程师们严格的质量把控与优秀的工匠精神，为学生成长之路树立正面价值典范，培养学生工程领域规范意识。

长光卫星工程师在指导学生进行课程设计过程中，可以向学生介绍工程项目中的技术攻关、团队合作等方面的经验和要求，培养学生的奋斗精神和团队协作能力。此外，还可以与学生分享遥感行业发展趋势和关键技术国产化的重要性，激发学生投身遥感行业、创新强国的热情。

通过在课程设计选题阶段、教师指导和长光卫星工程师指导课程设计过程中的思政建设，让学生一方面在个性化遥感工程能力培养方面得到提升，又培养了学生的社会责任感、创新意识和团队合作能力，从而为国家遥感工程应用培养更多的青年后继力量。

5 结 论

为了提升遥感领域青年人才的培养能力，针对现有遥感类课程仅注重理论教学缺乏与实际工程应用联系的问题，以吉林大学与长光卫星为例，建立校企合作遥感类课程建设机制，并提出了校企合作背景的思政建设方案。主要贡献如下：

(1) 不同于现有形式单一，内容同质的思政素材库，本文提出了校企合作的遥感思政知识图谱库，通过有效的智能知识抽取方法，全面描述知识点-工程应用-思政案例的映射关系，为校企合作多方位思政教育提供了有效依据。

(2) 为了实现校企合作教学过程的有效思政渗入，本文建立了校企合作教学过程课程思政建设方案，分别在课堂与培养基地两个场景阐述了思政的表现形式以及航天报国、航天强国的价值目标。

(3) 为了实现校企合作考核手段的有效思政建设，本文从课程设计考核方面进行了思政建设思路的研究，分别对课程设计选题、教师指导与企业工程师指导三个层次论述了思政建设的具体方案，进而培养学生的工匠精神、创新意识与团队合作能力。

参考文献

[1] 胡金木. 育人的根本在于立德：历史逻辑与现实理路[J]. 人民教育，2023，(09)：10-14.

[2] 张保淑. 长光卫星：领跑中国商业航天[N]. 人民日报海外版，2023-0731(009).

[3] 孙晨. 基于 BOPPPS＋Bloom 的物联网工程专业通信原理教学改革[J]. 物联网技术，2022，12(07)：141-143.

[4] 赵秋艳，张蓓，张剑，等. “BLOOM”理论指导下“SPOC＋BOPPPS”混合式教学模型在《食品添加剂》教学中应用[J]. 食品与发酵科技，2021，57(06)：141-145.

[5] 陈冠云，梁伟，卢铮松，等. 基于冰山模型的交叉学科博士生招生科学性探索[J]. 天津大学学报(社会科学版)，2023，25(06)：507-514.

[6] 徐有为，张宏军，程恺，等. 知识图谱嵌入研究综述[J]. 计算机工程与应用，2022，58(09)：30-50.

[7] 徐冰冰，岑科廷，黄俊杰，等. 图卷积神经网络综述[J]. 计算机学报，2020，43(05)：755-780.

[8] 王晓宇. 一箭 41 星！刷新我国一次发射卫星数量最多纪录[J]. 国际太空，2023(07)：74.

[9] 本刊编辑部. 提升卫星遥感应用能力助力应急管理事业发展[J]. 中国减灾，2023(05)：10-11.

“金属非平衡凝固”课程思政建设研究与实践*

耿慧远　孙湛　秦少华

（哈尔滨工业大学 材料科学与工程学院，哈尔滨　150001）

摘　要：金属的非平衡凝固是飞机发动机叶片生长、火箭弹体制造以及金属3D打印等技术的核心基础，在航空航天领域具有广泛而重要的应用，金属非平衡凝固技术的发展历程为课程思政建设提供了很多经典的案例，为学生思维方式和价值观念的培养提供了有力支持。新工科建设要求高校服务于国家重大战略实施，培养未来战略必争领域人才。因此，课程思政也是向新工科建设赋能的迫切要求，有助于培养兼具工具理性和价值理性的新型工程师人才。本文以“金属非平衡凝固”新工科课程为例，立足工科教学实际，将案例教学的逻辑引入课程思政建设，从思政案例的开发和话语表达两个方面论证如何以思政案例为载体确保课程思政更好融入新工科建设。结合金属熔体的非平衡特性，引入我国古代青铜器的冶炼与制造，启发学生的文化自信；结合金属的定向凝固技术，引入我国发动机叶片制造与国际先进技术之间的差距，激发学生航天报国的雄心；通过让学生“穿越”到石器时代，以《从石器时代到青铜时代》为题进行项目汇报，树立继往开来、实现中华民族伟大复兴的使命担当。通过这些互动式、趣味式的课堂实践盘活晦涩难懂的课程知识，引发学生对专业知识和“为谁学、怎么学”的自主思考，落实立德树人根本任务。

关键词：金属非平衡凝固；课程思政；新工科；新型工程师人才

2020年6月教育部颁发的《高等学校课程思政建设指导纲要》指出“落实立德树人根本任务，必须将价值塑造、知识传授和能力培养三者融为一体、不可割裂。全面推进课程思政建设，就是要寓价值观引导于知识传授和能力培养之中，帮助学生塑造正确的世界观、人生观、价值观，这是人才培养的应有之义，更是必备内容。”新工科建设需要全面考虑“新的工科专业、工科的新要求”。与当前工科教育相比，新工科建设的一个显著特征是其强调在理工教育中科学、技术、工程、人文的相统一、相融合和相互贯通。其目标是培养德学兼修、德才兼备的复合型、综合型理工科学生和未来的工科从业者，以满足新时代对复合型工科人才的新要求，促进经济社会发展。因此，新工科建设与课程思政具有高度的内在一致性和逻辑契合性，二者共同服务于国家战略中制造业高质量发展和高等教育内涵式推进的顶层设计。它们致力于培养兼具工具理性和价值理性的新型工程师人才。从新工科建设的视角来看，课程思政已经成为传统的课堂育人方式向新工科建设赋能的迫切需求，也是对习近平总书记提出的“使各类课程与思想政治理论课同向同行”的积极响应。如何把课程教学与思政教育有机融合，从而提高学生的综合素质，成为新工科背景下高校教师们需要解决的问题[1-3]。

“金属非平衡凝固”是材料科学与工程领域的一门基础课程。几乎所有的金属制品在其生

* 基金项目：黑龙江省高等教育教学改革项目 SJGY20210264

产制造过程中都要经历一次或多次熔化和凝固过程。而在实际的焊接、铸造以及增材制造过程中,其凝固过程又往往是偏离平衡态的[4]。非平衡凝固制备的非晶态合金、超细晶组织材料等因具有许多优异的性能也使之成为当前材料、冶金和凝聚态物理领域广为研究的对象[5]。例如,利用非平衡凝固技术制造的非晶铁芯可以大大减少特高压输电当中的电气损耗[6];非晶转子电机可以提高电动车的行驶里程[7];稀土永磁体可以大大减轻电动车、风力发电机的重量[8,9],等等,因此“金属非平衡凝固”课程在新工科课程建设当中发挥着重要的基础作用,它将为机械、电子、材料以及能源等学科提供有力的支撑。

课程思政融入新工科建设虽然在实践中已经有了一些具体的实例,教师在课堂授课中偶尔涉及,但系统性且理论性的研究与实践仍然处于初创阶段。从宏观角度看,我们可以梳理出两个研究方向:

首先,从理论层面深入剖析新工科背景下课程思政建设的内在逻辑,提出加强高校新工科课程思政建设的实践路径。天津大学贾启君研究员从新工科课程思政建设的角度出发,对课程思政建设的重点内容、实施体系、评价机制等进行了探讨[10]。河海大学吴宝海等学者则提出高校工科院系应以课程思政为出发点,从人才培养模式创新、标准化教学引领、党建引领的师德师风建设等方面着手,大力建设有思想、有情怀、专业强的新工科人才[11]。

其次,聚焦具体学科和课程,深入开展新工科背景下课程思政的探索与实践。北京林业大学段瑞枫等面向新工科建设探索数字通信课程中的思政教育融入方法,分别从教学内容、实验课程、教学模式及学术前沿介绍等方面提出“4 个思政融合”的理念,并在实施过程中采用“3 个思政带入”的方法,介绍整个教学过程中思政教育的实施方案[3]。哈尔滨工业大学黄永江等结合新工科教育理念,通过不断挖掘“非晶合金”课程蕴含的思政元素,将课程思政贯穿教学全过程,不断优化课程的教学方法、教学内容、教学设计,提升了该课程的授课效果,提高了学生的科研素养,切实落实了立德树人根本任务[2]。

具体针对“金属非平衡凝固”课程而言,其本身出现的时间也并不长,进入 21 世纪之后才真正形成了自己的研究范式与教学体系,因此相关的教学研究也并不多。陈宗民等[12]将实际的工程问题引入课堂的教学,以工程问题驱动教学,在教学中针对不同的概念和原理都要提供相应的工程背景;将前人解决问题的思路进行总结,上升到“道”的层面,锻炼学生的思维能力;通过课程网络平台的建设加强学生与老师的互动,于无意识中也达到了结合新工科建设与课程思政的目的。但是系统性的理论研究与实践依然是缺乏的。

1 金属非平衡凝固课程思政教育的必要性与可行性

从历史的角度,我国古代在金属凝固领域取得了辉煌的成就,但是在现代凝固科学领域落后了,而最近 20 年我们又在金属非平衡凝固领域奋起直追,取得了一系列进展,金属非平衡技术的发展历程为课程思政建设提供了很多经典的案例。

但“金属非平衡凝固”课程涉猎的知识面较广,特别是凝固过程的传热和传质,公式推导繁难复杂,学生如果没有坚实的理论知识,在短时间内难以将所学知识进行消化吸收。另一方面,非平衡凝固理论和技术近几年发展很快,出现了许多新的理论和技术,例如非晶电机、非晶焊料、稀土永磁体等高附加值科技产品的出现等都依赖于新的非平衡凝固技术的进展,而现有的教学材料和模式已不能满足高质量的培养需求。

更为重要的是，传统"金属非平衡凝固"课程大纲和教学设计中思政元素分散，没有系统性的设计。因此，结合新工科课程建设，将非平衡凝固技术取得的实际进展与课程思政结合，介绍我国科技工作人员在此领域的艰苦奋斗历史以及所取得的辉煌成果，就能达到专业教育和育人目标的正向融合，提高本科生培养质量，助力国家和学校的双一流建设。

因此，在新工科建设框架下，以"金属非平衡凝固"课程为例，实施课程思政改革，将能实现思政元素和学科知识的耦合共进，产生一加一大于二的加成效应。

2 课程思政融入的理念与原则

课程思政的融入需要做到"随风潜入夜，润物细无声"，于细微处进行潜移默化的教育。具体来讲需要将思政教育融入知识点的背景介绍环节，知识点所发展出的关键技术在国内国外的应用情况，对行业、国家的影响等方面。更进一步，课程思政的融入也要拓展到教学语言的表达方式方面。

针对"金属非平衡凝固"这一具体课程，结合其为新工科建设所能提供的潜在能力，致力于探索以思政案例为载体的课程思政建设，为课程思政融入新工科建设提供具体可行的路径选择和实践方向。结合金属凝固产业及其发展历史，注重强化学生工程伦理教育，秉承以学生为中心的理念，将道德、人文关怀、价值观念有机融入课程的思政教学目标，从基础知识、学科应用、人文维度、自学能力、交叉观点和价值取向等维度对总目标进行细化，培养学生精益求精的大国工匠精神，激发学生科技报国的家国情怀和使命担当。在具体的课程思政融入过程中，我们秉持了如下四个方面的理念与原则：

2.1 弘扬爱国精神，激发爱国热情

在课程导入环节，重点介绍金属凝固技术的发展史，在古代对于政治（各种祭祀用礼器的铸造）、军事（青铜武器的出现对军事的影响）、艺术（编钟等的铸造等）等的影响，特别是新时代以来我国金属非平衡凝固领域的所取得的成就。通过这些内容的介绍，引导学生将个人的"小我"融入祖国的"大我"、人民的"大我"之中，增强学生的民族自豪感，从而弘扬爱国主义精神，激发学生的爱国热情。

2.2 崇尚专业精神，服务国家战略

作为一门基础课程，"金属非平衡凝固"向上连接数学、物理、化学等基础科学理论，向下直接应用于金属 3D 打印、航空发动机叶片制造的关键领域技术。因此，在课程设计上始终聚焦国家重大战略需求，聚焦世界科技前沿。例如在讲授金属在不同温度梯度下的定向凝固时，结合国内单晶发动机叶片的制造与国外最先进技术之间的差距，讲清楚我国先进航空发动机技术受制于国外"卡脖子"的现状和国家加快自主创新，加强关键核心技术攻关的骨气和志气，引导学生主动为国家和民族的发展出力争光。

2.3 发扬科学精神，培养创新思维

创新思维的培养，需要基于科学精神的秉持。结合历史上金属快速凝固技术的发展史，讲清楚为什么要到 20 世纪 50 年代才能真正实现金属液滴中 10^6/s 的冷却速率，使学生认识到

这一过程中所蕴含的基本科学原理，进而才能选择正确的实验装置，通过金属的快速凝固，发现包括亚稳合金、非晶合金等一系列新材料。通过给学生布置文献阅读、汇报工作，要求学生作 5 分钟的课堂演讲，之后让学生们提问、讨论，使学生在掌握前沿科学知识的同时，培养其创新意识和能力。

2.4 培育实践精神，促进团队合作

作为一门基础课程，直接进行专业实践在时间和成本上都存在很多困难。为了解决这一问题，设置了项目式学习环节。设置一个虚拟的项目目标，将同学以 5～6 人进行分组，团队内同学分工合作，有人负责查阅文献，有人负责演讲素材的搜集，有人负责登台汇报。通过这样的形式，使学生在利用所学基础理论尝试解决具体的问题的同时，培养团队合作精神，从而达到培养兼具工具理性与人文理性的复合型新工科人才之目的。

3 课程思政融入的教学实践

3.1 课程思政案例的开发与构建

思政案例是课程思政的教育教学载体，从内容上看，应包含思政元素和专业知识两个耦合共进的要素，共同完成知识传授和价值引导的目标。其中，思政元素是蕴含于专业知识体系中的思想价值和精神内涵，一般而言，思政元素从专业、国家、文化等多个角度进行深度的挖掘和提炼。

针对金属非平衡凝固技术的发展历史（见图 1）可以分为四个阶段：(1)辉煌历史，我国古人很早就在金属凝固领域取得了辉煌成就；(2)近代落后，近代以来，欧美凝固技术完成了从工艺向科学的转变，而我国陷入停滞；(3)新中国成立以来，我国金属凝固科学工作者励精图治，打造了一大批国之重器；(4)皇冠明珠，航空发动机被称为“工业皇冠上的明珠”，而我国目前依然处于被“卡脖子”状态。沿着这一主线，进一步讲述我国制造业现状，即我国目前是世界上“最大”的制造业国家，但还不是“最强”的制造业国家。“最大”是因为我体量巨大，大量金属凝固相关从业人员，大型铸造件、大型增材制造件以及大型焊接件层出不穷；不是“最强”是因为我们在尖端金属凝固产品上依然处于落后状态，例如飞机发动机叶片的制造是金属非平衡凝固的最具挑战性的产品，我国的产品质量以及成品率依然较低，甚至部分产品上要依赖进口。这些事实都为课程思政的建设提供了丰富的案例。专业知识要素与课程特定章节的知识结构所对应，遵循实际的教学安排，是思政元素被根植和链接的案例主体。

3.2 课程思政案例的语话表达

专业课程的教学实践和思想政治教育从根本上而言是一种价值传播和劝导行为，因此，思政案例的话语表达将直接影响到学生对专业知识的接受程度和对教师传导价值观的认同程度。新工科建设提倡“中国特色”理论话语权的建构，需要教育者以新工科特色的语言符号为主要载体，将与智能创新工业相关的政治理念、社会秩序、价值认同等传授给学生，影响和引导社会主义建设者和接班人的思想和行为。这就要求教育者本身应具有充分的中国自信和对中国特色社会主义的情感认同。

图 1　金属非平衡凝固技术的发展历史

在具体的教学实践中，提升课堂把握能力，塑造彰显新工科和课程思政的话语表达方式。授课教师运用马克思主义立场、方法、观点解决和分析问题的能力，不断增强对中国特色社会主义的思想认同、情感认同，并将这种"中国自信"融入思政案例的话语表达，使学生在课堂中能够被感染、受触动。

3.3　项目式学习中的思政融入

项目式学习(Project - based Learning)是一种以学生为中心的教学方法，教师提供一些关键知识构建初步的学习与讨论的基础，学生通过组建团队来解决一个开放式问题的经历来学习。项目式学习过程的重点并不在于学生最终如何解决问题，而在于更强调学生们在试图解决问题的过程中发展出来的科学素养、创新能力和沟通合作能力。因此，教师对于开放式问题的设定，就可以无形中把思政元素引入进来，而学生通过自主的学习，并在教师的引导下，主动把这些思政元素挖掘出来，这样就同时达到了培养学生创新能力与思政教育的目的。

在"金属非平衡凝固"教学实践中，主要通过两种方式设置项目式学习。

(1) 以"金属凝固与社会"为主题，要求学生查阅资料，选择某一具体金属凝固技术展开调研，研究其技术起源，国内外的应用等情况，进行课堂演讲，并由教师和同学提问、头脑风暴，形成共识。图 2 展示了由同学们提交的调研报告演讲 PPT 的首页。在这个过程中，学生自己主动发掘了我国在金属凝固领域的成就与问题，进行了一次专业教育。

(2) 以"从石器时代到青铜时代"为开放式主题，学生分组后模拟进行"时空穿越"，扮演原始部落的不同群落，以最快达到从石器时代到青铜时代的进化为目标进行分组竞赛(见图 3)。为了获得竞赛的胜利，学生需要分别考虑部落的地点，获得铜矿的方式，将青铜铸造为兵器、礼

图 2　学生提交的以“金属凝固与社会”为主题的调研报告 PPT 首页

器等方法，以及后续的发展等等环节。最后整理成项目报告，进行演讲。通过这些环节，学生们深深体会到我国古代劳动人民的勤劳、伟大，增强学生的民族自豪感，从而弘扬爱国主义精神，激发学生的爱国热情。

3.4　课程考核中的思政融入

课程的考核结果是学生较为重视的环节之一，也是课程思政应当融入的一个重要环节。学生期末被要求撰写调研报告，针对项目式学习的主题进行总结，并对课程汇报过程中教师和同学提出的问题进行回答和完善。在这一过程中，教师鼓励学生将自己的学习心得、对专业的感悟以及金属凝固技术对国家产业发展的影响等进行总结。通过这样的方法，将课程思政元素贯穿至教学与考核的完整流程之中。

4　课程思政融入的初步成效

实践证明，课程思政元素的融入对于“金属非平衡凝固”的教学产生了良性的互动，学生的课堂参与程度获得大幅度提高，对于课程本身的兴趣也增加了很多。分别对课程思政改革前哈尔滨工业大学材料学院 2019 级、2020 级学生（共 25 人），以及课程思政改革后 2022 级、2023 级学生（共 36 人）进行了问卷调查，问题是：你是否认为本门课程对于培养自己的科学素养和人文素养有帮助？共发出 61 份问卷，收回有效问卷 61 份。

图 4 给出了问卷调查的结果，由图 4 可知，课程思政的融入极大地提升了学生对于“金属非平衡凝固”课程的认可程度，认为课程对自己有帮助的学生占比提高了约 50%，而认为课程对自己帮助不大学生占比仅为之前的 1/2。

图 3 "从石器时代到青铜时代"项目式学习

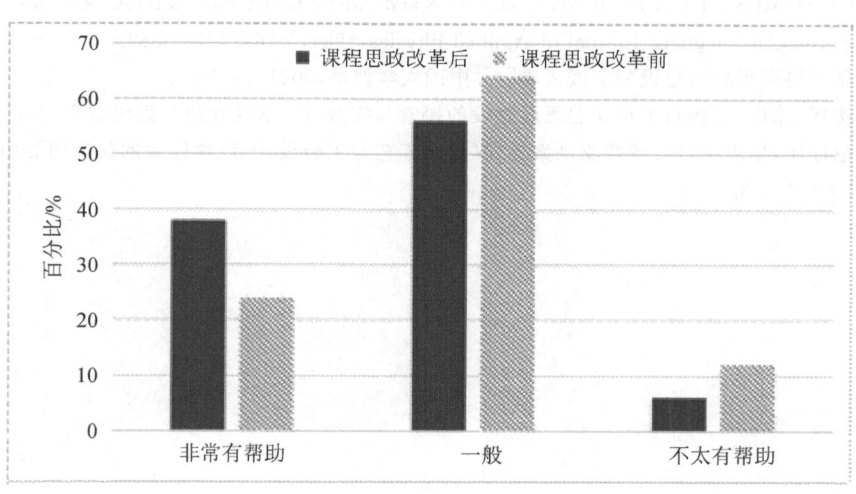

图 4 调查问卷结果

5 结 论

本文以“金属非平衡凝固”这一典型新工科课程为例，立足理工科教育教学实际，将案例教学的逻辑引入课程思政建设，从思政案例的开发和话语表达两个方面论证如何以思政案例为载体确保课程思政更好融入新工科建设。具体教学实践过程中，将课程思政融入项目式学习以及课程考核当中，起到了良性互动作用。本文确立了一个具体的、能够落地的、可辐射推广的课程思政建设载体，可行性强，对于教师而言能够结合个人授课特点进行拓展和丰富，且能够通过学生反馈直观检验教学改革效果。

参考文献

[1] 张玉宏，蒋玉英，侯惠芳. 可持续发展的思政工科课程探索与实践——以机器学习课程为例[J]. 计算机教育，2021，11：93-96.

[2] 黄永江，李隽，刘钢. 新工科背景下“非晶合金”课程思政建设[J]. 教育教学论坛，2023，26：165-168.

[3] 段瑞枫，赵洪博，赵岭，等. 新工科背景下数字通信课程思政的融入与实践[J]，软件导刊，2022，21(12)：226-231.

[4] 陈光，傅恒志. 非平衡凝固新型金属材料[M]. 北京：科学出版社，2004.

[5] ENRIQUE J L，SRIVATSAN T S. The rapid solidification processing of materials：science，principles，technology，advances，and applications[J]. Journal of Materials Science，2010，45：287-325.

[6] RYUSUKE H，DAICHI A. Impacts of amorphous metal-based transformers on energy efficiency and environment[J]. Journal of Magnetism and Magnetic Materials，2008，320(20)：2451-2456.

[7] ANDREW H. The basics of amorphous-iron motors[J]. Machine Design，2022，38-42

[8] SAGAWA M，FUJIMURA S，TOGAWA N，et al. New material for permanent magnets on a base of Nd and Fe[J]. Journal of Applied Physics，1984，55 (6)：2083-2087.

[9] CROAT J J，HERBST J F，LEE R W，et al. Pr-Fe and Nd-Fe-based materials：A new class of high-performance permanent magnets. Journal of Applied Physics，1984，5 (6)：2078-2082.

[10] 贾启君. 新工科课程思政建设的实践逻辑[J]. 中国大学教学，2021，5：50-53.

[11] 吴宝海，沈扬，徐冉. 高校新工科课程思政建设的探索与实践[J]. 学校党建与思想教育，2020，21：61-62.

[12] 陈宗民，赵而团，杨思一，等. 课题驱动案例式《铸造工艺与工装设计》教学模式的研究[J]. 中国铸造装备与技术，2015，2：1-3.

新时代“多元系相图”课程思政教学设计与实践策略*

韩秀丽　张强　黄小萧　张雁祥　孙东立

（哈尔滨工业大学材料科学与工程学院，哈尔滨　150001）

摘　要：“多元系相图”是材料科学与工程专业的重要专业选修课。课程教学团队基于“同向同行”理念，以课程内容为切入点，引入思政元素，实现“知识传授与价值引领相结合”的成果导向目标，构建全课程育人格局。探讨“多元系相图”课程思政的必要性，以及课程思政在“多元系相图”课程中全程贯穿并突出重点的具体实施方案和建设策略，通过案例论述了如何以课程内容为依托挖掘思政元素，介绍了课程思政下教学模式的创新及考核方式。

关键词：多元系相图；课程思政；实践；教学改革

习近平总书记在全国高校思想政治工作会议上强调，要坚持把立德树人作为中心环节，把思想政治工作贯穿教育教学全过程，实现全程育人、全方位育人[1]。高等教育就是以人才培养为核心，以“立德树人”为根本，将课程与思想政治理论课同向、同行，形成协同效应，完成“立德树人”作为教育的根本任务[2]。

“多元系相图”是材料科学与工程专业的一门本科专业选修课程，是培养材料科学与工程专业人才的重要课程之一。如何在专业知识传授的过程中把思想政治教育融入教学当中，让两者协同并进，相得益彰，是课程团队教师需要长期探索的课题。在课程教学中，我们需要把价值观培育和塑造融入课程内容，将教书育人的内涵落实在课堂教学主渠道，让专业课程体现出“思政味道”，从而突出育人价值。同时，将时代的要求和社会的正能量等内容引入专业课堂，通过教学活动潜移默化地影响学生，引导学生树立正确的世界观、人生观、价值观[3-6]。

1　课程思政实践的必要性

“多元系相图”课程授课对象为材料科学与工程专业本科生，开课学期为大三学年夏季学期。学生这一阶段开始接触毕业设计课题，进行材料制备和组织性能研究。如果能够将思政元素融入授课内容，有意识地引导学生思考在课题研究中创新的重要性和如何面对挫折和失败等问题，那么不但有利于培养学生的创新能力和抗压能力，激发学生的历史责任感和使命感，而且能够帮助学生树立正确的世界观、人生观和价值观。以往的课程教学主要以课程知识点为主体来传授，疏忽了专业课程在思想政治教育中的重要作用。如何在“多元系相图”专业课教学中运用马克思主义的立场、观点和方法，巧妙融合社会主义核心价值观和中华传统文

*　基金项目：哈尔滨工业大学第六批教学发展基金（课程思政类）（项目编号 XSZ20210024）；哈尔滨工业大学 2011 年混合式教学模式改革项目（项目编号 XHG2021B004）

化，将思想政治工作贯穿教育教学全过程，将教书育人的内涵落实在课堂教学主渠道，促进专业课程与思想政治理论教育协同育人是本课程思政设计和建设的主要任务。

针对如何对课程所蕴含的思政要素和德育功能进行提炼，课程教学团队基于“同向同行”理念将“课程思政”理念融入课程团队建设、课程内容设置、教学方式设计、教学大纲修订、考核评估等课程管理和教学各个环节当中，实现“知识传授与价值引领相结合”的成果导向目标，构建全课程育人格局。

2 课程思政目标的确立和教学大纲、教案的修订

本课程将多元系相图专业理论知识的讲授与学生思维方式的培养相结合，传授多元系相图专业知识与培养学生社会主义核心价值观相结合，促进材料科学与工程专业学生理解多元系相图在材料研究和创新中的作用，并为此树立学生对祖国可持续发展进程的担当精神。

多元系相图专业知识的学习和运用，不仅仅是冷静的自然规律和客观的理论知识的认知过程，更是生动的社会生活体验，人的思想行为和思维观念塑造的过程。通过多元系相图课程的教学使学生在系统学习专业知识之后，实现专业深化、专业素质培育的巩固性课程的教学效果。在多元系相图基本理论的讲解过程中引入专业问题并进行分析，极大地加深了学生对相图在材料研究中重要作用的认识，并进而培养出他们对本专业的兴趣和热情，从而为本科毕业设计解决实际工程问题和基础研究打好基础，承上启下，培养学生对我国在可持续发展背景下的材料制备、设计和研究工作树立起责任感，建立未来从事科学研究的基本素质与能力。

本课程思政教育目标具体为以下四点：(1)通过对我国在相图理论研究和相图应用的科研成果的讲解，使学生建立起民族自豪感和文化自信；(2)与教学相关科技领域中材料学科院士的科研工作和生活介绍，培育学生的理论自信，培养学生进行爱国主义和工匠精神教育；(3)结合材料相图研究的经典案例，对学生进行唯物辩证观的培育，培养学生的思辨能力；(4)通过相图理论和应用发展趋势介绍，以相图促进新材料的研究开发应用作为切入点，注重生产环保意识和创新精神元素的课程设计，培养学生创新思维。

根据以上思政教育目标要求，在教学大纲中加入课程思政目标，各个章节中加入课程思政案例，每个章节都分别要对应教学目标和思政教育目标，在教学方式和学时分配上要进行适当调整，在专业知识讲授的同时以材料类院士人物介绍、原理发展历史、行业发展趋势等形式加入思政因素，主次明确，通过影像资料和案例嵌入，平滑过渡、直观有效地进行思政教学。考核方式进行了相对应的修订，将原来的平时成绩和期末考试改为平时成绩、结合自身课题研究的相图应用实例和相图研究领域专家学者人物讨论、专业认知课程报告和期末考试三方面。教案的修订主要针对每个章节每个学时的内容中如何加入思政知识点和思政教学方法，相图理论和应用中的很多的基础知识和技术都是不断发展和演变的过程，在讲授基础理论时时可添加理论发展和演变的典型案例，在讲授三元相图的等温截面图时讲解我国相图界的“霍金”金展鹏院士的事迹。运用多媒体课件、音频、视频等辅助手段组织学生讨论。

3 课程思政实践的方案与实施

3.1 探索教学内容与思政元素融合的多种方式

充分发掘“多元系相图”课程蕴含的育人元素，善于用如盐入水、润物细无声、水滴石穿的方法体现价值引领，引导学生用正确的立场、观点和方法看待事物、分析问题、认识社会。

“多元系相图”课程具有知识点多、理论性强和复杂抽象的特点，涉及数学、物理、化学等多学科的知识交叉，它是指导科研和生产中合理选择材料成分和提高材料性能的基础理论，也是材料科学发展和研究的基础和“地图”。引导学生更好地学习该课程，关键在于构筑知识网络、加强自然科学中的哲学观、培养科学精神和打造健康发展理念。

“多元系相图”课程思政，可以根据学科的发展历史和发展前景，以课程内容全程贯穿和依托知识点突出重点相结合的方式进行。“多元系相图”分为基础知识与应用知识两大类。课程教师对课程内容进行了梳理和重构。首先以培养方案为主线，修订课程教学大纲并以此完善课程课件和教案。梳理课程内容可以帮助学生对前后关联性强的知识点进行呼应认知，从而加深理解以便掌握。对课件和教案进行完善，使课件和教案更贴合培养方案和教学大纲的要求，增加与课程知识相对应的课程思政内容，在提高学生学习兴趣的同时，让学生了解相对应的知识点在材料学科前沿的最新发展动态和应用。

教师在授课过程中应善于进行知识点关联。除了课程内的知识点关联外，还包括专业课程内的关联及交叉学科之间的关联。特别是和社会实际应用的关联，将社会主义核心价值观、国家需要融入教学当中，让学生在掌握每一个知识点的“来龙去脉”的同时切身体会到学习该知识点“我能做什么”及“如何做”。

采用“平行思政”法，将课程思政融入到主体教学内容的暗线之中。思政内容与相应的教学内容平行建设，思政的暗线与教学内容的主线并行建设，同向而行，分段展开，避免为了思政而思政。具体实施方法，①首先明确“多元系相图”课程的主线内容和核心思想，即要求学生掌握相图的基本概念及范畴，初步具备相图分析和应用的能力。根据该主要脉络，采用阶梯式、渐进式的方式进行具体典型相图的分解和解剖式分析；② 其次，结合本课程特点挖掘出课程思政的主旨，即围绕社会主义核心价值观中的部分内容进行提炼，把材料研究问题和当代年轻人的价值取向、人生观定位相关联；③ 在此基础上强调主线与暗线并行，并进行阶段分割，从每次课的核心内容中寻找对应的思政元素，做到“一课一思政”。

以教学内容为主线，以重点内容为依托，将哲学观融入教学当中。哲学是科学之科学，所谓“万变不离其宗”，自然科学中许多理论无不包含在哲学之中。以教学内容为主线，以重点内容为依托，将哲学观设计和嵌入课程教学内容。“多元系相图”课程思政具体内容由选择的教材和教学大纲确定。根据教学主线，设计了多个融入哲学观的课程思政内容，

在“多元相图基础”部分中向学生讲述了三元相图和二元相图的区别。二元相图为平面图形，而三元相图则为立体图形。三元图形最多只能有四相平衡共存，四相平衡恒温转变则是体系自由能变化时量变到质变的节点，包含在“量变到质变”的哲学思想之中。

在“固态有限互溶的三元共晶相图”部分向学生讲述了由三元共晶相图分析合金的平衡结晶过程。由相图横坐标(组元)引出“纯金属→合金”的材料体系的变化，从相图纵坐标(温度)

的变化，引出“高温→室温（凝固/结晶）→高温（保温）→室温（热处理）”的相变规律，引入平面几何中的“点线面”的变化规律，这些都包含在“量变引起质变”的哲学思想之中。

在“两个共（包）晶型二元系和一个匀晶型二元系构成的三元相图”部分，通过在课堂教学中讲解平衡结晶过程和非平衡偏析的相同点和区别，结合逻辑学中的“属＋种差”理论，使学生掌握了一定的哲学思想和逻辑思辨方法，从而可以应对专业以外的事物。

理解多元系相图的建立和图形特点和规律，找到相图与数学及哲学之间的交叉点，为学习课程全部内容，提供一条简单而有效的归纳方法。总之，运用马克思主义哲学揭示多元系相图的基础理论本质，站在哲学的高度，引导学生树立正确的世界观。当然不能为了“课程思政”而把所有知识点必须联系到某一哲学观点，毕竟哲学是“抽象”的，而自然科学是“具体”的，是在一定前提下总结出来的规律。

培养学生科学精神、工匠精神和爱国主义，引导学生世界观、人生观和价值观。根据“多元系相图”课程的不同章节内容，教师应科学合理地设计课堂教学，将习近平新时代中国特色社会主义思想、社会主义核心价值观、法律意识、社会责任、爱国主义等思想政治元素有机地融入课程教学。以材料相图研究的现状和存在的问题作为切入点，将最新的关于相图在材料研究中重要作用的新闻资讯科研动态应用实例引入课堂，比如以图片、视频的形式介绍新材料在国防、航天、军事等领域的实际应用以及相图在新材料研发中发挥的重要作用，以此为切入点激发学生的爱国热情和自豪感，激励其为国家振兴民族强盛而努力学习。以材料行业典型人物的励志故事作为切入点。例如介绍哈工大材料学专业优秀毕业生——江丰电子材料股份有限公司董事长姚立军，以其专业背景、创业经历激励学生，培养学生踏实勤奋、吃苦耐劳、精益求精、实践创新的工匠精神。

在讲授“固态互不溶解的三元共晶相图”部分，介绍三元相图的特殊表述方法——等温截面。在讲解构建三元等温截面的时候，列举金展鹏院士的事迹：金展鹏首创了在一个试样上研究三元相图整个等温截面的“三元扩散偶-电子探针微区成分分析法”。国际上后来把它称为金氏相图测定法。金展鹏院士也被称为“轮椅上的院士”和中国的“霍金”。他在1998年由于疾病而全身瘫痪，却在病魔肆虐横行的20年里，一刻都没有停止过教学，一刻都没有放弃对科学的探索和追求。他不仅以自己的科研成果被选为中国科学院院士，还高质量地培养了40多位博士、硕士研究生。金展鹏同志的个人经历也是一部生动的新中国三元相图及材料科学的发展的纪录片，通过学习之后，结合三元相图的基础知识，同学们对三元相图的基本知识会有更深刻的印象。

3.2 教学方式设计：更新教学理念，优化教学方法

专业课教师在教学过程开展课程思政教育时要注意克服传统的师生之间教训与被教训、灌输与被灌输的关系。教师进行思政教育时如果一味采取高高在上的姿态，容易使学生产生隔离感，不能与学生以心换心，从而容易让学生产生“假大空”的感觉，使得思政教育的过程流于形式。因此，教师首先要营造与学生之间的“平等”氛围，加强与学生之间的互动，鼓励学生积极发表自身的看法，这样才能及时掌握学生的思想动态并做出正面的引导。本课程教学以多媒体教学为主，需要精心设计教学课件，优化教学方法，针对专业知识和课程思政教育的契合点，充分利用网络优质资源，寻找各种图片、动画以及视频等素材，让思政教育进行得更为形象、生动，尽量避免只有枯燥的文字以提高学生在课堂上对思政教育的兴趣和效果。“多元系相图”课程采用有别于传统授课方式的新理念，新教学方法进行讲授，以适应课程本身的独特

之处，提高教学质量。

实施“头脑风暴”“情境模仿”“逆向思维”法等教学方法。“多元系相图”课程的理论部分内容比较枯燥，理解起来比较晦涩，因此采用灵活多变的教学方式和方法至关重要。引入案例教学可以降低知识点理解的难度，但是案例的设计和引入要注意方式方法，分门别类进行讲授。此外，还可以采用一种“逆向思维”法，即放弃传统的先说知识点再用案例佐证的方式，而是先给出案例，由学生从案例中自主寻找问题根源并提出相关知识点，让被动学习变为主动获取，可起到事半功倍的效果。

采用“类比式”和“异同式”等分类教学方法第二章到第六章为各种典型的三元相图分析，分别讨论和分析共晶相图、包共晶相图、包晶相图、共匀晶相图、包匀晶相图。共晶相图又包含固态互不溶解的简单相图和固溶有限互溶的复杂相图，两类相图可以采用类比式方法进行对比讲解，加深学生理解，引导学生分析两类相图的共同之处和不同之处，通过自我解构掌握知识体系脉络，从而融会贯通。

采用数字化、立体化和多元化教案三元相图为三维立体相图，需要学生充分发挥空间想象力和图形分析能力。采用电子教案，多媒体教学与传统板书、立体教具教学相结合，提高课堂教学信息量，增强教学的直观性。通过生动形象的图片、动画、视频等多媒体内容，通俗易懂地使同学们了解材料工程中所蕴含的相图原理，吸引学生们关注，使枯燥的问题变得生动形象，易于接受。例如，可以截取《大国重器》纪录片中关于高铁、大飞机等大型装备的视频片段用于课件的制作，这些大型装备中就包含了许多应用多元系相图基础理论进行新材料成分设计和提高材料性能的知识。以此作为思政教育的素材，既能让学生学习到相关的专业知识，又能在潜移默化中激发学生的民族自豪感和求知欲。

4 考核评估体现课程思政教育的要求

“多元系相图”课程当前的成绩评定体系是由平时作业成绩（权重占 10%）、项目研究（权重占 20%）和考试成绩（权重占 70%）三部分组成。为了推动学生参与和学习思政教育的积极性，对“多元系相图”课程当前的成绩评定体系进行适当的修订。在平时成绩中加入了体现对学生思政教育要求的考核部分（权重占 5%），具体的思政成绩评定通过学生提交相关的人文书籍读书心得、小组讨论汇报等方式进行。在项目研究报告中要求包含结合自身研究课题分析相图的应用和科研成果及相关研究领域研究学者的事迹心得。课程成绩评定体系体现思政教育的要求，可以让教师更加有效地调控对学生进行思政教育的过程，从而有利于鼓励学生进行自主思考，促进学生对思政教育内容进行消化和吸收。

5 结束语

大学是培养社会主义建设者的主场。在新时期，课程思政是社会对高等教育提出的新的要求，是培养德才兼备、高素质人才必要的措施。在“多元系相图”课程的教学过程中，通过引入材料领域中科学家事迹和精神、相图前沿研究相图应用重大成就和工程案例等，可以培养学生的社会主义责任感和无私奉献的精神，逐步塑造学生吃苦耐劳、脚踏实地、团结奋进的作风，培养学生的家国情怀和工匠精神，以新时代奋斗者的角色踏上第二个百年奋斗目标的新征程。

参考文献

[1] 习近平.全国高校思想政治工作会议:把思想政治工作贯穿教育教学全过程 开创我国高等教育事业发展新局面[N].人民日报,2016-12-09(2).

[2] 张强,刘丹,肖海英.《材料科学基础》课程思政建设与探索[C]//黑龙江省高等教育学会2019年学术年会论文集.哈尔滨:黑龙江教育出版社,2019,21(2):61-64.

[3] 宋若静,孙玉希.格物致知载物厚德——“物理化学”课程思政生成性教学[J].海南师范大学学报(自然科学版),2022,35(1):94-107.

[4] 梁小平,赵永男,赵义平,等.新时代材料科学基础课程思政教改设计与实践[J].中国现代教育装备,2022(381):143-147.

[5] 张尧成,郭国林,卢斌峰.“材料科学基础”课程思政实践策略的探索[J].教育教学论坛.2022(47):121-124.

[6] 骆昱晖,刘霖,张东恩.《材料科学与工程基础》课程中的思政教育设计、探索与实践[J].广东化工,2022,47(432):167-177.

课程思政融入“材料科学基础”混合式教学模式的探索与实践*

韩秀丽　张强　张雁祥　黄小萧　孙东立

（哈尔滨工业大学 材料科学与工程学院，哈尔滨　150001）

摘　要：线上线下深度融合的混合式教学和课程思政是互联网时代开展专业课程教学改革的新途径。本文针对材料科学与工程专业的核心课程“材料科学基础”，分析了“材料科学基础”课程思政和混合式教学的必要性，以及课程思政与混合式教学的相互促进关系。探讨了如何在混合式教学模式下，润物细无声地引入思政元素，构建基于课程思政的混合式教学设计方案。通过案例，论述了如何以课程内容为依托挖掘思政元素，提出了“材料科学基础”混合式教学和课程思政结合的具体建设方案。

关键词：混合式教学；课程思政；材料科学基础；教学改革；教学模式

习近平总书记指出：“要运用新媒体新技术使工作活起来，推动思想政治工作传统优势同信息技术高度融合，增强时代感和吸引力”[1]。线上线下深度融合的混合式教学是“互联网＋”时代顺应教育信息化、数字化，智能化发展和人才需求变化而出现的一种教学模式。在新工科背景下，为了充分发挥专业课程教学主渠道的育人作用，各高校都在不断加强课程思政教育教学改革和高质量建设。在专业课程教学中通过合理设计将思政教育和线上线下混合教学融合的一体化教学模式改革，能够充分发挥新媒体新技术在专业知识传授中的高效性，突破传统教学的时空限制，有利于共享优质课程资源，同时借助线上线下混合式教学将思政素材与教学内容巧妙结合，可实现传授知识与思政育人的“同频共振”[2-5]。本文以“材料科学基础”课程为例，分析了课程传统教学模式存在的问题，讨论了课程思政和线上线下混合教学的必要性和相互促进作用，探索了如何在混合式教学模式下引入思政元素，构建融合课程思政的混合式教学设计方案。

1　“材料科学基础”课堂教学存在的问题

新工科建设必须立足专业而面向科技创新和产业升级需求融合发展。材料科学与技术研究的快速发展使得国家对高端人才的能力及素质提出了更高要求。培养卓越拔尖人才是材料学科人才培养的关键目标。作为材料科学与工程学科最重要的基础课程“材料科学基础”，迫切需要加快课程教学模式改革，一方面巩固基础和拓宽专业知识面，同时加强学生创新能力和培育学生社会主义核心价值观和科学精神。

* 基金项目：哈尔滨工业大学 2021 年混合式教学模式改革项目（项目编号 XHG2021B004）；哈尔滨工业大学第六批教学发展基金（课程思政类）（项目编号 XSZ20210024）

“材料科学基础”课程的传统课堂教学模式教学理念落后，教学内容连贯性差，不能满足新工科背景下学生个性化发展。受传统的教学思维影响，课堂教学以教师为中心，教师从头讲到尾，生硬知识大水漫灌，学生缺乏学习主动性，参与度低，教师提问应者寥寥。学生以教材内容为主，死记硬背，严重地限制了学生的思维，难以培养学生的创新思维和能力。

“材料科学基础”这门课程作为材料科学与工程专业中最为基础、最为重要的一门核心课程，内容多而杂，概念术语多，理论知识需要深入理解、公式推导繁杂，要求与实践工程相联系，对学生的学习要求高。但由于学时有限和新工科背景下压缩学分要求，把所有的知识全部传授给学生是不现实的。学生能够学习到的内容勉强应付课程考试，而达不到在过程中培养和锻炼学生的研究能力的课程目标。另外，课程内容大多为理论教学，空洞抽象、枯燥晦涩，缺乏前沿性和创新知识。

“材料科学基础”课程课堂教学主要以课程知识点为主体讲授，缺少价值传递，疏忽了专业课程在思想政治教育中的重要作用，课程育人功能不完善。如何在专业课教学中挖掘思想政治元素，巧妙融合社会主义核心价值观和中华传统文化，将思想政治工作贯穿教育教学全过程，将教书育人的内涵落实在课堂教学主渠道，促进专业课程与思想政治理论教育协同育人是课程教学模式改革的一个关键所在。

在中国传统教育背景下，课程的主要考核方式是期末闭卷考试，课程评价方式单一。这种考试方式侧重考查学生对基础知识的掌握，而无法考查学生综合运用所学知识解决问题的能力。重结果轻过程的期末考核挑战度不足，损害了一部分认真学习的学生们的积极性。

2 “材料科学基础”混合教学模式改革

“材料科学基础”课程以“新工科”建设为指导，坚持以学生为中心，从教学“痛点”问题出发，以培养具有创新精神和国际视野的材料领域应用复合型人才为目标，改变传统教学单一模式，从教学大纲修正、教学内容重构、教学方法改进、教学评价改革四个方面开展了创新，基于线上与线下的混合式教学理念，实施了线上线下、课内课外深度融合的混合式教学模式实践，进行了课程重建。

混合式教学模式能够有效结合线上和线下教学的优点，利用现在新信息技术和新媒体手段，采用雨课堂、中国大学 MOOC 学习平台、课程图谱和微课等为学生提供更加灵活和个性化的学习体验。在混合式教学中，学生可以自由安排线上学习进度，同时还可以通过线下授课获得更为直观和实践性的教学体验。

“材料科学基础”原单一线下教学模式的教学大纲共 88 学时，均为课堂授课。采用线上线下深度融合的混合式教学模式后，在学时分配上，首先保证课堂线下学时数与培养方案一致，线上学习时间不占用课程原有学时。基于此，混合式教学的学时为线下教学 88 学时，包括 66 学时大班讲授和 12 学时翻转课堂小班研讨；线上学习 22 学时，线上测试 4 学时，共 24 学时。混合教学模式学时安排既满足了学校对于线下教学学时的基础要求，又充分保证了线上教学环节的时长，且考虑了线下翻转课堂研讨的必要性，分配合理。线上学习学时与课堂教学学时比例约为 1:3.3，符合学生的认知及接收新知识的规律。

“材料科学基础”混合式教学过程中，通过对课程教学内容进行模块化组织和结构优化调整，采用线上学习、线下大班讲授、线下翻转课堂讨论等多种方式，强化学生对课程的理解广度与深度[5]。课程教师在课程开始前对学生在线学习条件和学习现状进行全面调查，按照课程大纲要求提前布置教学任务，在移动学习课程群(QQ 群和微信群)发布学习要求和学习指导书。线上部分要求学生按照教学任务和课程大纲自行安排时间自主学习指定的中国大学MOOC课程"材料科学基础"(上海交通大学)中的课程模块，并完成相应的在线练习和测试；线下部分为采取"大班讲授＋翻转课堂"相结合的教学模式，开展"教师重点难点讲授＋学生讨论"的合作学习模式，逐步引导学生会学习、会表达、会思考、会提问和会解决问题。"大班讲授"包括线上学习效果检查与内容回顾总结、教学内容重点难点剖析和课程脉络梳理、典型例题进阶讲解等三部分。"翻转课堂"主要为研讨式课堂教学，由学生讲解线上内容，教师进行点评，并组织学生进行专题讨论，线上线下具体教学内容不重复。根据课程内容特点，设定了一系列的研讨课题，例如实际扩散问题的求解与举例分析，凝固理论的应用实例和分析，根据铁碳合金相图实例分析含碳量对铁碳合金的组织和性能的影响，等等，充分调动学生的学习热情和积极性，鼓励学生通过线上资源和新媒体手段汇总资料并进行展示汇报，加深学生对知识点的拓展应用和理解，并培养学生的创新思维和主动获取知识的能力。

3 课程思政融入混合式教学模式改革策略

在新工科建设的大背景下，专业课程教学改革要求以学生为中心，以 OBE 理念贯穿全教学过程，秉承"德育为先、学生中心、成果导向、持续改进"的教育理念，基于"建构性协同育人教学观"，渗透"互联网＋"思维，构建师生学习共同体，开展线上线下、课内课外深度融合的混合式教学模式。同时必须坚持"守正固本，智慧创新"原则，本着立德树人的理念，充分发挥课程思政的感染力、价值力、吸引力，建立"课程思政融合线上线下混合"的教学创新路径。教学模式的创新需要教师具备较高的学术素养与创新精神、学生具备较强的学习意识与探索精神，师生共建课程更好地推动课程教学模式的革新。

课程思政是在专业课程的教学过程中将思想政治教育和三观培育融入其中，而线上线下混合式教学为实现课程思政提供了更多机会和条件。通过线上学习资源和各种新媒体平台，教师可以为学生提供更多的学术信息和思政元素，并引导学生进行学术思考和价值探索，增强学生的学术能力和人文素养。通过线下授课，教师可以潜移默化地向学生分享价值理念和科学素养，展示思想政治教育的重要性和必要性，提高学生的思想素质和政治觉悟。例如可以通过教学案例和课堂讨论和互动引导学生思考社会问题，增强学生的社会责任感和公民意识。

课程思政融入混合式教学是一项具有重要意义的教学模式探索。混合式教学，尤其是线上学习过程中，线上丰富的媒体资源为课程思政提供了大量素材和实际案例库。只有在混合式教学中将思政教育与专业课程学习有机融合，才能真正实现思政教育的目标，为培养具有国际视野的复合型高素质拔尖创新人才提供有力的支持。

通过线上线下、课内课外深度融合的混合教学模式，把价值观培育和塑造融入课程内容，将教书育人的内涵落实在课堂教学主渠道，能够让"材料科学基础"专业教育课程更好地体现德育教育的功能并形成自身的特色，突出育人价值。同时，将时代的要求和社会的正能量等内容引入"材料科学基础 A"课内教学和线上自学，通过教学活动潜移默化地影响学生，引导学生树立正确的世界观、人生观、价值观。

思政元素有机融入"材料科学基础"混合式教学模式改革对课程教学团队的思想政治素养

提出了更高要求[6]。在教学过程中，“材料科学基础”课程团队教师始终具有坚定的马克思主义信仰，深入学习和理解马克思主义理论。坚持正确的政治方向，牢固树立马克思主义的政治信仰，紧紧跟随党的脚步，向着立德树人的教育方向不断前进。在设置课程思政教育内容时，采取“厚基础，重关联”的基本出发点，构筑知识网络。

第一，教学中，对每一个知识点在材料科学基础课程和材料学科中的地位、以及发展的趋势进行一一讲解。同时，进行知识点关联，除了课程内的知识点关联外，还包括专业课程内的关联及交叉学科之间的关联，特别是和社会实际应用的关联，将社会主义核心价值观、国家需要融入教学当中。通过汇集哈尔滨工业大学材料学院优秀人才事迹形成了课程思政素材库并建成线上资源平台，让学生通过了解身边的科学家，增强专业自信和自豪感，对专业有更多认同感。

第二，在教学过程中融入哲学观。“材料科学基础”课程的一些基础理论包含在哲学思想之中，运用马克思主义哲学揭示材料科学基础理论本质，有助于引导学生树立正确的世界观。

第三，教学中采用专业伦理与人文伦理相结合，培养学生科学精神和面对科研问题迎难而上的勇气与精神。

课程思政融合混合式教学模式在“材料科学基础”教学中，拓展了教师与学生交流的互动渠道。课程教师通过新媒体和新技术等线上手段积极主动与学生进行互动，在专业学习、社会热点、国家政策、就业规划等各个方面对大学生进行引导，开展有针对性地教育与辅导。课外通过QQ、微信和邮箱等线上方式与学生进行沟通，运用“互联网＋”的方式与学生交流、沟通政治情绪，引导大学生坚定正确的政治方向、树立高远的人生目标。学思融合的混合式教学对课堂效果起到了增进课堂互动的思想性作用，同时有利于培养学生登高望远综合分析的能力。

4 结束语

“材料科学基础课程”经过几年“思想政治融合线上线下混合”教学模式创新的探索和实践，实现了从传统课堂向智慧课堂、知识课堂向能力课堂、灌输课堂向实践课堂、封闭课堂向开放课堂的转变。在今后的教学过程中，要充分利用现代化信息技术，引导活跃度不高、参与感不强的学生，调动其自主学习的积极性。教学改革创新需要进一步提炼、深挖、扩展，以“德育为先、学生中心、成果导向、持续改进”的理念促进学生的全面发展。

参考文献

[1] 习近平．全国高校思想政治工作会议：把思想政治工作贯穿教育教学全过程 开创我国高等教育事业发展新局面[N]．人民日报，2016-12-09(2)．

[2] 梁小平，赵永男，赵义平，等．新时代材料科学基础课程思政教改设计与实践[J]．中国现代教育装备，2022(381)：143-147．

[3] 王香，刘二宝，周惠敏，等．线上线下混合式教学联动课程思政教学模式——以材料科学基础课程为例[J]．高教学刊，2023(24)：45-48．

[4] 秦俊梅，刘奋武，李廷亮，等．课程思政视域下土壤肥料学混合式教学改革与实践[J]．智慧农业导刊，2023(22)：109-113．

[5] 张强，刘丹，肖海英．“材料科学基础”混合式教学模式改革与建设[J]．教学育人，2021(7)：93-95．

[6] 骆昱晖，刘霖，张东恩．《材料科学与工程基础》课程中的思政教育设计、探索与实践[J]．广东化工，2022，47(432)：167-177．

“飞机空气动力学”课程思政改革研究

郝志福　丁祥　胡家林　柳文林　潘向宁
（海军航空大学 航空基础学院，烟台　264001）

摘　要：本文主要分析了课程思政与能力素质培养二者辩证统一的逻辑关系以及该关系对新时代军事人才塑造的重要意义，在此基础上介绍“飞机空气动力学”课程目前的课程思政建设情况，并分析了存在的问题以及该问题对课程建设和发展的影响，针对存在的问题提出了在课程思政元素挖掘注重逻辑性以及课后再学习活动两个环节进行解决的思路和方法。课程思政元素挖掘注重逻辑性体现在思政元素的逻辑关系与课程内容逻辑关系的统一协调，课后再学习部分主要通过模拟飞行训练和俱乐部活动“做一回飞机设计师”来展开。

关键词：课程思政；能力素质培养；思政元素的逻辑性；课后再学习

引　言

自习近平总书记2016年在全国高校思想政治工作会议上提出课程思政的理念至今，已有七年。在这段时间里，各高校的思想政治课程通过不断改革和建设，在学员的人生观、价值观的塑造方面发挥的作用日益增强，其他各类课程在不断向思想政治类课程学习的过程中通过不断深挖各学科专业发展进程中的精华以及与当今世界发展趋势相结合也形成了相当数量的课程思政储备，在教授学员基础知识和专业知识的同时，也为学员树立正确的知识获取、使用和付诸实践检验的观念做出了应有的贡献[1-4]。

同时我们也要注意到，学员要成长为行业人才、祖国的栋梁仍然需要有足够的专业知识的储备和专业素养的积淀，这点对于军队院校学员来说也是非常重要的。军队院校的重要任务就是努力把学员培养成高素质、专业化新型军事人才，从技术层面来讲，这是能打胜仗的重要保证，但仍要注意的是新型军事人才必须德才兼备，德位于才之前，这对专业课程教师如何在传授专业知识、培养专业素养和能力的同时提升课程的德育即保证课程思政的教学效果提出了更高的要求[5-6]。

“飞机空气动力学”是一门海军飞行学员必修的专业背景课，对培养飞行学员基本的飞行素养，夯实专业基础都有重要意义，本门课程的相关理论将贯穿飞行员的整个职业生涯，有助于提高飞行技能和对飞行问题的分析能力。在课程思政的建设上努力做到与专业发展的要求同步，建设过程中统一思想、不断完善研究方法，取得了现阶段的建设成果。

1　课程思政与能力素质培养的关系

于专业课程而言，课程思政教育如何融入，如何在专业能力素质培养过程中体现并发挥积极作用，二者关系如何把握是课程思政建设必须要解决的问题[7,8]。

1.1 课程思政使得能力素质培养由"标量"变为"矢量"。

众所周知,高等教育可以实现知识的传授,技能的培养。实践教学经验也表明相当多的学员可以达到课程教学所要求的知识掌握和能力养成,但更多的后续求学和实践表明并非所有的学员都能合理地实现知识的使用、拓展和研究实践的展开,即使是优秀的学员也可能存在没有有效使用专业所学,没有为学科的发展、行业的进步、祖国的强大贡献专业智慧和力量,甚至出现反其道行之的情况,这就是能力素质培养过程中引导不利、德育效果不理想,即课程思政缺失或融入不充分的情况。课程思政在专业课程授课过程中的充分融入不仅可以引起学员对专业知识探索的渴望和兴趣,也会促进学员对专业知识的学习、吸收、使用和再创造,即由于课程思政对能力素质培养的润色,为能力的提高和素养的提升指明了方向,由此对专业、行业、社会和国家均会产生的积极效应。有了方向,方能学以致用,实现个人奋斗的价值;有了方向,知识和能力从"标量"变为了"矢量",能力素质培养才会更加有的放矢。

1.2 能力素质培养为课程思政打牢坚实基础。

于思政课程而言,基础课和专业课的课程思政的展开尤其是思政元素的挖掘、加工和使用不能脱离知识的获取、加工和能力的塑造。离开专业知识传授和能力的培养来谈课程思政,课程思政教育就没有了载体,如无源之水,不能长久,亦或者为失去土壤供给的植物,无法生存,因此要想在该类课程授课中充分发挥课程思政对学员价值观、人生观塑造和专业兴趣的培养、行业志趣的形成,就有必要掌握学科专业的发展历程,具备扎实的专业知识储备,理清专业发展的逻辑关系,知晓在学科专业发展历程中做出卓越贡献的名人及其相关事迹,尤其是在此类事迹中具有启发作用的那个点和那些对科学家的理论和研究起到重要影响的因素。

由此可以看出,课程思政和能力素质培养二者是相互促进、相互发展、相得益彰,能力素质培养为课程思政的展开提供了基础,而课程思政则为能力素质培养指明了方向,有利的促进了其发展以及产生积极的效应,二者是辩证统一的逻辑关系。

2 建设思路及取得的成果

2.1 建设思路

通过对课程思政和能力素质培养二者关系的分析可以看出,进行专业课的课程思政建设中思政元素的获取和挖掘可以从学科发展历程中的名人事迹和专业知识的实践应用中对国家发展和社会进步产生积极作用的实例两个方面展开。

在具体实施方面,根据章节内容和重难点的分布,区分基本概念和基础知识应用,借鉴思政课程的相关理论和方法,挖掘相应的课程思政元素,对于重要的概念尤其是该概念提出后对学科进程有重大影响的概念,深挖其提出的背景、产生的作用及提出后对学科进步的重要意义,在概念的引出及讲解时注重提出该概念的人是通过何种方式或者受到何种启发提出该概念的,由此来培养学员探索求真的科学精神;对于课程知识应用方面则通过国内外优秀飞行员通过掌握本课程的相关理论和知识保证飞机安全和投身国家航空事业的实例来培养学员家国情怀,树立职业精神和安全意识。

2.2 取得的成果

按照上述建设思路,完成了针对每次课重点概念和重点内容应用课程思政建设,包括课程思政元素的挖掘、加工和引入时机,目前可以满足授课和课程建设的需要。

此外,为了保证课程思政建设的与时俱进,建设了课程思政案例库,包括分军航和民航两部分,涵盖了典型正面案例和反面案例。

3 存在的问题及影响

随着课程教学改革不断深入,该课程的课程思政建设也需要不断打磨和改进,通过全体教员授课经验的积累、集体备课的讨论分析以及与学员交流,可以明显感觉到目前的课程思政建设仍有较大的提升空间。

3.1 存在的问题

(1) 对于思政元素的挖掘没有注重于相关概念和知识的内在关系以及区分。随着课程思政的建设和课程思政实例的使用日益增多,在实践中发现部分内在有逻辑关系的概念和知识相对应的课程思政元素没有逻辑关联,这对于教员把握课程思政融入和课程思政效果都是不利的,且有部分课程思政元素并未完全按照前期的建设思路进行分类匹配。

(2) 课程思政教育仅限于课上,没有延展到性和拓展性。课程思政的提出源于课堂授课,但课堂授课的学时毕竟有限,其中用于课程思政教育的时间更少,相对于学员整个学习时间而言微乎其微,课堂之外课程思政育人的延展性和拓展性较差。

(3) 作为进行课程思政最直接的参与者——教员,其相关的素养仍有提升的空间。课程思政对于专业课而言是重要的育人手段,是提升学员学习积极性、授课效果的重要方法,因此在进行授课时需要任课教员选择合适的方式来进行表达,围绕着授课所需要的专业之外的素养也应与授课要求相匹配。

(4) 讲授模式下的课程思政效果不理想。作为传统的授课方法之一,讲授法目前是课程思政融入课程并实现传递给学员的重要方法,但这种方法往往可能因为教员参与较多、学员参与较少,不能调动学员听课的积极性,因此课程思政的实际效果不理想。

3.2 产生的影响

(1) 思政元素区分不足直接影响课程思政建设,不利于教员掌握课程思政教学以及对学员树立正确的引导和精神培育,对思政元素内在关系的挖掘不到位不利于课程的课程思政的整体建设,也不利于后续的改进。

(2) 课程思政的延展性和拓展性较差会导致课程思政达成的育人效果往往差强人意,因此如何有效地拓展课程思政的作用效果,在整个学习周期内保持知识和育人的协同,真正达到立德树人的目的值得思考。

(3) 如果教员的素养不足,纵然课程思政元素挖掘得再充分,与内容衔接得再紧密,做到了如盐入水,也可能因为其言语不当,穿着不合理,举止的反差,亦或者整体的形象和表现形式与课程思政的内容不协调,使得课程思政的效果大打折扣,甚至产生反向效果。

(4) 讲授法使用不当或过多会使部分学员逐渐失去对课程、对知识和对专业的兴趣,因此便无法有效将课程思政融入实际授课,那么专业知识在价值引领方面作用就会大打折扣。

4 改革思路及拟采取的做法

4.1 改革思路

根据"发现问题—解决问题—消除负面影响"的思路,逐个问题逐个击破,过程中注重问题的内在关联和逻辑,采取合理恰当的方式方法全面解决问题。

(1) 在课程思政元素的挖掘、加工和使用上思考如何贴近知识点,如何与时俱进,如何贴近学员的学习和生活,并在此基础上按照前述的建设思路进行分类和逻辑关系建立,同时注意该课程思政元素的外延性和拓展性。

(2) 课程思政元素的深入挖掘就会发现很多原理的发现和知识的应用并不在课上,很多的时候在课后的复习、温习、资料的查阅和亲身的实践上,因此专业课的课程思政也可以随着知识的学习从课上拓展到课下,通过知识的应用和原理的理解,结合实践来培塑学员的价值取向,树立严谨求学、勇于探索的精神。

(3) 课程思政是一个全方位的育人过程,对学员价值观的塑造也是全方位的,因此教员在注重思政元素打造的同时也应当注重思政培育全过程全方位素养的提升,尤其是个人素养的提升,要积极拓展本专业之外的知识,尤其是将本专业知识与国家的大政方针结合,熟悉当前国内外的与本专业有一定相关性的热点问题,并用专业的知识和思维给予必要的解答,既满足了学员探索新知的好奇心,又能加深对专业知识的理解和认识,做到全方位的育人。

(4) 增加提升学员课堂参与度授课方法的使用比例。根据以学员为中心的教育理念,努力提升学员的课程参与度,便可以激发学员的学习热情,通过合理地选择授课方法可以培养学员的责任意识和勇于担当的精神。

4.2 拟采取的做法

(1) 整理现存的课程思政资源,根据学科发展进程中的理论产生、理论突破和理论知识的实际应用三个方面对思政元素进行分类;对于同一类的思政元素根据所匹配的知识点,结合知识点的内在逻辑关系,梳理出思政元素的内在关联,或以此为目的展开课程思政元素的挖掘,构建与课程知识点逻辑关系配套的课程思政元素体系。

(2) 建立与课程思政相结合的第二课堂。这里主要结合学员的俱乐部活动进行,包括模拟飞行训练和"做一回飞机设计师"主体实践活动;其中模拟飞行训练主要结合课程所讲授的与飞行相关的知识和课程思政元素来指导学员体验飞行、体验知识的运用,在学有所用的体验过程中既能增进学员对飞行有所了解,又能加深知识的领悟,在知识二次加工和固化过程中帮助学员树立正确的飞行观、学习观,培养学员对祖国、对人民的忠诚和热爱;"做一回飞机设计师"主体实践活动则是通过让学员结合课上所学专业知识设计一架飞机,主要是学员组成团队结合课程所讲授的专业知识以及课后普及的飞机设计相关的知识,通过三维建模软件 CATIA 完成飞机外形的设计和绘制,并通过 3D 打印机打印出零部件进行装配,再由学员试飞自己设计的飞机,整个过程不仅能体现出专业知识的应用,更可以培养学员团队协作、沟通交流、资料查阅的能力,理解装备研制过程的艰辛和不易,培养学员爱惜装备,树立装备自信。

(3) 在课程思政元素体系的建设过程中,对于打造完成的思政案例,要求教员结合实际授课进行试练讲,经过课程组审核和商议后正式列入课程思政元素体系,同时对该案例如何有效展开,教员的教姿教态、穿戴和言语表达进行把关,最终固化成日后正式上课的范例;同时课程组加大对国内外与本专业相关的热点问题和事件的搜集,在集体备课中进行交流和讨论,形成对问题较为合理的认识,以及授课的范式。

(4) 改进课堂授课方法。根据实际授课内容采用学员参与度较高的授课方法,例如讨论法,通过合理地选择研讨的主题,将学员分组分工,每人根据组内安排合理分工;还可以使用案例法,结合专业知识来进行案例分析,实现学以致用,通过不同的小组来分析案例,培养学员辩证多角度看问题及批判思维。

5 结束语

目前各高校非思政课的课程思政建设都有了一定的突破,较课程思政的理念刚提出时的"畏难",我们不难发现正是因为课程思政,教员们开始努力研究学科发展的中隐藏的育人智慧,不仅提升了个人的育人能力,也提升了教员的科研学术能力,使得教员可以更加深刻、深入地了解学科发展的更多细节,一方面可以更好地服务教学,另一方面对于学科的发展也是大有裨益,因此重视课程思政的建设也就更加有意义。

当然课程思政的建设不是一朝一夕能完成的,随着时代的发展,随着教学实践的增加,要不断完善和变化,本文所讨论的拟采取的做法也会随着实践的深入发生改变,但为了实现学员能力素养培养并为之指明奋斗方向而努力的心一直不变。

参考文献

[1] 王晓宇."课程思政"的价值观教育研究[D].吉林:吉林大学,2022:12-15.
[2] 夏静.高校理工科课程思政建设研究[D].济南:山东大学,2022.
[3] 张博.新时代高校"课程思政"建设研究[D].吉林:吉林大学,2022.
[4] 杨金铎.中国高等院校"课程思政"建设研究[D].吉林:吉林大学,2021.
[5] 杜鹃.高校课程思政的协同、施教及保障机制研究[D].保定:河北大学,2022.
[6] 胡昌荣.高职"专业思政"建设现状与对策研究[J].重庆电力高等专科学校学报,2022,27(3).
[7] 安晓玲.红色文化中蕴含的工匠精神的时代价值与培育路径[J].现代商贸工业,2023,20(1):30-36.
[8] 向文梅.高职院校课程思政实效性提升路径研究[J].厦门城市职业学院学报,2023,25(1):30-36.

“双线四融”专业课程思政教学创新方法*

何晨光　吴玮　孟维晓　李德志

（哈尔滨工业大学 电子与信息工程学院，哈尔滨　150001）

摘　要： 近年来，高等教育一直在探索和实践课程思政的建设方法，尤其是专业课程在思政元素挖掘与凝练，教学环节的融入技巧方面出现了多种多样的方法。同时，高等教育也正从“传授范式”向“学习范式”发生着转变，教学的目的不在于教，而是真正做到让学生领悟如何学，掌握学习知识最有效的方式——正确的科学思维。本文以“通信信号分析与处理”课程的课程思政建设为例，提出了一种基于科学思维养成的“双线四融”专业课程思政教学创新方法，从学情分析、总体设计、思政元素挖掘、教学目标编写、教学内容设计、教学活动组织到教学评价等教学全环节实践情况进行全面的介绍。该创新方法可以很好地解决学生学习过程中的“痛点”问题，提高个人能力和素养，培养家国情怀，养成科学思维，辅助学生建立系统性、个性化、可扩展的专业知识体系结构。

关键词： 专业课程；课程思政；双线四融；挖掘凝练；内容设计

党的十八大以来，习近平总书记高度重视学校思政工作在立德树人中的重要作用。在全国高校思想政治工作会议、全国教育大会、教师座谈会等重要会议上，习近平总书记都发表了重要的讲话，系统深刻诠释了“培养什么人”“怎样培养人”“为谁培养人”这样一个教育的根本问题。2020 年 5 月，教育部颁布的《高等学校课程思政建设指导纲要》明确课程思政建设是高校落实立德树人的战略举措[1]。结合近年来，高等学校教育模式从“传授范式”向“学习范式”的转变，教学中要坚持“以学生发展为中心、学生学习为中心、学习效果为中心”的新“三中心”教学模式培养学生的创造力，激发学生的创新精神[2]，哈尔滨工业大学“通信与信号分析与处理”课程团队提出了“以学生为中心”的基于科学思维养成的“双线四融”专业课程思政教学方法，并进行了多轮次的教学实践。本文从学情分析中的“痛点”问题出发，双线挖掘课程思政元素，四方面融入教学全环节，经过课堂实践，该方法在培养学生家国情怀、专业素养和科学思维等方面收到了一定的成效，具有一定的理论和实践推广价值。

1　教学中的“痛点”问题分析

“通信信号分析与处理”作为通信工程专业的第一门专业课程，是基础课程和专业课程的连接纽带，是后续通信专业课的数学基础课。课程侧重把复杂理论和数学问题与实际的通信技术问题相联系，使学生深入理解通信信号的本质，掌握处理和分析方法，重视科学思维锻炼，

* 基金项目：黑龙江省高等教育教学改革项目“从传授范式向学习范式转变的教学模式研究与实践”（项目编号：SJGY20200191）；第三批黑龙江省高等学校课程思政示范课程和教学团队培育项目；哈尔滨工业大学教学发展基金项目（课程思政类）第十批立项“电路基础”（项目编号：XSZ2023006）

提高个人能力和素养，培养家国情怀。课程具有较高的难度，从确定信号到随机信号，需要学生对前期课程，例如概率论和数理统计、信号与系统等基础课，掌握得较为扎实，可以在该课程中灵活运用和扩展。经过课堂实践，发现学生在学习过程中主要存在以下"痛点"问题。

痛点问题一：学生学习方面。学生学习过程中基础知识掌握情况呈现零散化问题，难以形成系统的、可扩展的知识体系，科学思维能力有待提升。

痛点问题二：学生发展方面。学生面对抽象的知识理论，普遍有畏难情绪，传统教学形式单一，学生学习主动性不高，导致专业知识与行业应用需求脱节，难以解决复杂工程问题，限制学生未来发展。

痛点问题三：学习成效方面。学生课堂考核方法单一，难以提供及时准确的学习效果反馈，教师无法提供个性化评价和指导。

痛点问题四：国家情怀和行业素养方面。学生前沿知识储备不丰富，成才报国的理想信念不够明确，学习的内在动力不足。

2 基于科学思维养成的"双线四融"教学方法

为了更好地解决学生在情怀素养、学生学习、学生发展和学习成效方面的四个痛点问题，课程坚持立德树人，以学生为中心，将"双线"思政元素融入教学全环节，形成了基于科学思维养成的"双线四融"专业课程思政教学创新模式，按照学生学习预期成果编写德识能一体化目标，以认知＋科学思维，BOPPPS＋课程思政进行三层教学内容设计，师生互动，构建思政和思维的参与式课堂；建立信息化教学资源库辅助教学；通过知识能力思维多元考核方法精细化分析学生的过程性和终结性评价，对教学的各个环节形成良性的反馈迭代，不断持续改进、收敛形成最适合学生的专业课程思政教学创新方法。"双线四融"专业课程思政教学方法设计框图见图1。

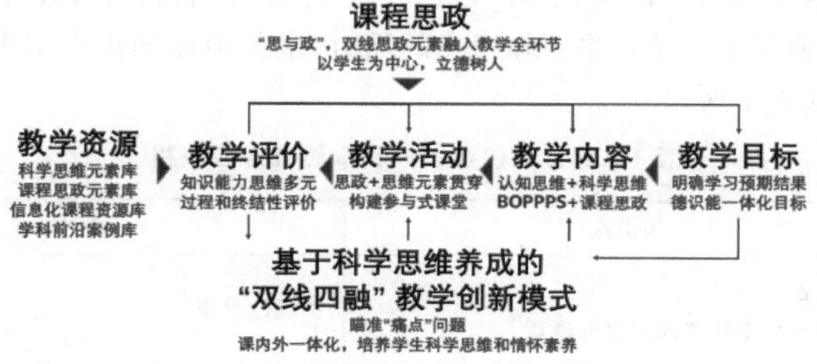

图1 "双线四融"专业课程思政教学方法设计框图

3 "思"与"政"思政元素"双线"凝练

专业课是培养学生实践能力的重要载体，是高校教书育人的重要途径[3]。本课程根据学科专业的特色和优势，深入研究本课程的育人目标，深度挖掘提炼专业知识体系中所蕴含的思想价值和精神内涵，科学合理拓展专业课程的广度、深度和温度，从课程所涉专业、行业、国家、国际、文化、历史等角度，增加课程的知识性、人文性，提升引领性、时代性和开放性。将思政元素合理，巧妙地融合进课程的专业知识中，采用显性教育和隐性教育相统一的教育方法，寓价值观引导于知识传授和能力培养之中，帮助学生塑造正确的世界观、人生观、价值观，以及严谨的科学素养，将价值引领、知识传授和能力培养三者融为一体，构造本课程全方位的育人体系。

“思政”一词可以分解为“思”和“政”两个方面，如图2所示，形成“政”—政治素养，“思”—科学思维的两大类思政元素。通过历史事件、名人名言、行业发展事件、工程应用实例等内容进行显性教育，正确引导学生，培养学生对祖国的高度忠诚感、对祖国伟大成就的认同感、对祖国未来发展的责任感、对行业发展壮大的使命感。这是对学生政治素养，家国情怀方面的培养。通过理论知识体系、工程实例多角度解决方法，围绕工程应用需求、经济成本、环境保护等的技术发展实例等培养学生正确的科学思维和行业素养。

图2 “思”与“政”思政元素“双线”凝练

科学思维主要包括“体系建构、科学推理、科学论证、质疑评价、扩展创新”等五方面要素。在教学内容设计，教学活动的安排中将围绕这五方面内容展开，突出培养学生的科学思维。教学团队对应课程的主要知识点，形成了科学思维内容库，并以名人名言或者总结出的通俗易懂的话语呈现给学生，使学生在学习主要知识点的同时，掌握由该知识点引申出的科学思维，部分科学思维内容库如表1所列。

表1 部分知识点——科学思维对应表格

序　号	知识点	科学思维
1	随机过程的定义 随机过程数字特征的定义和性质	扩展性思维
2	随机过程数字特征的物理和工程意义； 平稳随机过程的物理和工程意义； 自相关函数的物理和工程意义；	科学是认知，技术是应用； 从数学定义到物理含义，最后掌握工程的指导意义的科学认知思维
3	单边带调制； 维纳辛钦公式的偶函数表示形式； 信号的复函数表示； 5G通信系统的网络结构	奥卡姆剃刀原理：如无必要，勿增实体

续表 1

序　号	知识点	科学思维
4	噪声信号的频域和时域分析； 遍历性随机过程	用统计的眼光看现象，不要被个例蒙蔽
5	严平稳性的证明； 严平稳性和宽平稳性的关系； 相同一阶矩函数的两个随机过程关系	科学在逻辑上不可能被迷信，证据为王

4　思政元素四方面融入教学环节

通过双线挖掘凝练的思政元素从教学目标、教学设计、教学活动和教学评价四个方面巧妙地融入教学实践中。

首先是教学目标，对理论知识，实践能力，课程思政和科学思维内容进行巧妙设计，确定价值引领、知识传授、能力培养和思维养成的课程目标。每一堂课中除了给出知识和能力的目标外，还明确地给出了本节课关于政和思两方面的情怀素养目标。明确的教学目标使学生清楚能够通过做什么来证明其学会了什么，将更好地掌握自己的学习成效[4]。

在教学内容的设计中，要巧妙、自然地融入思政元素，避免生硬，突然的引用。我们以某一节的内容来说明如何进行教学内容的设计。图 3 中中间的几个知识点是按照教材中的内容和顺序进行排列的，也是这节课重难点内容，但是我们要避免照搬教材内容顺序，因为这不是学生对新事物的认知顺序。人们遇到新事物，首先是"疑问"，然后是思考，论证，分析，然后再疑问，思考，这样循环迭代、循序渐进的过程。所以我们先按照"BOPPPS 模型＋课程思政"对授课进行第一层的"环节"设计，首先通过我校张乃通院士的真实科研经历引导出本节内容，从而确定学习目标，加入前沿实例和思政元素，展开参与式学习，最后总结，测试评价；确定主要环节后将根据科学思维五要素进行第二层的"思维"设计，比如在小组合作学习中，师生间要进行科学论证和质疑评价，从而总结出不同随机过程的统计平均和时间平均的区别，培养学生的扩展思维。最后一层就是具体内容的设计，将按照学生认知新事物的思维顺序，可以在课程的开始不断埋下疑问，随重难点知识展开进行一一解答，形成一番、两番、三番的递进式强调，环环相扣，反复迭代，循序渐进。通过政和思"双线"思政元素的融入，使学生的反复思考，加深理解，达成教学目标。

教学内容确定后，如何实现这些教学内容，将安排游戏化参与式的教学活动。将理论知识、行业知识、科学思维和思政元素生动、有趣地贯穿到课前、课中、课后的教学活动中。课前，通过雨课堂推送思政元素信息化资源；课后除了普通的层次化作业之外，还布置针对思维锻炼的视频大作业，学生以视频的方式针对知识点的体系结构、逻辑关系、扩展研究等方面进行讲解。在参与式学习活动中将通过分组讨论，锻炼学生团队协作、分析总结、批判创新等能力。

最后，课程从知识、能力和思维三方面进行课程的考评和反馈，对知识点掌握、科学思维量化指标和课堂活跃度进行多次过程性评价。针对全周期的反馈数据通过开发的综合能力评价软件进行终结性评价，如图 4 所示，实现了多元化形成性过程考核。

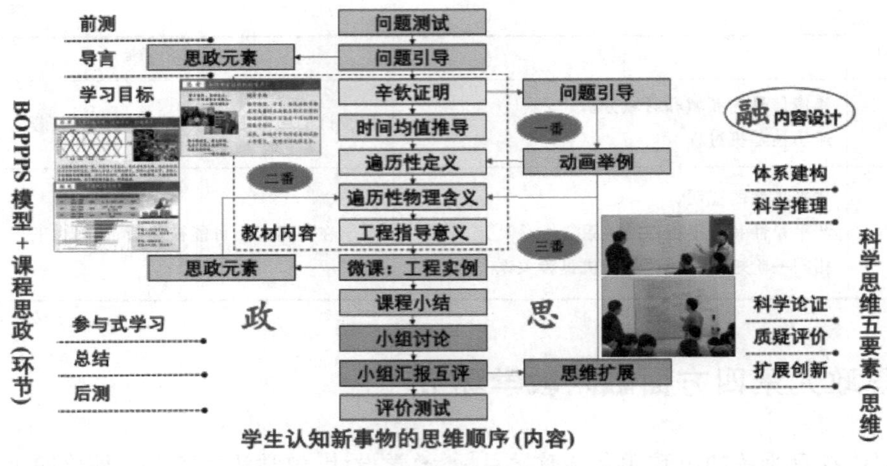

图 3　课程思政三层教学内容设计框图

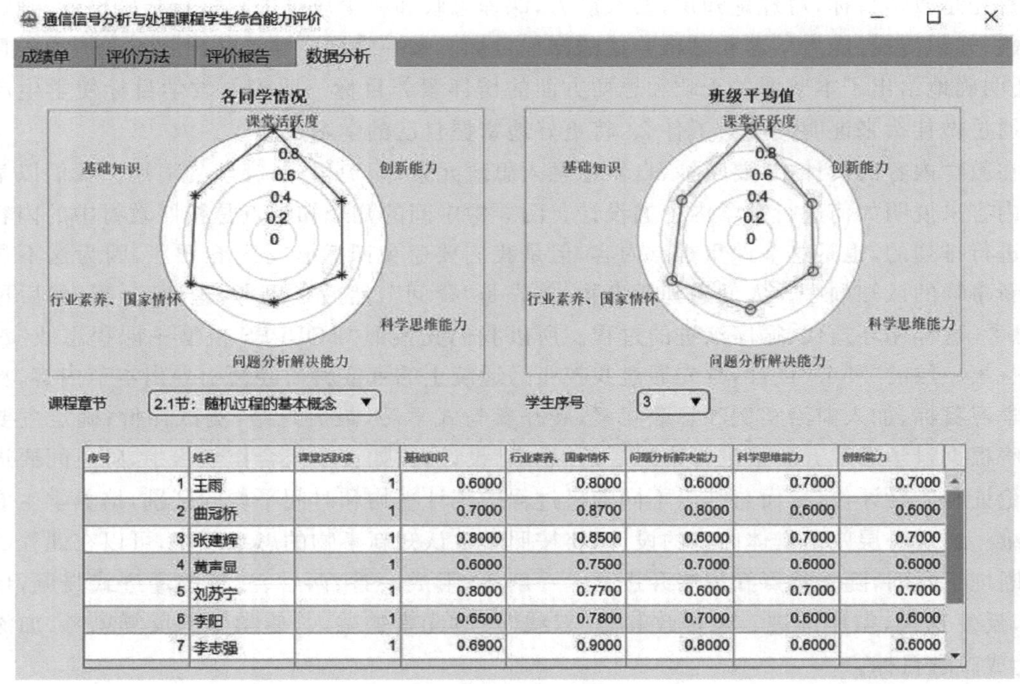

序号	姓名	课堂活跃度	基础知识	行业素养、国家情怀	问题分析解决能力	科学思维能力	创新能力
1	王雨	1	0.6000	0.8000	0.6000	0.7000	0.7000
2	曲冠桥	1	0.7000	0.8700	0.8000	0.6000	0.6000
3	张建辉	1	0.8000	0.8500	0.6000	0.7000	0.7000
4	黄声显	1	0.6000	0.7500	0.7000	0.6000	0.6000
5	刘苏宁	1	0.8000	0.7700	0.6000	0.7000	0.7000
6	李阳	1	0.6500	0.7800	0.7000	0.6000	0.6000
7	李志强	1	0.6900	0.9000	0.8000	0.6000	0.6000

图 4　综合能力评价软件界面图

5　教学方法实践效果

课程经过多年实践，思政元素库内容的课前推送观看率逐年提高，知识点思维逻辑大作业达到全员参与，毕业生进入国防航天国企单位的人数稳步提升，丰富了专业前沿知识储备，明确了成才报国信念；学生们积极参加各项公益事业，先后 10 人次获得校级优秀志愿者；通过多元化过程性和终结性评价方法保证了学生学习效果；学生科学思维能力明显提升，近三年发表高水平科研论文 50 余篇，省部级以上科技竞赛获奖 34 项。该课程评选为校级、省级思政示范课，该建设方法多次受邀进行介绍和推广。

所以，坚持以学生为中心，立德树人，基于科学思维养成的"双线四融"教学创新方法很好地改善了本课程的四大痛点问题，尤其是基于科学思维养成的"双线四融"教学方法，使学生们逐渐将零散化的知识理论以一定的思维方式形成系统性、个性化、可扩展创新的知识体系树形结构。该方法已经从一门课逐渐扩展到专业课程群，最终将覆盖本专业所有课程，做到点-线-面的转化，形成以重视科学思维锻炼、提高个人能力和素养、培养家国情怀为目标的专业课程体系结构。

参考文献

[1] 教育部. 关于印发《高等学校课程思政建设指导纲要》的通知 [EB/OL]. (2020-05-28) [2023-04-22]. http://www.gov.cn/zhengce/zhengceku/2020-06/06/content_5517606.htm.

[2] 赵炬明. 聚焦设计：实践与方法（上）——美国"以学生为中心"的本科教学改革研究之三[J]. 高等工程教育研究，2018，02：30-44.

[3] 吴晓辉，唐伟志. 课程思政在专业课程教学中的实现路径[J]. 大学，2023，27：60-63.

[4] NORMAN E. 设计与编写教学目标[M]. 盛群力，译. 北京：中国轻工业出版社：2017.

“教学-科研-实践”一体化育人模式下思政育人体系建设与探索*

何玉荣　唐天琪　王天宇　胡彦伟

（哈尔滨工业大学 能源科学与工程学院，哈尔滨　150001）

摘　要：随着我国科技实力的日益雄厚，航空航天、能源等多个领域实现了多项技术突破。在加快创新型国家的新时代背景下，人才培养的机遇与挑战并存，对拔尖创新人才的需求日益显著。如何充分利用学校育人平台、最大限度发挥各环节育人优势条件，将思政育人与“教学-科研-实践”一体化育人模式有机融合，是兼顾培养学生创新能力和激发科研报国家国情怀的方法之一。本文以“教学-科研-实践”一体化育人模式为基础，充分利用课堂教学环节，在课程教学中融入思政元素；依托实践项目，在了解我国航空航天、能源等行业需求的同时，实现个人实践能力的提升；充分发挥科学研究对思政育人的作用，选题以国家需求为引导，培养学生科研报国的家国情怀。结合多过程育人环节，依托科研实践等育人平台，建立基于“教学-科研-实践”一体化育人模式的思政育人体系，为国家航空航天、能源等领域人才培养提供参考。

关键词：思政育人；一体化育人；体系建设

引　言

党的二十大报告提出，教育、科技、人才是全面建设社会主义现代化国家的基础性、战略性支撑，强调“全面提高人才自主培养质量，着力造就拔尖创新人才，聚天下英才而用之”[1]。因此，提升各环节人才培养质量，是培养拔尖创新人才的重要着力点。

本文以“教学-科研-实践”一体化育人模式为基础，打通课堂内外培养平台，将思政元素融入育人各环节，依托科研实践等育人平台，建立基于“教学-科研-实践”一体化育人模式的思政育人体系，为国家航空航天、能源等领域人才培养提供参考。

1　“教学-科研-实践”一体化育人含义

1.1　立足课堂教学，夯实理论基础

课堂是教学的“第一主战场”。通过课堂教学，学生第一时间掌握专业基础知识，也是为后续科研工作的开展提供扎实理论基础的重要环节。传统教学中，课堂教学较为独立。随着信

* 基金项目：2021年高等学校能源动力类教学研究与实践项目（NO. NDJZW2021Z－02）

息化的飞速发展以及国际科技局势的快速变化，仅拘泥于课堂已无法满足当前国家和行业对人才的需求。因此，将课堂教学与科研结合，配合实践环节，综合提升学生的能力，才能为行业输送拔尖创新人才。

1.2 依托科学研究，培养创新能力

2023年7月5日，教育部官网公布了《2022年全国教育事业发展统计公报》(简称《公报》)。据《公报》显示，研究生招生124.25万人，比上年增加6.60万人，增长5.61%；其中，博士生13.90万人，硕士生110.35万人。在学研究生365.36万人，比上年增加32.12万人，增长9.64%；其中，在学博士生55.61万人，在学硕士生309.75万人。毕业研究生86.22万人，其中，毕业博士生8.23万人，毕业硕士生77.98万人。由此可见，更多本科生选择在毕业之后继续攻读研究生，进一步深造。

相比于“规范”的课堂教学，科学研究则更为“灵活”，需要学生具备更多的创新能力及发现问题的能力，成为能够独立进行科研工作的科研人员。尽管课堂教学和科学研究是两种截然不同的育人风格，但课堂教学是为科研工作提供扎实理论知识不可忽视一部分。将科研与教学相结合，通过将当前航天、能源等领域最新前沿进展引入课堂教学案例中，更有利于让课堂教学“更活泼、更接地气”。

1.3 参加实践竞赛，能力综合提升

立足课堂专业教学，将课堂内外联动，打通专业教学与实践环节的壁垒，以兴趣为引导，鼓励学生参加社会实践、学科竞赛等。在实践中，引导学生了解和关注行业所需，将个人技能在实践中得到综合运用，实现个人能力的提升。目前，多个高校将实践环节加入培养方案。以哈尔滨工业大学为例，大一年度项目等实践环节均已成为本科生参加实践项目的“必修课”，并且取得了良好效果。

在课堂教学与课堂外实践结合的基础上，将实践环节与科研对接，实现“教学-科研-实践”一体化育人模式。目前，哈尔滨工业大学已经试点开展了本科综合设计答辩申请制，结合所做的科创项目研究成果，提前开展科研工作，为拔尖人才培养提供了新范式。[3]

2 思政与“教学-科研-实践”一体化育人方法融合探索

如何将思政育人与“教学-科研-实践”育人模式结合，是构建“教学-科研-实践”一体化育人模式下思政育人体系需要思考的环节。

2.1 课程与思政元素融合

课堂教学中，在讲授专业知识环节引入当前航天、能源等领域国家重大需求。巧妙利用课堂教学设计，帮助学生了解当前我国“卡脖子”问题和行业亟需解决的问题。如在传热学授课过程中，将芯片散热等亟需解决的问题作为案例，介绍芯片散热中涉及的传热问题，将思政元素与专业知识讲授巧妙融合；在流体力学授课过程中，将新能源利用等面向当前国家能源重大战略需求的内容作为思政案例，介绍譬如新能源汽车相变材料设计、流动及换热等专业知识点，提升学生学习兴趣。通过课堂教学与思政元素融合，帮助学生掌握专业知识的同时，了解

国家重大需求和行业亟需解决的关键问题，为学生科学研究选题和实践竞赛选题提供参考。

2.2 科研与思政元素融合

科研选题是科学研究的重要环节，选题过程中引导学生综合自己专业、自己兴趣爱好以及课堂教学中的思政元素，面向国家重大战略需求、“卡脖子”问题进行选题。在科学研究中，将个人与国家命运紧密相连。例如，以哈尔滨工业大学本科综合设计答辩申请制为例，学生选题面向国家能源战略需求，针对新能源汽车中涉及的流动以及传热等问题展开课题研究，通过科学研究为服务国家战略贡献自己的力量。[3]

2.3 实践与思政元素融合

实践育人通过打通课堂内外壁垒，依托校企平台、竞赛实践平台培养学生实践能力，为国家和行业输送专业基础扎实、实践能力突出的拔尖创新人才。实践育人中，指导教师引导学生面向行业亟需问题选题，思考实践竞赛选题及成果如何投入实际生产，实现成果转化。2023年3月22日，中国高等教育学会高校竞赛评估与管理体系研究工作组发布了《2023全国普通高校大学生竞赛分析报告》[4]。报告数据显示，哈尔滨工业大学位列榜首，实践育人效果显著。

3 结 论

本文通过分析“教学-科研-实践”一体化育人模式，探索思政元素与“教学-科研-实践”一体化育人的融合方法，以哈尔滨工业大学本科综合设计答辩为案例进行分析，阐述了“教学-科研-实践”一体化育人模式下思政育人体系的建设方法。通过将思政元素与“教学-科研-实践”各环节融合，培养学生在专业学习、科学研究以及实践竞赛等环节中提升科研报国的家国情怀。为建设“教学-科研-实践”一体化育人模式下思政育人体系提供参考。

参考文献

[1] 中华人民共和国中央人民政府. 习近平：高举中国特色社会主义伟大旗帜 为全面建设社会主义现代化国家而团结奋斗——在中国共产党第二十次全国代表大会上的报告[EB/OL]. https://www.gov.cn/xinwen/2022-10/25/content_5721685.htm.

[2] 中华人民共和国教育部. 教育事业发展统计公报[EB/OL]. http://www.moe.gov.cn/jyb_sjzl/sjzl_fztjgb/202307/t20230705_1067278.html.

[3] 哈尔滨工业大学. 打破常规！以能力水平为标准，哈工大探索推行本科综合设计答辩申请制[EB/OL]. https://power.hit.edu.cn/2023/0815/c5713a322804/page.htm.

[4] 中国高等教育学会.《2022全国普通高校大学生竞赛分析报告》发布[EB/OL]. https://www.cahe.edu.cn/site/content/16010.html.

浅谈高校课程思政改革与建设的产学研道路*

胡建明　江世凯　智喜洋　巩晋南　张树青

（哈尔滨工业大学 航天学院，哈尔滨　150001）

摘　要：航空航天类高校课程思政改革是建立高质量、立体化、多层次、广角度的教学体系的必经环节，对推进航空航天领域高校立德树人、铸魂育人实效具有深远的影响。但是目前高校课程建设存在部分教学内容陈旧、学生参与度不高、与产业合作不足的问题，针对上述问题，提出产学研闭环导向的创新思政教学模式，构建实践导向的思政课程设计、产业导向的案例分析、行业导师的项目指导、就业追踪的反思总结为一体的逐步推进、反馈更新的创新教学思路，形成高校课程中产学研有机结合的生态系统，为航空航天领域培养更具实践能力、创新眼光和社会责任感的高素质人才，助力航空强国、航天强国建设，推动教育强国、科技强国和人才强国高质量发展提供参考。

关键词：课程思政改革；产学研道路；实践导向；创新教学；航天强国

高校课程思政建设在我国的高等教育体系中扮演着关键角色，旨在将思想政治教育融入专业课程，以培养具有全面发展的人才[1]。教育部印发的《高等学校课程思政建设指导纲要》指出，全面推进高校课程思政建设是深入贯彻习近平总书记关于教育的重要论述和全国教育大会精神、落实立德树人根本任务的战略举措。高校课程思政建设强调不仅传授专业知识，还注重培育学生的道德观念、社会责任感和国家认同。通过这种教育模式，学生能够在掌握专业技能的同时，发展批判性思维和创新能力。这种教育的综合性体现了对时代发展需求的响应，可促进教育内容与社会实际相结合，提高教育的实用性和相关性。

随着中国高等教育体系不断发展，高校课程思政建设的进程正面临着一系列的挑战。主要体现在：目前高校课程建设存在部分教学内容陈旧，缺乏教育内容的时代性和实用性；教学形式不够生动，导致学生缺少积极的参与态度和创新思维；教学内容与实际应用脱钩，学生对部分课程的学术价值和实用性提出质疑。因此，如何有效地将思政元素和专业知识结合进行课程改革与建设，成为一个值得深入研究和重点思考的难题。在一些高校中，由于缺乏明确的指导和具体的实施方案，这种结合往往显得生硬，无法达到预期的教学效果。

高校课程思政改革是对中国高等教育体系的重要优化，是培养既专业精通又具备良好价值观和社会责任感的新时代人才的必要途径[2]。而“产学研”是指将产业、学术和研究相结合的概念，常用于描述企业、高等教育机构和研究机构之间的协作关系。这一模式旨在促进知识和技术的转移，加速创新进程，并提升学术研究的实际应用价值。为了响应时代需求，提升教育质量，有必要将高校课程思政改革与建设与产学研思维有机结合，把高校的创新能力、企业和研究机构的资源和实践经验优势互补，增强教育的实践性和应用性，促进形成专业发展与国

* 基金项目：国家自然科学基金（62305088）

家需要相匹配的新局面。

1 高校课程思政改革与建设的产学研道路的深远意义

高校课程思政改革与建设的产学研道路展现了高校教育改革的新方向[3]，其深远的意义不仅在于培养了适应时代发展需求的高素质人才，还在于推动了教育、科技与经济社会的全面协调发展。其重要意义主要体现在以下几个方面：

(1) 培养复合型人才

这种改革通过融合思政教育与专业学术研究，旨在培养既具有坚实专业知识和技能，又具备良好思想政治素质的复合型人才。这些人才能够更好地适应社会的需求和发展。

(2) 强化社会责任和国家意识

通过结合产学研，思政教育能够更加贴近实际，帮助学生理解他们的学术追求如何与国家发展和社会进步相结合，增强他们的社会责任感和国家意识。

(3) 促进科研与实践的结合

在产学研结合的过程中，思政教育的融入可以促进学术研究与实际应用的结合，使学术成果更加服务于社会和国家的需要。

(4) 提升教育质量和效益

课程思政与产学研结合，能够提供更多样化的教育资源和教学方法，有助于提高教学质量和效果，可以更加灵活地适应时代变化和社会需求，增强教育的综合效益。

(5) 增强国际竞争力

在全球化背景下，培养具有国际视野和强烈国家意识的人才对于提升国家的国际竞争力至关重要。这种改革有助于学生更好地理解全球发展趋势，同时坚持和传播本国的价值观和文化。

(6) 促进理论与实践的深度融合

将思政教育纳入到产学研体系中，有助于促进理论知识与实际应用的深度融合，使学生能够在实际工作中更好地应用其学术知识和技能。

因此，高校课程思政改革与建设的产学研道路不仅有助于塑造具有良好职业道德、扎实专业知识和强大创新能力的高素质人才，也对于高等教育的整体发展和国家的长远利益具有深远的影响。

2 高校课程思政改革与建设的产学研道路面临的挑战

高校课程思政改革与建设在实施产学研道路时，虽然展现出巨大的发展潜力和价值，但也面临着多方面的挑战，主要包括以下几个方面：

(1) 理论与实践的结合：如何在保证理论教育深度的同时，加强实践教学的质量和效果，是高校在推行产学研道路时需要解决的问题。过度强调实践可能会忽视理论基础的打牢，而忽视实践又无法满足社会对应用型人才的需求。这需要精心规范的课程内容设计，确保两者的有机融合且互相增强。

(2) 课程内容的更新与适应性：随着时代的快速发展，保持课程内容的更新和适应性是一个持续的挑战。如何设计丰富的课程内容与生动的课程展示形式，提高学生对问题的识别、分析和解决能力，提高学术创新思维，是促进社会产业发展和技术创新和谐统一的重要挑战。

(3) 教师队伍建设：产学研模式要求教师既要有深厚的理论基础，又要具备实践经验和行业洞察。然而，当前高校教师队伍在实践经验和行业背景方面往往存在不足，需要通过系统的培训和实践参与来弥补。

(4) 学生的接受度和参与度：学生对于思政教育的接受程度不一，可能会有抵触心理。如何激发学生的兴趣和参与度，是实施过程中需要解决且需要长期关注的问题。此外，如何建立学生群体有效的评估和反馈机制来监控课程改革的效果，并根据反馈进行及时调整，也是实施过程中的难以避开的研究课题。

3 高校课程思政改革与建设的产学研道路的建议措施

教育部印发的《高等学校课程思政建设指导纲要》明确指出：全面推进课程思政建设是落实立德树人根本任务的战略举措，高校要有针对性地修订人才培养方案，结合专业特点分类推进课程思政建设，提升教师课程思政建设的意识和能力，建立健全课程思政建设质量评价体系和激励机制。

围绕上述指导要点，拟提出产学研闭环导向的创新思政教学模式，构建实践导向的思政课程设计、产业导向的案例分析、行业导师的项目指导、就业追踪的反思总结等措施为一体的逐步推进、反馈更新的创新教学思路，形成高校课程中产学研有机结合的生态系统。

3.1 实践导向的思政课程设计

构建科学合理的课程思政教学体系是课程建设的重要举措[4]。为打破传统教学模式的局限，通过引入社会实际案例、组织社会实践活动，以及跨学科的项目学习，使学生能够在理解理论的基础上，更好地应用知识解决实际问题，可提升学生的批判性思维和问题解决能力，并增强他们的社会责任感和公民意识。

结合实际事件教学：将课堂理论与实际社会、政治事件相结合。选择与学生生活密切相关的社会事件，如环境保护、公共政策分析、经济发展趋势等，作为教学案例。通过分析这些案例，让学生直观地看到理论知识在现实生活中的应用，增强学习的相关性和实践性。

推行社会实践活动：组织学生参与与课程内容相关的社会实践活动。这些活动可以是参与社区服务、志愿者工作、或是与政府及非政府组织合作的项目。通过这些活动，学生不仅能够将课堂所学知识应用到实践中，还能增进对社会问题的理解和关注。

引入跨学科项目学习：设计跨学科的综合性项目，让学生在完成项目任务的过程中运用和综合不同学科的知识[5]。例如，开展一个涉及政治学、经济学和社会学的调研项目，让学生团队合作研究一个具体的社会问题，如城市发展、贫困问题或公共政策制定等。这种方法能够促进学生的综合分析能力和团队合作能力。

实践导向的课程设计能够使学生将理论知识应用于实际情境，从而更深刻地理解和吸收思政教育的内容。通过面对真实世界问题的实践，学生能够培养解决复杂问题的能力，这对于他们未来的职业生涯至关重要。同时，实践导向的思政课程能够帮助学生更好地理解他们的学习如何与国家发展和社会进步相结合，从而增强他们的社会责任感和国家认同。

3.2 产业导向的案例分析

产业案例分析通常涉及问题的识别、分析和解决，这有助于培养学生的创新思维和综合问题解决能力[6]。生动、实际的产业案例能够激发学生的学习兴趣，提高课程的吸引力和参与度。通过分析具体行业案例，学生可以更直观地理解理论知识在实际工作中的应用，增强学习的针对性和实践性。

设计产业导向的案例分析是高校课程思政改革与建设的产学研道路的重要组成部分。可以从以下几个方面完善高校课程建设：

精选与产业相关的案例：选择与当前产业发展趋势、技术革新、市场需求等相关的真实案例。这些案例应覆盖不同行业，如高科技、制造业、服务业等，以确保内容的广泛性和实用性。并鼓励跨学科的案例分析，整合经济学、管理学、社会学、政治学等多个学科的视角，以增强学生的综合分析能力。

设计迭代更新的案例库：采用案例教学法，鼓励学生在课堂上主动讨论，分析案例中的问题，提出解决方案，培养批判性思维和解决问题的能力。并定期更新案例库，加入新的产业发展趋势、技术革命、市场变化等方面的最新案例，以保持教学内容的时效性和相关性。鼓励将案例分析与实践性学习项目相结合，如模拟经营、项目策划、市场调研等，让学生在解决实际问题的过程中运用所学知识。

依托生动有效的案例呈现形式：利用多媒体展示案例，使用视频、图表、数据分析软件等技术工具，使案例分析更加生动和直观。采用将学生分组的讨论形式，让每组分析特定案例，并在课堂上进行讨论和报告，促进学生之间的互动和思想碰撞。

3.3 行业导师的项目指导

为了增强教师的思政意识和能力，可建立高校与企业、研究机构的合作，建立产学研合作平台，引入行业导师的指导，促进学生的实际操作能力和创新思维的发展[7]。通过实习、项目合作等方式，使学生能够将理论知识应用于实践。

建立行业导师数据库：创建一个包含不同行业专家和资深从业人员的数据库。这个数据库应包括导师的专业背景、行业经验和联系信息，方便高校进行匹配和邀请。并制定明确的导师选拔标准和程序，确保邀请到的行业导师具有丰富的实践经验和良好的教学能力。

采用多形式的合作模式：提供灵活的合作模式，如短期讲座、客座教授、实践项目指导等，以适应不同导师的时间安排和专业特长。也可建立在线交流平台，如课程论坛或专门的学习管理系统，方便学生和导师进行讨论和资源共享。同时，为行业导师提供必要的教学培训和支持，帮助他们更好地适应教学环境和学生需求。

实践项目的设计和评估：与行业导师合作设计实践项目，确保项目既有理论深度又具实践意义。同时，制定项目评估标准，确保学生的学习效果。并建立定期交流和反馈机制，让行业导师与学生及教师之间建立有效沟通，确保教学活动的顺利进行和持续改进。在这个过程中，不仅在特定课程项目中合作，还可探索更多合作可能，如共同研究、实习机会等。

3.4 就业追踪的反思总结

建立和完善课程的评估和反馈机制，定期收集学生、教师和产业界的反馈，不断调整和优化课程，是高校改革措施闭环验证的关键措施[8]。可以通过收集和分析毕业生的就业情况，包括职业路径、工作表现以及对高校教育的反馈，更深入地研究课程和教学方法对学生职业发展的实际影响，以及在市场和社会需求中的适应性。

建立就业追踪系统：构建一个系统化的就业追踪数据库，记录学生的就业情况、职业发展路径和工作表现；并对追踪数据进行深入分析，评估课程设置、教学质量和实践项目对学生就业和职业发展的影响；同时鼓励在校学生参与追踪研究，增强他们对职业发展的认识。

职业发展研讨会和讲座：定期举办职业发展研讨会和讲座，邀请毕业生分享他们的经验和建议。同时，将毕业生的反馈纳入教学改革的考虑因素中，定期编制就业追踪报告，向教师、学院领导和相关部门提供反馈，持续优化课程设计和教育方向。

通过这些措施，高校可以更有效地了解和评估其教育对学生职业发展的长期影响，为持续改进课程设计和教学方法提供重要依据。同时，这也有助于高校更好地理解毕业生在职场的实际需求，从而进一步优化人才培养方案，促进高校教育从单纯的知识传授转向更加注重学生综合能力培养和职业发展进程的良性演变。

4 结 论

高校课程思政改革的产学研道路是建立高质量、立体化、多层次、广角度教学体系的关键环节。这一道路对于推进航空航天领域高校的立德树人、铸魂育人目标具有深远影响，是培养符合新时代要求的高素质人才的必要途径。

(1) 通过构建实践导向的思政课程设计，不仅可提升学生的批判性思维和解决问题的能力，还可增强他们的社会责任感和公民意识，实现学生职业发展与国家社会需求的有机统一；

(2) 结合产业导向的案例分析，不仅可增强学生的创新思维和问题解决能力，还能激发他们的学习兴趣，提高高校课程学习的吸引力和针对性；

(3) 引入行业导师的项目指导，可建立与行业有效的沟通机制，并融合导师的实践经验持续改进教学活动，实现课程的理论深度和实践意义的平衡与统一。

(4) 通过就业追踪的反思总结，可深入了解课程对学生职业发展的实际影响，进而优化人才培养方案，更好地适应市场和社会需求，推进航空航天领域高校立德树人、铸魂育人的发展。

参 考 文 献

[1] 韩杰才. 抓好后继有人这个根本大计[J]. 红旗文稿，2022(05)：9-14.

[2] 韩杰才. 响应时代需求 推进卓越工程师培养的供给侧改革[J]. 学位与研究生教育，2022(11)：1-8.

[3] 张伟，常春. 新时代高校课程思政评价体系构建：价值导向、评价原则及路径选择[J]. 教育探索，2023，(11)：38-43.

[4] 朱名强. 新时代十年伟大变革何以融入高校思想政治教育[J]. 中学政治教学参考，2023，(39)：45-49.

[5] 杨丽萍，惠文华，徐翠玲，等. 遥感专业空间分析课程思政教学探索[J]. 高教学刊，2023，9(35)：185-188.

[6] 周莹，达波，宋卫丽. 高校课程思政体系建构与实践——以工科课程为例[J]. 教育教学论坛，2023，(42)：110-113.

[7] 刘明真，刘顺厚. 社会主义核心价值观贯穿高校课程思政的育人路径研究[J]. 新时代马克思主义论丛，2023，(01)：249-270.

[8] 石莉，张海芳，刘钰，等. 新时代高校课程思政建设的现实困境及破解路径[J]. 华北理工大学学报(社会科学版)，2023，23(05)：56-60，91.

卓越工程师培养中工程实践课程思政建设研究

姬瑞鹏[1]　徐明[1,2]

(1. 北京航空航天大学 国家卓越工程师学院，北京　100191

2. 北京航空航天大学 宇航学院，北京　100191)

摘　要：卓越工程师的培养，需要落实爱党报国、敬业奉献、具有突出技术创新能力、善于解决复杂工程问题的培养总要求。工程实践课程是破解学科交叉不够，产教融合不深，实践创新能力培养不足等突出问题，体现产教融合、科教融合，实现按领域、行业进行人才培养的重要机制设计之一。工程实践课程思政建设对于实现培养总要求具有重要作用。基于国内工程实践课程思政建设经验，本文围绕卓越工程师培养的目标、标准、要求等，从目标定位、建设模式等方面，对高校国家卓越工程师学院卓越工程师培养中的工程实践课程思政建设提出建议，以期为相关高校提供一定的借鉴和参考。

关键词：卓越工程师；课程思政；工程师；国家卓越工程师学院；工程实践

习近平总书记在中央人才工作会议上的重要讲话中指出，“努力建设一支爱党报国、敬业奉献、具有突出技术创新能力、善于解决复杂工程问题的工程师队伍”，对新时代卓越工程师的培养提出了总要求。其中，“爱党报国、敬业奉献”对卓越工程师培养中的思想政治方面提出了明确的目标，“具有突出技术创新能力、善于解决复杂工程问题”对卓越工程师培养中的专业能力方面提出了清晰的要求。卓越工程师技术创新能力、解决复杂工程问题能力的培养，需要加大工程实践课程的比例，努力提升工程实践课程的训练效果。因此，加大工程实践类课程思政的建设工作在树立学生理想信念，培养学生实现“爱党报国、敬业奉献”的目标具有重要的作用。

教育部和国务院国资委在2022年发文成立了第一批高校（10家）、企业（8家）共计18家国家卓越工程师学院[1]，教育部在2023年发文成立了第二批高校共14家国家卓越工程师学院[2]。目前国内各高校在卓越工程师培养中工程实践类课程建设的工作上仍处于探索阶段，相关课程的课程思政建设工作也基本处于初始阶段。本文立足于课程思政建设的经验，基于高校国家卓越工程师学院工程实践课程思政建设的角度，提出观点，以期为相关高校的有关工作提供一定参考。

1　建设理念

卓越工程师培养中的工程实践课程思政（以下简称“课程思政”）建设须全面贯彻落实党的二十大精神与中央人才工作会议关于培养大批卓越工程师的总要求，按照上级部委对工程硕博士培养改革专项试点的系列重大部署，紧密围绕教育部《高等学校课程思政建设指导纲要》中所提出的课程思政建设具体目标，结合卓越工程师培养的技术与产业发展现状，尤其是我国面临的“卡脖子”技术情况，培养学生的责任感与使命感，并将课程思政建设与探索卓越工程师培养模式相结合，探索建立符合国家战略、产业发展和企业一线需求的工程师培养模式，在打破传统工程教育重理论轻实践、重知识轻动手的弊端[3-4]的同时，树立起学生坚定的理想信念。

一是在课程建设目标上，要坚持以习近平新时代中国特色社会主义思想为指导，在培养学生关注相关学科知识的基础上，以爱党报国、敬业奉献为主线，基于当前国际形势，围绕国家政治认同、家国情怀、文化传承、职业素养等重点，结合“身边的”的大国工匠、“摸得到”的大国重器、“感得到”的“卡脖子”技术等具体案例，优化完善工程实践课程思政内容，完成学生社会主义核心价值观的认同教育，培养学生的报国情怀。

二是在人才培养成效上。坚决落实立德树人根本任务，将思想政治教育与工程实践教育有机结合，形成紧密协同效应，让课程思政“如盐入味”到工程实践能力的培养过程中。为党育人、为国育才，培养出一批又一批有理想、有道德、有信念，基础理论扎实，专业技术能力突出，具有技术创新能力、善于解决复杂工程问题，堪当民族复兴大任，愿为实现中华民族伟大复兴而努力奋斗的新时代卓越工程师。

三是在课程水平提升上。从提升学生能力、丰富课程资源等方面入手，将卓越工程师培养中的工程实践课程建设为一流精品课程。学生能力提升方面，以关键行业技术应用为导向，通过知识讲授、参观学习、工程实践项目体验、研究性课题等，在提升学生专业能力的同时，通过构建师生学习共同体，培养学生自主学习、迁移学习和联想学习的能力。课程资源方面，以思政教育拓展课程的广度、深度和温度，增强课程引领性、时代性和开放性，促进课程的高阶性、前沿性、交叉性，提升学生的课程学习体验和学习效果。

2 建设思路

卓越工程师培养中的工程实践课程应秉承价值观导向、先进技术传授、工程实践能力培养“三位一体”，实现全方位育人，扎实打牢新时代红色工程师培养的基础。课程思政建设的思路主要有：

一是把握育人导向、价值观导向和知识技能传授有机融合。结合行业专业特色优势，深挖工程实践课程中的思政元素，如在集成电路领域，可以以国内芯片及工艺设备制造企业或科研单位自研设备填补国内空白，解除“卡脖子”技术为案例，讲解我国集成电路领域的短板及局部领先现状，培育学生的使命感和责任感，厚植爱党报国的情怀。

二是体现时代特征，要深入分析新时代课程思政的大背景，切实把握当前历史阶段的特征，充分遵循思政教育和学生成长规律，用习近平新时代中国特色社会主义思想来铸魂育人，推进课程思政的传承性和时代性。课程思政的内容要紧紧把握当前“两个一百年”奋斗目标历史交汇期和“两个大局”同步交织、相互激荡，新一轮科技革命和产业变革，以及日趋激烈国际竞争的时代背景。要不断拓宽课程思政信息交互的多样化渠道，增加不同类型的、更加有效和高效的教学方式方法，以更加符合时代气息的、多维度的方式呈现出具有影响力和吸引力的课程思政教学。

三是推动五育并举，工程实践与劳动教育高度结合。习近平总书记表示，德智体美劳全面发展，字字千金，都是经过多年总结摸索才得出来的。在知识讲授环节，可以通过对技术知识和操作技能的讲解，让学生掌握实践操作的基本技术原理、流程、规则，强化理实结合。在动手操作环节，让学生亲历一线生产的部分流程和环节，实地学习行业领军企业的产业发展和技术突破，同时加强劳动观念、劳动纪律、安全意识的正面引导，让学生懂得劳动的意义和价值，培养学生正确的劳动价值观。

3 建设方案

以某信息类工程实践课程思政建设为例，主要在教学中通过组内合作，培养学生自主学习能力、团结协作、攻坚克难的精神。

一是融入习近平新时代中国特色社会主义思想。习近平新时代中国特色社会主义思想的基本立场观点方法中包括科学方法论也就是科学的思维方法和思想方法。在该课程第一部分计算机组成原理的介绍中，从师生接触到的和自己拥有的第一台电脑说起，阐述计算机的发展历程，计算机的组成原理以及组成模块。介绍计算机的作用以及意义，当前计算机的不同分类和技术路线。通过分析计算机的组成原理和工作机制，让学生能够对计算机科技的发展有一个宏观的认识，感受到计算机在我们日常生活中不可或缺的地位，激发学生对计算机使用以及内部详细工作机制的兴趣。

二是培养学生对于关键技术的研究兴趣。在该课程的第二部分中，将重点介绍计算机中“卡脖子”技术涉及的硬件及其功能、全球发展的情况、我国技术现状等。通过介绍，重点分析这些硬件的优缺点以及适用的场景，同时介绍这些硬件发明过程中的小故事与发明人的科学素养和科学成就。一方面使学生建立起概念，了解技术发展历程与进展、基础科学知识与技术原理，激发他们深入研究的兴趣，一方面培养学生的创新意识，激发对学科的兴趣。

三是树立学生科技强国的理想。在该课程的第三部分中，将重点介绍一些当前主流技术和产品的基本原理、发展历史与当前现状。重点讲解对计算机快速发展的影响，以及当前的全球市场格局。同时介绍这些主流技术和产品发明过程当中的小故事与发明人的科学素养和科学成就。通过分析主流技术和产品的市场与经济战略，使学生在认识这种技术的同时，领会科技发展对日常生活的影响，以及对国家经济与战略地位的影响，培养学生科技强国的理想。

四是引导学生培养创新意识与国际眼光。在该课程的第四部分中，将重点介绍新型技术和产品的基本原理、发展历程与应用挑战，重点讲解当前国际领先科研团队的研究进展。同时介绍这些新型技术和产品发明过程当中的小故事与发明人的科学素养和科学成就。通过介绍当前前沿技术、新技术应用面临的优势与挑战，引导学生培养创新意识与国际眼光。

该课程将采取工程实践与课堂讲解相结合的方式开展思政教学。在讲解部分中，授课老师是主导，通过提升教学理念、提高谋课、建课、授课能力，将思政元素“内生于”而不是“外附于”专业课程，避免离开专业单谈思政。在工程实践过程中，学生是主导。学生分组自拟研究课题，开展课题调研与文献综述，并进行相关 PPT 报告与结课论文。通过让学生在做中学，培养他们自主学习、文献调研与演讲能力。通过这种开放式的课堂氛围，让学生得以有充足的时间思考、实践，和组员进行思维的碰撞。并在个人努力的过程中，习得本科学习生活中最重要的技能：自主学习能力，帮助他们减少迷茫，更加坚定地走向前方。

4 建设评估

为认真贯彻落实教育部关于清理"五唯"的各项要求,推进课程思政营造良好的评价导向,可以在传统的课程量化评价基础上,将学生的感想、价值观等内容纳入其中,体现评价的人文性和多元性,有效地将客观评价与主观评价相结合,综合采用结果评价、过程评价、动态评价等方式,制定出更为系统的评价方式,充分及时地反映学生成长成才情况,反映课程中知识传授与价值引领的结合程度,以科学评价引导课程思政建设。

5 结 论

1)工程实践课程在卓越工程师培养中发挥着重要的作用,工程实践课程思政的建设工作对于实现卓越工程师培养的总要求发挥着积极的作用。

2)工程实践类课程的建设工作要坚持正确的建设理念,把握育人导向、价值观导向和知识技能传授有机融合,体现时代特征,推动五育并举,并采取合适的评估方式。

3)推进卓越工程师培养中工程实践课程思政建设,将价值观引导于知识传授和能力培养之中,帮助学生塑造正确的世界观、人生观、价值观,把服务国家作为最高追求,培养社会主义建设者和接班人。

参 考 文 献

[1] 教育部.教育部国资委联合召开单越工程师培养工作推进会[EB/OL].(2022-09-27).http://www.moe.gov.cn/jyb_zzjg/huodong/202209/t20220927_665483.html.

[2] 教育部办公厅.教育部办公厅关于开展第二批国家卓越工程师学院建设工作的通知[EB/OL].(2023-09-04).http://www.moe.gov.cn/srcsite/A22/s7065/202309/t20230912_1079901.html.

[3] 王超,李冰冰,晋媛媛.卓越工程师培养机制中"实践不实"现象的诱发因素研究——基于参与者视角的扎根理论分析[J].中国高教研究,2022(09):46-52.DOI:10.16298/j.cnki.1004-3667.2022.09.09.

[4] 卢倩,葛友华,周海,等.基于卓越计划的产学研合作教育改革初探——以盐城工学院机械工程专业"卓越工程师班"教改为例[J].教学研究,2013,36(05):101-105.

浅谈新时代空间光学工程思政育才方法

江世凯　胡建明　智喜洋　巩晋南　张树青

（哈尔滨工业大学 航天学院，哈尔滨　150009）

摘　要：随着以信息化智能化技术为代表的高技术革命浪潮迅猛发展，外层空间正逐渐变成支撑优先感知、精准掌控和动态决策的大国竞技舞台，哈尔滨工业大学光学工程学科围绕航天特色建设，已为我国航天事业输送了大批人才。近年来，航天领域智能化应用需求不断升高，在航天强国战略背景下，我国“空间＋光学＋信息”复合型人才缺口日益增大，我学科人才培养任务重点正逐步由传统光机设计人才向空间光电信息处理人才转变，亟需培养体系优化、课程思政建设、实践基地拓展的融合发展，培养有理想、有抱负、有担当的新一代大国工匠。

关键词：空间光学工程；航天强国；培养体系；课程思政；实践基地

空间光学技术领域旨在利用光学成像、光电传感、图像处理等技术与手段，从空间获取地球表面最新时空信息，掌握区域变化态势，在环境监测、侦察与测绘等方面发挥着重要作用，对战时、平时的国家军事、政治和经济的意义不言而喻，特别是对未来战略、战役及战术情报应用尤为关键。

哈尔滨工业大学光学工程学科设立于航天学院，其前身是“八百壮士”时期组建的光学仪器教研室，按苏联鲍曼工学院的“光学仪器”专业模式办学，具有规格严格、教学与科研相结合的办学传统。经过60多年的发展，逐步形成“面向航天、服务装备、感知一体”独具特色的、国内高校中为数不多具备航天光学智能装备载荷自主研发能力的光学工程学科，已为我国航天事业发展输送了大批具备空间光学基本理论和专业能力高素质人才。

随着新一代人工智能技术的迅猛发展，战争形态加速向信息化智能化演变，天基智能监视与告警系统已成为各国空天防御作战力量的重要组成部分，通过遥感探测数据在线智能处理，快速、准确提取高价值目标信息，并进行持续跟踪、识别、研判，有利于实现区域态势变化的即时、完整掌控，是有效防御先发制人式袭击的第一道防线，对维护国土安全具有重大意义。

面向大国竞争，智能化自主化遥感系统建设迫在眉睫，亟需围绕国家重大战略需求优化课程体系与培养模式，教会学生运用光学、数学、统计学、计算机科学、人工智能等多学科交叉知识解决航天智能及其相关领域复杂工程问题，并将思政元素与家国情怀融入教学课程，提升学生的思想素质、道德水平、创新意识与拼搏精神，培养能够为航天事业奋斗终身的中国特色社会主义建设者和接班人[1-3]。

1　空间光学工程思政育人的重要意义

习近平总书记指出：“思政课是落实立德树人根本任务的关键课程。”思政育人有利于增强中华民族创新创造活力，实现中华民族伟大复兴。这不仅对提高人民综合素质、促进人的全面发展具有决定性意义，更是对国家发展、民族进步的重大战略工程[4]。

(1) 思政育人是高素质空间光学工程人才培养的重要途径

课程思政注重在教授学生专业知识的同时，提升学生思想素质和道德观念，培养他们的社会责任感和公民意识，使他们成为我国航天国防事业的优秀人才，为我国航天国防科技的研究和发展注入新的活力，推动我国航天国防领域技术创新和升级。

(2) 思政育人为推动我国航天国防事业铸造思想壁垒

课程思政可以培养学生的马克思主义理论素养和社会主义核心价值观观念，使他们在思想上更加坚定地拥护中国共产党的领导和社会主义制度，为我国航天强国战略落实提供强大的思想保障，推动我国航天国防事业的良性持续发展。

(3) 思政育人能够增强我国航天国防领域的文化软实力

课程思政有利于弘扬爱国主义、集体主义和社会主义精神，培养学生的社会责任感和公民意识，为我国航天国防事业的发展注入强大的文化力量，推动我国航天国防领域的文化建设和国家形象的塑造。

2 新时代空间光学工程思政育人的挑战

我学科高素质人才培养任务具有科技性、思想性、实践性等特点：1)科技性：紧密结合空间光学工程前沿技术的发展趋势和航天国防应用需求，注重培养学生的科技素养和创新能力；2)思想性：注重培养学生的思想素质、爱国情怀、拼搏精神，引导学生树立正确的世界观、人生观和价值观；3)实践性：注重专业理论与实习实践的有机结合，培养学生应用所学专业知识解决实际工程问题的能力[5]。

新时代背景下，空间光学工程思政育人是一项极具挑战的问题，主要体现在以下几个方面：

(1) 专业知识与思政教育融合难

空间光学工程集光-机-电、感-存-算于一体，是从数学、物理、仪器到工程的高度综合、高度交叉的学科，专业课程本身具有一定难度，而思政教育内容往往与专业知识存在一定的差异，如何将两者有机融合，让学生在掌握专业知识的同时，也接受到思政教育，是一个具有挑战性的问题。

(2) 课程思政内容缺乏系统性

目前，空间光学工程课程思政的教育内容仍缺乏系统性，各个课程之间的内容存在重复和交叉，不利于学生的整体学习和理解。因此，需要结合时代背景与国家需求，持续优化课程体系和教学内容，确保思政教育的系统性和连贯性。

(3) 缺乏实践机会

现有培养体系中，多数课程以教师讲授为主，学生难以将理论知识应用到实践中，缺乏实践能力和经验，难以形成实际工作能力，需要强化校企合作、校所联动，拓展学生实习实践基地，打造全方位立体化的人才培养模式，以提高学生的学习效果和思政教育的效果。

3 思政育人的建议和措施

国务院发布的《新时代的中国国防》明确指出："装备远程精确化、智能化"，"战争形态加速向信息化战争演变”；首次明确“太空安全是国家建设和社会发展的战略保障”，为未来国防和军队现代化、智能化发展指明了方向。面向社会发展、国防建设、科技进步的需要，将空间遥感科学、计算机科学、信息理论与光学有机结合，培养一批专业基础扎实、勇于开拓创新的“空间＋光学＋信息”复合型科技人才，是我学科当下的重要任务与使命，需要培养体系优化、课程思政建设、实践基地拓展的融合发展[6-8]。

3.1　培养体系优化

在新时代背景下，我学科在原有人才培养目标基础上，还应着重培养新一代熟练应用人工智能领域方法、解决国家重大工程中科学问题的后备力量，服务人才强国、航天强国战略。为更好地适应国家战略需求，在最新修订的2022版本科生培养方案中，从基础课程、专业课程、实践课程等多个方面入手，建立多层次的课程体系，确保学生能够全面掌握空间光学领域的知识和技能。新增设了目标图像检测与识别、光学遥感图像处理基础、遥感图像处理设计与应用实践等光电信息处理类课程，同时注重理论与实践相结合，强化工程实践能力的培养，培养学生的创新意识和实践能力。

表1　培养方案中主要专业课程设置的变化情况

2012版培养方案	2022版培养方案
应用光学	应用光学
傅里叶光学	物理光学
物理光学	光电测试技术
光学设计	目标图像检测与识别
光电测试技术	光电图像处理
光电信号探测	光电信号探测
信号与系统	光学仪器与设计
红外技术及系统（选修）	遥感图像处理设计与应用实践
光学遥感技术（选修）	光学遥感技术（选修）
光电图像处理（选修）	光学遥感图像处理基础（选修）

3.2　课程思政建设

我校空间光学工程专业的毕业学生有相当大比例进入与国家航空、航天事业密切相关的科研院所及高校，从事与国家安全、国家利益相关的重要工作。从事教学的一线教师，应充分发挥舵手作用，对学生实施正确价值观引领，在专业知识传授中，将关于大学生德才兼备等重要论述渗透到实际教学中。

(1) 将历史“英雄图谱”深度融入各类课程。光学工程学科发展史上有很多感人奋进的人物，如我国863计划倡导者之一、光学工程学科创始人、中国光学之父、两院院士王大珩先生，青年知识分子楷模、应用光学专家蒋筑英，中国光学玻璃奠基人、应用光学开拓者龚祖同，中国科学院院士、天基红外探测专家孙胜利，等等。通过引入这些典型人物时代故事，通过思想传递、言传身教、讲专业人自己的故事，让学生树立正确的人生观、价值观、专业观，努力使他们锻造成为有着家国情怀的技术领军人才。

（2）构建思政教育的立体网络。秉承“听党话、跟党走、为党分忧”的鲜明政治本色，培养学生树立正确的、坚定的国家政治立场。以伟大强国使命感召之、以艰苦创业校史激励之、以特色校训校风涵养之，为学生筑牢立根破岩、夹缝生长的精神脊梁，使学生一生心怀家国天下、敢于抵御遏制打压，积蓄一生永攀高峰、绝不服输的精神动力；拥有大格局，关心国际时事，了解国家政策方针与需要，有责任，有担当，力争科技报国，勇做推动国家进步与发展的先锋，成为祖国的真正栋梁。

（3）将家国担当、学校传统、课程特色有机融合。将光学工程学科诞生的国家背景、国际学科发展态势、专业课在学科中的地位、这门课涉及的专业知识是解决未来哪些国计民生问题穿插在相应教学内容中，专业课的思政教学不同于单纯的政治课，教学采用渗透、润物细无声地讲故事方式，它除了具有思想引领作用，还为枯燥的专业课带来一些与专业相关的生动真实的家国历史故事。

3.3 实习实践基地拓展

为了提高学生的实践能力和创新意识，需要搭建与优势院校、知名企业的合作桥梁，共建新时代空间光学工程人才培训基地、实习基地和联合实验室，利用院所、企业所积累的基础数据和实战经验，为学生和老师提供实践教学合作平台。通过教师、专家、企业之间的深入合作，充分发挥领域专家经验丰富与视野开阔的优势，联合共建更具前沿性、针对性、应用性的高端精品课程。同时，提高学生实习、实践课时比例，在夏季学期，派遣学生到航天优势院所进行实习和实践，接触实际问题并提升解决问题的能力，激发学生的学习兴趣与科研热情。打造课内“前沿教学＋价值塑造＋反思总结”与课外“校企联动＋科研实践＋创新实战”有机结合的全方位立体化培养模式。

2021 年以来，为增强学生立足航天、服务国防的意识，我学科初步拓展了学生实习实践基地，带领学生奔赴中国运载火箭技术研究院、中国空间技术研究院等多家航天重点单位开展学习交流，鼓励同学们将自身发展同国家民族的发展结合起来，踔厉奋发、勇毅前行，为建设航天强国挺膺奋斗，起到了显著成效。未来将进一步加深校所间合作共建，共同培养空间光学工程领域卓越工程师。

4 结 论

国无德不兴，人无德不立。育人的根本在于立德。新时代背景下，我学科要继续大力推动思想政治理论课改革创新。培养有理想、有抱负、有担当的空间光学工程大国工匠，亟需培养体系优化、课程思政建设、实践基地拓展的融合发展。

（1）课程体系安排上，空间光学由制造向智能延伸，以国家态势感知需求为引领，“眼睛”“大脑”紧密结合，增设图像智能解译与应用类课程，挖掘课程间内在联系，形成知识网络；

（2）课内教学设计上，结合教师科研经历，融入时代背景与国家需求，提高学生使命感与爱国精神，同时，以“伟人精神”熏陶学生艰苦攻关、为国奋斗；

（3）课外实习实践上，搭建与空间智能优势院校、研究机构的合作桥梁，让学生亲临科研一线，以实践练兵，进一步激发学生创新能力与航天报国情怀。

参考文献

[1] 乔凯,智喜洋,王达伟,等.星上智能信息处理技术发展趋势分析与若干思考[J].航天返回与遥感,2021,42(01):21-27.

[2] 韩杰才.抓好后继有人这个根本大计[J].红旗文稿,2022(05):9-14.

[3] 王剑,江晓峰.航空航天课程思政的实践探索[J].中学政治教学参考,2023(37):55-56.

[4] 高鹏.习近平"立德树人"重要论述的思想政治教育意蕴研究[D].西藏大学,2023,1-10.

[5] 杨丽萍,惠文华,徐翠玲,等.遥感专业空间分析课程思政教学探索[J].高教学刊,2023,9(35):185-188.

[6] DAI J Y. Exploration and Practice of Ideological and Political Education in the Implementation of Psychological Health Education Course for Undergraduates[J]. Journal of Hubei Open Vocational College,2019.

[7] 韩杰才.响应时代需求 推进卓越工程师培养的供给侧改革[J].学位与研究生教育,2022(11):1-8.

[8] 倪艳凤,倪艳荣,张开拓,等.新工科实践教学基地建设研究与实践[J].创新创业理论研究与实践,2023,6(06):131-133,137.

“计算机软件技术基础”课程思政教学方法与实践*

蒋明　李玲　张宇峰　付强

（哈尔滨工业大学 航天学院，哈尔滨　150001）

摘　要：以“计算机软件技术基础”课程为例详细论述了课程思政的建设思路、建设内容、建设举措和实施成效，对如何将计算机软件课程与思政元素有机融合进行了探索和尝试，结合哈尔滨工业大学航天学院“计算机软件技术基础”课程思政实施中的经验和体会，以提升课程思政建设成效为出发点，初步探索了计算机软件类课程思政建设的具体方法和途径以及在课程思政实施中所采用的教学方法和手段，通过典型案例阐述了思政要点和融合设计方法，以期为其他的计算机类课程的思政建设和教学改革实践提供一定的指导和借鉴。

关键词：课程思政；计算机软件技术基础；教学改革；教学实践分享

引　言

习近平总书记在全国高校思想政治工作会议上指示，要用好课堂教学这个主渠道，各门课程都要守好一段渠、种好责任田，使各类课程与思想政治理论课同向同行，形成协同效应[1]。课程思政的目标在于实现显性教育和隐性教育相统一[2]，实施“课程思政”教育教学改革，正是在尊重课程自身建设规律的前提下，在实现课程的知识传授、能力培养等基本功能的基础上，通过革新课程理念、更新教学内容、优化教学设计、创新教学方法，充分挖掘课程教学中的思想政治教育元素和育人内涵，充分发挥课程教学育人主阵地、主渠道作用，强化课程教学过程中的思想教育和价值引领，潜移默化地对学生的思想意识、行为举止产生影响，引导学生树立正确的世界观、人生观、价值观，将知识教育同价值观教育结合起来，形成协同效应，推动形成全员、全过程、全方位育人的三全育人新局面[3-4]。笔者结合“计算机软件技术基础”课程思政教学体会，给出了课程思政目标和总体实施思路，给出了课程思政建设内容、实施课程思政的教学方法与手段，最后给出了课程思政的教学效果评价与分析。

1　课程思政目标和总体实施思路

“计算机软件技术基础”是电子信息领域介绍计算机软件基础知识与软件设计开发技术的重要专业基础课程，为后续其他专业课程的学习打基础，承担着技术基础掌握与技术传承两个任务[5]。笔者在多年课堂教学实践中感受到大多数教师在课程教授过程中只注重“知识传授

* 基金项目：哈尔滨工业大学教学发展基金课程思政类项目（210200）；哈尔滨工业大学在线开放课程建设项目（210604）

和专业能力提升”,而缺乏对学生人生价值观的引领,致使有的学生对本门课程的学习兴趣不大,学习目标不明确,难以建立专业理论基础知识、职业道德和素质、创新意识与社会责任感、竞争与合作的关系。因此在设计“计算机软件技术基础”课程思政目标时,考虑从计算机软件的概念、应用及发展历史引入,在专业知识讲解过程中融入我国计算机软件领域的发展成就,讲述计算机软件技术发展过程中涌现出的一代代先进楷模事迹,引领学生学习前辈们不畏艰难险阻、自力更生、艰苦创业的精神,激发学生的爱国之心和报国之志。在互联网技术、网络安全技术和5G通信技术的迅猛发展下,让学生意识到我国信息技术发展取得的突出成就,增强学生对中国特色社会主义的道路自信、理论自信、制度自信和文化自信。同时要让学生清醒地意识到当前我们国家在计算机软件的某些领域还存在着被别人“卡脖子”的短板,以此加强学生的危机意识和忧患意识,渗透并激发学生为国家强盛、为民族进步而学习的热情和动力,以扎实的学习成效在将来的科学研究中落实学习成果,为中国计算机软件产业的振兴与强盛奉献自己的力量。

通过课程思政元素与专业知识内容有机融合可以促成课程思政目标的实现,再利用课程思政目标的实现效果进一步检验思政元素与专业知识内容融合的效果。

2 课程思政建设内容

“计算机软件技术基础”教学内容与课程思政的结合点包括以下几方面,笔者围绕这几方面内容开展了课程思政建设。

2.1 由计算机软件产业发展背景,找出差距、看到不足

我国软件行业起步比较晚,很多地方还不完善,主要表现在中国软件企业在不容易形成垄断的应用软件、嵌入式软件、系统集成和服务领域有一定的竞争力,而在已形成垄断的基础软件领域,例如操作系统、数据库和中间件等领域,则很难进入,这一直是国内软件产业的短板。“计算机软件技术基础”课程思政坚持不忘初心的教学理念,在产业发展背景需求的基础上,全面系统地介绍了计算机软件领域的基础知识和存在的基本问题,重点阐述了在操作系统、数据库和中间件等领域存在的基本问题,以及软件技术的未来发展趋势。课堂上既要讲解技术原理,又讲技术问题,在技术对比中找差距,在技术进展中探讨技术解决途径。所以在课程建设过程中,从基本问题入手,在技术的更新换代基础上,“找差距,看不足”,强化学生学习过程中“创新创造”能力的引领。

2.2 由行业典型人物事迹,树立信心、增强信念

“立德树人是高校立身之本”,在课程教学中应始终秉承“德育为先导,聚人心、强信心,扎根行业”的育人理念。因此,在“计算机软件技术基础”课程建设过程中,推崇“爱岗敬业、攻坚克难”的育人宗旨,引入行业内顶级专家事迹,例如:“中国计算机事业奠基人”张效祥、“中国计算机之母”夏培肃、“中国巨型计算机之父”慈云桂、“中国计算机软件奠基人” 徐家福等,让学生了解他们爱岗敬业,爱国奉献的小故事,同时使学生了解课程学习与专业技能的掌握必定是一个艰苦的学习过程,坚定学好、学精、学透专业知识的信心,立足自身专业领域,攻坚克难。

2.3 抓住核心、夯实基础

在课程的学习中,重点讲解各种数据结构和算法的实现原理,在掌握原理的基础上,针对主要影响因素进行重点讨论,进而引申进去,探讨改进方法和技术特点。使学生在学习过程中解决为什么学?学什么?在哪方面进行革新和改进突破?捋清楚技术要点思路,然后进行创新性实践,通过亲自动手编程去实现改进的数据结构和算法。通过这个教学环节的设计,使学生理论和实践进行衔接。在发展高新技术产业、强化对本国技术的迫切需求中让学生意识到打好基础、掌握关键核心技术的重要性,在学习上要加倍努力,肩负起国家软件产业振兴的历史责任。

3 教学方法与手段

笔者采用了以下教学方法与手段来具体实施上述的课程思政建设内容,如图1所示。

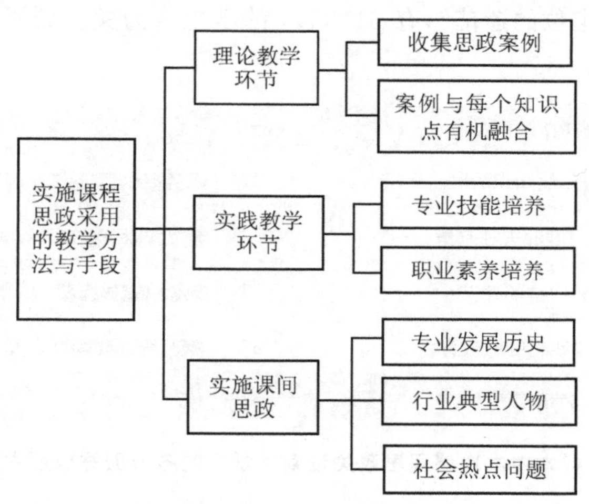

图1 实施课程思政采用的教学方法与手段

(1) 在理论教学环节,收集整理用于课程思政课堂教学的典型案例,建立了"课程思政案例库",所有案例都有效结合了社会热点问题和专业领域内重点关注问题,科学合理设计思政教育内容,让每个单元的教学设计都明确体现出德育内涵与元素,让每个知识点与课程思政案例都能有机融合,达到润物细无声的教育效果。

(2) 在实践教学环节,引入计算机软件企业的管理规范,培养学生专业技能的同时,也需要兼顾学生的职业素养,培养其求真务实、精益求精的工匠精神和踏实严谨、追求卓越、热爱劳动等优秀品质。授课过程中加强学生实践报告书写规范、代码注释书写规范、操作程序规范等方面的培养,形成自觉遵守规则、诚实守信的良好习惯。

(3) 实施"课间思政"行动,由于本门课程学时少、内容多,如果全部利用课堂时间开展课程思政可能影响正常教学进度。因此,利用开课前或课间与学生一起分享与探讨我国计算机领域发展中的重要节点和重要人物,让学生了解行业典型人物艰苦奋斗的故事。向学生推荐阅读中国计算机界前辈们呕心沥血的创业故事,例如:"国产电脑六十年里的十个'革命性'故事”,并撰写读后感等活动,让学生感悟工匠精神和爱国奉献的高尚情操。向学生讲述专业发展历史、国内外计算机软件行业发展现状、我国目前亟待解决的与本专业相关的瓶颈问题,开阔了学生视野,培养了学生的爱国之心和报国之志。笔者在开展“课间思政”时,学生们都表现出了极大的热情,踊跃地参与讨论,调动了他们的学习热情和学习兴趣,增强了他们的学习动力,在没有增加课堂学时的情况下取得了良好的思政教学效果。

4 教学效果评价与分析

为了评价本次课程思政的实施效果,笔者利用问卷星软件设计了调查问卷,并面向全体授课学生发放问卷 64 份,本调查采取自填问卷法,共回收有效问卷 55 份,有效问卷回收率为 85.9%,具有统计意义。

在本次课程思政关注到了学生的哪方面需求方面,统计结果显示,有 85.45% 的学生认为关注到了“职业素养与专业知识的融合”,有 67.27%的学生认为关注到了“爱国情怀和理想信念教育”与“对前途和定位的迷茫”,有 61.82% 的学生认为关注到了“对社会热点问题的关注与解读”,如图 2 所示。

选项:	小计:	比例
职业素养与专业知识的融合	47	85.45%
对社会热点问题的关注与解读	34	61.82%
对前途和定位的迷茫	37	67.27%
爱国情怀和理想信念教育	37	67.27%
本题有效填写人次	55	

图 2 样本中本次课程思政关注到了学生的各方面需求所占比例

从这项统计结果可以看出,绝大部分学生认可课程思政重点围绕“职业素养与专业知识的融合”和“爱国情怀和理想信念教育”来开展,该项统计结果与“计算机软件技术基础”课程思政育人的课程设计目标相一致,达到了预期目标。

在学生对本次课程思政的满意度评价方面,统计结果显示,有 43.64% 的学生认为“效果很好”,有 38.18%的学生认为“效果较好”,认为“效果很好”和认为“效果较好”的学生达到了 81.82%,没有学生认为本次课程思政的效果不好,如图 3 所示。统计结果说明绝大多数学生认可本次课程思政的实施效果,达到了预期目标。但是也应该看到认为“效果一般”的学生比例还有 18.18%,说明这项工作还有较大的改进和提升空间,需要在今后的教学实践中多总结,多学习,多沟通交流,不断提升“课程思政”的实践能力和教学成效。

从本次调查问卷的调查结果可以看出,“计算机软件技术基础”课程思政建设和教学改革实践的成效达到了预期目标,引领了学生向先进前辈看齐的意识,增强了学生爱党、爱国、爱社会主义、爱人民、爱集体的信念,增强了学生的政治认同感和家国情怀。

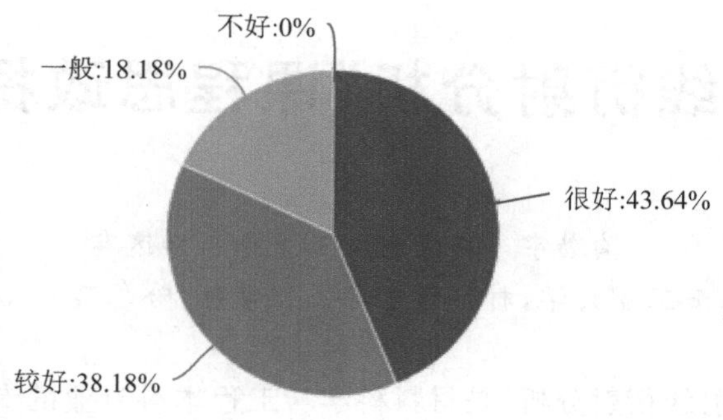

图 3 样本中学生对本次课程思政的满意度评价统计图所占比例

5 结 论

为落实习近平总书记在全国高校思想政治工作会议上发表的重要讲话精神，本文以"计算机软件技术基础"课程为例对挖掘思政资源和融入课程体系的方法进行了介绍，结合典型设计案例详细论述了课程思政的建设思路、建设内容、建设举措和实施成效。笔者在课程思政实施中所进行的尝试和探索，能够为其他计算机类课程的思政建设与教学实践改革提供一定参考和借鉴。

参考文献

[1] 习近平. 习近平在全国高校思想政治工作会议上强调：把思想政治工作贯穿教育教学过程，开创我国高等教育事业发展新局面[N]. 人民日报，2016-12-09(1).

[2] 巩茹敏，林铁松. 课程思政：隐性思想政治教育的新形态[J]. 教学与研究，2019(06)：45-51.

[3] 曾志浩，李冬娜. 论高校思政课贯彻"四个全面"战略布局[J]. 北京航空航天大学学报（社会科学版），2016(6)：95-100.

[4] 林静，唐亚琴."以学生为中心"思政课程与课程思政协同育人路径探析——以"形势与政策"课为例[J]. 黑龙江教育（理论与实践），2020(11)：53-54.

[5] 耿道渠，胡向东，徐洋. 浅谈"软件技术基础"之"课程思政"建设[J]. 教育教学论坛，2020(23)：43-44.

"材料 X 射线衍射分析"课程思政探索与实践*

鞠渤宇　杨文澍　王平平　李达鑫

(哈尔滨工业大学,材料科学与工程学院,哈尔滨　150001)

摘　要:"材料 X 射线衍射分析"是材料科学与工程本科专业的专业基础课程,如果在课程内容讲授过程中,同步有机地融入思政教育,可以激发学生作为材料人的历史责任感和使命感。在哈尔滨工业大学课程思政教育教学改革项目支持下,我们探索了"材料 X 射线衍射分析"课程专业知识与思政理论结合,从教学团队、教学内容、教学设计等三个方面进行了建设设计优化。充分挖掘蕴含在"材料 X 射线衍射分析"课程知识中的思政元素,并将其融入课程教学,达到了提高教学成效和课堂思政的效果。

关键词: 材料 X 射线衍射分析;材料科学与工程;专业基础课程;课程思政探索;思政元素

"材料 X 射线衍射分析"是材料科学与工程本科专业的最重要的专业基础课程之一,具有理论性与实践性强的特点,而同学们在学习"材料 X 射线衍射分析"课程时已掌握了一定的材料学基础,对材料及其应用有了初步的了解。如果在课程内容讲授过程中,同步有机地融入思政教育,可以激发学生作为材料人的历史责任感和使命感[1-3]。但传统课堂教学主要是专业知识点的传授,而疏忽了专业课程的思政作用。而如何促进专业课知识传授与思政协同育人,是当前面临的一大挑战[4-6]。

在哈尔滨工业大学课程思政教育教学改革项目支持下,我们探索了"材料 X 射线衍射分析"课程专业知识与思政理论结合,挖掘蕴含在"材料 X 射线衍射分析"课程知识中的思政元素,并将其融入课程教学,到立德树人的目的。

为了更好地推动"材料 X 射线衍射分析"课程思政的建设,我们分别从教学团队、教学内容、教学设计等三个方面进行了建设设计优化。

1　教学团队建设思路与举措

课程思政改革的关键是教学团队建设。只有搭建好了一支以德立身、以德立学、以德施教的"材料 X 射线衍射分析"授课教师团队,才能保障课程思政的持续深入实施。因此我们从提高授课教师的思政水平、思政元素的共同挖掘、提升专业水平与教学技能等三个方面进行了改革建设。

(1) 持续提高教学团队教师的思政水平。为了更好地形成坚定的社会主义核心价值观和正确的政治态度,本教学团队的 4 位老师均担任了所在支部的支委或学习小组组长,其中杨文澍担任支部副书记、李达鑫担任支部青年委员、鞠渤宇和王平平担任本学习小组组长,在主题教育学习和平时的学习工作中作为领学人,积极学习党的理论知识,并积极参加各级部门组织的学习教育活动,不断提升教学团队教师的思政水平。

* 基金项目:哈尔滨工业大学《第十批课程思政教育教学改革(本科课程)》:23020D

(2) 持续提高教学老师对课程思政元素的挖掘提炼能力。作为一门专业基础课程,教材上主要传授的是理论知识点,思政元素内容较少。因此我们一是查阅国内材料类课程思政论文,对他人已经挖掘的思政元素进行汇总,并且查阅 X 射线的相关英文书籍,从 X 射线衍射应用的发展历程中总结思政元素;同时还结合我们专业多年来的突出成果,本教学团队成员作为骨干成员参与编写了《哈尔滨工业大学材料学院-材料科学系课程思政教学设计案例》,并从中提取了较多的思政元素,共同形成了课堂思政教学的素材库。

(3) 持续提高教学团队的教师的专业水平与教学技能。X 射线是在材料研究过程中广泛使用的一种基础性的物相分析工具,同时随着科技发展,该分析技术近年来还发展了多种先进的方法与应用,例如 X 射线纳米聚焦技术、小角 X 射线散射、X 射线 CT 技术等。因此为了更好地讲授本门课程,本教学团队老师一方面结合自己的科研实践与运用,通过阅读国内外最新文献和参加学术会议等方式,不断更新 X 射线应用方法与技术的知识库,掌握材料 X 射线衍射分析相关技术的最新进展,提高所讲授的课程知识的时效性与先进性;另一方面则不断提高自身教学能力与水平,通过与学生沟通交流、参加教师教学技术培训、旁听优秀教师授课、参加相关教师授课资格认证等方式,在实践中找出自己教学能力不足的部分并进行针对性的改进;以身作则,不断提高自身教学水平,用精益求精的教学科研态度来引领学生。

2 教学内容建设思路与举措

课程思政改革的核心是教学内容建设。在较充分挖掘"材料 X 射线衍射分析"这门课程的思政元素的基础上,经过教学内容设计,将专业知识学习和课程思政教育进行了融合,并重点弘扬了以下精神。

(1) 以劳厄进行 X 射线衍射研究为典型案例,引导学习坚持探索、追求真理、献身科技的科学精神。劳厄方程是劳厄考虑以晶体结构的周期性理论为假设,从经典理论出发得到了用于解释 X 射线衍射规律的方程,以波的形式描述了 X 射线与晶体发生衍射作用时的相关关系,这是布拉格方程的基础。但教材中对劳厄方程如何假设、如何试验等研究过程未作详细介绍,而是直接引出是更为重要、也更实用性的布拉格方程[7-8]。以往学生普遍采用将方程硬记的方式进行学习,给学习理解带来了困难。经过查阅 André Authier 所著的 *Early Days of X-ray Crystallography*[9],我们对劳厄如何提出该设想以及如何进行实验有了全新的认识。劳厄在担任索末菲教授(Arnold Sommerfeld)的高级学术助理时,索末菲的博士研究生厄瓦尔德(P. Ewald)向他请教如何从数学原理上研究光与晶体的偏振作用时,受厄瓦尔德的启发,劳厄意识到,晶体是由规则排列的理想颗粒组成的,且晶体中的理想颗粒的间距远小于可见光,而波长远小于可见光时(如 X 射线),波的性质依然保持。因此他设想采用波长极短的 X 射线(衍射光栅常数在 0.1~1 nm)照射具有规则三维排列的晶体(原子间距推测为 0.1~1 nm),应能观察到衍射现象。厄瓦尔德虽然启发了劳厄,但由于他主要精力放在博士论文撰写上,并未参与劳厄的晶体衍射实验,因此与 1914 年诺贝尔物理学奖失之交臂。当劳厄与其导师索末菲教授和物理学家维恩教授讨论其设想时,他们均对此表示怀疑,因为他们认为 X 射线与晶体原子相互作用会引发原子的热振动,从而破坏晶格周期性,进而导致不会出现衍射效应。但劳厄并没有因为物理权威的反对而停止该研究工作,而是在索末菲的助教弗里德利希(W. Friedrich,也是 X 射线发现者伦琴的博士)以及伦琴的博士研究生尼平(P. Knipping)的帮助下开始了晶体衍射试验,并以实验结果说服了索末菲,在当时最高精度的平台上进行了更精细的试验,最终同时证明了 X 射线是一种光(具有波动性)以及晶体是一种周期性排列的结构

(具有固定的衍射光栅常数)。但很遗憾,劳厄后来并未再与厄瓦尔德进行交流,未将晶面间距与X射线衍射现象进行直接关联,因此劳厄方程形式复杂、非常不实用。而在劳厄的X射线衍射现象的启发基础上,布拉格父子将X射线与晶体晶面间距结合,推导出了布拉格方程。厄瓦尔德后来也将倒易空间理论引入了晶体衍射,极大地促进了晶体结构分析技术、能带理论等的发展。

回顾这一段X射线衍射研究的发展历程,如果没有多学科交叉进行探索(厄瓦尔德与劳厄交流)、没有追求真理(即使导师索末菲反对也开展了实验)、献身科技(最初的实验条件对人体有损伤),都会导致X射线晶体衍射这个实验现象的发现往后推迟;而由于没有更深入地进行学科交叉交流,导致劳厄方程未将晶面间距与X射线衍射现象进行直接关联,因此现在更知名的是布拉格父子创立的布拉格方程。经过教师团队讨论后,将该部分内容引入了课程教学,一方面强调了学科交叉的重要性,同时突出坚持探索的科学精神。

(2) 以哈工大八百壮士为典型案例,树立崇高的理想,弘扬爱国奋斗精神。X射线非相干散射效应是X射线的一个重要的物理现象,其发现人是美国物理学家康普顿和我国物理学家吴有训先生(当时是康普顿教授的博士生),康普顿本人也因此获得了诺贝尔物理学奖。1926年,吴有训先生放弃了国外优渥的待遇,毅然回到了当时贫穷落后的中国,建立了我国第一所近代物理实验室,开创了我国物理学研究的先河,并培养出了钱三强、邓稼先、朱光亚、杨振宁等多位两弹一星元勋及国际知名的物理学家[10]。以吴有训先生为切入点,再引出马祖光、雷廷权、刘永坦等一批哈工大八百壮士克服种种困难、科学报国的先进事迹[11-12],激发同学的爱国热情与学习动力,为国家的科技发展贡献力量。

(3) 以X射线衍射仪受制于人为典型案例,激励学生科技报国的热情。习近平总书记多次强调,“实践反复告诉我们,关键核心技术是要不来、买不来、讨不来的。只有把关键核心技术掌握在自己手中,才能从根本上保障国家经济安全、国防安全和其他安全”。在学生进行X射线衍射仪实验操作时,以X射线衍射仪为例,实事求是地向学生说明我国在高精密仪器严重受制于国外的瓶颈现状,美国对我校进行制裁,导致我校进口的X射线衍射仪损坏后不能及时维修,直接导致了很多同学科研工作受限。以此为切入点,结合国外对我国光刻机等高精尖仪器限制的热点新闻,让学生充分认识到作为新时代的材料人所肩负的重任,进而鼓励同学们要科技报国,研制出卡国外脖子的“中国制造”。

3 教学设计建设思路与举措

课程思政改革的抓手是教学设计建设。为了更好地确保课程思政的贯彻实施,我们对教学内容进行了针对性的设计,提高学习成效。

(1) 强化理论推导、突出从最小的单元认识世界。目前课程在介绍X射线衍射强度的时候,仅仅介绍了几个参数对其的影响,然后就给出的衍射强度的影响因素,学生接受效果较差。通过课程优化,从一个电子对X射线散射开始进行推导,逐步上升到一个原子、一个小晶胞、一个小晶体,进而推导出多晶体对X射线的散射影响,在这个过程中明确各个参数对X射线衍射的影响,从而一方面让学生更好地理解知识点,另一方面也让学生掌握从易到难、逐步分析的分析思路。

(2) 进行场景代入式启发式教学,提高学生的课堂参与度。在讲授到劳厄方程时,让大家把时间倒回到1895年伦琴发现X射线之时,询问大家在当时条件下,换作是自己,如何证明X射线是一种光。大家课堂讨论时意识到当时光的波动说是主流理论,因此证明了X射线是一种波，即可证明其是光。进而再次引申出来，如何证明X射线是一种波的问题，之后引出伦琴也尝试做过的衍射试验以及劳厄衍射试验，让学生不光掌握实验的结果，更能理解研究的思想和思路，从而更好地掌握学习方法。

(3) 强化理论联系实际，增强教学的实践性。以月球采样样品为对象，布置课后作业，在未来科研项目得到了一种新材料，如何确定分析其微观组织？之后课上与同学探讨，如果换作是我们，如何珍惜地分析这些从月球上来之不易的月壤样品，强化同学们理性综合分析、质疑与思辨共存的科学意识；强调出材料人分析出来的数据，需要与地质学家等进行融合，才能推断出月球的演化行为，突出目前国家重大工程中学科交叉的必要性和紧迫性，提高同学对于团结合作重要性的认识。

4 结语

在哈尔滨工业大学课程思政教育教学改革项目支持下，我们探索了"材料X射线衍射分析"课程专业知识与思政理论结合，从教学团队、教学内容、教学设计等三个方面进行了建设设计优化。充分挖掘蕴含在"材料X射线衍射分析"课程知识中的思政元素，并将其融入课程教学，达到立德树人的目的。通过上述设计建设，学生在评教中，对教学艺术（100%同学满分）、教学设计（93.75%同学满分）、激励学生（93.75%同学满分）、学习成效（93.75%同学满分）等都给与了非常正面的评价，达到了提高教学成效和课堂思政的效果。

致谢

感谢武高辉教授在教学内容与教学设计修改时提出的宝贵意见。

参考文献

[1] 王化雪，张美玲．高校专业课教师发展与课程思政能力研究[J]．黑龙江教师发展学院学报，2023，42(04)：30-32.

[2] 孙蓉，孙海亚．"材料表征与测试"课程思政建设的探索[J]．广东化工，2022，49(01)：212-214.

[3] 姜婷婷，何漩，陈辉，等．材料物理与化学课程思政建设[J]．中国冶金教育，2023(02)：71-74.

[4] 韩奇钢，梁策，李义，等．材料成型专业课程思政建设与教学改革实践[J]．高教学刊，2023，9(32)：44-47.

[5] 杨礼林，翟亭亭，李瑞红，等．金属材料学课程思政的教学建设探索与实践[J]．中国现代教育装备，2022(17)：93-94+105.

[6] 赵霞，王永东，朱艳，等．焊接专业《工程材料学》课程思政教学探索与实践[J]．广州化工，2022，50(15)：210-211+227.

[7] 麦振洪．X射线晶体学的创立与发展[J]．物理，2014，43(12)：787-800.

[8] 黄冰心，强文江．X射线衍射和倒易点阵[J]．大学物理，2023，42(04)：4-12+33.

[9] AUTHIER，A. Early Days of X- Ray Crystallography. Oxford University Press，2013.

[10] 吴奕初，刘海林，杨智慧，等．课程思政融入近代物理实验课程的教学案例——以康普顿散射实验为例[J]．物理实验，2023，43(07)：25-30.

[11] 周长源，李家宝，刘家琦．与共和国同步成长的哈工大教师群体——谈三代"八百壮士"形成的背景、道路与特征[J]．哈尔滨工业大学学报，2000(02)：11-15.

[12] 吉星，刘忠奎．哈工大"八百壮士"科教报国矢志不移[J]．奋斗，2021(10)：57.

以人为本，以我为主——环境控制系统与适航课程思政探索

柯鹏[1]　杨春信[2]　张兴娟[2]　杨涵[2]　韩雅慧[3]

（1. 北京航空航天大学 交通科学与工程学院，北京　100191

2. 北京航空航天大学 航空科学与工程学院，北京　100191

3. 陆军航空兵学院 航空机械工程系，北京　101123）

摘　要：舱内环境控制系统是载人航空航天器安全飞行的基础，为舱内人员提供基础环境和生命保障功能，也是民用飞机适航取证的关键。飞行器环境控制系统与人的关系是课程思政非常好的切入点，融合思政教育也有助于学生提升个人素养和工程伦理认识，有重要教育意义。从"人文关怀"和"家国情怀"层面开展了课程思政教学方面的探索，围绕"以人为本"讲解基础知识和关键技术原理，涵盖舱内温度、湿度和压力的控制原理、技术和适航取证方法等，围绕"以我为主"讲解我国在环境控制系统研发和适航取证方面的技术研发和进展，阐述其对航空人机与环境工程和交通运输适航专业人才培养的支撑作用，进一步将课程知识点和思政教育有机融合形成案例。通过思政教育在潜移默化中能激发学生爱党爱国爱航空的学习热情，保障了课程教学效果和人才培养质量。本文的探索经验也能为其他工科课程思政建设提供参考。

关键词：环境控制；适航；课程思政；以人为本

引　言

"飞行器环境控制系统与适航"是北京航空航天大学飞行器适航技术专业选修课，课程设置的目的在于通过对飞机典型机载系统-环境控制系统的学习，帮助学生了解系统设计与适航取证的关系。课程内容由两大部分构成，第一部分是环境控制系统的基础知识，采用基本理论讲授以及设计实践与讨论等手段，全面讲解大气条件和人体生理基础、座舱设计要求、热载荷、增压供气、制冷、增湿、气流组织和布局方案等系统的基本原理。第二部分是适航审定，针对环境控制系统的型号合格审定，基于 CCAR 25 部全面介绍基本适航要求，解析重点条款及其符合性验证方法。

通过本门课程的学习，使学生了解民用飞机环境控制系统基本原理和关键技术，了解飞机环境控制系统适航审定的基本思想、基础知识与最新进展，引导学生综合运用所学知识和先进技术解决实际问题。

课程思政教育能够将政治认同、家国情怀、文化素养、法治意识、道德修养等教育工作贯穿课程之中，引导学生将其内化为个人修养和素质，帮助其树立正确的人生观和价值观。习近平总书记曾多次指出[1]，"要用好课堂教学这个主渠道，思想政治理论课要坚持在改进中加强，……，使各类课程与思想政治理论课同向同行，形成协同效应。"2019 年，教育部[2]提出应

"深入挖掘各类课程和教学方式中蕴含的思想政治教育元素"。2020 年,教育部[3]要求应结合专业特点分类推进课程思政建设。

国内很多工科老师都开展了课程思政改革探索和实践,取得了很好的成绩[4-9]。类似课程中,杨春信[10]等人深挖课程蕴含的思政元素,凝练了飞行器环控控制相关课程中的五个精神:"航空报国的罗阳精神(舰载机环控)、勇于创新的鲲龙精神(水陆两栖飞机环控)、知行合一的歼十精神(高压除水技术)、责任担当的抗疫精神(环控技术的推广应用)和临危不惧的英雄精神(座舱压力控制技术)"。张兴娟等[11]给出了具体的思政案例,在课程教学中起到了非常的引导和相互促进作用。

本文进一步结合"以人为本"的人文关怀,和"以我为主"的家国情怀,进一步阐述课程内部更加丰富的思政元素。

1 环控技术中的人文关怀元素

1.1 控"以人为本"的思政意义

"以人为本"是指将人的需求和权益置于科技创新的中心地位,强调技术发展应当更关注人们的生活质量和健康,要求将社会伦理道德、隐私保护、公众参与等因素考虑进科技发展中,兼顾个体权益和社会整体利益。通过科技创新和技术发展来满足人们的需求,提升生活质量,并促进可持续发展和社会公平。

大学工科课程的思政教育是培养学生全面发展和良好道德品质的重要组成部分。以人为本的理念在工科教育中具有重要意义和作用,能够帮助工科学生更全面地理解技术与人的关系,引导他们具备社会责任感,提升创新能力和问题解决能力,并促进他们关注社会公平和公正。

首先,以人为本的理念有助于培养工科学生的社会责任感,强调将人的需求、权益和福祉置于首要位置,同时要考虑科技发展对社会、环境和伦理的影响。其次,有助于促进工科学生的创新能力和问题解决能力提升。培养工科学生从人们的真实需求出发,思考如何利用科技手段解决实际问题,提高他们的深度思考和跨学科综合能力,增强解决复杂问题的能力。最后,还有助于引导工科学生关注社会公平和公正,从社会公平和公正的角度审视科技发展,应避免加剧社会和经济的不平等,防止科技对某些群体的剥夺、排斥和歧视。通过思政教育,工科学生能更全面、客观地认识社会问题和现实挑战,推动科技可持续性发展。

在航空领域,"以人为本"意味着将人的基本需求、舒适和安全放在核心位置,包括持续改进和提升飞行器的安全性能,减少事故风险,确保飞行人员的安全。同时关注飞行员的工作环境和效率,提供更有效的工具和工作环境,减轻飞行员的负担。此外,还要关注乘客的舒适度,提供舒适的座舱环境,改善飞行过程中的噪声、震动和压力等因素,提升乘客的体验。

在"飞行器环境控制与适航"课程中,强调了以上要求。本课程旨在创造良好的工作环境,提高航空人员的工作舒适度和效率,并降低工作疲劳和健康问题的发生。通过合理的环境设计和控制,降低事故发生的概率,确保飞行器和航空人员的安全。注重关心航空人员的身心健康、提高工作效率和确保安全,体现了"以人为本"的精神,也是航空事业可持续发展的基础。

1.2 技术现状

舱内温度控制在飞行器环境控制课程的重要内容，在讲解基本控制原理的同时结合最新进展，凸出人文关怀。例如，现代飞行器配备了先进的空调系统和温度传感器等，可以实时监测舱内温度，能够快速、精准地响应人员对温度变化的需求，提供舒适的工作环境。个性化的空调送风技术，能考虑人员的个体差异、舱内活动的变化和对温度的感知差异，提供个性化的调节选项，更好地尊重和满足每个人员的个体需求，提供更加舒适的环境，如图 1 所示。另外，舱内温度控制还研究随着昼夜变化、地理位置和季节变化等因素来自动调整舱内温度，以适应不同的环境条件，确保航空人员始终处于舒适的温度范围内。

舱内压力飞行器环境控制是一个关键点，合理设定座舱压力制度，可以保障航空人员的舒适和生命安全。尤其是数字式座舱压力控制系统（见图 2）可以根据飞行阶段、高度变化等参数自动调整舱内压力，提供一致的压力环境，减少人为操作的风险。智能化的压力监测系统可以实时监测舱内压力状况，通过传感器和反馈机制，及时发现异常并采取相应措施，提高航空人员的安全性。此外，在紧急情况下，例如突发的失压事件，可以提供自动或手动的应急措施，确保航空人员能够在适当的压力环境下维持生命功能，增加逃生时的存活机会。

舱内湿度对于乘员的舒适度的影响很大，合适的湿度水平有助于维持正常的身体功能和免疫系统。过高的湿度可能导致细菌滋生、霉菌生长等健康问题，而过低的湿度可能导致皮肤干燥、黏膜不适等。合理控制舱内湿度，可以减少健康问题的发生，增加航空人员的舒适性和工作效率。

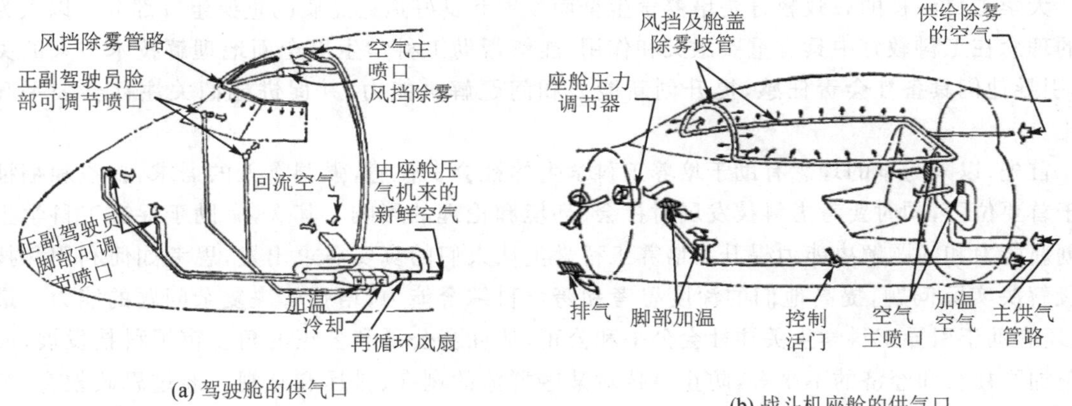

(a) 驾驶舱的供气口

(b) 战斗机座舱的供气口

图 1 典型的座舱送风系统布置图

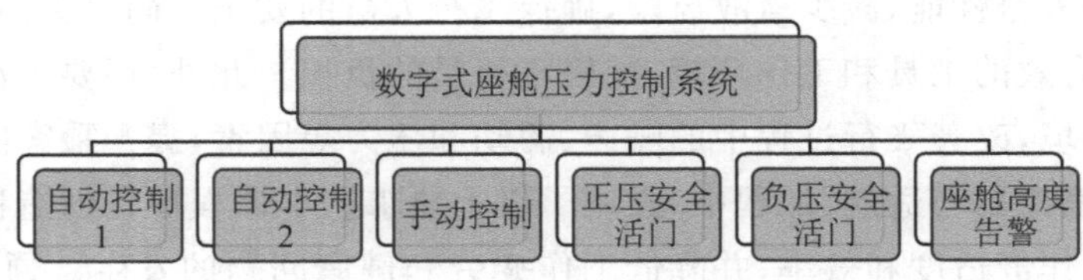

图 2 数字式压力控制系统

在飞行器环境控制系统中，以满足 CCAR 23/25 部为目标的适航取证要求通过严格的测试和验证，确保系统能够在各种条件下稳定运行，能够提供合适的温度、湿度、空气质量等条件，保障乘客和机组人员的安全，强调了保护人们的生命安全和权益。此外，CCAR 34/36 部相关的环保要求，也要求能够有效利用能源，减少能耗和排放，降低对环境的影响，要求在节能技术和环保材料等方面有所突破，以实现环境友好型的飞行器环境控制系统。可见，适航取证要求对飞行器环境控制系统的可靠性、安全性、舒适性和环保性提出了严格要求，这与“科技以人为本”的概念是一致的。

1.3 未来发展

飞行器环境控制将继续向更智能化、高效和安全的方向发展。这些智能化、高效化和安全化的发展趋势将更好地保护乘客和机组人员的权益，提升飞行员的工作环境和安全性，也体现以人为本的理念。

(1) 更智能：智能传感器和控制系统可以实时监测和调整飞行器内外的环境参数，如温度、湿度、空气质量等，以提供更加舒适和健康的飞行环境。通过智能化技术的广泛应用，飞行员和机组人员可以获得自动化的环境控制和监测功能，减轻工作负担，提高工作效率，降低操作失误造成的安全隐患。此外，更加智能化的控制可以实现动态调节和精细化控制，根据不同航段和乘客需求进行灵活调整，更适宜个人需求。

(2) 更高效：未来的飞行器环境控制系统将注重能源效率和运行效率的提升。通过优化空调、供氧、压力控制等设备和系统，可以降低能耗，减少对环境的影响，并提高航班的经济性。

(3) 更安全：安全性一直是飞行器环境控制重点关注的领域。通过引入更先进的传感器和监测系统，不仅可以实时监测飞行器的环境参数，还可以检测潜在的故障和异常情况。结合数据分析和预测技术，可以实现早期故障诊断和预警，以提高飞行安全性。

2 环控技术中的家国情怀元素

飞机环境控制技术的发展对于我国航空航天产业的发展至关重，直接影响着我国独立自主的航空器的研发。除了课程中重点强调的自主高压除水系统的研发和取证外，飞机防除冰是环境控制中的重要环节，也是展示我国技术进步的重要案例。我国虽多次组织开展多个型号飞机的自然结冰试飞，但一直以来，运输类飞机自然结冰适航审定试飞存在场址选择、窗口确定、天气预报、飞行组织、天气监测数据处理等问题，这也是制约我国运输类飞机研制进程的“瓶颈”项目。

2014 年我国 ARJ21－700 飞机跨国试飞完成关于自然结冰天气试飞的审定是我国民机研制历史上的一次成功创新和尝试，课程中会讲解飞机结冰的适航要求和符合性方法，同时也会号召学生学习中国商飞和民航适航局方攻坚克难的奋斗精神和勇于创新的工作作风。由于适航标准中确定的自然结冰试飞气象天气在我国国内很罕见，曾历经多年也未能完成取证试验。之后中国商飞创新试飞思路，2014 年 3 月 15 日，ARJ21－700 飞机 104 架机从中航工业试飞中心起飞，途经中国、俄罗斯、美国和加拿大 4 国后抵达加拿大温莎机场，此后仅 11 天 9 个有效架次飞行就圆满完成所有预期的试飞科目！

更值得骄傲的是，在国产大飞机 C919 的适航取证过程中，航空工业试飞中心试飞机组和民航局审定试飞员一起，2022 年 1 月到 2 月间先后在陕西志丹、安康、甘肃庆阳等区域上空截获了自然结冰云区，共完成了 5 架次 C919 的自然结冰并行审定试飞任务。C919 飞机自然结冰试飞是首次完全由中国机组，驾驶着中国人设计的大飞机，按照中国人预测的结冰条件，在中国领空内完成的满足国际标准的自然结冰试飞，实现了在国内按照国际标准完成航空器自然结冰试飞零的突破。C919 飞机结冰自然试飞中机翼冰形见图 3。

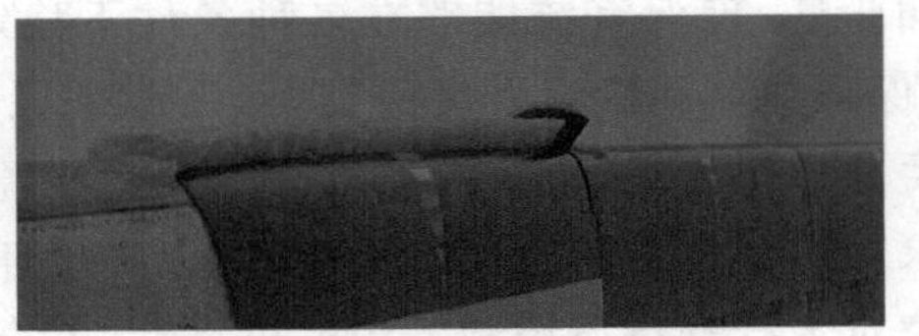

图 3 C919 飞机结冰自然试飞中机翼冰形

3 结 论

本课程作为航空技术与适航技术衔接的一门专业选修课，致力于融合航空与适航，融合专业内容和课程思政。围绕以人为本和家国情怀来优化课程思政教学内容和方法，通过潜移默化的教育，培养学生全面发展和良好道德品质。科技以人为本的理念在其中具有重要作用，引导工科学生具备社会责任感、创新能力和问题解决能力，关注社会公平和公正，为社会进步做出贡献。家国情怀的教育，能够更坚定学生的理想信念，激发家国情怀和爱航空爱适航的热情，树立“敢为人先、空天报国”的信念和社会主义核心价值观。实践中也取得了很好的教学效果。

参 考 文 献

[1] 习近平. 把思想政治工作贯穿教育教学全过程 开创我国高等教育事业发展新局面，全国高校思想政治工作会议，2016.12.7.

[2] 教育部. 关于一流本科课程建设的实施意见：教高〔2019〕8 号，2019，10.

[3] 教育部. 高等学校课程思政建设指导纲要：教高〔2020〕3 号，2020，6.

[4] 柯鹏，张曙光. “适航基础”课程思政的思考与实践[J]. 教育教学论坛，2023(5)：4.

[5] 吴楠. 计算机类专业离散数学课程思政教学体系建设的思考[J]. 高教学刊，2023，9 (34)：174-177.

[6] 史大胜，李立，乔磊. 我国高校课程思政研究的整体态势、热点论域及研究前沿——基于 CiteSpace 与 Vosviewer 的可视化分析 [J]. 高教学刊，2023，9 (34)：1-6.

[7] 刘婷婷. “双高”背景下高职课程思政和思政课程协同育人的逻辑机理、现实困境与实施策略 [J]. 教育科学论坛，2023，(33)：28-33.

[8] 张伟，常春. 新时代高校课程思政评价体系构建：价值导向、评价原则及路径选择 [J]. 教育探索，2023，(11)：38-43.

[9] 肖志昌，李晓慧，张伶，等. 高校有机化学基础课程思政建设探索[J/OL]. 大学化学，1-7[2023-12-04] http://kns.cnki.net/kcms/detail/11.1815.06.20231123.0953.002.html.

[10] 杨春信，张兴娟，杨涵，等.《飞行器环境控制》课程思政建设初探[J]. 南京航空航天大学学报，2020，s1.

[11] 张兴娟，杨春信，柯鹏，等. “飞行器环境控制”课程典型教学思政案例[C]//西北工业大学，中国航空学会，教育部高等学校航空航天类专业教学指导委员会. 第三届全国航空航天类课程思政教学改革论坛论文集. 北京：北京航空航天大学出版社，2022.

课程思政建设模式和方法路径探索
——以“加速度合成定理”为例*

孔艳平　陈鹏　剧成健　段淑敏

（石家庄铁道大学 工程力学系，石家庄　050043）

摘　要：文章介绍了理论力学课程思政教学中的建设模式和方法路径。由河北省基础力学优秀教学团队潜心探讨、深入挖掘和融入思政元素。以理论力学中“加速度合成定理”内容为例，在牵连运动为转动时的加速度合成定理的公式推导和应用分析过程中，考虑到其复杂性，理论力学教材中是通过特例并采用几何法来证明的，为了提升课程内容的挑战度，本文借助泊松公式，采用了数学运算，阐述了基础研究的重要性，体现了“思政育人”目标，探究了课程思政在理论力学课教学中的实施路径。

关键词：课程思政；实施路径；理论力学；加速度合成定理

习近平总书记在2016年的全国高校思想政治工作会议上的讲话中强调，课堂教学作为主渠道要用好，要加强思想政治理论课并不断改进，使得思想政治教育的亲和力和针对性得到提升，从而满足学生成长发展需求和期待。各类课程都要与思想政治理论课同向同行，形成协同效应。在此背景下，课程改革势在必行，要顺应“思政育人”的教学目标，重组教学内容、改革教学手段和教学方法，探索课程思政在理论力学课程教学中的建设模式和实施路径[1]，润物细无声地做到价值引领，立德树人。

1　理论力学课程思政建设中存在的问题及解决思路

“理论力学”作为我校首批优秀思政课程，在建设过程中发现了一些问题，在建设初期，部分教师没有把课程思政建设作为一种全新的理念“嵌入”理论力学课程中，出现了“硬嵌入”“两张皮”现象，使“智育”与“德育”脱轨，“授业”与“传道”分离[2]；也有的教师过多地把所有力学基础课程的思政元素和资源讲成了思政课，陷入了节节课都进行思政元素融入的误区，不能真正提高课堂教学质量和育人效果，不能达到知识传授和课程思政的有机结合，偏离了初衷。当课程思政建设进入高阶性阶段，实施难度增加，会遇到一些深层次问题。

解决思路：首先需要解决的难题是课程思政元素以何种形式呈现，使教师的“教”和学生的“学”两者“合力”最大，达到同向同行的效果[3]。理论力学这门课逻辑思维严密、发展历史丰富、有大量驰名中外的著名科学家、广泛的工程应用，这些宝贵的思政元素与哪些知识点或理论无缝衔接，在让学生掌握基础知识和实际分析能力的同时，树立正确的价值观和人生观，理论知识和思政元素之间水乳交融，浑然天成。其次是设计好课程教学内容与思政元素深度融

* 基金项目：首批省级研究生教育教学改革研究项目（YJG2023068）；第二批国家级一流课程建设项目

合的实施路径，遇到的共性问题是：在讲解绪论内容的时候，思政元素非常充沛，但是后面讲解具体定理或公理时，怎样从定理的提出、推导、论证及总结部分，把思政元素融入进去，使学生感受到理论力学的博大精深，其理论之美丽、思维之严密、创新之神奇等，关键是让学生能够产生共鸣，去主动思考，才是真正意义上的课程思政，才是一线老师最值得探索的问题[4,5]。

2 理论力学思政元素引入

2.1 首次课立德树人

好的开头是成功的一半，第一次课要给学生耳目一新的感觉。力争达到两个目的：第一要使学生喜欢任课教师，至少要给学生留下好印象；第二要使学生对该课程产生兴趣，变“要我学习”为“我要学习”。因此，在首次课要把理论力学课程的“绪论课”讲活，通过身边的力学问题，吊起学生的胃口。结合重大工程事故，说明理论力学课程的实际意义及重要性，可培养学生严谨的科学态度，唤起学生的责任意识和质量意识。纵观力学的历史和未来，让学生产生一种责任感和使命感。适当加入科学家事迹，可以推动榜样的力量，自1949年新中国成立以来取得的重大成就，都有力学前辈的心血和付出。例如：二弹一星元勋郭永怀教授，作为一位永怀初心的应用力学家，他的事迹激励了一代又一代的力学人；中国载人航天奠基人钱学森突破重重阻力学成归国，致力于祖国的科技事业，为我国科技发展做出卓越贡献[6]；被誉为“万能科学家”的钱伟长，研究领域广泛，他的经典名句：我没有专业，祖国的需要就是我的专业[7]。在理论力学首次课程教学中适当阐述一些力学科学家的卓越贡献以及他们对待科研工作坚持不懈和追求创新的职业素养，可以将社会主义核心价值观和培养学生个人素养和养成职业道德有机结合起来。

2.2 中间环节融入思政

理论力学课程是土木工程、机械工程等专业的主要力学基础课，既是各门后续力学课程的理论基础，又是一门具有完整体系并继续发展着的独立的力学学科。在理论力学课程讲解过程中，将力学基本概念和公式推导与蕴含的思政元素相结合，对于培养学生的科学精神和哲学思想、工程伦理和社会责任、团队协作和创新意识等方面都具有重要的意义。

科学精神和哲学思想：学生需要掌握理论力学基本概念和原理，并通过实验和计算来验证理论。其哲学思想旨在通过观察和探索生活或生产实践中的各种现象，进行多次的科学实验，经过分析、综合和归纳，抽象出有效原理，理论力学中静力学和动力学都体现了现代哲学的思考方式。静力学研究的是力系的简化与平衡，认为“宇宙万物一切是平衡的，彼此之间的联系是相对平衡的，构成一个相对平衡的宇宙整体”。动力学研究的是作用在质点或质点系上的力与运动之间的关系，认为运动是绝对的，静止是相对的。动力学和静力学两个哲学思想相辅相成。动力学的变化和静力学的平衡相辅相成。通过对它们的哲学思考，让学生认识到哲学与人生观的紧密关系，既要从运动和变化中学习创新和创造力，又要在不同领域找到合理的平衡点，才能实现人生进程的持续发展。

工程伦理和社会责任：理论力学在机械、建筑、航空航天等工程领域有着广泛的应用，在学习理论力学时，学生需要了解工程伦理的基本原则，如安全、质量、环境保护等。在教学中加入工程元素，既可以让学生学以致用，又可以赋予学生崇高的社会使命感。例如：在讲平面任意力学简化时有一道关于大坝的受力分析的例题，在该处穿插讲解三峡大坝的历史沿革，使学生认识到只有在我党的领导下才能完成这样一项惠及子孙后代的伟大工程。讲到动量矩定理时，引入国之重器中国空间站，预计到了 2031 年，这也将成为人类唯一在轨的空间站，这意味着它不但是我们中国人的骄傲，也承载了全人类的飞天之梦。这样讲解既可以增加教学过程的趣味性，又可以将理论与实践结合起来，增加课程知识的实用性。

团队协作和创新意识：理论力学实验是理论力学的重要组成部分，通常需要团队协作完成。例如：在静、动滑动摩擦因数的测定、桁架在桥梁设计中的应用与计算以及均质圆盘转动惯量求法与误差分析等实验中，学生需要与队友密切合作，共同解决问题和分析数据。这种沟通能力和合作精神使他们更加懂得尊重他人。在学习理论力学的过程中，学生需要学会发现问题、提出假设并尝试解决问题。这种创新思维的培养可以激发学生的创造力和创新精神，使他们更加具备适应未来社会发展的能力。

2.3 精彩结尾谆谆育人

最后一节课具有特殊的意义，不仅是学习的结束，也是新学习的开始。首先要引导学生回顾学习内容，强调重要的概念、公式和定理，对课程进行总结，帮助学生理解这门课程的核心思想和目标。其次，教师利用这个机会引导学生探索课程内容之外的相关领域，通过拓展和探索，可以激发学生的学习兴趣和动力，为未来的学习和职业发展做好准备和铺垫。

3 理论力学思政元素与课程内容相融合实施路径

理论力学的知识目标是学会力系简化方法及各种力系的平衡条件，会应用平衡方程求解实际问题；学习点和刚体的运动形式，会分析各点的速度和加速度；应用动力学普遍定理解决动力学相关问题。能力目标和育人目标是会运用课程知识解决生活或工程中相关的力学问题，具有自主学习、自我管控以及持续学习的习惯和能力，突出创新意识、职业道德和匠心精神。本课程教学团队的思政体系化设计主要从以下三方面进行。

3.1 以“课堂教学”为主渠道，以课程大纲为载体，形成“互动式”的课程思政模式

首先要抓住理论力学课程的首尾两次课，在绪论中创建“第一课”思政板块，讲好任务故事和励志故事[5,8]，引导学生树立伟大的人生目标和健康的生活方式。在“最后一课”给出特殊寄语，内容饱含叮咛和对学生的关心爱护，希望同学们铭记个人的追求和“铁大”精神，做到在学校成才、在社会成人，将“小我融入大我”，心中有大志，努力拼搏，行稳致远。抓住中间环节，应用线上线下混合式教学将思政元素与教学内容无缝对接，使得思政元素就像盐溶于汤一样，润物无声。

3.2 开拓线上教学阵地，整合资源，形成线上线下混合育人新模式

紧紧围绕理论力学教学的重难点内容，准确掌握学生的思想脉搏，精细化课堂教学内容，打造了河北省精品在线课程，借助于中国大学慕课平台，建成了《理论力学》线上学习资源库。内容包括静力学（静力学公理和物体的受力分析、平面力系、空间力系、摩擦）、运动学（点的运

动学、刚体的简单运动、点的合成运动、刚体的平面运动)和动力学(质点运动微分方程、动力学普遍定理、达朗贝尔原理和虚位移原理)。以基本概念—理论分析—公式推导—例题计算—拓展训练为主线,按章节将教材的内容进行梳理,将知识内容专题化、碎片化,由整到零,再由零到整,整理出形式上彼此独立、内容上又前后相连的知识点,将各知识点微视频上传到 MOOC 平台,共计 108 个视频资源,目前正在运行第 6 期。课程团队依据学生反馈对教学微视频和相关的学习资源进行合理调整,形成了网络教学资源的动态管理。本学期学习通平台,增加了课程思政要素,上传"纪念钱伟长诞辰 110 周年""欣赏力学之美""秋分与科学动力"等文献,供同学们阅读,将课堂思政向课外拓展。

3.3 加强"课程思政"教师团队建设,形成思政育人合力

以河北省优秀教学团队为支撑,课程组负责人定期组织教研室老师开展课程思政研讨,提升对课程思政的认识和理解,让所有承担"理论力学"课程的教师承担好育人责任,实现知识传授、能力培养与价值引领的有机统一,打造了一支思想和技术过硬的课程思政教学团队。为深入推动"理论力学"与"思政元素"在教学过程中走深走实,在过去的一年中,我们深入发掘凝练思想政治教育教学素材,提炼升华,整编成案例教材,已经计划整理出版,提供给全校教师统一使用,增强教学资源融合。

4 课程思政教学案例

以"牵连运动为转动时的加速度合成定理"为例,介绍思政元素与课程内容相融合的方法举措和实施路径,以期达到提高传授知识与课程思政协同育人效果的目标。

4.1 目标导向与引入

加速度合成定理的推导和应用既是运动学部分的重点和难点,又是动力学部分的基础,通过本节内容的学习,学生会计算和判断科氏加速度的大小和方向;会应用点的加速度合成定理分析具体的实际问题;培养学生对基础研究的兴趣,引导学生体会科学素养,养成自律的好习惯。学生通过中国大学慕课上的理论力学资源的预习,首先以生活中的问题引起学生兴趣,例如:你观察过气流的旋转方向是顺时针还是逆时针?为什么?行进中的高铁对轨道左右轨压力相同吗?学生之间互相讨论 3 分钟,与线上所学内容联系起来,最大限度地激发学生的学习兴趣。

4.2 思政元素切入点

在讲解"加速度合成定理"这部分内容时,定理的过程数理逻辑强,数学推演复杂,会使初学者望而生畏,学生很难把这些公式跟某个实际问题建立起联系,这就要求我们必须在课堂上让同学们充分认识基础研究的重要性。本文总结出以下几个递进性知识点和思政切入点。

4.2.1 牵连运动对点的加速度合成定理的影响

前面已经学习了牵连运动为平动时的加速度合成定理,学生有了一定基础,但是当牵连运动变化时,其结果有哪些不同?其中蕴含着深刻的辩证法原理,自然界和人类社会中万事万物都不是一成不变的,事物及系统状态会随着环境条件的变化而发展演化。对点的速度合成定

理求导，导出牵连运动为转动时的加速度合成定理，具体过程如下：速度合成定理：$\vec{v}_a=\vec{v}_e+\vec{v}_r$，对其两边求导得[9]

$$\frac{\mathrm{d}\vec{v}_a}{\mathrm{d}t}=\frac{\mathrm{d}\vec{v}_e}{\mathrm{d}t}+\frac{\mathrm{d}\vec{v}_r}{\mathrm{d}t} \tag{1}$$

式中，

$$\frac{\mathrm{d}\vec{v}_a}{\mathrm{d}t}=\vec{a}_a$$

$$\frac{\mathrm{d}\vec{v}_e}{\mathrm{d}t}=\frac{\mathrm{d}(\vec{\omega}\times\vec{r})}{\mathrm{d}t}=\frac{\mathrm{d}\vec{\omega}}{\mathrm{d}t}\times\vec{r}+\vec{\omega}\times\frac{\mathrm{d}\vec{r}}{\mathrm{d}t}$$
$$=\vec{\alpha}\times\vec{r}+\vec{\omega}\times\vec{v}_e+\vec{\omega}\times\vec{v}_r$$

令 $\vec{a}_e=\vec{\alpha}\times\vec{r}+\vec{\omega}\times\vec{v}_e$，则上式简化为

$$\frac{\mathrm{d}\vec{v}_e}{\mathrm{d}t}=\vec{a}_e+\vec{\omega}_e\times\vec{v}_r \tag{2}$$

$$\frac{\mathrm{d}\vec{v}_r}{\mathrm{d}t}=\frac{\tilde{\mathrm{d}}\vec{v}_r}{\mathrm{d}t}+\vec{\omega}\times\vec{v}_r=\vec{a}_r+\vec{\omega}\times\vec{v}_r \tag{3}$$

因此，加速度合成定理为

$$\vec{a}_a=\vec{a}_e+\vec{a}_r+2\vec{\omega}_e\times\vec{v}_r \tag{4}$$

以上公式推导以绝对导数和相对导数的关系为基础，应用定轴转动刚体上一点的速度与加速度的计算公式，可以看出其推导过程比较复杂，数学逻辑强。这里要引导学生发现高等数学对理论力学的重要性，即基础研究和应用研究的关系，使学生发现基础研究的作用，当然认识到这一点并不仅仅是出于我们课堂教学所需，还会关乎我们国家未来的长远发展，正如习近平总书记所指出的，基础研究是整个科学体系的源头，要瞄准世界科技前沿，抓住大趋势，下好先手棋，打好基础，储备长远。

4.2.2 科氏加速度影响启发

由以上的推导过程可以看出，科氏加速度是牵连运动与相对运动的相互影响，牵连运动的转动引起相对速度方向变化[10]；动点的相对运动引起的牵连点牵连速度大小变化。在转动参考系中的物体会受到两种惯性力的作用，一种是离心力，另一种就是科里奥利力(科氏力)。那么，科里奥利力有哪些影响呢？在军事上，火箭发射或火炮做远程射击时，应考虑科氏加速度引起的弹道偏差。第一次世界大战时，英德双方在福克兰群岛附近的海面上展开了一场激烈的海战，战斗中发生了一件非常诡异的事情，英军的炮弹像是着了魔似的都落在了离德国战舰左方约 100 m 的地方，令其英军将领百思不得其解。最后还是力学家给指点了迷津：原来英军战舰上大炮的瞄准器是在其本土上也就是在北半球(北纬 50°)校准的，而在南半球(南纬 52°)作战，科利奥利力的作用方向正好相反，所以产生了双倍的向左偏差。上述情况足以说明基础研究自古以来就非常重要。

日常生活中，人们会不会受到科氏力的影响？

我国地处北半球，物体在地面上运动，受科氏力作用而自行向右偏转。人在走路时，也从来不会不自觉地偏到右边去，原因是什么？在北纬 45°行驶的高铁，速度为 360 km/h，则科氏加速度为

$$a_C=2\omega v_r\sin 45^\circ=0.001\ 05\mathrm{g}$$

其中，g 为重力加速度。上式表明科氏加速度只有重力的千分之一，而人走路的速度大约 1.5 m/s，科氏加速度不到重力加速度的万分之一，其效应被其他作用力的效应所掩盖，如此微弱干扰应不足忧虑。但是，长时间作用，就容易被察觉。例如，北半球河水在科氏加速度的作用下，对右侧冲刷远远大于左岸，右岸比较陡峭。由此可见，长时间积累，效果非常显著，这个道理引申到日常生活和学习也是一样的。如果“1”代表目前的状态，如果选择了躺平，一年以后，“1”的 365 次方还是 1，还在原地踏步，如果一天退步一点点，“0.99”的 365 次方是 0.025，将远远被人抛在后面，如果一天努力一点点，“1.01”的 365 次方是 37.78，可见，每天进步一点就是成功的开始，在未来就会前进一大步。在此，可以引导学生抓住当下，不负韶华。

5 结 论

理论力学课程的教学改革一直走在我校教学改革的前列，2020 年被评为省级线上一流课程，2023 年被评为国家级线上线下混合式一流课程。围绕理论力学课程建设开展的教学研究已有 10 余项。经过 20 余年的建设，逐渐形成了一支结构合理、经验丰富、富有奉献精神、专心教育教学革新的高水平师资队伍。在课程思政探索过程中，课程团队秉承“课程承载思政”和“思政寓于课程”的理念，探索出了一条具有力学学科特点的“课程思政”有效实施路径，取得了良好的立德育人效果。

参 考 文 献

[1] 陶芳铭. 课程思政的价值意蕴，逻辑体系与实施路径—以“组织行为学”课程教学为例[J]. 牡丹江大学学报，2021，30(6)：6-11.

[2] 李俊峰. 成长动力学（续）[J]. 力学与实践，2020，42(6)：811-814.

[3] 曲淑英，卢龙玉，宋良，等. 材料力学课程思政教学实践——以“压杆稳定”为例[J]. 力学与实践，2021，43(6)：5-9.

[4] 冯建有，胡文锋，段士伟，等. 理论力学课程思政教学设计与实施探索[J]. 安徽工业大学学报：（社会科学版），2022，39(3)：3.

[5] 浦玉学，许海燕，胡宗军. “理论力学”课程思政实践与探索[J]. 教育教学论坛，2021(2)：105-108.

[6] 李毓昌. 非凡的智慧人生——我所知道的钱学森[J]. 百年潮，2011(5)：6.

[7] 武际可. 钱伟长先生对我国力学事业的贡献[J]. 力学与实践，2010(4)：123-124.

[8] 浦玉学，许海燕，胡宗军. “理论力学”课程思政实践与探索[J]. 教育教学论坛，2021(2) ：105-108.

[9] 祁武超，田素梅. 理论力学课程“五位一体”思政教育模式探索[J]. 高教学刊，2022，8(23)：168-172.

[10] 刘巧伶，李洪. 理论力学（第三版）[M]. 北京：科学出版社，2006：139-140.

[11] 哈尔滨工业大学理论力学教研室. 理论力学（Ⅰ）[M]. 9 版. 北京：高等教育出版社，2023.

航空专业课“沉浸式”课程思政策略研究

李保军　郝顺义　杜军

（空军工程大学 航空工程学院，西安　710038）

摘　要： 航空专业课拥有丰富的课程思政素材，但是，如何将其蕴含的使命感、责任感、爱国奉献、开拓创新等德育素养内化为学生的精神追求、外化为学生的自觉行动是一项十分挑战性的任务。本文针对传统灌输式、供给式思政方法难以直抵学生心灵之问题，提出了航空专业课“沉浸式”课程思政策略，分析了“沉浸式”教学的核心要义，探讨了航空专业课“沉浸式”思政教学的原实施方法与要求，旨在使学员有共鸣、有感慨、有反思，可以切实增强学生参与度与获得感，显著增强课程思政育人效果。

关键词： 航空专业课；课程思政；教学创新；沉浸式

引　言

航空类专业是高校中一类特殊而又重要的学科，其教育目标不仅在于培养学生的专业知识，更要求学生具备较高的思想品德和社会责任感。课程思政是航空专业课落实立德树人根本任，与思想政治理论课同向同行，形成协同效应务的战略举措。自教育部《高等学校课程思政建设指导纲要》颁布以来，航空类高校围绕着课程思政的原则、目标、方法与内涵开展了一系列研究工作，踊跃探索思政能力建强路径、大力推进课程思政配套条件建设，积极开展思政元素挖掘与运用、扎实推进课程思政教学改革与实践[1-3]。经过一系列的建设探索，课程思政取得了丰富的成果，但实践中也暴露了以教师主导的“灌输式”“填鸭式”课程思政方式难以满足学生的多样化需求，学生参与度低、共鸣性差，难以达到“内化于心、外化于行”，导致思政教学效果不佳等问题。

如何将思政元素中蕴含的家国情怀、航空报国、责任担当、创新意识、职业道德和底线思维等思政目标由教师说教灌输变为学生身心体验是一项十分具有挑战性的课题。“纸上得来终觉浅，绝知此事要躬行”，通过身临其境的体验来促进学习的沉浸式教育，成为破解传统课程思政模式问题的重要思路对策。

“沉浸式”教育理念肇始于 20 世纪 60 年代加拿大的第二语言教学[4]，在欧美的语言教学中被广泛运用[5,6]。近年来，面对教育部加快信息化时代教育变革的顶层要求，沉浸式教学作为一种新型教育理念和模式异军突起，成为教育研究者的理论研究热点，但是主要集中在思政课程和党建领域[7-10]，专业课沉浸式课程思政研究成果较少[11,12]，航空专业课沉浸式课程思政更是鲜有涉及，尚处于起步阶段。

本文针对灌输式课程思政模式的弊端，积极吸收沉浸式教育的最新研究成果，针对航空专业课的独特特点，探讨沉浸式课程思政策略，以期为相关教学实践提供理论支持和实践指导，使学员有共鸣、有感慨、有反思，可以切实增强学生参与度与获得感，显著增强课程思政育人效果。

1 沉浸式课程思政的内涵

准确把握沉浸式教育教学的本质是顺利开展沉浸式课程思政的前提条件和重要保证。

沉浸的本意是物体完全浸泡在液体中，引申为全神贯注于某种事物或者完全处于某种境界或思想活动中。沉浸式教育指的是教师采用多种手段和载体营造出让学生完全投入其中的教学环境，并在多维交互的体验中，使学生进入环境沉浸和心理沉浸的状态，最终在物理环境和心理体验合一的学习空间顺利完成学习任务的一种教学方式。

"沉浸式"教学是以学生为中心，旨在以学生心理层面的沉浸式感受为出发点，创设物理层的沉浸式情景激发学生的主观能动性，让学生在身心沉浸的状态中自主学会发现问题、分析问题和解决问题，不仅完成自身的知识建构，而且顺利实现知识的学习和迁移，从而形成深度认识。沉浸式教学具有显著的交互性特征，一是强调学生与教师之间的交互，可以深入进行思想交流、情感互通和价值引导。二是学生与教学环境的交互。学生沉浸于教学环境，通过身心体验不仅深度理解教学内容，而且形成情感价值共鸣。

"沉浸式"课程思政的主要是将沉浸式教育理念引入与航空专业课的课程思政教育有机结合，创新课程思政模式方法，增强思政课的沉浸感，在理论与现实，讲授与实践、言传与身教中，引领学生与国家、与时代同频共振，提升航空专业课课程思政质效。

2 航空专业课"沉浸式"课程思政实施流程

由于"沉浸式"教学的实施方法和评价手段尚未形成统一的标准，沉浸式课程思政作为航空专业课课程思政模式改革创新一次尝试，其具体实现方式方法需要在教学实践中不断探索完善。航空专业课沉浸式课程思政流程如图1所示。

首先围绕目标选择主题，然后创设"沉浸式"场景使学生进行思想交锋式的互动学习，然后收集相关数据评价"沉浸式"课程思政效果优缺点，并根据结果进一步改进优化"沉浸式"课程思政设计。具体实施过程中应重点考虑以下方面。

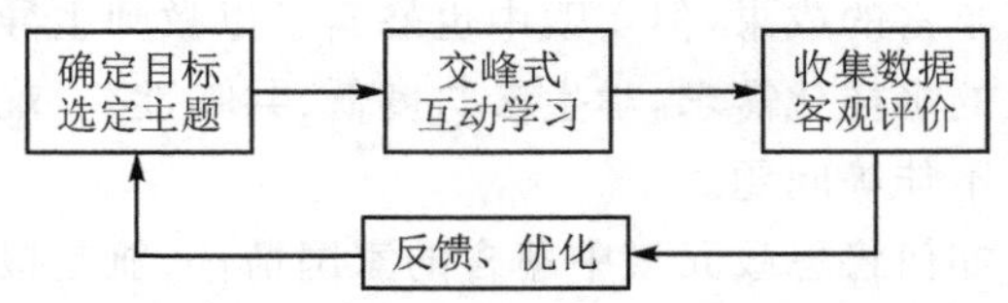

图1 航空专业课沉浸式课程思政流程

2.1 课程设计与内容整合

任何一种教学模式都有其具体的适用范围。显然，"沉浸式"课程思政也不可能适用于任何一个航空专业课程的课程内容。因此，为了获得较好的课程思政效果，首先需要开展课程思政顶层设计。一是系统梳理的知识目标、能力目标和思政目标，树立"目标导向、项目牵引、任务驱动"的航空专业课沉浸式课程思政理念，构建"项目任务-思政目标-思政契合点-沉浸环境"相互对应的课程思政模式。二是围绕课程目标，设定融入知识目标、能力目标和思政目标的项目议题，明确具体任务，融入家国情怀、航空报国、责任担当、创新意识、职业道德和底线思维等思政元素，创设一系列交互性较强的“沉浸式”场景，使学生在克服挑战，完成任务，达到目标的交互性活动中提升综合素质。

2.2 教学方法与手段

“沉浸式”场景设计是沉浸式课程思政的关键一环。根据课程思政目标的不同和航空专业课理论课与实践课的差异，“沉浸式”场景设计可以从以下几方面进行。一是利用虚拟现实技术，模拟真实的飞行场景，让学生在虚拟的飞行环境中体验飞行员的工作和责任，同时引导他们思考飞行安全、航空事故的原因及其教训，培养他们的责任感和安全意识。二是通过增强现实技术，让学生在实际的飞行器上进行模拟操作，体验飞行员的工作流程和应对紧急情况的能力，从而培养他们的决策能力和应变能力。三是在课堂教学中与学生的认知水平保持适度张力的提问，充分开展学生-教师、学生-学生之间的对话，开拓视野、促进思考。

2.3 效果评估与改进

“沉浸式”课程思政的教学效果持续改进不断提升的过程，决定了教学评价和意见反馈是教学过程中必不可少的环节。一是围绕专业课课程思政，根据评价指标体系的个性化、评价方式的多元化的原则，对学生进行多维度评价，检验将德育认知内化于心、外化于行的情况，验证“沉浸式”课程思政对立德树人的促进作用。二是从教学过程沉浸度和教学互动参与度两方面收集学生对“沉浸式”课程思政的意见，通过分析教学过程中是否实现了“沉浸”“沉浸”度如何、师生之间互动的范围深度和广度是否适当等，评估“沉浸式”教学在思想引导、观念影响、行为塑造方面是否发挥了作用以及作用程度如何，进而优化“沉浸式”课程思政设计。

3 师资培训与支持

为了确保沉浸式课程思政策略的有效实施，需要对教师进行相关培训和支持。培训内容可以包括以下几个方面：

3.1 “沉浸式”教学技术培训

教师需要了解虚拟现实、增强现实等“沉浸式”学习技术的基本原理和应用方法。培训可以包括软件使用、场景设计、设备操作等方面的内容，以提高教师在“沉浸式”学习环境中的应用水平。

3.2 教学设计与评估培训

针对“沉浸式”课程思政策略，教师需要学习相关的教学设计和评估方法。培训内容可以包括如何设计“沉浸式”学习场景、如何引导学生思考和讨论，以及如何有效评估学生在思政方面的表现等方面。

同时，为了提供更好的支持，学校可以建立“沉浸式”学习与课程思政专业团队，定期组织经验交流和教学案例分享，形成共同进步的良好氛围。

4 结 论

本文将“沉浸式”教育理念与航空专业课课程思政相结合，研究了航空专业课“沉浸式”课程思政的内涵要义、实施流程，以及师资培训与支持策略，旨在切实增强学生参与度与获得感，使学生有共鸣、有感慨、有反思，显著增强课程思政育人质效。

参考文献

[1] 余靖冉.新时代高校课程思政内涵及实施路径探索[J].教育教学论坛，2020，52：75-76.

[2] 陈礼顺，付莹贞.航空维修工程”课程思政建设与教学实践[J].南昌航空大学学报：自然科学版，2020，34--(2)：123-128.

[3] 吴美平，徐婉莹，耿丽娜，等.新工科专业课程思政建设探讨——以飞行力学课程为例[J].高教学刊，2023，31：50-53.

[4] 刘战合，王晓璐，杨波.面向航空类专业的案例式思政教学策略初探[J].河南教育，2020，11：90-92.

[5] 郭曼丽.美国汉语沉浸式教学之我观[J].汉字文化，2021，12：88-90.

[6] 孔维怡.美国夏威夷玛利诺学校儿童线上中文沉浸式教学探索与实践[D].北京：北京外国语大学，2022.

[7] 蔡文璞，祝小宁.沉浸式教学助力高校思政课改革[J].学校党建与思想教育，2022，8：56-58.

[8] 洪岩.“大思政课”视野中的沉浸式教学探析[J].思想理论教育导刊，2022，9：123-129.

[9] 卢海燕.沉浸式教学模式在高校思政课教学中的应用[J].辽宁开放大学学报，2022，3：12-15.

[10] 沈成媛，史俊.“环境监测”课程沉浸式思政模式的探索与实践[J].环境教育，2023，6：484-50.

[11] 张超.专业课程小班化沉浸式教学模式初探[J].中国电力教育，2023，6：54-55.

[12] 胡洪羽.沉浸式教学：理论模型与实现路径[J].天津市教科院学报，2023，35(2)：66-72.

考虑实践能力与课程思政的无人机系统设计课程规划*

李光昱　韩美东　邓启波

（南昌航空大学 飞行器工程学院，南昌　330063）

摘　要：本文通过综合考虑学生实践能力培养与课程思政教学，针对现有"无人机系统设计"课程内容所存在的问题，结合作者自身课程教学经验，以学生能力培养目标为牵引，建立"无人机系统设计"课程目标架构以及基于 OBE 理念的教学课程规划，提出相应的考核方式。将研究成果应用于实际教学，考核结果表明该课程规划能有效激发学生学习热情，提升授课效果与教学质量，为学生在今后的职业生涯发展奠定基础，同时也为飞行器设计与工程专业其他课程内容规划探索提供参考。

关键词：实践能力；课程思政；无人机系统设计；课程规划；OBE 理念

习近平总书记在党的二十大报告中指出，要加快建设国家战略人才力量，努力培养造就更多大师、战略科学家、一流科技领军人才和创新团队、青年科技人才、卓越工程师、大国工匠、高技能人才。无人机产业作为国家高新技术产业，相关专业毕业生将是国家亟需人才。无人机系统设计是指设计人员应用气动、结构、动力、材料、工艺、电子和计算机软硬件等学科知识，通过分析、综合和创造思维将设计要求转化为一组能完整描述无人机系统的参数，包括文档、图纸和软件的活动过程[1]。无人机系统设计是一门应用科学，是各项先进的科学技术综合应用的结果。"无人机系统设计"课程作为飞行器设计与工程专业高年级学生的专业课程，一方面帮助学生梳理所学习的空气动力学、飞行力学、自动控制原理、飞行器导航技术以及飞行器制造工艺等多种学科知识，能够融会贯通；另一方面，直面无人机行业从设计、制造到使用、维护各部门对专业技术人员需求，做到所需即为所学。总体来说，"无人机系统设计"课程起到了很好的承上启下作用，对飞行器设计与工程专业学生的工作能力培养产生深刻影响，因此"无人机系统设计"课程具有重要意义，有必要对其课程规划进行深入研究。

在传统的教学过程中，往往以教师讲解为主，学生难以获得将所学习的理论付诸实践的机会。成果导向教育（Outcome Based Education，OBE）教育理念又称为能力导向教育、目标导向教育或需求导向教育，是一种以成果为目标导向，以学生为本，采用逆向思维方式进行的课程体系建设理念[2]。OBE 教育理念作为一种先进的教育理念，近年来受到众多高校老师的认可，并将 OBE 理念落实到教学中，取得了丰富的成果。顾佩华[3]等详细介绍了汕头大学在 OBE 工程教育模式的实践架构、重点内容以及所遇到的困难。叶佩等[4]介绍了 OBE 理念下计算机类专业课程的实践探索，有效提升了学生的学习积极性与主动性。王旭[5]等人将 OBE 理念引入大学生职业规划教学中，健全了现有大学生职业教育体系。

---

* 基金项目：国家自然科学基金资助项目（52065044）；南昌航空大学教学改革研究课题（JY23072）

本文针对现有“无人机系统设计”课程规划中所存在的问题，结合作者自身课程教学经验，综合考虑实践能力培养与课程思政教学，建立“无人机系统设计”课程目标架构以及基于 OBE 理念的教学课程规划，提出针对性的教学考核评价方法，成果将有效提升授课效果与教学质量，为学生在今后的职业生涯发展规划奠定基础。

1 课程目标及存在的问题

无人机是一种无人驾驶飞行器，可以由无线电遥控操纵或者飞行控制器控制，一般可分为军用无人机和民用无人机，而民用无人机又分为消费级无人机和工业级无人机[6]。无人机最早应用于军事领域，整体性能要求较高，主要包括察打一体无人机、战斗机、侦察机和靶机。消费级无人机主要以娱乐应用为主，多数用于航拍；工业级无人机以创造经济效益为主要目标，在禁毒侦查、反恐巡逻、环境监控、航空测绘、电力巡检和农林信息化等领域有广泛应用。目前，我国民用无人机市场规模由 2017 年的 79 亿元增至 2021 年的 869 亿元，年均复合增长率超过 40%，2022 年我国民用无人机市场规模将超过 1 000 亿元[7]。其中，军用级和工业级无人机所占市场规模超过 70%，这意味着飞行器设计与工程专业学生若是想从事无人机行业相关工作，主要需求将在无人机装备的设计、制造、使用及维护领域。

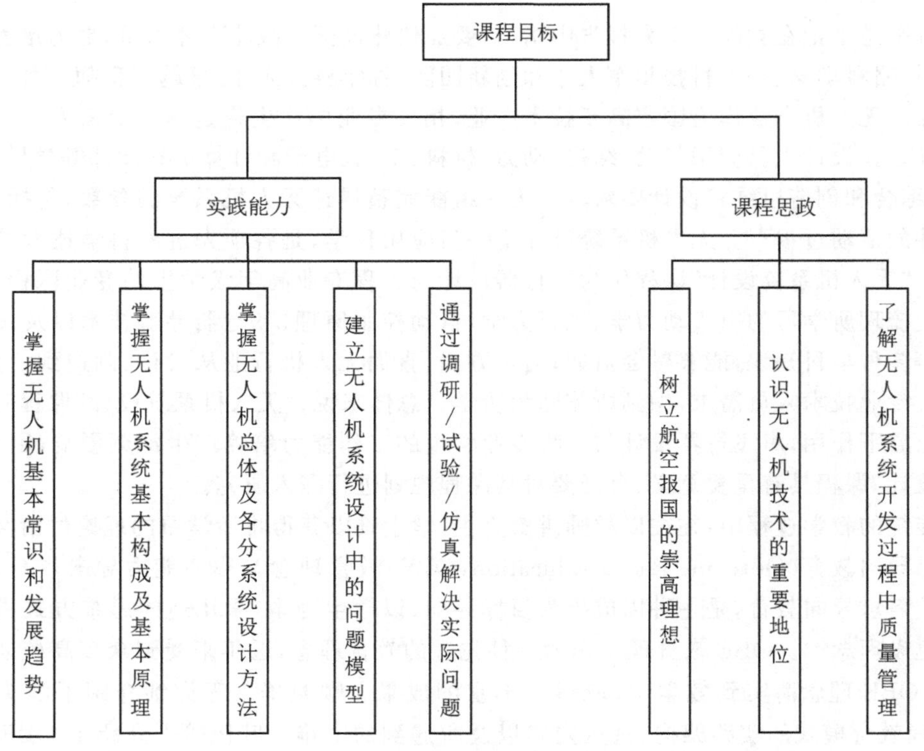

图 1 无人机系统设计课程目标架构

为了满足用人单位需求，增强学生对无人机技术开发兴趣，提高他们在工作中的责任感、使命感，是“无人机系统设计”课程主要目标。通过学习该课程，学生能对无人机有总体的了解和认识，了解无人机的历史、有关常识和发展趋势；理解无人机系统及其各分系统的理论/技术原理和使用特点；初步学习、掌握与应用无人机系统总体设计的理论、方法和过程，解决无人机系统开发过程中的实际问题；在课程学习过程中潜移默化地完成理想信念、职业道德、责任意识的培养。具体目标架构如图1所示。

当前"无人机系统设计"课程内容主要规划了无人机系统组成，无人机飞行平台设计，无人机飞控导航系统设计，无人机任务规划和控制站，无人机通信系统等理论知识的讲解，难以满足目标架构，以及用人单位实际需求。具体而言，存在以下四个问题：

(1) 课程内容相对陈旧，未紧跟技术进步。当前，无人机技术日新月异，大疆公司几乎每年都会在其开发产品上应用最新的"黑科技"以吸引眼球[8]。目前无人机系统设计课程中仍立足于飞行器相关专业知识选用较为传统的技术进行讲解，并未融合其他学科上的技术创新。

(2) 侧重理论知识的讲解，缺少实践机会。所谓系统设计，知识面广，教学课时基本用于知识点讲解，未考虑与实践相结合。导致学生仅仅学习理论性知识，没有直观认识，难以体会"纸上得来终觉浅，绝知此事要躬行"。

(3) 侧重对知识理解的考核，缺乏对解决问题能力的锻炼。现有"无人机系统设计"课程的考核形式无外乎考试与大作业两种形式。考试主要考察学生对知识点的理解与记忆，而大作业也基本流于形式，多年不变，很容易出现抄袭情况，大多数学生并不能从中得到锻炼。

(4) 忽略了课程思政中理想信念与责任意识的培养。无人机系统设计与开发涉及气动、结构、动力、材料、工艺、电子和计算机软硬件多个学科，是多人协作的大团队作战，一招不慎容易产生巨大影响。因此，有必要在学校期间就给学生培养航空报国的崇高理想和建立严格的质量管理意识。同时，理想教育与质量管理教育也将课程思政很好地融入教学。

2 课程规划及考核方法

针对无人机系统设计课程培养目标能力框架以及当前课程规划、考核方式中所出现的问题，结合 OBE 理念中制定培养目标，设计课程内容与课程规划，进行课程评价，而后进行课程更新的步骤，开展"无人机系统设计"课程规划，并制定相应的课程考核方式。

2.1 课程内容设计与规划

受北航全权老师启发[9]，课程主体内容仍是传统的无人机平台设计、无人机飞控导航系统设计、无人机任务规划和控制站等，但是从无人机智能化的角度展开授课，分为无人机建模篇、感知篇、控制篇、决策篇四大部分，补充最新技术进展。建模篇主要以无人机飞行力学建模为主线，牵引出无人机总体设计、气动布局设计、动力系统选型、结构设计与校核等平台相关知识，使得学生在已学专业课知识的基础上能够融会贯通；感知篇则以无人机导航控制技术为主导，重点突出讲解无人机常用机载传感器、载荷测量原理以及数据信号处理方法；控制篇则从位置控制、姿态控制、底层执行机构控制三个层面进行分解，介绍控制率的设计；决策篇则从无人机军事、民用需求出发，开展无人机任务规划、路径规划、编队控制以及健康监测与故障估计典型方法的介绍。建议四个篇章都可以动力学模型相对简单、日常生活常见的四旋翼无人机为例进行串行讲解，便于学生理解。

其次除了四个主体篇章之外可以设置若干案例专题。以专题的形式对无人机系统研制过程中涉及的开发流程、过程管理、质量控制等内容进行讲解与分析。该部分课程内容要求教师具有无人机系统开发的实战经验，可以根据实际情况邀请型号总师、分系统设计师、质量监督以讲座的形式进行介绍。笔者有幸邀请过主机所总师对某型无人机研发过程进行详细介绍，重点强调了“归零”的严肃性，在听课学生中取得较好的反响，既激发了同学献身航空的热情，又将质量管理的理念根植于同学们的脑中。

再次，可以设计课前导学活动。通过播放3～5分钟最新无人机技术进展视频的方式提高学生对本节课内容的兴趣，同时拓展学生眼界。以无人机系统设计课程中的飞行平台设计内容为例。目前大部分无人机系统设计课程仍选用固定翼无人机进行讲解，然而当前无人机构型除了固定翼、旋翼之外还出现了大量采用新技术、新材料的复合构型、仿生构型无人机。通过短时间视频播放，并讲解其中关键技术，能够有效激发学生的听课热情，也时时督促教师随时关注本行业技术进步，不断更新课程内容，引导学生对行业最新发展的思考，保证课程的新鲜感。

2.2 课程考核形式设计

针对课程考核形式陈旧、缺乏锻炼解决问题能力机会的弊端，笔者根据课程内容覆盖较广以及学生兴趣点不同的实际情况，提出了按课程进度分批次布置大作业的形式。学生根据兴趣爱好以及听课效果可以选择是否参加此次大作业考核，只要在课程结束后保证一定数量的大作业次数即可。

以2022—2023学年1学期的“无人机系统设计”课程大作业考核情况为例（见表1）。该学期大作业一共布置了三批，每批大作业都与该阶段课程内容紧密相关，一部分来源于实际课题，一部分则是在无人机工程项目中常见的问题解决办法。选修“无人机系统设计”课程同学一共38名，其中3名同学选择了第一批大作业，占比8%；5名同学选择了第二批大作业，占比13%；30名同学选择了第三批大作业，占比70%。从中可以看出，绝大多数同学仍以最后一次机会选取大作业完成考核，而在最后一批同学中仅有一名同学选取了有一定难度的大作业进行考核，但是如果没有第一批与第二批大作业，根据以往考核情况，选取“课程思考”作为大作业的同学比例会在90%以上。选取第一、二批大作业完成考核的同学基本都能高质量地完成，且进行了一定程度的扩展。以上数据表明，多批次分类细化考核的办法能够有效激发同学兴趣，认真思考大作业并且自行解决问题。

表1 2022—2023学年1学期的“无人机系统设计”课程大作业情况

批　次	大作业	选做人数	优良率
第一批大作业：建模篇	(1)某型固定翼无人机起飞重量确定	0	/
	(2)某型无人机电推进系统的设计	1	100%
	(3)某型无人机机翼和机身的CAD实现	2	100%
第二批大作业：感知篇与控制篇	(1)卡尔曼滤波算例实现	2	100%
	(2)PID控制实例实现	3	66.7%
	(3)LQR状态反馈调节器	0	/
第三批大作业：决策篇	(1)人工势场法路径规划实现	0	/
	(2)基于遗传算法的任务规划算法实现	1	100%
	(3)“无人机系统设计”课程思考	29	20.7%

3 结 论

本文综合考虑学生实践能力培养与课程思政教学，建立了“无人机系统设计”课程培养目标架构，分析了当前课程在教学内容与考核形式上所存在的问题。针对问题提出了无人机建模篇、感知篇、控制篇、决策篇主体内容加工程实践主题案例加课前导学活动的课程内容规划；在考核形式上提出多批次分类细化大作业的考核方法。根据2022—2023学年1学期的课程考核结果分析可知，新的课程内容规划以及考核形式能够有效提高学生课程学习热情，树立航空报国的崇高理想，同时还能认真思考大作业问题并自行解决问题，有效提升了授课效果与教学质量，为学生在今后的职业生涯发展规划奠定重要基础，同时也为飞行器设计与工程专业其他课程内容规划探索提供了参考。

参考文献

[1] SINGH N K. 无人机系统设计：工业级实践指南[M]. 卢涛，译. 北京：机械工业出版社，2022.

[2] SPADY W D. Outcome-Based Education：Critical Issues and Answers[R]. Arlington，VA：American Association of school Administrators，1994：1-10.

[3] 顾佩华，胡文龙，林鹏. 基于“学习产出”(OBE)的工程教育模式——汕头大学的实践与探索[J]. 高等工程教育研究，2014(1)：27-37.

[4] 叶佩，展慧，陈枫哲. OBE理念下计算机类专业课程的实践探索——以微机接口技术课程为例[J]. 软件导刊，2022，21(12)：238-241.

[5] 王旭，郝晓剑，荆伟伟. 基于OBE理念的大学生职业生涯规划教学研究[J]. 创新创业理论研究与实践，2023(3)：77-79.

[6] 吴刚，周斌，杨连康. 国内外民用无人机行业发展回顾与展望[J]. 经济研究导刊，2016(12)：160-162.

[7] 李加加. 竞逐工业无人机千亿市场，成渝共探“路径图”[J]. 产城，2023(2)：68-71.

[8] 周英芬，徐明. 大疆无人机突破式创新的启示[J]. 中国战略新兴产业，2017(40)：42-43.

[9] 全权. 多旋翼飞行器设计与控制[M]. 北京：电子工业出版社，2018.

构建具有航空特色机械制图类课程思政教学探索*

李红双[1] 马宁[1] 张猛[2]

(1.沈阳航空航天大学 机电工程学院,沈阳 110036

2.沈阳航空航天大学 继续教育学院,沈阳 110036)

摘 要: 针对具有航空特色应用型高校课程在教学过程中如何引入思政元素的问题,文章以机械制图类课程为例,分析了目前制图课程思政的现状,制定了课程思政路径。从课堂教学过程和实践教学两个方面对课程思政元素进行了研究。在教学过程中从五个维度:家国情怀、制造强国、职业规范、安全责任和知识创新将思政融入到课程教学中;在实践教学过程中,以红船、C919 大飞机等为例,利用 3D 打印技术完成模型的打印。教学实践中的实例与自主创新深度融合,增强学生民族自豪感和文化自信,更好地实现了课程思政育人的要求,达到了立德树人的目标,为航空航天院校课程思政教学提供了借鉴。

关键词: 航空特色;课程思政;育人;思政元素

教育部教高〔2020〕3 号文件[1-3]关于印发《高等学校课程思政建设指导纲要》的通知中指出:思想政治教育贯穿人才培养整个过程,全面推进高校课程思政建设,发挥好每门课程的育人作用,提高人才培养质量。高校中培养什么人、怎样培养人、为谁培养人是教育的根本问题,立德树人成效是检验高校一切工作的根本标准[4-6]。纲要为高校思想政治工作以及课程思政提供了更加具体的指导。思政是高校教育的重要组成部分,必须贯穿于高校人才培养全程[7-9]。为了提高航空航天类高校人才培养质量,必须将思政教育贯穿到各门课程教学中,教学过程中加入思政元素,以加强学生的思想政治教育和职业道德素养的培养。这样,才能更好地培养出具有高素质、高能力、高道德的应用型人才,为我国航空航天事业的发展做出更大的贡献。

为此,以制图类课程为例,课程在培养学生空间想象力及构思能力等诸多方面发挥了重要作用。工程图是生产中必不可少的技术文件,是在世界范围通用的“工程技术语言”。正确规范地绘制和阅读工程图是工程技术人员必备的基本素质。在教学过程中从五个维度:家国情怀、制造强国、职业规范、安全责任和知识创新将思政融入到课程教学中,增强学生民族自豪感和文化自信,更好地实现了课程思政育人的要求,达到了立德树人的目标,为航空航天院校机械制图课程思政教学提供了借鉴。

1 机械制图课程思政现状分析

机械制图课程是机械类专业的一门必修基础课,讲授投影理论、制图基础、工程制图以及

* 基金项目:2022 年辽宁省本科教学改革项目:全方位融合信技术应用型本科院校机械类课堂教学模式改革与实践;2023 年度辽宁省职业教育与继续教育教学改革研究项目:探索继续教育机类大学科人才培养模式研究

计算机辅助绘图软件的操作技能等内容。初步学习绘制和阅读工程图样的原理与方法、AutoCAD画图的基本理论和方法。为培养学生的制图技能和空间想象能力拥有较强计算机辅助绘图实践的能力打下初步基础。

课程学时少,内容多,导致教师在课上讲授的过程中满堂灌的现象比较严重,忽略了对学生思想的正确引导,学生如果没有建立正确的人生观和价值观,在大学毕业后走向社会到工作岗位很容易迷失自我,走错方向。工程制图课程在绘图的过程中体现出认真、细致的工匠精神,这种精神的培养需要与专业相结合,长时间有效地灌输与渗透,一点一滴地积累。这就需要将思政元素"润物细无声"地融入课程教学中。

部分授课教师在课上融入思政内容,但是思政内容与教学内容不能很好地融入一起,二者是独立的,并没有做到真正地使思政和课程两者全方位融合,而将思政内容生搬硬套地加入课程的学习中,这样就会出现学生对课程学习反感,失学习兴趣,更无法保证学习的有效性和主动性,课程思政适得其反。

2 机械制图课程思政路径

机械制图课程在教学过程中根据课程的知识目标和思政目标,从家国情怀、制造强国、职业规范、安全责任和知识创新五个维度,制度自信、工程伦理、行业规则、民族自信、工匠精神、哲学思想以及责任担当这个思政元素,将思政教育有机融入课程的各个教学中,达到润物无声的育人效果,解决专业教育与德育协同的长效机制问题。重点强化学生工程伦理教育,培养学生精益求精的大国工匠精神,加强品德修养、增长知识和见识,提升学生的综合素质,激发学生家国情怀和使命担当。图1为课程思政建设路径。

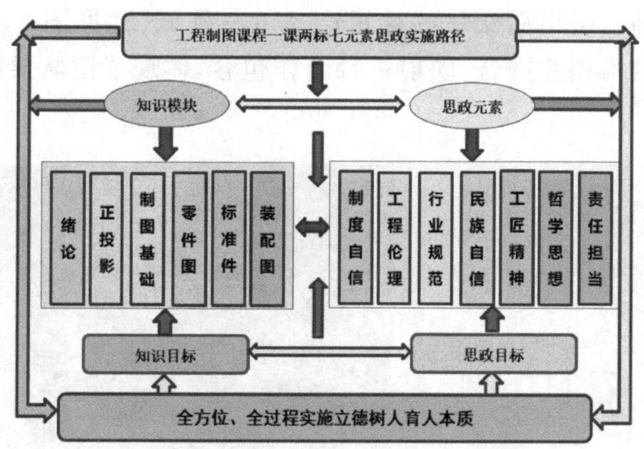

图1 课程思政建设路径

3 机械制图理论教学思政探索与实践

3.1 根据课程知识目标,凝练思政目标,挖掘思政元素

讲授制图标准:无规矩不成方圆,国有国法,行有行规。技术制图国家标准是实现工业生

产标准化的基础，给学生讲解我国机械制图国家标准颁布的历程和意义，强调工程技术人员在绘制图样时，要树立标准意识，严格遵守，贯彻国标，学生一定要具有行业规范意识。

讲授标准件：世界上最早的大规模标准化是在秦朝，统一了文字、度量衡、货币等让中国走上了大一统的发展道路，正是这些“标准”，使得我国历经多次朝代更迭，中华民族成为世界上唯一一个没有出现文化断层的民族，中华民族的文化源远流长，这些将会使学生树立文化自信，民族自信。

从海陆空大国重器，以及军用和民用的科技重器中，强调“凡器用之属，非图无以制器”，把科技强国的战略和制图课程结合起来，增加了学生学习的积极性，激发了学生的家国情怀和使命担当，同时，在授课中引入航空航天特色作品，增强了学生对行业的热爱。

3.2　根据知识的特点，从知识本身出发，挖掘育人的因素

在讲授组合体的时候可以把组合体看做是叠加形成的，或者看做是挖切形成的，这样就反映出事物都存在两个方面，教会学生遇到困难学会换位思考，培养学生健全的人格。

组合体（见图 2）是由多个单个的基本形体组成的一个整体，由此可以引申到个体和集体，上升到小家和国家的关系。贯彻少年强则国强，国强民富，国富民强，渗透家国情怀，专业报国的思想。

在讲组合体读图的时候大家都知道，一个视图或者两个视图都是不能完全确定空间物体的唯一形状，必须要把几个视图联系起来才能准确地表达出空间立体的形状。这就要求学生要用联系的观点去看待问题，不能孤立看待实物。

3.3　按照对应的知识点，挖掘一例思政元素，多层面、多角度、多形式育人

在讲授截交线的时候，引出截交线的鼻祖产品——鲁班锁，见图 3，这是学生非常感兴趣的一种玩具，通过榫卯结构相互嵌合，映射一种合作包容，体现了团队要团结协作，这种精神坚不可摧。

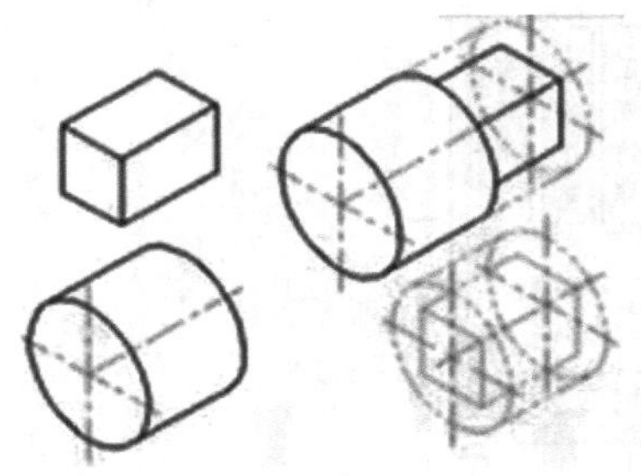

图 2　组合体

图 3　组合体

在 2014 年在中德经济会议上我国将一把铜制的鲁班锁送给了德国总理，德国总理对此爱不释手，德国是制造强国，鲁班锁作为国家领导人赠送的礼物预示着中国制造业由大变强，弘扬工匠精神，体现合作共赢。

根据我校航空特色，引入飞机案例。飞机中的发动机叶片通过榫卯结构完成组装，将叶片固定在发动机轮盘上，防止发动机高速旋转的时候叶片被甩出，图 4 为发动机叶片。

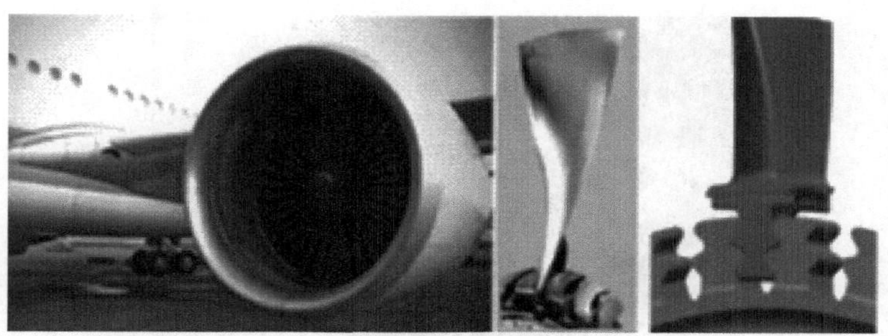

图 4　发动机叶片

3.4　根据教学内容，融入行业特色元素

讲授剖视图时，通过 C919 大飞机（见图 5）引出剖视图。提出问题：如何才能看到 C919 大飞内部结构呢？给同学们放一段关于大飞机的宣传片，通过宣传片看到的是掀开飞机的外壳的内部结构。对于一个零件，用同样的方法，把机件剖开，一样能观察到内部结构，这种方法反映到制图国家标准中叫做剖视图。这样就引出本节课要讲授的主要内容。

图 5　C919

同时，C919 是我国科研人员研制的具有自主知识产权的大飞机，疫情都没有挡住科研人员的脚步，2020 年大飞机各项试验成功标志着我国的科研水平迈向了一个新台阶。科研人员放弃休息时间，为了强国，刻苦奋斗的精神感染和激励学生奋发向上。

4　机械制图实践教学思政探索

机械制图课程在实践教学环节中利用 3D 打印技术，让学生打印与航空背景行业相关的飞机等各类模型，同时与党息息相关的党旗、南湖红船等模型。有机融入爱国、敬业等思政元素，更好地实现育人。

以打印南湖红船为例：

给学生讲述为什么要打印南湖红船，讲关于南湖红船的故事。伟大的革命实践产生伟大的革命精神，"红船精神"正是中国革命精神之源。这种精神深刻地体现和反映了中国共产党的先锋队性质，彰显了党的先进性。指导学生完成红船的建模，利用 3D 打印红船，在教学设计上，充分挖掘红船精神，是激励学生实现中国梦的强大思想武器。学生打印的红船见图 6

在课程实践教学中，将 3D 打印具有代表性的作品与伟大建党精神领悟传承深度融合，

图 6 学生打印的红船

“润物细无声”地做到学习中悟真理、实践中强能力，实现了制图课程实践教学与思政育人、工程能力、创新思维等有机融合。

5 总 结

文章对当前制图类课程思政的现状进行了分析，对课程思政的路径进行了研究，从理论教学和实践教学两个方面通过实例进行了思政育人实践研究。通过课程思政，学生的民族自豪感和文化自信都大大增强，达到了课程育人的目标。

参 考 文 献

[1] 曾超，薛九天，唐子惠．高校航空制造专业课程思政元素挖掘及其育人增效作用[J]．高教学刊，2023(22)：180-184.

[2] 谭泽媛．课程思政的内涵探析与机制构建[J]．教育与职业，2020(22)：89-94.

[3] 周素华，魏英，王一群，等．电类基础课课程思政中社会主义核心价值观教育的教学探索[J]．中国大学教学，2019(10)：41-44.

[4] 翟文辉，季钧．飞机装配工艺课程思政的建设与探索[J]．现代商贸工业，2023(24)：264-266.

[5] 李芳丽．OBE 理念下思政元素融入机械制图课程探索[J]．现代农机，2023(6)：119-122.

[6] 李俊．新工科背景下“工程制图”课程思政教学研究[J]．淮南职业技术学院学报，2023，23(5)：70-72.

[7] 袁军堂，殷增斌．课程思政建设的推进历程、目标任务与实施案例[J]．南京理工大学学报(社会科学版)，2023，36(4)：22-29.

[8] 白静，常欢，刘轶婷．新工科背景下“工程制图”思政教学模式的探索与研究[J]．科学咨询(教育科研)．2023(9)：92-94.

[9] 王永利．工程制图及 CAD 课程思政教学改革的研究与实践[J]．现代农机，2022(6)：103-105.

多学科交叉背景下科教融合思政教学方法探索
——以“微纳马达与微纳机器人”课程为例*

李隆球　常晓丛　周德开

（哈尔滨工业大学 机电工程学院，哈尔滨　150001）

摘　要：学科交叉是科学发展变革的必然趋势，也是高校创新人才培养的重要抓手和实现方式。因此，亟需瞄准新时代科技创新需求和国家德智体美劳全面发展的人才需求，推进基于学科交叉模式的“复合型”创新人才培养。“复合型”创新人才主要体现在两方面：一是科技创新能力，二是德智体美劳全面发展。科教融合教学方法将科研成果与教学内容紧密结合，为高校培养研究型创新人才开拓了新的道路。思政教育理念将思想政治教育融入教学内容，实现教学环节全方位育人。本文以“微纳马达与微纳机器人”课程为例，将科研成果转化为教学资源的同时，将科研过程中涉及的思政教育元素融入教学环节，实现“科研-教学-思政”同向同行、相辅相成。

关键词：课程思政；科教融合；创新能力；人才培养

学科前沿的重大突破和创新成果，大多是源于学科交叉、融合和汇聚[1]。学科交叉不仅能够开拓视野，也能够产生越来越多的新兴研究和科技创新成果，它是现代科学发展的必然趋势。然而，目前教学方法多注重培养单一专业技术人才，忽略了学生跨学科的通识教育和基本素养，造成培养的人才缺乏整体性的知识结构和交叉创新应用的能力。此外，随着社会的发展，国家对人才的要求越来越高，需要学生在掌握基础知识的同时，具有较高的综合素质和社会责任感。因此，亟需瞄准多学科交叉背景下科技创新以及德才兼备人才的需求，探索一种“复合型”创新人才培养模式。

科教融合是世界一流大学的核心办学理念[2]，将科研与教学紧密结合，相辅相成。课程思政是以“立德树人”为根本任务，构建全员、全程、全课程育人的育人格局，将各类课程和思政形成协同效应[3]。科教融合与思政教育的创新性结合，让学生在学习科学知识的同时，能够深入理解科学知识背后的意义和价值，有助于培养学生的创新思维、提高学生的实践能力，增强学生的社会责任感，构筑学生的健康心态，形成全面、客观的思考方式，从而培养出德才兼备、“复合型”创新人才。

1　科教融合思政教学方法探索

1.1　“微纳马达与微纳机器人”课程性质与特点

在高校“全周期”创新人才培养进程中，本科创新人才培养是至关重要的第一步，它构筑了

* 基金项目：黑龙江省高等教育教学改革项目

创新人才成长的根和本，是系统性科学知识积累和科学研究能力培育的起步期。“微纳马达与微纳机器人”是一门针对全校大一学生的新生研讨课，该课程系统介绍微纳马达与微纳机器人的发展历史、基本理论、研究方法、设计与制造、驱动与控制、集群调控、应用前景与前沿动态，激发学生对相关领域的研究兴趣，锻炼学生文献检索、报告撰写、研究路线规划、汇报展示等基本科研技能，培养学生独立思考、自主学习的研究能力与积极创新、勇于探索的科研精神。该课程涉及机械、化学、材料、生物、物理以及纳米科学等多学科交叉知识，研究领域和内容具备前沿性、新颖性、趣味性以及多样性等特点。因此，以该门新生研讨课程为基础，探索教学内容与科研成果相辅相成的教学改革，开拓科教融合教学与思政教育同向同行的创新思路，对促进多学科之间的融合教学，以及全程、全方位课程思政具有重要意义。

1.2　课程科教融合的改革与探索

我国高等教育从科教并重转向科教融合是高等教育强国建设的必然选择[4]。《关于改革高等学校科学技术工作的意见》中明确提出“教学和科学研究都是培养高级专门人才的重要途径”,“两项重大任务必须紧密结合进行，相辅相成，互相促进，既出人才，又出成果，争取最大综合效益”。因此，科研与教学的有效融合相互支撑，才能为高水平研究型大学的人才培养开拓新的道路。

然而，大一新生来自不同省份，基础知识参差不齐，在进入大学后仍然保留有高中填鸭式的学习模式，以应试教育为主，对实践能力以及科研能力不够重视；同时，学生入校后会以“院-系-专业”进行划分，学生专业概念固化，不敢接触跨专业知识，给多学科跨专业交叉融合创新本科人才培养体系带来了极大挑战。因此，迫切需要探索针对本科生的科研启蒙方法，在学习专业基础知识的同时，提高学生的创新能力和科研能力。

此外，国内大部分高校本科教育中教学与科研脱节的情况仍较为明显，很多教师在课堂中对本科生采取基于教材的灌输式教学方法，导致本科生仅能掌握学科基础知识，而缺乏对专业前沿知识的了解以及对专业领域系统地研究和探索。因此，迫切需要将科研成果转化教学资源，优化教学模式，创新教研方法，全方位实现科研促教，科教融合，到达教学相长的目的；探究多学科交叉背景下科教融合教学方法，强化学生的创新精神和实践能力，为社会培养高质量的创新型人才。

(1)“寓教于研”科研反哺

本科教育作为多层次高等教育体系的基础阶段，是学生基础知识和综合素质培养的关键时期，加强本科生的基本科研能力和创新能力是一项非常重要的任务。然而，高校本科新生通常来自不同省份，基础知识参差不齐，且选课学生的专业背景也迥然不同，因此，迫切需要将多层次人才进行融合式教学。针对本科生的多层次知识体系，构建“寓教于研、寓学于研”的科研反哺教学机制，提出多层次人才科教融合教学新方法。

课堂教学内容主要包括三个环节：基础理论与前沿动态介绍、基本研究技能训练、互动学习与交流。基于从事科研工作应具备的诸多科研能力，在讲授课程基础知识的基础上，拟通过“项目立题-相关领域文献调研-科研成果总结汇报”等教学方法，培养学生的科研思维与科学素养，形成一套“教授-实践-再总结”的教学设计方法。通过将科研方法以及科研思维融合到教学方法中，不仅激发了本科生对科研的浓厚兴趣，也提升了本科生的科研能力与创新能力。

(2)“学科交叉，以研促教”教学方法

微纳马达与微纳机器人的研究涉及机械、化学、材料、生物、物理以及纳米科学等交叉学科知识，因此如何实现多学科交叉融合知识体系的传授是一项非常重要的任务。“科教融合，协同育人”的教学理念能使师生形成学术共同体，让教学与科研相互促进、相辅相成，是我国高等院校培养高素质人才的途径。对于高校和高校教师而言，科研与教学不应独立运行，应完美结合、相辅相成，将科研资源与成果转化为育人优势与内容，探索多学科交叉背景下科教融合的教学方法。

针对基础知识参差不齐以及专业背景不同的本科生，课程拟采取定向分组的方式，保证不同学习小组包含有不同专业的本科生，鼓励学习小组成员之间通过沟通交流、团结协作和互帮互助的方式进行多层次人才融合教学方法。形成一套“注重交叉学科，以研促教，兴趣激发在前(课前)、合作互动实践在中(课中)、总结表达在后(课程结业考核)，研讨式教学”的多学科交叉融合教学模式。

1.3 科教-思政教学方法探索

党的二十大报告中提到要“全面贯彻党的教育方针，落实立德树人的根本任务”[5]。立德树人指的是德育为先，以人为本，通过正面教育引导人、塑造人、发展人。思政教育是实现立德树人的重要途径。高校是培养创新性“复合型”人才的重要阵地，通过教学、科研以及实践等多环节培养学生的创新能力和综合素质。习近平总书记提到“其他各门课都要守好一段渠、种好责任田，使各类课程与思想政治理论课同向同行，形成协同效应。[6]”，因此在课堂教授知识的过程中有意识且有效地对学生进行思想政治教育，在无形中引导学生树立正确的价值观、人生观以及世界观，才能真正做到“润物细无声”。

“微纳马达与微纳机器人”这门新生研讨课采用科教融合的教学方法，激发学生对科研浓厚兴趣的同时，通过挖掘科研过程中的思政元素，潜移默化地引导和培养学生的社会责任感、价值取向以及政治信仰等。

首先要全面提升授课教师的思政水平。古人云：“师者，所以传道授业解惑也”，教育大计、教师为本，教师不仅肩负着传播文化知识的神圣使命，同时也承担着思想道德建设的根本任务。因此授课教师首先要坚持正确的政治方向，不断提高自己的思想觉悟，才能更好地担任起学生践行社会主义核心价值观引路人的责任。“有理想信念、有道德情操、有扎实知识，有仁爱之心”做“四有”好老师标准。授课老师要坚持“为党育人、为国育人”的育人目标，不断挖掘课程各个环节中的思政环节，培养学生成为德才兼备、全面发展的“复合型”人才。

(1) 民族自信心

民族自信心是指国家发展和进步的重要动力，也是人民对自己国家和民族的热爱和尊重的体现，是对祖国与日俱增的综合国力、国际地位表现出的自信。民族自信心的建立有助于增强民族凝聚力，产生报效祖国的动力，这种积极的心态有助于国家的繁荣和发展。在授课时，授课教师可以结合自己以及课题组中博士生的经历，讲一下家国情怀。此外，课程在介绍微纳马达与微纳机器人的发展历史以及前沿动态时，总结和分享最新研究成果中很多属于我国的学者的，甚至处于国际领先水平的前沿成果。通过在该部分引入思政元素，让学生们了解该领域科技前沿的同时，激发学生的民族自信心和自豪感。

(2) 科研精神

在本门课程科教融合教学的过程中，可以挖掘科研成果产生过程中的育人价值和思想政治教育素材，让课堂变得生动的同时，引导大一新生掌握基本的科研学术素养，培养学生开拓创新精神以及团队协作能力，因此在科教融合教学中融入思政教育有助于大学生成为我国科技创新的后备军，具有重要的意义和价值。

习近平总书记指出要“面向世界科技前沿、面向经济主战场、面向国家重大需求、面向人民生命健康，不断向科学技术广度和深度进军”[7]。通过课程中科教融合与思政教育的融合，授课教师可以介绍自己研究方向从迷茫到确立再到成功的艰辛历程，激励学生在培养科研学术素养的同时，掌握科学技术的大局观，培养学生严谨务实的求是精神、敢于质疑的批判精神和勇于进取的开拓精神。

(3) 健康心态

习近平总书记提到“以凝聚人心、完善人格、开发人力、培育人才、造福人民为工作目标”，要使每一个受教育者都成为具有健全人格的人[8]。本科阶段是学生世界观、人生观、价值观塑造形成的关键期，在新生研讨课中有意识地融入思政元素，对培养大学生的健康心态具有重要意义。本门课程加入了合作互动实践环节，通过分组的方式将不同专业的学生分为一组，通过小组合作完成文献调研、成果总结、PPT 汇报。通过该实践环节不仅能够锻炼学生的沟通交流以及团队协作能力，还能引导学生思考自己的价值和需求，明确自己在社会中的角色和责任，从而树立正确的人生观和价值观。

此外，本门课程讲授过程中会介绍一篇学术论文从立题到发表的整个过程，让学生了解科研并不是一个简单的工作，更不是一项一帆风顺的工作，引导学生发现问题—解决问题，培养学生的坚韧毅力、抗压能力和积极心态，提高学生的心理素质和适应能力。

2 结　论

1）“寓教于研”以及“学科交叉，以研促教”的科教融合教学方法有助于强化学生的创新精神和实践能力，为社会培养高质量的创新型人才。

2）科教融合与思政教育都是一种教育教学理念，两者的有机结合有助于培养学生的民族自信心、科研精神以及积极健康的心态，有助于培养学生成为德才兼备、全面发展的“复合型”创新人才。

参考文献

[1] 熊勇清，胡娟. 研究生创新创业素质与学科交叉培养模式——基于在校研究生的调查与分析[J]. 研究生教育研究，2017(2)：40-46.

[2] 马海泉，任焕霞. 科教融合与全面提高高等教育质量——北京师范大学校长钟秉林访谈录[J]. 中国高校科技，2012 (5) ：4-6.

[3] 柳叶，胡佳杰，张胜威. 自然科学课程思政的教学探索：以微生物学为例[J]. 微生物学通报，2020，47(4)：1168-1177.

[4] 周光礼，马海泉. 科教融合：高等教育理念的变革与创新[J]. 中国高教研究，2012(8)：15-23.

[5] 习近平：用新时代中国特色社会主义思想铸魂育人　贯彻党的教育方针落实立德树人根本任务[J]. 旗帜，2019(4)：5-7.

[6] 习近平. 把思想政治工作贯穿教育教学全过程 开创我国高等教育事业发展新局面[N]. 人民日报，2016-12-09.

[7] 习近平. 习近平主持召开科学家座谈会强调 面向世界科技前沿面向经济主战场 面向国家重大需求面向人民生命健康 不断向科学技术广度和深度进军[J]. 中国纪检监察，2020(18)：5.

[8] 董成文. 基于健心育德理念构建大学生健全人格教育模式[J]. 高教学刊，2023，9(34)：169-173.

进一步推动军队院校课程思政落地落实

李洪波　王龙　陈勇　刘棕成

（空军工程大学 航空工程学院，西安　710038）

摘　要：在军队院校大力推动专业课程实施“课程思政”教育的背景下，梳理当前教学过程中存在对课程思政认识有偏差、实施课程思政有误区、课程建设水平参差不齐、督导管理需提高等问题，并围绕进一步提升专业课教员“课程思政”教学意识和能力、完善相关制度方面提出意见建议。

关键词：军队院校；课程思政；课程建设；督导管理

2016年12月，习主席在全国高校思想政治工作会议上强调，“要用好课堂教学这个主渠道，思想政治理论课要坚持在改进中加强，提升思想政治教育亲和力和针对性，满足学生成长发展需求和期待，其他各门课都要守好一段渠、种好责任田，使各类课程与思想政治理论课同向同行，形成协同效应”。[1]为深入贯彻落实习主席的讲话精神，2019年8月，中共中央办公厅、国务院办公厅印发了《关于深化新时代学校思想政治理论课改革创新的若干意见》，要求“整体推进高校课程思政和中小学学科德育”。[2]2020年5月28日，教育部下发了《关于印发〈高等学校课程思政建设指导纲要〉的通知》，对课程思政建设的地位作用、目标要求、实施办法、条件保障等方面提出了总体要求，对各高校开展课程思政建设指明了方向。

“课程思政”本质就是将知识教育与理想信念教育、道德教育三者有机结合，深入挖掘各类专业课程的“思政元素”，把思想引导和价值观塑造有机灵活地融入到每一门课程的教学实践中，让所有的课程都发挥出教学育人的功能，是对习主席所要求“同向同行、协同效应”的积极回应。

2019年，习主席出席全军院校长集训开班式并发表重要讲话，鲜明提出了新时代军事教育方针，为新时代军事教育提供了基本遵循。新时代军事教育方针具有鲜明的政治属性，要求院校一切教学活动都要贯彻政治建军要求，坚定正确的政治方向，牢牢把准立德树人、为战育人的鲜明特质，加强政治引领，打牢学员高举旗帜、维护核心、听从指挥的思想政治基础，培养“四有”新时代革命军人。因此，在当前国内外形势复杂多变、意识形态领域面临诸多挑战的关键时期，军队院校有效推进课程思政建设实践，是巩固党对军队绝对领导的必由之路。

为了提高广大教员对课程思政的认识，在专业课程教学过程中将课程思政落到实处，学院举办了首届新时代军地院校课程思政论坛，大学举办了首届思政课程和课程思政建设展示暨示范教学观摩会，在全校范围内形成了“堂堂有思政”的态势。通过前面大学教学评价检查，全体教员也都积极落实课程思政教育，力求在课堂教学过程中真正起到“润物细无声”的作用。在看到成绩的同时，必须看到在课程思政落实过程中还存在一些误区需要正视，并加以改进克服。

下面，我主要从存在的问题和原因、相关对策建议两个方面进行简要分析。

1　存在的问题和原因

1.1　何为课程思政认识有偏差

当前很多教员认为在专业课程教学过程中引入与授课内容相关的典型人物事迹、装备使用案例等才是课程思政，这样理解显然将课程思政的范围缩小了，导致个别教员觉得自己所授课程内容缺乏相关的课程思政元素，也就对目前要求课堂教学过程中必须引入课程思政存在一定的抵触情绪。

存在该问题的主要原因还是个别教员对课程思政的认识有偏差，其实正如在学院首届新时代军地院校课程思政论坛上致辞所说，党史、军史、院校改革发展史、身边典型人物等一切能够帮助学员树立正确的世界观、人生观、价值观，只要和课堂内容有合适的结合点，都可以恰当地引入到课堂教学过程中，自然就能够潜移默化地影响学员的思想认识。

1.2　实施课程思政有误区

当前教学过程中，教员都会主动挖掘一些与课堂内容相关的思政元素，在授课过程中与学员交流。但是，也会存在教员被动应付督导听课、教学检查，在授课过程中生硬地讲一些思政元素，却不能真正起到引导学员的目的。首先，有可能教员引入的思政元素与授课内容关联不紧密，导致过渡生硬，学员不知所云，自然起不到应有的效果。其次，个别教员甚至在授课过程中直接在课件上出现“课程思政”的表述，仿佛生怕学员不知道他要进行思想教育，其实这样根本起不到应有的作用，甚至会起到反作用。再次，专业课程教学毕竟还是以专业知识的讲授为主，不宜在授课过程中进行长篇大论，个别教员可能会针对某个思政元素进行长时间的交流，有一些喧宾夺主。最后，课程思政对引导学员建立正确的思想认识当然能够起到积极的作用，但是更加重要的是在与学员的交往过程中一个教员展现出来的做人做事的态度，试想教员自身不能对工作认真负责，在教学过程中却告诉学员要逐步养成“极端负责、精心维修”的良好机务维护作风，这样的教育能起到效果吗？答案一定是否定的。

总的来说，当前仍然存在被动课程思政的现象，在实施过程也必然存在生硬的现象。归根结底还是教员的课程思政能力与现实需要还有一定距离。

1.3　课程建设水平参差不齐

以国家级金课、陕西省一流课程、大学金课为代表的课程总体建设水平较高，也蕴含大量课程思政元素，在授课过程具有较好的示范引领作用。但是，也存在课程之间、授课教员之间不平衡的问题。首先，同样一门课程不同教员授课使用的思政元素往往不一样，虽然前面修订课程教学计划时要求在课程内容后备注了相关的思政元素，但是总体来说比较笼统。不同教员根据自己的理解和认识，采用不同的思政元素本身无可厚非，但是不利于课程资源在教学团队内部的共享和完善。同时，一些建设水平偏低的课程积累相对较少，没有能够形成相对完善的课程思政元素，在授课过程中主要依靠教员临时发挥，效果当然大打折扣。

1.4 课程思政督导管理需提高

为了课程思政教育落地，学院制定下发了《关于全面推进学院课程思政建设的实施意见》，提出通过加强组织领导、健全评价机制、重视示范引领、加强研究支撑四个方面入手完善课程思政工作体系。同时，在日常督导听查课、各类教学比武竞赛也都明确了将课程思政作为重要考核因素考虑，但是离规划、激励、约束的初衷还有一定的距离，个人认为还有一些不合理的现象。首先，在日常听查课时不必要求堂堂必须有思政，有些课程内容引入思政确实有些牵强，生硬地引入还不如没有，可以通过听多次课的方式检查教员是否在课堂教学中落实了课程思政。其次，督导检查建议以激励、指导为主，在日常听课时以指导帮助教员恰当地挖掘、引入课程思政元素为主，而不必过多地强调必须在每堂课中都有，这样容易让教员产生被动应付的想法，而不能真正将自己的体悟认识与学员进行交流，试想如果一个教员表面说得冠冕堂皇，自己背后却嗤之以鼻，这样的思政教育一定也会大打折扣。

2 相关对策措施

2.1 进一步提升专业课教员“课程思政”教学意识

思想是行动的先导。只有充分认识到“课程思政”的重要性，才有可能在实际教学过程中真正发挥专业课程的思政作用。因此，在当前全校上下对“课程思政”的认识越来越深入的背景下，如何引导教员将思政元素主动融入专业课堂教学过程，而不是为了应付督导的听课、在教学比赛中取得较高的评分，同时相信也只有根据教学内容主动融入的思政元素才能实现真正的“课程思政”，学员才不会感觉到生硬，教员自己才会觉得非常自然，当然也才会真正起到铸魂育人的实际效果。

同时，军队院校教员自己首先要接受教育，在“锤炼品格、学习知识、创新思维、奉献祖国”方面做好学员的引路人，改变目前专业课教学中存在的重教学、轻育人的情况。

2.2 进一步提升专业课教员“课程思政”教学能力

专业课程的“课程思政”不是专门的思想政治教育，不能把专业课程当作思想政治课讲，也不是简单地讲完理论再进行思想政治教育，而是要从国家战略和军队发展需要出发，考虑如何为国家战略、军队发展需要服务，为“打赢”服务，坚持课程知识的科学性，注重科学思维方法的训练和科学伦理的教育，做好专业课程的思政教学设计，在教学过程中融入思想政治教育，润物细无声，培养学员精益求精的工匠精神，激发学员科技报国、科技强军的家国情怀和使命担当。

在课程教学计划修订、课程设计、课堂设计的基础上，建议充分发挥教学团队的作用，借鉴北航“航空航天概论”课程的做法，梳理各知识点可以采用的课程思政元素，编写供课程团队共享的课程思政事例册，不同教员在授课过程中能够灵活使用，并且可以通过不同教员的使用进行不断地修改完善。

另外，在引入思政元素时一定要和教学内容契合，不能生拉硬套。比如在“飞行动力学与飞行控制”课程中，在讲授飞行边界控制时可以结合近年来发生的相关事故和事故征候，引导学员加强对机务工作重要性的认识；同时可以联系过失速机动飞行，强调飞行边界控制的保守性与机动性的发挥存在天然矛盾，只有突破了极限才可以充分发挥飞机的性能，引导学员理解不能总是在自己的舒适圈，要勇于突破才可能取得更大的成绩。

更为重要的是，身教胜于言传！必须进一步加强师德师风建设，只有所有教员将理想信念、科学精神、岗位责任等自觉融入到自己的言行中，才能真正保证“三尺讲台无杂音”，才能真正起到课程思政隐性教育的作用。相信只有教员将自身的体悟用来启发学员，与学员真正发生了思想上的共鸣才能真正起到应有的思想引导作用。

2.3　进一步完善相关制度措施

建议将督导检查以激励、指导为主，充分发挥教员参与的积极性，教研室在课程建设上要充分发挥专家教授和课程团队的作用，不断提高教员的课程思政能力。

需要引起足够重视的是课程思政是一项长期工程，不能指望几门课就可以使得学员的价值观、科学素养、敬业精神等方面与当前的需求相适应，归根到底还是要着力营造整个社会的良好风气。同时，课程思政的效果究竟好不好也不能短时间通过某一项指标去进行衡量，学员在学校受到的隐性教育往往是需要若干年后才会得到体现，因此各类考核评价也不能过于死板，更多的是通过教员的深刻认识主动去融入思政元素，长此以往相信一定会取得应有的效果。

在当前全军院校实践践行新时代军事教育方针的背景下，要实现政治建军的内在要求，军队院校专业课程开展课程思政一定会越来越深入人心。只要专业课程教员有推行“课程思政”教育的动力和能力，并且有相应的制度保障，相信一定能够形成“专业课程有情怀、播信仰，所有课程都承担思想政治工作”的有利局面。

参考文献

[1] 习近平. 把思想政治工作贯穿教育教学全过程开创我国高等教育事业发展新局面[N]. 人民日报，2016.

[2] 中共中央办公厅，国务院办公厅. 关于深化新时代学校思想政治理论课改革创新的若干意见：中办发〔2019〕47 号[EB/OL]. (2019-08-14). https://www.gov.cn/zhengce/2019-08/14/content_5421252.htm.

应用型本科高校“空气动力学”课程思政改革与实践*

李伟　王秋香　王坤　张琪

（北华航天工业学院 航空宇航学院，廊坊　065000）

摘　要：“空气动力学”是航空航天类专业本科生的专业核心课程，该课程兼具理论性与实践性。讲好“空气动力学”课程对夯实学生理论分析能力、训练学生严谨的工程思想、培养学生空天报国的情怀等方面起到重要作用。在课程建设中，将专业知识与思政有机融合，使学生在学习专业知识的同时养成良好的专业素养与道德品质，完成正确价值观的塑造。本文从应用类本科高校“空气动力学”课程教学的特点、“空气动力学”课程和自然科学相关的思政元素、“空气动力学”课程和工程科学相关的思政元素等方面对课程思政探索与实践进行了总结和反思。研究成果对相关专业课的课程思政建设具有参考和借鉴的作用。

关键词：空气动力学；课程思政；自然科学；工程科学

引　言

党的十八大以来，习近平总书记高度重视课程思政的建设工作，并做出了一系列兼具理论性和实践性的重要论述，为进一步做好课程思政、推进课程思政改革创新指明了方向。2020年教育部印发《高等学校课程思政建设指导纲要》，明确指出了课程思政建设的必要性，要求全国高校完善课程体系建设，育人思想融于课堂之中。在此背景下，一大批优秀的课程思政研究成果在大学里如雨后春笋般涌现[1-4]。

“空气动力学”是航空宇航科学与技术专业学生的必修课，是连接学科基础课程和专业课程的重要桥梁，也是兼顾基础理论性与工程实践的重要课程。李战东[5]以专业课“空气动力学与飞行原理”为例，将课程中的思政元素融入教学设计中，以此达到思政教育与专业化知识相融合的目的。胡佳林等[6,7]在梳理飞机空气动力学教学内容中的知识点、明确课程知识和能力目标的基础上，设定课程的情感、态度和价值观目标，对课程组已有的课程思政探索与实践进行了总结和反思，提出优化课程思政教学方案的研究思路，最后给出具体的课程思政课例设计。韩忠华[8]等系统梳理了可压缩空气动力学中的思政教育元素同专业知识之间的关联性，提出了具有鲜明航空特色、体现历史传承性和时代发展性的课程思政模式与有效实施方法。

航空航天类课程天然具有丰富的课程思政元素，很多高校专家从载人航天精神、“两弹一星”精神等角度进行了深入挖掘[5,9,10]，本文将不再进行赘述。本文以应用型高校的本科教学体系为背景，考虑到生源的实际情况，深入挖掘和凝练空气动力学课程蕴含的思政育人元素，

* 基金项目：航空宇航学院研究生课程思政教学研究中心（YKCSZ202205）；河北省研究生示范课程《高等空气动力学》（KCJSX2022099）；流场的虚拟仿真可视化实验（JY-2022-18）

探索对本门课程的教学内容和课程思政的改革。

1 应用型本科高校学生知识网络的搭建与系统思维的建立

航空航天类教学质量国家标准[11]中对航空宇航科学与技术学科本科阶段的专业知识体系和课程体系构建提出了明确的规范和建议。专业课程需覆盖全部或大部分标准中的专业核心知识内容。在“空气动力学”的教学中，既要考虑到学生对本课程复杂内容的接受能力，也要考虑到学生对前置课程的学习情况。例如，高等数学中的泰勒展开、高斯公式等知识点，在流体力学三大方程的推导中至关重要。但是如果在讲授推导过程中把该部分知识点当作学生已经掌握的部分，则只有极少数学生能够跟进上课的节奏。图 1 为在我校讲授“空气动力学”课程时，学生对高等数学、材料力学、大学物理等前置课程相关知识点较熟悉的人数比例。从图中可以看出，学生对相关知识点的掌握情况普遍不足 40%。随着网络教学的比重增大，2019 级到 2021 级的效果逐年变差，这点预期在 2022 级以后的学生中有所改善。

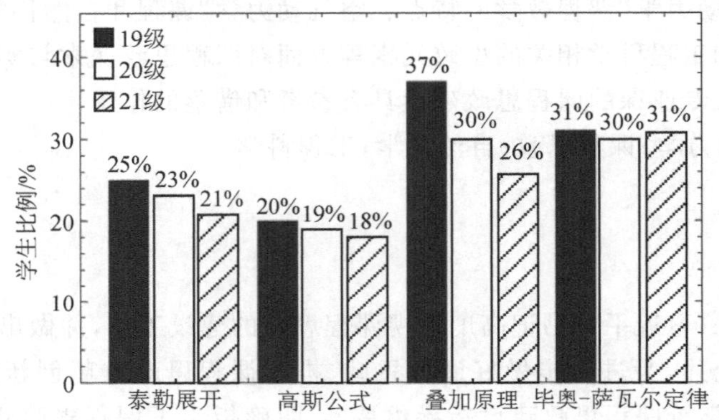

图 1 “空气动力学”课程上学生对相关前置课程知识点的掌握情况

通过课后对学生的走访谈话，发现许多学生对前置知识点有一定了解，只是在“空气动力学”课程教学场景下提到其他课程的内容时，很难有效地将其在大脑中提取。因此在教学过程中，需要打破具体章节对知识点的束缚，引导学生建立系统的、相互关联的知识网络体系。一方面从空气动力学整体的角度理解具体知识点的实际意义，如思考不同马赫数下翼型绕流气动特性为何不同；另一方面思考本课程知识点与其他课程内容之间的联系，如思考求解涡的诱导速度的毕奥-萨瓦尔定律和电磁学中电流诱发磁场的毕奥-萨瓦尔定律之间的联系。图 2 为对 2020 级学生在 23 年秋季学期的“飞行器力学环境试验方法”课程上，针对和本课程相关的空气动力学知识点的掌握情况展开的调研结果。可见，经过有效地引导，学生对跨课程知识点的提取能力有了显著提高。

2 空气动力学课程和自然科学相关的思政元素

对于刚接触流体力学课程的学生来说，流体运动学中的拉格朗日法和欧拉法是理解上的难点。学生对于以物质的运动为切入点和以场的观点为切入点的描述方式难以迅速建立物理图像，亦难与其他学科建立联系。其实，这一知识点的底层逻辑与 2023 年诺贝尔奖的获奖工

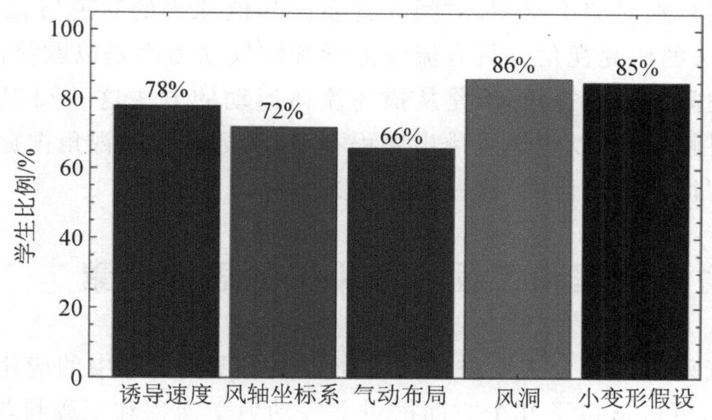

图 2 "飞行器力学环境试验方法"课程上对 20 级学生空气动力学相关知识点的掌握情况调查结果

作有密切联系。

2023 年诺贝尔化学奖颁给了美国麻省理工学院的蒙吉·巴文迪(Moungi G. Bawendi)、美国纳米晶体科技公司的阿列克谢·埃基莫夫(Alexei I. Ekimov)和美国哥伦比亚大学的路易斯·布鲁斯(Louis Brus),以表彰他们"发现和合成量子点"的科学贡献。量子点是直径在 2～10 纳米(10～50 个原子)之间的半导体材料。获奖者从空间尺度出发探索物质的奥秘。

图 3 2023 年诺贝尔化学奖得主 Moungi Bawendi(左)、Louis Brus(中)和 Alexei Ekimov(右)

同年的诺贝尔物理学奖颁给了皮埃尔·阿戈斯蒂尼 (Pierre Agostini)、费伦茨·克劳斯 (Ferenc Krausz) 和安妮·卢利尔 (Anne L'Huillier),以表彰他们"研究物质中的电子动力学而产生阿秒光脉冲的实验方法"。获奖者的实验产生了极短的光脉冲,可以以阿秒为单位进行测量,从而证明这些脉冲可用于提供原子和分子内部过程的图像。获奖者从时间的角度将人类对物质的认识向前推进了一大步。

可见,本年度的诺贝尔物理学奖和化学奖获奖工作分别为物质在空间和时间上的不同表现。马克思主义哲学认为,世界是物质的,世界的真正统一性在于它的物质性。在工科类本科专业阶段知识范围内,自然科学的主要研究对象是时间、空间和物质。朗格朗日法可以理解为以物质为研究对象,分析其在时空中的运动规律;欧拉法可以看作以时空(场)为研究对象,分析场中物质的变化规律。

基本量纲的数量为 7 个,分别是长度 L、质量 M、时间 T、电流强度 I、温度 Θ、物质的量 n 和光强度 J。工科专业本科阶段的力学课程主要包括理论力学、材料力学、结构力学、振动力学、弹性力学、断裂力学、流体力学和空气动力学等。在这个知识体系中,除了流体力学和空气动力学中有部分知识点需要考虑温度影响,其他知识点只涉及前三个基本量纲,即长度、时间、质量。这三个物理量分别对应了空间、时间和物质。其他课程的研究方法均为物质在时空中的运动，即拉格朗日法的研究视角。只有流体力学和空气动力学是以欧拉法为主的研究视角。拓展对物质、时间、空间的研究视角，恰是从描述流体运动的方法这一知识点开始的。将相关背景融入知识点的讲解，既可以使学生跳出课程本身，从更宏观的视角把握该知识点的物理意义，也能加强学生对“世界是物质的”这一唯物主义世界观的理解。

3 空气动力学课程和工程科学相关的思政元素

我校的应用空气动力学部分主要讲述空气动力学在飞机设计中的应用。以我国自主研制的 C919 大飞机为例，可以从以下几个方面探讨空气动力学课程和工程科学中的思政元素。

3.1 爱国主义情怀的培育

在空气动力学课程中，通过对 C919 大飞机研制背景的介绍，激发学生的民族自豪感和爱国情怀。C919 作为我国自主研发的大型喷气式民用飞机，代表着我国航空工业的最高水平，是国家综合实力的重要体现。C919 的翼型设计中最大亮点是我国第一次自主设计超临界机翼就达到了世界先进水平。超临界机翼是一种特殊翼剖面（翼型）的机翼，与传统机翼相比，可使飞机的巡航气动效率提高 20%以上，进而使其巡航速度提高 100 多 km/h。结合 C919 讲解翼型设计对飞机升力、阻力和稳定性的影响，以及如何通过优化翼型来提高飞行效率。同时，强调我国在翼型设计方面的创新和突破，激发学生的民族自豪感和创新精神。

3.2 工匠精神的传承与发扬

空气动力学是一门严谨的科学，需要学生在学习和实践中不断追求精确和完美。C919 大飞机的成功研制，离不开广大航空工程师的精益求精和不懈追求。结合 C919 大飞机的机翼细节，包括翼肋、前缘缝翼等关键部件，讲解机翼的构造和功能，如如何承受飞行中的载荷、实现飞行控制等。同时，通过介绍我国工程师在机翼设计和制造中的精湛技艺，培养学生的工匠精神和职业责任感。另外，鼓励学生将这种精神应用到学习和未来的工作中，不断提升自己的专业技能和综合素质。

3.3 社会责任感的提升

作为未来航空航天领域的从业者，学生应当具备高度的社会责任感。在“空气动力学”课程中，可以讲解 C919 大飞机在提升我国民航运输能力、促进经济发展等方面的作用，引导学生认识到自身所学知识的社会价值和应用前景。同时，加强对学生职业道德和伦理规范的教育，培养他们在实际工作中遵守法律法规、保障公共安全、促进可持续发展的意识和能力。

4 结论与展望

课程思政是新时代高校落实立德树人根本任务、铸就教育之魂的理念创新和实践创新。本文针对应用型本科高校的生源特点和课程知识体系，强调了将课程知识点同自然科学知识体系和社会科学知识体系建立联系，将思政元素如盐入水地融入课堂讲解中，培养学生养成系统科学的思维方式和辩证唯物主义的哲学观。

参考文献

[1] 叶丁丁，黄云，叶建，等. 以思政目标引领的工程流体力学课程思政教学探索[J]. 教育教学论坛，2021(38)：79-82.

[2] 王博，赵国庆，招启军，等.“直升机空气动力学”课程思政教学探索[J]. 教育教学论坛，2021(52)：101-104.

[3] 陈学彬，卓献荣，李雪梅，等.“工程流体力学”的思政建设与教学改革[J]. 科技与创新，2021(22)：139-141.

[4] 王秋香，蔡志为，李伟，等. 航天特色“课程思政”创新实践研究[C]//第三届全国高等学校航空航天类专业教育教学研讨会论文集，北京：北京航空航天大学出版社，2022.

[5] 李战东，刘岩松，魏丽娜，等.“空气动力学与飞行原理”课程思政的实践与探索[C]//第三届全国航空航天类课程思政教学改革论坛论文集，北京：北京航空航天大学出版社，2022.

[6] 胡家林，柳文林，丁祥，等. 飞机空气动力学课程思政教学方案设计研究[C]//第三届全国高等学校航空航天类专业教育教学研讨会论文集，北京：北京航空航天大学出版社，2022.

[7] 胡家林，柳文林，丁祥，等. 飞行原理类课程思政案例库建设研究[C]//第四届全国高等学校航空航天类专业教育教学研讨会论文集，北京：北京航空航天大学出版社，2022.

[8] 韩忠华，宋文萍，宋科，等.“可压缩空气动力学”一流课程建设中的课程思政改革与实践[C]//第三届全国航空航天类课程思政教学改革论坛论文集，北京：北京航空航天大学出版社，2022.

[9] 刘战合，田秋丽，王菁，等. 高校航空专业课程思政元素融入式教学研究[J]. 长沙航空职业技术学院学报，2020，20(3)：45-49.

[10] 郭卫刚，王强. 空气动力学课程思政的探索与实践[J]. 教育教学论坛，2020(51)：81-82.

[11] 教育部高等学校教学指导委员会. 航空航天类教学质量国家标准，普通高等学校本科专业类教学质量国家标准(上)[M]. 北京：高等教育出版社，2018.

案例教学融合思政育人课程教学实践探索*

李小刚　丁键　侯艳艳　张汉哲
（空军工程大学 航空工程学院，西安　710038）

摘　要：案例教学法能够以特定案例为载体，通过案例分析研讨能够有效带动学生积极参与，突出学生主体地位，加深学生对所讲解知识的理解与掌握，从而提升学生综合能力。思政育人是贯彻立德树人的有效切入点。"飞机流体传动与控制"课程作为培养飞机维护和飞行保障人才的一门专业任职基础课程，遵循"立德树人，为战育人"教育理念，开展了结合故障案例、维护案例、人物案例、生活案例等案例教学法思政育人的课程教学实践探索，既发挥案例教学法的优势，又提升了思政育人的效果，为航空航天类专业基础课程践行思政育人建设提供参考。

关键词：课程思政；思政育人；飞机流体传动与控制；课程教学

高等教育的根本任务是立德树人[1]。课程思政建设作为课程教学的重要环节，不仅能够增加课程内容的趣味性，活跃课堂气氛，同时也能够培塑道德品质，熏陶职业操守，有效提升教学效果。"飞机流体传动与控制"作为空军工程大学航空宇航科学与技术学科的一门装备通用原理类核心基础课程，主要研究飞机流体传动与控制系统组成、工作原理、性能分析和总体设计，旨在揭示飞机流体传动与控制系统如何工作、能否安全工作、与系统工作性能发挥的主要因素等关系飞机功能系统内在规律，具有非常强的理论性、应用性和实践性等特点，在人才培养中占有十分重要的地位。案例教学法作为一种基于实践经验的新型教学方法，能够通过特定案例，传输知识和道理，有助于锻炼和提升学生的思维分析能力、创新能力，对提高学生运用知识分析和解决问题的综合能力培养有着重要作用。为持续提升课程思政建设和教学水平，发挥好专业课程思政育人作用，提高人才培养质量，本课程结合案例教学法开展思政育人的课程教学实践探索。

1　课程思政育人基本思路

"飞机流体传动与控制"遵循"立德树人，为战育人"教育理念，着力培养飞机维护和飞行保障人才，在教学过程中着眼学生飞机流体传动与控制的理论知识、能力和素质全面发展的基本要求，全面落实素质教育和创新教育，着力提高人才培养质量；提倡多样化的教学方式，运用知识传授、能力培养、价值塑造、作风养成的四位一体人才培养模式，秉承"学为主体、教为主导"的教学理念，贯彻"功能结构领原理、综合分析融控制、典型案例带维护"的教学思想，提炼了

* 基金项目：飞行器动力工程一流"专业基础课程群"建设研究与实践（XGH21249）；飞行原理类专业基础课程群及教材体系建设与实践（20200156）

“以工作原理为基础、以性能分析为核心、以外场使用维护为目标”的课程内涵；教学过程中运用现代化信息教学手段，使学员在全面掌握核心知识等基础上，提高逻辑思维、探究辨析和工程实践能力。将战斗精神、机务作风、典型人物和日常现象等典型事迹和特定案例引入课程教学，通过雨课堂集中讨论、线下课堂教学点滴浇灌等方式，实现线上线下教学的深度融合，培育学员强军爱国的家国情怀、自主创新的意识素养、严谨细致的机务作风和敢打必胜的战斗精神。

2 案例教学法的特点和优势

案例教学法是根据教学目标，结合课程重难点理论知识教学的要求，以学生为中心，以案例为基础，通过呈现案例情境，将理论与实践紧密结合，引导学生发现问题、分析问题、解决问题，从而掌握理论、形成观点、提高能力的一种教学方式。案例教学具有真实性、启发性、互动性、完整性和典型性等特点，能够引发共鸣和深思，应用于专业任职基础课程教学过程中，能够契合课程特点，有效提升教学效果。

案例教学的主要优势：①案例教学能够激发学员学习主动性。案例教学以学生为中心，通过教师合理选取案例，最大限度地提高学生回答问题、解决问题的兴趣，激发学生学习的主动性和自觉性，使学生在课堂上处于活跃状态，积极参与课堂教学的全过程，使学生从被动学习变成主动学习，从而取得良好的教学效果。②案例教学能够实现理论联系实际。案例教学法通过构建生动、直观、形象的案例情境，能够将现实问题引入课堂，很容易把学生带入案例情境，引导学生以亲历者身份进行多角度、深层次的思考，在互动与讨论中，能够有效将所学理论知识联系实际，发现问题、分析问题、解决问题，提高对所学知识理解和掌握。③案例教学能够拓展学生思维方式。案例教学过程中，学生作为主体，教师作为主导，引导学生运用所学知识，分析、思考、讨论如何解决问题。学生在对案例剖析的过程中，交流各自的想法，在教师的引导下判别正误，并进行反思；在教师的有效启发引导下，学生思考问题、解决问题的思维方式得到拓展，有利于提升学生的岗位任职能力。

3 案例教学融合思政育人实践探索

案例教学融合思政育人的思路是发挥案例教学的优势，结合特定案例的剖析和讨论，提升思政育人的效果，在课堂教学实践过程中需要解决好案例选取、案例教学实施两个环节。

3.1 案例选取

根据课程思政基本思路和案例特点，将用于课程思政教学的案例归类分为装备故障类、使用维护类、典型人物类和日常生活类四种。

装备故障案例主要指装备在使用过程中出现的典型故障、常见问题和异常现象等，可分为系统故障案例和附件故障案例。将部队作战训练中产生的最新的装备故障案例引入课堂，增强教学的实战味道，突出“教战为战”。比如液压泵最大压力偏低导致训练任务中断的故障案例、起落架正常收放故障导致应急放起落架案例等，在加深学生对知识内容的理解和掌握的同时，培塑学生为战向战的精神意识。

使用维护案例主要指装备在使用维护过程中的规定要求和常见现象等。通过讲解装备组成原理,剖析规定要求和常见现象,使学员理解其原因和机理,培育学生"价值塑造、知识传授、能力培养"三位一体的维护作风。比如在讲解液压导管维护时,结合管路流动压力损失机理,讲解液压导管不能磕碰的机理,使学生理解该维护规定要求的原因,培养学生"极端负责,精心维修"的工作作风。

典型人物案例主要指从事飞机流体传动与控制方向相关的教学科研、维修保障的典型人物事迹和精神。比如结合授课内容将大学老专家教授攻克装备使用重大难题、从事机务维护工作的夏北浩同志概括总结的"三想四到"夏北浩检查法等典型人物案例引入课堂,培育学生的道德品质和专业精神。

日常生活案例是指在日常生活中的现象和事例。通过分析发生在身边的现象和事例,学员理解现象和事例关联的原理和知识,同时理解其中蕴涵的深刻道理。比如在讲解液压撞击时联系快速关闭水龙头、讲解气穴现象时联系开汽水瓶等案例,培养学生细致观察,善于思考的品质和习惯。

案例是案例教学思政育人的基础和核心,没有适合的案例就无法有效开展思政育人。围绕选定的案例作为客观素材开展教学活动,其形式和内容必须合理,与教学内容密切联系,与思政育人有机融合,才能够取得良好的效果。选取案例式应注意做到以下几点:

3.1.1 选择关联性强的案例

在选择教学案例时,应选择与课堂教学内容关联性强、与思政育人能够良好契合的案例,这样才能在案例教学过程中实现理论知识、教学案例和思政育人的有机融合,合理设计案例教学过程,确保案例教学顺畅实施,也只有这样才能充分发挥案例教学思政育人的作用。

3.1.2 选择有代表性的案例

当有多个案例方案可供选择时,应选择具有代表性的、典型性强的案例。比如对于飞机飞行安全危害大的故障案例、外场使用维护工作中常见的案例等。运用具有代表性的案例实施案例教学,能够进一步提升案例教学思政育人的实际效果。

3.1.3 合理搭配灵活选用案例

选择教学案例时还应当注意案例的合理搭配,考虑案例的难易程度、类型以及特点等方面,在课堂教学过程中根据教学内容灵活选择,合理运用。一次课可以选择多个案例配合教学内容的讲授,充分发挥案例教学的优势,从而提升思政育人课堂教学效果。

3.2 案例实施

案例教学思政育人是可以贯穿于课堂教学课前、课中和课后全过程中的,是有效提升思政育人效果的重要手段,但在实施过程中也应注意以下问题,否则会影响教学效果[5]。

3.2.1 合理选用和设计案例

在案例教学思政育人过程中,学生成为课堂教学的主体,因此要求教师能够合理定位和设计案例教学思政育人实施方案,并且在实施过程中能够做好引导、启发,充分调动学生进行认真思考、分析交流、讨论总结,最终获得正确的理论知识和精神洗礼,这样才能真正发挥案例教学思政育人的作用和效果。

3.2.2 处理好与传统讲授的关系

案例教学思政育人与传统讲授并不是相互排斥的关系,而是可以互补的。对那些比较基础的、学员比较容易理解和把握的部分，可以只采用讲授法进行简要快速的梳理与讲解；那些重点、难点内容，以及适于开展案例教学的内容，可以通过精选的案例开展思政育人，使学生得到知识和精神两方面的收获。

3.2.3 做好总结与反思

案例教学思政育人将案例作为客观素材开展教学活动，渗透和讲解理论知识，进行思想和精神培育。在案例教学实施过程中，由教员引导学员完成案例分析、得出正确结论后，一定要做好总结和反思环节，也就是由教员对案例的分析和研究过程进行总结，对于疑问问题进行解答，对重点内容进行强调，对于核心知识进行提炼，对于研究方法进行归纳，对其中蕴涵的道理和精神进行提炼，达到画龙点睛的升华效果。

4 结束语

“飞机流体传动与控制”课程是我校一门非常重要的装备通用原理类核心基础课程，受教学员人数较多，在课程教学中开展思政教育对于培育学员专业素养和精神作风具有重大意义。在“飞机流体传动与控制”课程教学过程中，充分发挥专业知识与思政元素有机融合、整体设计与特色案例有效组合、教员主导与学生主体有益结合、形式多样与内涵丰富有力契合，通过“飞机流体传动与控制”课程中“润物细无声”的思政教育，有效提升了航空航天类专业任职基础课程教学效果。

参考文献

[1] 习近平.思政课是落实立德树人根本任务的关键课程[EB/OL].(2019-3-18)[2020-08-31]. http://www.qstheory.cn/dukan/qs/2020-08/31/c_1126430247.htm.

[2] 靳玉乐.案例教学原理[M].成都:西南师范大学出版社,2003:47-125.

[3] 张民杰.案例教学法:理论与实务[M].北京:九州出版社,2006:59-145.

[4] 崔建霞.探索独具特色的思想政治理论课案例教学模式[J].思想理论教育导刊,2018(07):116-119.

[5] 赵登峰,等.案例教学法在汽车专业课程教学中应用探讨[J].汽车教育,2021(06):16-19.

[6] 孙春云,等.教学案例法在C语言教学中的应用与探索[J].数字技术与应用,2023(08):98-100+121.

[7] 郑美丹.高校课程思政的育人价值及其实践路径研究[D].石家庄:河北科技大学,2024.

[8] 朱飞.高校课程思政的价值澄明与进路选择[J].思想理论教育,2019(08):69-74.

[9] 赵红军,等.课程思政建设的理性内涵与实施路径[J].中国冶金教育,2022(05):102-106.

[10] 康雅利.高校“课程思政”建设的原则与路径研究[D].石家庄:河北科技大学,2024.

[11] 高德毅,等.从思政课程到课程思政:从战略高度构建高校思想政治教育课程体系[J].中国高等教育,2017(01):45-48.

[12] 刘丹.课程思政融入研究生课程先进制造技术的探索[J].高教学刊,2023(24):187-190.

[13] 陆道坤.课程思政推行中若干核心问题及解决思路—基于专业课程思政的探讨[J].思想理论教育,2018(03):66-71.

[14] 席燕,等.新工科背景下工科课程思政的探索与研究[J].科教导刊(中旬刊),2020(20):92-93.

[15] 闫丽,等.课程思政融入专业建设的探索与实践[J].通化师范学院学报,2023(08):116-120.

[16] 秦晓华.高校课程思政相关文献研究综述[J].知识经济,2020(19):155-156.

混合式教学模式下课程思政设计与实践——以“塑性成形应变测量方法”课程为例*

林俊峰　王克环　郑凌　刘祖岩

（哈尔滨工业大学 材料科学与工程学院，哈尔滨　150001）

摘　要：本文对材料成型及控制工程专业开设的“塑性成形应变测量方法”课程基于混合式教学模式进行了课程思政的教学设计和探索。针对哈尔滨工业大学定位和课程的学科特点，从知识传授，能力培养，价值塑造三个方面构建本课程思政的建设目标；将课程的知识点与科技历史回顾、专业技术的现状与发展、实际应用三方面相结合，挖掘基于知识点的课程思政元素；通过具体六个步骤教学环节的设计，塑造以学生为中心的参与式课堂；应用费曼学习法原理，启发学生进行深入思考，提升学习动力；从而增强学生的实践创新能力、文化自信、民族使命感和自豪感，实现培养创新应用型人才的目的，推进专业课程混合式教学模式的发展。

关键词：课程思政；混合式；塑性成形；教学设计

高等教育与社会经济的互动发展成为当今世界高等教育发展的新趋势。全国教育大会发出声音，要求广大高校教师聚焦高等教育的发展趋势与变革，探讨高等教育的未来形态和教学创新模式。信息技术为教学方式的改变提供了多种支持方式。在学习方式创新方面，提供了新的学习内容、学习地点、伙伴关系、知识建构等；信息技术支持下的新兴课堂形态更多强调互动，包括师生关系、课堂边界以及时空关系等[1]。课程思政和混合式教学模式是当前高等教育授课的主流。混合式教学和课程思政是移动互联网时代每个教师都必须要主动开展的教育教学改革，将人才培育课程思政和混合式教学模式变革相结合是响应新时代教育要求的教学探索[2]。突发的新冠疫情考验了全社会的应变反应，对于教育行业的影响也非常深远，教育部鼓励教师运用信息化手段建设“空中课堂”[3]。教育部印发《高等学校课程思政建设指导纲要》[4]，要全面落实立德树人根本任务，推进课程思政建设，提出了一系列新理念、新思想和新举措。由此如何更好地设计混合式课程教学模式，提升课程思政的教学质量和效果，成为教育行业面临的新挑战、新任务和教师应对突发情况的紧迫需求[5]。帮助学生塑造正确的世界观、人生观和价值观，构建全方位育人大格局，以课程为载体实现思想政治教育的协同发展[6]。

本文以材料成型及控制工程的专业课——“塑性成形应变测量方法”为研究对象，塑造以学生为中心的参与式课堂，以研究性学习为核心的混合式课程思政教学模式，并进行了实践应用，对教学效果进行了评价总结和分析，以用于后续课程的持续改进，启发学生进行深入思考，增强学生的实践创新能力、文化自信、民族使命感和自豪感，实现培养创新应用型人才的目的，推进专业课程混合式教学模式的发展。

---

* 基金项目：黑龙江省高等教育教学改革项目“基于教育信息化背景下‘塑性成形应变测量方法’混合式教学模式的研究与实践”（SJGY20220027）；哈尔滨工业大学第八批课程思政教育教学改革项目“网格应变分析技术的实践与应用”（220212）

引　言

“塑性成形应变测量方法”是一门实践性很强的应用技术课程。它采用摄像的方法获得零件几何信息，通过软件分析系统对材料的变形情况进行分析，给出各方向的应变分布，建立成形极限曲线图，用于评价板材的成形性能，解决成形试模中发现的问题，目前在国内外工业领域中应用很广泛。该课程专业概念多、理论联系实际强，直接与工业应用相联系。传统的授课过程存在重理论轻实践，线上线下融合度差等问题。本文探索混合式教学和课程思政相结合的新模式进行实践，使两者相互促进，在混合式教学模式下，将课堂上因手段受限的思政元素以更生动方式进行，取得更佳的教育效果。通过开展混合式教学，专业课教师能够将原课堂上讲授的部分知识点转移到课后，这样能争取到时间进行非常重要的价值塑造和思政教育[7]。

1　教学方案的设计

本课程采用雨课堂在线平台、微信群、微信小程序等现代化方式全方位、立体化地向学生传递教学信息，帮助学生提高及适应信息化教学手段，以技术引领教学新模式。

在实际教学中采取“线上＋线下”相结合的教学模式，优势互补，线上采用交互式授课，分组研讨；线下构建参与式课堂，师生互动；希望以此方式整体提升课程的教学质量和教学效果，如图 1 所示。

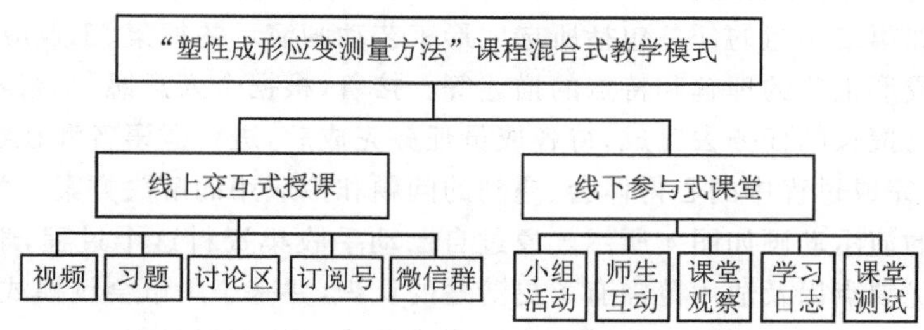

图 1　“塑性成形应变测量方法”课程教学方案

1.1　线上教学方案的设计

依托雨课堂平台，进行线上教学模式的设计，应用以学生为中心、以研究性学习为核心的网络在线课程教学设计理念，具体应用过程如下：

1.1.1　确定每节课主题

以“塑性成形应变测量方法”课程的第二章为例，该章主要内容包括介绍材料成形的分类方法和材料成形技术的各种工艺等概念性知识。教师将教学内容进行转化，提出研究性主题学习任务，如图 2 所示。教师把该章的主要知识点和教学要求发布到网上，使所有同学都能通过网络看到，同时将全班 36 名学生随机分成 4 组；然后依照组内学生不同的兴趣爱好、性格特点和实践能力等因素，进行小组成员的微调，每组再选出一名组长，负责小组学习的选题、分工与讨论汇报等事项。

教师将与本章内容相关的课件和参考资料上传到平台的“学习资源”，并提供一些材料加工领域典型成形工艺演示的视频、动画等。小组成员通过分析资料并结合对材料成形工艺的熟悉程度，最终确定所选成型工艺的名称。确定所选工艺后，可以从实际生活中找出熟悉的例子，如图 3 所示，来理解该成形工艺的特点和应用领域。确定所选成形工艺与以前知识点的结合方式与呈现形式。如第一小组的思路是先从材料金相组织的基本知识入手，再结合成形工艺特点，从材料、成形温度和适用范围等角度分析。教师认为还可以从该工艺背景的宏观角度以及工业上的实际需求等方面考虑，进行适当补充和引导。

小组主题任务

- 选取日常生活中的实例来结合一项材料成形的工艺方法，分析其工艺的优缺点以及应用领域和发展前景。
- 各小组由组长负责进行组内研讨，畅所欲言各抒己见，说出自己的观点和看法最后形成汇报PPT展示。
- 各组可通过平台的“评论”功能区与教师商计研究思路，完成时间节点为2023年5月26日。

图 2　本节主题

图 3　实例研讨

1.1.2　研讨分析

将小组内的各种问题汇集后，各小组成员开始任务分解与分配：首先，每个人要完成材料的搜集整理和分析工作；然后组长开始组内协作讨论，各成员集思广益完成某一主题所需材料的建构和组成。如第二小组的任务包括所选成形工艺动画演示的搜集、工业应用中的实例、最终成果包括对该成形工艺的理解和特点的描述等。接着，根据个人意愿，小组各成员在小组材料建构中选择自己擅长的任务去完成，待各成员任务完成后，进行群语音和在线视频的网络会议，每人分享任务完成过程中的心得体会、遇到的问题和拟应用的解决方案。学生自己搜集到的弯曲成形工艺的演示动画如图 4 所示。通过自己动手收集资料这个过程，学生对于弯曲成形工艺的特点和优缺点以及适用范围有了更清楚的认识，并基于腾讯会议模式远程协同沟通。最后，在各组组长的组织下，经过充分讨论沟通形成各小组的汇报材料。

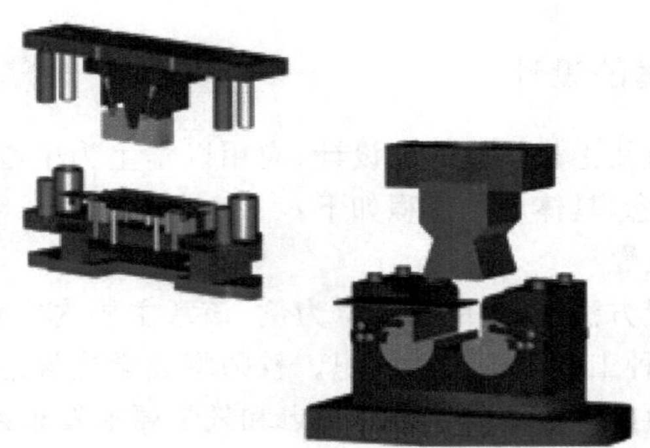

图 4　动画演示

1.1.3　展示汇报

这个过程全班同学集体参加，每个小组分别进行展示和汇报。以第二小组为例，该组汇报的成形工艺是目前的热点领域——材料增材制造技术——也就是 3D 打印技术，如图 5 所示。汇报给大家普及了 3D 打印的知识，并用视频和实例的方式展示出来，即把知识内容进行形象化表达；当学生汇报结尾总结到“3D 打印将掀起一场制造业革命时”时，教师顺势补充“金属 3D 打印”的知识点，即相关知识的拓展启发，使学生产生对比的效果并加深印象，了解到该领域最新科技进展和未来发展方向。

然后教师进行点评和课堂讨论，如指出某组资料搜集丰富、选取的案例经典，而且在讲述相关知识点时以点带面，用图片、文字和视频的组合形式进行汇报，代入感很强。在相互讨论甚至争论中，学生又一次加深了对相关知识的理解和消化，消除了自身的问题和疑惑。教师针对各小组的成形工艺，进行知识点的拓展提高。

在这里将思政元素如盐溶于水一般融合进去，主要策略就是多摆事实少讲道理，启发式引导让学生自己去深入思考得出结论，不做填鸭式说教。例如老师对 3D 打印技术进行了总结，指出了增材制造技术将引领材料领域的科技创新，是一场技术革命，如图 6 所示。接着以短视频的方式向同学们介绍了 3D 打印领域最新的研究成果——有生命活物的打印，指出了该领域未来发展的潜力巨大不可限量，将改变人们的传统生活方式。

图 5　小组汇报

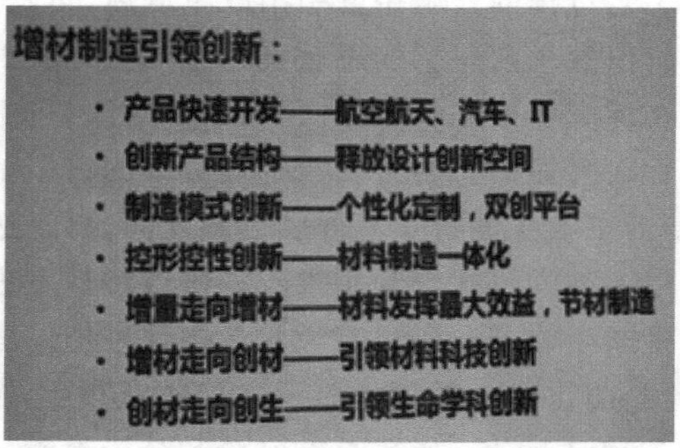

增材制造引领创新：
- 产品快速开发——航空航天、汽车、IT
- 创新产品结构——释放设计创新空间
- 制造模式创新——个性化定制，双创平台
- 控形控性创新——材料制造一体化
- 增量走向增材——材料发挥最大效益，节材制造
- 增材走向创材——引领材料科技创新
- 创材走向创生——引领生命学科创新

图 6　教师总结

最后教师进行总结，展望了材料成形领域的发展趋势，如图 7 所示，同时建议若结合其他成形工艺的特点进行比较分析，演示效果会更好。重点强调一定要认识到：由于成形工艺自身的特点，在很长的历史发展中不断地改进和创新，虽然新的工艺、新的成形方法层出不穷，但一以贯之的是新的成形工艺和改革创新的基本目的就是增加材料的塑性、提高成形零件的精度、增加模具使用寿命和降低变形力。学生课后根据课堂讨论的结果，对汇报材料进行修订和完善，形成最终的材料成形工艺研究报告上交。

1.2　线下教学方案的设计

线下教学方案通过对课程本质性内涵与教学逻辑、教学脉络的梳理和提炼，以内容结构图、思维导图、知识图谱等形式来表达，来强调知识脉络化、内容可视化。

在课堂上设计多个环节与学生互动，以分数为导向，以学生为中心，充分调动学生参与的积极性，师生共建参与式学习课堂。线下课堂教学方案设计如图 8 所示。

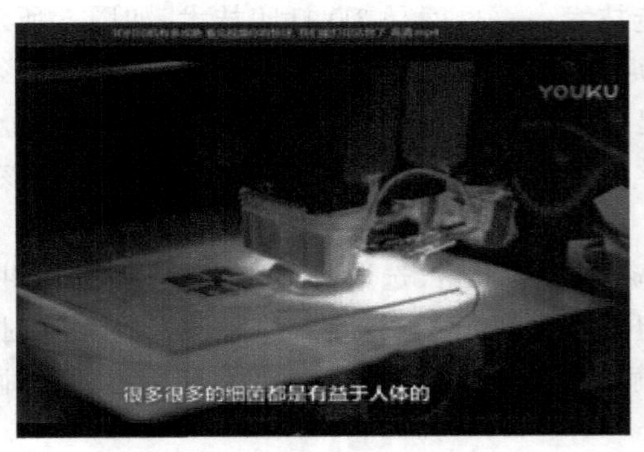

图 7 材料成形的发展趋势

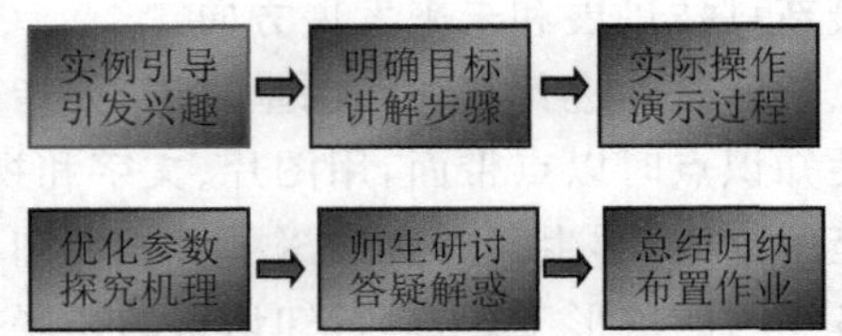

图 8 线下课堂教学方案设计

通过以上这种教学方式可以增进师生间的沟通与交流,提高学生的学习效率。在教学过程中注重教学内容与课程思政的融入点,深入挖掘每一章节的思政元素。从应变分析的精确回弹补偿引入"规格严格"校训的来历,追求卓越的工匠精神——精益求精方得始终。从应变预见工艺过程的安全裕度引出改革创新、奋发作为,百年校庆习近平总书记的贺信和社会主义核心价值观。前三章的思政设计融入点见表 1 所列。

在课堂上根据学生层次、认知参与度、自主学习能力以及动手实践能力等差异,有针对性地进行讲解答疑。学生在教学过程中的占据了主导地位,学生学习的积极性和主动性调动起来,培养了学生的科学素养和创新能力,真正达到培养应用型人才的目的。

以上教学模式曾利用本校的研讨型教室进行过传统课堂线下的教学实践,教学效果很好,也很受学生欢迎。研讨型教室是在教室里以圆桌的形式分成若干区域,每个圆桌上有 4～5 个显示器,与讲台上教师的显示屏相连,同时也能自己组内显示,如图 9 所示,方便各小组进行演示和与教室互动。通过总结经验和分析教学效果,希望以后能在线上和线下两种教学场景中都取得好的成效。

表 1 教学内容与思政设计融入点

教学内容	思政设计与融入点
第一章 绪论	专业发展史; 哈工大"八百壮士"的爱国奉献精神
第二章 材料成型的典型工艺方法及应变分析技术的理论基础	导弹整流罩的应变测量引出大国重器; 哈工大的航天国防特色,传承哈工大精神;载人航天精神"两弹一星"精神
第三章 应变分析的方法和过程及国外发展现状	创新的来源与源泉;与时俱进,紧跟科技发展的步伐;科技强国,家国情怀

2 结 论

网络信息化时代专业课程的建设需要新的内涵和新的方法,在传统教学模式的反思中总

图 9 研讨型教室

结教育规律，创新思维模式，在混合式教学模式下进行课程思政的教学设计和探索，在知识传授中实现价值引领。

(1) 将课程思政和混合式教学模式结合起来，挖掘基于知识点的课程思政元素，根据教学结果反馈进行教学改革和反思，优化教学设计，实现立德树人的目标。

(2) 混合式教学拓展了教学空间，构建以学生为中心的参与式课堂，启发学生进行深入思考，提升学习动力，增强学生的实践创新能力和文化自信，推进实现培养创新应用型人才的目的。

参考文献

[1] 黄荣怀. 信息化环境下的课堂教学变革[J]. 教育与教学研究，2021，4 卷首语.

[2] 黄寒砚，张宝红. 基于混合式教学的课程思政探索与实践——以运筹学课程为例[J]. 高教学刊教，2022，30：171-175.

[3] 教育部官网. 教育部工信部印发通知部署中小学延期开学期间"停课不停学"有关工作[EB/OL]. (2020-02-12). http://www.moe.gov.cn/jyb_xwfb/xw_zt/moe_357/jyzt_2020n/2020_zt03/zydt/zydt_jyb/202002/t20200212_420385.html.

[4] 教育部关于印发《高等学校课程思政建设指导纲要》的通知[EB/OL]. [2021-10-13]. http://www.moe.gov.cn/srcsite/A08/s7056/202006/t20200603_462437.html.

[5] 陈滇斐，马宏忠，金平，等.《电机学》在线课程教学方法探索与实践[J]. 电气电子教学学报，2020，42(2)：104-108.

[6] 陈宝生. 在新时代全国高等学校本科教育工作会议上的讲话[J]. 中国高等教育，2018(Z3)：4-10.

[7] 于歆杰. 论混合式教学的六大关系[J]. 中国大学教学，2019(5)：14-18.

工科高等学校思政与专业结合研究实践*

林澍　刘北佳　张俐丽

（哈尔滨工业大学 电子与信息工程学院，哈尔滨　150080）

摘　要：增强思政课的亲和力、针对性是党中央对思政课程的新的要求。为了实现这一目标，在工科高等学校的教学过程中将思政与专业相结合，就是一种十分有效地增强思政课的亲和力和针对性的有效手段，还可以同时提升两类课程的理论联系实际特征。通过在哈尔滨工业大学的本科专业核心课程“天线原理”和硕士研究生专业学位课程“天线理论与技术”中引入思政课和专业课元素的结合模式的课程思政教学实践，凝练出了大量爱国主义以及反对历史虚无主义的相关案例，有效地提升了课程思政的教学效果。

关键词：思政课程；课程思政；专业课程；工科

引　言

习近平总书记2019年3月18日在学校思想政治理论课教师座谈会上发表了重要讲话《思政课是落实立德树人根本任务的关键课程》，讲话主要阐述了四个问题。第一个问题：办好思想政治理论课意义重大；第二个问题：办好思想政治理论课关键在教师，关键在发挥教师的积极性、主动性、创造性；第三个问题：推动思想政治理论课改革创新，不断增强思政课的思想性、理论性和亲和力、针对性；第四个问题：加强党对思想政治理论课建设的领导[1]。

目前我国的思政课面临世界环境复杂多变、文化思潮多元碰撞、思想观念因循守旧等多方面挑战，尤其是“00后”大学生在思想、情感、观念、感觉、思维、心理等方面与以往有很大不同，先入为主的思想认知决定其接受教育的方式也要因势利导、因时而变[2]。对于传统思政课教育来说，其实效性也面临诸多问题的挑战，主要表现在：① 思政理论与实际联系较少，对于学生大量的个体需求关注不够，教师以完成任务般的模式讲解理论，因此思政理论教育难以引起学生共情；② 思政课教学内容范围较窄，从事思政课教学的教师绝大多数是政史专业的学者，人文气息浓厚，但是对于工科院校的大量专业课内容不了解，因此讲解思政课时难以在专业方面吸引大量的工科学生，难以与学生形成互动，导致思政课的知识与专业课的知识脱节严重；③ 当前虽然有了大量的课程思政教学内容引入，但是教学管理部门的组织管理体系性尚未完全形成，围绕“思政课程”与“课程思政”的资源协调与分配缺乏整体性，仍然处于“各自为战”的状态。因此，亟须探索并建立“大思政”的顶层设计育人格局，在根本上创新推动“思政课程”与“课程思政”整体联动，同向同行。

* 基金项目：黑龙江省教育科学规划2023年度重点课题（GJB1423122）；黑龙江省研究生课程思政高质量建设项目（HLJYJSZLTSGCKCSZAL－2021－020）；哈尔滨工业大学研究生教育教学改革研究项目（22HX1001）

1 解决方案

根据习近平总书记的讲话精神，并针对思政课教学中存在的问题，本文提出了研究方向"工科高等学校思政课与专业课元素的结合教学研究"，重点开展思政课中的"四史"教学内容与工科高等院校中大量的专业课元素相结合进行教学的方法、案例以及推广至其他思政课与专业课元素的结合教学方式等领域的研究。

在我国的工科高等院校以及高等学校的工科专业中，思政课的教学时数占有较高的比例，思政课也均采用了统编教材，对于统一全国思政课教育标准和贯彻党的教育方针，是有着重大意义的。在实际授课过程中，思政课的教学内容与学生所大量接触的专业课内容联系较少，容易使学生出现思政课知识和专业课知识脱节，以至于在学习时间安排上出现非此即彼的情况，这种情况将会严重影响教学效果，因此，通过目前全国已经广泛开展的"课程思政"教学改革研究，将思政课教学内容和专业课教学内容进行跨学科的有机结合，相互促进，实现思政课和多门专业课的相互融合，既可以为思政课的内容拓展大量的与学生专业联系十分紧密的案例说明，又能够在专业课程教学中用马克思主义的立场、观点和方法占领学生的头脑，实现思政课教师和学生在思政及专业领域的教学相长，从而提高思政课的教学成效。

本文主张，要将思政课中的"四史"部分与专业课中的科学技术史及具体的相关技术内容联系起来进行研究，从课程顶层的大处着眼，充分挖掘两类跨学科的课程之间的联系，从课程内容的小处着手，实现在思政课教学中联系专业课案例讲解，在专业课教学中联系思政课理论说明，并形成一系列教学案例进行推广，使得思政课程和课程思政相互促进，最终实现"大思政"教学体系在工科高等院校及高等院校工科各专业的建立。目前，已经在哈尔滨工业大学的"天线原理"本科课程和"天线理论与技术"研究生课程教学中进行了实践，建立了一批教学案例，取得了良好的教学效果。

上述研究从大处着眼，从小处着手，注重顶层设计，提出的案例模式可以大面积推广，最终形成工科各个专业的思政课程教学均能在保持统一标准的情况下具有各自专业特色，具有很大的实际推广价值。

2 教学实践总结

从梳理思政课程的党史部分入手，充分发掘我党在长期的革命斗争和建设过程中充分发挥人和生产工具的高度统一的事例，例如搜集刘志丹、习仲勋同志在陕北革命根据地创建兵工厂的案例，我党早期电台报务员涂作潮同志在延安利用烧木炭驱动发电机给通信电台供电的事例，将这些事例从工科学生所大量学习的专业课程的视角予以解读，上小班课讲解时，采取科技成果鉴定会的模式，结合技术发展史的介绍，组织学生学习、讨论、评价，最终证明所选事例的客观科学性、先进性，通过学生的讨论最终领会事例的主观思想性。通过这种教学，让学生从专业的角度认识到革命先辈创业的艰难，认识到我们党代表了中国先进生产力的发展要求以及党的先进性等重要论断。在这部分的研究过程中，基本思路就是思政案例知识化，我为党史做注解。通过专业知识为思政课的案例做注解，实现思政课和专业课的连接。

从梳理专业课程中的科学技术史大事记入手，充分发掘中国共产党成立以来，党对科学技术发展的关怀和对科学技术发展领导的事例,例如:搜集到了毕德显院士的《论坑道通信》论文,组织学生学习、研究、讨论,该论文是在党的领导与支持下完成的,对于解决抗美援朝战争中上甘岭战役的志愿军通信问题起到了重要作用,同时对于上甘岭战役的胜利起到了重要作用。通过将这个工程案例中的思政课元素进行充分挖掘,向学生灌输科学研究要和人民需要紧密结合以及“把论文写在祖国大地上”的观点。在这部分的研究过程中,基本思路就是工程案例思政化,党领导我做研究。通过专业知识讲解中的思政课思想的宣贯,实现思政课和专业课的结合。

从以上两方面的梳理过程中,从分类整理入手,将所搜集的案例按照专业课领域分门别类地整理好,形成工学各专业的思政课案例体系,最终实现“工科高等学校思政课与专业课元素的结合教学”。至此,实践研究内容基本完成,在这部分的研究过程中,基本思路就是案例搜集体系化,思政业务要兼顾。通过体系化的案例建设,最终形成了以案例教学为纽带的思政课和专业课元素的结合教学,形成多学科交叉的高校新时代思政课体系改革创新的研究成果。

需要注意的是,在研究过程中还对已有的成例不断迭代,保持案例的推陈出新,要关注搜集《新闻联播》报道和“学习强国”手机应用程序推出的最新实例,按照上述三个研究思路进行整理归纳,即要注意已有成例实时化,与时俱进开新篇。

3 结 论

实现了跨学科研究,将思政课和专业课的知识内容通过案例教学进行紧密联系,所形成的教学案例既具有思想性,又与学生的专业背景紧密结合,与学生的学习实际联系紧密,学生接受更加容易。

案例内容涉及到的知识面很宽,最终涉及了跨工科门类的多个学科,采用这种案例教学在思政课教学过程中属于首次提出。

通过教学案例的搜集整理,最终可以实现思政课程和课程思政的有机融合以及教学方式的显隐结合,易于在“大思政”建设过程中推广。

参 考 文 献

[1]习近平.思政课是落实立德树人根本任务的关键课程[N].求是网,2020-8-31.
[2] 韦颜秋.推动“思政课程”与“课程思政”协同育人[N].天津日报,2020-4-08.

“综合航电导论”课程思政元素融入式教学探索与研究

刘达 何林远 南建国 马国勇 褚文奎
（空军工程大学 航空工程学院，西安 710038）

摘 要：“立德树人，为战育人”是新时代军事院校的根本任务。以专业教学为抓手，思政元素进课堂，全面开展课程思政建设，是落实立德树人的关键举措，也是为战育人的重要支撑。本文结合军队院校“综合航电导论”课程育人目标以及内容体系特点，为实现“知识传授、能力培养、素质培塑”的有机统一，深挖凝练课程思政元素，以此为基础探索思政元素融入课程教学过程的实现途径，并结合具体授课案例，阐述课程思政实施过程。

关键词：综合航电导论；思政元素；教学；军队院校

引 言

党的十八大以来，习近平对军队院校人才培养工作做出了多次指示，鲜明提出以“立德树人、为战育人”为核心的新时代军事教育方针，并深刻揭示了军事教育“培养什么人、为谁培养人、怎样培养人”的根本问题。当前，军队院校作为培养新时代军事人才的主阵地，历来重视思想政治教育，军队院校必须在学员军旅初期扎实打牢以听党指挥为核心的思想政治根基，才能确保枪杆子始终掌握在忠诚于党之人手中。

院校是育人之所，课程是育人养德的重要支撑。习近平在2016年全国高校思想政治工作会议上明确指出：要用好课堂教学这个主渠道，各类课程都要与思想政治理论课同向同行，形成协同效应，把思想政治工作贯穿于教育教学的全过程，实现全程育人，全方位育人[1,2]。这一讲话精神强调了课程思政在育人养德方面的重要性，为课程思政的发展指明了方向。在军队院校中，课程思政实施的主体是教员，主要针对的是专业类课程，这要求教员在专业教学的同时，挖掘、提炼课程内蕴的家国情怀、社会责任、人文精神等思政元素，实现知识传授、能力培养、价值塑造的统一，进而将专业课程教学与思政课程同向同行，共同实现高等教育“德育为先、知行合一”的教育目标。本文以军队院校电子信息工程专业“综合航电导论”课程思政建设为例，探讨该课程思政教学体系的构建与实施，希望为其他专业课程思政元素融入式教学提供参考借鉴。

1 “综合航电导论”课程思政建设目标

“综合航电导论”是一门电子信息工程专业基础课。本门课程主要讲授综合航电系统内涵与任务、基本功能与实现技术、系统结构与工作原理、处理平台与软件技术等，涉及系统工程、航空电子技术、计算机技术和网络技术等多个学科专业和技术领域，学科交叉特性明显、架构体系相对开放、技术实现更新较快，具有系统性强、知识面广、学科交叉多、专业深度浅等特点，对军队院校电子信息工程专业其他专业课程起到牵引导学的作用，为此，本门课程在思政建设过程中必须直面上述特点，在解决学员专业困惑的同时，激发学习兴趣，提升能力素质，培塑价值情怀。

专业类课程开展思政教育，容易出现以下问题：

一是思政元素挖掘不深，思政案例重复使用。如果教员对课程知识体系考虑不周，缺乏系统课程思政体系设计，就会带来思政点挖掘较浅、课程思政案例重复使用等问题，容易“审美疲劳”“老调重弹”，不能打动学员内心，无法达到“盐溶于人”的思政教学效果。

二是教员自身课程思政认识水平有待提高。专业类课程教员往往更专注教好专业知识，部分专业教员甚至认为军校学员的思政教育主阵地是思政类课程与学员队的党团教育，对于专业课堂开展课程思政认识不足，甚至认为耽误自身教学进度。

三是教员课程思政教学手段单一。这是由自身课程思政认识不足导致的。部分教员往往在课程建设过程中与课程思政建设脱节，课堂知识讲授方法灵活多样，但课程思政只依赖于说教式方式，导致效果不佳。

基于以上专业类课程思政共性问题，“综合航电导论”课程思政的实施必须以专业知识为载体，以思政育人为目标，以潜移默化的形式开展，决不能脱离课程知识而空讲思政内容，也决不能脱离课程建设搞思政建设，必须将课程思政融入优化教学设计、甄选紧贴装备的教学内容、构建多元化的信息化教育资源、搭建贴近装备的实验环境过程等课程建设全过程，在实现知识目标的同时，将专业知识与学员任职岗位要求紧密结合，培养学员运用所学知识和系统工程方法，分析和解决现代航空装备航空电子系统分析、设计、论证与使用维护等方面实际工程问题的能力。同时培育学员大航电系统下的系统工程思维，养成善于思考、勤于思考、敢于创新的良好习惯，强化科学严谨的专业素质，夯实外场维护保障所需的工程技术和指挥素养，铸造爱岗敬业、献身强军事业的使命精神和责任意识，实现“知识传授、能力培养和素质培塑”三位一体要求，致力于培养新时代德才兼备的“保障飞行和服务作战”的航空机务军官。

2 “综合航电导论”课程思政体系构建

课程思政建设是体系化工程，必须与课程建设相结合。本课程在思政建设过程中，以强军号召为牵引，以新时代军事教育方针为指南，以“立德树人、为战育人”为宗旨，立足“知识传授、能力培养和素质培塑”三位一体要求，以为战育人为核心，以身边榜样、战训案例为载体，以理论实践、线上线下、校园内外“三个结合”协同培养，立足课程内容、课程资源、教学模式、思政元素四个方面，实现课程思政与专业教学的有机融合。

(1)“透彻全面”优化课程内容

课程思政元素的挖掘应着眼于课程内容，注重与授课内容的呼应，突出课程本身的魅力，避免“千篇一律”，造成学员审美疲劳[5]。本课程作为军队院校电子信息工程专业基础课，内容涉及通信、导航、雷达、电子战、火控、计算机、网络、数据处理、系统工程等多学科专业技术和知识，知识体系相对开放、技术发展更新较快，教学内容组织并不针对性地讲述航空电子设备的原理与实现及具体装备型号，而是从一般军用飞机的综合航空电子系统，抽象出系统的共性特征，注重内容体系的系统性，以“航电系统整体、信息交互综合”为主线，内容兼顾联合式航电系统为主，前瞻先进综合航电系统，以此激发学员"航空强国，科技强军"的热情，通过典型实装航电剖析，将理论知识与作战保障关系密切，适宜厚植航空机务精神与战斗精神，同时可使教学内容更加贴近武器装备现状及发展趋势，技术理论跟踪贴近武器装备发展，以此拓展学员的科技视野，培养其创新意识。

(2)"精益求精"建设课程资源

目前，本门课程建成包括教材、故障案例、数字资源、慕课课程、实装平台、模拟训练设备和实验教学设备等在内的"基础-综合-创新"三层级课程资源。结合实验室条件建设，建设涵盖GJB289A总线、FC实验环境，并结合装备应用情况，注重典型航电系统的工作原理过程演示；基于校园网课程资源建设，开发网络虚拟实验，支撑学员课后自主实验；针对课程特点，梳理实验室和校外实践基地资源和运用方式，提升实装参观见学实践效果。这些教员资源的使用在提升教学效果的同时，也必将使思政元素的展示更加生动形象，避免讲授式枯燥乏味的刻板印象，图1为该课程借助实验资源开展相关实验类课程思政构建的教学体系。

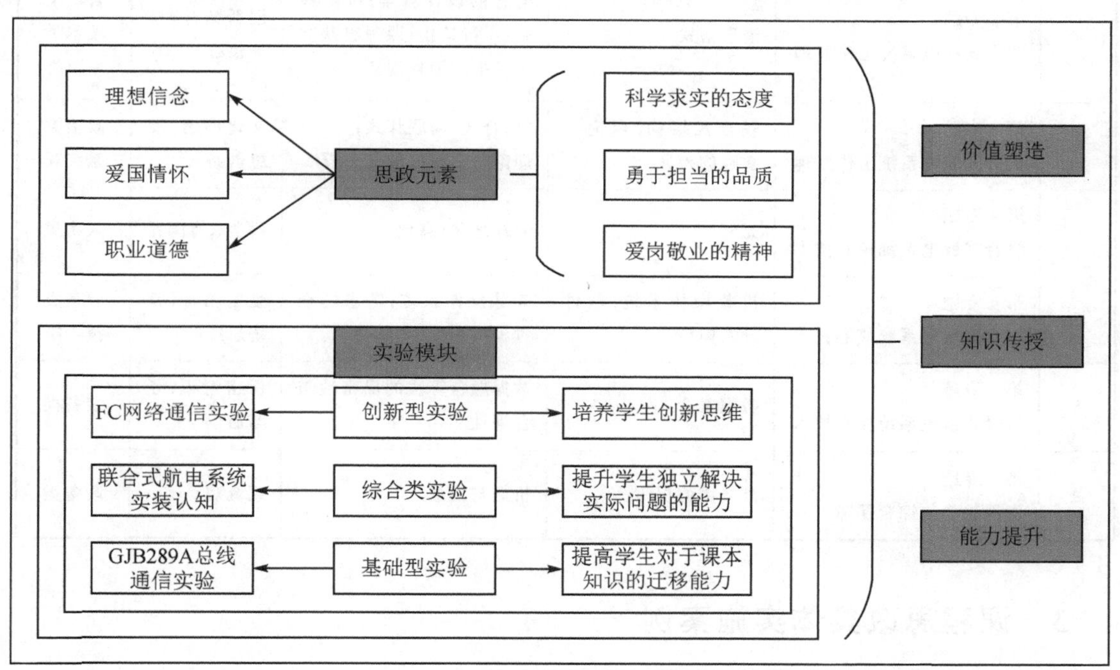

图1　"综合航电导论"课程实践模块思政教学体系

(3)"情怀担当"挖掘思政元素

课程教学过程中，结合课程教学内容，充分挖掘背后的思政元素，将我国航空工业发展、航电系统设计思想、航电系统自主可控关键技术、装备任务使命等等内容适时融入课堂，从恪尽职守、艰苦创业、创新精神、系统思维和严谨的作风等方面，培育学员的强军爱国的家国情怀、自主创新的意识和敢打必胜的战斗精神。同时结合教学内容和学员未来岗位任职，把工程素养、责任意识和严谨的机务作风培养贯穿教学始终，注重专业知识传授过程中潜移默化地提升学员的职业使命感和荣誉感，培养学生的人文情怀。表1为该课程总结提炼的部分课程思政元素。

表 1 课程思政元素

序 号	教学内容	知识点	思政元素	价值塑造	案例类别
1	第 1 专题 绪论	航电系统结构； 航电产业发展	教子诗；中美 82 工程；钱学森《工程控制论》	系统观念；报国情怀	人物类 事件类
2	第 2 专题 航电功能及其设备实现	功能设计方法、分解原则	“自下而上”“由顶向下”的方法论；功能分解的合理性分析	抓主要矛盾；敢于反思创新	哲学类
3	第 2 专题 航电功能及其设备实现	确定飞机参数基本功能；战斗任务管理	“场高”的误用；多普勒频移在中印战机空中对抗中的应用；战术机动	敢于说不，挑战权威；技术就是战斗力	技术类 战术类
4	第 3 专题 联合式航电系统工作原理	消息格式	消息的设计哲学；维护核心、令行禁止；课程组获奖项目中的消息创新	创新精神；维护核心	哲学类 技术类 军事类
5	第 3 专题 联合式航电系统工作原理	联合式结构；理论与实践的差异	“联合式”与联邦式； 理论与实践差异化分析	文化渗透；反思创新	政治类 系统观
6	第 4 专题 综合式航电系统核心技术	光纤	光纤之父：高琨	科学家有国界	人物类
7	第 4 专题 综合式航电系统核心技术	机载操作系统；软件开发模型	天脉操作系统；需求的全过程可溯性、防危性	爱国精神；系统思维	装备类 技术类
8	第 4 专题 综合式航电系统核心技术	数据融合	数据融合算法的保密性与合理性	保密意识；矛与盾	装备类
9	第 5 专题 发展趋势与综合保障	外场维修保障	机遇与挑战	系统观	装备类

3 课程思政具体实施案例

课程思政建设既要围绕课程体系开展，同时对每一次课的思政设计也要精雕细琢，思政元素与课堂知识点有机融合，只有恰如其分的课程思政才能引发学员的共鸣。本文以“综合航电导论”课程航电综合化关键技术模块中的“GJB289A 总线协议”这次课为例，对课程思政实施过程进行详细介绍，实施案例如表 2 所列。

表 2 “GJB289A 总线协议”具体实施案例

课堂教学设计			
课程名称	综合航电导论	课程性质	专业基础课
授课人	刘达	职称	讲师
授课主题	GJB289A 总线协议		

续表 2

一、主要授课内容
1. 总线结构特征 2. 总线数据格式 3. 总线通信控制策略 4. 装备具体应用
二、主要授课方法
混合式教学 线上自学:总线结构、数据格式(非涉密部分) 课程资源:课程网站相关视频资源、总线协议、通信机理演示动画。 课堂组织: 1. 总线结构、数据格式[教员引导,学员讨论,自主总结]; 2. 总线通信控制策略[教员启发,机理演示]; 3. 装备具体应用[学员分析,理论联系装备,教员总结]
三、主要课程思政元素、时机与目的
思政教育元素 1:中美 82 工程 加、改装歼-8II 飞机、提升航电性能计划的缘起、实施、启示与影响。 **实施时机**:上课开始介绍总线基本情况时实施。 **实施目的**:辩证地分析该计划的得与失,了解国产航电发展的耻辱与飞跃,体会我军工科研人员自力更生、排除万难的科研精神,激发从事航电事业的雄心壮志
思政教育元素 2:结构组成 GJB289A 总线基本组成(BC、RT),整个通信过程由 BC 指挥 RT 进行,对应于部队指挥员与战斗员的角色关系。 **实施时机**:介绍总线结构特征时实施; **实施目的**:通过对总线结构的分析,深化理解军用总线的设计特点,强调一切行动听指挥的部队特点,强化学员作为军人的服从意识
思政教育元素 3:装备具体应用 以当前我军现役主战飞机航电总线结构为例进行分析,介绍其结构特点,分析 GJB289A 总线在装备应用中的具体应用。 **实施时机**:最后介绍装备具体应用时实施。 **实施目的**:院校理论学习与部队装备维护相结合,帮助学员认清总线技术对"精准定位,快速维修"机务维护要求的支撑作用,增强学员研究技术、应用技术的意识

4 "综合航电导论"课程思政建设效果

通过课程思政的进一步建设,充实完善了整个教学体系,使"综合航电导论"课程呈现出以下特点:

(1) 教学理念先进,方式方法灵活

根据教学内容特点,形成"航电系统整体、信息交互综合"的教学理念,使学员从"系统"和

“综合”角度，建立军用飞机航空电子系统整体概念；从“信息交互”角度理解本专业相关设备和功能系统与综合航电系统的交联关系，提高了学员对综合航电系统的认知能力和对未来新型航空电子系统的学习能力，课程思政元素与教学内容结合自然、一体设计，思政元素贯穿课程教学全过程。

（2）教学内容体系紧贴岗位需求与装备发展

内容体系兼顾联合式航电系统为主，前瞻先进综合航电系统，涵盖综合航电系统内涵与任务、综合航电系统基本功能与实现技术、综合航电系统结构与工作原理、综合航电系统处理平台与软件技术。通过实例分析、典型实装航电剖析等，使教学内容更加贴近武器装备现状及发展趋势，教学内容军事特色显著，学员学习兴趣浓厚。

（3）教学过程突出为战教战、研战结合

教学过程中，将服务部队、军内科研等相关成果融入教学，将课本理论与部队装备应用相结合，实现从“基本原理一装备应用一创新发展”的有机结合，实现课堂教学与部队实际的同频共振。例如，通过某与毁伤态势评估相关项目的课堂融入，其中的目标检测和分析方法，可以丰富课程数据综合模块的相关内容，更加贴近当前部队实际，同时也激发了学员科研创新的动力。

5 结 语

在专业类课程中开展课程思政元素融入式探索与研究是一项长期的教学改革活动，要贯穿于课程建设的全过程，并深入课程内容提炼总结思政点，才能真正实现润物无声的教学效果，这对专业教员教学能力和综合素质提出了更高的要求。而只有教员回归育人育德的初心，将传道授业与能力培养、价值塑造有机统一，才能真正实现“立德树人、为战育人”的任务要求[8]。

参 考 文 献

[1] 刘战合，田秋丽，王菁，等. 高校航空专业课程思政元素融入式教学研究[J]. 长沙航空职业技术学院学报，2020，20(3)，45-49.

[2] 高俊超. “民用航空法规”课程思政案例库建设与实践[J]. 海峡科技与产业，2022，(4)，64-66.

[3] 郭赞，常飞，杜金强，等. 军队工科院校实践类课程融入思政教育的探索[J]. 高等教育学报，2021，44(1)，86-89.

[4] 陈启飞，黄亚新，陈徐均，等. 军队院校本科专业课课程思政的探索与实践[J]. 高教学刊，2021，(1)，131-134.

[5] 白 玮，王彩玲，张睿，等. 军队院校程序设计课程思政的探索与实践[J]. 计算机教育，2022，(7)，109-112.

[6] 周海俊，何鹏，于潇. 军校专业类课程思政建设探索[J]. 中国教育技术装备，2023，(4)，61-64.

[7] 郭金林，彭娟，何玉诚. 军校理技融合类课程思政元素挖掘与融合[J]. 教育教学论坛，2023，(5)，119-122.

[8] 邱菡，田文灏，柴亚光. 军队院校课程思政探索与实践[J]. 军事交通学报，2022，1(9)，65-68.

卓越工程师培养中的课程思政建设研究

刘力[1] 张天航[1] 徐明[1,2] 曹庆华[1] 周游[1]

(1. 北京航空航天大学 国家卓越工程师学院,北京 100191

2. 北京航空航天大学 宇航学院,北京 100191)

摘　要: 校企共同培养科学家式的卓越工程师能否真正为党、为国贡献力量,除了需要培养善于解决复杂工程问题的能力,思政教育必不可少。课程思政为卓越工程师的价值引导、知识提升、能力培养做出重要贡献。校企协同机制下双导师队伍建设的课程思政体系,如何实现产教融合、思政引领、发挥 1+1 大于 2 的叠加效应,都是值得思考和有待解决的问题。本文结合卓越工程师培养现状,从校企协同育人的角度,提出“三三制”课程体系,为高校课程思政建设提供思路和参考。

关键词: 校企协同;课程思政;卓越工程师培养;人才培养

为深入贯彻落实习近平总书记关于教育、科技、人才工作的系列重要指示精神,贯彻落实党的二十大精神和中央人才工作会议精神,高校工程硕博士培养需从国家战略需求出发,努力培养“爱党报国、敬业奉献、具有突出技术创新能力、善于解决复杂工程问题”的工程师队伍。其中“爱党报国、敬业奉献”与思政息息相关,指出了卓越工程师队伍需要培养什么人、为谁培养人的关键问题;“怎么培养人”则需要高校和企业协同育人,共同发挥思政引领作用。

本文主要根据国家卓越工程师培养建设现状,分析目前课程思政建设的不足,通过北京航空航天大学(简称北航)国家卓越工程师培养课程思政建设的创新探索,建立符合国家卓越工程师培养的课程思政体系,为卓越工程师培养建设提供思路。

1 课程思政建设的重要性

习近平在全国教育大会中提出“教育事关国家发展、事关民族未来;没有哪一项事业像教育这样影响甚至决定着接班人问题,影响甚至决定着国家长治久安,影响甚至决定着民族复兴和国家崛起。从这个意义上说,教育是国之大计、党之大计。”[1]可见中央对人才培养重视程度,北航作为红色基因传承下的高校,肩上的使命和担当要求必须以立德树人为根本,让所有教师发挥队伍“主力军”、课程建设“主战场”、课堂教学“主渠道”作用,培养社会主义的优秀建设者和可靠接班人,对学生不仅仅承担着传授知识、培养能力,更重要的是塑造正确人生观、价值观和世界观,传承“爱国奉献、敢为人先、团结拼搏、担当实干”的“空天报国”精神。

2 国家卓越工程师培养课程思政建设现状

卓越工程师的培养是瞄准国家重大战略需求,选拔爱党报国有志于服务国家重大需求、具有扎实理论基础、创新实践能力、学科交叉融合思维的学生进入专项。目前国家卓越工程师学院经过两年三届的学生培养,取得了可喜的成绩,但仍然出现许多挑战,需要教育者深思。比如学生在入企实践阶段出现离京太远不愿配合入企、对入企的待遇和住宿条件比较看重、入企阶段忽视企业安全教育、觉得企业日常保密手续繁琐等现实情况。此类情况的出现说明学生“爱岗敬业、甘于奉献、敢于担当”的家国情怀责任担当还存在一定欠缺。

卓越工程师是校企共同培养,学生进入专项后的培养模式为硕士第一年在校学习,后两年在企实践;博士前两年在校学习,后三年在企实践;校企间、校企导师间、师生间如何形成合力,是否形成强有力的校企组织把握学生在校、在企的思想政治尤为重要。

3 国家卓越工程师培养课程思政建设举措

3.1 建立校企组织体系,统筹思政布局

在组织层面北航党委统一领导,思政课程、课程思政和思政工作齐抓共管,成立学院课程思政建设工作组。由学院党委书记、院长作为第一责任人,推动课程思政各项工作落到实处。

北航国家卓越工程师学院为促进校企协调合作,建立校企理事会下设理事会秘书处,所有和北航有关的联培企业需推荐一位企业人才培养实操负责人担任理事会秘书处成员,与学校共商人才培养、共建校企课程、入企实践、毕业标准等事宜,由此构建校企联合、类型丰富、层次递进、相互支撑、互为补充的校企思政管理组织,提升课程思政育人质量和成效,推动校企课程思政工作落到实处。为保证专项学生入企阶段思政等各方面动向,北航国家卓越工程师学院设立校企巡检岗位,作为校企“连接器”实地去企业二三级了解学生入企后的各类情况,并及时将学生情况以书面形式报名汇总至学院领导,校企联动掌握学生情况,提升思政育人质量。

3.2 提升校企双导师课程思政育人能力,建强“主力军”

校企导师是专项试点学生最重要教师队伍,需要打造一支愿指导、能指导、会指导、指导成效显著的校企导师队伍。北航国家卓越工程师学院由校内主导师、企业主导师、校企副导师或思政教师组成 3～5 人校企导师组对专项学生进行指导,全方位把握学生育人质量;计划建立校企导师组织体系,成立校企导师工作委员会:负责校企导师的遴选、管理和交流培训(包含提升思政能力)工作,设置校企双主任,按领域、企业(或大院大所)和学生规模,遴选优秀导师担任成员,可根据工作需要临时增加列席会议成员。按企业(或“大院大所”)设置校企导师工作组:聘任校企双总导师,负责该企业(或“大院大所”)校企导师的遴选、管理和交流培训工作,成员包括企业理事代表、秘书处代表,关键领域专家组组长、优秀导师代表、学校代表,由联合培养学生担任学生助理。试点新进青年教师入企挂职机制,强化校企导师科研合作基础,促进人才培养合作基础,优先在航空航天、国防领域等与学校合作较为紧密的二级单位进行试点;由企业设置挂职岗位,确定在企挂职期间研究方向或课题,选拔有志于在该方向发展、思想政治过关的年轻教师;在企挂职实践时间不少于一年,挂职期间重点考核在企合作创新情况,教学工作量免考核。通过以上举措建立专项试点政治立场坚定、爱党报国,业务精湛、学养深厚、作风一流,热心育人校企导师专项队伍,聚焦企业关键工程创新需求,校企共同组织选拔,确定专项试点校企导师名单,经选拔确定的校企导师,才能指导专项试点的学生。发挥校企名师引

领作用，动员教学水平高的导师积极参加课程思政建设，组织校企导师培训，导师论坛，开展课程思政培训，用榜样力量带动课程思政建设。

3.3 构建科学合理的课程思政体系，深化思政内涵

北航国家卓越工程师学院从2023级学生开始，修订新版人才培养方案。各关键领域由校企专家组建关键领域专家组，内设校内组长和企业组长，围绕立德树人根本任务，打破学科界限，以领域为单位，结合专项人才培养目标和培养特色，对标能力标准，研制关键领域产教融合培养方案和核心课程体系，将价值塑造、知识传授、能力培养融合为一体，将课程思政和领域教学有机结合，在各领域人才培养方案中科学确立课程思政育人内涵，坚持以学生为导向，不断提升学生的学习体验和学习质量。

为更好促进校企协调，各领域打造学校主导、校企共建、企业主导的“三三制”课程。比如北航的某关键领域，为体现北航的特色校园文化和航空发动机行业的“铸心”文化紧密结合，厚植情怀，学校和中国航发七大主机院所和集团总部联合到北航开设“航空发动机行业文化课”，由企业人员进学校开设“在祖国各地跳动的初心”系列课程，将企业文化、爱国情怀等潜移默化自然融入课程。

建立关键领域工程师技术中心，不断加强实践类课程的课程思政建设。各关键领域，以领域为界限，根据领域特色和优势成立关键领域国家卓越工程师技术中心，深度挖掘提炼领域专业知识系统中蕴含的思想价值和精神内涵，从课程所涉及专业、行业、企业、国家、文化、历史等角度，提升专业实践课程的引领性和时代性。

3.4 创新全方位课程思政教学模式，夯实思政基础

根据学生认知规律和接受特点，校企共同组织、设计、实施好对各类课程思政资源的加工，结合企业资源，在校内阶段送学生去企业参观，讲好企业文化故事；结合领域发展，讲好行业前沿故事；结合北航历史，讲好红色故事；结合行业特色，讲好大工匠故事；结合警示不良事件，讲好职业底线故事。通过线上线下、校内企业，因材施教，开展润物无声，从知识点入手，自然融入课程思政育人元素，促进师生交流互动，潜移默化保证每个学生的思政课程质量。

将课程思政的理念和内容扎实贯彻学生日常，包含课前准备、课中授课、课后答疑、师生研讨、企业实践、作业答疑、工程师技术中心实践、作业考核等每个环节。通过校企教师、校企导师、工程师技术中心专职人员与学生开展多方面多渠道多类型多途径的交接，解决学生专业知识的同时，激发学生内生动力，提升思政质量。

4 结 论

培养具有敢为人先、为国效力、爱党报国善于解决复杂问题的科学家式工程师的道路中思政教育尤为重要。本文以北航国家卓越工程师学院人才培养为例，从校企协同的组织体系，双导师队伍，课程思政体系和课程思政教学模式等方面提升课程思政质量，坚持将课程思政全方位、多角度渗入教学各个阶段，切实发挥思想引领作用。

参 考 文 献

[1] 中华人民共和国国防部官网. 习近平在全国教育大会上发表重要讲话[EB/OL].（2018-09-10）. http://

www. mod. gov. cn/gfbw/sy/tt_214026/4824574. html

[2] 邹金锋,杜银飞,赵炼恒."卓越工程师 2.0"培养方案中的课程思政建设实践研究[J]. 大学,2021,36,(530):128-130.

[3] 孙巍."卓越工程师"视角下高校思政工作开展的新思考[J]. 黑龙江教师发展学院学报,2022,41(9):116-118.

[4] 林健. 国家卓越工程师学院建设:校企全方位深度合作培养高层次卓越工程师[J]. 高等工程教育研究,2023,5:7-17.

[5] 林健. 国家卓越工程师学院建设:培养造就国家重大战略急需的卓越工程师[J]. 清华大学教育研究,2023,3:1-10.

[6] 赵巍胜. 创新评价机制 深化卓越工程师培养改革[J]. 中国高教研究,2023,11(363):19-20.

[7] 刘莉,李宁. 理工科大学生工程伦理教育实践研究[J]. 思想教育研究,2016(12):107-111.

[8] 李振星. 平等对话:构建高校和谐师生关系[J]. 教书育人(高教论坛),2022(27):18-21.

[9] 中华人民共和国教育部官网. 教育部关于印发《高等学校课程思政建设指导纲要》的通知:教高〔2020〕3 号[EB/OL]. (2020-05-28). http://www. gov. cn/zhengce/zhengceku/2020-06/06/content_5517606. htm.

[10] 朱颖原. 新时代高校思想政治理论课立德树人践行路径[J]. 思想教育研究,2019(3):90-93.

[11] 韩杰才. 响应时代需求推进卓越工程师培养的供给侧改革[J]. 学位与研究生教育,2022(11):1-8.

[12] 朱正伟,李茂国. 实施卓越工程师教育培养计划 2.0 的思考[J]. 高等工程教育研究,2018(01):46-53.

[13] 谢辉. 深入推进课程思政建设(治理之道)[N]. 人民日报,2019-09-09.

[14] 张巧利. 高校创新创业人才思政培养引领研究[J]. 经济研究导刊,2019(01):145-146.

[15] 中共中央宣传部. 习近平新时代中国特色社会主义思想学习纲要[M]. 北京:人民出版社,2019.

[16] 肖贵清. 新时代高校思想政治理论课的守正与创新[J]. 思想教育研究,2019(3):80-84.

[17] 史光明,张艳阳,陈凯,等. 课程思政视角下"开学第一课"教学设计探讨 [J]. 科教导刊,2021(35):12-14.

航空航天特色课程思政在“传热学”教学中的探索*

刘梦[1]　李平川[2]　艾青[1]　帅永[1]

(1.哈尔滨工业大学 能源科学与工程学院，哈尔滨　150001

2.哈尔滨工业大学 机电工程学院，哈尔滨　150001)

摘　要：“传热学”是航空航天领域相关专业的一门重要专业基础课程，具有知识点多且难理解的特点。通过引入航空航天领域的前沿技术应用实例，激发学生的学习兴趣与探索热情，培养其创新意识与科学思维，引导学生利用“传热学”课程专业理论知识解决国家实际需求，与此同时，探索将思政元素融入课程教学中，通过典型事迹与特色案例在潜移默化中提高学生的责任意识与爱国情怀，构建“前沿技术引领＋思政故事融入”的特色教学模式，改变单一枯燥的课堂教学方式，在专业知识传授的同时，培养学生的主人翁精神与民族使命感。

关键词：航空航天；课程思政；传热学；教学探索

“课程思政”这一概念来源于习近平总书记在全国高校思想政治工作会议上的重要讲话[1]，不仅要通过传统的思政课开展大学生思想政治教育，还要在学科专业课中融入思政元素，把思政课程显性教育和课程思政隐性教育有机结合[2]，发挥思政在所有课程中的引领与协同作用。以党的二十大精神为指引，课程思政建设进入新阶段，旨在构建全员、全程、全方位的“三全覆盖”课程思政育人体系[3]，并将立德树人根本任务落实到学校、专业与课程等各层次上，协同专业知识讲授与课程思政育人，做到人人讲育人、门门有思政[4]，打造中国特色高等教育制度，通过挖掘与所授课程相关的典型事迹、特色案例及历史故事，寓思政元素于课程教学之中，以在潜移默化中培养学生的主人翁精神与爱国情怀，提高学生的责任意识与民族使命感。作为航空航天领域重要的专业基础课，“传热学”课程在目前的课堂教学中较少融入思政元素，因此本文将以该课程思政教学为例，开展相关的探索与实践。

1　“传热学”课程思政的意义

“传热学”是能源与动力工程学科的核心专业基础课之一，主要研究在自然界及工程技术中普遍存在的热量传递规律，涉及导热、对流、辐射等三种基本传热方式中的热传输理论、规律及方法。随着科技进步与学科发展，逐渐与机械、电子、材料等学科交叉渗透，发展成为航空航天领域相关专业的一门重要专业基础课程，做好该课程的思政教学，能够发挥较大的示范作用。

* 基金项目：碳中和背景下能动类热工课程模块化建设及综合改革探索(SJGY20210267)；旨在提高学生创新实践能力以产品设计为主线的课程体系研究(GJB1421038)；哈尔滨工业大学教学发展基金项目“第六批课程思政类—传热学C”(XSZ20210009)

“传热学”课程教材内容较多，理论性强，公式推导和计算过程繁杂，学生需要理解与掌握的概念性知识点较多[5]，包括稳态与非稳态导热、对流换热及其边界层理论、辐射换热的基本方法等，教材内容增加与教学课时压缩进一步提高了课程教学的难度，如何在有限的教学时间内提高学生对知识点的理解与接受程度、激发学生对枯燥知识点的学习热情，是授课教师需要重点考虑的问题。此外，在本课程开课阶段，学生正面临就业与考研的选择难题，思想易产生波动[6]，因此，有必要在课程教学中融入思政元素，一方面，通过与课程相关的故事与案例激发学生的学习兴趣，加深学生对知识点的理解与掌握，另一方面，通过介绍专业科技前沿与典型事迹，培养学生的主人翁精神与爱国情怀，树立正确的世界观、人生观、价值观，同时有助于增强学生的专业自信心，并提前做好个人职业规划。

2 “传热学”课程思政的探索

在目前的“传热学”课程教学中，仍以专业知识讲解为主要教学方式，思政元素的融入较少，需进一步根据本课程的教学内容，深入挖掘其中蕴含的课程思政元素，并融入教学环节之中，寓能力培养与价值引导于专业课程之中，达到润物无声的育人效果。

2.1 课程思政实施方案

本课程思政将通过教学设计、课堂互动与多元考核等三个方面开展，引入航空航天领域的科技前沿应用案例，融入大国工匠、民族英雄等专业相关的真实故事，弘扬科学家精神[7]，建立饱满、立体的课程思政教学体系，以润物无声的方式保证专业知识与课程思政的教学效果，在培育学生科学思维与专业素养中使其牢铸理想信念与民族使命感。“传热学”课程思政的具体实施方案如图 1 所示。

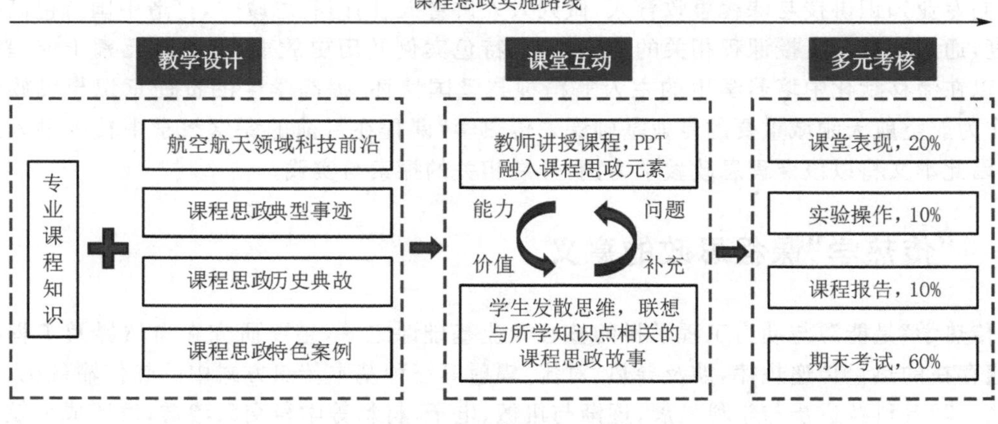

图 1 “传热学”课程思政实施方案

(1) 教学设计挖掘课程思政

传热现象普遍存在于日常生活与工程实际中[8]，可供挖掘的课程思政元素较多，需根据授课任务与课时安排，酌情增加课程思政，以实现专业教学与课程思政相辅相成的局面，而非厚此薄彼，因此，课程思政教学设计对任课教师来说是一大挑战。

考虑到现有的大学教育课程设置较多，学生疲于应对繁杂的课业压力，学习动力不足，与此同时，“传热学”作为专业基础课之一，知识点较多且难于理解，加上学生对专业领域的认知匮乏，难以提起学习兴趣，这大大降低了教学的成效。基于此，“传热学”课程之初，应着重介绍专业领域相关的科技前沿应用实例，以此增强学生的民族自豪感，并深刻认识到所学专业的用武之地，建立起利用所学知识为国家发展添砖加瓦的信心；另一方面，也让学生了解我国在专业领域所遇到的“卡脖子”问题，从而带着问题走进课堂，提高学习兴趣，加深对所学知识的理解，也有助于学生开展未来职业规划。在后续教学中，不断提高课程思政的广度与深度，将与授课知识点相关的工程实际案例、历史典故及典型事迹等课程思政元素以润物细无声的方式融入其中，在潜移默化中开展课程思政教学，避免生硬化，并通过课间播放《大国重器》《大国工匠》等相关视频，让学生切身感受国家科技发展，增强民族自豪感，主动发扬吃苦耐劳、不屈不挠的科学探索精神。

(2) 课堂互动融入课程思政

课堂是教师与学生教学相长的纽带，有效的课堂互动不仅能帮助学生更好地理解知识点，也能帮助教师更好地了解学生的学习状态与对知识点的掌握程度，可实现即时反馈。因此，教师应充分利用课堂互动环节，在利用 PPT 课件中融入的课程思政元素开展教学的同时，也鼓励学生发散思维，根据自己的理解讲述所联想到的与知识点相关的课程思政故事及案例，探讨对知识点的理解，提出其中无法解释的问题，然后教师再根据学生的讲述与问题进行补充说明，以此促进学生学习的主观能动性，加深其对知识点的理解与掌握，启发其提高课程思政的自我认知，帮助学生成长为有理想、有追求、善思考的新时代人才。

(3) 多元考核助力课程思政

为了使学生更好地感受学习的魅力，将期末考试成绩占比降低到 60%，其余部分则通过课堂表现(20%)、课程报告(10%)及实验操作(10%)等考核。其中，课堂表现的平时成绩占比较高，旨在提高学生的课堂参与积极性，通过课堂互动更好地理解课程内容、联想知识点相关的案例与故事，激发学生的求知欲与爱国热情；此外，通过布置带有思政元素的课程报告，如结合雪山、高原及太空等特殊环境的热特征，在巩固所学知识点的同时，深刻体会解放军战士保家卫国的恶劣环境及航天精神的可贵之处，认识到幸福生活来之不易，以此激发学生的民族归属感与自豪感。

2.2 课程思政教学设计案例

“传热学”的教学内容主要由概述、导热、对流换热及辐射换热过程相关的知识点构成，根据各知识点的特点，设计融入不同的课程思政案例，并结合授课形式与教学方法的调整，达到知识点与思政元素的完美融合，在潜移默化中达到思政育人的成效。针对“传热学”各知识点的课程思政具体设计如表 1 所列。

表 1 “传热学”知识点的课程思政设计

序 号	授课知识点	课程思政融入设计	授课形式与教学方法	思政元素
1	概述	引入志愿军英雄“冰雕连”事迹，强调热的重要性；介绍航空航天领域的传热应用典型案例，突出专业的前沿性	故事引入＋前沿案例启发式	激发学习热情，科学客观看待专业领域发展，增强民族自豪感

续表 1

序 号	授课知识点	课程思政融入设计	授课形式与教学方法	思政元素
2	导热基本定律	新型航天器高温热防护材料发展需求，引入热传导规律的发展	理论讲述+需求牵引 互动式、启发式	工匠精神，立足国家需求
3	稳态导热	讲述傅里叶热传导等基本定律，介绍傅里叶时期科学家爱国爱民的故事，引入科学事业对于国家和人民的重要性	理论讲述+爱国教育 互动式、启发式	科学思维方式，爱国情怀
4	非稳态导热	从神舟飞船热防护到空间站设计，讲述非稳态导热的特点，激发爱国主义精神	故事引入+理论讲述 互动式	工匠精神，爱国情怀
5	导热问题数值解法	从数值传热基本理论到商用软件的发展，引入国家、学校受欧美等制裁，激发大家爱国爱校的情怀	开放作业 启发式	自主创新，爱国爱校
6	对流换热问题的数学描述	讲述对流换热的影响因素，分析红军爬雪山的艰苦历程，引入国家人民幸福生活的来之不易	理论讲述+红色教育 互动式	革命精神，爱国情怀
7	对流换热边界层理论	由普朗特边界层引入钱学森等老一辈科学家，强调创新发展的意义	理论讲述+科学故事 互动式、启发式	科学家精神，创新意识，探索精神
8	对流换热的实验理论	讲述对流换热系数实验关联式精度问题，通过引入我国核潜艇小型化发展，弘扬军工爱国精神	理论讲述+军事发展 互动式	严谨的科学态度，爱国情怀
9	热辐射基本概念、原理	介绍美军1999年轰炸我国大使馆时使用的F117型飞机的隐身特性，引入热辐射概念	故事引入+理论讲述 启发式	民族使命感，大国工匠
10	辐射换热的基本方法	通过中国航天卫星热控中基本的换热方式为辐射换热这一背景，引出辐射换热的基本方法	应用案例+理论讲述 互动式、启发式	科学思维方式
11	复合换热分析	由中俄石油管道隔热保温引出国家能源战略，介绍复合传热分析过程	开放作业 互动式	民族使命感
12	传热学实验	通过操作基本仪器，介绍我国传热领域的仪器发展历程，弘扬爱国主义精神	实验测量	爱国情怀，工匠精神

3 结 语

在习近平新时代中国特色社会主义思想的指导下，深挖学科专业课程中的思政元素，通过课程思政建设，落实立德树人的根本任务，建立起专业知识传授、个人能力培养与社会价值引领多位一体的育人体系，推动形成专业知识与课程思政协同育人的新局面，推进课程思政体系的高质量发展，不断完善中国特色高等教育制度，通过案例启发与课堂互动，激发学生的主人翁意识与爱国情怀，增强学生的民族认同感与民族自豪感，引导学生树立正确的价值观，与此同时，帮助学生了解专业发展趋势，认识专业技术发展瓶颈与国家需求，培养学生具备严谨的科学态度与求真的创新意识，并以科学家精神、大国工匠精神作为人生指引，以过硬的专业技能与坚定的爱国信念肩负起中华民族伟大复兴中国梦的光荣使命。

参考文献

[1] 贾敏，肖东，申洁，等. 石油工程专业“传热学与传质学”课程思政教学策略[J]. 西部素质教育，2023(9)：37-40.

[2] 王帅，刘国栋，何玉荣. 能源动力类课程思政建设与探索——以“气液两相流动与沸腾传热”课程为例[J]. 黑龙江教育(高教研究与评估)，2023(2)：70-72.

[3] 习近平. 习近平在全国高校思想政治工作会议上强调：把思想政治工作贯穿教育教学全过程 开创我国高等教育事业发展新局面[N]. 人民日报，2016-12-09.

[4] 陈宝生. 教育部党委书记、部长陈宝生在新时代全国高等学校本科教育工作会议上的讲话：坚持以本为本推进四个回归 建设中国特色、世界水平的一流本科教育[R]. 中华人民共和国教育部，2018-06-21.

[5] 叶会文. 基于问题驱动的教学法在“传热学”课程中的探索[J]. 科技风，2023(1)：82-84.

[6] 宫明龙，刘凤芳，梅瑞斌，等. 传热学课程思政教学模式初探[J]. 中国现代教育装备，2022 (389)：97-99，107.

[7] 盛况. 论科学家精神融入理工科课程思政[J]. 北京教育(德育)，2023(10)：48-53.

[8] 张贺磊，耿直，单晨晨，等. 案例式教学在传热学课程教学中的应用[J]. 中国电力教育，2022 (2)：57-58.

国际学生"飞行动力学"课程思政实施方法研究

刘艳　米百刚　夏露

（西北工业大学 航空学院，西安　710072）

摘　要：论文从道德法治与外交战略角度分析了对国际学生开展课程思政的必要性。从专业课教师思政意识与教学能力、国际学生文化背景与思维模式角度分析了国际学生课程思政实施开展的问题与困难。根据国际学生的培养需求，结合飞行动力学课程的特点，从科学发展规律、脚踏实地学习精神、严谨工作态度、人文素养、国家形象塑造等五大方面对课程蕴含的思政元素进行了挖掘。最后，结合课程特点提出了"基于知识点-结合时事/实例"的课程思政实施方法。

关键词：国际学生；课程思政；思政元素；实施方法

高校思政工作关系着高校培养什么样的人、如何培养人以及为谁培养人[1]。目前，中国已成为世界第三、亚洲最大的留学目的国[2]，其中共建"一带一路"国家学生占比超过六成，国际学生的教育已成为我国高等教育的重要组成部分。因此，培养什么样的国际学生、为谁培养国际学生是我国高校教育工作必须考虑的问题。

长期以来，国内高校普遍认为思政工作的对象只有中国学生，没必要对国际学生开展思政教育。思政教育的缺失带来了一些问题：① 国际学生的思想道德与法治观念缺乏正确的引导，行为作风主要靠自身素质，个别素质较低留学生的违法乱纪行为给个人、学校都造成了负面的社会影响[3]；② 具有本国文化背景、熟悉本国民众思维模式的国际学生是正面传播我国形象的有利载体[4]，而思政教育的缺乏使得这一载体并没有充分发挥其在提升中国国际影响力和国际地位中的作用。

教育部在2018年发布的《来华留学生高等教育质量规范》中指出，来华留学生人才培养目标主要是"对中国的认识和理解"，以及"跨文化和全球胜任力"[5]。来华留学生应当熟悉中国历史、地理、社会、经济等中国国情和文化基本知识，了解中国政治制度和外交政策，理解中国社会主流价值观和公共道德观念，形成良好的法治观念和道德意识。由于文化背景、政治观念等方面的差异，面向中国学生的传统思政课程与教育方式并不适用于国际学生，因此在专业课程中开展润物细无声的思政，更具亲和力、更容易让留学生接受。

"飞行动力学"是西北工业大学航空学院本科专业核心课程，面向国际学生的全英文课程"Flight Dynamics"也已经开设11年。课程内容蕴含丰富的思政元素，面向中国学生开展的课程思政取得了很好的效果，本文将探讨如何对国际学生开展课程思政。

1　国际学生课程思政开展面临的问题

无论是课程内容还是课程思政，其教学主体都是教师与学生。开展课程思政，首先需要从教师与学生两个角度对国际学生课程思政开展所存在的问题与困难进行分析，对症下药。

1.1 教师思政意识与教学能力

教师是教学的主导者，课程思政的开展效果取决于教师的思政意识和能力。

目前，面向国际学生的专业课有两种授课方式：与中国学生在一起学习的中文授课班；为留学生单独开设的全英文授课国际班。

在经过数年的课程思政建设后，中文授课的专业课教师通常已具有较强的课程思政意识与一定的课程思政能力。但全英文授课的教师这两方面则较为缺乏：① 认为思政教育是中国学生专属，没必要对国际学生开展课程思政。问卷调查结果表明，只有 43.86%的专业课教师认为课程思政适用于留学生群体，仅 28.57%的全英文授课专业课教师开展过课程思政教改[6]。② 国际学生课程思政不仅需要专业课教师有较高的专业英语和日常英语，还需要对思政相关英语词汇较为熟悉，而绝大多数专业课教师，尤其是工科教师，这方面能力尚有欠缺。

1.2 国际学生的思维模式

国际学生来自不同国家，具有不同的文化背景、政治观念，其母语文化易使其形成思维定式和对异文化的排斥，而且不像中国学生从小接受思政教育，因此常规思政教育很难让学生接受，甚至会产生抵触情绪。此外，与课堂上沉默寡言的中国学生不同，国际学生往往课程活跃度高，会在课堂上随时与教师互动，甚至质疑教师讲授的内容。

因此，课程思政的开展方式要避免"敏感问题"，避免单向灌输，允许学生自由思考、广泛讨论，应尽量引导学生学会换位思考，养成尊重、平等、包容的跨文化心态[4]。

2 面向国际学生的飞行动力学思政元素

"一带一路"是我国的国家倡议，高质量的人才是这一战略的有力支撑，高质量人才不仅要具有过硬的专业技能，还应了解中国，具有较强的跨文化交际能力。

在面向中国学生开展的课程思政中，飞行动力学课程的思政元素可归纳为科学发展规律、脚踏实地的学习精神、严谨的工作态度、爱国主义情怀与人文素养等五大类。

科学发展规律、脚踏实地学习精神、严谨工作态度有助于培养学生过硬的专业技能，这对于中国学生和国际学生是通用的；对于国际学生来说，爱国主义情怀并不适用，但可以由国家形象塑造代替；人文素养和国家形象塑造可以让国际学生更了解中国，有利于培养其跨文化交际能力。

2.1 科学发展规律

飞行动力学由"飞行性能"和"稳定性与操纵性"两部分组成，前者是飞机设计的目标，其评价尺度为性能指标；后者是目标实现的保证，其评价尺度为飞行品质。

从 1903 年莱特兄弟第一次实现人工动力飞行至今，飞行性能在不断发展，飞行性能的提升带来了飞机外形和操稳特性的变化，为保证飞行安全和良好的飞行品质，需要引入飞行控制系统，由此带来了新的飞行品质问题。因此，飞行品质规范也在不断修订，且修订频率越来越高，如图 1 所示，这与科学发展规律是一致的。

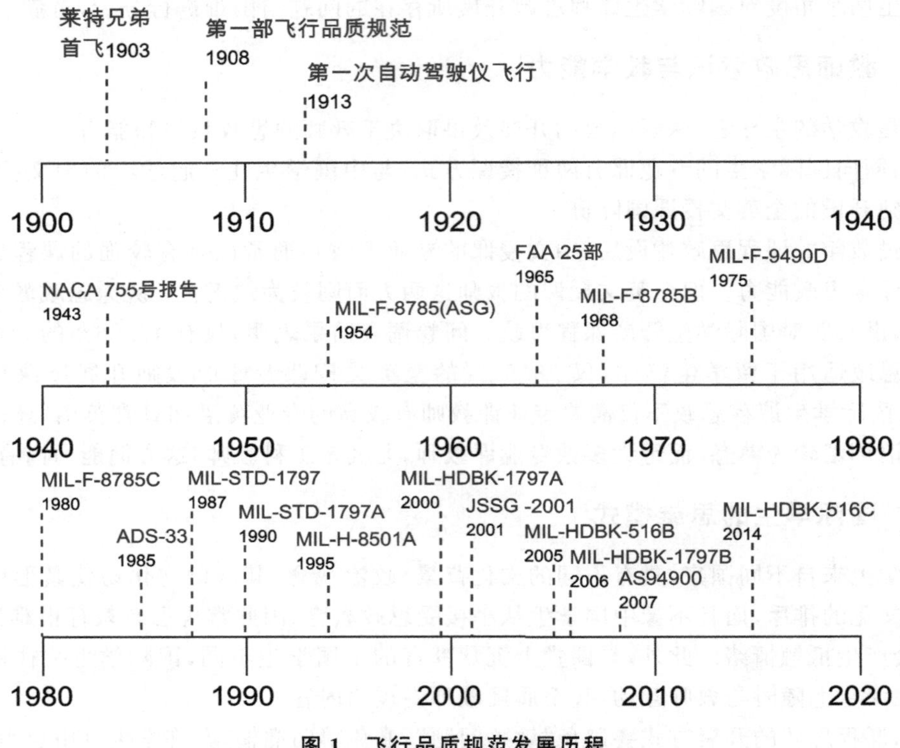

图 1　飞行品质规范发展历程

2.2　脚踏实地学习精神

飞行品质是驾驶员操纵飞机完成预定任务的精度与难易程度。

飞行任务，如图 2 所示，由驾驶员根据任务指令操纵飞机完成，任务的完成精度取决于驾驶员的操纵水平和飞机飞行品质。训练有素、动机良好的驾驶员总是试图以最优的性能完成任务，因此对于相同驾驶员，飞行任务完成的好坏取决于飞机的飞行品质。

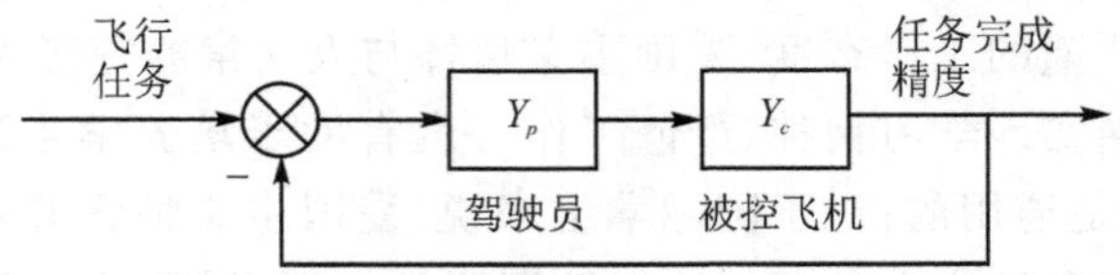

图 2　人机系统结构示意图

学习任务，如图 3 所示，由教师指导学生完成，知识的掌握情况取决于教师水平、学生自身能力和努力程度。业务水准在线、有责任心的老师总是在其能力范围内力图以最好的效果完成教学任务，在相同教师、学生能力相近的前提下，学习任务完成的好坏取决于学生的努力程度。

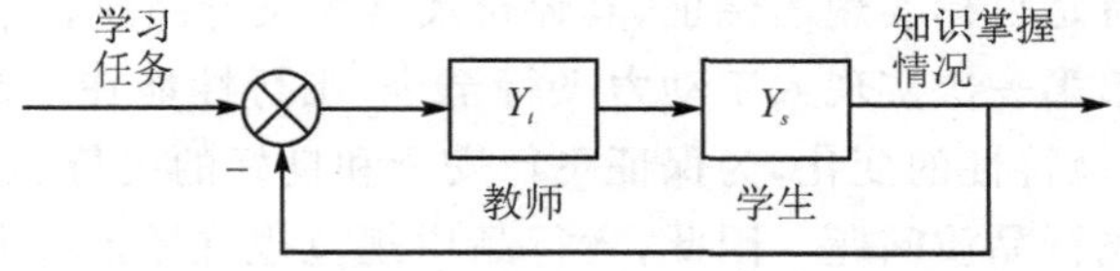

图 3　师生系统结构示意图

2.3 严谨工作态度

飞行安全是航空第一要务，也是飞行动力学的一个重要研究方向。飞行安全涉及人、飞机及环境三大元素，其中飞机由人设计、制造，因此飞行安全的决定性因素是人。要保证飞行安全，需要人具有极其严谨的工作态度。

2013 年，当时的驻阿富汗美军租用了一架 B747 货机运送五辆装甲车，两辆 12 吨的布置在两端，三辆 18 吨的装载在中间，如图 4 所示。由于没有严格按照规范标准固定车辆，飞机起飞后在重力作用下固定车辆的绳索断裂，导致飞机因重心后移而纵向不稳定，并快速失速坠毁。

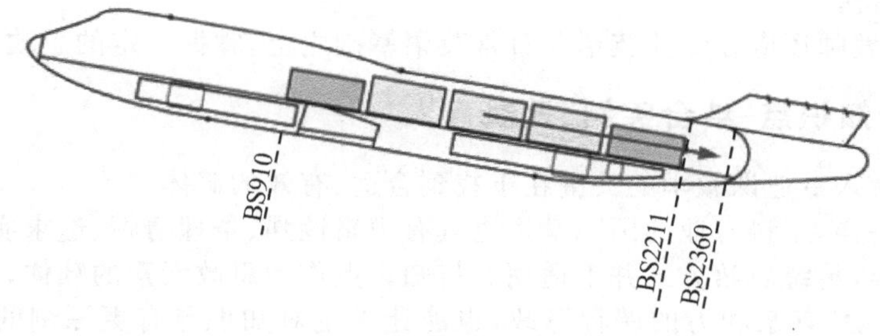

图 4 事故飞机装载示意图

事故原因是固定车辆绳索强度不够导致的最基本纵向静稳定性问题，却造成了机毁人亡的事故，可见航空安全无小事、事事需严谨。

2.4 人文素养

从STEAM(Science，Technology，Engineering，Art and Mathematics)教学理念角度来看，人文素养对科学素养、思辨能力、语言表达能力及写作能力都具有相当高的促进作用[7,8]。

达索公司的创始人马赛尔・达索曾说“Chaque fois qu'un avion est beau，il vole bien(如果一架飞机看起来漂亮，那一定飞得好)”。这是因为飞机的飞行性能主要取决于其气动外形，而简洁、流畅的外形不仅符合美学标准，也正好符合空气动力学原理。

飞机的短周期模态特性受纵向静稳定性影响：静稳定度过高时会频率过高、阻尼过小，响应振荡剧烈；而静稳定度不足则会导致频率较低阻尼偏大，响应速度慢。这与《论语》中“过犹不及、物极必反”的中庸思想是一致的。

2.5 国家形象塑造

国家每年为国际化教学投入大量资金，不只是为了提高国内高校的国际化程度，也是出于外交考量。全球化时代，跨文化传播深刻影响着国家形象的塑造和国际话语权的建立。培养了解中国、认同中国价值主张的知华、友华人士，有助于进一步提升中国国际影响力和国际地位[9]。

维护世界和平、促进共同发展是我国的对外政策宗旨，在航空领域也有所体现：2022 年 1 月，我国空军出动两架运 20 飞机向遭遇火山爆发的汤加送去了数十吨的物资；在我国的援助下，一些亚非“一带一路”共建国家有了机场和航线。这些均可以在相关知识点处被提及用于塑造国家形象，例如援助汤加可在续航性能处，援建机场可以在起飞着陆性能处。

3 面向国际学生的课程思政实施方法

3.1 提高教师思政意识与英语水平

教师是教学的执行主体，其言谈举止会潜移默化地影响学生的人生观、价值观与科学观，因此要开展课程思政，首先需要提高自身的政治修养、知识底蕴和道德情操。

经过数年的课程思政建设，目前专业课教师普遍具有了一定的课程思政能力。但是中外学生文化背景、政治观念、语言水平和学习目的均有较大差异，因此对留学生的课程思政应因材施教、差异化对待。

此外，专业课教师还应在专业英语及日常英语基础之上，掌握一定的思政相关英语词汇。

3.2 “基于知识点-结合实例”开展育人

将课程思政融入专业课教学的关键在于找到合适、有效的载体。

与中国学生一样，工科专业的国际学生也具有逻辑性强、条理清晰、追求实用的思维模式，加上政治文化差异，传统思政方式并不适用。将知识点作为思政元素的载体，结合具体时事或案例，既能实现生动、有亲和力的课程思政，也能让学生对知识点有更深刻的理解，从而做到“无形中见成效”。

4 结 论

随着我国高等教育国际化进程的有序推进，国际学生教育已成为我国高等教育的重要组成部分，无论是从道德法治还是外交战略，对国际学生开展课程思政都势在必行。

由于政治观念、文化背景和语言交流等方面的差异，中国学生与国际学生开展课程思政的侧重点不同，即使是相同的课程内容，适用的思政元素也不相同。

论文提出的“基于知识点-结合实例”课程思政方式，在中国学生身上已经初见成效，认可度和接受度都较高。但是国际学生课程思政的目的都是比较长远的，短时间可能看不见成效。此外，飞行动力学课程中没有涉及道德法治相关的思政元素，无法满足这方面的培养需求，还需要其他课程的课程思政来实现。

参 考 文 献

[1] 敖祖辉，王瑶. 高校课程思政的价值内核及其实践路径选择研究[J]. 黑龙江高教研究. 2019(3)：128-132.

[2] 张甲. 新时期来华留学生课程思政建设初探[J]. 高教学刊，2022(4)：14-17.

[3] 隋悦. 依法治校背景下高校来华留学生法治教育探究[J]. 法制博览，2023(26)：154-156.

[4] 王端，林左天. 借力来华留学生讲好中国故事研究[J]. 黑龙江教育(理论与实践)，2021(9)：29-31.

[5] 中华人民共和国教育部. 来华留学生高等教育质量规范[EB/OL]. 教育部网，(2018-10-12)，http://www.moe.gov.cn/srcsite/A20/moe_850/201810/t20181012_351302.html.

[6] 张知倞，温广瑞，王美玲，等. 来华留学生“课程思政”实施现状与展望初探——基于高校教师视角[J]. 陕西教育(高教)，2022(12)：10-12.

[7] 张丽，杜培林. 关于科研人员人文素养问题的思考[J]. 经济研究导刊，2013(18)：89-90.

[8] 杨晓华. 试析艺术素养教育对提高大学生科学素养和人文素养的作用[J]. 学校党建与思想教育(高教版)，2014(8)：65-67.

[9] 李宝贵，李博文. 新时代国际学生思想政治教育：意义、特点、内容与路径[J]. 辽宁师范大学学报(社会科学版)，2018(4)：14-23.

“航空工艺装备技术”大学思政课程建设教学设计研究

刘占军　贺军

（沈阳航空航天大学 航空宇航学院，沈阳　110136）

摘　要：为了推进航空思政教学，提高航空类大学教学质量，真正提高学生的能力，我们对“航空工艺装备技术”课程进行了一系列教学改革。本文旨在探讨航空工艺装备技术课堂与价值引领有效结合的途径，用好课堂教学这个主渠道，在本课程上，提升课堂话语和知识传播的有效性，既让学生掌握了专业知识，又获得了正能量。通过搭建可操作的实现路径，确保课程思政的“思政”育人目标得以实现。在航空工艺装备技术教学中基于雨课堂引入情景模拟、角色体验、团队竞争等新式教学方法，强化基于混合式教学的线上课程思政教学。

关键词：航空思政；航空工艺装备技术；情景模拟；混合式教学

引　言

航空工艺装备主要是指飞机工艺装备，包括各种通用机床装备、专用工艺装备、常用工具和试验设备。各种通用机床装备包括蒙皮拉形设备、喷丸成形设备、超塑成形设备、旋压成形设备、压力机、液压机及其他成型设备。专用工艺装备包括型架、夹具、模具、标准样件、量规等。

全面落实立德树人根本任务，做好“课程思政”这项非常重要的工作，是航空航天大学一道重要命题。习近平总书记在全国高校思政工作会议上强调“高校思想政治工作关系高校培养什么样的人、如何培养人及为谁培养人”这个根本问题。要坚持把“立德树人”作为高等教育的根本任务。

作为“航空航天”特色鲜明的高校，“为党育英才、为国铸重器”既是时代赋予我们的历史重任，更是全体沈航人肩负的共同使命。为了推进航空思政办学，提高航空类大学教学质量，真正提高学生的能力，我们对“航空工艺装备技术”课程进行了一系列教学改革[1]。

1　“航空工艺装备技术”课程思政建设总体设计情况

所谓课程思政，指在大学专业课（非思政课）教学中，根据课程的特点，将中国特色社会主义和中国梦的宣传教育，中华优秀传统文化教育，理想信念教育，中华优秀传统美德，职业素养，工匠精神、革命传统教育、国防教育、劳动教育等融入专业课教学中，引导学生树立正确的世界观、人生观和价值观，以提高大学生的综合素养，培养社会主义合格的建设者和可靠的接班人。

“航空工艺装备技术”课程是飞行器制造工程专业的专业方向课，是在学生完成机械设计、机械原理课的学习，具有一定的机械结构分析能力的基础上，使学生理解航空工艺装备的类型与工作原理，熟悉飞机工艺和设备的关系，掌握航空工艺各种典型装备的操作与使用开设的课程。主要内容包括：学习航空工艺装备的类型与工作原理，熟悉飞机工艺和设备的关系，掌握各种典型设备的操作与使用。飞机工艺装备的作用主要是保证飞机制造的质量，提高劳动生产率，降低产品成本。飞机制造的质量是指飞机产品的几何参数准确度和物理参数准确度。飞机产品的几何参数准确度包括外形准确度和相对位置准确度。相对位置准确度又包括零件之间的相对位置准确度、工件与刀具之间的相对位置准确度、工件与机床之间的相对位置准确度和工件与量具之间的相对位置准确度。物理参数准确度是指产生、测量和控制物理参数准确度，包括温度、压力、电流、时间和光照等物理参数。能够根据毕业设计的特定需求，会学以致用，为将来成为飞行器专业人才打下坚实的基础。

本课程的思政育人目标体现在贯彻落实课程思政教学改革的过程中，牢牢抓住课程的“思政”属性，即课程思政育人的目标：将人文素质教育融入航空工艺装备技术课堂里，在大学生群体中，树立正确的政治理想和政治道德，培养对党和国家、社会主义事业忠诚可靠的建设者和接班人。着重培养大学生对党的认同、对我国政治道路的认同。对此，我们统一认识，完善协同育人体系，通过搭建可操作的实现路径，确保课程思政的“思政”育人目标得以实现。

要实现课程思政功能的最大化，课堂是教学的主阵地。课堂内容设置从大学生的求知需求出发，遵循学生成长规律，注重“术道结合”，深度拓展航空工艺装备技术课程基础教学内容。在课程设计中丰富教学形式，在航空工艺装备技术课程基础教学中基于雨课堂引入情景模拟、角色体验、团队竞争等新式教学方法，提升课堂话语和知识传播的有效性，促进大学生在活动中体会和学习，参与和思考，实现认知、情感、理性和行为认同[2]，以“课程思政”教育方式，在潜移默化中实现“德”的提升，实现航空航天报国志的养成。

组织学生“思政”知识竞赛，吸引学生积极普及航空工艺装备技术基础文化知识，让更多的学生真正了解航空航天报国的内涵和魅力，培养终身学习的意识。把开展航空航天报国活动同服务学生素质拓展统一起来。具体工作见表1。

表1 航空工艺装备技术思政培养计划表

序 号	内 容	学生人数	地 点	校内带队教师数量
1	分组角色体验	68	课堂	2
2	团队竞争	68	课堂	2
3	通航参观	68	通航研究院	2
4	沈飞博览园参观	68	沈飞博览园	2
5	黎明发动机参观	68	黎明公司	2

2 “航空工艺装备技术”课程思政教学实践情况

航空工艺装备技术已成为现代工业生产的重要工艺手段，而且具有广阔的发展前景。近年来，以微电子和计算机为代表的高新技术与航空工艺装备技术的结合，更加体现了这种工艺方法生产效率高、制件质量好、节省材料和尺寸精度高及性能稳定等一系列特点。它在产品研制、试制、批量生产和大量生产的各个阶段都是不可缺少的,不仅影响企业产品更新换代的速度和市场反应能力,而且对保证产品质量的稳定性和降低生产成本都有重要影响,因此在国民经济的各个工业部门得到广泛的应用。

我国航空工艺装备技术的发展,经历了从无到有,从仿制到自行设计制造,从自我发展到中外联合,特别是改革开放以来得到很大的发展,无论是设备的种类和数量都基本上满足了国民经济各部门生产的需要,而且开始进入国际市场。"工欲善其事,必先利其器",先进的加工设备是集机械、电子、光学、液压、气动、检测于一体的多功能、高精度、高自动化、高可靠性、低噪音的设备。今后,随着我国经济实力的进一步提高和科学技术的发展,将为航空工艺装备技术提供更多、更好的设备。

"课程思政"理念融入航空工艺装备技术教学,关键要弄明白教什么。

2.1 围绕航空强国梦教信念

航空强国梦与中国梦紧密相连。中国梦在航空领域的具体反映,就是航空强国梦。航空发展史表明,中国航空承载的不仅是个人荣辱,更多的是国家形象的好坏、民族精神的聚散。所以要将航空强国梦的论述融入教学内容,向学生传授中国梦"航空强国梦""航空强则中国强"等重要观点及思想,让航空强国梦在实现中国梦中发挥积极作用。

2.2 围绕航空历史教文化

航空历史有着和人类一样悠久的历史,航空历史、航空文化是世界文明的重要组成部分。中国亦是如此,我们可看出航空历史中蕴含着丰富的人文知识、文化现象,中国的航空航天史就是一部自强不息史,是一部航空航天报国史,这是教学不可或缺的重要部分。在航空航天专业教学中,用中国航天之父钱学森以及为中国航空事业献身的罗阳事迹培养学生航空航天的家国情怀。

2.3 立足教师提升"思政"能力

古人云"师者,传道授业解惑也",教师担负着教书育人的神圣职责。高素质的教师队伍才能在人才培养过程中发挥举足轻重的作用。上课从来不迟到的老师,会培养学生守时的习惯。热爱自己岗位的老师会令学生崇敬。

教师是引导学生树立正确价值观取向的关键,只有教师在政治上有高站位、在思想上有高水平、在道德上有高水准,才能在教学过程中自然而高效地将思政内容传递给学生。要切实提升教师德育意识和价值教育能力,把德育意识培养纳入到教师日常培训体系,为教师量身设计培训课程。要结合教学的特点,鼓励教师学习航空航天人文知识和科学知识,提升教师的价值教育能力。要增强教师的人格影响力,促使学生能够真正"亲其师,信其道",实现教育与教学的有机统一。

2.4 立足课堂增强教育效果

课堂是教学的主阵地,要充分发挥其主渠道作用。课堂内容设置要从大学生的求知需求出发,遵循学生成长规律,注重"术道结合",深度拓展航空工艺装备技术教学内容。在课程设计中要丰富教学形式，在教学中基于雨课堂引入情景模拟、角色体验、团队竞争等新式教学方法，提升课堂话语和知识传播的有效性，调动学生学习积极性，促进大学生在活动中体会和学习，参与和思考，实现认知、情感、理性和行为认同，以“课程思政”教育方式，在潜移默化中实现“德”的提升，实现航空航天报国志的养成。

2.5 立足课外丰富“思政”形式

利用航空工艺装备技术课程提升“思政”的覆盖面效果非常明显这一优势，我们组织学生“思政”知识竞赛，吸引学生积极普及航空工艺装备技术文化知识，让更多的学生真正了解航空航天报国的内涵和魅力，培养终身学习的意识。开展大学生“走下网络、走出宿舍、走向课外实践基地”活动，把促进青年学生航空航天报国同坚定理想信念贯通起来，把开展航空航天报国活动同服务学生素质拓展统一起来。

3 航空工艺装备技术课程评价情况

3.1 在指导思想上评价

突出评价的发展性功能和激励性功能，重视对学生学习潜能的评价，立足于促进学生的学习和充分发展，为“适合学生的飞行器工程基础教育”创造有利的支撑环境。

3.2 在评价的主体上评价

调动学生主动参与评价的积极性，改变评价主体的单一性，实现评价主体的多元化；建立由学生和教师等共同参与的评价机制。

3.3 在评价的方法上评价

由终结性评价发展为形成性评价，实行多次评价和随时性评价、“档案袋”式评价等方式，突出过程性；由定量评价发展到定量和定性相结合的评价，不仅关注学生的分数，更看学生学习的动机、行为习惯、意志品质等；由相对评价发展到个人内差异评价。相对评价是通过个体的成绩与同一团体的平均成绩相比较，从而确定其成绩的适当等级的表示方法，也被称作“常模参照评价”。由绝对性评价发展到差异性评价[3]。绝对评价是对学生是否达到了目标的要求或“达标”的程度所作出的评价，也被称为“标准参照评价”。这种评价过于重视统一性，忽视了评价的差异性和层次性。我们提倡对不同的学生采用不同的评价标准。

4 航空工艺装备技术课程特色与创新

4.1 树立正确的政治理想和价值观

在航宇学院大学生群体中，树立正确的政治理想和政治道德，培养对党和国家、社会主义事业忠诚可靠的航空航天建设者和接班人。课程思政不同于以往的课程德育、伦理教育等，应着重培养大学生对党的认同、对我国政治道路的认同。

4.2 强化基于混合式教学的线上课程思政教学

强化基于混合式教学的线上课程思政教学，与其课堂禁止学生看手机，不如利用课堂是教学的主阵地，要充分发挥其主渠道作用，利用这一信息端持续推送弘扬正能量的航空航天报国事迹。课堂内容设置要从大学生的求知需求出发，遵循学生成长规律，注重"术道结合"，深度拓展飞行器工程基础教学内容。在课程设计中要丰富教学形式，在航空工艺装备技术教学中基于雨课堂引入情景模拟、角色体验、团队竞争等新式教学方法，提升课堂话语和知识传播的有效性，促进大学生在活动中体会和学习，参与和思考，实现认知、情感、理性和行为认同，以"课程思政"教育方式，在潜移默化中实现"德"的提升，实现航空航天报国志的养成。

5 教学设计样例

航空航天报国的典型事例教学设计样例见图1至图4。

图1 罗阳事例一

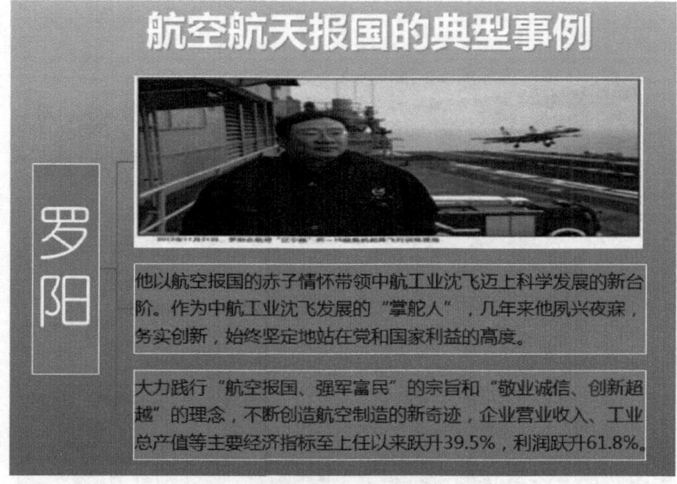

图2 罗阳事例二

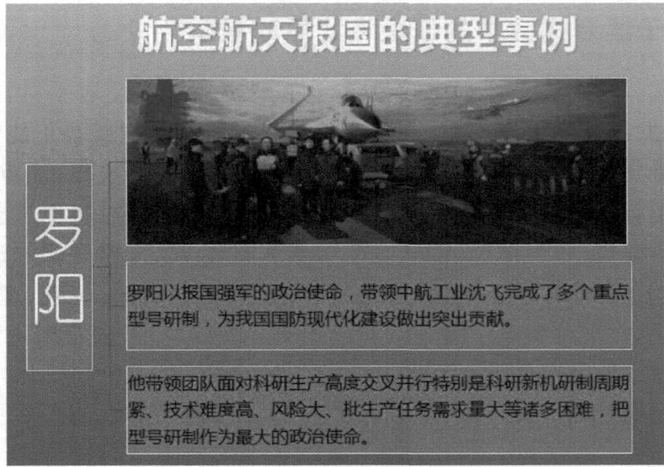

图 3　罗阳事例三

图 4　罗阳事例四

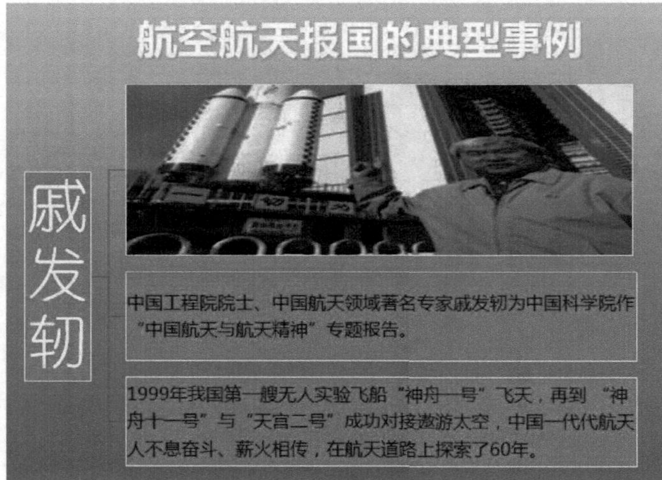

图 5　戚发轫事例

6 结 论

通过搭建可操作的实现路径,确保课程思政的"思政"育人目标得以实现。在航空工艺装备技术教学中基于雨课堂引入情景模拟、角色体验、团队竞争等新式教学方法,提升课堂话语和知识传播的有效性。论文阐述了航空工艺装备技术课程思政教学实践、课程评价、特色与创新内容,给出了航空航天报国的典型事例教学设计样例。

参 考 文 献

[1] 王珉,郝小忠,陈文亮.飞行器制造工程专业教学和实验体系研究与实践[J].实验技术与管理,2009,26(10):129-132.

[2] 鲍益东,陈文亮.钣金冲压成形实验课程教学方法的研究[J].南京航空航天大学学报社会科学版,2008,10(1):134-135.

[3] 王珉,郝小忠,陈文亮.飞行器制造工程专业数字化协调教学体系研究[J].南京航空航天大学学报社会科学版,2008,10(1):5-7.

思政元素融入航空航天专业学位硕士研究生入企实践的探索*

吕红庆[1]　许江涛[2]　齐辉[2]　杜雪娇[2]

(1.哈尔滨工程大学 烟台研究院,烟台　264000

2.哈尔滨工程大学 航天与建筑工程学院,哈尔滨　150001)

摘　要: 入企实践是专业学位硕士研究生培养的必要且关键的环节,目前,我国专业学位硕士生已占硕士研究生招生总规模的60%,专业学位研究生入企实践的成效直接关系到整个研究生育人体系的质量。本文围绕专业学位研究生培养目的和需求,分析阐述了在研究生入企实践环节融入思政元素的必要性。围绕解决航空航天专业研究生在入企选题、入企工作等环节存在的问题,对各环节思政元素进行了设计,引入求真务实、实事求是、家国情怀、创新精神等思政教育元素,并结合研究生入企实践实例,有针对性的展开了论证和分析。同时,针对校企联合导师素质和队伍建设进行了适当剖析,以期在社会主义核心价值引领下,提升专业学位研究生入企实践成效。

关键词: 思政元素、专业学位研究生、入企实践、价值引领

引　言

我国专业学位研究生教育始于1991年,是研究生教育体系的重要组成部分。2020年9月22日,教育部等三部门联合印发《关于加快新时代研究生教育改革发展的意见》,要求“大力发展专业学位研究生教育”[1]。当前,我国专业硕士学位人数已经达到硕士研究生总人数近60%,并呈现出分类发展、并行发展的态势,我国已初步建立起有中国特色的高层次、高水平应用人才的培养模式。面对蓬勃发展的专业学位研究生培养态势,优质高效、符合规律的产教融合培养机制有待深入探索和健全。

高校所培养的应用型人才强调知识应用和实践能力,是能够为社会谋取直接利益(效率)的人才[2-5],入企实践是专业学位硕士研究生产教融合培养机制中必要且关键的环节。“课程思政”是国家在高等教育领域的重大战略部署,是指要挖掘出高校各类课程中所包含的思想政治教育要素及其所具有的作用,并将其与课堂教学的各个环节相结合,从而达到将思想政治教育和知识体系教育相结合的目的。从这个意义上说,专业学位研究生入企实践是一个融合专业知识和社会知识、持续时间长、对学生影响深远的大课堂,其思政教育的载体作用和思政教育在其各环节的价值引领作用不容忽视,在入企实践的全过程各环节引入思政元素,有助于在立德树人根本使命指引下建立健全创新型应用型人才培养体系。

但在入企实践操作过程中也逐渐显露出诸多问题,就学生而言存在对入企实践的目的和

* 山东省教改重点项目资助

意义认识不充分，部分同学精神懈怠存在抵触情绪；在企实践期间拈轻怕重，缺乏吃苦耐劳精神；在工作岗位上求知探索的欲望不高，缺乏主动钻研和勇于创新的精神；对半工半学的角色转变不适应，缺乏必要的团结协作意识；理论联系实践的能力不足，无法将工程问题和科学研究有机融合等一系列亟待解决的问题。综上所述，为解决学生入企实践过程中面临的诸多现实问题，有必要在入企实践的各个环节加强思想政治引领，在学生入企实践教育的全过程融入思政教育元素，达到锤炼学生品格、培育学生创新思维、引导学生奉献社会的目的。

1 入企实践环节融入思政元素的必要性

1.1 确保"立德树人"目标实现的根本要求

专业学位硕士研究生培养是我国研究生教育体系的重要组成部分，肩负着"培养社会主义建设者和接班人"的重要历史使命[6]。专业学位研究生入企实践这个大课堂同样肩负着深刻回答"培养什么人、怎样培养人、为谁培养人"这一根本性问题的历史使命。习近平总书记在全国高校思想政治工作会议上的讲话指出"要把做人做事的基本道理、把社会主义核心价值观的要求、把实现民族复兴的理想和责任融入各类课程教学之中，各类课程与思想政治理论课同向同行，形成协同效应"[7]。因此，在专业实践环节要始终坚持马克思主义思想的主导地位，加强对学生的思想引导，筑牢学生理想信念根基，促进德育和智育有机结合，融入思政教育是必要的方式手段更是我国高等教育的必然要求，是高校实现"立德树人"任务的根本要求。

1.2 切实开展校企合作的具体要求

2020 年 7 月，习近平总书记指示强调"研究生教育在培养创新人才、提高创新能力、服务经济社会发展、推进国家治理体系和治理能力现代化方面具有重要作用。"[8]李克强总理批示指出"深化研究生培养模式改革，进一步优化考试招生制度、学科课程设置，促进科教融合和产教融合，加强国际合作，着力增强研究生实践能力、创新能力，为全面建成社会主义现代化强国提供更坚实的人才支撑"[9]。围绕国家重大战略需求，以产教融合为牵引开展校企合作，解决企业"卡脖子"问题，促进区域经济社会发展，对于深化产教结合，促进教育链、人才链和产业链、创新链的有机结合，推动人才供给侧结构性改革，具有十分重要的现实意义。专业学位硕士研究生培养是上述工作的聚焦点和发力点，入企实践是校企融合培养的必要环节，在其中融入思政元素是保障我国高等教育遵循教育"思为"服务方向的必然要求。

1.3 实现研究生全面发展的时代需求

近年来，教育部先后下发了《关于推荐新工科研究与实践项目的通知》《教育部办公厅关于公布首批"新工科"研究与实践项目的通知》[10]等一系列相关文件，并在各高校中培养一批"新工科"研究与实践项目，旨在进一步推进"新工科"的发展。现如今面对着错综复杂的国际形势，高校学生作为我国高水平、高层次专业技能型人才，承担着中华民族伟大复兴的重要使命，是全面建成社会主义现代化强国的主力军。在航空航天研究生群体中深入开展"课程思政"融合创新教育工作，旨在引导研究生树立航天报国之志和习以做人做事原则，将求学报国的理想信念与中国梦的实现征程高度统一起来，把家国情怀、塑造价值观、思维逻辑方式内化于心、外化于行，在航空航天精神的指导下，塑造自身的人格，形成正确的价值观，为新时代的空天强国作出贡献。

2　入企实践融入思政元素的环节设计

课程思政的实现路径是实现知识传播和价值引领无缝衔接，要以感性的方式诠释理性的内容。专业硕士研究生入企实践教育不同于课堂理论教学，其教育场景丰富多变，技术、技能复杂错综(见图 1)。只有围绕入企实践各环节的特点，进行合理的实践教学设计，完善"显性＋隐形"教学相互融合，解决"如何在价值观的传递中聚集知识的积累，在知识的传播中的价值导向"的问题。

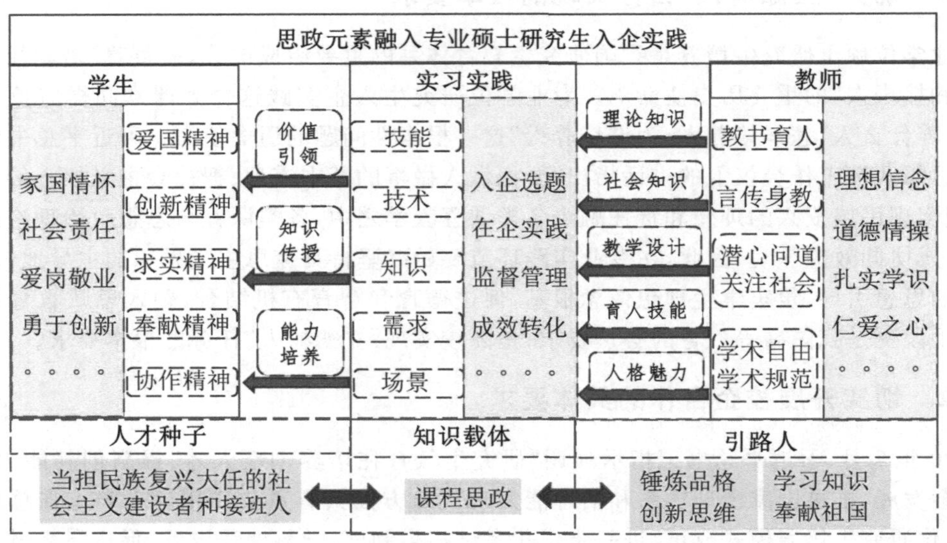

图 1　思政元素融入专业硕士研究生入企实践示意图

2.1　入企动员环节的思政元素设计

专业学位研究生入企实践是一个融合专业知识和社会知识、持续时间长、对学生影响深远的大课堂，入企前需要对学生进行充分动员和宣传教育。除必要的安全教育外，首先，明确专业学位硕士研究生的自我定位。通过解读《关于深化产教融合的若干意见》《关于加快新时代研究生教育改革发展的意见》《专业学位研究生教育发展方案(2020－2025)》等系列文件精神，从国家战略布局层面提升学生对学位属性和自我目标的认知和定位。其次，围绕办学特色和专业培养要求，对学生进行积极引导。采取入企参观、企业专家现身说法等形式，充分了解国家需求、行业技术现状和"卡脖子"问题。

2.2　立题选题环节融入求真务实和实事求是精神

产学研合作育人是专业学位硕士研究生培养的重要模式，入企实践的目的一方面是筑牢学生作为应用型、复合型人才的知识和技术技能基础，更为重要的是要结合实际，解决企业面临的技术瓶颈。针对航空航天专业而言，在研究生实践培养环节中深耕校企合作育人，瞄准真科研、真课题，从企业生产实践面临的技术问题中凝练研究方向和课题，在做好“工程应用”的同时促进“基础研究”，求真务实，使科学研究落地，使人才培养生根。做到入企实践有课题，课题真实有来源，学生在企业真课题背景下开展实践学习和科学研究。学生选题要实事求是，满足课题需要的充足的知识储备和实践适应能力是学生选题的首要条件，杜绝题目难易程度、企业工作环境和待遇成为影响学生选题的因素，引导学生以实事求是精神，量体裁衣，精准选题。

2.3 在企工作环节融入家国情怀和理论结合实践的创新精神

一方面，学生进入企业实践后，学习和工作环境发生不同于校园生活的根本性改变，场景更为丰富，半工半学的角色对学生动手能力、技术技能提出了新要求。部分同学入企后拈轻怕重，对实习环境、实习岗位、工作内容等较为挑剔，不愿意承担日常工作，缺乏吃苦耐劳精神。研究生缺乏艰苦奋斗的精神主要受社会、家庭、学校等多方面因素影响。培养大学生吃苦耐劳精神，需建立学校-企业-社会多方联动机制，形成良好的社会文化氛围，切实落实研究生群体社会责任感的培养使命。

另一方面，以家国情怀为引领，明确入企实践的意义和蕴涵的远大价值，引导学生专注实践，爱国爱岗爱专业，最大程度调动入企学生专心参与实践、聚心凝练科学问题、塌心开展工程实践和学术研究的积极性与创造性。

科学知识的学习，其终极目的在于应用到实际生产实践中去。通过开展航空航天专业实习的方式，让研究生将专业知识同实际生产实践紧密结合，使其能够在实际操作中应用所学的知识，并加深对所学内容的了解，培育理论结合实践的创新精神。工程应用中需要坚实的理论基础，也可以提炼出很多基础研究的科学问题，实践和理论的结合，有利于发现真问题，解决真科学。

3 专业实践环节融入思政元素的具体要求

“政治要强、情怀要深、思维要新、视野要广、自律要严、人格要正。”[11] 既是对思政课教师的要求，也是对广大专业课教师的要求，专业课教师特别是校企联合指导教师要自觉培养“六要”素质，增强主动驾驭课程思政的能力，是落实立德树人根本任务的基本要求和根本保障。

3.1 坚持育人根本任务，提升教师综合能力

大学教师在培养研究生的过程中，担负着传授知识、培养能力和树立正确人生观的任务。作为老师，要以身作则，为学生学习、做事和做人作表率，促使学生成为一个全方位的高素质人才。作为入企实践指导教师，如何有效开展课程思政，要回答两个问题：一是自身思想政治修养够不够？二是自身业务能力强不强？首先，教师自身要德行兼备。思想认识不高、服务意识不强、三观价值不正的教师何以育人，能育何人？所以，高校教师要坚定自身理想信念、练就过硬政治素养、爱国之情忠贞、师德品行端正。入企实践导师更要不断夯实教育教学功底，努力提升科学研究水平，全面提高人才培养能力，在工作实践中坚持思政引领，贯彻“立德树人”根本任务，肩负起为党育人、为国育才的光荣使命。

其次，教师对技术知识、技能知识和社会知识的掌握要精，精不只是学懂了、学会了，还要

了解行业、领域、学科和国家需求现状。教师只有吃透专业知识，了解行业和领域现状，具备丰富的社会知识，才能在行云流水的知识传授中旁证左引，才能在旁证左引的众多案例中掌握典型，找准思政教育与实践知识结合的切入点，做到知识传授与价值引领无缝衔接。因此，教师必须具备扎实的理论功底、专业知识以及完备的教育和研究工作经验，积极开展课程思政，具备将思想道德教育、专业课程教育、社会实践教育融合统一的业务能力。

3.2 依托思想政治教育内容，深度挖掘课程思政元素

教师的个人修养达标才有资格，专业知识精通才能灵活准确切入，社会知识丰富才有典型案例。以学生为中心的教学法要始终坚持以下原则“教师是学习的促进者，而不是知识的呈现者。”在教学过程中，要充分调动学生的积极性，使其具有较强的思维能力。除此之外，还要有融合之道，将“课程思政”调味料有机融合于实践课程之汤，做到不分离、不分家，避免思政教育和知识传授出现“两张皮”，形成没有灵魂、假大空的呐喊。避免假大空的关键就在于潜移默化的情怀引领，包括爱国情怀、艰苦奋斗情怀等。

教师在入企实践课程思政教育过程中要深度挖掘“知识点内容和内涵价值”等思政要素及相关融入途径，将德育、价值观等显性的大道理的东西隐性化，激发展现学生内心的隐性素养。用潜移默化的方式，春风细雨的润化，将知识魅力和案例激发作用自然融合，发掘展现学生隐性情怀，实现德育智育互支撑，双促进。以哈尔滨工程大学为例，在航空航天专业实践过程中，通过将“哈军工优良传统”融入到课堂的教学内容之中，以校史故事、成果汇报、典型引领等形式进行展示，并将“哈军工”精神与课程思政建设相结合，在耳濡目染的学习过程中，培养学生的使命感、自豪感，打造学校专有特色的课程思政体系。

3.3 充分利用实践资源，构建全方位课程思政育人体系

合理的实践教学设计是将思政之盐有机融入专业知识之汤的有效策略，构建以学生为中心的主动性学习机制，是潜移默化、润物无声的思政教育得以有效推进的保障。在这个过程中，教师要树立“以学生为教育教学核心”的教学方式，并按照教学目标—教学活动-学习评价一致性的评价指标来设计教学内容与教学环节。

以哈尔滨工程大学烟台研究院为例，紧扣“大海工”定位，充分利用政府和市场资源，搭建高端试验平台，积极开展高水平研究和高端人才培养，以“大海工”为背景，开展专业硕士研究生培养，为企业创新注入新活力，为企业引人提供新渠道，为人才培养搭建新环境，打造校企合作培养新典范。实现校企互通、互补、互益、互赢，构建四链联动的校企发展共同体。在企业真课题背景下开展专业实践活动，在课题实际开展的过程中，研究生可以将书本中的航空航天专业问题，通过具体实践的方式，完成对课题深入的机理性研究，为研究生结合工程实践，凝练科学问题，有目的地进行基础研究打造了创新温室。通过紧紧围绕“大海工”定位，结合国家在“大海工”领域存在的技术壁垒和迫切需求，旨在充分调动学生爱国、爱海、爱专业的情怀，明确入企实践的目的和意义，消除抵触情绪。

4 结 论

入企实践是专业学位硕士研究生的必修环节，入企实践的成效直接关系到整个研究生育

人体系的质量。本文剖析了入企实践环节存在的诸多亟待解决的问题，分析阐述了研究生入企实践环节融入思政元素的必要性，在此基础上，针对入企选题、在企工作等环节存在的问题，有针对性地发掘与之匹配的思政元素并进行了实践教学设计，注重显性教育和隐性教育融通，注重价值的传递，注重知识的积累、传播和价值的引导。在价值传播中凝聚知识底蕴，在知识传播中强调价值引领。通过对校企联合导师团队建设相关问题进行剖析，提出导师应增强主动驾驭课程思政的能力，主动适应落实立德树人根本任务的基本要求。

本研究面向专业硕士研究生创新能力培养，面向解决产业结构需求，探索建立了目标明确、路径清晰、实施有保障的校企融合育人的研究生入企实践模式，有助于创新型应用型人才培养体系的建立健全。

参考文献

[1] 国家发展改革委，教育部工业和信息化部，财政部，人力资源和社会保障部，国务院.国有资产监督管理委员会关于印发国家产教融合建设试点实施方案的通知[J].中华人民共和国教育部公报，2019(10)：15+1-9.

[2] 夏建国.深化产教融合加快建设高水平工程应用型大学[J].中国高等教育，2018(2)：25-26.

[3] 袁靖宇.高等教育：产教融合的历史观照与战略抉择[J].中国高教研究，2018(4)：55-57.

[4] 申怡，夏建国.应用型人才的特点及其培养体系构建[J].中国高等教育，2019(8)：34-36.

[5] 李德才.创新应用型高校治理结构的思考[J].应用型高等教育研究，2019，4(4)：14-18.

[6] 陶倩，李云.答好爱国主义“三问”的三维探析——读习近平总书记《培养德智体美劳全面发展的社会主义建设者和接班人》[J].社会主义核心价值观研究，2023，9(3)：20-30.

[7] 全国高校思想政治工作会议讲话摘编[J].共产党员(河北)，2017(24)：33.

[8] 习近平.习近平对研究生教育工作作出重要指示强调　适应党和国家事业发展需要　培养造就大批德才兼备的高层次人才[J].中国研究生，2020(8)：2+1.

[9] 教育部，发展改革委，财政部.关于加快新时代研究生教育改革发展的意见[J].中华人民共和国国务院公报，2020(34)：72-76.

[10] 刘坤，代玉，张志金，等.首批新工科研究与实践项目指南达成度评价及未来发展研判[J].高等工程教育研究，2021(1)：31-38.

[11] 习近平.习近平主持召开学校思想政治理论课教师座谈会[J].教学月刊·中学版(政治教学)，2020(11)：24.

[12] 郭建耀.深化产教融合助推应用型大学建设[J].应用型高等教育研究，2020，5(2)：1-6.

[13] 高德毅，宗爱东.从思政课程到课程思政：从战略高度构建高校思想政治教育课程体系[J].中国高等教育，2017，1，43-46.

[14] 郑晓园，应芝，王波，等.专业实践课程思政教学模式初探——以能源与动力工程(热能)专业《毕业实习》为例[J].教育现代化，2020，7(21)：77-78.

[15] 谢璐妍，窦隽勇.论“哈军工精神”的基本内涵及其现实意义[J].黑龙江高教研究，2015(5)：114-117.

[16] 施大宁，梁文萍.航空航天特色新工科建设的思考与探索[J].中国大学教学，2018(9)：26-28.

飞行器动力工程专业教学实习的思政教学实践

栾孝驰　刘爱虢　孙丹　徐志晖　唐晓宁

（沈阳航空航天大学 航空发动机学院，沈阳　110136）

摘　要：为了讲好航空报国故事，传承好航空报国基因，在飞行器动力工程专业教学实习过程中增设了“航空发动机之父——吴大观先生”的航空报国事迹的教学环节。通过课程的开展，激发了学生的求知欲和上进心，增强了学生爱国情怀和团队合作精神，强化了学生“航空强国、航空报国”行业价值观，使航空航天基因深深植根于学生的血脉之中，实现了“价值观塑造、应用能力培养、专业知识传授”三位一体的课程思政教学体系。

关键词：思政教学；应用型本科；航空发动机；实习实训

引　言

当前，世界百年未有之大变局加速演进，世界形势动荡，干扰了社会主义现代化强国的建设新征程，为此，习近平总书记在党的二十大报告中指出：“我国发展进入战略机遇和风险挑战并存，不确定难预料因素增多的时期”[1]。广大青年同志更应担当时代大任，习近平总书记强调：“青年强，则国家强”，青年大学生是影响党和国家的关键力量。由于青年学生位于敌我势力的角力区、虚拟现实的连接点、正误思潮的交锋处，有可能被敌对势力、网络世界、错误思潮蛊惑和误导[2]。因此在大学生教育培养的过程中应当注重课程思政教育工作，将大学生培养成为“有理想、敢担当、能吃苦、肯奋斗的新时代好青年”[3]。

课程思政教学是课程与思想政治教育二者叠加的教学形式，是将思想政治融入到具体的教学课程中的关键一环[4]。在建立以提高实践能力为引领的应用型本科人才培养模式的同时也应该把握团结奋斗的时代要求，通过将“课程思政”与“专业课程”的有机结合，使思想政治教育的银子融入到课程之中，从而赋予思想政治教育以鲜活的生命力，同时丰富专业课自身内涵，挖掘其中的育人价值，并拓展其教学功能。教育部等在《教育部等部门关于进一步加强高校实践育人工作的若干意见》一文中提出[5]，加强高校实践育人工作，以强化实践教学有关要求为重点，进一步加强高校实践育人工作，增强学生服务国家服务人民的社会责任感、勇于探索的创新精神、善于解决问题的实践能力。青年大学生是影响党和国家永续发展的关键力量，我们要“用党的科学理论武装青年，用党的初心使命感召青年。

航空工业是国防安全的重要力量和体系，建设强大的航空工业是建设航空强国，实现中国式现代化的坚强支撑[6]。从习近平总书记先后五次强调“弘扬航空报国精神”，并将“航空报国精神”与其他国家精神并列强调中可以看出，航空报国精神在新时代传承弘扬的现实紧迫性与国家战略意义[7]。作为工业皇冠上的一粒明珠，航空发动机更是保证航空飞行器性能和飞行安全的决定性因素。国家领导人在中国航空发动机集团公司成立会议上提出了坚持人才为本，培养造就一批创新领军人才、科技专门人才和高技能人才的发展方向；要想成为航空强国，最主要的就是要在航空教育上入手，坚持不懈、努力奋斗，为我国航空工业的发展向做出贡献[8]。为了让学生更好地学习我国航空发动机发展历程，培养学生的航空报国情怀，需要充分利用好“讲好航空报国故事”这个有效方式[9]，把航空报国精神充分融入到故事里去，讲好航空报国故事，传承好航空报国基因，使广大青年心怀“国之大者”，主动担负起建设航空强国的历史使命。

1　飞动专业教学实习思政环节

近年来，由于国家战略需求，对航空发动机性能等提出了更高的要求，相应的航空发动机技术突飞猛进，相关专业的本科教学内容也随之有了很大变化。航空发动机实习实训基地紧密围绕我校“一心三环”航空特色实践教学体系（见图1）已建成单转子涡轮喷气发动机装配线、即将建成双转子涡喷、涡扇、涡轴和涡螺发动机等四条装配线，实现国内领先的航空发动机分解与装配工艺数字化能力。该实训基地不仅促使学生深入掌握专业理论，而且通过贯穿整机装配的工艺及检测技术方法的实践，激发学生在实践中发现问题并有效解决问题的能力以及团队协作的精神，有效提升了专业工程应用能力。

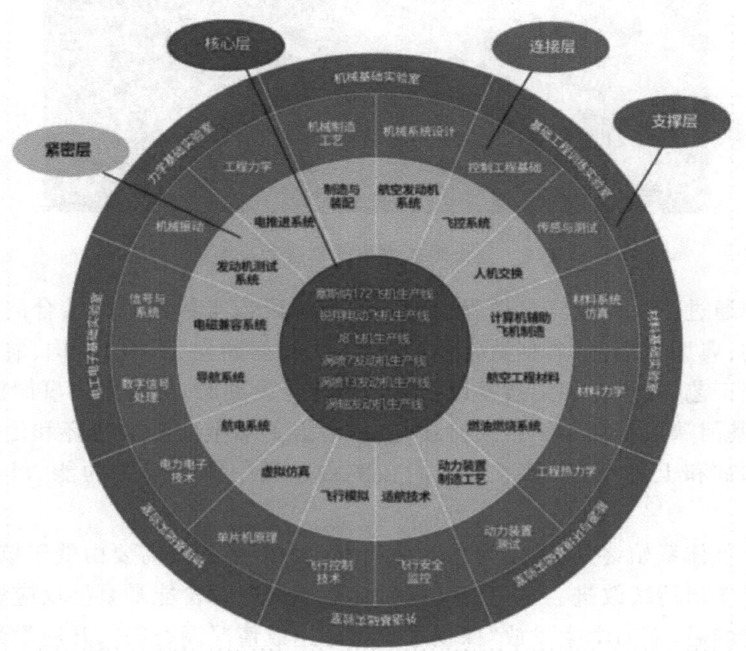

图1　沈航“一心三环”特色实践教学体系

为了讲好航空故事，使广大青年主动担负起建设航空历史使命，在飞行器动力工程专业生产实习的过程中增加了专业教学实习——涡轮喷气发动机发展研制历史课程，在涡轮喷气发动机研制历史教学过程中，以吴大观在涡轮喷气发动机的研制过程为主线，以吴大观不畏艰辛、勇于奋斗、爱党爱国、将毕生献给中国航空发动机研制的航空报国精神等为“爱国基因”注入给新一代的大学生，让他们深切感受航空人对伟大祖国深厚的情感寄托和承载着航空人对社会公众庄严的责任，切实理解了航空人的行为标准，构筑未来航空人的“精神高地”，点燃未来航空人航空报国的激情。

课程内容结合发动机实物、国内外航空发动机发展史和吴大观个人事迹进行：首先，讲解国内外航空发动机的发展历史(10分钟)。其次，引出科学家“航空发动机之父”吴大观的事迹及案例(见图2)，重点讲解吴大观在受命于国家困难之时，航空发动机研制一切从零起步，面对国家资金短缺、国外技术封锁、技术力量薄弱等重重困难，吴大观千方百计克服阻碍，带领年轻的发动机设计队伍，开始了自力更生研制发动机的奋斗历程，最终研制出了属于中国的“中国心”(65分钟)。最后，呼吁同学们以吴大观先生的科学精神鞭策自己，使同学们树立“热爱航空、献身祖国，发展航空、报效社会”的不懈追求和雄心壮志(15分钟)。

图2 吴大观航空报国事迹教学展板

授课过程中通过注重专业实习过程中现场理论讲授与实物教学相结合的方式，利用航空发动机典型结构、典型零部件、典型试验模块等实物，讲解航空发动机结构、航空发动机原理、航空发动机装配工艺、先进的加工技术以及试验技术等。同时，把科学家事例融入到实践教学中，将航空航天基因深深植根于学生的血脉之中，增强了学生的爱国情怀和团队合作精神，激发了学生的求知欲和上进心，培养了学生们在实践过程中解决问题的能力以及团队协作的精神。

最终考核评价体系始终“以学生为本”，课程思政的效果呈现需要由处于核心的学生评出，根据评价的结果作出持续改进。学生的课程目标达成情况评价能最直接反应思政的成效。在课程学习全部完结后，面向学生发放“课程思政目标达成情况调查表”，开展学生对课程思政目标的达成情况评价。在调查问卷中，对应于每个课程思政目标的评价为“完全达成、部分达成、基本达成、不达成”四个等级。调查结束后，对收到的所有调查问卷进行量化的统计，加权平均得到全体学生对各个课程思政目标达成情况的评价值。针对每一条课程思政目标的达成情况进行全面分析，总结经验教训并提出持续改进的意见与建议，形成分析报告。根据评价结果，强化部分环节的过程管理、完善补充支撑课程思政内容、进一步改进教学模式，实现持续改进。教学过程由专业教学实习团队教师共同完成，团队教师由专业教师和企业教师组成。

2　思政教学实践成果

在课程的时间过程当中，我校增设了涡轮喷气发动机发展研制历史——中国航空发动机之父”——吴大观航空报国事迹。实践教学项目1项：编写了实践教学指导书：并将中国航空发动机之父”——吴大观航空报国事迹教学内容融入到了实践教学指导书中。

在飞行器动力工程专业实习实训课程建设中对涡轮喷气发动机发展研制历史课程的实践落实，强化了“航空强国、航空报国”行业价值观。学生进入本中心，在视觉上强烈感受到了航空人的航空报国初心，充分体会了航空人“立足航空、放眼世界，热爱航空、献身祖国，发展航空、报效社会”的不懈追求和雄心壮志；深切感受了航空人对伟大祖国深厚的情感寄托和承载着航空人对社会公众庄严的责任；切实理解了航空人的行为标准，构筑未来航空人的“精神高地”，点燃未来航空人航空报国的激情。本中心在塑造学生“灵魂”的基础上，强化了学生应用能力培养和专业知识传授，真正实现了“价值观塑造、应用能力培养、专业知识传授”三位一体的课程教学体系，本系全体教师已将“学生中心、成果导向、持续改进”的工程教育认证理念落实在教学管理与服务的全过程。

3　结　论

为了讲好航空报国故事，传承好航空报国基因，实现课程思政教学理念，弘扬航空报国情怀，我校积极开展了涡轮喷气发动机发展研制历史——中国航空发动机之父”——吴大观航空报国事迹教学课程，取得了以下成果：

1）通过开展专业教学实习——涡轮喷气发动机发展研制历史课程实践，将航空航天基因深深植根于学生的血脉之中，增强了学生的爱国情怀和团队合作精神。

2）开展涡喷发动机发展研制历史课程，通过讲授与实物结合的教学方法、以学生为本的评价体系，激发了学生的求知欲和上进心，培养了学生们在实践过程中解决问题的能力以及团队协作的精神。

参考文献

[1] 习近平. 高举中国特色社会主义伟大旗帜为全面建设社会主义现代化国家而团结奋斗——在中国共产党第二十次全国代表大会上的报告[J]. 九江学院学报(自然科学版)，2023，38(1)：2.

[2] 蒲清平，黄媛媛. 党的二十大精神融入课程思政的价值意蕴与实践路径[J]. 重庆大学学报(社会科学版)，2022，28(6)：286-298.

[3] 陈玲，陈艺鸣. 习近平“新时代好青年”论断的理论渊源、核心要义和价值意蕴[J]. 喀什大学学报，2023，44(4)：1-7.

[4] 程刚. 党的二十大报告蕴含的思想政治教育价值论析[J]. 哈尔滨市委党校学报，2023(6)：7-12.

[5] 教育部，国家发展改革委，财政部. 关于引导部分地方普通本科高校向应用型转变的指导意见[J]. 中华人民共和国教育部公报，2015(12)：28-32.

[6] 方炜，赵健健，李正锋. 航空工业军民融合式发展研究综述[J]. 航空工程进展，2020，11(1)：27-36.

[7] 陆道坤. 课程思政推行中若干核心问题及解决思路——基于专业课程思政的探讨[J]. 思想理论教育，2018(3)：64-69.

[8] 金钰昕. 新中国航空工业教育发展历程研究(1949～1978)[D]. 沈阳：沈阳航空航天大学，2023.

[9] 邵红梅. 弘扬航空报国精神的多维意蕴与实践要求[J]. 成都航空职业技术学院学报，2023，39(3)：78-80.

“航天动力流动与传热基础”课程思政探索与实践*

罗磊　王祥锋　杜巍　陈绍文　于达仁
（哈尔滨工业大学 能源科学与工程学院，哈尔滨　150001）

摘　要：本文论述了航天动力领域硕博士课程核心课程“航天动力流动与传热基础”课程的特点，深入分析了该课程课程思政的必要性。结合课程自身特点和案例素材，深入挖掘“航天动力流动与传热基础”课程教学内容所蕴含的思政元素，将课程思政和专业知识相融合，使思政教育深入航天动力领域人才培养中。

关键词：航天动力；流动与传热；课程思政；教学改革

大学课堂是大学生学习专业技术知识和进行人格塑造的主要场所，教育部印发的《高等学校课程思政建设指导纲要》中指出，在大学课堂上融入思政教育是提高人才培养质量的重要任务[1]。习近平总书记在全国高校思想政治工作会议上明确指出，高校思想政治工作关系高校培养什么样的人、如何培养人以及为谁培养人这个根本问题[2]。研究生教育作为高等教育的顶端层次，尤其需要强化课程思政的建设以落实立德树人的根本任务。2020年7月习近平总书记对全国研究生教育会议作出重要指示，中国特色社会主义进入新时代，党和国家事业发展迫切需要研究生教育培养造就大批德才兼备的高层次人才[3]。研究生是高校向社会输送的重要科研后备力量，具有自我意识和成才意识较浓、注重自我实现、独立意识较强等特点[4]，他们形成了自己学习习惯、世界观和价值观，处于重科研轻学习的状态，相对于本科生更容易受到外界的思想影响，因此，研究生课程思政建设应与本科生课程建设有所差异，不能简单套用本科生课程思政模式。本文分析航天动力领域研究生课程“航天动力流动与传热基础”的课程特点，探索课程思政融入专业课程教学内容，将传授知识和思想政治教育相结合，以达到全员全过程全方位的育人目标。

1　课程介绍

太空是维护国家安全和利益的制高点，航天动力系统是进入空间和利用空间的基础，作为探索太空的原动力，是衡量一个国家综合科技水平、科技工业基础实力和综合国力的重要标志。随着国家安全和经济发展要求的不断提高及人类空天活动领域的不断扩展，航天运输系统对动力系统性能要求也越来越高，对新型动力系统提出需求的领域也越来越广[5]。

流动和传热是航天动力系统中的核心问题，一直伴随着航天动力系统的发展。“航天动力流动与传热基础”作为航天动力领域核心课程，以工程应用为支撑，围绕各类航天动力（主要为

* 基金项目：黑龙江省高等教育教学改革项目（SJGY20210269）

火箭发动机、高超飞行器、卫星推进装置等)面临的流动和传热基础知识展开。本门课程的教学内容分为流动和传热两个篇章,在流动篇章中不仅讲解基础的流体力学理论,同时还针对各类航天动力系统涉及到的激波、膨胀波、高超声速流动、近地空间稀薄气体流动和太空环境中的微重力流动开展教学工作。在传热篇章,主要围绕高超声速飞行器的气动热和辐射气体动力学开展,同时也涉及到简单的相变传热。课程聚焦于航天动力系统中的流动和传热问题,以航天动力系统为对象的课程思政对提升学生的爱国担当、专业自豪感、科研创新等各方面均有重要作用。促使学生努力学习专业知识,增强创新能力,为我国航天动力系统发展做贡献,对加快我国由航天大国到航天强国转变、增强国防实力和促进国民经济发展有着十分重要的意义。

本门课程特色主要为:① 校企合作建设课程,教学内容更加聚焦;② 覆盖面广,相关基础知识涉及火箭发动机、高超、卫星推进等多方面。基于教学内容和课程教学特点,本门课程的教学主要采用的是讲授方式开展,同时也结合了一部分项目学习和研讨,尽可能激发同学们自主学习的热情和分析解决问题的能力。教师讲授课程的主要内容,重点讲清课程的重点和难点问题,起到引领作用,引申出的相关内容可以安排研究生自学或开展学术调查,并以课程报告或研究论文的形式完成,并可根据学习内容进行师生研讨,教师评述学生的研究成果,进一步提高学生的自学能力。

2 课程思政的必要性

“航天动力流动与传热基础”课程学习的目标是:通过本门课程的学习,使得同学们能够掌握基本的流动和传热理论;掌握各类动力装置涉及到的不同理论知识,学会用基本的理论去分析航天动力的设计原理和思路;培养学生发现问题—分析问题—解决问题的能力,激发爱国主义情怀。其最终目的就是解决航天动力装置中的能源有效利用问题,归根结底是节能减排,在教学过程中要将科学研究、工程实践与社会的可持续发展相联系。

作为高等教育的更高层次,研究生思想政治教育是高校思想政治教育工作的重要组成部分。研究生本身注重专业知识的学习,特别是与课题科研和就业相关的专业知识,“航天动力流动与传热基础”课程作为航天动力领域重要的研究生核心课程,教学内容多,学习时间长,与学生硕博学习期间的课题研究及毕业后的科研工作均密切相关,是开展研究生课程思政的极佳载体。之前,相关课程只注重专业基础课程的教学,课程考核的重点在于学生对专业知识的掌握程度好坏,而没有关注课程的德育功能,具体表现为课程的教学内容缺少思政元素,教学中缺少课程思政教育内容,若能将专业知识与课程思政相融合,通过课程的学习,既能使学生掌握专业知识,又能实现思政教育,培养学生正确的人生观、世界观、价值观,学会用马克思主义哲学思想来分析和解决航天动力系统中的实际科研问题,是该课程思政的要点和核心。

该课程聚焦于航天动力系统流动和传热问题,课程内容针对性强,并且蕴含着丰富的哲学思想,有利于挖掘专业知识中潜在的思政元素,达到学生学习专业知识的同时政治思想提升的目的,因此该课程非常适合开展课程思政。

3 课程思政元素的挖掘与教学实施

航天精神犹如璀璨的星辰,激励着一代代中国人不断奋斗,筑梦太空。“航天动力流动与传热基础”作为一门讲授航天动力系统流动与传热的专业课程，具有固有的课程思政优势，参考已有的课程思政文献，课程思政的实施方法可以有如下几种[6]：①航天动力领域课程通过引入某些型号艰苦的研发过程，回顾历史，阐述落后就要挨打的道理，激发同学们投身科研事业的奋斗精神。如，涉及航天动力系统可以叙述长征五号、神舟七号等型号的研发历程。② 引入著名的航天动力领域的人物的事迹，来激励同学们对专业的热爱，将发展航天动力强国作为自己的科研理想和信念。③ 引入航天动力领域科研中的一些国外对我们封锁的“卡脖子”技术，很多科研攻坚需要我们自己脚踏实地的来完成，引导同学们敢于面对航天动力领域的瓶颈问题，明白国防建设和国家经济发展的重要性。④ 讲述国内外航天动力领域著名科研成果，特别是一些以著名科学家命名的定理、理论和发明等，激发学生勇于向前的精神，培养他们具有创新和创业意识，投身国家国防和经济建设的决心。

按照课程内容安排，对所有教学知识点进行了规划设计，将理论知识和思政案例相融合，表 1 给出了课程教学内容与课程思政案例、蕴含的思政元素的对应关系。

课程立足于航天系统流动和传热的航天背景有利于进行爱国主义教育；丰富的教学知识点后的隐性思政元素便于对学生的三观教育；结合表 1，合理设计课程，应该能够起到较好的课程思政效果。

表 1 课程知识点和思政元素对应关系

序 号	教学内容	知识点与思政案例	思政元素
1	绪论	航天动力系统的组成和分类、主要流动现象、传热现象和气热耦合现象，国内外航天动力系统技术对比，中国航天研发历程。 培养学生道路自信、理论自信、制度自信、文化自信，勇担民族复兴的历代重任，增强学生投身航天事业的使命感，鼓励学生为国防事业献身的爱国精神	艰苦奋斗、理想信念、爱国情怀
2	粘性流体力学控制方程和基础	讲解 N－S 方程的积分形式和微分形式的推导及在航天动力系统中的应用。 培养学习知识并应用，解决实际问题，实现实践与理论相结合	理论与实践结合
3	激波和膨胀波	激波和膨胀波的产生原因，分析波前和波后主要气流参数的变化。 高超声速航天动力的技术与挑战，激励学生牢牢跟紧学科前沿，激发学生的学习热情	紧跟前沿、探索新技术
4	喷管流动	渐缩喷管、拉法尔喷管，分析喷管内部流动特性。 喷管流动的难点及在航天动力系统中的应用，引导学生勇于挑战并攻克科技难题、社会难题，立志成为科学研究的生力军和后备军	艰苦奋斗
5	高超声速黏性流动	高超声速的流动特点，推导流动边界层方程，介绍激波和边界层的相互作用。 “唯快不破”高超声速武器的发展及国内外对比，我国东风等型号的研发历程	爱国情怀、学无止境

续表 1

序　号	教学内容	知识点与思政案例	思政元素
6	稀薄气体流动	统计热力学基本的概念，讲解稀薄气体的描述方法和工程处理方法。 钱学森将稀薄气体的物理、化学和力学特性结合起来研究，发表了"超级空气动力学——稀薄气体力学"一文，开创性地建立了稀薄气体动力学理论框架，使超高空飞行器有了可靠的理论基础	创新精神、 抓主要矛盾及矛盾的对立统一
7	微重力流体力学	对比微重力和常规环境的区别，讲解微重力环境下的流动特性。 了解和控制微重力环境下的流体行为对于航天系统的设计和操作是非常重要的	唯物辩证 精益求精大国工匠精神
8	高温边界层传热	气动加热后边界层内部的对流换热特性。 在讲授运用量级法导出热边界层内的能量方程时，引出辩证法中的重点论，教导学生在生活和学习中要抓主要矛盾，弱化次要矛盾	唯物辩证
9	辐射气体动力学	分析辐射在飞行器动力装置中的重要作用，介绍辐射热通量的计算方法。 不畏艰难，敢于挑战科技难关，辩证法里对立统一的思想，科技难关和科技突破往往相伴相生，挑战与机遇并存	勇于探索
10	相变传热	介绍气-液、气-固两相流传热的基本形式和概念。 国内外研究方法，引入我国科学家的研究历程	创新精神 工匠精神

4　结　语

"航天动力流动与传热基础"课程是航天动力关键领域一门重要的硕博士核心课程，针对航天动力系统中的核心问题，以工程应用为支撑，围绕各类航天动力的流动和传热基础知识展开，具有较强的理论性和工程性。课程具有固有的课程思政属性，深入挖掘思政元素，将基本理论知识和课程思政相融合，能更好地起到立德树人的作用。

参考文献

[1] 教育部. 高等学校课程思政建设指导纲要：高教[2020]3 号[Z]. 2020.

[2] 习近平. 把思想政治工作贯穿教育教学全过程开创我国高等教育事业发展新局面[N]. 人民日报，2016-12-09(11).

[3] 陈畅. 习近平对研究生教育工作作出重要指示强调适应党和国家事业发展需要培养造就大批德才兼备的高层次人才[N]. 人民日报，2020-07-30(1).

[4] 张碧菱，叶定剑. 研究生思想行为特点及教育策略[J]. 高校辅导员学刊，2021，13(4)：91-95.

[5] 陈士强，黄辉，邵业涛，等. 航天动力系统未来需求方向及发展建议的思考[J]. 宇航总体技术. 2019，3(1)：62-70.

[6] 陈志英，徐斌. 航空动力系统课程思政的教案设计与实践[J]. 中国多媒体与网络教学学报，2021(4)：171-173.

航空机务类专业课教师课程思政能力提升路径探索

马海洋　王利明　李军亮　刘杨　王勇

（海军航空大学 青岛校区，青岛　266041）

摘　要：军队院校为战育人，其中教师是关键。航空机务类专业课教师是课程思政建设的主体力量，其课程思政的素养和能力直接影响课程思政的建设，提升教师的课程思政能力则对航空机务类课程思政建设具有独特的价值和效能。针对专业课程教师课程思政存在的现实难题，在充分认识课程思政的时代价值的基础上，从三个方面探索航空机务类专业课教师课程思政能力提升路径。一是培养教师的思政意识，深化教师角色认同，精准教师的教育本职，使教师形成课程思政的自觉意识与责任意识。二是完善教师课程思政培育体系，立足课程专业，提升教师挖掘整合专业课程思政教学资源的能力和开展课程思政建设的课堂授课能力。三是以完善激励机制，通过将课程思政建设工作纳入对教师考核评价体系之中，助推教师的自我完善。

关键词：航空机务类专业；专业课教师；课程思政能力；提升路径

引　言

课程思政自 2014 年首次提出至今，经过近 10 年时间的发展，课程思政已成为当前中国教育的共识。军队院校为战育人，全面实施课程思政，其中专业课程是课程思政建设的基本载体，是主渠道、“牛鼻子”。课程思政建设工作的核心是要发挥每一门课程的育人功能，尤其要注重发挥专业课程的育人功能。专业课程育人功能的充分发挥，教师则是关键[1]。2022 年教师思政能力提升列入了教育部课程思政年度重点研究方向。航空机务类专业课教师是课程思政建设的主体力量，其课程思政的素养和能力直接影响课程思政的建设成效。针对航空机务类专业课程而言，有效地提升航空机务类教师课程思政能力，是发扬专业课程育人功能的题中之义，对于整体推进专业课程的课程思政建设工作具有独特的价值与效能[2]。

1　充分认识课程思政的时代价值

对于课程思政的时代价值和定位还需要再认识、再深化。课程思政是马克思主义人的全面发展理论时代的教育理念升华，是新时代中国特色社会主义教育方针的实践体现。课程思政这一战略举措，事关接班人问题，事关强军事业发展，事关国家长治久安，甚至影响民族复兴和国家崛起，因此必须充分认识课程思政的时代价值[3]。结合课程思政教书育人的本质，专业课程教师可以从以下三个方面展开理解。

1.1 课程思政是为了培养未来事业的接班人

课程思政的核心目标之一是培养学生的思想政治素质和道德品质，使其成为社会主义建设者和接班人。在当前时代背景下，我国正处于全面建设社会主义现代化国家的关键时期，需要有一支具备高度思想政治觉悟和道德品质的人才队伍来支撑。2020 年，教育部印发了《高等学校课程思政建设指导纲要》（以下简称《纲要》）[4]。明确指出："全面推进课程思政建设，就是要寓价值观引导于知识传授和能力培养之中，帮助学生塑造正确的世界观、人生观、价值观，这是人才培养的应有之义，更是必备内容。对于军校学员而言，通过课程思政，将思想政治教育融入各类课程，可以培树立学员坚定的理想信念，增强其责任感和使命感，为强军事业和祖国的繁荣富强贡献力量。

1.2 课程思政是推动教育本身的内涵式发展

课程思政是推动教育本身的内涵式发展。课程思政是高等教育内涵式发展的重要体现。传统的高等教育注重知识的传授和技能的培养，而往往忽视了对学生思想政治素质和道德品质的培养，现实造成了人才的流失，带来了不利影响。随着时代的发展和社会的进步，人们对高等教育的期望和要求也在不断提高。课程思政的提出和实施，正是对高等教育内涵式发展的积极回应。通过将思政与专业知识教育相结合，课程思政可以培养既具备专业技能又具备良好思想政治素质和道德品质的高素质人才，推动高等教育实现更高质量的发展，为人才储备的可持续发展提供了战略支撑。

1.3 课程思政促进军校学员全面成长发展

课程思政对于学生的全面成长成才具有重要的促进作用。当前，军校学员面临着多元价值观的冲击和复杂社会问题的挑战，需要具备坚定的思想政治立场和良好的道德品质来应对。通过课程思政，可以增强学员的思辨能力和创新精神，提升他们的使命感和责任感。同时，课程思政也可以促进学员的全面发展，培养他们的创新能力、实践能力和团队协作能力，为他们的未来职业发展和个人成长奠定坚实的基础。

2 机务类专业课程教师课程思政存在的主要问题

2.1 课程思政意识相对缺乏

课程思政意识的缺乏主要有两方面原因。长期以来，我国高校的课程体系一直存在"两条平行线"，一条是专业课程，另一条则是思想政治课程，两者教学在体系上不存在交叉，在教学实施中也没有交集，尤其是机务类专业所在的军地院校之中[3]。这种长久以来，"历史上"形成的"认识误区"，会影响教师"课程思政"的自觉性。这是课程思政意识相对缺乏表现出的一个方面。

第二个方面原因是专业教师课程思政责任意识不够。航空机务类专业课程和思想政治教育历史上是两个完全被割离的"孤岛"。从机务类专业课程教师自身角度来看，专业课程教学以往从未涉及思想政治内容。从学生角度来看，学生之前接受的思想政治教育和机务类专业教育也是互不联系的“两张皮”。从思政本身来看，课程思政并非显性地存在于学科知识体系内，这就对教师的教学能力提出了更高要求，带来了技术性难题。因此，教学参与的两大主体——教师和学员都存在“不适应期”，在这个过程中教师会本能地重视专业课程的教学实施，认为教学过程中过多出现思政内容，会干扰专业课程自身的教学，减弱教学效果，进而出现了专业课程教师课程思政教学意识不足的现状。这也是导致课程思政一开始，专业课程教师缺乏开展课程思政建设的主动性和积极性的缘由。

2.2 课程思政能力存在不足

机务类专业课程教师课程思政能力不足主要体现在以下几个方面：

第一，专业课程教师对课程思政的理论储备不足。课程思政对于新老教师而言都是新事物。对于专业课程教师，尤其是军地院校的航空机务类专业课程教师，他们之前的专业和课程思政基本没有相关性，因此，在思政知识储备方面存在差距。他们可能缺乏系统的思政教育理论知识和相关的实践经验，导致了专业课程教师对课程思政实施不能精准把控，一定程度上影响了推进课程思政教学改革的进度。

第二，对专业课程思政教学资源的发掘能力不够。由于思政教育与专业课程相融合的理念提出时间尚短，专业课程教师对专业课程融会思政教育的一些深层次问题研究较为薄弱。表现较为明显的就是专业课程教师立足课程专业，深入挖掘专业课程中的思政元素还不科学、不合理、不合适，以至于教师整合专业课程思政教学资源的能力不足，这就直接导致了课堂实施课程思政没有了输入基础。

第三，专业课程教学和课程思政有机融合不够。有的专业课程教师教学方法和手段单一，在专业课程中难以有效地融入思政元素，不能如盐在水，达到润物无声，导致难以激发学生的学习兴趣和参与度。只是简单地将一些思政元素加入到专业课程中，而没有将两者有机地融合在一起，就容易形成“两张皮”导致学生难以理解和接受，课程思政的效果不佳。

2.3 考核评价政策保障不够

当前，全国高校课程思政已经将课程思政全面纳入专业课程的教学评价标准之中，并将思政课程与专业课程融合在一起统筹规划[5]。但是，当前在课程教学效果的考核评价中，忽视了对教师课堂思政能力的考核。这主要是因为教师的科研成果等其他内容容易量化，而课程思政能力很难量化，存在着一定的考核难度，导致未能形成长期有效的激励措施[6]，而且考核往往只是注重评价教师的教学成果以及科研能力，即便有部分高校将教师的课堂思政能力纳入到考核之中，也只是一个“参照性”的软指标，对于最终考核结果的影响一般不大，一定程度上影响了专业课程教师参与课程思政建设的积极性和创造性。

3 机务类专业课程教师课程思政能力对策

3.1 培树专业教师的课程思政意识

在充分认识到课程思政的时代价值的基础之上，还要稳步培养教师的课程思政意识。专业课程教师的课程思政意识主要包括思政的自觉意识和责任意识。

形成自觉意识一直是课程思政实施的难点[7]。原因在于思想政治课程和专业课程数十年来授课体系上的分工。这就需要专业课程教师从“立德树人、为战育人”,站在培养未来事业接班人的高度提高课程思政的自觉性,全面准确地加强学习,努力增强课程思政意识,认识在专业教学过程中融入思政元素“育人”的重要性和紧迫性。

培养责任意识,就是要深化教师角色认同,树立课程思政育人意识,认同多元教师角色,于职业道德养成中强化“传道者”角色意识。习近平总书记曾提出“守好自己的一段渠、种好自己的责任田”的育人理论,其中的“责任田”就是责任意识的全面体现。深化角色认同,需要深刻理解课程思政主渠道、责任人的深刻内涵。

3.2 完善专业课程教师培育体系

加强教师能力建设,将专业课程教师课程思政意识与能力培养融入教师的全过程培训培养体系。

一是明确课程思政工作导向。在专业教师岗前培训中设立课程思政模块,在青年专业课程岗前培训、教师培养资助计划、教师教学比赛等工作中单列课程思政项目和评价标准,全方位强化高校教师育德意识和育德能力。

二是完善专业教师培训体系[8]。构建多层级专业教师课程思政培训体系,组织专业骨干教师开展课程思政专题培训。逐步扩大教师研修培训范围,健全“青年教师—骨干教师—帮带名师”全链条培养体系,着力培养一批课程思政管理核心骨干、业务指导专家和优秀教师。开展覆盖全体教职员工的课程思政专题培训,推动课程思政理念有效传导。

三是加强交流展示资源共享。开展课程思政教学设计展示活动,通过教学案例展示、现场示范说课环节,引导教师结合不同专业课程特点,进一步优化机务类专业课程思政的思路、方法和实施路径,在专业领域内遴选值得借鉴推广的经验做法,分享汇编案例集,课程思政案例库,推动资源利用质效。

四是强化名师传-帮-带机制。加强课程思政名师工作室建设,着力打造一批由名师、大家等带头领衔的课程思政教学名师团队,切实发挥辐射带动效应,引领专业教师不断提升课程思政教学素养和教学能力。形成内部集体备课、外部学科横向联动与纵向发展的学术共同体,实现课程思政内涵和外延的全面进步。

综上,提升教师挖掘、整合专业课程思政教学资源的能力,提升专业课教师开展课程思政建设的课堂“如盐在水、润物无声”的授课能力,确保课程思政建设能力成为专业课程教师教学的必备技能。

3.3 健全教师课程思政的考核评价

专业课程的思政建设是一项系统工程,需要从制度上建立健全组织保障基础[3]。将课程思政建设工作置入对高校考核评价体系之中是重中之重,关系着课程思政的可持续发展。专业教师为了追求自身的发展往往会按照教学评价这个“指挥棒”的内容和要求来组织开展教学活动。以制度为保障,将助推专业教师课程思政建设工作中完善自我和发展自我,促进高等教育课程思政质量的整体提升。

健全机务类课程思政评价机制其主体思路是以专业课教师所关切的职称晋级、教改项目、酬金分配等为着力点和立足点[5]。一是职称晋升设置课程思政业绩点。明确课程思政相关评价业绩的权重，直接予以政策导向。让先进典型、优秀个人和教学团队的课程思政实绩在教师关切的职称晋升选取里有直接的体现；二是专业课程单列思政教学教改项目。设立纵向多层级的课程思政教学教改项目课题，一方面引导教师广泛参与，形成全员参与，全员研究的格局。另一方面也能实际考察课程思政的推进程度；三是建立课程思政激励机制。这是最有效的课程思政激励措施之一，但是需要综合论证，统筹推进、合理设置。让专业课教师从主客观出发都能积极深入研究课程思政，实现专业课程教师育人能力和课程思政成效实效推进。

参考文献

[1] 罗兴奇. 双万计划视域下地方高校青年教师专业能力提升研究[J]. 中国高等教育，2022，21(7)：54-55.

[2] 高小林，邓丽群，孙山. 地方高校工科青年教师课程思政能力提升策略研究[J]. 四川轻化工大学学报(社会科学版)，2021，36(2)：155-158.

[3] 刘东，赵宁. 论高校教师课程思政的能力建设[J]. 武汉理工大学学报(社会科学版)，2022，35(6)：151-155.

[4] 李勇，邱静文. 推进专业课教师开展课程思政建设的思考[J]. 学校党建与思想教育，2021，647(8)：9-14.

[5] 肖红芳. 新时代地方高校青年教师课程思政能力提升路径[J]. 高教学刊，2021(16)：164-167.

[6] 王化雪，张美玲. 高校专业课教师发展与课程思政能力研究[J]. 黑龙江教师发展学院学报，2023(4)：30-32.

[7] 曾梦玲. 高校专业课教师课程思政能力的现状与提升 [J] . 湖北经济学院学报(人文社会科学版). 2021(03)：137-139.

[8] 何源. 高校专业课教师的课程思政能力表现及其培育路径[J]. 江苏高教，2019(11)：80-84.

校企联培背景下的商业航天电推进及应用挑战课程建设

孟天航　宁中喜　韩傲

（哈尔滨工业大学 能源科学与工程学院，哈尔滨　150080）

摘　要：新工科要求下的校企合作成为培养新型高素质人才的一个重要突破口。校企合作下的联合培养，即能充分继承和发挥学校理论知识传授的特长，又能掌握企业当下迫切需求，让学生把握最新的技术发展方向，形成理论、技术与需求全面掌握的综合型人才培养模式。本文以哈尔滨工业大学飞行器动力的一门商业航天电推进及应用挑战创新研修课为例，通过分析电推进的特征，探讨了校企合作背景下的授课特色与建设方法。

关键词：新时代教育评价改革；社会需求；校企联合；课程建设

引　言

为深入贯彻落实习近平总书记关于教育的重要论述，近几年相继出台了一系列关于教育改革的措施和建设意见。2017 年 12 月 5 日，国务院办公厅发布《国务院办公厅关于深化产教融合的若干意见》[1]，《意见》指出，深化产教融合，促进教育链、人才链与产业链、创新链有机衔接，是当前推进人力资源供给侧结构性改革的迫切要求，对新形势下全面提高教育质量、扩大就业创业、推进经济转型升级、培育经济发展新动能具有重要意义。2020 年 1 月 8 日，教育部办公厅印发《教育部产学合作协同育人项目管理办法》[2]，产学合作协同育人项目坚持主动服务国家经济社会发展需求，服务战略性新兴产业发展需求，服务新工科、新医科、新农科、新文科建设需求，服务企业基础性、战略性研究需求，鼓励相关企业不以直接商业利益作为目标，深化与高校产学合作，促进培养目标、师资队伍、资源配置、管理服务的多方协同，培养支撑引领经济社会发展需要的高素质专门人才。2021 年 5 月 19 日，由国家发改委、教育部、人力资源部和社会保障部共同编制的包括《“十四五”时期教育强国推进工程实施方案》[3]发布。《方案》明确，在高等教育方面，将面向世界科技前沿、面向经济主战场、面向国家重大需求、面向人民生命健康，瞄准关键核心技术特别是“卡脖子”问题，加强“双一流”高校学科基础设施和大型仪器设备建设；布局建设一批国家产教融合创新平台和产教融合研究生联合培养基地。

校企合作是深化教育改革、提升人才培养质量的有效模式。当今世界各国的竞争，本质上是人才的竞争，国家安全的保障、经济的发展、人们生活水平的提高都离不开创新型人才。随着新一轮科技革命和产业变革的加速推进，以新技术、新产业、新业态和新模式为特征的新经济迫切需要具有强实践能力、创新精神和国际竞争力的高素质复合型“新工科”人才。

中国航天事业经历长达 60 年的发展，逐步实现了从无到有，形成了从运载火箭、导弹、卫星到载人航天、深空探测等完整的空间工业体系，同时也成就了中国航天杰出人才的培养体系。然而随着航天事业的飞速发展包括商业航天的兴起，对航天创新人才提出了新的要求，暴露出当前航天专业人才教学培养的一些不足。因此下文立足于哈尔滨工业大学飞行器动力专业，面向商业航天市场，以商业航天电推进及应用挑战创新研修课为例，集合电推进行业的特征，探讨了校企合作背景下的授课特色与建设方法，总结了几点适合校企共建下的经验。

1 航天动力校企合作特点分析

(1) 航天动力发展迅速，传统方式的人才培养难以适应当前的需求。

随着航天动力行业的迅速发展，传统方式的人才培养无法满足对技术创新人才的需求，难以适应产业结构调整以及经济转型升级的需求，造成教育与工程的脱节。研究所或企业的研究生规模小，研究方向单一，形成行业未来发展的人才缺口，行业所需的大量人才依然主要来源于高校。但是高校的这种航天人才培养暴露出一些问题，一方面，高校培养的学生在校期间所学内容和研究课题与行业技术与应用关联性小，解决实际问题能力不足，对行业最新技术与发展趋势了解不够、创新能力不足的问题。另一方面，高素质学生尤其是双一流高校的学生往往毕业后会继续深造，而对创新创业不闻不问。在短期的研究生阶段，创新能力仍没得到提高，在入职后需要较长的职业适应期，成长速度慢制约了其科研工作的创新发展，也不利于研究所及企业的发展。因此航天动力的校企协同必须在本科阶段就融入教学理念中，让学生明白，不管是就业还是深造，校企协同育人对学生多方面能力和素质都会有很大的帮助和提升。

(2) 测试设备昂贵，学生难以获得直观的学习感受。

飞行器动力工程专业涉及流体力学、结构设计、控制理论、传热学、机械设计等多个专业性极强的领域。但是现有航天专业教学依附于理论课，课程体系中理论课程占比过大，实践课程的比重偏小。理论课程体系占比过大导致学生花费大量时间学习抽象的静态书本知识，与现代工程实践的情境性和动态性要求相去甚远、显然，这样不利于学生构建理论知识与工程实践之间的认知联系，也不利于培养学生在工程实践中的创新性思维和创业实践能力。导致实践教学体系的连贯性和系统性不够，实践教学层次不清晰、效果不理想。另一方面，由于航天专业实验的特殊性，实验成本昂贵，多涉及高危或微重力极端环境，一些实验项目受制于实验资源和实验条件，多采用教师演示学生观摩的授课方式，或者对需要开展实验的教学内容仅进行理论讲解。实验投入资金不足，设备更新缓慢，缺乏先进的仪器设备，学生无法接触到前言的科技和生产时间场景，造成实践教学质量不高，急需采用校企协同等新途径打造新的实践教学资源，使学生能接受到航空航天工程方面的系统性训练。

(3) 理论与实际联系增强，有助于学生认同航天专业。

高校教师在培养航天人才过程中存在对于航天文化的认知不足，缺乏对航天精神融入思政教育。航天总师、楷模等榜样在航天专业人才培养环节中参与度低，未能充分将自主创新的航天精神融入育人环节，学生思想水平、政治觉悟有待加强。实践教学与课程思政的融合度不足，难以满足新工科背景下对航天专业人才能力提升和价值塑造的新要求。在实践教学中融入思政教育，有助于学生认同航天专业。

2 创新课程授课方法

2.1 课程以理论授课和实践环节构成

本课程培养体系构建如图1所示。案例教学法是通过经典案例分析、讲解、讨论等环节加深学生理解复杂问题的一种经典的教学方法。为满足学生学习商业航天电推进的好奇心，有效理解较为抽象的等离子体物理知识，加深理解电推进装置设计步骤。可根据微小型电推进系统、电推进替代推进剂、新型推进概念以及电推进阴极中和器等当前热点问题构建生动有趣的案例教学。例如面向商业航天的电推进替代推进剂的选择问题研究。传统的航天电推进采用氙气为工质，得益于它的优异性能以及良好的物理化学特性，但是面向商业航天市场，不得不将成本作为重要考量条件，氙气的昂贵价格使商业机构无法承担氙电推进器的大规模应用。因此对氙气以外的替代推进剂研究成为当前一个热点问题。对此，氪气氩气等惰性气体、碘工质等可冷凝推进剂、水、氮气、氧气等分子推进剂已经被广泛研究，包括各种替代推进剂之间的性能差异，对电推进器种类的适应性，对阴极中和器的适应性，替代推进剂的储供系统的改良等。教师针对该具体案例进行教学，将抽象的等离子体物理学知识形象具体化，有助于学生充分理解，满足对商业航天电推进的好奇心，并且对各种电推进装置加深了解。

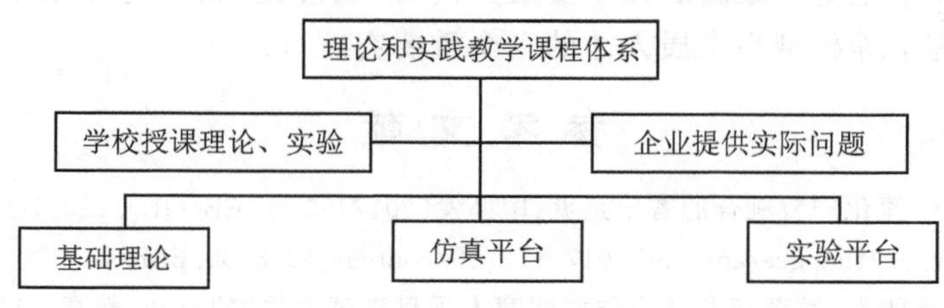

图 1　本课程培养体系构建

2.2　研讨式教学

大学课程的研讨式教学是大学生先分组讨论然后教师评价引导的教学方法，在培养大学生的分析和解决复杂工程问题的能力方面将发挥着重要的作用。为了提升飞行器动力工程专业学生的工程理念和工程应用能力，商业航天电推进及应用挑战课程的研讨式教学必须以新工科的产业需求为导向。新工科的产业需求总体来讲就是既要掌握飞行器动力工程专业的理论知识，又要掌握其他相关领域的理论知识和商业航天行业的背景知识，具备将理论知识应用到产业、解决复杂工程问题的能力。研讨教学模块可以锻炼学生的思维能力、口头表达能力以及与人沟通的能力。

学校与企业针对课程将商业航天电推进的概念及应用等方面共同制定若干专题内容，教师先介绍基本概念，然后重点讲解理论和来自产业的复杂工程问题。最后由企业从产业需求出发提出工程问题并安排课堂讨论。学生自行分组讨论如何解决复杂工程问题，然后每个组的代表介绍讨论结果，最后高校和企业教师共同点评问题解决的效果和应用到产业的可能性。学生可以通过查阅相关领域的书籍和期刊文献了解商业航天行业背景以及相关的电推进技术发展及应用情况。

2.3　教学融合课程思政

按照一流本科课程思政要求，课程内容也需要进行思政教育改革。对于理工科专业课程来说，最好的爱国主义教育和立志教育素材就是对课程学科发展做出杰出贡献的老一辈科学家的爱国奉献精神。在讲解课程专业知识以前，先讲解课程学科的发展历程、发展现状和未来，赋予课程与时俱进的生命力。同时，也介绍那些推动课程专业或学科发展的历史人物故事，从而增加课程的趣味性。采用以故事导入教学内容的教学方式，可以加深学生对课程来龙去脉的宏观认识，增强课程的生动感和现实感，从而大大地激发学生的学习兴趣和爱国奉献的精神。邀请企业专家、青年千人参与授课，从个人求学经历、企业的发展历程和产品的研发应用，向学生展示当今中国航天行业的发展，对人才培养的重视以及对社会和世界的贡献，以及青年学生的社会责任。

3 结 论

针对商业航天电推进及应用挑战创新研修课程，开展了面向当代及未来航天需求分析，提出了基于校企联培的教学新方法，即能充分继承和发挥学校理论知识传授的特长，又能掌握企业当下迫切需求，让学生把握最新的技术发展方向，形成理论、技术与需求全面掌握的综合型人才培养模式，成为培养新型高素质人才的一个重要突破口。

参考文献

[1] 国务院办公厅. 关于深化产教融合的若干意见：国办发〔2017〕95 号[EB/OL]. (2017-12-19)[2023-11-15]. https://www.gov.cn/zhengce/content/2017－12/19/content_5248564.htm.

[2] 教育部办公厅. 关于印发《教育部产学合作协同育人项目管理办法》的通知：教高厅〔2020〕1 号[EB/OL]. (2020-01-14)[2023-11-15]. http://www.moe.gov.cn/srcsite/A08/s7056/202001/t20200120_416153.html.

[3] 国家发展改革委，教育部，人力资源社会保障部. 关于印发《"十四五"时期教育强国推进工程实施方案》的通知：发改社会〔2021〕671 号[EB/OL]. (2021-5-10)[2023-11-15]. https://www.gov.cn/zhengce/zhengceku/2021－05/20/content_5609354.htm.

党的二十大精神融入“材料热力学与相变原理”探索*

孟祥龙　郑凌

（哈尔滨工业大学 材料科学与工程学院，哈尔滨　150001）

摘　要：本文探索了将党的二十大精神融入“材料热力学与相变原理”课程思政改革的教学设计与实践。结合哈尔滨工业大学“立足航天、服务国防”的特色与优势，通过设计课程思政教学的内容框架，将新时代社会主义现代化建设榜样和成果的特色课程思政有机融入教学环节，革新相关的教学方法和教学实践过程，对“材料热力学与相变原理”课程思政建设路径进行分析。希望通过本文的探索和课程思政实践效果，为相关专业课程思政教学模式提供参考。

关键词：党的二十大精神；课程思政；材料热力学与相变原理；教学实践

党的二十大确立了我国各项工作的前进指引和重大决策部署，落实和贯彻党的二十大精神已经成为推进一切工作的行动指南[1]。立德树人是教育的根本任务，思想政治教育贯穿于教育教学全过程是落实这一根本任务的必由之路。教育部在 2017 年颁发的《高校思想政治工作质量提升工程实施纲要》中也提出，梳理各门专业课程所蕴含的思想政治教育元素和所承载的思想政治教育功能，融入课堂教学各环节，实现思想政治教育与知识体系教育的有机统一。

对照党的二十大报告，在“材料热力学与相变原理”专业课程中挖掘课程思政元素，是对党的二十大精神学习的深化与推动，将党的二十大精神有机融入课堂，是对党的二十大精神的认真落实和贯彻执行。“材料热力学与相变原理”课程内容既具有较强的基础属性，同时也与专业实际应用相对接，是一门承上启下的学科基础课。课程内容包括与相变相关的热力学、动力学和晶体学，涉及到材料制备、加工、表征和应用各个环节，涵盖了金属、陶瓷、半导体、高分子等多种材料体系。课程内容决定了该课程具有丰富的课程思政元素。以党的二十大精神为指导，在“材料热力学与相变原理”专业课程中深入挖掘思政元素，实现有效的教学融入，推动课程思政教学改革，提高教学质量，实现价值引领，构建出党的二十大精神在全部教学环节有机融入的思政育人途径。

1　党的二十大精神融入“材料热力学与相变原理”的思政内涵设计

1.1　与党的二十大精神深度融合

“材料热力学与相变原理”是材料物理专业的专业基础课，是在学生完成公共基础课以及大类平台课程后，接触到的一门重要的专业核心课程。传统的课程目标侧重于学生对材料热

*　基金项目：哈尔滨工业大学校第十批课程思政教育改革（本科课程）项目和校课程思政示范项目支持

力学和相变原理知识的掌握和运用，对于育人的教育本质重视不足。党的二十大对教育提出了更高的要求，将党的二十大精神融入“材料热力学与相变原理”（见图 1）是站在为党育人、为国育才的高度，引领和培育学生形成正确的世界观、人生观和价值观，有效破解专业教育和思政教育的“两张皮”，为党和国家培养又红又专的社会主义建设者和接班人、稳固基业谋发展的必然要求[2]。因此，对课程教学内容深入挖掘相关的思政元素，将知识探索、能力培养的目标与素质养成和价值引领的思政育人目标相结合是当前课程改革的迫切需求。

党的二十大报告中，提出构建新一代信息技术、人工智能、生物技术、新能源、新材料、高端装备、绿色环保等一批新的增长引擎[1]。其中新材料的研发和应用离不开“材料热力学与相变原理”课程知识的支撑。把党的二十大精神有机融入专业课，可以让学生的科学素质、政治理念和思想道德同步提升，实现知识传授和课程思政同向同行。大学生群体思维开放活跃，对新事物和新思想接受度高[3-4]。将党的二十大精神融入“材料热力学与相变原理”课程思政，要求教师更多地关注新时代十年我国在材料相关领域各个方面取得的“新”成就、面临的“新”风险、肩负的“新”任务、承担的“新”使命等，从而提高学生的学习兴趣，增强教学感染力，保障课程思政教育的实效性和时效性。

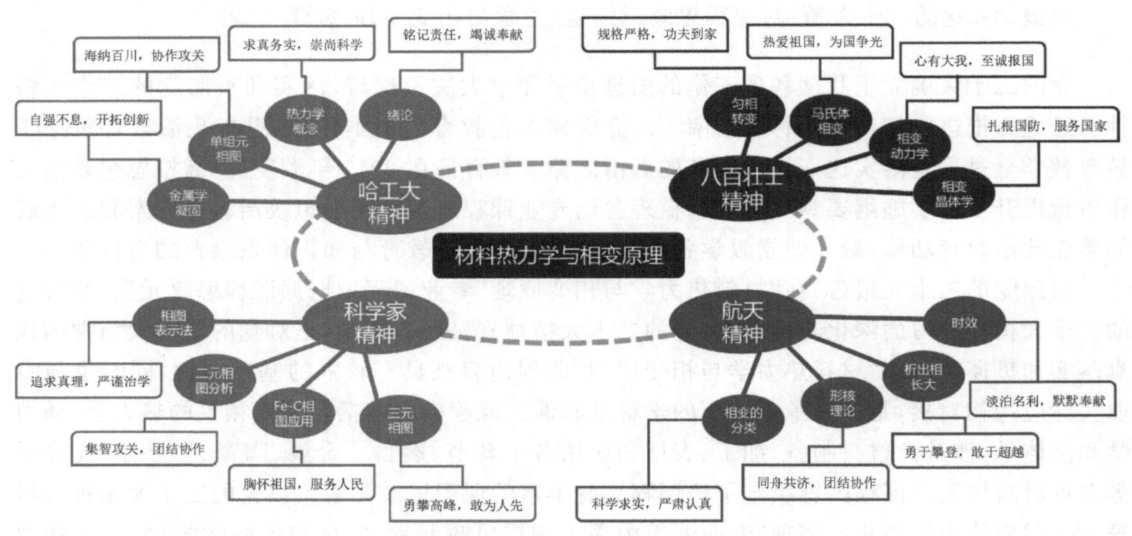

图 1 “材料热力学与相变原理”课程思政策略

1.2 课程思政内容设计

课程思政元素兼具专业教育与思政教育双重属性[4]。专业课程是课程思政的教学载体，思政元素来源于专业课程，属于专业课程内容的自然拓展和延伸，其根本功能是立德树人。课程思政元素广泛存在于每门课程的教学内容、教学素材、教学方法、教学条件与师生互动等多个方面。“材料热力学与相变原理”的课程思政内容是教师根据自身长期从事的专业课程相关理论研究与实践探索经历，结合时代特征、时事热点、所重点关注到的学生思政教育方面的突出问题等有感而发。表 1 所列为“材料热力学与相变原理”课程的重新设计，将思政案例和教学知识点有效衔接。在教学内容的每一部分，都从课程本质、发展历史、国家战略和故事案例，挑选行业经典案例，特别是社会主义现代化建设现时代的典型成就和人物，利用思政案例向学生传递案例背后的价值观和思政内涵。形成了既符合党的二十大精神，又具有哈工大服务航天和国防特色的思政主题：科学家精神、爱国精神、哈工大精神、航天精神、"八百壮士"精神、守正创新、价值引领等。每部分教学内容都根据专业知识目标和思政目标选择了相关的案例。让学生在巩固专业知识的同时，又能从案例中知道实际应用情况和所传达的思政内容。其中以非匀相转变为例，选用了时效铝合金在我国航空航天和武器装备中的应用为实际案例。在知识层面上，让学生了解铝合金的脱溶时效过程中形核—长大—粗化的原理和实际应用；了解通过相变对组织结构和性能进行调控的机理。在思政层面上，还着重以哈工大在该方面的研究成果为例，让学生在了解到时效铝合金在我国航天器和武器中的应用情况的同时，激发学生的荣誉感和自豪感，提升学习兴趣和学习动力，引导他们"立足航天，服务国防"，争做重大科研成果的创造者、科技强国建设的奉献者、崇高思想品格的践行者、良好社会风尚的引领者。

表 1 "材料热力学与相变原理"课程思政教学内容

教学内容	典型思政案例	思政主题
热力学基础	Gibbs 对热力学的贡献	科学家精神、守正创新
单组元相图	我国 Si 单晶产业的发展	科学家精神、守正创新、价值引领、爱国精神
二元相图	芯片中的紫色瘟疫； Ni 基合金失效分析	科学家精神、守正创新、价值引领
三元相图	高铁用新型钢材研发 哈工大研发航天用陶瓷材料	科学家精神、爱国精神、哈工大精神、航天精神、价值引领、守正创新
相变概述	柯俊、徐祖耀、雷廷权等对相变研究贡献	科学家精神、守正创新、爱国精神
非匀相转变	我国航天和武器装备中时效铝合金应用； 我国钛合金航天应用	科学家精神、航天精神、哈工大精神、守正创新
匀相转变	哈工大研发超高强钢 调幅分解的航天应用	科学家精神、航天精神、哈工大精神、守正创新
马氏体相变	赵连城院士研究记忆合金； 徐祖耀院士对马氏体相变研究贡献	科学家精神、哈工大精神、"八百壮士"精神、守正创新、价值引领、爱国精神

1.3 课程思政教学方法提升

以往的"材料热力学与相变原理"教学主要采用讲授法。随着跨院系选课的实施，学生的基础、水平以及发展规划存在差异性，因此传统的教学过程无法满足学生多层次的知识需求。党的二十大提出："坚持自信自立、守正创新，着力造就拔尖创新人才"[1]。哈尔滨工业大学也根据国家需求和学生发展要求，树立了要培养"学术大师、工程巨匠、业界领袖、治国栋梁"新时代四类杰出人才培养目标[5]。因此针对学生的个性化需求，将人才培养和思政教育结合起来，将学习的自主权交给学生，引导学生将个人兴趣和发展规划与课程学习相结合。

利用案例教学、翻转课堂、实践教学和网络微课开展线上线下混合式教学，调动学生学习的积极性，满足越来越复杂多元的学生群体个性化学习体验。例如通过芯片中所涉及的新材料及其相变，说明美国等西方国家对中国打压的高新材料技术瓶颈，鼓励学生从国家需求出发，践行科技报国、科技强国理念。借助微信群、腾讯会议等智慧型混合教学工具，建立师生随时交流互动的动态立体交际环境;结合自建和网上优质资源构建立体丰富的教学环境,做到“线上有资源,线下有活动,过程有评估”。以学生发展为中心,引导学生进行充分的自主学习。通过布置蕴含思政元素的课后作业和拓展阅读等,如让同学自主查阅与课程内容相关的中国学者在学术顶刊上的文章,并随后进行展示汇报或者翻转课堂等。这可有效激发学生对专业知识的兴趣,认识到中国科学家的工作价值。通过教学方法的改进与提升,思政元素不仅仅通过教师渗透,而且可引导学生在自主学习时主动接受思政元素的熏陶和教育,实现协同育人,不断提升教育对象的思想道德素养。

2 党的二十大精神融入“材料热力学与相变原理”的思政教学实施

2.1 把新时代十年的伟大变革融入课程思政

新时代十年,“党和国家事业取得历史性成就、发生历史性变革,推动我国迈上全面建设社会主义现代化国家新征程”[2]。把新时代十年的伟大变革融入“材料热力学与相变原理”课程思政教育,能使学生充分了解新时代我国社会主义现代化建设伟大成就,进一步增强民族自信心、自豪感,更好地为实现中华民族伟大复兴努力奋斗。在党的二十大精神指导下,将思政教育融入教学目标:正确引导学生牢固树立爱国情怀,坚定民族自信、文化自信;培养学生科学家精神、工匠精神和创新创造意识;通过课程思政案例生动形象地展示给学生。

以知识点为单元,从家国情怀、民族自豪感、社会责任感、科学家精神、工匠精神、创新精神以及可持续发展等多角度出发,深入挖掘相关思政元素,形成“材料热力学与相变原理”课程典型思政案例,在完成专业知识学习的同时,使专业知识成为推进思政教育的有效载体。图1所示为“材料热力学与相变原理”课程的课程内容与思政内容的示意图。党的二十大报告指出,“培育创新文化,弘扬科学家精神。”因此在选用案例时除了外国科学家,还大量选取了在我国社会主义现代化建设中贡献卓著的中国科学家及其研究成果。例如在讲授马氏体相变内容时,采用徐祖耀院士和赵连城院士的研究成果和个人贡献作为实际案例。徐祖耀院士是我国马氏体相变研究奠基人之一,作为国际马氏体相变顾问委员会成员,对马氏体相变进行了科学、准确的定义。他不仅学术造诣高,而且淡泊名利,为科研教育无私奉献了自己一生。在讲授马氏体相变定义时,通过对马氏体相变定义历史的讲解,将徐祖耀先生潜心科研,守正创新的科学家精神融入课程教学。不仅使学生深入理解马氏体相变的本质,而且受到科学家精神、爱国精神等的潜移默化的影响。同时,还选取了哈工大“八百壮士”赵连城院士研究形状记忆合金的成果作为案例。赵连城院士自从美国归国以来,在国内开辟了形状记忆合金研究的方向,在深入研究科学问题的同时,满足国家需求,研发了多种记忆合金构建并用于航空航天型号。这些不仅体现了科学家精神,同时也是航天精神、哈工大精神、“八百壮士”精神等的具体体现。这两位院士热爱祖国、追求真理、尊重科学、勇于创新、严谨治学、为人师表、敬业奉献,他们的案例为学生树立了鲜活的科学家精神榜样力量。

2.2 课程思政的方法和模式创新

教学方法是提升课堂教学有效性的重要条件。“材料热力学与相变原理”是面向大三本科生的重要专业核心课,该阶段的学生正处于人生发展方向的规划和确定阶段,因此在教学中融入思政元素,引导学生将个人发展与国家富强和民族复兴联系起来,坚定人民立场,为党和国家培养高品质的社会主义现代化建设人才具有重要的作用和意义。教学过程中采取的主要方法包括：① 通过传统教学模式和现代网络技术的结合，将党的二十大精神融入课堂教学中。例如在课堂上结合知识点讲授，播放铝合金在我国航空航天应用的视频和图片，反映我国社会主义现代化建设新成就，激发学生的爱国情怀和科学家精神，引导学生深入思考。② 在"材料热力学与相变原理"课堂教学中，为避免思政元素生硬的融入，更多采用案例等隐形方式将党的二十大精神融入教学过程中，更好地提升教学效能。③ 此外，结合哈工大的历史传统和航天特色，将情感教育和说理教育相结合。比如用哈工大"八百壮士"中雷廷权和赵连城院士的科研成果和光荣事迹为案例，不仅让学生从理论上认同和接受党的二十大精神，而且增强学生对哈工大、对国家和中国共产党的情感，推动他们树立矢志报国，奉献祖国的理想和信念。

随着现代信息技术的发展，"材料热力学与相变原理"逐步适应新形势下的育人要求，正在形成线上线下两位一体新模式。因此，在当前的课程思政教育中，既要利用好课堂教学的"面对面"，也不能忽视线下教学的跟进，需要实现线上线下良性互动。一方面，在线下教学过程中，结合课程特色和学情，正确将党的二十大精神传输给学生，让学生在获取专业知识的同时领会党的二十大精神。例如将国家"十四五"发展规划等国家战略中对高端新材料、关键装备的需求与课堂教学内容相融合，结合当前西方国家对中国技术打压的国际形势，鼓励学生树立打破国际封锁、为党和人民建功立业的理想和志向。另一方面，通过微信群、腾讯会议、大学慕课等手段，将党的二十大精神也融入到线上课堂教学中。采取短视频、动画等学生喜闻乐见的形式，将专业知识传授和价值引领相结合，使党的二十大精神深入课堂教学，做到线上线下无死角，提升课堂教学的育人效果，促进学生的全面发展。

3 结 语

总之，"材料热力学与相变原理"课程教学在党的二十大精神指导下，不断挖掘和拓展新时代的思政元素，改革教学方法和教学模式，做到传播知识与立德树人结合，在新工科背景下，为党育才，为国育才，更好地引导和服务学生成为社会主义现代化建设的全面型人才。

参考文献

[1] 习近平. 高举中国特色社会主义伟大旗帜为全面建设社会主义现代化国家而团结奋斗：在中国共产党第二十次全国代表大会上的报告[M]. 北京：人民出版社，2022.

[2] 王静波. 党的二十大精神融入高校思政课教学的路径探索[J]. 无锡商业职业技术学院学报，2023 (23)：69-74.

[3] 向茜，朱颖. "九思融入"——党的二十大精神融入金融工程课程思政的教学设计与实践[J]. 科教导刊(电子版)，2023 (18)：197-199.

[4] 熊晓轶，姚洋. 基于课程思政的应用型财经高校金融学专业考核评价体系的构建研究[J]. 高教学刊，2021 (2)：43-46.

[5] 求是杂志社调研组. 哈尔滨工业大学：培养更多国家需要的新时代杰出人才[RB/OL](2023-07-20)[2023-12-07]. https://mp.weixin.qq.com/s/DfRdqMp0W7wlZ4qzrHkPVg.

航空发动机控制课程群课程思政探索与实践*

彭靖波　曾昊　王志多　张驭　王磊　吴兴

（空军工程大学 航空工程学院，西安　710038）

摘　要：围绕航空发动机控制课程群的课程思政建设进行了讨论，涵盖本科教育阶段、任职教育阶段和研究生教育阶段的航空发动机控制知识、能力培养。针对课程思政存在的问题，分析并挖掘航空发动机控制课程群的课程思政元素，进行课程思政教学设计，讨论课程思政教学资源和课程思政师资建设。课程群建设成效显著，在学校首届课程思政示范课比赛中课程组负责人取得校一等奖、课程思政论文比赛校一等奖和校课程思政“领航之星”，本科课程获评省一流线上课程、军队首届精品课程，校首届课程思政“领航”课程。

关键词：课程思政；航空发动机；控制；课程群

2004 年国务院发文要求“在传授专业知识过程中加强思想政治教育”[1]；2015 年 1 月中办国办发文“全面落实立德树人根本任务”[2]；2016 年 12 月习主席在高校思政会议强调“各类课程与思想政治理论课同向同行”[3]；2017 年 2 月国务院发文要求“全员全过程全方位育人”[4]；2017 年 12 月教育部要求“实现思想政治教育与知识体系教育的有机统一”[5]；2018 年 9 月 10 日，习近平在全国教育大会提出，要在坚定信念、爱国情怀、品德修养、知识见识、奋斗精神和综合素质六个方面下功夫[6]；2020 年 5 月 28 日教育部印发《高等学校课程思政建设指导纲要》，要求“发挥好每门课程的育人作用”[7]。

推进课程思政建设，是落实习近平总书记在全国高校思想政治工作会议上强调的“守好一段渠、种好责任田，使各类课程与思政课同向同行、形成协同效应”的重要举措，是落实新时代军事教育方针的重要载体。航空发动机控制系统是航空机务机械专业维护难度最大的系统，因为其故障，多次造成重大飞行事故。

航空发动机控制课程群正是讲授发动机控制系统结构、工作原理和外场维护保障知识的课程，自我院从建院以来，一直作为我院的重要本科和任职核心课程开设。本课程群对培养航空机务机械/机电专业人员机务维护能力具有十分重要的作用，适于也迫切需要开展针对性的课程思政建设。

1　课程特点

航空发动机控制课程群主要包括：生长本科学员、任职技师学员、任职干部学员和研究生的航空发动机控制课程。航空发动机控制类课程群主要研究发动机控制规律、结构组成、工作原理、故障分析方法和先进控制理论等，培养学员发动机控制系统分析能力（本科层次）、识故

* 基金项目：陕西省本科和高等继续教育教学改革项目（23BG058）

判故排故能力(任职层次)和先进控制系统设计分析能力(研究生层次)。在生长本科学员培养中,是飞动、机械和机电专业的任职专业平台专业方向模块的必修课,在技师任职岗前培训中是机械技师任职理论阶段考试课,在干部任职岗前培训中是机械/电师岗位必修考试课。在“航空宇航科学与技术”专业硕士研究生培养中是一门专业基础必修课。

1.1 课程思政任务分析

生长本科学员发动机控制课“素质目标”中的课程思政要求:养成对航空发动机控制领域理论和故障研究的关注和兴趣,能够把所学的知识和技能应用到具体的航空发动机维护等工作实践中去。培养实事求是的科学态度和敢于挑战权威的科学精神,具备团队精神和合作交流意识。培养学员良好的专业素养和勇于创新的精神,养成“极端负责、精心维修”的机务工作作风,树立“对国家财产负责、对战友安全负责、对战斗胜利负责”使命责任意识。

技师岗前发动机控制课“素质目标”中的课程思政要求:能够发现、分析、解决发动机维护问题,掌握辩证思维和科学方法,具有自主学习获取知识的能力和终身学习意识,养成“极端负责、精心维护”的机务维护理念和作风,提高航空发动机故障诊断能力和安全意识。养成“极端负责、精心维护”的机务维护理念和作风,牢固树立“三个负责”和“爱机务、爱岗位”思想,培养技师岗前的独立思考、分析概括和创新能力。理解、掌握判断发动机工作状态和常见故障模式的方法,能够组织和进行发动机的性能调整和故障排除工作。为今后胜任技师岗位夯实基础。

干部岗前发动机控制课“素质目标”中的课程思政要求:养成勤于思考、严谨求实、系统分析的良好习惯,掌握辩证思维和科学方法,养成“极端负责、精心维护”的机务维护理念和作风,具备发动机故障诊断和排除能力。树立“对国家财产负责、对战友安全负责、对战斗胜利负责”使命责任意识。热爱专业、热爱岗位,具有团队精神和合作意识,增强打赢现代战争的使命感和责任感。成为懂技术、能指挥、善管理的技指管深度融合的复合型人才。

研究生发动机控制课“素质目标”中的课程思政要求:培养独立发现问题、分析问题、解决问题的能力,激发创新意识,增强团队分工、协调、合作意识。着重培养创新思维、抽象思维和发散思维。

对比发现,生长本科学员、技师岗前学员和干部岗前学员的共性课程思政要求是:“掌握辩证思维和实事求是的科学分析方法,养成优良的机务维护作风,具备安全意识和团队合作意识,增强打赢使命感和责任感。”对于研究生而言则,着重强调了“发现-分析-解决”问题的能力和创新思维、合作能力。这些都与《高等学校课程思政建设指导纲要》中要求的“工学类专业课程,要注重强化学生工程伦理教育,培养学生精益求精的大国工匠精神,激发学生科技报国的家国情怀和使命担当”相一致。

1.2 课程思政教学实践中存在的问题

一是课程思政案例重复使用。存在同一课程思政案例在不同课程中使用现象,造成学员“审美疲劳”,思政效果减弱。例如,有的思政案例既在“航空发动机原理”课中应用,也在“航空发动机构造学”中用,如果到“航空发动机控制”课中再用,就难免“老调重弹”,效果自然不会好。因此,需要与相近课程组统筹考虑,做到思政案例“不重样”。

二是教员自身的课程思政认识水平有待提高。教员认为主要任务是教好专业知识,思政的主阵地是传统的思政课和学员队教育,对于专业课的课程思政重视程度不够,用功不深。

三是课程思政元素挖掘不深，添加随意，缺乏系统性。教员对课程思政点的考虑不成体系，缺乏系统课程思政教学设计，造成思政点挖掘较浅，案例选择敷于表面，不能打动学员内心，无法达到“盐溶于水”的效果。

四是课程思政教法和手段单一。教员习惯于在课堂上实施说教式的课程思政，没有充分关注和利用“军内、外线上平台”“虚拟实验”“VR 沉浸式训练”等融媒体手段实施课程思政。导致课程思政“枯燥、不生动”，效果不佳。

1.3 课程思政目标设计

针对上述问题，对接岗位需求，对学员开展全方位立体式培养，着重锻炼学员对装备故障的工程分析能力和对新生事物的探究能力的培养；注重对学员专业素养和机务工作作风的培塑。在教学和思政方面的具体要求及预期效果设计如下。

课程以新时代军事教育方针为指引[8]，立足“价值塑造、知识传授和能力培养”三位一体的人才培养要求，秉承“匠心铸造卓越，卓越成就动力，动力决定战力”的思政教学理念，旨在戮力培养新时代德才兼备的高素质、专业化的“航空机务人才”。把思想政治教育贯穿于教学过程始终，通过将价值塑造、知识传授和能力培养三者融为一体，寓价值观引导于知识传授和能力培养之中，全面推进课程思政建设，帮助学生塑造正确的“三观”。从而实现以下思政目标：

情感激发层面：浸润老一辈专家教授淡泊名利、终身追求的价值观与事业观，激发学员自豪感和爱国情怀，培养勇挑重担、攻坚克难的奋斗精神，树立航空强国，科技强军的使命责任意识。

精神塑造层面：培养学员精钻善研的科学素养，形成独立自主、攻坚克难、勇攀高峰的创新意识和创新精神，激发“学为练、练为战”的正确态度，养成矢志不渝、奋斗兴军的使命责任意识。

素质养成层面：培养学员无畏强敌、敢打必胜的战斗精神，养成“极端负责、精心维修”的机务工作作风，树立“对国家财产负责、对战友安全负责、对战斗胜利负责”使命责任意识。

2 课程思政元素的挖掘

生长本科学员学习积极性普遍较高，学习能力较强，求知欲旺盛，对新事物比较敏感，特别是对未来岗位的关注度越来越高。但他们对岗位的性质和装备的功能原理认识模糊；再加上00 后学员个性突出，必须注意加强引导，充分利用信息化手段，突出“学为主体，教为主导”的教学理念，全方位展示课程对于装备保障和作战训练的作用和地位，激发学习热情。

干部岗前学员和技师岗前学员普遍已有几个月的基层单位工作经历，清楚知道基层单位岗位能力要求，有很强的学习动机。期望快速掌握发动机维护保障方法，对外场判故排故技能渴望强烈，对尽快胜任基层单位工作要求迫切。但学员包括飞动、管理、机械专业本科生和和航宇专业硕、博研究生。知识背景差异较大，因此，需要采用差异化教学，因材施教。

干部岗前学员课程思政除了机务维护作风、职业素养、责任使命意识培塑外，需要加强合作精神、科学探究能力培养。

技师岗前学员重在培养机务维护作风、职业素养、责任使命意识。

研究生需要掌握先进的发动机控制理论，重点在于创新能力和科学探索精神的培养，强化对发动机先进控制控制技术进行突破革新的责任意识。

下面，就以生长本科“航空发动机控制”课程为例，结合学员特点和课程特色，进行思政元素挖掘和教学融入设计。

2.1 课程思政建设思路

课程以“双育双融”(即专业课程教育与思想政治教育相融通)为统摄理念，制定了“4＋2”的课程思政建设方案，如图1所示，其中“4”是指“航空发动机控制”课程思政建设的四个方面，即“优化课程思政目标、丰富课程资源体系、挖掘课程思政案例、创新课堂教学模式”；“2”是指“航空发动机控制”课程思政建设的两大助力条件，即提升教师团队思政素养和丰富第二课堂思政实践。

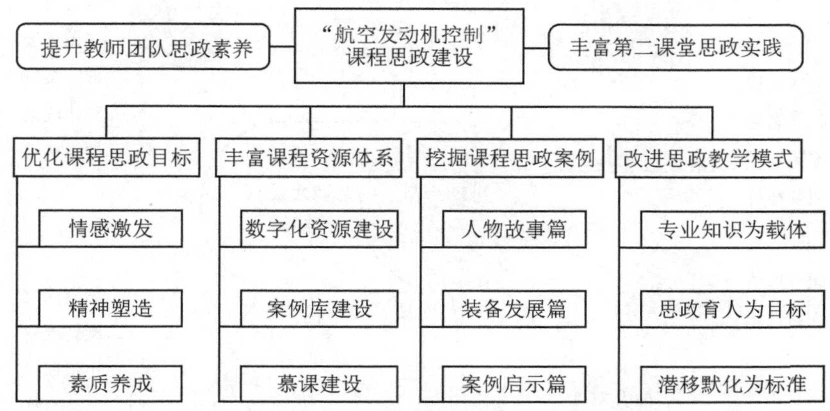

图1 “航空发动机控制”课程思政总体建设思路

思政目标是课程思政的导向，军校所具有的高校和军队的双重属性要求“航空发动机控制”课程思政教学一方面要落实教育部《高等学校课程思政建设指导纲要》的精神，另一方面要贯彻新时代军事教育方针，为强国兴军服务，培养德才兼备的高素质、专业化新型军事人才。

在落实《高等学校课程思政建设指导纲要》的精神方面，课程团队引入航空装备最新发展趋势、先进战机高原作战工程、老一辈“空工人”艰苦奋斗精神等思政案例，以达到：浸润老一辈专家教授淡泊名利、终身追求的价值观与事业观，激发学员自豪感和爱国情怀，培养勇挑重担、攻坚克难的奋斗精神，树立航空强国，科技强军的使命责任意识；培养学员精钻善研的科学素养，形成独立自主、攻坚克难、勇攀高峰的创新意识和创新精神的目标。

在落实贯彻新时代军事教育方针方面，结合航空院校育人目标和特点，面向学员毕业后从事岗位的素质需求，通过引入基层单位最新装备故障案例，我军装备与外军装备差异等思政案例，以达到：激发“学为练、练为战”的正确态度，养成矢志不渝、奋斗兴军的使命责任意识；培养学员无畏强敌、敢打必胜的战斗精神，养成“极端负责、精心维修”的机务工作作风；树立“对国家财产负责、对战友安全负责、对战斗胜利负责”使命责任意识的目标。

2.2 课程思政设计

生长本科学员学习积极性普遍较高，学习能力较强，求知欲旺盛，对新事物比较敏感，特别是对未来岗位的关注度越来越高。但他们对岗位的性质和装备的功能原理认识模糊；再加上

00 后学员个性突出，必须注意加强引导，充分利用信息化手段，突出“学为主体，教为主导”的教学理念，全方位展示课程对于装备保障和作战训练的作用和地位，激发学习热情。

结合学员特点和课程特色，进行思政元素挖掘和教学融入设计。图 2 是思政元素挖掘和融入示意图。

基于课程内容体系，面向情感激发、精神塑造、素质养成三维思政育人目标，课程教学团队从事件类、技术类、装备类、精神类四个层面出发挖掘课程思政案例，构建形成了能够涵盖整个课程内容体系、满足课程思政目标的思政案例库。

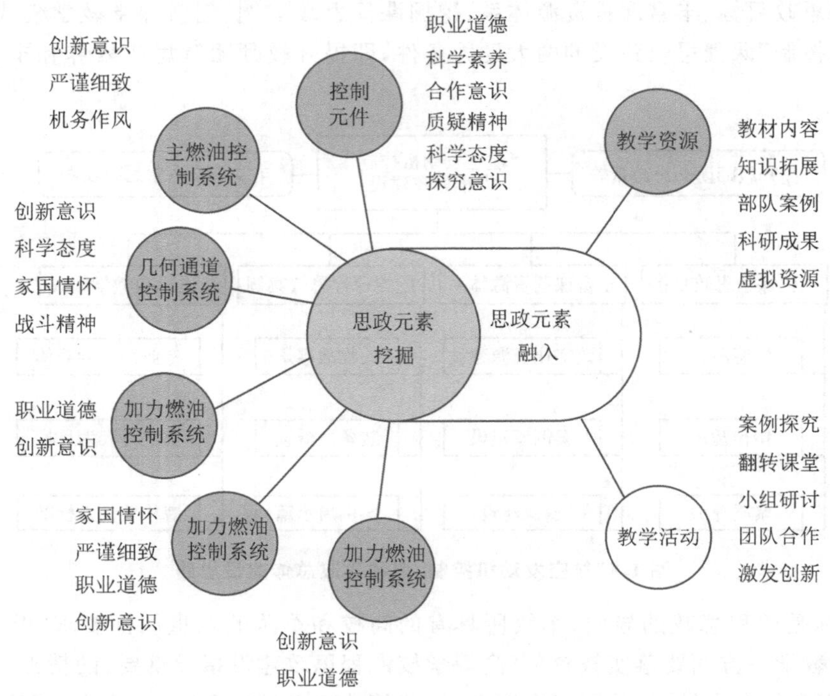

图 2 思政元素挖掘和融入示意图

2.3 课程思政资源建设

为满足教学模式改革、课程思政建设需求，课程团队持续开展课程资源体系建设，在学校重点课程建设、学校课程思政“领航”建设计划经费支持下，年均建设经费投入量达 50 万元。目前已建成包括教材、故障案例、数字资源库、慕课课程、模拟训练设备和实验教学设备等在内的相对完善的“基础-综合-创新”三层级课程资源体系。

在教材建设方面，2020 年、2022 年课程团队对《航空发动机控制》教材进行了持续修编，顺应基层单位装备发展趋势，增添了先进发动机控制新技术部分，并在各章节增加故障探究与课程思政启示内容。目前，教材已作为航空机务教材发行。

为更好达到装备教学和课程思政教学目的，在数字化资源建设方面，针对学员自学能力培养需求，课程团队构建了形成了“多元多级”的数字化资源体系。解决了发动机控制系统结构复杂、系统交联关系多、控制过程抽象不可视等学习难点问题，为实施故障探究及课程思政教学奠定资源基础。“多元”是指：多媒体展示的视频、图片和二/三维动画，AR 源呈现的整机发动机和控制系统多角度 AR 影像，虚拟仿真实现的整机控制、各控制系统和先进控制技术仿真实验。“多级”是指：元件的基础级资源、系统与整机的综合级资源、新技术虚拟仿真的创新级资源。

在案例库建设方面，课程团队充分利用多年服务基层单位的优势，大量收集发动机控制系统在服役过程中的故障案例。针对控制系统元件，发动机主燃油控制系统，加力燃油控制系统，几何通道控制系统，筛选了大量故障案例，形成了故障案例库。数字化资源和案例库的基本框架如图 3 所示。选用案例契合教材内容，承接教学主线，突出教学重点，遵循可二次分析的原则并具有课程知识结构的完整性。如针对主燃油控制系统中的转速控制器，设置了飞机着陆收油门后转速不下降的故障案例，配合案例建设了转速控制器的工作原理动画和视频。解决该故障原理后，学员能够充分掌握转速控制器的结构组成和工作原理。

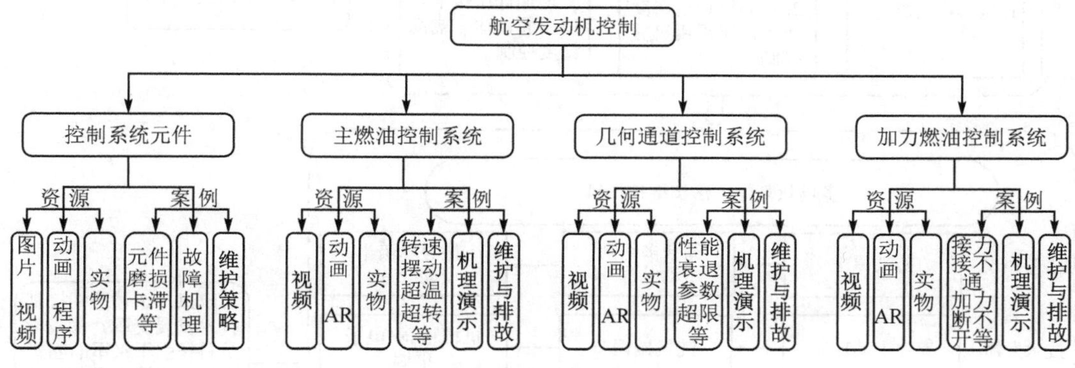

图 3　信息化资源及故障案例库建设

在慕课建设方面，对慕课课程体系进行了重构和扩展，分为入门篇、提高篇、精进篇和拓展篇 4 个篇章，以科普＋专业提升的方式向学员进行展示。入门篇为航空发动机控制概述，该篇将思政元素融入教学，以航空发动机是我国面临的“卡脖子”技术为切入点，开展科技强国教育，激发学员“航空强国，科技强军”的热情。提高篇为核心内容，分为控制系统元件和控制系统两大部分。按照从元件到结构再到整机系统的顺序构建典型发动机控制系统知识脉络。精进篇为高阶内容，涉及第四代发动机所使用的数字电子控制系统，主要面向高阶学员的学习需求，适应装备从三代向四代的技术跨越。拓展篇为延伸内容，将最新的科研成果融入课程，目的是拓展学员的科技视野，了解航空发动机控制领域最前沿发展动态。

3　课程思政教学实施

课堂首先引入基层单位真实低导控制系统故障案例，极大地激发了学员故障探究热情与安全责任意识，而由此讲述的低导故障调查也调动了学员学好课程内容的激情，解决实际装备问题的兴趣与责任意识。教学流程如图 4 所示。以闭环控制系统结构框图为主线，通过分解结构、查找元件，启发学员探究低导控制器的结构组成并深入理解其工作原理。通过结合机械与电子控制系统协同工作过程，讲解了实验室原理性实验、大修厂解剖的实物机构和外场实装维护中关键知识点，加深了学员对本堂课知识的理解。通过引入发动机防喘控制变革和电子控制技术的发展，激发学员科研创新精神；通过教员演示原理性实验、大修厂专家讲解实物机构和基层单位骨干示范维护工作，逐次递进讲解维护保障。通过判故排故探究，浸润精心维修的使命责任意识，树立崇高价值观和事业观。此外，还介绍了低导控制方面的改进，扩宽了学员的知识，同时激发了学员的自豪感与敢打胜仗的决心。

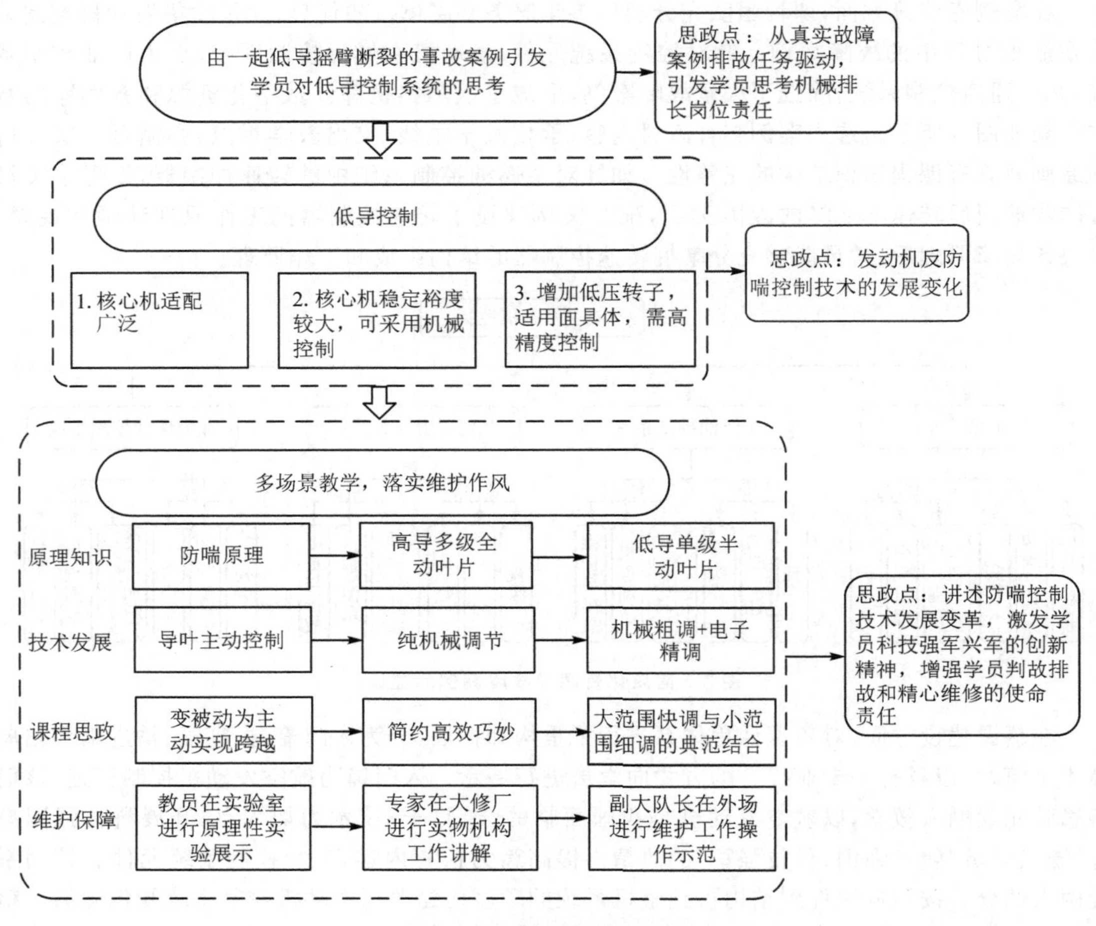

图 4　低导控制教学流程图

通过基层单位故障分析，介绍低导控制的关键问题：快速调整与高精度控制同时兼顾，放大器实现了两个控制系统协同工作。通过介绍这协同工作方式讲授低导过程的使用维护问题。

协同工作关键问题之一——协同工作的执行机构是作动筒带动三角摇臂转动。思政点：知识获取与价值观建立相统一，在学习发动机使用维护知识的同时，浸润发动机控制原理与技术革新的创新发展思路。思政元素：教员实验室原理实验演示，浸润技术跨越的技术革新思想。

协同工作关键问题之二——分油活门油封凸台和活塞套筒衬口的油口，决定分油的走向和作动力大小。思政元素：大修厂专家讲内部机构协同，浸润简约高效巧妙设计思路。浸润简约高效巧妙、大范围快调与小范围细调的典范结合的技术发展思想。启发思考：前面两个关键问题有没有不足之处，还有没有改进的空间？

协同工作关键问题之三——机械和电子控制的维护都需要对摇臂、球头定期检查润滑。

思政元素:基层单位骨干讲外场维护,浸润机务维护作风。浸润精心维修精益求精的维护作风。

知识拓展:顺序展示不同发动机在导叶控制方面的发展历程,讲解技术发展思路。思政点:全权限数控发动机导叶控制的技术革新发展思路。

课后活动(思政点):查阅资料,连线与大修厂专家和基层单位骨干,了解低导控制技术发展和维护保障工作细节,进一步强化思政育人效果。

4 建设成效及特色

课程团队积极探索教学模式改革与实践,不断深挖课程思政内涵,取得了一些可喜成绩,2022年"航空发动机控制"课程被认定为首批军队级精品课程,并被推荐申报国家级一流课程。该门课也是省级一流线上课程、校首批金课、校首届课程思政"领航"课程。团队负责人获学校首届课程示范课比赛获大学一等奖、课程思政论文比赛校一等奖、校课程思政"领航之星",并讲授教学比赛示范课,课程团队成员连续4年参加学校A类教学模式改革,获学校第二批"课改先锋"。课程团队成员近年来军队和学校教学比赛中屡获一、二等奖。团队成员在2022大学教学能力抽查比赛中获得一等奖,在2022年学院装备教学能力比赛中获一等奖1项,在2021学院青年教员教学能力竞赛中获得二等奖2项、三等奖1项,同时,课程团队在《高教学刊》等公开期刊发表课程思政教学论文5篇。具体来讲,取得了如下几个方面的建设成效。

4.1 课程思政目标得以优化

新时代的"航空发动机控制"课程肩负着专业能力提升与核心价值塑造的双重使命。通过深入挖掘思政内涵,课程形成了情感激发、精神塑造、素质养成三个层次的思政目标,为开展课程思政提供了导向和总要求。

4.2 课程思政内容得以充实

课程团队提炼课程思政元素,收集整理课程思政案例,形成了包含人物故事篇、装备发展篇、案例启示篇的课程思政汇编,撰写了多篇课程思政教学设计样例,为更好地开展课程思政提供了素材支撑。

4.3 课程思政教学模式得以改进

课程秉承"匠心铸造卓越,卓越成就动力,动力决定战力"的教学理念,贯彻"整机系统融控制"、"计划结构领原理"和"先进技术促创新"的教学思想,探索形成了基于混合式教学模式的案例探究式教学法。在课前、课中、课后将思政案例与课堂教学相融合,在课程知识传授中浸润思政要点,在思政案例中渗透装备知识,滴水浸润、盐溶于水,形成了课前情感激发,课中精神塑造、素质养成,课后持续深化的思政模式,为开展课程思政提供了坚实的方法支撑。

4.4 课程思政评价体系得以完善

课程将考核评价从单一的专业知识维度,向精神面貌、品格态度、人文素养等多维度延伸,通过笔试、研讨、答辩等多种形式动态考察整个学习过程，建立了既能体现专业水平又能反映思政素养的多元评价体系。

4.5 教员团队思政素养得以提升

为建成一支具有思政教育意识和思政教育水平的航空发动机控制专业教员队伍，课程组定期组织教学研讨，积极参加航空航天教指委等各部门的课程思政交流活动，并邀请思政课专人教师分享教学经验。通过协同备课、专家评课，课程组教师的教学思路得以开阔，思政育人水平得以有效提升。

5 结 论

本文对我校航空发动机控制课程群课程思政存在的问题，进行了讨论。

① 分析并挖掘航空发动机课程群课程思政元素，进行课程思政教学设计，讨论课程思政教学资源和课程思政师资建设。

② 以本科学员的“航空发动机控制”课程为例，对课程思政教学实施进行了讨论。经过近年来教学模式改革和课程思政实践，实现教学相长，教学效果提升显著。

参 考 文 献

[1] 中共中央国务院.关于进一步加强和改进大学生思想政治教育的意见：中发〔2004〕16[Z].2004-10-15.

[2] 中共中央办公厅，国务院办公厅.关于进一步加强和改进新形势下高校宣传思想工作的意见[Z].2015-1-19.

[3] 习近平.习近平谈治国理政(第二卷)[M]北京：外文出版社，2017.

[4] 中共中央国务院.关于加强和改进新形势下高校思想政治工作的意见[Z].2017-2-27.

[5] 教育部党组.高校思想政治工作质量提升工作实施纲要：教党〔2017〕62 号[Z].2017-12-4.

[6] 习近平.在全国教育大会上的讲话[N].人民日报，2018-9-11.

[7] 教育部.高等学校课程思政建设指导纲要：教高〔2020〕3 号[Z].2020-5-28.

[8]习近平.习近平新时代中国特色社会主义思想专题摘编[M].中央文献出版社，2023.

“材料科学基础 B”课程思政教学探讨*

乔菁　覃耀春　赵慧杰　刘超铭

（哈尔滨工业大学 材料科学与工程学院，哈尔滨　150001）

摘　要：“材料科学基础 B”是材料科学与工程学院一门至关重要的专业基础课，为学生未来的专业课程学习、科学研究和工程技术工作打下扎实的专业知识基础，在培养学生的创新能力和专业素养方面发挥着至关重要的作用。本文旨在论述对“材料科学基础 B”课程进行思政建设的必要性，明确建设目标，并提出切实可行的建设措施，从而确保专业知识传授与思想政治教育同步推进，以期实现立德树人的根本任务。

关键词：专业基础课；课程思政；建设目标；建设措施

引　言

在经济发展、社会进步和国防安全等国家战略中，材料科学发挥着至关重要的作用。然而，对于“材料”的研究和应用，其善恶的关键取决于从事这一领域的人的价值观和道德修养。习近平总书记在全国高校思想政治工作会议上指出：“高校思政工作关系高校培养什么样的人、如何培养人及为谁培养人这个根本问题。”[1-3] 因此将思想政治教育融入材料类专业重要的基础课程中变得尤为重要，不仅有助于培养学生的专业素养，更关注了其道德伦理水平，培养的“材料人”不仅具备过硬的专业技能，还能在道德层面上做出正确的、负责任的决策，可以为国家和社会做出更大的贡献。这种综合素养的培养是材料科学领域人才培养的必然要求，也是助推国家发展的战略举措。

“材料科学基础 B”课程前身为“金属学及热处理”课程，是材料科学与工程学院电子封装技术、焊接技术与工程以及材料成型及控制工程专业的一门专业基础课。授课对象为大三本科生，授课总学时为 64 学时。课程内容主要分为金属学、热处理原理和热处理工艺三部分，旨在以金属材料为主阐述材料的化学成分、微观结构、制备工艺与性能之间的相互关系及其变化规律。这门课程在专业课程体系中具有重要的地位，起到了承上启下的作用，为学生学习后续专业课程（如液态金属凝固原理等）以及未来从事科学研究和工程技术工作打下了扎实的专业知识基础。此外，该课程还专注于培养学生发现、分析和解决问题的能力，有助于学生创造性思维的养成。将思政元素融入授课内容，不仅可以使学生更好地了解相关知识点的来龙去脉，深化对专业知识的理解，增强专业自信；还可以引导学生对专业问题、社会问题等进行深入的思考，培养责任感和担当精神，提高专业认可度，激发学习兴趣。

* 基金项目：哈尔滨工业大学教学发展基金项目

1 课程思政建设目标

基于专业课程与思想政治理论协同育人理念，以价值塑造、能力培养、知识传授作为“材料科学基础 B”课程目标。通过课程思政建设措施的实施，提高课程授课教师的专业水平和教学技能，强化其对教学深度与力度的掌控能力，同时加强教师品德修养与内涵，通过言传身教，在不经意间对学生产生影响，引导他们形成正确的三观；建立“材料科学基础 B”课程思政素材库，探寻思政元素和教学内容的有机结合点，改善教学模式，制定教学设计，侧重案例教学和实践教学，将思政元素巧妙地、隐性地、自然地融入学生能力培养和课程知识传授之中，在提高学生学习兴趣的基础上，使学生深刻领会到材料科学的内涵、研究方法及概况，切身体会到大国工匠精神、民族精神的传承、工程伦理道德和社会主义核心价值观，使学生养成科学严谨的治学态度，培养学生的历史使命感和责任感，坚定学生科学报国、创新强国、服务社会、造福人民的理想信念，培养全面发展的人才。

2 课程思政建设措施

2.1 课程思政教师团队建设

课程思政不是简单的将思政元素与教学内容叠加，而是需要细致入微的操作，不可显得突兀或引起学生反感，重在“润物无声”。这就要求授课教师不仅具有扎实的专业知识和卓越的教学技能，还需要具备与所授课程相关的相当丰富的历史知识、宽广的知识面、较强的教学深度和力度的掌控能力、强烈的社会责任感等。因此，教师团队建设是课程思政建设的基础和关键。

授课教师团队建设首先要不断提高授课教师的教学技能及思政理论水平。积极参加国家、学校和学院组织的各种专业培训和研讨会，加强团队合作，共同分享教学心得和教学设计，定期反思自己的教学实践，从学生反馈中发现不足，不断提升教学技能；聚焦学术前沿，广泛涉猎文献，紧跟最新研究动态，并及时将这些信息引入课堂教学中；不断加强政治敏感性和政治鉴别力，积极积累思想政治教育方面的知识；定期梳理、深入理解课程教学内容，不仅知其然，还要知其所以然，在此基础上深入挖掘授课内容中的思政教育要素，特别是挖掘具有本校特色的历史文化和学科特色等育人因素，并敢于突破传统教学理念的束缚，尝试多元化的教学方法。其次，要持续提升教师的素养，包括塑造崇高的职业理想，加强在立德树人方面的责任感和使命感，以及提高在教书育人过程中的自觉性，同时激发在课程思政方面的积极性、主动性和创造性，使教师更有效地履行学生健康成长引导者的责任。用一丝不苟的工作作风、高度的事业心和责任感、严谨的治学态度把价值塑造、能力培养和知识传授三者融为一体，潜移默化地影响学生。

2.2 构建课程思政素材库

全面而深入地挖掘授课内容中潜藏的思政教育素材，是课程思政建设、实施的前提，因此，需要结合“材料科学基础 B”课程内容和授课学生的特点，将思政素材进行提炼加工，形成可以用于实际教学活动的学习资源(动画、视频短片或小故事),构建"材料科学基础 B"课程思政素材库。可以尝试从四个层次来挖掘思政元素:

① 中华悠久历史文化和璀璨文明方面的介绍,例如制陶技术、青铜器铸造技术(越王勾践剑、春秋战国时期《周礼·考工记》中记载的青铜合金成分等)[4]、炼钢技术(《史记·天官书》《汉书·王褒传》《宝刀赋》等)[5],让学生深刻感受到中国传统文化源远流长、博大精深的独特魅力,唤起学生内心深处的民族自豪之情,巩固并坚定学生对本土文化的自信。

② 材料在日常生活、社会进步和经济发展中所发挥作用的相关介绍,例如钢铁材料、纸张、混凝土、发泡材料、碳材料……,让学生明白"文明时代就是材料时代"[6],感受到材料的神奇与美妙,提高专业认同感,提升学习兴趣。

③ 材料在国防安全中的重要作用以及我国研究的重要进展方面的介绍,例如重大工程中的材料问题,即由于材料问题引发的灾难事故(1986 年太空船挑战者号爆炸事故、2003 年哥伦比亚号航天飞机灾难、2010 年空中客车 A380 发动机爆炸事故、泰坦尼克号轮船海难事故……)[7,8]以及重大工程攻关时攻克的"卡脖子"材料问题(我国在 TiAl 金属间化合物研究方面的突破[9]、攻克柴油机等领域亟需的大型铸锻件制造技术[10]、破解高端轴承钢难题……),激发学生对专业问题、国家安全问题和社会问题的关注和思考,增强学生的责任意识和担当精神,并培养学生科研强国意识。

④ 课程中涉及的关键历史人物的生平、发明创造的时代背景、历史贡献与意义、探索求知精神以及身边榜样的典型事迹介绍,如哈工大八百壮士等,将求真务实和追求卓越的科学精神、吃苦耐劳脚踏实地实践创新团结奋进的工匠精神有效传导给学生,鼓励学生勇于面对困难,永不退缩,培养学生的科学家精神。

2.3 改善教学模式,融合思政教育理念

"课程思政"需要依据教育对象的身心特征,进行科学的规划和系统的设计,从而使思政教育与专业课程内容紧密结合[11,12]。因此,要"润物无声""溶盐入水"般将思政元素融入课程教学之中,必然伴随着教学模式、教学设计等的系列改革,坚持以学生为中心的教学理念,通过多角度且富有趣味的方式开展教学,激发学生主动学习,调动其学习的积极性,打破教学时间和空间上的限制。

首先,要改善教学模式,尝试多元化教学方式,努力让学生感兴趣。"材料科学基础 B"存在概念抽象、陈述性内容多的问题,采用传统教师讲、学生听的教学方式,会使学生感到枯燥、乏味,丧失学习的积极性和主动性,课堂效果较差。此外,由于课程知识点繁多,学时有限,采用传统教学方式,很难确保有足够的时间引入思政元素。因此,必须根据"材料科学基础 B"的特点,采用创新的教学方法和改进的教学策略。可以考虑实施课前、课中、课后三阶段教学流程:在课前发布讨论题目,鼓励学生自主学习相关概念和理论;课中,采用互动式教学法、案例教学法或引入"翻转课堂"等形式帮助学生理解吸收重难点知识;课后,布置综合性作业题,提升学生分析问题、解决问题的能力,并引导学生绘制思维导图来对知识点进行归纳和整理,更好地掌握各知识点间的相互联系和作用。

其次,细化课程内容,深入研究各类思政元素融入教学内容的时机以及具体的呈现形式,制定融合思政教育元素的教学设计文件。可以尝试以课程中涉及的关键历史人物、身边榜样的典型事迹为切入点,用故事讲清道理,溶盐入水般地将正确的价值观、求真务实和追求卓越

的科学精神、吃苦耐劳脚踏实地实践创新团结奋进的工匠精神有效传递给学生，激励学生树立崇高的理想，并建立坚定的专业自信心；以重大工程中的材料问题、相关知识最新的研究进展及应用为切入点，让学生深刻感受到材料科学与国家经济发展和人民生活的紧密关联，坚定学生科学报国、创新强国、服务社会、造福人民的理想信念，并培养学生的工程伦理意识；以材料领域目前存在的问题以及对新材料、新理论的需求为切入点，激发学生学习的斗志，使学生看到科学对人类发展的巨大推动作用，从而崇尚科学、积极创新，并意识到目前学习的重要性。

最后，在实际教学活动中实施课程思政，在讲清楚理论知识的内在逻辑和科学内涵的基础上，阐述清楚课程内容的历史渊源、文化诉求和行业价值，培养学生独立思考、勇于探索真理的科学精神；定期了解学生上课的感受和意愿，思考学生提出建议的可行性，分析学生对课程的评价结果，总结经验并不断完善改进和提升，形成一套学生接受度高、效果好、具有鲜明课程特色的思政教学模式。

3 结 语

本文以专业基础课程“材料科学基础 B”为研究对象，探讨了该课程在课程思政方面的建设目标，并提出了团队建设、课程思政素材库建设和教学模式改革三项主要实施措施，旨在同时实现价值观塑造、能力培养和知识传授的目标，并激发学生的民族自豪感，树立专业自信，培养其社会责任感和工匠精神。

参 考 文 献

[1] 张秀峰.思政课讲“四性”[J].山西晚报，2017-07-11.
[2] 徐薇，叶笑云.“课程思政”融入大学生心理健康教育的探索和实践[J].黑龙江教师发展学院学报，2023，42(3)：154-156.
[3] 李发国，尹付成，岳慧君.“材料科学基础”课程的思政教育设计与实践[J].文教资料，2018，(28)：194-196.
[4] 朱张校，姚可夫.工程材料[M].北京：清华大学出版社，2011：1-4.
[5] 贾涓，宋新莉，师静蕊，等.“材料科学基础”课程思政教学设计案例与分析[J].课程教学，2021，8：104-106.
[6] 马克·米奥多尼克.迷人的材料[M].赖盈满，译.天津：天津科学技术出版社，2019.
[7] 杨冰.一个小碎片葬送了“哥伦比亚号”——安全没有侥幸[J].现代班组，2017(1)：24.
[8] 马冰洋，齐小犇，尚海龙.“工程材料与金属热处理”课程思政的探索与实践[J].教育教学论坛，2021，19：173-176.
[9] 黄本生，张进，张德芬，等.“材料科学基础”课程思政建设[J].德育教育，2020：20-21.
[10] 赵光伟，袁有录，黄才华，等.“机械工程材料”课程思政教育探索[J].教育教学论坛，2020，24：35-36.
[11] 徐伟文，杨学习，刘天才，等.蛋白质工程专业课程思政的探索与实践[J].教育教学论坛，2020，51：87-89.
[12] 于臻臻.高职公共英语课程思政实施的探索研究[J].现代英语，2020(10)：93-95.

基于OBE理念的“飞行力学与控制”课程思政教学改革*

屈高敏　董彦非　李继广　史志富　谭健

（西安航空学院 飞行器学院，西安　710077）

摘　要：针对新工科背景下人才培养的需求，以“飞行力学与控制”课程为例，提出并构建了基于成果导向教育理念的课程教学体系，整合“教学目标－教学内容－教学实施－教学考核”四位一体的教学模式，强化航空报国、大国工匠、职业素养、唯物主义方法等约束下的飞行力学与控制的复杂工程问题，实现课程教学效果的全过程评价与持续改进机制。教学实践表明，基于OBE理念的课程思政教学改革，能够有效激发学生学习热情，提高课程教学效果。该方法可为航空类课程教学改进提供了理论基础。

关键词：OBE理念；飞行力学与控制；教学改革；全过程评价及持续改进机制

2019年8月14日中共中央办公厅、国务院办公厅印发了《关于深化新时代学校思想政治理论课改革创新的若干意见》，指出要全面贯彻党的教育方针，解决好培养什么人、怎样培养人、为谁培养人这个根本问题，坚持不懈用习近平新时代中国特色社会主义思想铸魂育人。2020年5月28日教育部印发《高等学校课程思政建设指导纲要》，指出要把思想政治教育贯穿人才培养体系，全面推进高校课程思政建设，发挥好每门课程的育人作用，提高高校人才培养质量[1]。为了贯彻落实国家的指导方针，做好育人工作，专业课进行了改革，融入思政，做课程思政。在新工科背景下，如何将思政教育融入专业课的教学过程成为当下众多高校落实全国高校思想政治工作会议精神、提升工程人才的人文，社会科学素养的重要关注点[2,3]。

OBE理念也称为成果导向教育理念，它倡导以学习成果为导向，以学生为主体和中心，采用反向设计的方式进行课程体系的建设。OBE理念关注能够获得哪些学习成果，这些学习成果的获得途径有哪些，如何对所取得学习成果进行科学评定等[4-8]。因此，在本质与内涵上，课程思政与OBE理念都高度契合，都是以人才培养目标为导向的教育理念，两者融合对课程思政教学具有重要意义。

1　课程特点与存在问题

“飞行力学与控制”是飞行器设计与工程和航空航天工程等涉航专业的重要专业课程，是学习飞机总体设计等课程的基础，是飞行器设计与工程专业重要核心专业课之一。该课存在理论性较强，学生不易理解掌握，思政元素难以融入等特点，教学团队在这方面做了一系列的

* 基金项目：飞行器设计与工程专业教改项目（基于OBE理念的“飞行力学与控制”课程思政教学研究与实践）；陕西省“十四五”教育科学规划2023年度课题（批准号：SGH23Y2639）；2023年西安航空学院高等教育教学改革项目（23JXGG23604）

探索。

从专业设立伊始，在制定专业人才大纲时，该课程便受到学院、教研室的高度重视。和专业设立同步，学院便成立了《飞行力学》教材编写小组，并深入企业等用人单位进行深入调研和沟通，切实了解用人单位的实际用人需求。

在深入调研的基础上，结合当前已有的教材以及我校应用型人才本科培养目标定位，确定了该课程飞行性能、飞行品质和飞行控制三部分。通过本课程的学习，学生要在理解和掌握相关理论的同时，具备飞行性能、品质和控制的计算和分析能力。最终定稿了《飞机飞行力学与控制》校内讲义，并在飞行器设计与工程专业教学中使用。经过两年的完善和改进，于 2021 年 2 月由西北工业大学出版社出版了《飞机飞行力学与控制》专业课教材。

在教材完善的基础上，课程教学团队也在教学实践中对课程设置和培养目标进行反思和优化。第一，教学课时由 32 学时增加到了 48 学时；第二，立足于应用型本科教学的实际定位，课程完善为课堂教学(40 学时)加专业实践课(8 学时)相结合的方式；第三，在课程考核上，也由平时成绩＋考试成绩两项组成优化为平时成绩＋考试成绩＋实践报告三项组成。

经过教学改革该门课取得了良好的效果。但是，在实际教学的过程中，还存在一些问题：

① 课程思政是从点进行切入进行融入，缺乏整体性；

② 以学生为中心、产出为导向的课程设计课程体系设计尚不完善；

③ 课程的思政性、创新性、应用性三者矛盾的课堂教学问题；

④ 考核评价单一，不能很好地适应新时代的学生。

2 教学改革的指导思想和路线

针对该课程存在的问题，开展将 OBE 理念融入到课程体系中，落实到课堂里，以学生为中心、产出为导向对接社会需求，突出培养学生高阶思维和应用能力，以期达课程思政教学与实践教学的统一。同时，采用多元多样的教学方法，完善考核评价机制，培养有家国情怀、航空报国和职业素养的新工科专业人才。具体的指导思想和路线如图 1 所示。

3 教学改革的具体措施

3.1 现状分析，以成果为导向，设定教学目标

依据高素质应用型人才培养方案，分析用人单位实际需求，结合我校应用型本科院校的定位目标，根据我校学生的基本情况(包括接受知识的程度，学生的特点等)，确定知识、能力、素质“三位一体”的课程目标。如表 1 所列。

其中用人单位的实际需求可根据实地走访调研获得。实地走访调研，包括开设航空工程类本科专业的各类高等院校、航空企业、民航和通用航空企业等单位，征集需求。以人才培养问题诉求征集：专业设置、课程体系、应用型人才培养现状、用人需求、主要模式和机制等信息搜集和分析。

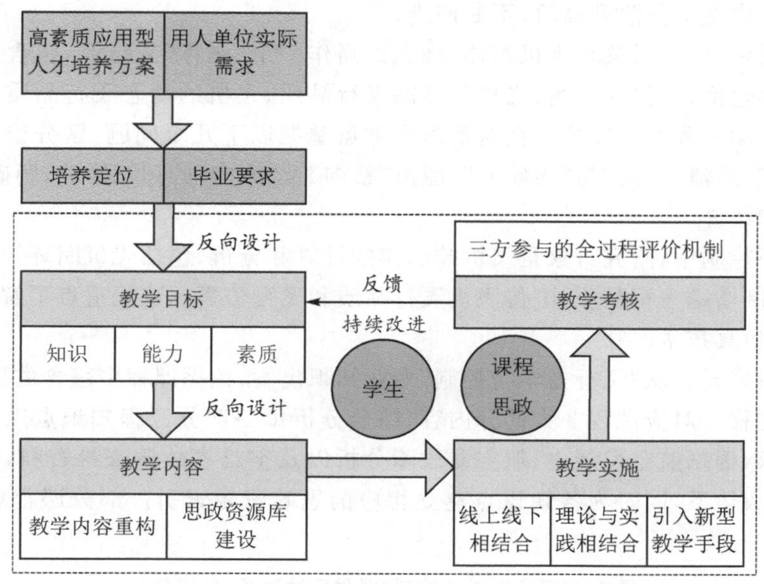

图 1 课程教学改革指导思想和路线

表 1 “飞行力学与控制”课程毕业要求与课程目标

序号	毕业要求	毕业要求指标点	课程目标
1	工程知识	1.3 能够针对具体的飞行器设计相关工程问题进行分析，建立恰当的理论模型并求解	知识目标
2	问题分析	2.4 熟悉飞机构造与系统原理，能基于相关科学原理和方法通过文献研究分析工程问题的影响因素，对飞行器设计与工程问题进行分析，寻求并提供工程问题的多种解决方案，并获得有效结论	能力目标
3	设计/开发解决方案	3.2 能够针对特定要求独立完成飞机部件的设计，并能够对设计的合理性进行分析	能力目标
4	研究	4.1 能够基于科学原理，通过文献研究或相关方法，分析复杂航空工程问题的研究方案	能力目标
5	德育思政要求	13.1 严谨求实的工作作风；发现问题、解决问题的专业素养；航空报国的家国情怀和使命担当	素质目标

3.2 基于 OBE 理念的教学内容改革

基于 OBE 理念，根据课程目标反向设计教学内容，包括教学内容重构与思政资源库建设。

教学内容重构。飞行力学与控制所涉及的内容比较多，学生理解起来比较困难，不能准确掌握，知识体系不明晰。为此，课程组将教学内容重构。在这里分为 3 大部分：飞机飞行性能，飞机飞行品质，飞机闭环控制。

其中，在飞机飞行性能中，研究对象是飞机，将飞机当作一个“质点”来研究，包含力的方程。内容涵盖整个飞行流程，包括其基本的飞行性能、机动飞行性能、飞机续航性能、飞机起飞与着陆。整个内容是从低阶到高阶，不断递进。

在飞行品质中，研究对象是飞机本体，将飞机当作一个“刚体”来研究，包含有力的方程及力矩方程。内容包括，飞机的平衡、飞机的静态飞行品质、飞机的动态飞行品质和刚体运动方程及刚体飞机运动方程及线性化。在这里需要重点掌握以下几个问题：区分稳定性与操纵性中的“静”与“动”，弄清“纵向”与“横航向”，厘清“横向”及“方向”的相互影响，明确建立模型、研究问题的前提和条件[9]。

在飞机闭环控制中，研究对象是飞机控制律的计算和分析，包括飞机闭环控制及主动控制技术、增稳和控制增稳飞行品质、电传飞机飞行品质和飞行仿真。这里重点了解飞行控制发展脉络，掌握飞行仿真技术。

思政资源库建设。从“飞行力学与控制”专业知识出发，挖掘课程中蕴含的思政元素，将其融入知识传输过程。对应课程3大部分内容，综合分析每一部分课程知识点以及后续工作中的各种能力要求，根据航空发展史、航空器故障分析以及空难事故调查等资料，整理完善课程思政资源库，形成体系，同时为各知识点建立相应的思政资源索引。部分课程思政资源库[10]如表2所列。

表2 “飞行力学与控制”课程思政资源库(部分)

所属章节	课程内容	知识点	思政元素
绪论	飞行力学与控制的发展	飞行力学与控制的发展	**理论指导实践**：通过介绍飞行力学与飞行控制的发展时，引入我国英雄试飞员李中华的事迹，李中华创造了多项中国试第一后，选择进一步深造，用理论指导实践，进一步提升飞行技能。通过英雄事迹激发学生的学习动力和兴趣
飞行性能	飞机的基本飞行性能	航程和航时	**航空报国，勇于创新**：引入西北工业大学“魅影”团队的太阳能无人机和我校具有自主知识产权的“西航一号”事例，可以提升学生的家国情怀和爱校情怀。在讲解飞机机动性时，介绍我国历年珠海航展上精彩的飞行表演(J10B，歼20等)，体现我国航空水平不断地创新发展，增强学生民族自豪感
飞行品质	飞机纵向静稳定性	迎角静稳定性的定义，判定准则	**职业素养，严谨求实工作作风**：引入新闻美军747货机因装载货物不规范，导致纵向静不稳定，起飞不久，失速坠毁事件。懂得严谨求实工作作风的重要性，提高学生的德育意识，强化学生职业使命感
飞行品质	飞机纵向静稳定性	迎角静稳定裕度	**唯物辩证的观点**：利用辩证的观点，并不是越强越好，过犹不及，告诉学生做事情需要把握一个度。培养学生辩证思维的能力
飞行品质	飞机纵向静稳定性	放宽迎角静稳定性的途径	**条条道路通罗马**：通过讲授放宽静稳定性实现的不同方式，引导学生“殊途同归”，面对同样的问题，可以采取不同的方式实现，并且作为新一代的航空人需用发展的眼光看待问题，要树立终身学习，与时俱进，始终拥有先进的理念和较高的职业素养。培养学生创新思维的能力

续表 2

所属章节	课程内容	知识点	思政元素
飞行控制	增稳和控制增稳飞机	控制增稳	**刻苦钻研，大国工匠精神，唯物辩证的观点：**从飞机机动性需求到降低稳定性、由弱稳定性到增稳系统，引发对生活对待困难的思考和解决问题方式的探讨。启发学生物体先天都有缺陷，后天努力可以弥补先天不足；解决问题要从本质出发，针对目标需要和原因，针对性地加以解决；万物都有矛盾的一面（稳定性和机动性），但是处理得当，矛盾的对立面可以转化
飞行控制	飞控实验	飞控实验	**自主创新，技术革新团队合作，沟通协作的能力：**通过现场播放“西航一号”首飞视频，飞行验证视频等，引发学生思考，飞行底层的控制律是如何设计的，最大化地激发学生的兴趣。在实践教学环节锻炼学生团队合作、沟通协作的能力，培养学生吃苦耐劳的精神

3.3 基于 OBE 理念的教学实践

在新工科背景下，课程学习强调要以学生为主，以学生发展为本。基于 OBE 理念，采用线上线下相结合、理论和实践相结合与引入新型教学手段进行教学实践改革。

线上线下相结合。课前，通过线上平台上发布课程任务，利用线上的慕课、微课等资源，丰富学生们的学习内容。学生在线上先自行学习，建立知识初步概念，带着问题进行线下的课堂学习。

理论和实践相结合。飞行力学与控制，共 48 学时，40 学时的理论课，8 学时的实践课。2 学时是飞机常规操纵，安排在讲授完飞机操作性之后，通过对飞机常规操纵的讲解和演示，使学生能够更直观地感受飞机的受力及操纵情况，并且能够用专业术语分析飞机的飞行状态。6 学时是无人机控制系统实现，安排在飞机闭环控制理论授课之后，通过无人机控制系统的仿真实验，使学生能够设计针对航空工程问题的解决方案，设计满足特定需求的控制系统。

引入新型教学手段。课中，采用灵活多样的课堂互动，充分发挥学生的主导地位，实现翻转课堂和智慧课堂的教学效果，采用讨论、测试、提问、分组、头脑风暴等多种方式，丰富教学手段。

与此同时，在教学内容当中融入思政元素，教学方法同样也可和思政教育相结合，将思政教育自然贯穿于多样化的教学方式中。具体的教学设计如图 2 所示。

3.4 设计过程化评价方式和改进措施

考核评价方法机制如图 3 所示，包括学生互评、综合素质测评、期末考试评价及企业、科研单位评价等。

引入企业、科研单位评价机制，以产学研的方式开展课程建设，以纵向和横向科研项目为载体，学生、教师、企业及科研单位导师三方参与，对学生的工作作风、专业素养、理想信念开展全方位全过程的评价。

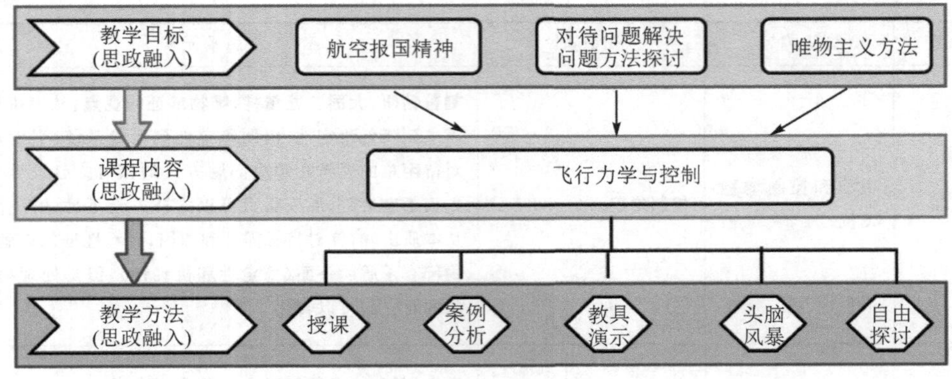

图 2 课程思政教学设计总体思路

结合学生,企业科研院所,教师等多方渠道来评价该门课的改革效果,给出改进措施。

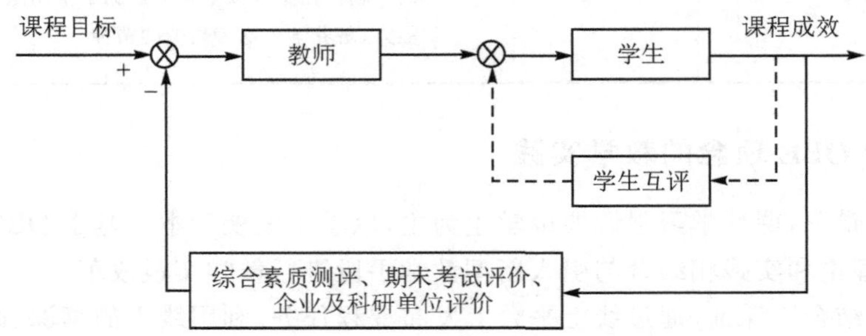

图 3 课程考核评价机制

4 结 论

基于 OBE 理念,结合"飞行力学与控制"的课程特点,构建了基于 OBE 理念的"飞行力学与控制"课程教学改革体系。教学实践表明,学生基于该课程知识的学习效果得到了提升,学生的综合成绩优秀率显著提高。同时,学生的高阶思维和应用能力得到了提升,学生在参加"银鹰杯"全国无人飞行器云端设计大赛、国际无人飞行器创新大奖赛等需要应用飞行力学与控制的各类学科竞赛和科技竞赛中,成绩优异。通过参与各项研究工作,学生在团队教师指导下发表了相关学术论文数篇、获批实用新型专利数项。该方法为航空类课程教学改进提供了理论基础。

参 考 文 献

[1] 吴岩. 中国式现代化与高等教育改革创新发展[J]. 中国高教研究,2022,(11):21-29.

[2] 彭立威,施晓蓉."新工科"背景下课程思政建设"四全覆盖"模式的探索[J]. 国家教育行政学院学报,2022,(11):63-70.

[3] 李万钟,徐建宁,朱端银. 新工科背景下课程思政教学改革——以石油钻采机械课程为例[J]. 高教学刊,2023,9(30):130-133.

[4] 李仕春,华灯鑫,赵恒. 基于 OBE 理念的"互换性与测量技术"课程教学改革[J]. 工业和信息化教育,

2023,(8):1-5+10.

[5] 邱媛媛,贺少鹏,凤超.基于 OBE 理念应用型本科院校“控制工程理论”课程的教学改革[J].南方农机,2023,54(21):184-187.

[6] 秦琳玲,詹耀辉,王晴.基于 OBE 理念的课程思政混合式教学创新改革研究——以应用光学课程为例[J].高教学刊,2023,9(24):70-73.

[7] 方勇,杨宇,杨文波.新工科背景下基于 OBE 理念的课程教学探讨——以“高速公路隧道工程”课程为例[J].教育教学论坛,2023,(3):117-122.

[8] 石智伟.OBE 理念下“光电检测技术”课程改革探索[J].教育教学论坛,2023(14):85-88.

[9] 韩丰波,魏秀玲,周脉鱼.新时代本科学历教育中“飞行力学”课程内容的优化与实践[J].黑龙江教育(理论与实践),2020,(3):61-62.

[10] 王睿,周洲.飞行动力学课程中思政—教学—工程的有机结合[C]//第三届全国航空航天类课程思政教学改革论坛论文集.北京:北京航空航天大学出版社,2022:5.

面向仪器强国建设的仪器类专业课程思政教学探索与实践*

屈玉福　樊尚春　钱政　张京娟

（北京航空航天大学 仪器科学与光电工程学院，北京　100191）

摘　要：根据国内仪器行业的现状，以及仪器类专业学生的学情情况，北航仪器类专业为回答“为谁培养人、培养什么人、怎样培养人”的教育根本问题，设计了按了解仪器专业、认识仪器专业、学习仪器专业、服务仪器行业四个层次的仪器类专业的课程思政教育体系。首先基于仪器类学科专业精益求精的特色，根据机械转子式陀螺的定轴性、章动性和进动性，凝炼出以“爱国创新奉献”为内核的“坚定不移、坚韧不拔、坚持不懈”陀螺精神。并深度挖掘提炼仪器类专业课程知识体系中所蕴含的思想价值和精神内涵，总结出“传感器技术与应用”课程的“传感器思维”“工程光学（下）”课程的“心中有光，光亮世界”“误差理论与数据处理”的“错误往往是正确的先导”和“计算成像技术导论”课程的“突破极限，重塑自我”等课程思政育人“魂”。此外，通过与马克思主义学院教工党支部成立联合党支部，深刻准确地理解党和国家的最新报告和政策，将最新思政内容与课程内容融合，科学合理地拓展专业课程的广度、深度和温度，让课程思政内容更接近于学生的生活，保证课程思政内容更“亲”、更“近”。通过教师正确且有高度和深度的解读引领，与学生同频共振，潜移默化地传授仪器类专业课内涵，并将课程的知识传授与能力培养与学生的学识丰富、见识增长和品格塑造紧密结合起来，育人于无形，将学生塑造成为建设仪器强国的领军领导人才。

关键词：课程思政；仪器类专业；仪器强国；思政为魂

仪器在推动科学技术进步和经济社会发展方面具有重要的地位和作用，是工业生产的“倍增器”、科学研究的“先行官”、军事上的“战斗力”、现代生活的“物化法官”[1]。没有仪器强国，就没有制造强国和质量强国。然而国产仪器在整机技术指标和性能参数、功能部件和附件的性能和水平、可靠性和稳定性、智能化水平和产品适用性等方面与国外同类产品有很大差距[2]。大部分家长和学生中小学生对仪器类专业的了解甚少，普遍对仪器仪表的印象只限于家里用的电表和水表，对仪器类专业的课程设置、就业前景、学科特点和发展前景等方面缺乏足够的了解，导致大部分高考考生对仪器类专业学习缺乏信心和兴趣，不愿意选择仪器类专业就读，仪器类专业的学生毕业后也不愿意在仪器行业工作。

北航仪器类专业为回答“为谁培养人、培养什么人、怎样培养人”的教育根本问题，设计了按了解仪器专业、认识仪器专业、学习仪器专业、服务仪器行业四个层次的仪器类专业的课程思政教育体系。首先基于仪器类学科专业精益求精的特色，根据机械转子式陀螺的定轴性、章

---

* 基金项目：北京航空航天大学教学改革重点项目（2022）；北京高等教育“本科教学改革创新项目”（重点项目），“基于‘大类招生、大类培养’模式的传感器专业方向“课程链”的建设与实践”（ZF211B2002）；北京航空航天大学“凡舟”课程教学团队项目（2020）

动性和进动性，凝炼出以“爱国创新奉献”为内核的“坚定不移、坚韧不拔、坚持不懈”陀螺精神。并深度挖掘提炼仪器类专业课程知识体系中所蕴含的思想价值和精神内涵[3-4]，总结出“传感器技术与应用”课程的“传感器思维”[5]、“工程光学(下)”课程的“心中有光，光亮世界”[6-7]、“误差理论与数据处理”的“错误往往是正确的先导”[8]和“计算成像技术导论”课程的“突破极限，重塑自我”等课程思政育人“魂”。此外，通过与马克思主义学院教工党支部成立联合党支部，深刻准确地理解党和国家的最新报告和政策，将最新思政内容与课程内容融合，科学合理地拓展专业课程的广度、深度和温度，让课程思政内容更接近于学生的生活，保证课程思政内容更“亲”、更“近”。通过教师正确且有高度和深度的解读引领，与学生同频共振，潜移默化地传授仪器类专业课内涵，并将课程的知识传授与能力培养与学生的学识丰富、见识增长和品格塑造紧密结合起来，育人于无形，将学生塑造成为仪器领域未来的领军领导人才。

1 北航仪器类专业学生培养目标

1.1 培养目标

北航以“尚德务实、求真拓新”为办学理念，崇尚道德为先，弘扬品行为首，将道德和品行作为立人之本、育人之基；讲究实际，不求浮华，脚踏实地，注重解决实际问题；追求科学真理，探索客观世界的发展规律；勇于开拓、不断创新、与时俱进。并确定以“注重“宽口径、厚基础、强能力、高素质”的特点，培养具有远大抱负和国际视野、基础扎实、知识面宽、实践能力强、综合素质高的具有创新精神的高层次人才，使毕业生既能从事航空、航天行业的科技和管理工作，又能在其他国民经济部门发挥专长”的人才培养目标。

北航仪器类专业着力打造“四强”模式，提高人才培养质量。坚持五育并举、三全育人，构建新时代的本科人才培养方针，培养具有高度社会责任感和良好的科学、文化素养，系统而牢固地掌握自然科学基础、工程基础、仪器科学与技术领域的基础知识、基本理论和基本技能，具有创新意识、自主学习能力及实践能力，具有仪器系统综合设计、现场实现和应用的能力，具备解决复杂工程问题的能力，具有较强的交流与团队合作能力；能够在相关领域从事工程设计、系统分析、信息处理、科学试验、研制开发、经济或科技管理等工作的宽口径、复合型工程技术人才。

1.2 仪器类专业学生知识传授和能力培养目标

仪器类专业的内涵核心是测量和控制，是该专业基础理论和专门知识的两个基本范畴，它是综合涉及光学、机械、电子、控制、计算机、力学、数学等相互渗透而形成的多科学高度交叉融合的学科专业，主要面向测量和控制的新原理、新技术以及仪器的智能化、微型化、集成化、网络化和系统工程化等。

测量是获取被测对象属性和状态信息的过程，而控制是依据这些属性和状态信息对受控对象实施某种干预以达到期望结果的过程。因此，准确快速的测量是高品质控制的前提和基础，而高品质的控制是测量的重要目标。

1.3 国内仪器行业现状

目前国内仪器行业在取得长足进步的同时，仍然存在诸多问题和挑战。主要表现在以下几个方面：

① 技术水平相对较低：虽然国内仪器行业在近年来取得了长足的进步，但在技术水平上仍然与国外先进水平存在一定的差距。国内仪器企业往往在技术研发、产品创新方面投入不足，导致产品技术含量较低，难以满足高端市场的需求。

② 品牌影响力不足：国内仪器企业在品牌建设方面相对较弱，缺乏具有国际影响力的品牌。这使得国内仪器产品在国际市场上难以获得更高的认可度和市场份额。

③ 产业结构不够合理：国内仪器行业产业结构不够合理，低端产品过剩，高端产品供给不足。同时，企业间的同质化竞争较为严重，缺乏差异化发展。

④ 缺乏专业人才：国内仪器行业缺乏专业人才，特别是在高端技术领域，人才储备不足。这使得国内企业在技术研发、产品创新等方面存在较大的困难。

国内仪器企业要想与国外企业竞争，还需要加强技术创新和品牌建设，优化产业结构，培养专业人才，提高产品质量和性能指标。同时，政府和企业应该加大对仪器行业的支持和投入，为行业发展提供更多的支持和保障。

1.4 仪器类专业学生的学情

大部分学生对仪器类专业的了解和兴趣普遍不高。其中一个主要原因是国内缺乏有影响力的仪器品牌和企业，导致学生对仪器类专业的认知度和信任度不足。国内仪器行业的发展相对滞后，缺乏具有国际竞争力的企业和品牌。尽管近年来国内仪器行业在技术水平和产品质量上有所提高，但在国际市场上仍然缺乏知名度和影响力。这使得学生对国内仪器行业的就业前景感到不乐观，对仪器类专业的就业前景产生了顾虑。

另外，一些学生缺乏对未来的职业规划和人生目标，对于选择什么专业感到迷茫，再加之对仪器类专业的了解也相对较少，对仪器类专业的课程设置、就业前景、学科特点和发展前景等方面缺乏足够的了解，使得学生对仪器类专业学习缺乏信心和兴趣。

1.5 课程思政教学总体思路

根据以上国内仪器行业的现状，以及仪器类专业学生的学情情况，北航仪器类专业为回答“为谁培养人、培养什么人、怎样培养人”的教育根本问题，仪器类专业的课程思政教育设计了按了解仪器专业、认识仪器专业、学习仪器专业、服务仪器行业四个层次培养学生。

了解仪器专业：通过通识课程的课程思政教育让学生了解了解仪器专业的定义、历史、发展现状和未来趋势等基本情况。通过介绍仪器专业在国家科技发展、产业升级和现代社会生活中的作用和意义，引导学生认识仪器专业的重要性，激发他们对仪器专业的兴趣和热爱。

认识仪器专业：通过专业导论课和专业基础课程的培养让学生掌握仪器专业的学科体系、基础知识、专业技能等知识。通过讲解仪器专业的学科体系、基础知识、专业技能等内容，帮助学生深入了解仪器专业的特点和作用，提高他们对仪器专业的认识和理解。

学习仪器专业：通过学习仪器专业的核心课程、实验实践、科研创新等专业技能，帮助学生掌握仪器专业的核心知识和技能，提高他们的实践能力和综合素质。同时，也引导学生理解仪器专业的重要性和实用性，增强他们的学习动力和自信心。

服务仪器行业：通过仪器光电综合实践课程和毕业设计等教学让学生具备在仪器行业领域内从事设计、制造、应用、维护、营销等工作的能力，并帮助学生了解仪器行业的实际需求和应用情况，提高他们的职业素养和实践能力。同时，也引导学生树立为社会发展做贡献的意识，增强他们的社会责任感和使命感。

通过以上四个层次的思政教育，帮助学生全面了解仪器专业的课程设置、学科体系、专业知识和技能要求，提高他们对仪器专业的认识和理解，培养他们的实践能力和综合素质，树立为社会发展做贡献的意识和社会责任感。

2 升华课程知识点，凝练课程思政育人“魂”

仪器在推动科学技术进步和经济社会发展方面具有重要的地位和作用，是工业生产的“倍增器”、科学研究的“先行官”、军事上的“战斗力”、现代生活的“物化法官”。在时间维度上，仪器类专业从业者需要长期地坚持积累，不能急功近利；在空间维度上，国产仪器在整机技术指标和性能参数、功能部件和附件的性能和水平、可靠性和稳定性、智能化水平和产品适用性等方面大多低于国外同类产品；在技术维度上，仪器类专业是电子、光学、精密机械、计算机、信息与控制技术多学科交叉、互相渗透而高新技术密集型综合专业，是机器设备“皇冠上的明珠”。因此，基于仪器类专业时间维度、空间维度和技术维度上精益求精的特色，北航仪器类专业根据机械转子式陀螺的定轴性、章动性和进动性，凝炼出以“爱国创新奉献”为内核的“坚定不移、坚韧不拔、坚持不懈”陀螺精神。并根据不同课程知识传授和能力培养内容，深度挖掘提炼仪器类专业课程知识体系中所蕴含的思想价值和精神内涵，总结出“传感器技术与应用”课程的“传感器思维”“工程光学(下)”课程的“心中有光，光亮世界”“误差理论与数据处理”的“错误往往是正确的先导”和“计算成像技术导论”课程的“突破极限，重塑自我”等课程思政育人“魂”。

下面本文以核心通识课“计算成像技术导论”、2 门核心专业课“传感器技术及应用”和“误差理论与数据处理”课程思政育人魂的凝练为例，介绍专业课程思政育人理念凝练的方法。

2.1 核心通识课“计算成像技术导论”课程育人“魂”的凝练

核心通识课“计算成像技术导论”以计算成像在手机摄像头的广泛应用为例介绍计算成像等仪器信息获取技术的重要性，如图 1 所示，2023 年 3 月 12 日发布新手机时用的主题是“不分昼夜，无论远近”，完全描述的是手机摄像头的性能，突显了仪器类信息获取的重要性。在物联网、机器人和无人驾驶目前的几个热门科技研究领域，用计算成像类视觉传感器和仪器的需求越来越迫切，性能指标的要求也越来越高。从而让同学了解仪器，并树立仪器报国的理想信念。

“计算成像技术导论”课程首先以成像技术的发展历程、传统数字成像原理及其限制、最近成像器件发展及算法和算力进步、计算光学成像的改进思想和原理以及高性能成像系统构建等内容构建课程知识传授和能力培养线；其次将学生的成长与计算成像技术类比，出生于什么样的地区和市镇村、成长于什么样的家庭、受过什么样的教育，所有这些成长经历让学生以优异的成绩考入北航，但除了成绩之外，学生的思想、价值观、认知和境界是否还有很多不足？如何勇于承认自己的局限，并认识国家社会的发展，突破自己的局限，重塑更好的自己，最终成为堪当民族复兴大任的领军领导人才等，价值塑造内容梳理成以学生成长成才中心的课程思政线；最后将知识线和课程思政线内容升华，形成知识传授和能力培养目标与课程价值塑造目标完美契合的“计算成像技术导论”育人理念——“突破极限、重塑自我”。

3月12日OPPO新手机发布主题：不分昼夜，无论远近

图 1 手机以摄像头为卖点的广告语照片

2.2 专业核心课“传感器技术及应用”课程育人“魂”的凝练

专业核心课“传感器技术及应用”主要让学生掌握常用传感器的基本工作原理，实现方式与结构，并了解传感器技术在国防工业和一般工业领域中的典型应用。

传感器利用敏感元件直接感受被测量，并转换为可用电信号的测量装置，被认为是信息技术的源头、物理世界和数字世界的桥梁；在航空航天、石油化工、车辆船舶、能源动力、食品环保、医疗健康等众多领域具有重要地位。每个人做任何工作都离不开准确、实时可靠地获得所需要的信息。在此基础上，对获取的信息进行处理分析、决策和执行，才能够使所从事的工作顺利实施，达到设定的目标。因此，学习传感器要有“传感器的思维”，即要把自己当成“传感器”，并通过不断训练使自己成为一个“性能指标优良的传感器”，在错综复杂、快速发展的社会与科技演化中对新生事物要有足够的“灵敏度”和“分辨力”，提高“信息获取”和发现问题的能力，加强分析问题和解决问题的能力，及时准确选择确定自己的学术生涯和职业生涯的方向。

课程在“传感器思维”课程思政教学理念“魂”的指导下，无形中将课程知识和学生的生活和成长联系起来，潜移默化地引导学生树立正确的价值观和人生观。

2.3 专业核心课“误差理论与数据处理”课程育人“魂”的凝练

北航核心专业课“误差理论与数据处理”课程的思政案例整体梳理思路如图 2 所示，基于“误差理论与数据处理”的基础知识点—对误差的认识和误差的修正等，提出了“错误往往是正确的先导”的价值塑造理念。构建了“一念、两线、三融”的 123 课程思政建设总体设计思路。探索融思政于技术发展、融思政于专业知识、融思政于典型案例三项教学举措。最后在课程的总结中，基于课程的整个知识体系，将课程的内容升华，每一个人都会遇到困难、挫折和错误的时候，遇到困难和挫折的时候要做到以下几点：

① 一定要正确认识错误，错误对每个人都在所难免，就像“误差理论与数据处理”课程所讲的误差普遍存在一样，每一个人都会犯错，一定不要企图掩盖错误和逃避错误。

② 一定要分析错误产生的原因，就像“误差理论与数据处理”课程分析误差的来源一样，要自我剖析，或通过和他人交流分析错误产生的原因。

③ 根据上述分析的错误产生原因，就像“误差理论与数据处理”课程的误差修正一样，有针对性改进自己的错误，不断提高和完善自己，发挥自己的潜力，做最好的自己，成为堪当民族复兴大任的领军领导人才。

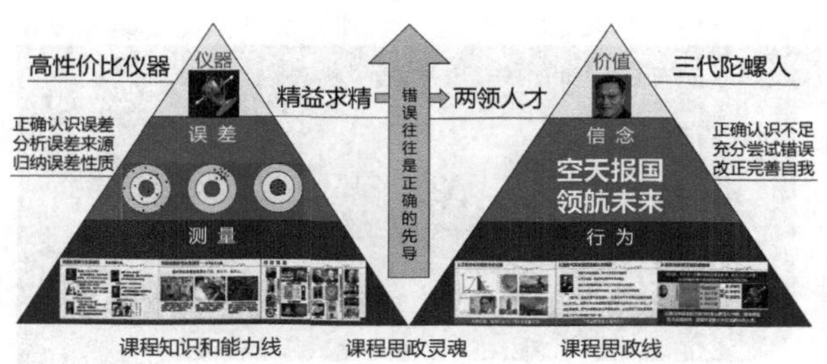

图 2 “误差理论与数据处理”课程思政案例整体梳理思路

3 通过专业课教师党支部与马克思主义教师党支部成立联合党支部提高教师育人能力

以如何及时更新课程思政案例为目标,针对专业课老师对党和国家政策的理解滞后或不准确,课程思政案例“远”和“旧”的问题,仪器类专业课教师通过与马克思学院专业课教师成立联合党支部,以党建为引领推动课程思政和思政课程建设。如图 3 是其中一次“主题党日活动”的照片,北京市青年教学名师、北航马克思主义学院高宁教授为仪器类专业教师作题为《从“历史决议”的历史看“两个确立”》的报告。高宁老师在报告中首先阐释了“历史决议”的重要性,并突出了学习贯彻十九届六中全会精神“最重要的是深刻理解和把握‘两个确立’的决定性意义”,“最根本的是要把‘两个确立’在思想上固牢扎深、在行动上坚定落实”。报告主体部分,高宁围绕“如何理解‘两个确立’”这一主题,分别从“确立指导思想和领导核心是三个‘历史决议’共同的历史任务”,“新时代‘两个确立’的实践基础与十九届六中全会的理论创新”两大部分展开,使与会师生对“两个确立”的决定性意义有了更深刻的理解、对贯彻落实全会精神有了更强烈的行动自觉。

通过马克思主义学院老师的深刻透彻讲解,仪器类的专业课老师能及时准确地理解党和国家的最新报告和政策,将最新思政内容与课程内容融合,科学合理地拓展专业课程的广度、深度和温度,让课程思政内容更接近于学生的生活,保证课程思政内容更“亲”、更“近”。及时抓住学生的兴趣点,与学生同频共振,确保良好的课程思政教育效果。

4 结 论

针对国内缺乏有影响力的仪器品牌和企业,国产仪器与国外同类产品在功能和性能有很大差距,且大部分高考考生对仪器类专业学习缺乏信心和兴趣,不愿意选择仪器类专业就读,仪器类专业的学生毕业后也不愿意在仪器行业工作的问题。本文为回答“为谁培养人、培养什么人、怎样培养人”的教育根本问题,设计了按了解仪器专业、认识仪器专业、学习仪器专业、服务仪器行业四个层次的仪器类专业的课程思政教育体系,首先从理想信念、家国情怀、当前科研热点和未来科技发展趋势等让学生了解仪器,并认识到仪器在推动科学技术进步和经济社会发展方面具有重要的地位和作用;然后通过与马克思主义教师党支部成立联合党支部以党建为引领推动课程思政和思政课程建设,提高教师育人能力提升,深度挖掘提炼仪器类专业课

图 3 马克思主义学院高宁书记做报告照片

程知识体系中所蕴含的思想价值和精神内涵，升华形成课程思政育人理念。将课程的知识传授与能力培养与学生的学识丰富、见识增长和品格塑造紧密结合起来，育人于无形，将学生塑造成为建设仪器强国的领军领导人才。

参 考 文 献

[1] 金国藩.我国当代仪器仪表的发展[J].电气时代，2009(10)：35-38.

[2] 武丽英.我国仪器仪表产业现状与机遇[J].张江科技评论，2020(5)：72-75.

[3] 教育部.高等学校课程思政建设指导纲要：教高〔2020〕3号[J/OL]，(2020-06-01)[2023-12-08] http://www.moe.gov.cn/srcsite/A08/s7056/202006/t20200603_462437.html? from=groupmessage & isappinstalled=0.

[4] 高宁，王喜忠.全面把握《高等学校课程思政建设指导纲要》的理论性、整体性和系统性[J].中国大学教学，2020 (9)：17-22.

[5] 樊尚春.传感器技术及应用(第4版)[M].北京：北京航空航天大学出版社，2022：1-66.

[6] 屈玉福，樊尚春.心中有光，光亮世界——工程光学(下)课程思政教学探索[J].高教学刊，2023，9(2)：185-188.

[7] 江洁，刘惠兰，苏丽娟，等."工程光学"课程思政的探索与实践[J].教育教学论坛，2022，7(30)：87-90.

[8] 屈玉福，钱政，樊尚春，等.错误往往是正确的先导——"误差理论与数据处理"课程思政教学探索[C]//西北工业大学，中国航空学会，教育部高等学校航空航天类专业教学指导委员会.第三届全国航空航天类课程思政教学改革论坛论文集.北京航空航天大学出版社.2022：6.

突破极限、重塑自我
——“计算成像技术导论”的课程思政教学探索*

屈玉福　樊尚春　钱政　高扬

(北京航空航天大学 仪器科学与光电工程学院,北京　100191)

摘　要: 目前高等学校的大部分课程已梳理出各自课程的课程思政案例,但由于对所讲授课程的专业知识体系中所蕴含的思想价值和精神内涵挖掘提炼不够,导致形成的课程思政案例“零散”,不成“体系”,从而也导致在课程思政融入过程中有“贴标签”和“两张皮”等情形。北京航空航天大学核心通识课“计算成像技术导论”通过从成像技术发展的时间维度、国内外手机成像技术发展的空间维度和成像效果改善的技术维度三个维度梳理课程思政案例,并凝练升华为以学生成长成才为中心的“突破极限、重塑自我”的价值塑造理念,将课程知识传授和能力培养目标与课程价值塑造目标完美契合到一起。在讲授课程知识点的同时,润物细无声地将计算成像技术的进步引申和类比至学生对自身的认知,如何勇于认识自己专业知识、能力和性格等方面的局限性,接纳自己的缺点,不断完善自己的不足,重塑更好的自己,最终成为堪当民族复兴大任的领军领导人才。

关键词: 课程思政;计算成像;突破极限;重塑自我

2016 年习近平总书记在全国高校思想政治工作会议上明确指出所有课堂都要有育人功能。自此之后,国家各部委发布了很多关于课程思政的文件,特别是 2020 年 5 月教育部印发了《高等学校课程思政建设指导纲要》[1]。《高等学校课程思政建设指导纲要》全面界定了课程思政的内涵、意义、目标、主线、重点、体系、方式、保障等问题,为 2016 年以来关于课程思政的实践探索和理论探讨划定了新起点[2]。目前全国高等学校的大部分课程已梳理出各自课程的课程思政案例和课程思政点,但由于对所讲授课程的专业知识体系中所蕴含的思想价值和精神内涵挖掘提炼不够,导致形成的课程思政案例“零散”,不成“体系”,从而也导致在课程思政融入过程中有“贴标签”和“两张皮”等情形。

在教育部课程思政示范课程“传感器技术与应用”教学团队多次说课听课评课、一起研磨思考题、一起梳理课程思政体系和课程思政案例等教学活动的指导和引领下[3],北京航空航天大学核心通识课“计算成像技术导论”借鉴“传感器技术与应用”的“传感器思维”价值塑造理念,从成像技术发展的时间维度、国内外手机成像技术发展的空间维度和成像效果改善的技术维度三个维度梳理课程思政案例,并深度挖掘提炼计算成像课程知识体系中所蕴含的思想价值和精神内涵,凝练升华为以学生成长成才为中心的“突破极限、重塑自我”的价值塑造理念,将课程知识传授和能力培养目标与课程价值塑造目标完美契合到一起。在讲授课程知识点的

* 基金项目:北京航空航天大学教学改革重点项目(2022);北京高等教育“本科教学改革创新项目”(重点项目),“基于‘大类招生、大类培养’模式的传感器专业方向“课程链”的建设与实践”(ZF211B2002);北京航空航天大学“凡舟”课程教学团队项目(2020)

同时，润物细无声地讲解知识背后的逻辑、精神、价值、思想、艺术和哲学，并将计算成像技术的进步引申和类比至学生对自身的认知，如何勇于认识自己专业知识、能力和性格等方面的局限性，接纳自己的缺点，不断完善自己的不足，重塑更好的自己，最终成为堪当民族复兴大任的领军领导人才。

1 课程的定位和培养目标

1.1 课程定位

"计算成像技术导论"是面向北航全校本科生的核心通识课。该课程以目前广泛应用计算成像技术的手机摄像头为例，介绍传统数字成像原理，及其受物理原理和器件性能限制而导致空间分辨率不高、动态范围不大、视场范围受限等不足；然后介绍国内外科研工作者如何利用当前快速发展的计算机技术、数字传感器、现代光学、加速器、探测器和智能照明等技术来改变目前各类相机被动式获取目标信息的不足，采用什么样的研究思路，什么样的方法通过改变或控制光电信息传感系统的照明、镜头和探测器等关键器件来主动获取内容更加丰富、更逼真、更有效的数据信息；最后介绍如何将计算成像技术应用于遥感、遥测、通信、自动化和新媒体艺术等各个领域，以及产生了怎样的传统数字成像技术无法达到的效果，希望学生能从这些例子中感性认识和了解计算成像技术[4-5]。

1.2 课程知识传授和能力培养目标

"计算成像技术导论"在知识传授方面，要使学生及时了解国际上成像技术的最新研究方向——计算成像技术及其研究成果，实时跟踪计算成像技术发展现状，拓宽学生视野，了解计算成像技术创新思路，使学生具有前沿性的科研理念，为学生以后开展监控、安防、遥感、遥测、通信、自动化和新媒体艺术等领域的相关工作积累技术、思路和理念基础。

"计算成像技术导论"在能力培养方面，要使学生了解成像技术发展历史与知识结构的演变、成像技术的改进方法和思路、信息科学创新与科学思维方法、信息伦理与职业道德素养，并跳出专业局限，理解通识教育与专业教育的关系，理解大学教育尤其是工程教育内涵，激发学生的内在自觉性，尽早实现从中学过渡到大学生活。

1.3 课程的价值引领目标

"计算成像技术导论"的基础知识点是理解传统数字成像由于物理原理和器件性能限制所导致的成像效果局限、了解通过照明光源、成像系统、探测器和计算处理方法对传统数字成像的改进方法和思路，从而实现高质量图像和多维图像的快速获取，因此，提出了与知识线并行，以学生成长成才为中心的"突破极限、重塑自我"的价值塑造理念。在讲授课程知识点的同时，润物细无声地将计算成像技术的进步引申和类比至学生对自身的认知，如何勇于认识自己专业知识、能力和性格等方面的局限性，接纳自己的缺点，不断完善自己的不足，重塑更好的自己，最终成为堪当民族复兴大任的领军领导人才。

1.4 课程思政教学挑战

"计算成像技术导论"是一门前沿技术导论课，课程设计的知识点和内容宽广，在这门课程中要融什么课程思政内容？如何在有限的课堂时间内渗透价值塑造、能力培养，将其与课程知识有机融合，做到润物细无声，需创新发展教学理念和教学方法。

1.5 课程思政教学总体思路

“计算成像技术导论”课程构建了“一念、两线、三融”的 123 课程思政建设总体设计思路，如图 1 所示。

① “一念”：塑造以学生成长成才为中心的“突破极限、重塑自我”一个教学创新理念。

所有教学环节结合知识点有机融入计算成像技术发展进程中的人物、故事以及科学奉献精神和家国情怀，激发学生树立远大的理想和抱负。

② “两线”：知识线、思政线两条主线并行教授。

知识线是思政线的线索、脉络和载体。知识线先讲授现有传统数字成像的不足（思政线：认知自我）；再讲授如何利用目前快速发展的计算机技术、数字传感器、现代光学、加速器、探测器和智能照明等技术主动改变或控制光学成像系统（思政线：突破极限）；最后讲授利用计算机的数据处理能力来主动获取内容更加丰富、更逼真、更有效的数据（思政线：重塑自我）。两条主线并行教授、有机融合。

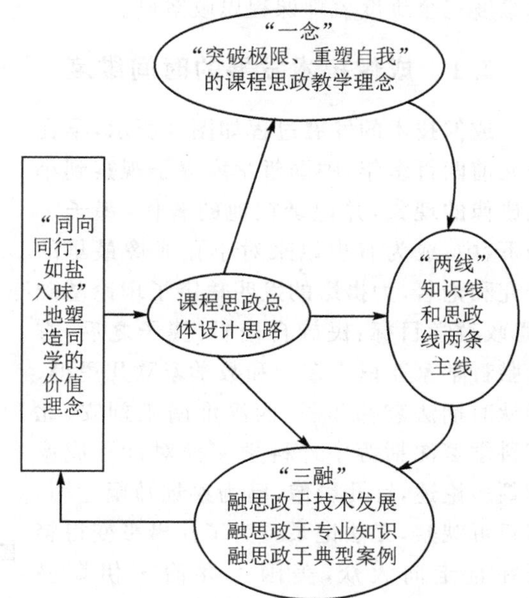

图 1 “计算成像技术导论”课程思政总体思路

③ “三融”：从课程技术发展的时间维度、国内外手机成像技术发展的空间维度和成像效果改善的技术维度三个维度梳理课程思政案例，然后在授课过程中，以“突破极限、重塑自我”为育人灵魂，通过教师行为示范，起于知识、启迪精神，以人为本、止于境界，教无定法、信手拈来等方式将课程思政融于成像技术发展、计算成像技术改进和计算成像典型应用案例中。

2 课程思政案例梳理方法

“计算成像技术导论”课程思政案例整体梳理思路如图 2 所示，首先以成像技术的发展历程、传统数字成像原理及其限制、最近成像器件发展及算法和算力进步、计算光学成像的改进思想和原理以及高性能成像系统构建等内容构建课程知识传授和能力培养线；其次将学生的成长与计算成像技术类比，出生于什么样的地区和市镇村、成长于什么样的家庭、受过什么样的教育，所有这些成长经历让我们的学生以优异的成绩考入北航，但除了成绩之外，我们学生的思想、价值观、认知和境界是否还有很多不足？如何勇于承认自己的局限，并认识国家社会的发展，突破自己的局限，重塑更好的自己，最终成为堪当民族复兴大任的领军领导人才，等等价值塑造内容梳理成以学生成长成才中心的课程思政线；最后将知识线和课程思政线内容升华,形成程知识传授和能力培养目标与课程价值塑造目标完美契合的“计算成像技术导论”育人理念——“突破极限、重塑自我”。

“计算成像技术导论”课程具体通过从成像技术发展的时间维度、国内外手机成像技术发展的空间维度和成像效果改善的技术维度三个维度梳理课程思政案例。

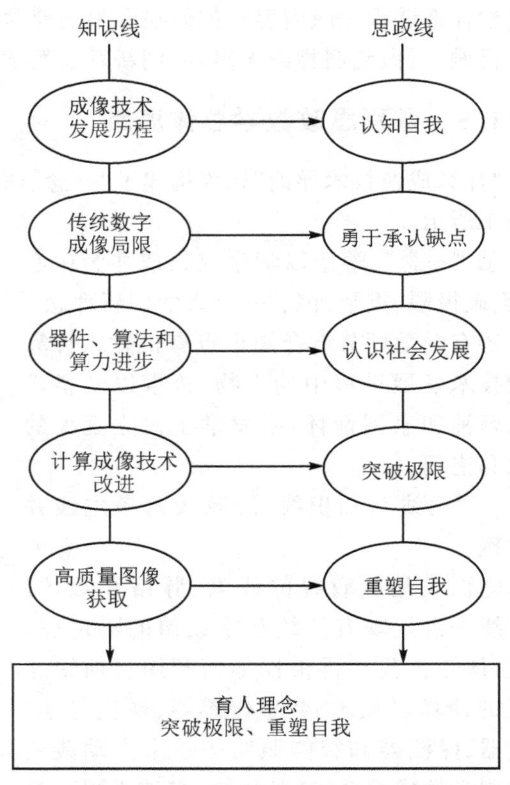

图 2 “计算成像技术导论”课程思政案例整体梳理思路

2.1 成像技术发展的时间维度

成像技术的发展过程如图 3 所示,早在公元前四百多年,中国哲学家墨子观察到小孔成像的现象,并记录在他的著作《墨子·经下》中,成为有史以来对小孔成像最早的研究和论著,为摄影的发明奠定了理论基础(思政教学目标:民族自信)。墨子之后,古希腊哲学家亚里士多德和数学家欧几里得、春秋时期法家韩非子、西汉淮南王刘安、北宋科学家沈括等中外科学家都对针孔成像有颇多论述,针孔影像,已为察觉乃至运用,但只可观察,无法记录。为了让摄影变得轻便并且走向大众,美国人乔治·伊斯曼(George Eastman)于 1884 年发明了世界上第一款胶卷底片,从此柯达软片胶卷风行世界,摄影开始逐渐走进大众生活中。1969 年,博伊尔(Willard Boyle)和史密斯(George E. Smith)在 AT&T 贝尔实验室发明了电荷耦合器件 CCD,能够将光学影像转换为电子信号,自此奠定了数码相机的根基,他们两人也于 2009 年获得了诺贝尔物理学奖(思政教学目标:探索创新)。2006 年 8 月 1 日,柯达公司与伟创力公司共同发表声明,宣布伟创力公司将全面接手柯达公司的数码相机制造和运营业务,而柯达旗下的部分数码相机制造部门也将被出售给伟创力公司[6]。曾经辉煌的胶片时代,妇孺皆知的“柯达”胶卷,同样也是数码相机的鼻祖和数字相机业的老大。研制出第一台数码相机的公司被自己发明的技术所打败(思政教学目标:职业素养)。手机摄像头自从 2000 年被夏普公司推出之后,目前的手机摄像头由于利用了计算成像技术,已取得了长足的进步,在 DXOmark 网站上手机摄像头排名前两位的手机分别是华为公司的 Mate60 Pro+和 P60 Pro,并且排名前十的手机有 6 个来自于中国(思政教学目标:家国情怀)。

2.2 国内外手机成像技术发展的空间维度

手机的摄像头具体包括光源、镜头、探测器和数据处理等技术。手机成像技术发展空间维度的课程思政元素与教育目标如表 1 所列。手机摄像头的照明光源除了通用的闪光灯之外,一个重要的照明光源是美国 Apple 公司 2017 年为实现 Face ID 功能而设计的能投射上万个不可见的点的光源。国内华为公司经过 5 年的跟进研发,2022 年在 Mate50 Pro 配备了金融

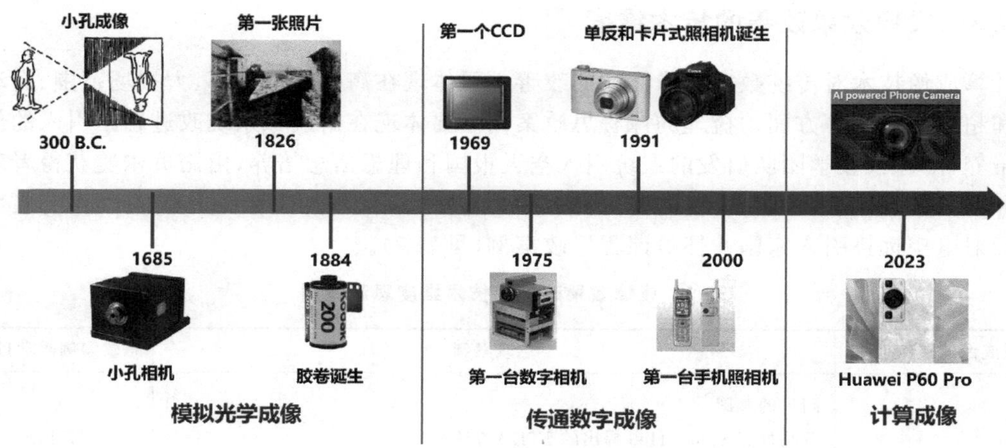

图 3 计算成像技术发展历程

支付级别的前置 3D 人脸识别系统，并且还具备活体检测功能。目前国内的手机成像镜头比起国外公司还全面落后，因此一些手机公司为提高自己手机摄像头成像质量和国外的光学公司合作，比如华为和小米与德国的徕卡公司合作、vivo 与德国蔡司公司合作、OPPO 与哈苏合作等。20 世纪 90 年代以前，中国的 CCD 芯片只能从国外进口，随着国内科技的不断进步和产业政策的支持，中国的 CCD 芯片生产能力得到了大幅提升。虽然中国具备了一定的 CCD 芯片生产能力，但在一些高端领域，如医疗影像、高精度测量等，还需要依赖进口或国外技术。尽管国内的华为和 OPPO 等公司在图像成像的数据处理算法有了长足的进步，在成像性能上也超出了 iPhone 的性能，但在严重依赖算力的视频成像方面，国内的手机公司还需进一步努力。

表 1 手机成像的技术维度思政案例

手机成像关键技术	思政案例	思政案例教学目标
照明光源	苹果公司的 Face ID 从 2017 年开始在 iPhone X 上使用，2022 年华为 Mate50 Pro 配备了金融支付级别的前置 3D 人脸识别系统，并且还具备活体检测功能	民族自信 创新精神
成像镜头	华为和小米与德国的徕卡公司合作； vivo 与德国蔡司公司合作； OPPO 与哈苏合作	理想信念
探测器	国内目前可以生产 CCD 芯片，但高端芯片还依赖于进口； 国内一些企业和研究机构已经开始研发和生产 CMOS 芯片，但在技术水平和生产能力方面还需要进一步加强	理想信念 民族自信 创新精神
数据处理技术	华为手机的图像成像质量已超越 iPhone，但视频成像质量还远远落后于 iPhone，需要在算法和算力上做进一步创新	理想信念 创新精神

2.3 成像效果改善的技术维度

计算成像技术对传统数字成像性能的改善主要体现在高空间分辨率、大视场范围、高动态范围和超景深范围等方面。梳理的课程思政案例主要体现在由成像系统改进思路引入的创新精神培养,由课程教学团队研发的系统引入空天报国和理想信念培养,由诺贝尔奖获得者对待诺奖和科研的态度引入人生价值的追求和引导,以及由南仁东先生牵头完成的世界上最大的单口径射电望远镜引入家国情怀等课程思政案例(见表 2)。

表 2 成像效果改善的技术维度思政案例

手机成像的技术维度	思政案例	思政案例教学目标
高空间分辨率成像	阿贝的墓碑[7] 罗马尼亚 Stefan Hell 提出的 STED 方法 美国 Eric Betzig 提出的 PALM Stefan Hell 获得诺贝尔奖后进一步研究的 MINFLUX 技术 LIGO 引力波测量技术 南仁东牵头完成的世界上最大的单口径射电望远镜[8]	理想信念 创新精神 家国情怀 人生价值
大视场范围成像	清明上河图 美国杜克大学的 10 亿像素 aware 成像系统 清华大学的非结构化大视场成像系统 美国洛克希德·马丁公司和加州大学联合研制的 SPIDER 系统 授课团队的多模式大视场成像工作	民族自信 文化自信 创新精神
高动态范围成像	华为和 OPPO 等公司的手机高动态范围成像性能提升 多像素传感器成像系统 事件相机 北大黄铁军教授团队研制的百万像素超高速脉冲相机	理想信念 民族自信 创新精神
超景深成像	授课团队的嫦娥五号月面自主采样工作 iPhone 手机的电影成像模式 授课团队研发的基于空间体积采样的景深扩展方法和系统	空天报国 理想信念 创新精神

3 课程思政案例融入举措

构建了以上丰富课程思政教学案例,并将知识线和课程思政线内容升华,形成知识传授和能力培养目标与课程价值塑造目标完美契合的“突破极限、重塑自我”育人理念之后,课程思政点的融入就不再生硬,不是如图 4 所示的“硬插入”传统手撒施肥方式,而是如图 5 所示的“融肥入水”灌溉施肥方式。

首先,老师的教学态度是所授课程最大的课程思政。老师要用“心”对待“教学”,而不是用“嘴”“讲课”。老师对待课程教学认真负责,对待作业试卷一丝不苟,对待学生困惑循循善诱,将自己的专业创新成果在课堂上分享,这本身就是在为学生无声地展示敬业精神和专业态度。

图 4　传统手撒施肥方式(“硬插入”肥料)

图 5　灌溉施肥方式(融肥入水)

其次,在课堂教学中,因为有了以学生成长成才为中心,并且和课程知识线完全契合的“突破极限、重塑自我”的育人理念,课程思政的融入就非常自然,同学更多的是从课程知识的传授中感悟课程所传导的价值。学生在课后总结中写道:“其实知识方面的收获我感觉是次要的,主要的应该学习科学家们如 Hell 先生等人对于学术的态度以及对梦想的追求”。

最后,课程思政的融入不止限于课堂,通过课堂内外、网上网下,面向每一个学生,一生一策、因材施教,及时开展教学反馈、释疑解惑,促进师生之间、学生之间的交流互动,保证每一个学生都有高质量的获得感和成就感。

4　结　论

本文在教育部课程思政示范课程“传感器技术与应用”教学团队的指导和引领下,基于“计算成像技术导论”的基础知识点—传统数字成像的原理限制、成像器件的改进和高质量成像系统的研究,构建了“一念、两线、三融”的 123 课程思政建设总体设计思路。从成像技术发展的时间维度、国内外手机成像技术发展的空间维度和成像效果改善的技术维度三个维度梳理课程思政案例,并深度挖掘提炼计算成像课程知识体系中所蕴含的思想价值和精神内涵,凝练升华为以学生成长成才为中心的“突破极限、重塑自我”的价值塑造理念,将课程知识传授和能力培养目标与课程价值塑造目标完美契合到一起。在讲授课程知识点的同时,润物细无声地将计算成像技术的进步引申和类比至学生的成长与成才。

① 要勇于承认局限。就像传统数字成像技术一样，要勇于认识自己专业知识、能力和性格等方面的局限性，接纳自己的缺点。

② 要突破极限。就像计算成像技术利用快速发展的计算机技术、数字传感器、现代光学、加速器、探测器和智能照明等技术对传统数字成像技术的改进一样，借助国家、社会和学校丰富的教育资源，提高自己的认知和格局。

③ 重塑更好的自己。就像计算成像技术利用软硬件的改进获得高性能的成像系统一样，通过学习、交流、读书等多种手段不断完善和提高自己，发挥自己的潜力，做最好的自己，成为堪当民族复兴大任的领军领导人才。

参考文献

[1] 教育部. 高等学校课程思政建设指导纲要：教高〔2020〕3 号[J/OL]，(2020-06-01)[2023-12-08] http://www.moe.gov.cn/srcsite/A08/s7056/202006/t20200603_462437.html? from=groupmessage & isappinstalled=0.

[2] 高宁，王喜忠. 全面把握《高等学校课程思政建设指导纲要》的理论性、整体性和系统性[J]. 中国大学教学，2020 (9)：17-22.

[3] 樊尚春. 传感器技术及应用(第 4 版)[M]. 北京：北京航空航天大学出版社，2022：1-66.

[4] 张茂军，刘煜，赖世铭，等. 计算摄像技术[M]. 北京：科学出版社，2021：1-216.

[5] 邵晓鹏. 未来视界——计算光学带来的成像革命[M]. 北京：化学工业出版社，2023：1-269.

[6]左超，陈钱. 计算光学成像：何来，何处，何去，何从？[J]. 红外与激光工程，2022，51(2)：158-341.

[7] 屈玉福，樊尚春. 心中有光，光亮世界——工程光学(下)课程思政教学探索[J]. 高教学刊，2023，9(2)：185-188.

[8] 江洁，刘惠兰，苏丽娟，等. “工程光学”课程思政的探索与实践[J]. 教育教学论坛，2022，7(30)：87-90.

面向航空航天类专业的数学课程思政研究

商洁琳　董受全

（海军大连舰艇学院，大连　116018）

摘　要： 在航空航天领域，数学发挥着至关重要的作用，是大学生最先接触、也是学习时间较长的一门必修课程，数学课程思政建设对航空航天类专业的育人成效不可忽视。根据航空航天类专业人才培养要求，聚焦学生接受意愿，结合数学课程特点，基于 ADDIE 模型，构建了数学课程思政教学设计过程模型，将思政目标、数学知识、专业特色和学生兴趣融为一体，系统阐明了课程思政教学设计的分析、设计、开发、实施和评价五个阶段，并提出了"一牵引三贯穿"的教学设计方法，实现了对教学内容的深层次挖潜和多维度讲解，为数学等基础课程"紧密贴合"专业需求，发挥育人功能，提供了参考和借鉴。

关键词： 航空航天类专业；数学课程；课程思政设计；ADDIE 模型

前　言

在航空航天工程中，数学作为重要的基础学科，不论是在轨道计算还是燃料填充，都发挥着至关重要的作用。马明华等人曾对国内航空类院校 EI 收录论文进行了分析，学科主题频次中，"数学"位列首位，其次是计算机软件、数据处理和应用等[1]，由此可见，数学与航空航天领域的密切关系。在大学阶段，数学是大学生最先接触、也是学习时间较长的必修课程，数学课程的思政建设对航空航天类专业的育人成效不可忽视。对于数学课程而言，要想达到理想的思政育人效果，也需要关注受众对象，也就是学生的专业方向、岗位需要等。通过文献检索发现，目前针对该专业的数学课程思政研究较少，为此，本文针对航空航天类专业的人才培养，聚焦学生接受意愿，结合数学课程特点，对数学课程思政进行了研究。

1　ADDIE 模型与课程思政设计

1.1　ADDIE 模型概述

ADDIE 模型是一种课程开发与教学设计的方法，是课程设计领域中最主流的设计方法之一。1975 年，为保障美国陆军培训，佛罗里达州立大学的教育技术研究中心提出了 ADDIE 模型[1]。该模型聚焦于三个核心问题：要学什么（学习目标）、如何去学（学习策略）、判断学习者的学习成效（学习评价），有五个步骤，分别是：分析（Analysis）、设计（Design）、开发（Develop）、实施（Implement）和评价（Evaluate）[3,4]。

在 ADDIE 模型五步中，分析与设计是前提，开发与实施是核心，评价是保证，三者互为联系，密不可分。其中，分析阶段的主要任务是确定要学什么，主要工作包括需求分析、问题综述、任务分析等;设计阶段的主要任务是系统设计教学活动,具体确定如何去学的过程;开发阶段的主要是根据设计框架制作、开发各类学习资源;实施阶段是按计划开展教学活动,实现教学目标;评价阶段是确定课程教学是否有效的过程,主要对教学活动、学生的学习效果进行评价,并在后期阶段中对教学设计方案进行不断完善。

1.2 ADDIE 模型与课程思政设计的关系

ADDIE 模型从最初的分析、设计、开发到实施以及渗透在每个阶段的评价,都是希望能给予学习者最佳的学习体验和感受,体现了"学为中心"的教育理念。ADDIE 模型作为教学设计的通用框架,在具体应用时,可以根据具体情况灵活变通,使其与其他教育教学理论、设计原则等有机融合,达到更好的教学效果。

课程思政教学设计是一个复杂的项目,并不是简单地将一些案例、材料拼凑到教案中,需要关注在教学过程中的三个要素:教师、学生、教学内容,只有处理好三者的关系,做好有效链接,才能达到好的育人效果。聚焦于三个核心问题的 ADDIE 模型,就充分考虑了学生、教师和内容,为教员系统化构建课程思政教学设计提供了思路、方向和有力支撑。

2 面向航空航天类专业的数学课程思政教学设计过程模型

根据航空航天类专业的人才培养要求,聚焦学生的接受意愿,结合数学课程特点,基于 ADDIE 模型,构建了数学课程思政设计过程模型,如图 1 所示。

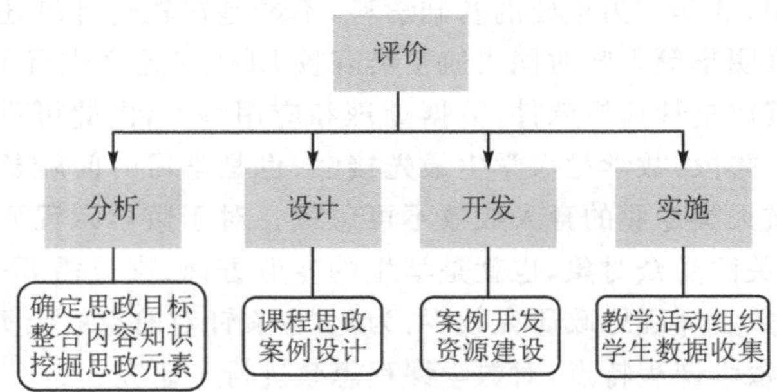

图 1 基于 ADDIE 的数学课程思政设计过程模型

2.1 分析阶段

分析阶段是课程思政教学设计的前提,分析的合理性会影响后期的设计、开发、实施和评价。在这个阶段,本文根据人才培养目标、数学课程内容、学生接受意愿,确定了课程思政目标、挖掘思政元素。

为更深入分析航空航天类专业的人才培养目标,通过各学校官方网站,本文梳理了部分院校的人才培养目标(见表 1)。通过整理发现,航空航天类专业更注重创新精神、沟通协作、社会责任感、国际视野以及运用数学等基础知识解决工程问题的工程应用能力,运用数学等基础知识对工程问题进行建模、分析、求解的问题分析能力,采用科学方法对复杂工程问题进行研究,包括设计实验、分析与解释数据、并通过信息综合得到合理有效结论的科学研究能力。

表1 部分院校人才培养目标

院校	摘选部分人才培养目标
1	培养信念执着、品德优良、牢记使命、追求卓越，拥有创新精神、工匠精神、全球视野和社会责任感，具备多学科知识体系结构、复杂工程实践能力，胜任跨学科、跨行业沟通协作
2	培养信念执着、品德高尚，肩负社会责任，恪守工程伦理，胜任跨学科、跨行业、跨文化的沟通协作
3	具备良好的科学人文素养、恪守职业道德，具备社会责任感、国际视野和创新精神，积极服务于国家与社会，能够带领或协同多元文化、多学科团队，有效沟通并共同实现工作目标

学生接受意愿。在一些文献中，对学生的接受意愿进行调研，通过研究发现，学生更希望思政内容紧密贴合专业内容，大部分学生希望能够学习本学科领域我国的发展状况及存在问题，从课程内容出发引申出的思维方式和方法论等[5]。而该课程对学生抽象思维能力、逻辑推理能力要求较高，传统的授课模式和方法，容易使教学过程变得沉闷晦涩，难以调动学生学习积极性。

作为航空航天类专业的学生，要求掌握数学等基础知识，涉及到的数学类的必修课程有很多，例如数学分析、线性代数、概率论与数理统计、复变函数与积分变换。

为更精准对接之后的设计、实施等阶段，本文以线性代数课程为例，分析了课程内容特点。一是理论知识晦涩难懂。课程涉及大量新的概念、性质、定理，知识点多零散、概念抽象、逻辑性强；二是实践转化难度较大。线性代数是一门应用性很强，但在理论上进行高度抽象的数学学科，单纯掌握理论知识，难以灵活运用到工程应用中，造成理论实践“两张皮”。

随着科学技术的发展，线性代数的概念和应用也在涵盖了航空航天领域，尤其是作为人工智能中的重要方向——机器学习，机器学习中最核心的基础知识就是以线性代数、概率论和统计学为代表的数学知识和思维方法[6]，这些案例资源、前沿科技、智能算法，为整合内容知识、挖掘思政元素提供了方向。

2.2 设计与开发阶段

作为一门纯理科课程，在思政设计上稍有不慎，就会踏虚踩空，造成为了思政而思政的应景式教学，难以达到立德树人的效果。根据课程思政教学设计的过程与方法，将思政目标、数学知识、专业特色和学生兴趣融为一体，提出“案例牵引＋算法贯穿＋思政贯穿＋几何贯穿”的“一牵引三贯穿”的教学设计方法，实现对教学内容的深层次挖潜和多维度讲解，力求最大限度释放课程的教学育人效能。

（1）“案例牵引”激发向战为战的求知欲

聚焦航空航天类专业学生特点和岗位需求，打破用概念开路、一味追求循序渐进的授课模式，在每一章的开头精心挑选1个贴合专业的实例作为章节总课题，按照“知识模块-概念及方法-专业应用方向”的思路，抽取出与本章节相关的内容进行总体描述，从宏观和直观上建立起线性代数抽象的概念、方法与航空航天的直接联系，让学员明白“有什么用”“为什么学”，内在激发学的激情动力。教学过程中，以任务发布的方式，将案例分割成若干独立小问题，发动学员对照开展自主研究，并在本章学习末尾专门拿出时间，运用小组对决等方式进行互动式实践教学（见图2），从而形成对整个教学过程持续的牵引力。

图 2 各章节案例与实践作业设计图

(2)“算法贯穿”培养底蕴深厚的创新力

创新必须以厚实的知识积累、融会贯通的运用能力为基础，才能真正转化为战斗力。针对本课程知识点多、分布零散、逻辑性强、理解难度大等特点，我们秉持“知难而进”的理念，以“算法贯穿”配合“案例牵引”，引导学生深进入、悟出来。具体教学中，根据案例引入 1 种模型算法，细化到每节对应开展分步式讲解和原理解析，最终通过全章学习逐渐还原模型算法设计全过程，并借助 MATLAB 编程加以实现(见图 3)。

通过算法贯穿，既能把重点讲深、要点讲精、难点讲透，又使“问题分析＋建模思路”的实践教学贯穿到理论教学当中，打破理论到实践的转化障碍。学生不仅掌握了部分可以用于工程应用的模型算法，同时也真切体会到知识点整合运用和数学建模过程，加深了对知识点之间的逻辑认知和系统理解。此外，对模型算法背后数学原理的理解把握，也有利于构建实际问题与合理应用之间的正确联系，助推学生对模型算法进行再度优化和二次创新。

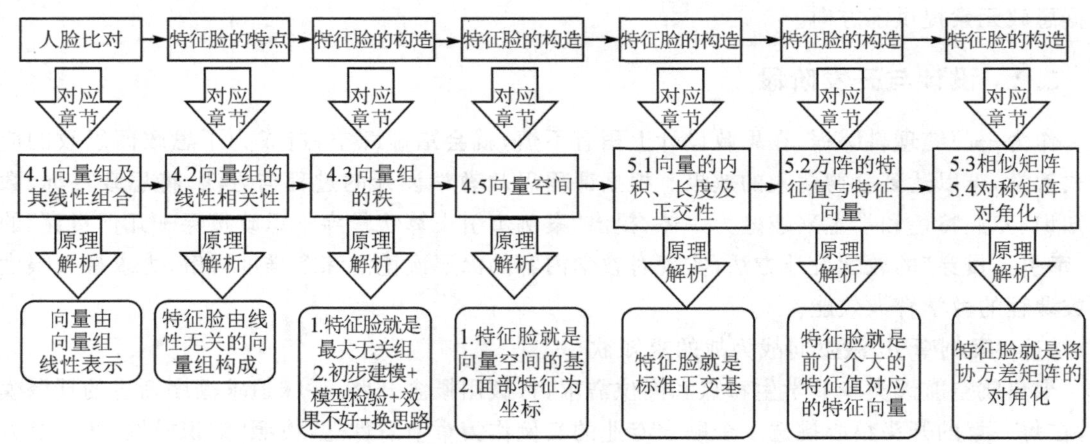

图 3 基于 PCA 的人脸识别技术的数学原理

(3)“思政贯穿”构建可学可做的精神谱

根据分析阶段的成果，深度挖掘思政元素，按照体系构建的思路加以整合和放大，形成“双图谱”课程思政设计。建立“思政目标、思政主题、思政元素”相贯通的“精神谱”(见图 4)，构建清晰的文理交融授课策略。同时，针对每一章节内容再作精细化设计，建立教学组织“路线图”（见图5），打通课程思政落地落实的“最后一公里”。

思政目标	思政主题	思政元素
思维养成	抽象思维	数学原理
	逻辑思维	
	计算思维	
价值引领	辩证唯物主义	
	科学精神	数学家事迹 重要概念数学史 前沿科技
家国情怀	四个自信	
	责任担当	
专业素养	建模意识	应用案例
	严格求实	数值计算

图4　课程思政“精神谱”

知识模块	思政元素	思政主题
2.1线性方程组和矩阵	线性方程组发展史——九章算术	家国情怀——四个自信
2.2矩阵的运算	前沿科技——华为5G技术“极化码”	家国情怀——责任担当、四个自信
2.3逆矩阵	科学原理	辩证唯物主义——对立统一
2.4克拉默法则	数值计算	专业素养——严格求实
	数学家事迹	价值引领——科学精神
2.5矩阵分块法	数学原理	思维养成——计算思维
综合应用	应用案例——战斗机设计中的计算机模型	专业素养——建模意识

图5　第二章课程思政教学组织“路线图”

通过向内挖潜建立既科学又合情理的课程思政体系，为教员教、学生学建立了清晰的实践路径，有效避免了嫁接式、拼装式、过度拔高式思政案例容易出现的“排异反应”，有利于打造该课程特有精神气质，为持续涵养课程精神底蕴奠定了坚实基础。

（4）“几何贯穿”开辟互动教学的新场景

“抽象”是影响数学课程教学的核心难点。同时，线性代数也是高维的解析几何，是平面、空间解析几何的推广，每一个理论背后都有几何意义。抓住这一特性，就抓住了破解“抽象”的关键。为此，我们在手机端、电脑端同步建设了交互式电子教材（见图6），通过图形方式对行列式、矩阵、线性方程组、向量组、二次型等的几何意义进行直观展示，学生可通过手动改变图中变量的参数生成新的几何图形，也可以通过鼠标拖动从不同角度对图形进行观察。在这一过程中，学生可先理解理论知识点在二、三维空间中的意义，再以此为基础，逐步过渡到对n维的理解，实现从低维到高维、从几何到代数、从形象到抽象的知识强化和跃升。此外，互动教材在提升学习趣味性、学员专注度上，也取得了显著效果。

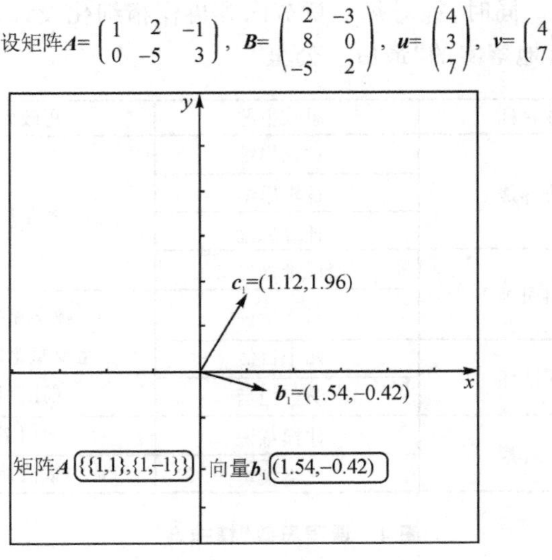

图 6　交互式电子教材

2.3　实施与评价阶段

实践是检验教学效果的唯一标准，评价阶段是根据收集到的数据，考察课程思政设计在价值塑造、知识传授、能力培养方面的成效，评价学生在思维养成、价值引领、家国情怀、知识水平、实践能力、专业素养等方面的发展。因此，持续、多维度检测学生的学习数据是非常关键必要的。为此，依托信息化教学平台，采用线上线上混合式教学方式实施教学（见图 7）。信息化平台可以持续监测学生的学习数据，为后续的教学评价和持续改进提供了数据支撑。具体在实施阶段，通过拓展多方向教学内容，融合多元化教学情景，将教学内容按照理论与应用、基础与提高、线上与线下 8 个模块组织教学，将线上与线下学习相结合，课堂讲授与小组讨论相结合，理论学习与实践应用相结合，实现教学育人目标。

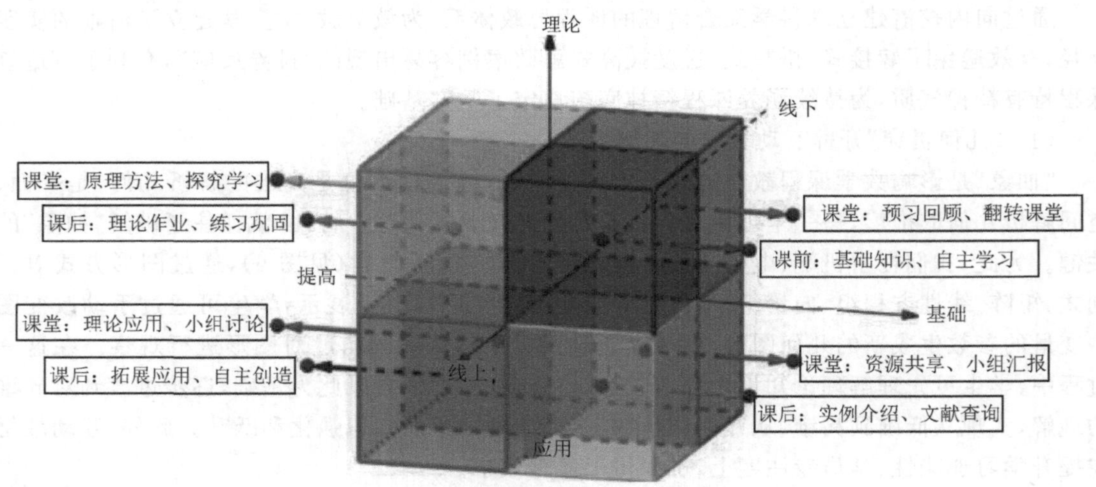

图 7　线性代数课程教学实施坐标系

3 结　论

① 对于基础课程，在进行课程思政设计时，应综合考虑人才培养目标、学生接受意愿、基础课程特点。

② 基于 ADDIE 模型构建的课程思政教学设计过程模型，将思政目标、数学知识、专业特色和学生兴趣融为一体，为教师进行课程思政教学设计提供了思路、方向。

③ 本文提出的"一牵引三贯穿"教学设计方法，以专业案例为牵引，系统设计思路，形成分析问题、学习新知、解决问题的闭环链路，使思想方法贯穿教学全过程，确保学生学有所思、学有所悟、学有所得，为数学等基础课程"紧密贴合"专业需求，发挥育人功能，提供了参考和借鉴。

参考文献

[1] 马明华，刘建国，马跃，等. 基于 EI 的国内航空类院校知识共现学科特征研究[J/OL]. 知识管理论坛，2016，1(4)：293-302.

[2] 莫健樱，杨满福. 基于 ADDIE 模型的微课设计与开发[J]. 中国教育信息化，2020，14：81-83.

[3] 丁诗芬. 基于 ADDIE 模型的智慧课堂教学模型设计与应用研究[D]. 重庆：重庆师范大学，2020.

[4] 彭习梅. 课程思政教学设计：基于 ADDIE 模型的过程与方法[J]. 教育导刊，2023：61-69.

[5] 何雪云，魏昕，宋荣方. 提升大学生对课程思政接受意愿的方法探索[J]. 高教学刊，2023，30：185-188.

[6] SHANG Jielin. Application of Intelligent Algorithm in Linear Algebra Teaching[C]. IEEE CPS，2021.

工程教育背景下的振动实验课程教学方法探索

邵敏强　曾捷　滕汉东

（南京航空航天大学 航空航天结构力学及控制全国重点实验室 南京　210016）

摘　要：“振动实验”是工程力学、飞行器设计、能源动力、机械设计等专业的专业选修课程，对研究生掌握振动测试方法和培养实验素养具有重要作用。该课程以振动理论基础知识为出发，以工程应用为牵引，展开以实验操作为依托的振动知识应用方法探索。本文根据课程现有的教学内容和教学目的，分析教学现状，总结其中的不足，并通过结合课堂思政教学，将其与课程的工程实践教学思想融合，促进学生在掌握基础理论知识的同时提升对工程教育思想的领会，并着力提高学生的创新能力。

关键词：振动测试；应用实践；工程实践；工程教育

引　言

教育是兴国强国的根本，教育不仅是传播知识、塑造价值观的过程，更是传承中华五千年文明的重要基石，承载着中华名族伟大复兴的重要使命[1]。目前的高校教育，特别是工科类高等院校，所设立的课程大多结合院校专业特点，与实际工程相融合，具有专业性强、特色鲜明的特点。如四川大学的航空航天复合材料专业[2]，结合学校机械、力学、材料和物理等产生多学科交叉的特色，更深入地实现与工程实践的结合。北航的航空航天导航类专业课程通过优化课程理论体系和强化实验实践两个环节，与实际工程结合，培养激发学生的学习兴趣和创新意识[3]。南航工程力学专业结合“新工科”背景，以培养复合型、创新型、多元化的卓越工程人才为目标，形成航空特色鲜明的工程教育课程[4]。

目前，振动实验课已经形成系统的实验流程和规范的操作步骤。课程与实际工程应用具有直接联系，属于振动测试技术的应用范畴，本科生教学实施的课程便属于这一范畴。课程实施一般由教师制定教学大纲，形成统一规范的操作流程，然后通过统一指导的方式传授学生实验相关的知识要点和注意事项，以及对实验流程的完整演示，最后根据固定的操作规范和流程由学生独立完成实验。这种实验方式从实验设计的角度分析，可以将其归结为模式方式[5]。该方式实质上是在实验前就预先建立固定的实验模式，包括操作规范、实验流程等，然后依据该模式进行按部就班的实验过程。将这种实验设计当作设计模式，并采用一定的名称概括、区分的实验设计方法可以称为实验设计模式方法（The Model Approach，MA）。

实验设计模式方法在振动实验教学中经常采用，该方法能够让学生在较短的时间内掌握标准的实验操作规范和流程，对于提高实验技能具有极大的积极作用[6]。然而，这种方法有其自身的不足之处，主要包括两个方面。其一，实验模式方法使各种实验设计之间相互独立，忽略了它们之间的内在联系，从而使学生或教师难以总体掌握整个实验设计的完整体系。其二，实验模式方法使实验设计和实验所研究的问题相互独立，从而使学生或教师在设计实验方案时对目的性的把握不是十分明确。针对这两点不足之处,文献[7]提出基于自变量的实验设计方法,这种方法具有模式方法所不具备的特点,主要表现:① 符合人们的思维习惯;② 具有很高的概括性;③ 具有很强的操作性;④ 便于研究者之间的沟通;⑤ 便于处理实验数据。

开放式实验教学不以特定的实验设计方法为依托,但它可以运用各种设计方法进行实验设计具有广泛的选择面,它的主体、教学方式、教学内容以及教学资源都是开放的。学生可以选择特定的内容自行设计实验流程,可以选择不同的设计方法进行实验设计。指导教师以引导和基本技能的规范为主,即对于某些特定的实验内容是需要有特定操作规范和流程来进行的,这也涉及实验内容的模块化问题。文献[8]对开放式实验教学的内涵与特征进行了阐述,认为这种开放性特征依赖于模式以及教学方式多样性、人才个性化和目标发展多元化等多种因素,在提高学生综合素质和培养学生创新精神方面具有积极作用。开放式振动实验课程可以使学生对振动理论知识的运用具有更深刻的体会,能够使学生掌握振动基础知识的同时灵活运用这些知识,对学生创新能力的提高具有很大的作用。

1 振动实验课程的特点

目前面向本科的振动实验课程以常规振动测试实验内容为主,包括基本物理参数测试如系统振动固有频率、阻尼比,以及振动模态测试等内容。振动系统或结构基本参数的测量以输入力和振动响应的测量为基础,如图1所示。测量力、结构参数和振动响应统称为振动实验三要素,可以根据其中任意两部分内容推导、计算出另外一部分内容。具体包括以下三种情况:① 已知测量力和结构参数可以计算振动响应,称为响应计算;② 已知结构参数和测量响应可以计算输入力,称为载荷识别;③ 已知输入力和振动响应,则可以计算结构基本参数,称为模态参数识别。其中,模态参数识别是振动实验课程里的主要内容,学生结合这方面的实验熟悉振动基本物理量的测量,包括系统输入、振动响应的测量,以及对测量数据的分析、处理。这些内容的教学已基本形成固定的规范化操作过程,学生只需要按照教师传授的操作方法进行实验就能够获得预期的结果,这一过程主要是培养学生掌握实验操作规范,以及锻炼基本的操作技能,并不涉及学生自主创新能力的锻炼。

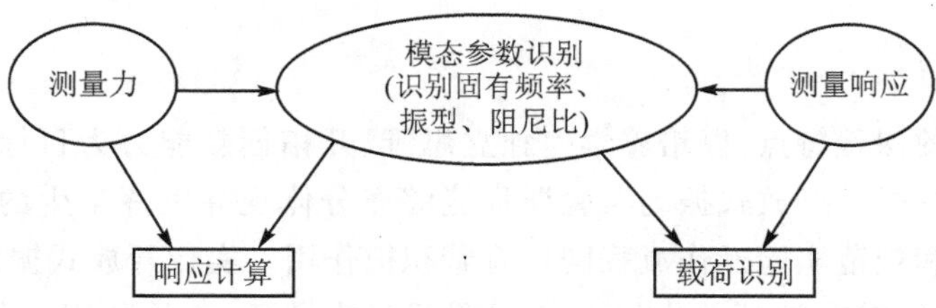

图1 振动实验测试内容

2 开放式振动实验教学

前文所述的振动实验教学属于常规的教学范畴,并不涉及开放式的实验内容。为进一步提高学生的自主学习,独立思维和创造能力,有必要进行开放式振动实验教学的研究。振动实验教学所涵盖的学科涉及振动理论基础、高等动力学、振动测试技术以及控制理论、通信工程、数字信号处理等相关领域的内容，是一门涉及多学科多领域的交叉课程。振动实验实质不仅是振动基本参数的测量，作为更高层次的内容，对系统或结构振动量级的控制以及结构振动的隔离都可以归结为振动实验的范畴。对于振动控制以及振动隔离这部分的内容就没有标准化的振动实验规范，所以也特别需要进行开放式的实验设计研究。

开放式实验教学可以有效提高学生的能力，包括自我学习的能力、动手能力、组织能力和创新能力[9]。开放式实验教学要求学生自主设计实验，需要根据实验的总体要求细化实验流程和实验顺序，要能够根据实验目标制定相应的实验方案。在实现实验的过程中，学生需要独立思考，收集资料，深入理解基本原理和基本方法。这一过程有助于锻炼学生的自学能力，组织能力和创新能力。

开放式振动实验需要根据振动课程的相关内容设定具有概括性的总体要求，对实验的内容、目的有大致的方向性规范。在这基础上，要求学生独立思考，设计实验，进一步制定实验方案，再进行可行性分析，若实验方案可行则可以进行自主实验。这一过程可以使学生在短时间内就能够更加深入理解振动理论知识，掌握基本的实验操作规范，对实验过程有清晰而又深入的认识。所以，开放式振动实验无论是在培养学生的操作规范、技能方面具有积极的作用，还是在锻炼学生独立思维、开拓创新能力方面都具有很大的帮助和提高作用。

对于具体的振动实验内容，可以进行开放式的实验方案设计。例如，给定一个结构系统，要求通过实验的方法获得该结构的振动特性参数，包括结构的固有频率、阻尼比和相应的振型。毫无疑问，这是一个开放式的实验提纲。该实验只是提出了概括性的内容和要求，并没有详细的操作步骤和实验流程，这需要学生根据已经掌握的知识展开独立的实验设计过程。如何判断学生设计的实验方案是否合理可行，就需要指导教师进行评判，只有经过认可的方案才能够进一步实施。这种管理方式可以第一时间指出学生设计实验过程中的不足之处，从而得到及时的纠正。因为在方案设计的过程中并未真正利用实验室的硬件资源，所以这一举措可以充分利用有限的教学资源，达到最大的教学效果，能够使学生得到充分锻炼的同时又获得相应的指导，使其尽快掌握正确、高效的实验方法和技能。

3 结 论

结合振动实验的课程特点，以培养学生独立思维、开拓创新能力为目标，研究开放式的实验操作方法和管理方式。开放式振动实验课程能够充分体现并发挥学生的主体作用，对学生掌握基本实验技能和规范实验操作流程同样有着积极作用。实行开放式振动试验可以充分体现教师的主导作用，能够在教师的指导下合理调配实验设备，高效利用有限的实验室教学资源。开放式实验模式的应用及推广也是振动实验课程发展的一种必然趋势。

参考文献

[1] 田辉，谭广."火箭发动机设计"课程的思政设计及实践[C]//第四届全国高等学校航空航天类专业教育教学研讨会论文集，北京：北京航空航天大学出版社，2022.

[2] 孔米秋，吕亚栋，李光宪[J].多学科交叉背景下"航空航天复合材料"课程的教学探索.[C]//第四届全国高等学校航空航天类专业教育教学研讨会论文集，北京：北京航空航天大学出版社，2022.

[3] 王新龙，王可东，宋佳，等．航空航天导航类专业课程体系的改革与实践[C]//第四届全国高等学校航空航天类专业教育教学研讨会论文集，北京：北京航空航天大学出版社，2022.

[4] 邓健，尹乔之，胡挺，等．航空航天特色的工程力学专业研究生培养路径探索[J]．人才培养和机制创新，2022，9：31-35.

[5] 郭春彦．实验设计与数据统计分析[M]．北京：北京大学出版社，2000.

[6] 王才康．实验设计体系初探[J]．心理科学，2000，23(5)：590-594.

[7] 王才康．实验设计：一种非模式的方法[J]．心理学，2002，25(2)：198-201.

[8] 宋国利，盖功琪，苏冬妹．开放式实验教学模式的研究[J]，实验室研究与探索．2010，29(2)：91-94.

[9] 杨延梅，杨清伟，周富春．高等学校开放式实验教学的探讨[J]．高校实验室工作研究．2012，112(2)：6-8.

关于新时代教育根本问题的一点思考

宋海燕

(哈尔滨工程大学 航天与建筑工程学院,哈尔滨 150001)

摘 要: 培养什么人,如何培养人,历来是党和国家教育的根本问题。习近平总书记在全国高校思想政治工作会议上强调:高校思想政治工作关系高校培养什么样的人、如何培养人以及为谁培养人这个根本问题。课程思政的提出不仅代表着高校教育理念的革新,同时也是历史的经验和时代的要求。本文结合航天类课程建设和课程思政建设,针对如何利用好课堂教学这个主渠道落实立德树人根本任务,培养担当民族复兴大任的时代新人等新时代教育根本问题进行了一些探索和思考,以期对新时期课程思政建设起到推动作用。

关键词: 培养什么人;如何培养人;为谁培养人;立德树人

培养什么人,如何培养人,历来是党和国家教育的根本问题。2016 年 12 月,习近平总书记在全国高校思想政治工作会议上强调:高校思想政治工作关系高校培养什么样的人、如何培养人以及为谁培养人这个根本问题。2017 年 10 月,习近平总书记在党的十九大报告中着眼新时代中国特色社会主义教育的全局,深刻回答了培养什么人、如何培养人以及为谁培养人等一系列重大问题,这是新时代中国特色社会主义教育理论的精髓,是马克思主义基本原理与中国教育实践相结合的重大理论结晶[1]。

教育界对习近平总书记关于教育的重要论述进行了深入学习和研究。王树荫对我国建国 70 年来不同时期党的教育方针中有关"培养什么人"的论述进行了全面的回顾和分析,虽然党的教育方针随着时代发展不断变化,但我国的教育始终为党和国家的战略目标服务[2]。中国教育科学研究院教育理论研究所就习近平总书记关于教育的重要论述发表了一系列的学习研究文章,其中第十篇为"落实立德树人根本任务",文章指出习近平总书记关于立德树人的重要论述全面系统阐述了"培养什么人、如何培养人、为谁培养人"的重大教育理论和实践问题[3]。新时代,我国在工程教育领域全力探索形成领跑全球工程教育的中国模式、中国经验。在教育根本问题方面,文献[4]中也提出了"培养什么人、如何培养人、为谁培养人"的中国答案。

本文基于对习近平总书记关于教育的重要论述的深入学习,结合航天类课程建设和课程思政建设,对新时代教育根本问题进行了探索和思考,以期对新时期课程思政建设起到推动作用。

1 培养什么人

培养什么人,是教育的首要问题。党的十八大明确提出,坚持教育为社会主义代化建设服务、为人民服务,培养德智体美全面发展的社会主义建设者和接班人。在十九大报告中,习近平总书记进一步将社会主义建设者和接班人诠释为能够担当民族复兴大任的有理想、有本领、有担当的“三有”时代新人。

1.1 有理想的时代新人

习近平总书记所说的有理想的时代新人是以中华民族伟大复兴为己任的青年。就像习近平总书记在纪念“五四运动”100周年大会时所讲的那样，青年理想远大、信念坚定，是一个国家、一个民族无坚不摧的前进动力。

实际上，从“五四运动”到新中国的建立、再到我国社会主义建设的每个历史阶段，都曾经涌现出很多有理想的青年人。由于看到了国弱民穷受欺凌的现状，周恩来总理从小立志“为中华之崛起”而读书，后来参加“五四运动”并投身革命事业，其一生理想坚定、呕心沥血、鞠躬尽瘁，一直为中华之崛起而奋斗。钱学森、邓稼先等老一辈科学家，在新中国成立后，毅然放弃国外优越的条件，回国参加国家建设，从此开启了其一生最为壮丽的“两弹一星”研制征途。

是什么使得以周恩来总理为代表的无产阶级革命者在革命道路上不管遇到任何艰难险阻，都能坚定地、勇往直前地去奋斗？是什么使得以钱学森、邓稼先为代表的国防战线的科技工作者，踏遍戈壁草原，连克千重关，隐姓埋名，默默奋斗数十年？是坚定的理想信念。时代新人应继承先辈“不要让人家把我们落得太远”的遗志，为实现中华民族伟大复兴而读书，为实现中华民族伟大复兴而努力工作。

1.2 有本领的时代新人

创新能力是时代新人有本领的重要特征，习近平总书记引用《大学》中的“苟日新，日日新，又日新”来鼓励广大青年要走在创新的前列。

但高校在创新能力培养方面也面临着一些质疑，其中日本学者外山滋比古的“你是滑翔机人还是飞机人”的观点颇受关注。滑翔机和飞机十分相似，同样是在天空中飞翔，而且滑翔机安静优雅的滑翔姿态甚至比飞机的更优美动人。但是，滑翔机永远不具备独立飞起来的能力。如果高校教育一直忽视飞机人的培养，那么有花无根的现象就很难改变，国家和民族的进步就无从谈起[5]。如何培养更多能自主飞行、自主创新的青年学生，是高校和社会需要共同考虑的问题。

1.3 有担当的时代新人

《出师表》中的“受任于败军之际，奉命于危难之间”是一种担当，1959年苏联撤走全部专家，中国广大科技人员在非常困难的条件下创造一个又一个奇迹，这是另一种担当。中国共产党人在民族危亡之际就体现出了担当的品质，一代人要有一代人的使命，一代人要有一代人的担当，中国青年传承红色基因，要内化于心，更要外化于行。习近平总书记指出：新时代中国青年处在中华民族发展的最好时期，既面临着难得的建功立业的人生际遇，也面临着“天将降大任于斯人”的时代使命。习近平总书记号召广大青年要勇敢担负起时代赋予的重任，在实现中华民族伟大复兴的征程上放飞青春梦想。青年学生要牢记习近平总书记的嘱托，努力成为乐于担当、敢于担当、善于担当的时代新人。

2 如何培养人

教育作为一种社会现象，它有别于其他社会现象的本质属性就在于对人的培养。而培养人是一项系统性工程，对于如何培养人的问题需要学校、家庭以及全社会的共同回答。习近平总书记也强调“培养德智体美劳全面发展的社会主义建设者和接班人，就要把综合协同育人作为根本途径”。本节结合航天类课程建设和课程思政建设，对如何培养人谈一点个人的思考。

2.1 如何培养有理想的时代新人

苏联杰出的教育理论与实践家霍姆林斯基在其晚年创作了《怎样培养真正的人》(共产主义教育伦理学)，其中就包括“怎样培养孩子们具有共产主义理想”和“怎样培养忠于社会主义祖国的情感”等篇章。由于苏联教育是以马克思教育理论为指导，是社会主义性质的教育，所以霍姆林斯基教育思想与论著对于当前我国培养有理想时代新人仍具有宝贵的借鉴意义。

在实现中华民族伟大复兴征途的新时代，党和国家将“立德树人”放在了“全面发展”之上，这是党的教育理论创新的最新成果，也是对教育本质的最新认识，实践证明立德树人是培养有理想时代新人的有效途径。在专业课程教学中，不应忽视课堂教学过程中的教育可能性。这种忽视往往表现在，知识只是知识，对于学生的思想教育来说似乎是一种不起作用的中性的东西。也就是说，学生只是获得了知识，却没有受到教育。实际上，知识是道德信念的源泉，知识的教育力量首先就在于它的世界观方面。所以航天类课程思政常常采用的是“两弹一星”精神和航天精神案例，但案例中展示的不应该仅仅是“两弹一星”元勋的榜样示范和践履笃行，还应该有基于科学史和采用科学方法论去认识规律和改变世界的信念。如果知识的传授没有唤起学生心中的信念，往往说明教师授课时没有向学生展示人类认识世界的奋斗历程、没有激发起学生改变世界的信念。有经验的教师，可以不被学生察觉地、有分寸地拨动学生的心弦、触动学生心灵中最敏感的一隅，春风化雨，润物无声。

时任教育部部长陈宝生指出：高校教师 80%是专业教师、课程的 80%是专业课程、学生学习时间的 80%是专业学习、80%的本科生认为对自己成长影响最深的是专业课程和专业教师。由此可见，只要能发挥专业教师主力军的作用、强化专业课建设的主战场、把握专业课教学主渠道，就可以寓价值观引导于知识传授和能力培养之中。这对于全面推进思政教育向纵深发展，实现立德树人根本任务具有十分重大的意义。

2.2 如何培养有本领的时代新人

面对世界新一轮科技革命和产业变革，教育与生产劳动和社会实践相脱节的矛盾突出，迫切需要培养能够适应和引领未来发展的时代新人，特别要注重创新能力方面的培养。不论是社会需要的、还是高校培养的都应该是飞机人，而不是滑翔机人。

要想实现如上目标，首先应将传统的以教师为中心的“教学范式”向以学生为中心的“学习范式”转换[6]。教师由知识的传播者转变为学习的促进者，学生由被动的接收者转变为积极的参与者，从而实现知识传递与知识构建的双向互动。以教为主向以学为主转变，就是授人以鱼不如授人以渔，教师传授给学生的不再是事实和原理，而是精神状态和思想方法。著名教育家钱伟长先生曾说过：“在大学四年里，能不能养成自学的习惯，学会自学的本领，不但很大程度上决定着他能否学会大学的课程，把知识真正学懂学活，而且影响到大学毕业以后，能否不断地吸取新的知识，进行创造性的工作。”

其次，应将 STEM 教育理念贯穿于一流课程建设中。STEM 是指科学(Science)、技术(Technology)、工程(Engineering)和数学(Mathematics)四门学科的交叉与融合，体现了一种跨学科的教育模式[7-9]。在我校飞行器结构力学课程的培育建设中，将“两性一度”的要求与STEM教育理念相结合进行课程改革，不但可以使课程达到高阶性、创新性、有挑战度，还有助于培养学生跨学科的思维习惯和创新能力。下面举例进行说明。我校飞行器结构力学课程的显著特点是以能量原理为基础，并将能量原理贯穿于教学的始终。而研究能量原理需要应用变分学，按照“教学内容体现前沿性与时代性，及时将学术研究、科技发展前沿成果引入课程”的要求，我们将变分学拓展为变积分学，并应用于课程中。一方面，飞行器结构力学课程属于工程科学的范畴，需要数学理论的支持，这是STEM教育理念的内在要求。在飞行器结构力学教学中重视变积分学这样的数学基础理论，可以为培养学生的创新能力夯实基础。另一方面，变积分学较之于变分学具有高阶性和创新性，对于只学习过微积分学的本科生来说，变积分学也是一种科学“增负”，可以让学生体验一下“跳一跳才能够得着”的学习挑战，这体现了“两性一度”的要求。

国内外高校陆续开展了一批计划和项目，如美国麻省理工学院开展的“新工程教育转型”(New Engineering Education Transformation，NEET)计划，清华大学开展的“大学生研究训练”(Students Research Training，SRT)计划等，这些计划都旨在培养学生的创新性思维。

2.3 如何培养有担当的时代新人

“天下兴亡，匹夫有责”“先天下之忧而忧，后天下之乐而乐”“位卑未敢忘忧国”等诗句无不体现担当，这些都来源于中华优秀传统文化。青年学生长期接受传统文化的熏陶，心中已埋下“担当”的种子。新形势下培养有担当的时代新人，课程思政应该把这份“担当”从青年学生心底深处激发出来。

航天领域有很多优秀代表，如钱学森、孙家栋等“两弹一星”功勋，他们不计名利，甚至是隐姓埋名，将毕生奉献给国家的航天事业。“苟利国家生死以，岂因祸福避趋之”是他们的真实写照。习近平总书记号召广大科技工作者“在关键领域的地方下大工夫，尽早取得突破”。通过课程思政，鼓励青年学生向前辈看齐，向榜样靠拢。不受“帽子”和“时髦研究”的诱惑，将国家重大需求作为自己的研究方向；不惧“考核”的压力，敢于做基础研究、敢于做长期课题；不考虑利益得失，甘坐冷板凳，将青春书写在祖国大地上，这就是时代新人的担当。许多航天领域的普通劳动者，如“中国新一代运载火箭总装第一人”崔蕴、“三晋工匠”韩利萍等劳动模范，也是航天领域的优秀代表。他们在平凡的岗位攻克了许多火箭总装和精密零件加工过程中的难题，做出了不平凡的业绩，这也是时代新人的担当。在实习阶段，向同学们介绍这些工作在航天领域普通岗位的优秀代表，榜样并非遥不可及，榜样就在身边。

越是接近民族的伟大复兴，就越可能遇到意想不到的艰难险阻，所以在课程思政中应加入挫折教育的内容。古有“天将降大任于是人也，必先苦其心志，劳其筋骨”的说法，今天中国成为航天强国，也是经历了多次火箭发射失利的惨痛。通过课程思政，鼓励青年学生继往开来、勇毅前行。因为越是艰险越向前，越是艰难越担当，是时代新人的底色。历史已多次证明，在中华民族的每个关键时期，时代青年都能迎难而上，主动担当。面对世界百年未有之大变局，时代新人终将成为民族复兴大业的主力担当。

3 为谁培养人

中国是共产党领导的社会主义国家，这就决定了我国的教育必须把培养社会主义建设者和接班人作为根本任务，培养一代又一代拥护中国共产党领导和中国特色社会主义制度、立志为中国特色社会主义奋斗终身的有用人才。"为党育人、为国育才"是中国共产党站在建设教育强国、实现中华民族伟大复兴的高度，对"为谁培养人"这一重大问题的时代回应。

在当前特殊的历史时期，面对中国的快速崛起，以美国为代表的西方敌对势力全面公开打压围剿中国。将华为、大疆等中国高科技企业列入所谓出口管制"实体清单"；高端芯片、高端光刻机等高科技产品一律禁止出口中国；软件公司 MATLAB 取消了对中国某些高校的正版授权；针对前往美国学习科学、工程、数学和高科技的中国学生，通过限制签证的方式，来防止所谓的外国人盗用知识产权。实践告诉我们，关键技术买不来，核心技术要靠自己突破。就如20 世纪 50 年代突破"两弹一星"关键技术一样，根本问题还是人才问题；是培养什么人，为谁培养人的问题；是办什么样的教育，为谁办教育的问题。

习近平总书记来我校视察时强调，哈尔滨工程大学要发扬哈军工优良传统，紧贴强国强军需要，抓好教育、科技、人才工作，为建设教育强国、科技强国、人才强国再立新功。哈工程人要始终坚定"为党育人、为国育才"的初心使命，为培养能担当中华民族复兴大任的"三有"时代新人不懈努力。

4 结 论

培养什么样的人、如何培养人、为谁培养人是新时代教育的根本问题，需要高校和全社会共同回答。

1）高校应始终坚定"为党育人、为国育才"的初心使命，落实立德树人的根本任务。

2）课程思政建设的不断发展对培养有理想、有本领、有担当的"三有"时代新人将发挥更大的作用。

参 考 文 献

[1] 教育部课题组. 深入学习习近平关于教育的重要论述[M]. 北京：人民出版社，2019：45-60.

[2] 王树荫. 立德树人 70 年——中国共产党"培养什么人"的战略抉择[J]. 教学与研究，2019(10)：77-86.

[3] 吴安春，姜朝晖，金紫薇，等. 落实立德树人根本任务——习近平总书记关于教育的重要论述学习研究之十[J]. 教育研究，2022，43 (10)：4-13.

[4] 冯建军. "培养什么人，怎样培养人，为谁培养人"的中国答案[J]. 教育研究与实验，2021，(4)：1-10.

[5] 外山滋比古. 思考的整理术[M]. 王丹丹，译. 北京：北京科学技术出版社，2011：8-13.

[6] 吴立保. 大学本科教育的"学习范式"转型——国际趋势与本土探索[M]. 北京：科学出版社，2021：1-38.

[7] National ScienceBoard. Undergraduate Science, Mathematics and Engineering Education[R]. Alexandria, VA: National Science Board Report, NSB-86-100, 1986.

[8] National Science Board. Shaping the Future: Strategies for Revitalizing Undergraduate Education [R]. Alexandria, VA: National Science Foundation Report, NSF-98-73, 1996.

[9] 宋海燕，郭庆勇，刘宗民. 基于 STEM 的研究型大学跨学科人才培养模式研究[J]. 哈尔滨工程大学高教研究，2022，(1)：25-28，47.

以“为战育人”引领军校飞行原理课程思政

宋志杰[1]　柳文林[1]　王平[1]　张保雷[1]　李哲[2]

(1.海军航空大学 航空基础学院,烟台　264000

2.空军工程大学 航空工程学院,西安　710000)

摘　要:课程思政的核心问题是解决学生的价值引领问题,军队院校的使命任务决定其课程思政要坚持“立德树人”和“为战育人”双轨并行。针对传统飞行原理课程教学思政元素简单匮乏的问题,基于军队院校飞行专业飞行原理课程结构和特点,通过对课程思政的目标定位、基本思路和主要内容的研究,探索将航空英模人物的飞行事迹引入课程思政,使之与教学内容有机融合,以“润物无声”的方式为课程注入浓厚的战斗精神,从而培养学员坚定不移的爱国情怀和与岗位匹配的战斗精神,启发以“为战育人”引领军校课程思政的教学思路和方法,助力培养素质过硬的航空飞行人才。

关键词:军队院校;飞行原理;课程思政;为战育人

2016 年 12 月,在全国高校思想政治工作会议上,习近平总书记指出:“要用好课堂教学这个主渠道,思想政治理论课要坚持在改进中加强,提升思想政治教育亲和力和针对性,满足学生成长发展需求和期待,其他各门课都要守好一段渠、种好责任田”[1],首次提出“各类课程与政治理论课同向同行”。2019 年 10 月教育部发布《关于深化本科教育教学改革全面提高人才培养质量的意见》,明确提出:“把课程思政建设作为落实立德树人根本任务的关键环节。”这一意见深刻阐述了思政教育在高等教育教学体系中的重要性。2020 年 5 月 28 日,教育部印发实施《高等学校课程思政建设指导纲要》(简称《纲要》),旨在把思想政治教育贯穿人才培养体系和全面推进高校课程思政建设,发挥好每门课程的育人作用,提高高校人才培养质量。《纲要》指出,培养什么人、怎样培养人、为谁培养人是教育的根本问题。

2020 年 7 月 23 日,习近平主席到空军航空大学视察时指出,要坚持立德树人、为战育人,加强军魂教育,强化战斗精神,全面打牢飞行学员思想政治、军事专业、科学文化、身体心理等素质基础,把兵之初、飞之初搞扎实[2]。这为我们利用课程思政解决军校飞行学员的价值观引领问题指明了方向。新时代军事教育方针也明确指出“立德树人,为战育人”是军事教育的根本任务,是军队院校办学育人的核心指向。军校的学员,不仅仅是一名学生,而且是一名军人和未来的战斗员、指挥员,必须把塑造战斗精神作为其价值观培育中不可或缺的内容。因此,军队院校的课程思政,不仅仅要立起立德树人的标杆,还要高举为战育人的鲜明旗帜,以为战育人引领军队院校课程思政的建设。本文以军队院校飞行原理课程为例,开展课程思政教学的探索性研究,启发融入思政要素的飞行原理课程教学思路和教学方法。

1　“飞行原理”课程概况

“飞行原理”课程是航空飞行与指挥专业的必修专业核心课程,是专业背景模块的主干课程，主要包含“飞机空气动力学”“飞行力学与控制”和机型飞行原理等课程，课程之间的递进关系如图1所示。

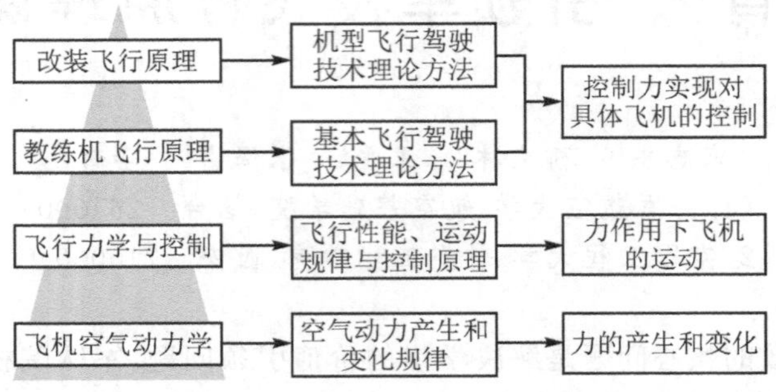

图1　飞行原理课程间的递进关系

“飞机空气动力学”是理解飞机空气动力的产生原因与变化规律，形成应用空气动力学计算、分析和解决飞行实际问题能力的一门课程，对军事飞行人才培养具有重要的支撑作用。学员通过本课程学习，了解空气动力学的发展趋势及其在飞行实践活动中的意义和价值，理解空气动力学的基本概念，掌握空气动力学的基本原理和计算分析方法，做到理论联系实际，掌握运用理论指导实践的方法，培养分析和解决飞行实践实际问题的能力。“飞行力学与控制”课程主要学习飞机的飞行性能、飞机的稳定性与操纵性，使学员理解飞机主要参数与飞机性能、飞行品质之间的有机联系，培养学员综合运用知识解决实际问题的能力，为指导飞行学员学习飞行、改装飞行和战术飞行等实践奠定理论基础。教练机飞行原理是飞行理论知识与飞行实际紧密结合的开始阶段，教学内容突出机型特点，让学员认识到飞行理论知识是如何指导飞行实践的，达到“学习-实践-再学习-再实践”的良性循环，以便能够在飞行过程中带着问题去学，思考以前学过的知识，经过沉淀以后又会反过来思考飞行实践中的具体问题。机型改装飞行原理要突出飞行技战术对机型飞行原理课程的需求，让飞行员有兴趣、有能力对飞行实际和飞机装备问题进行深层次的分析研究，通过个人的研究建立对飞行任务的自信，进而为飞行中做出正确的决断提供依据。

可以看出，飞行原理类课程是典型的工科课程，并且与飞行实践联系紧密，引入课程思政有一定难度，对授课教师的专业能力和育德能力有较高的要求。传统教学中，教师比较注重如何让学生学懂知识，如何培养学生运用所学知识解决实际问题，忽略了在课程教学的同时对学生进行思想政治教育。因此未来教学中，亟需充分利用课堂教学这个“主战场”，融入思政元素，在讲授飞行原理基本理论、基本方法的同时，充分挖掘课程之中蕴含的思政元素，实现“知识传授与价值观引领”相结合[3]，培养出能打仗、打胜仗的新时代革命军人。

2　课程思政目标

《高等学校课程思政建设指导纲要》提出，课程思政建设内容要紧紧围绕坚定学生理想信念，以爱党、爱国、爱社会主义、爱人民、爱集体为主线，围绕政治认同、家国情怀、文化素养、宪法法治意识、道德修养等重点明确课程思政内容供给，系统进行中国特色社会主义和中国梦教育、社会主义核心价值观教育、法治教育、劳动教育、心理健康教育、中华优秀传统文化教育。

也就是要将思想政治元素融入到专业课程的教学过程，实现课程的价值引领作用[4]。

“飞行原理”课程主要是培养军事飞行员的操纵原理和技能的，第一任职岗位培养目标是“爱国守纪、忠于职守、懂理论、会飞行的初级指挥军官”。然而当下海军战略转型对飞行员培养提出了新的要求，按照“第一任职岗位”要求来培养是远远不够的，而应该将其作为“远海编队作战的核心”来培养，更加需要针对其战略素养、联合素养、指挥素养、科技素养、国际素养等各方面的需求来构建知识体系，将其作为海军未来海上作战的指挥者和主要使命任务的践行者来培养。

基于这样的培养目标，在院校学习阶段培塑学员的战斗精神就显得尤其重要。通过飞行原理课程思政教育的开展，将价值取向、能力提升和知识传授作为课程思政的主要目标，在课程中寻找战斗精神、科学精神、家国情怀、国际视野、创新思维等德育教育的融合点和切入点，通过典型内容和典型案例等的设计运用，以“润物无声”的方式将正确的理想信念、家国情怀和战斗精神等有效传递给学员。在潜移默化中培养学员正确的世界观、价值观、人生观，帮助学员形成正确高尚的政治素养和英勇无畏的战斗精神[5-7]。

3 课程思政基本思路

从飞行原理课程的内容和特点来看，其具有典型的工科背景和技能培养特点，在授课过程中不能简单生硬地进行思想教育，需结合具体的案例和课程背景，做到“如盐入水，润物无声”。飞行院校飞行原理课程的内容源于自然现象和飞行实践，是对看得见、摸得着的实际问题的抽象[8]，尤其是与飞行实践联系异常紧密，这就为我们挖掘思政元素提供了思路。例如可以将国内外著名航空英模人物的事迹案例引入到课程教学中来，因为这些航空英模人物的事迹正是典型的飞行实践，其中往往涉及到某些飞行背景，如空中作战、特情处置、英雄事迹等，这是非常好的思政素材来源。首先，通过案例技术层面的分析，可以让与之相关的理论知识更加形象生动，帮助学员理解知识内容。其次，案例中英模人物的爱国民族情怀、战斗精神会自然而然地感染学生，使高昂的激情、真实的感情和扎实的理论融为一体，如图 2 所示。

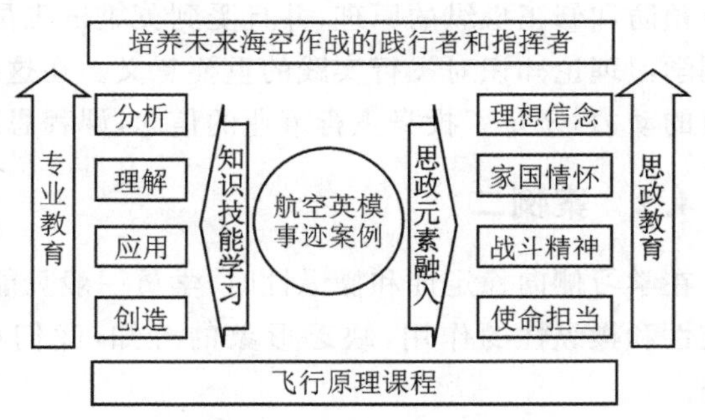

图 2 融入英模事迹的课程思政基本思路

4 讲好英模事迹、培育战斗精神的思政探索

4.1 案例一

在学习 PIO(飞行员诱发振荡)时，学员一般能从理论上理解 PIO 的概念和成因，但是却对 PIO 现象缺乏更形象的认识，对 PIO 的预防和修正操纵自然也就体会不深，甚至影响到学员对电传操纵系统的学习。针对这个问题，我们在学习 PIO 时，引入英雄试飞员李中华试飞

歼-10系列飞机的事迹。

李中华是飞机设计和试飞专家眼中“会飞行的工程师”，多次与死神擦肩而过，创造了试飞领域里无数个“第一”，因此被称为“可以飞出与计算机模拟一样完美曲线”的人。李中华不仅精通飞行，还懂工程设计，他经常一头钻进集多项高新技术于一体的新型战机的每一个技术环节，在科研试飞的过程中，努力使自己成为部队飞行员与飞机设计师之间沟通的纽带，使飞机获得更好的品质与性能，极大地推动多型战机的试飞进程。

1997年9月，李中华奉命驾驶歼-10变稳飞机模拟起飞、着陆时的飞行控制律，与他搭档的是老战友李存宝。这次试飞，是我国航空史上第一次使用自主研制的电传操纵系统着陆，将决定着我们自己的电传操纵系统能否成功应用。然而，在飞机下降到距地面只有一两米的高度时，飞机突然意外发生振荡。李中华轻轻带杆，可机头却一下子扬了起来，李中华急忙轻轻推杆，飞机却又反应强烈地一下把头低了下去。李中华发现飞机在自己的反复修正下，飞行姿态不仅没有按照他的意图修整好，反而像一只风浪中的小船，在跑道上空颠簸起来，而且幅度丝毫没有减小的趋势。李中华立刻判断这是发生了PIO，在距离地面如此近的拉平阶段发生PIO极其危险，关键时刻，李中华丝毫不乱并告诉后舱的李存宝：切断变稳系统，用原机的操纵系统复飞。

飞机着陆后，李中华直率地提出这型飞机的纵向操纵增益过大，也就是飞机操纵起来过于敏感，建议设计者至少将增益减少三分之一。设计人员却认为，操纵灵活正是这种飞机的优点所在。经过整整两天的激烈讨论，从飞行曲线和飞行参数论证到地面模拟试验，设计部门最终采纳了李中华的意见，将增益减少了40%。

通过引入李中华试飞变稳飞机的视频及讲解，学员可以更直观地了解PIO现象，理解PIO预防和修正操纵的原理，并且受到英雄试飞员李中华深入学习钻研理论的感染，真切地感受到学习理论知识对飞行实践的重要意义。在这样的学习过程中，学员在潜移默化中增强了学习的动力，坚定了投身飞行事业的信念，课程思政的目的也就达到了。

4.2 案例二

在学习侧向稳定性和操纵性时，学员一般只能从理论层面理解垂尾和方向舵对飞机侧向稳定性和操纵性的作用，缺乏形象的感知，我们可以引入试飞员黄炳新试飞“飞豹”飞机的事迹。

“飞豹”飞机是我国第一架完全自主研制的歼击轰炸机，但是在试飞中发现飞机从亚音速进入超音速时会出现严重的震动，航空专家经过长时间的研究，仍然没能找出原因。1992年8月，黄炳新再次对“飞豹”进行性能试飞，试图找出震动的原因。当飞机爬升到5 000 m高度时，像往常一样，严重的震动出现了。为了获得珍贵的试飞数据，黄炳新冒着生命危险继续增大速度。当空速达到1 150 km/h时，突然，飞机后方传来一声巨大的响声，黄炳新首先检查了发动机和导弹，确认没有故障后，他判断是飞机的方向舵飞掉了。

飞机出现这么严重的故障，飞行员一般只能选择跳伞，可黄炳新却选择坚持把飞机飞回去。他当即对后舱的领航员杨布鑫说：“飞机的方向舵飞掉了。你别紧张，我也别紧张，万一不行，你跳伞，我把飞机飞回去。如果我牺牲了，你跳伞成功了，你就把这个情况向上面报告。”杨布鑫也非常勇敢，不怕死，说：“团长，你不跳伞，我也不跳，我要为你鼓劲，你往前飞，我跟你往前走！”

飞机没有了方向舵，就像汽车没有了方向盘，操纵极其困难。在空中速度较大时还好一点，但是到了着陆的时候，飞机转弯对准跑道时需要操纵副翼，没有方向舵飞机就会带有侧滑，很难对正跑道。并且为了避免塔台指挥员由于紧张影响指挥，黄炳新在空中没有将方向舵掉了的情况告诉塔台，只是告诉塔台说：飞机有故障，情况不太好，动作没做完。黄炳新驾驶着在空中飘来飘去的飞机，经过若干回合的折腾和飘荡，飞机艰难地对准跑道，安全着陆，黄炳新和杨布鑫心里的石头也终于落了地。飞机停稳后，他们两人的衣服全都湿透了，当地面人员得知黄炳新将没有方向舵的“飞豹”安全迫降的时候，也为他们捏了一把汗。

通过学习黄炳新驾驶失去方向舵的“飞豹”飞机平安着陆的事迹，学员看到了失去方向舵的飞机着陆的姿态，认识到飞机侧向稳定性和操纵性对飞机的作用，对这个问题有了形象的认识。更重要的是，在这个过程中，黄炳新勇于挑战、科学研判的精神会给学员很大的鼓舞。黄炳新在天空中与死神搏斗，将失去方向舵的飞机安全着陆，创造了国际试飞史上史无前例的壮举。作为一名老试飞员，难道黄炳新不知道当时的情况有多危险吗？他当然知道，但是他更明白“飞豹”飞机对国防事业的重要意义，这是我国自行研制的第一代歼击轰炸机，凝聚了科研人员十几年的心血，所以只要有一丝飞回来的希望他就决不会放弃。一旦跳伞，“飞豹”这种新型飞机就夭折在他手里，这么多年的技术积累都会随之付诸东流，这对于当时海空军的战斗力会有很大影响。并且当时国家还不是很富裕，这架“飞豹”的研制已经投入了一个多亿，如果损毁了，那就不只是一个亿的问题了，即使再花几个亿也难买到这么一架飞机。想到这些，作为“飞豹”飞机首席试飞员的黄炳新，决心哪怕只有千分之一的希望，也要把飞豹飞回来！就凭着这个想法，黄炳新才没有跳伞，咬着牙，冒着生命危险，把掉了方向舵的“飞豹”飞回来了。爱党、爱国的家国情怀和英勇无畏的战斗精神都展现得淋漓尽致，这不就是课程思政的本质要求吗？

5 结 论

军校因打仗而生，为打仗而建，培养打赢未来战争的军事人才是军校教育的职责。飞行原理课程面对的是未来海军航空兵部队的战斗员、指挥员，在思想上绝对忠诚、绝对纯洁、绝对可靠尤为重要，必须引导学员树立正确的价值观念。但是随着当前社会价值观越来越多元，网络上各种思潮不断冲击，更有敌对势力进行政治渗透。在这种情况下，单纯或者过度依赖思想政治课程完成价值观引导的效果明显不足，必须发挥多学科优势，依靠各类课程进行全方面育人。

我们希望通过课程思政这一新的教育教学理念和思维方式，从情感、态度和价值观方面培养学员坚定不移的爱国情怀和与岗位匹配的战斗精神，也就是立德树人与为战育人双轨并行。立德树人是根本，为战育人是引领，航空英模人物的事迹很好地契合了这两方面的内容，是非常好的课程思政素材，值得我们好好地加以利用，推动军校航理类课程思政的建设更好地发展。

参考文献

[1] 习近平. 习近平在全国高校思想政治工作会议上强调 把思想政治工作贯穿教育教学全过程开创我国高等教育事业发展新局面[N]. 人民日报，2016-12-09.

[2] 习近平. 牢记统帅嘱托 奋力开创强军兴军新局面——习近平主席视察空军航空大学时的重要讲话在全

军引起强烈反响[N]. 人民日报,2020-07-05.

[3] 刘海鹰,刘昕. 社会心理学课程思政教学分析与设计[J]. 大学教育,2020(04):25-28.

[4] 高宁,王喜忠. 全面把握《高等学校课程思政建设指导纲要》的理论性、整体性和系统性[J]. 中国大学教学,2020,9:17-22.

[5] 陆道坤. 课程思政推行中若干核心问题及解决思路——基于专业课程思政的探讨[J]. 思想理论教育,2018(3):64-69.

[6] 张学新. 对分课堂:大学课堂教学改革的新探索[J]. 复旦教育论坛,2014(5):5-10.

[7] 韩宪洲. 深化"课程思政"建设需要着力把握的几个关键问题[J]. 北京联合大学学报,2019(17):1-6.

[8] 朱琪. 高等院校中飞行员培养的思政教育[J]. 当代教育实践与教学研究,2017,5(8):265.

立足“铸魂·为战”的飞行器动力工程专业课程思政建设探索与实践*

苏新兵[1]　赵罡[1]　张晓露[1]　李宏文[2]　赵兵兵[1]　张铁军[1]

(1.空军工程大学 航空工程学院,西安　710038

2.解放军94106部队,西安　710600)

摘　要:针对专业课程普遍存在“教学内容与思政内涵匹配不够问题、教学手段与思政育人途径偏少问题、专业教学与课程思政自如融合问题”等典型问题,贯彻“立德树人、为战育人”要求,按照军队院校教育“四性一度”要求,提出“显隐互补、红蓝融合”的专业课程思政建设理念,构建了“紧贴实战、思政赋能”的课程内容体系新内涵,构建“信息主导、立体多元”的专业课程思政资源体系,探索“三维融合、五位一体”的专业课程思政育人模式,有效提高了教学效益和人才培养质量,为其他专业课程建设与教学改革提供良好示范和有益参考。

关键词:飞行器动力工程;铸魂·为战;专业课程;课程思政

课程思政不是简单的“课程+思政”,而是发挥顶层设计和改革创新在课程思政建设和教学改革中的示范和推动作用,将“立德树人、为战育人”和“三全育人”理念与专业课程教学进行自然融合,使“专业课程承载思政内涵,思政元素寓于专业知识”,实现知识传授和价值引领有机统一,真正做到“如春在花、如盐在水”的专业课程思政教学。2016年12月7日,习近平总书记在全国高校思想政治工作会议上强调各类专业课程也要“守好一段渠、种好责任田,使各类课程与思想政治理论课同向同行,形成协同效应”[1]。2020年《高等学校课程思政建设指导纲要》要求“必须将价值塑造、知识传授和能力培养三者融为一体”,让“所有高校、所有教师、所有课程”都承担好育人责任,构建“全员全程全方位”的育人格局[2]。

飞行器动力工程专业是保障作战飞机由“平台完好”向“作战完好”转变的核心关键专业。“航空机械设计”“飞机飞行动力学”“航空发动机原理”和“航空发动机控制”等本专业的核心课程,课程所蕴含的科学思辨及爱国情怀是开展铸魂为战育人的良好载体,对培养高素质、专业化的航空机务技术与指挥人才,支撑学科建设发展等具有重要作用。近年来本专业在课程思政建设实践中,总结提炼构建了以“军队红色基因文化、航空机务职业文化、航空机械专业文化、铸魂为战课程文化”的课程文化和价值范式,以此指导履职尽责、实践教学活动。通过建设实践,建成3门次国家级一流课程、3门军队院校精品课程、5门次陕西省一流本科课程、1门空军级精品课程、2门校级校级课程思政“领航”课程,有力支撑了本专业人才培养质量提升,为其他专业课程建设与教学改革提供良好示范。

* 基金资助项目:陕西省教育厅2023年度高等教育教学改革研究项目“立足‘铸魂:为战’的军用航空工程专业课程思政建设探索与实践”的成果(编号:23BG058)

1 课程思政建设解决问题

“铸魂和为战”是军队院校培养新型高素质军事人才的基本职能，而课程是人才培养的核心要素，课程建设质量直接关系人才培养质量。为适应建设一流军队对新型高素质军事人才培养的新要求，进一步提高“服务作战与保障飞行的空战勤务军官”人才培养质量，本专业需大力推进课程内涵向战转型，主要解决3个教学问题[3]。

① 教学内容与思政内涵匹配不够问题。随着航空装备的跨越式发展与升级换代，先进气动布局、主动控制技术、推力矢量和过失速空战机动等新理论、新技术大量应用于新型战机，需要对“旧、缺、浅、散、虚”的教学内容进行体系重构和动态更新，使其与装备发展同步并赋能新思政内涵。

② 教学手段与思政育人途径偏少问题。针对军队院校网络环境保密要求高、信息化资源应用受限、飞机系统理论复杂、课程教学学时有限、教学手段相对单一、难点内容不易突破等问题突出，需搭建多种资源平台，拓宽思政育人途径，用好“互联网＋教育”这个“最大增量”丰富教学手段来提质增效。

③ 专业教学与课程思政自如融合问题。针对专业课程教学中易出现重知识传授与能力培养、轻品德培育与价值塑造的现象和思政元素融入时出现生搬硬套等问题，需创新教学组织优化育人策略，自然自如自发地将专业课程蕴含丰富的思政元素潜移默化地融入教学全程，使专业教学与思政课程同向同行。

2 课程思政建设总体思路

遵循新时代军事教育方针，聚焦学员铸牢军魂、备战打仗、自主学习和解决复杂问题能力提升，发挥课程“主战场”和课堂“主渠道”的职能作用，对照国家“金课”“两性一度”标准[4]，按照军队精品课程“铸魂、为战”要求，探索实践专业课程“三维融合、五位一体”的课程思政协同育人模式，将思政元素潜移默化地融合根植于知识、能力、素质“三维”中，在线上/线下、课前/课中/课后“五位”的教学全程进行启智润心、培根铸魂。一是构建培育科学方法、战斗精神、崇尚荣誉、自主研战的课程思政目标体系。二是植入思政新内涵重塑“实战化”教学内容体系。三是搭建信息化教学平台，完善课程MOOC、教材、案例库、战例库等资源，拓宽思政育人途径。四是创新教学模式方法，优化思政育人策略，拓宽课程思政育人途径，营造图文并茂、视听结合的思政育人氛围。五是通过问卷调查等方式对思政效果进行跟踪分析，及时调整课堂思政融入的实施策略。

3 课程思政建设策略

3.1 围绕铸魂为战，设定以战领教育人新目标，做好课程思政建设总体设计

针对机械排长/机械师的第一任职岗位，适应航空装备快速更新、实战化训练深入推进等新形势，将人才培养目标由过去的“工程师”转变为“航空工程军官”，即培养政治思想坚定、军

事基础过硬、科学文化深厚、专业业务精深、身体心理健康、岗位技能合格，适应部队备战打仗要求，具有持续发展潜力的指技融合的新时代德才兼备的高素质、专业化“服务作战与保障飞行的空战勤务军官”[5]。

立足“价值塑造、知识传授和能力培养”三位一体人才培养要求，围绕“航空机务天梯文化”和“提升作战效能、保证飞行安全”专业内涵，将“优良传统保底色、强国兴军燃斗志、装备发展增信心、岗位需求明责任、作战应用激创新”作为课程思政建设目标。提出“显隐互补、红蓝融合”的专业课程思政建设理念，让显性授业、隐性传道形成互补，使优良传统的“红”，与专业技术的“蓝”有机结合、深度融合、功能耦合。以学员铸魂为战、启智润心、自主学习、能力提升为抓手，按照元素挖掘要自然、内容融入要自如、情感升华要自发的“三自”原则，将课程蕴含丰富的思政元素潜移默化地融入专业教学全程，使“德育＋智育、线上＋线下、传统＋信息、终结＋过程”等融合统一，着力培养学员科学思维方法、工程伦理素养与大国工匠精神，培育强军爱国的家国情怀、严谨细致的机务作风和敢打必胜的战斗精神。

3.2 挖掘思政元素，赋能教学内容思政新内涵，构建紧贴实战课程内容体系

以战领教，以文化人。增强文化自信，挖掘与课程内容相关的党史文化、军史文化、兵种文化、职业文化、专业文化和课程文化等思政元素，从认知规律、认知特点出发，由简入繁、由点到面逐步深入构建节点化、关联化的知识结构体系。突出与时俱进，加强技战融合，凸显前沿性、交叉性与综合性，及时吸纳相关领域理论知识与实践成果来优化教学内容[6]。构建紧盯装备发展、聚焦以战领教、思政赋能、紧贴实战的专业课程教学内容，利于开展科技强国教育，弘扬大国工匠精神，激发学员航空强国、科技强军热情，培养科学方法和工程伦理等。

一是积极推进作战要求进课程、战例成果进教材、战法训法进课堂，吸纳学科发展和教育改革的实践成果，将科研成果中的新理论、新技术、新装备、新战法、新训法等纳入课程教学计划、编入教材、进入课堂，使专业理论与作战训练充分融合，着实增强实战味道。

二是增加空战动力学，引入演训演练、飞行故障等部队的战训案例，拓展先进气动布局、新机论证、主动控制等装备技术前沿，使教学内容与新装备同步，确保其适应部队需求。

三是深入挖掘凝练与本专业课程知识点相关的英模人物、革命精神、先进装备、高新技术、典型案例等5类，家国情怀、科学素养、工程伦理、战斗精神、创新意识、职业道德等6种思政元素或案例，并采取内涵揭示和外延拓展相结合的方法将其自然融入专业知识传授，让教学内容赋能思政内涵。

3.3 加强平台建设，拓宽课程思政实践路径，形成完整课程思政资源生长链

注重专业知识与思政教育紧密融合，基于2门大学首届课程思政“领航”课程基础，搜集航空航天类专业“通用＋特色”思政资源，搭建多渠道思政平台。探索适应现代教育教学手段的数字化、新形态教材形式，构建“主讲教材＋可视化教材＋辅助教材＋课程思政案例集＋拓展阅读资料”的教材体系；建设含有“思政类习题＋思政讨论区”的在线开放慕课；研发可开展“先进战机性能分析＋典型空战模拟训练”的课程虚拟实验系统；开发拓展视野的飞机与发动机数字化资源平台；设立“军用航空博物馆”开展专业教育和爱国主义教育，以此形成“信息主导、立体多元”多层次、立体化的多渠道课程思政教学资源生长链[7]。

大力营造第二课堂创新实践氛围促进能力增长，打造机械创新设计工程坊、航模俱乐部等

课外实践教学平台，创设“自主实践创新、角色体验赋能”的工程实践能力生成新模式。以创新设计和学科竞赛为抓手，引导和鼓励学员广泛参与学科竞赛等科技自主创新活动，在实践中提升知识理解掌握和实践应用能力，培育工程伦理和创新意识，提高岗位任职能力和综合素质。充分利用校内外实践平台和部队实习基地，构建“院校理论教学＋部队实训实习”强强联合的教学模式，通过模拟实训、参观见学、实习实训等促进课程教学与装备维护实际相结合，加强学员核心岗位任职能力培养，使学员达成低阶到高阶知识的认知和应用。

3.4　创新教学组织，革新课程思政模式方法，优化提质增效的思政育人策略

在教学实践中突出学员综合能力培养，推进教员混合式教学能力转型，不断更新教育教学理念，厚植信息技术素养，提高教学创新能力、专业业务能力、思政育人水平。持续推进“智慧”教学进备课、进课堂、进辅导、进考核，探索实践线上线下互补、课前课中课后融合、课内课外理论与实践并重的全时空、多维度混合式自主学习。课前在学堂在线、雨课堂平台开辟思政专栏、发布思政话题、推送与知识点相关的思政素材，激发爱国情怀和自觉学习意识。课中合理融入重大观点、经典战例等思政元素，传承红色基因和科学方法。课后布置航模设计等挑战度高的实操作业，培塑战斗精神和职业操守。在教学全程坚定学员忠诚于党、听党指挥信念，加强自学、思辨、表达、实践、团队合作和创新能力的培养，通过促进专业教学价值回归和升华。

根据课程内容和学员特点，设计促进知识运用与能力提升的“任务驱动＋问题探究＋逻辑推演”复合教学方法，采用翻转课堂来破解教学疑点、难点问题。采用直接举证式、首尾呼应式、外延拓展式、联系发展式、类比式、启发式、反思式等思政元素融入策略，将思政元素以讲故事/打比方/作比喻等形式潜移默化地融入专业教学，形成一课一故事/名人/案例的良好局面[8]。

3.5　注重思政效果，加强课程思政过程调研，提升思政育人时效性与新颖性

突出能力培养和过程结果并重的多元化全程考核评估，从供给侧投入端和需求侧产出端，全面评价课程思政实施效果，真正达到思政内容与专业知识、教师本身与课程建设、师生相长与课程教学深度融合的“三重境界”。注重学员知识应用与转化能力的考核，引导学员将学习重心放在平时的点滴积累，让学员认识到超前统筹、谋划、建设的重要性，“要打有准备之仗”，以免遇到“书到用时方恨少”的尴尬。将线上思政教育专栏的讨论发帖情况计入平时成绩，将战术战法、故障分析、风险评估等促能力增长的实践活动纳入考核、融入考卷，在考核各环节润物无声地培根铸魂。根据课堂提问及问卷调查等反馈情况，及时调整课堂思政实施策略。结课后对统计数据进行深度挖掘分析，剔除育人效果不理想的思政元素，扩充删减课程思政案例库，保证思政元素的时效性和新颖性[9]。

4　课程思政建设成效

通过加强课程思政建设，全面系统建设了 4 门专业课程。形成了以“飞机飞行动力学”“航空发动机原理”等 3 门次国家级一流课程为引领、8 门次陕西省一流/军队精品课程、1 门次空军级精品课程和 2 门次校级重点建设课程为骨干的精品课程群，对夯实学员知识基础和提升人才培养质量发挥重要支撑作用。“航空发动机控制”“飞机飞行动力学”获评大学首届课程思

政“领航”课程；理论研究成果“飞机飞行动力学课程思政建设与实践”被《课程思政与思政课程设计与实践》(陕西人民出版社)收录；“立足‘铸魂·为战’的飞行器动力工程专业课程思政建设与实践”获批大学教学成果培育项目，等等。

5 结束语

立足“铸魂·为战”的飞行器动力工程专业课程思政建设探索与实践中，构建了“紧贴实战、思政赋能”的课程内容体系新内涵，提出了“显隐互补、红蓝融合”的专业课程思政建设理念，构建了“信息主导、立体多元”的专业课程思政资源体系，探索了“三维融合、五位一体”的专业课程思政育人模式，为学员铸牢军魂、提升岗位任职能力夯实基础，有效提高了教学效益和人才培养质量。但课程建设任重道远，质量提升历史弥坚，需我们每一位教学参与者，踔厉奋发、勇毅前行，为课程建设与人才培养提质增效贡献更多智慧与力量！

参考文献

[1] 习近平.把思想政治工作贯穿教育教学全过程开创我国高等教育事业发展新局面[N].人民日报，2016-12-09.

[2] 中国教育部.高等学校课程思政建设指导纲要[Z].2020-05-28.

[3] 苏新兵，吴斌，严盛文.飞机飞行动力学课程思政建设与实践，思政课程和课程思政——设计与实践[M].陕西人民出版社，2022.07，42-47.

[4] 吴岩.建设中国“金课”[J].中国大学教学，2018(12)：4-9.

[5] 苏新兵，周章文，严盛文，等.军队院校飞机飞行动力学精品课程建设与实践[J].第三届全国航空航天类专业教育教学研讨会，2021.12，100-105.

[6] 周章文，王卓健，粟银.基于实战化的专业课程教学模式改革探索[J].大学教育，2023.01，95-98.

[7] 苏新兵，张艳华，王超哲.立足“为战育人”的专业基础课程改革与实践——以《飞机飞行动力学》课程为例[J].教育教学论坛，2022.12，62-65.

[8] 苏新兵，张登成，张艳华，王超哲.立足岗位需求的《飞机飞行动力学》课程改革与实践[J].高教学刊，2023.06，126-129.

[9] 苏新兵，张铁军，周章文，等.航空航天专业课程思政建设与实践——以“飞机飞行原理”课程为例[J].第三届全国高等学校“航空航天类”课程思政教学改革论坛，2022.12，330-333.

隐显结合的课程思政教学方式探索与实践*

孙创　陈学　夏新林　董士奎　李潇磊

（哈尔滨工业大学 能源科学与工程学院，哈尔滨　150001）

摘　要：课程思政教学主要以“润物无声”“潜移默化”等隐性教学方式开展，并与显性教学手段的思政课程相辅相成。针对航空航天类课程思政教学，结合我国航空航天事业的发展历程与成就、近几年思政教育的普及与认可，进行“隐性”与“显性”相结合的课程思政教学方式创新，会达到事半功倍的教学效果。本文以“飞行器及载荷热控制原理”课程为例，分别从课程特点、思政元素挖掘、思政教学方式创新以及实践成果等环节进行了介绍。通过研究，发现对于航空航天类课程，隐显结合的课程思政教学方式更能激发学生的学习热情，增强责任感和民族自豪感，学习成绩优异。

关键词：课程思政；飞行器及载荷热控制原理；思政元素；隐显结合；教学实践

2016年12月习近平总书记在全国高校思想政治工作会议上的重要讲话以及后续系列重要指示[1]，以及中共中央办公厅、国务院办公厅、教育部等部门的相关文件，都突显了思政教育的重要性。高校作为思政育人的第一阵地，研讨“培养什么人、怎样培养人、为谁培养人”这一教育根本问题是首要任务。习近平总书记在2019年全国思想政治理论课教师座谈会指出“要坚持显性教育与隐性教育相统一”。思政课程与课程思政相辅相成，是高校完成思政育人的两个主要途径。思政课程可称之为显性课程，是对大学生进行核心价值观教育的核心课程，旗帜鲜明地进行思政政治教育；课程思政更侧重“隐性”这一特征，多以“润物无声”“潜移默化”的形式开展，在专业知识的传授中强调主流价值引领[2-3]，思想政治理论教育与专业教育协调同步、相得益彰[4]。

在课程思政教学方式方面，主要是通过隐性教学方式开展。潘庆辉等以哈尔滨工业大学工程热物理相关学科专业课程为例，引入美国社会教育学家杰克逊提出的“隐性课程”概念[5]。此外，何茂刚分析了工科课程思政元素的来源并对工科思政元素进行简单分类[6]。赵义军等对能源动力类专业课程思政育人体系进行了研究及思考[7]。结合航空航天类课程，荣思远等将“两弹一星”精神和载人航天精神有意识的融入知识背景中，传递中国的航天精神[8]。张兴娟等将航空精神通过“飞行器环境控制”课程进行介绍[9]。于国强等采用线上线下协同、理论实践结合以及课堂内外兼修的多层次混合式课程思政教学模式[10]。

综上，目前的课程思政主要以隐性方式开展，在完成知识传授的前提下开展思政教育，多以教师叙述或者案例形式穿插呈现，显示度不足、强度不够。但是，结合我国航空航天事业的发展历程与取得的卓越成就，航空航天类课程知识的介绍本身就是课程思政元素，如我国空间站、深空探测等。另外，近几年思政教育得到了普遍的认可，思政教育已在初、高中开展[11]。

* 基金项目：哈尔滨工业大学教学发展基金项目“第六批课程思政类——飞行器及载荷热控制原理”（XSZ20210068）

基于以上认识，本文针对航空航天类课程提出了“隐性为主、显性为辅”的课程思政教学方式，并以“飞行器及载荷热控制原理”课程为例，介绍了相关课程设计思路、隐显教学方法和实践效果。

1 “飞行器及载荷热控制原理”课程特点

“飞行器及载荷热控制原理”是哈尔滨工业大学能源科学与工程学院2019版能源动力类本科生培养方案中新开设专业方向“空天热科学与控制技术”的专业核心课。课程知识讲授飞行器及其载荷的热控原理与技术，主要目标是培养学生将所学理论知识与实际工程应用相结合的能力，强化学生理论知识学习的深度、扩展理论知识面，开拓本科生的工程应用视野。

2 课程思政元素挖掘

航空航天类课程思政元素丰富，其中航天“三大精神”是经过航天人多年奋斗形成的，是课程思政的重要内容。即，航天传统精神表述为：自力更生、艰苦奋斗、大力协同、无私奉献、严谨务实、勇于攀登；“两弹一星”精神是：热爱祖国、无私奉献、自力更生、艰苦奋斗、大力协同，勇于登攀；载人航天精神表述为：热爱祖国、为国争光的坚定信念，勇于登攀、敢于超越的进取意识，科学求实、严肃认真的工作作风，同舟共济、团结协作的大局观念和淡泊名利、默默奉献的崇高品质。

另外，哈尔滨工业大学的发展与国家航天发展密切相关，习近平总书记在哈工大百年校庆时的贺信以及哈工大“八百壮士”精神，也是本课程的重要思政元素。

3 隐显结合的课程思政教学方法

根据上述介绍，本课程思政主要以航天“三大”精神为基础，并结合哈工大百年校庆贺信精神和哈工大“八百壮士”精神，总结我国航空航天领域各方面经验，将具备价值塑造、能力培养、知识传授“三位一体”的“课程思政”内容融入该课程，既培养、强化学生的爱国、爱党、爱人民、爱校意识，又深入地进行课程知识学习，从而达到为国家培养人才，并最终落实“立德树人”根本任务要求。

3.1 “隐性”课程思政教学设计

教学内容与设计的总体原则是以基本知识传授为主线，期间插入课程思政的专题内容(3～7分钟)、典型案例的思政内容引入等方式，将课程思政内容与教学内容高效融入(见表1)。教学方式包括课程讲授、师生互动探讨、学生发表想法与意见等形式，使学生在学习过程中潜移默化地形成、强化爱国爱校爱家，努力刻苦学习，为中国梦作出自己的青春贡献。

表1　教学内容设计及思政元素切入

教学内容	思政元素	案例或切入点
1.绪论	航天"三大"精神	介绍我国航天技术从无到有、突破封锁、成为航天强国的70年历程,弘扬爱国主义精神、增强学生民族自信心和自豪感
2.空天热环境介绍	哈工大"八百壮士"精神	以我校大科学工程等项目为引,向学生介绍"八百壮士事迹",介绍我校在祖国航天、国防建设中的重要贡献,增强学生幸福感、荣誉感、责任感
3.热分析计算方法	航天传统精神	介绍我国热分析程序的发展历程、国外软件的使用阶段,对比说明"卡脖子"问题的严重性,激发学生的紧迫感、使命感
4.热控技术	载人航天精神	介绍"嫦娥"系列、"天宫""天问"一号等载人航天、深空探测取得的重要成果,指出我国逐渐接近国际先进水平
		孙家栋院士是"共和国勋章"获得者,是哈工大杰出校友的代表。通过讲述孙家栋院士的事迹,是对航天精神的最好诠释,强化学生的看齐意识
5.热实验	"两弹一星"精神	结合实验背景,介绍我国"两弹一星"的研发历程,邓稼先、于敏等"两弹一星"功勋科学家的光荣事迹,号召学生们向他们学习

3.2　"显性"课程思政教学设计

相比于隐性课程思政教学,本文针对航空航天类课程重点提出了显性课程思政教学方式,既要有润物无声的效果,也要有惊涛拍岸的声势,旗帜鲜明地对我国的技术发展进行介绍。

通过"飞行器及载荷热控制原理"课程中的我国"天宫"空间站介绍以及天问一号的这两个部分的介绍,凸显国之重器发展、我国航天实力,不但不会引起学生对思政元素的抵触,反而增强了教学效果。

原本的教学内容中有关于中国空间站和国际空间站的所采取的热控技术及对比验证。在该课程思政的项目支撑下,在课程中增加了两个短视频的播放,一个是中国空间站的建设过程,至2022年我国空间站已全面建成(见图1);另一个视频是中国空间站进行的空间课堂受世界各国的关注,俄罗斯、欧空局的航天员希望进驻中国空间站的愿望(见图2)。与之对比的是国际空间站有美国舱、欧洲舱、俄罗斯舱等,有全世界各国的宇航员,唯独没有中国航天员。这个环节直接指出了自新中国成立以来国外一直进行技术封锁,尤其在航空航天领域。而通过一代代航天人的不懈努力,终于打破技术封锁,建立中国自己的空间站。

针对深空探测章节的介绍,知识体系如图3所示。主要介绍深空探测中的相关热控技术,学生在掌握基本原理的基础上,通过国外的"阿波罗""勇气"号等,以及我国的"嫦娥"系列、"天问"一号等航天器介绍,对我国的深空探测技术有具体掌握,进而结合前述的热环境原理,分析如何根据热环境条件、温控目标及具体实施条件开展热控方案设计,并如何对方案的合理性开展校验工作。培养学生的工程实践能力及进行航天工作的积极性和创造性,是本章节教学的关键目标。

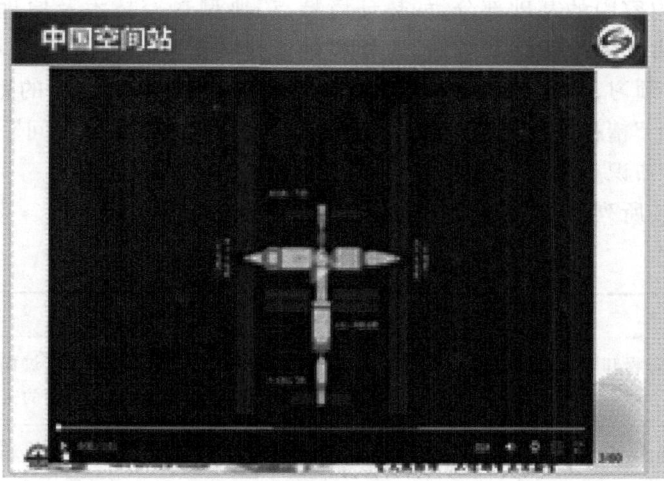

图 1　中国空间站建设过程视频

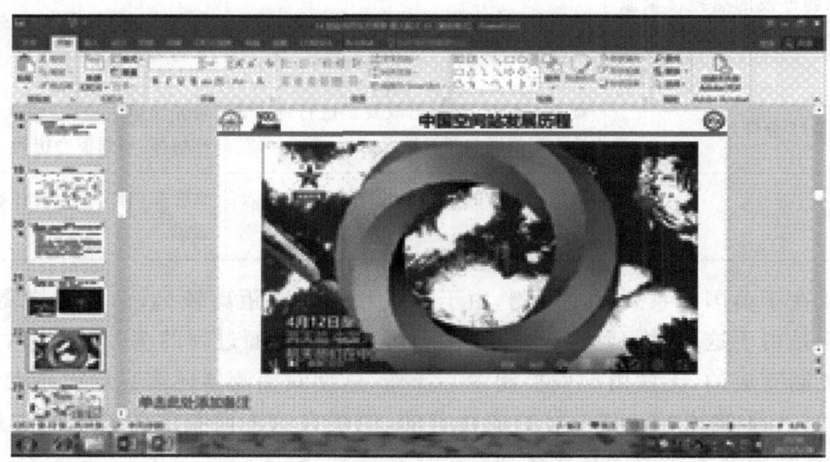

图 2　央视七套关于空间站太空课堂的报道

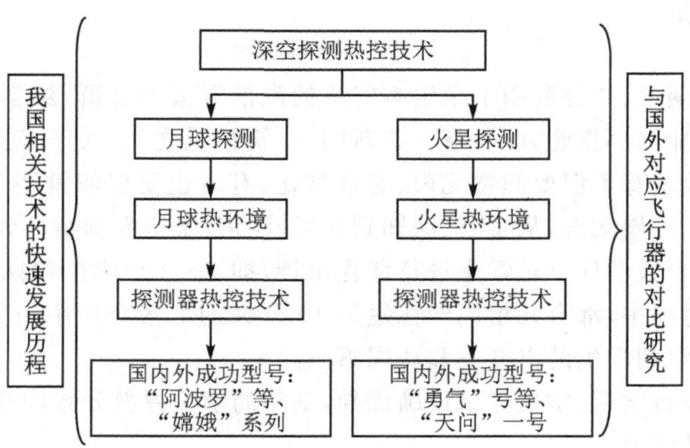

图 3　深空探测章节知识体系

对于基本教学内容中的基础部分，如热环境特点、典型热控技术及原理等，主要采取师讲生学、师问生答、生讲生学等策略和方法，过程严格以夯实基础；对当前深空探测热控技术中的热点问题，通过课前预习、观看演示视频等进行探讨交流；对课程中涉及的思政内容，通过讲授航天精神、“八百壮士”精神，并结合哈尔滨工业大学在“嫦娥”系列、“天问”一号参与的相关内容，使学生更容易对知识点的接收和理解。

教学设计如表 2 所列。

表 2 深空探测环节的教学设计及教学过程

教师活动	预设学生活动	活动目标
(1)提前布置预习内容：课程知识内容和思政元素内容	提前了解理论知识，并准备点滴思政元素	厚基础严过程，培养学生科学研究中一丝不苟的工匠精神
(2)播放天问一号发射视频、嫦娥三号视频(5 分钟)	学生对我国深空探测技术的整体了解	与国外技术进行对比分析，增强民族自豪感
(3)讲授深空探测涉及的热控技术原理(32 分钟)	对本章节的基本知识进行学习与掌握，认识典型热控技术的实施原理、方法，具体措施等	培养学生分析问题、解决问题的能力和自觉学习的意识，加强深空探测技术的理解
(4)师生研讨环节(8 分钟)	对基本知识、课程思政要素进行探讨，学生汇报课前预习情况	培养学生主动性，引入家国情怀、家校情怀，增强使命担当
(5)总结(5 分钟)	教师对本节的知识点进行总结，并融入思政要素	掌握知识点，强化责任感，紧迫感，使命感

显性思政在于美国的系列火星探测，由于火星和地球的距离较远，信号传递需要 6～7 分钟的时间。正是由于这个时间延迟，火星探测器再入火星表面过程的 7 分钟左右，完全是由于探测器自主控制完成的，无法由地面控制中心操作，这期间探测器还需克服火星大气的气动热作用。但是，2021 年我国“天问”一号的成功着陆，说明在这方面我国的技术能力达到了国际先进水平，这是我国技术实力的真实体现。

4 实践成效

自 2021 春季学期来，充分利用了学生本门课的微信群或 QQ 群，给学生布置一个不计入成绩、但鼓励学生参加的小作业，即分享一条新闻、一篇报道之类，关于航天领域的思政内容。这也体现了课程思政教育不但要润物无声、潜移默化，有时也要旗帜鲜明、突出特点。让学生主动发现和认识国家发展动态，从了解、深知到认可、深信，坚定爱国情怀和民族自信。

另外，课程有一个教学环节是学生进行课程设计，即 2～3 个学生组队进行飞行器热控技术介绍。三轮教学过程中，都有几组同学在短短 10 分钟的汇报介绍中引入思政案例、突显国家航天发展，明显感觉到学生的自豪感和认同感。

自实行课程思政教学后，学生考试成绩优异，三年的学生评教分数均在 95 分以上，明显高于以前该课程的评教结果。

5 结论

通过近三轮的“飞行器及载荷热控制原理”课程思政实践，在完成课程原理与技术知识传授的前提下，对课程思政的元素挖掘和融入，创新教学方法，提高了教学能力，丰富了教学成果。

航空航天类课程自带思政元素，且知识点与思政元素更容易融合，再结合我国航空航天领域的丰硕成果，以及学生对思政教育的认可，仍采用“润物无声”“潜移默化”的教学方法，已经明显限制了课程思政的发展。鉴于此，本文提出了航空航天类课程的“隐性为主，显性为辅”的教学方法，打好组合拳可极大程度提升课程思政的教学成效。

参考文献

[1] 人民网-人民日报. 习近平在全国高校思想政治工作会议上强调：把思想政治工作贯穿教育教学全过程，开创我国高等教育事业发展新局面[EB/OL]. http://dangjian. people. com. cn/GB/n1/2016/1209/c117092-28936962. html? ivk_sa=1024609w].

[2] 马利霞，赵东海. 系统思维视域下构建思政课程与课程思政协同育人体系[J]. 系统科学学报，2021，29(1)：47-50，66.

[3] 常绪成，孔冰，刘元朋，等. 航空航天类专业教师课程思政能力提升路径研究与探索. 第四届全国高等学校航空航天类专业教育教学研讨会论文集. 2023，64-70.

[4] 崔馨丹，李平川，吴佩年，等. 工程制图课程思政教学途径探讨[J]. 科教文汇，2019(468)：73-74，81.

[5] 潘庆辉，帅永，夏新林. 隐性思政教育视域下大学文化与学科精神融入专业课的路径探讨——以哈尔滨工业大学工程热物理相关学科专业课程为例[J]. 黑龙江教育(高教研究与评估)，2022，(4)：88-92.

[6] 何茂刚，刘向阳，张颖. 课程思政及热力学的思政元素[J]. 高等工程教育研究，2023，(增刊 I)：213-215，222.

[7] 赵义军，何玉荣，田振辉，等. 能源与动力学科课程思政研究与实践[J]. 教育教学论坛，2022，(16)：95-98.

[8] 荣思远，白瑜亮，鲁佳，等. 航空航天类专业核心课程思政研究与实践——以“航天器姿态动力学与控制”课程为例. 第三届全国航空航天类课程思政教学改革论坛论文集，2022，315-319.

[9] 张兴娟，杨春信，王超，等.“飞行器环境控制”课程典型教学思政案例. 第三届全国航空航天类课程思政教学改革论坛论文集，2022，584-588.

[10] 于国强，孙志刚，尤超，等.“航空发动机结构分析与设计”课程线上线下混合式教及思政教学实践研究. 工业和信息化教育，2023(4)：1-3，9.

[11] 王剑，江晓峰. 航空航天课程思政的实践探索. 中学政治教学参考，2023. 10，55-56.

“焊接创新设计”课程思政教学实践及探索*

孙湛　常青　张博　张丽霞

（哈尔滨工业大学 材料精密结构焊接与连接全国重点实验室，哈尔滨　150001）

摘　要：面向航空航天领域高端创新人才培养需求，讨论了当前焊接专业课程授课存在的问题与困难，以“焊接创新设计”课程为例，介绍了课程思政相关创新举措，紧密围绕立德树人根本需求，从专业知识传授、应用能力提升及家国情怀塑造三方面进行全方位育人。探索了小班挂牌授课形式，设计了学生课堂讨论及互动、课程创新设计 PPT 演讲答辩及课程报告撰写多个训练环节，全面提升学生独立思考创新设计意识，为新工科背景下本科生专业课程思政教育教学改革提供借鉴与参考。

关键词：焊接创新设计；课程思政；教学实践；立德树人

2020 年 11 月，习近平总书记在全国高校思想政治工作会议上强调，“要把思想政治工作贯穿教育教学全过程，实现全程育人、全方位育人”[1]。课程思政建设是高校落实立德树人根本任务的重要举措，是新时代高等教育思想政治工作的重要任务，也是新形势下提升高校人才培养质量、落实立德树人根本任务的关键举措。“焊接创新设计”作为焊接专业的一门重要课程，其培养目标是培养具有创新意识和创新能力、具备一定焊接技术应用能力、具备一定焊接工艺设计能力和分析解决问题能力的应用型焊接技术人才。因此，在本课程中融入思政元素，实现知识传授、技能培养和价值引领相统一，是本课程的重要任务。

1　“焊接创新设计”课程思政教学实践意义

1.1　强化价值导向，整体提升就业能力

基于课程思政优化“焊接创新设计”教学路径，提升课程对学生的价值导向，可以使学生在学科知识学习过程中坚定对更高专业水平的追求，提升职业道德素养，有利于学生就业能力的整体提升。现阶段的高等教育关注学生就业，但是并不意味着教学活动要完全聚焦知识积累与操作技能提升，教师应结合时代发展对技术型人才综合素养的要求加强思政教育与“焊接创新设计”教学的融合，从而有效促进其就业优势、社会适应能力的形成。教师应将思政知识教学融入“焊接创新设计”教学，拓宽思政教育渠道，丰富专业课程教学内容，进而帮助学生养成良好的职业道德。

1.2　推进立德树人，促进学生长远发展

在“焊接创新设计”教学中实施课程思政建设，有利于推进立德树人，促进学生实现长远发

*　哈尔滨工业大学第十批课程思政教育教学改革（本科课程）：XSZ2023013

展。课程思政重视教书与育人的统一、价值引领与知识传授的统一,将其融入"焊接创新设计"课程日常教学中,把课堂打造成全方位育人、全程育人的重要载体和渠道,使课程在学生职业素养发展过程中发挥更为重要的价值引领作用,帮助学生成长为大写的"人"[2],符合立德树人要求。当前,"思政课程"这一单一渠道的育人模式已然难以适应立德树人要求,难以完全满足学生成长需要,教师需要进一步丰富思政教育渠道,将立德树人目标渗透于数字"焊接创新设计"教学的全过程和各个方面,为学生创造更好的成长环境。

2 课程思政视域下焊接专业课程教学现状

2.1 教学方式有待创新

目前,受传统教育理念的制约,教师所采用的教学方式仍以直接灌输为主,不仅无法促使学生开展自主学习,师生互动也缺乏有效性。由于"焊接创新设计"课程更强调创新思维培养、淡化概念识记,传统课程教学沿用了灌输式教学模式,导致学生与教师之间的互动不够有效,进而难以调动其参与课程教学的积极性。另外,由于理论化内容与灌输式模式联系比较密切,致使学生无法将其理解透彻,难以促使其主动参与到教学互动中,进而导致"焊接创新设计"教学效果被削弱。

2.2 思政教学内容比较枯燥

课程思政建设效果优秀与否,与教学内容有着直接联系,而且创新教学形式前提便是优化教学内容。现今,虽然多数高校逐渐研究以及开发课程思政金课,但在实际操作中,教师解读金课存在着片面性问题,即便有些教师为了增强学生的学习意愿,会将趣味性元素融入教学内容中,但教材内容所蕴含的价值会被忽视,会与课程思政建设规律相背离。在课程思政的建设中,忽略了学生自身具备的思政知识,使其难以将更高层次思政知识有效掌握,导致他们的学习需求与教学内容难以相匹配,再加上"焊接创新设计"课程知识与思政知识的侧重点不同,这就使得在专业课中融入思政知识相对困难。因此,教师要积极优化教学内容,避免课程教学过于空洞,进而难以提高学生的学习水平。

2.3 教师课程思政意识有待提升

受传统教育理念的制约,工科专业课程内容专业性更强,教师更注重专业知识传授,相应课程思政意识有待提升。具体表现如下:首先,教师对课程思政存在认识不足的问题,由于未能有效掌握课思政的内涵,使得课程思政在教学中的渗透效果不够理想。其次,多数教师容易被传统教育理念制约,容易将专业技能培养作为教学重心,很少会考虑发掘其中所蕴含的思政元素,进而难以有效提高专业课程思政教学的育人效果。

3 课程思政在"焊接创新设计"教学中的渗透原则

3.1 实事求是原则

"课程思政"不能专注于抽象理论知识的单一讲解,只有在与社会现实相结合时才能达到事半功倍的教学效果[3]。当“课程思政”与其他学科融合时，需要关注学科本身的知识体系以及相应的社会实践，用真实的社会实践经验来阐述理论，在实践中检验理论，而不是依靠理论知识来解释现实世界。只有坚持实事求是、联系实际、与时俱进的原则，才能真正发挥出来“课程思政”的优势与育人作用。

3.2 过程性原则

课程思政是全民思想政治建设的必经之路，在此过程中，有利于培养学生形成良好的思想政治观念，促使他们成长为新社会发展需要的人才。这不是简单地在课堂上传授理论知识就能实现的，对学生的教育和培养是长期的，具有明显的过程性特征。因此，教师也必须注重教育过程，以国家政策要求为主线，在长期的教育过程中实施思想政治教育[4]。大学阶段正值学生快速发展的黄金期，教师的良好引导对这个阶段学生的发展至关重要。因此，“焊接创新设计”课程教师应将思政教育纳入日常教学过程中，对学生进行细致化、无形化的思政教育，灌输良好的价值观、人生观以及世界观，真正为学生的健康成长与长远发展铺平道路。

3.3 双主体原则

仅仅在“焊接创新设计”课程设计中融入思政元素并不能满足“课程思政”的要求，唯有教师和学生共同努力、协调配合才能促进思政教育与专业教育紧密融合，达到 1＋1＞2 教育目的[5]。因此，在“焊接创新设计”课程思政体系建设的过程中，教师应格外注意和谐、愉悦、轻松课堂气氛的营造，以人为本，以真诚和信任对待学生。同时，要注意对学生进行人文精神方面的熏陶，这是教师实施课程思政的前提条件。相对应的，学生也要尊重老师，积极参与到课程讨论，主动发表想法与观点，增加课程参与度，成为课程的主体。

4 课程思政下“焊接创新设计”教学优化思路

要想推进“焊接创新设计”课程创新发展，进而有效融入课程思政的过程中，教师可以按照“问题剖析→建设内容谋划→措施→成果→目标”的思路构建课堂，从而能够塑造学生工匠精神，培育学生家国情怀与创新精神，帮助他们成长为德才兼备的，社会主义建设所需的技术型人才[6]。一方面，教师需要以课程思政为导向分析当前的“焊接创新设计”教学情况，针对教学过程中存在的实际问题，从标准、师资、教学资源、顶层设计等层面探究阻碍人才培养质量提升的关键因素，为相关教学改革工作的高质量开展提供依据。另一方面，教师应从师资建设、示范课建设、思政资源整理、教学考评等不同视角出发，采取合理的方式推进课程思政，其中思政元素的挖掘、教师思政教育能力的提升是工作重点。

5 “焊接创新设计”课程思政教学实践成果

5.1 构建了思政目标导向的课程体系

课程思政建设要着眼育人目标，坚持以价值塑造为导向，将知识传授、技能培养和价值引领有机统一，把立德树人融入思想道德教育、文化知识教育、社会实践教育各环节，实现知识传授与价值引领的有机统一[7]。当前“焊接创新设计”课程已经制定了明确的教学目标，主要包括以下三个方面：一是提高学生焊接技术应用能力，培养学生创新意识和创新能力；二是增强学生工程实践能力，培养学生分析解决问题的能力；三是激发学生的家国情怀，增强学生的责任感和使命感。因此在本课程教学中积极挖掘思政元素，将科学精神、工匠精神、创新意识和社会责任感等思政元素有机融入教学内容之中。例如在介绍焊接技术应用方面，以“焊接创新设计”课程教学内容为例：首先介绍焊接在现代工业中的应用情况，主要包括焊接在石油化工、造船、汽车制造等行业中的应用情况。通过案例引入焊接技术在我国重大工程中的应用，介绍焊接在先进制造行业中的重要地位；然后介绍我国的焊接技术发展现状，主要包括我国已成为世界上最大的焊接生产国和消费国；最后介绍我国焊接技术发展面临的挑战与机遇，主要包括我国当前面临着严峻的能源短缺问题和环境污染问题。通过介绍焊接技术在工业生产中的应用现状，增强学生对我国科技发展现状与未来趋势的了解与认识。同时将课堂教学与思政元素有机融合在一起，进一步提高了学生对本课程的学习兴趣和热情。

5.2 提升了学生的专业技能

“焊接创新设计”课程教学内容的设计以学生的专业技能为基础，从实际出发，以学生的需求为导向，让学生在掌握焊接理论和技能的基础上，学会运用这些理论和技能对开展焊接创新设计。因此，在课程教学内容的设计过程中，教师从学生的学习能力以及认知水平入手，选择了比较合适的教学方法，实现了对学生知识掌握能力和职业技能水平的综合培养[8]。如，在讲授焊接工艺时，通过介绍焊接材料的发展过程和类型，引导学生认识到科技是第一生产力。此外，还可通过讲解焊接缺陷对焊接质量和焊接生产效率的影响等内容，引导学生树立正确的质量观。再如，在讲授焊缝成形控制时，可向学生介绍金属塑性变形理论。通过介绍金属塑性变形理论及影响因素等内容，引导学生认识到改善焊缝成形是提高材料强度的有效方法之一。另外，通过讲解我国焊接技术取得的成绩、在世界上的影响力以及“焊接创新设计”课程在教学过程中涉及的专业知识和思政元素等内容，使学生能够对专业知识有更加全面、深入的认识，从而激发学生学习专业知识的积极性和主动性。

5.3 改进了思政要素融合路径

在“焊接创新设计”课程教学中实施课程思政，探索了分析“焊接创新设计”课程教学特点的基础上，将思政元素有机融入到课程教学中的教学模式。当前“焊接创新设计”课程教学主要以专业知识为基础，以技能训练为目标，而忽略了知识传授与思想政治教育的有机融合。因此，要在专业知识传授中融入思想政治教育元素，使专业知识学习与思想政治教育有机融合起来，为学生以后的工作提供坚强的思想保证和精神动力。比如在讲解“薄板焊接结构设计”这部分内容时，可将学生在实际工程中遇到的薄板焊接问题进行举例讲解，引导学生从材料、结构、工艺等方面分析问题产生的原因，然后进行分类讨论，学生可结合自己的专业知识提出解决方案，将知识点与思政元素融合。在“钢轨的焊接”这部分内容时，通过引入“高铁高铁线”这一社会热点问题，将焊接过程中的温度场、应力场、变形场等现象与思政元素结合。学生通过分析问题产生的原因，掌握解决问题的方法和途径。通过这种方式可以有效提高学生的学习积极性和学习效率。在“焊接构件设计”的教学中，可将学生日常生活中常见的问题进行举例讲解，如交通信号灯、电子产品等方面都与焊接过程有关，教师可通过设计思政案例，将专业知识与思政元素融合，引导学生关注生活中的焊接问题，培养学生良好的职业素养和道德情操。

5.4 制定了思政效果测度的教学评价体系

目前，许多高校都已建立了课程思政效果评价体系，但大多数还只停留在课程目标、教学内容、教学方法等方面。对于如何测度课程思政教育效果，还缺乏具体的指标。因此，在“焊接创新设计”课程教学中实施课程思政，应明确测量指标，制定课程思政效果测度的教学评价体系。“焊接创新设计”课程作为一门实践性很强的学科，开展课程思政工作不仅需要教师有较强的思政素养和业务能力，而且还需要教师具备一定的学科知识。因此，教师在开展课程思政时需要充分利用专业知识和技能优势，挖掘思政元素和案例，并结合专业知识讲解和案例分析等方式将其融入到课堂教学中。在教学过程中需要对学生进行科学有效的考核评价。对学生而言，应综合考查其课堂参与情况、出勤情况、作业完成情况、小组讨论、团队协作等方面；对教师而言，应根据不同课程特点和学生情况采用灵活多样的考核方式。一是要建立科学的教学质量评价体系，在评价指标设置上，需要结合课程特点、学生特点以及专业特点进行综合分析，不仅要关注知识点掌握情况，还要关注学生综合素质的提升和创新能力的培养。二是要建立学生主体地位的评价体系，在教学活动中，要让学生参与到课程思政建设中来，充分调动学生学习的主动性、积极性和创造性。三是要建立教师和学生之间的良性互动评价体系，通过教师评价、学生评价以及学习效果测评等方式对课程思政建设进行评估，促进教学方法和手段创新。

5.5 增强了教师的思政综合素养

课程思政建设过程中，教师是教学主体，其专业发展水平是影响教学质量的关键因素。在推进“焊接创新设计”课程思政建设过程中，应注重教师专业发展，从师资队伍建设层面加强保障，促进“焊接创新设计”课程教学实现高质量开展。作为一线教师，要不断学习前沿“焊接创新设计”课程和思政知识，探究立足于“焊接创新设计”课程知识教学开展思政教育的有效方法；要积极参与教研、交流活动，通过不断的学习、借鉴新教学方法，提升自身开展课程思政建设的能力。比如，“焊接创新设计”课程教师可以积极参与师德师风建设，探究言传身教与课程思政的关系，通过一定的方法使学生在与教师互动过程中感知人格、情感、思想等方面的熏陶，从而他们的社会责任感、敬业精神、钻研精神；可以与专业思政课教师一起组建教研小组，共同分析思政教育工作中的问题，探究开展思政教育的新方法，并借此过程创新教学模式、夯实思政知识水平，提升自己开展思政教育的能力。作为院校，要在资金投入、教师培训方面向课程思政建设倾斜，不断拓展教师专业发展渠道，为其创造学习思政知识、课程思政建设方法的机会，促使其能够在日常教学中准确把握融入思政元素节点、有效挖掘“焊接创新设计”课程教学内容中的思政元素。结合教师专业发展规律和思政建设推进需求。可以说经验、阅历、知识都可以成为“焊接创新设计”课程教学的加分项，能够明显提升课程思政内容的吸引力和教师魅力，学校与教师都应重视教师专业发展。

6 结 语

总而言之，新时代背景下的“焊接创新设计”课程思政教学要基于内容、方法、理念等层面进行创新，从而提升相关课程的教书育人价值，使其在学生发展中发挥更为重要的促进作用。具体而言，教师应准确把握指向课程思政优化“焊接创新设计”课程教学路径的意义，并通过加强思政元素渗透、明确课程思政目标、实践“全过程育人”、加快教师专业发展促进学生“焊接创新设计”课程知识学习与思政知识学习过程的统一。

参考文献

[1] 康举，朱加雷，张华，等. 应用型高校焊接类课程思政融入教学的思路与实践[J]. 高教学刊，2023，9(20)：183-186，192.

[2] 樊巧芳. 焊接专业工匠精神培养融入课程思政路径探究[J]. 现代农机，2023(2)：120-121.

[3] 蔡笑宇，林三宝，董博伦. 围绕贺信精神的“高效焊接方法”课程思政教学探索与实践[J]. 黑龙江教育，2023(31)：81-84.

[4] 张占伟，国旭明，莫春立，等. 课程思政视域下金属材料焊接性课程建设与实践[J]. 大学教育，2023(5)：93-95.

[5] 姚雪锋. 课程思政视域下车身焊接技术课程的教学实践[J]. 汽车实用技术，2023，48(16)：143-147.

[6] 陆永祥，李世霞. 智能焊接技术专业探索课程思政的研究与实践[J]. 模型世界，2023(10)：161-163.

[7] 张德芬，陈孝文，王平，等. 基于新工科人才培养目标的专业课程思政建设探索——以“焊接冶金与材料焊接性”为例[J]. 科教导刊-电子版(上旬)，2022(4)：78-79.

[8] 李虎，吴志亚. 智能焊接技术“焊接专业入门”课程思政教学实践与探索[J]. 装备制造技术，2022(3)：183-185.

军队院校专业课青年教师课程思政能力提升研究*

唐上钦　韩统　王渊　程华

（空军工程大学 航空工程学院，西安　710083）

摘　要： 提升军队院校专业课青年教师的课程思政能力对于全面推进军队院校课程思政建设具有十分重要的意义。专业课教师的课程思政能力包括对课程思政意识的认知能力、对课程思政体系的建设能力和对课程思政教学的执行能力。当前，军队院校专业课青年教师普遍存在对课程思政的认识理解不深、建设能力不足和教学方法欠缺等问题。为此，需要分别从强化培训提升思政意识、增强素质提升建设能力、坚持创新提升课堂教学等三方面开展针对性的能力提升。

关键词： 军队院校；专业课；青年教师；课程思政；能力提升

习近平总书记在全国高校思想政治工作会议上强调："要用好课堂教学这个主渠道，思想政治理论课要坚持在改进中加强，提升思想政治教育亲和力和针对性，满足学生成长发展需求和期待，其他各门课程都要守好一段渠、种好责任田，使各类课程与思想政治理论课同向同行，形成协同效应"[1]。教育部印发的《高等学校课程思政建设指导纲要》指出："全面推进课程思政建设，教师是关键"[2]。

军队院校作为特殊性质的高等院校，承担着高素质新型军事人才培养的重任，军队院校专业课作为面向学员作战指挥保障能力培养的课程，在学员思政素质培养和价值塑造方面发挥着重要作用。因此，军队院校专业课教师的课程思政能力在军事人才培养中具有举足轻重的作用。

近年来，军队院校专业课教员的年龄结构呈现出明显变化，由于社招文职、选调任教、留校任教等多因素叠加，使得专业课教员队伍结构呈现出青年教员比例逐年提升的突出特点。以上青年教员具有学历高、理念新、思路活等优点，但也普遍存在课程思政能力不足的现状。

本文聚焦承担军队院校专业课教学的青年教师群体课程思政能力提升问题。首先分析专业课教师课程思政能力的内涵，接着剖析专业课青年教师在课程思政能力提升方面面临的挑战及其产生原因，最后提出相对应的课程思政能力提升方法。

1　军队院校专业课教师课程思政能力的内涵

能力是完成一项目标或任务所体现出的综合素质[3]。课程思政主要指通过教师发挥科学

* 基金项目：陕西省高等教育学会研究项目"面向岗位任职需求的航空军械装备类课程群建设探索与实践"（XGH21248）

创新的思维，挖掘课程的思政元素，对学生进行隐性思政教育以实现“立德树人”目标的教育理念[4]。专业课教师的课程思政能力主要是指专业课教师在教学过程中结合所属学科、所处学段、所教对象进行思政教育的顶层设计，系统挖掘专业课知识所蕴含的思政元素，精心实施课程思政教育，发挥专业课程隐性教育的功能，实现知识传授和价值引领内在统一的特殊能力[5-7]。从本质上讲，专业课教师的课程思政能力是军队院校专业课教师教学能力的重要组成部分，其核心要素包括以下三项核心能力。

1.1 对课程思政意识的认知能力

作为军队院校课程思政建设和实施的生力军，军队院校专业课青年教师应充分认识到专业课程的隐性思政教育功能，树立知识传授、能力培养和价值塑造融合统一的意识。在课程思政的各个环节都需要发挥主动性意识，自觉认知到专业课程思政教育的现实价值和重要意义。从促进学员成长发展、服务强军兴军这个本质要求出发，还需认知到课程思政必须具备责任意识。

1.2 对课程思政体系的建设能力

军队院校专业课程知识中蕴含着丰富的思政价值，通过深挖、融合、凝练其中的思政元素，构建课程思政体系，可以筑牢学员的专业精神根底，确保正确的价值引领[8]。因此，军队院校专业课开展课程思政要求课程教师具备以专业课程知识体系为基础，系统设计课程思政内容体系，精准挖掘具有专业特色的内生思政元素的能力。通过优化课程思政目标、挖掘课程思政资源、整合课程思政内容，自觉将中国特色社会主义思想融入课程的理解与建构之中。

1.3 对课程思政教学的执行能力

为了达到把融入思政元素的课程内容润物无声地高效传递给学生，需要专业课教师具备针对性的学情分析、课堂组织、情景创设和教学反思能力。专业课教师要充分运用专业知识中本身存在的职业精神和价值导向，针对学生的知识结构和发展特点，把广博的思政理论、深刻的思政思想转变为生动的教学语言，开展活跃的师生沟通，引导和塑造学员行为、人格和价值取向，从而实现课程思政与思政课程显隐结合、同向同行的育人格局。

2 军队院校专业课青年教师课程思政能力现状

近年来，各军队院校认真贯彻落实党中央关于加强和改进高校课程思政的有关指示精神，广大军队院校教师的课程思政能力得到了系统提升，课程思政建设也取得了较大成绩。然而，从军队院校专业课青年教师开展课程思政的实践和对部分师生调查访谈可以看出，专业课青年教师在对课程思政的认识理解、筹划设计、课堂实施等思政能力方面还普遍存在短板，影响了专业课课程思政的效果。

2.1 部分专业课青年教师对课程思政的认识理解不深

增强专业课教师对课程思政的认识，加深对专业课课程思政的理解，是搞好军队院校专业课课程思政建设的必要前提。目前，各军队院校教师对课程思政是什么、重要性等概念性内容一般都比较熟悉。但是对于专业课课程思政的内涵和价值意蕴及其开展课程思政的复杂性和艰巨性理解不深。特别对于专业课青年教师，他们在学员结构、任教时间、学科知识背景等方面的原因，造成他们对于教育理论知识素养缺乏，对军校教师角色认知错位，对专业价值意义认识不全。进一步造成军队院校专业课青年教师在开展课程思政时表现出“对课程思政缺乏深入精准认识——课程思政意愿淡薄——课程思政行动乏力”的负向行动逻辑[9]。

2.2　部分专业课青年教师的课程思政建设能力不足

对专业课课程思政的教学目标、内容体系、思政元素和实施方法的筹划设计是开展课程思政的首要环节。需要注重从课程整体上对课程思政和专业知识系统设计，挖掘专业知识中的思政元素，使专业内容与思政内容有机融合。目前，部分专业课青年教师在思政目标设计和思政元素挖掘方面能力欠缺。表现为：不能从课程专业理论和课程思政协同育人的高度设计符合专业特色和课程实际的思政目标，造成了课程思政目标与专业知识目标“两张皮”现象；课程的思政元素找不准、融不进，生搬硬套，将毫不相关的思政内容强行纳入课程思政体系，造成课程思政效果弄巧成拙。

2.3　部分专业课青年教师的课程思政教学方法欠缺

与思政课程相比，专业课课程思政是“隐性”思政，需要专业课教师在授课中灵活有机地融入课程思政元素，达到“润物细无声”的隐性渗透思政效果。然而，受自身能力水平的制约，专业课青年教师对于课程思政教学方法普遍疏于训练，对如何把思政教育与专业教学相融合的教学方式与技巧比较陌生，从而在很大程度上影响和制约了课程思政的实效性。

3　军队院校专业课青年教师课程思政能力提升方法

如前所述，军队院校课程思政的成败，关键在专业教师。针对专业课青年教师课程思政能力存在的问题，必须多方面提升他们的课程思政能力，使他们在教学实践中，推动专业课教育与思政教育相融合，推动课程思政与思政课程同向同行，做到知识传授、能力培养和价值塑造相统一。

3.1　强化培训，提升青年教师课程思政意识和教育理论水平

意识是行动的先导，理论是实践的指引，军队院校专业课青年教师提升课程思政能力首先要提升课程思政意识和教育理论水平。重点从以下两方面着手：一是强化青年教师的角色认同和教师责任意识。主要针对不少专业课青年教师没有接受过系统专门的军队教育教学理论学习，对军校教师承担的多元角色和育人责任认识不到位的问题，应多措并举，开展马克思主义理论学习和“立德树人”意识教育，帮助青年教师实现认知维度的转化，加深对教师育人职责的认识，摆脱教学中“本位思想”的束缚，系统提升青年教师的师德水平，促进他们对课程思政意识的深刻理解。二是强化青年教师的教育理论水平。通过高等教育学、教育心理学、教育管理学等基础理论培训，提升专业课青年教师的教育理论水平和教学素养。

3.2 增强素质,提升青年教师课程思政的建设能力

专业课课程思政想要达到专业知识和思政元素有机融合,专业课程与思政课程协同配合的理想效果,需要坚持不懈地开展课程思政建设。因此,提升专业课青年教师课程思政的建设能力是着眼青年教师课程思政能力发展的应有之义。一是提升课程思政的总体设计能力。每一门专业课程都各具特色且都蕴含着丰富的思政元素,如何发挥出专业课程思政育人的效能需要总体设计。按照理论培训和课程实践相结合的原则,通过多种途径,训练提升青年教师在课程思政总体目标、内容体系和融入方法等方面的课程思政顶层设计能力。提升他们根据课程特点开展思政的全局掌控能力。二是提升专业课程思政元素的挖掘能力。开展课程建设,教学内容是根本,开展课程思政,思政元素是关键。军队院校专业课青年教师要提高课程思政元素挖掘能力,"要紧紧抓住'内生'这一根本原则,从教师本身所讲授课程的教学内容出发,挖掘思政元素"[10]。专业课教师唯有把学科知识掌握得深、理解得透,才能将专业知识背后蕴含的科学精神、创新意识和工匠精神等专业思政元素凝练总结出来。同时要注重从专业发展历史、专业课程发展历史中凝练总结家国情怀、战斗精神和科技报国等军队院校典型思政元素。

3.3 坚持创新,提升青年教师课程思政的课堂教学能力

课堂教学是教师开展课程思政的主阵地,教师的课堂教学能力决定了课程思政设计能否达成,直接决定了课程思政的最终效果。因此,专业课青年教师提升课程思政能力在执行层面需要在夯实课堂教学基本功,创新课堂教学方式方法,丰富课堂教学手段运用和探索"互联网+"课程思政教学模式等多方面下功夫。也就是课程思政课堂教学既要"守正"也要"创新"。一是要提升隐性思政教育方法的运用能力。课程思政中的"思政"具有的显著特点就是隐蔽性,专业课青年教师要深刻理解隐性思政的原则,善于运用教学媒介,创设情境,让学员在教学活动中产生思想共鸣。要从思政教育基本原理的角度,提高运用渗透式、陶冶式和体验式等隐性思政教育方法的能力。二是要提升课程思政教学手段的创新能力。传统课堂讲授式的思政教学方法犹如"大水漫灌",很难调动每名学员的内生动力,思政效率较低。对于课程思政,思政元素的隐含性,要求提升课堂思政效率,教师可以突破仅通过课堂讲授实现认知信息传递的局限性,采取更加丰富新颖的手段,采用"精准滴灌"教学模式,在"互联网+教育"的理论基础上引入微课、慕课和翻转课堂等创新教学手段开展课程思政,改善教学效果。

4 小　结

军队院校推进课程思政建设助力新型军事人才培养是广大专业课青年教师的职责和使命。广大专业课青年教师要深刻领会习近平总书记关于课程思政的指示精神,深刻理解课程思政的重大意义和深邃内涵,找准能力差距短板,提升思政意识、提高思政能力,以立德树人、为军育才的政治自觉努力成长为塑造学员品格、品行、品位的"大先生"。

参考文献

[1] 习近平.把思想政治工作贯穿教育教学全过程开创我国高等教育事业发展新局面[N].人民日报,2016-12-09.

[2] 教育部.教育部关于印发《高等学校课程思政建设指导纲要》的通知:教高〔2020〕3号[A].2020.

[3] 顾明远.教育大词典[M].上海:上海教育出版社.1990:45.

[4] 高德毅,宗爱东.课程思政:有效发挥课堂育人主渠道作用的必然选择[J].思想理论教育导刊,2017,(1):31-34.

[5] 岳宏杰.高校专业课教师课程思政能力建设研究[J].现代教育管理,2021,(11):66-71.

[6] 赵学琴.对教师课程思政能力及其提升策略的学理分析[J].中学政治教学参考,2022,(6):10-13.

[7] 刘清生.新时代高校教师"课程思政"能力的理性审视[J].江苏高教,2018,(12):91-93.

[8] 何源.高校专业课教师的课程思政能力表现及其培育路径[J].江苏高教,2019,(11):80-84.

[9] 何润,陈理宣.试析高校专业课教师课程思政能力的提升进路[J].学校党建与思想教育,2021,(18):63-65.

[10] 高小林,邓丽群,孙山.地方高校工科青年教师课程思政能力提升策略研究[J].四川轻化工大学学报(社会科学版),2021,(2):25-32.

作战运用类课程思政设计与实践探索

唐书娟　向建军　彭芳　马健

（空军工程大学 航空工程学院，西安　710038）

摘　要：为贯彻新时代军事教育方针，建立为战育人导向，军队院校本科专业方向类课程向作战运用类课程转变是建设课程思政的良好机遇。本文讨论了将专业方向课打造为作战运用课的基本原则，转变过程中的课程思政设计与实施，提出了点、线、面构成的立体课程思政体系。通过对比同一教学内容两种课程类型教学内容与组织上的差异，分析作战运用课程线上、线下一体化课程思政设计的优势。研究内容可以为同类课程提供参考，对其他类型课程思政建设也有一定的借鉴意义。

关键词：为战育人；课程改革；课程思政；作战运用

2019年，习近平主席出席全军院校长集训开班式并发表重要讲话，鲜明提出了新时代军事教育方针："坚持党对军队的绝对领导，为强国兴军服务，立德树人，为战育人，培养德才兼备的高素质、专业化新型军事人才"[1]。军队院校本科学历教育专业方向类课程在人才培养体系中起到拓展和深化专业方向，衔接岗位任职能力，促进专业知识和能力素质系统协调发展的作用，地位重要。为贯彻新时代院校的教育方针，建立为战育人导向，军队院校本科专业方向类课程教学改革中，以作战运用为牵引整合教学内容已经被证明是一种有效地融入课程思政的良好方法[2-4]。专业方向类课程向作战运用课程转变是从课程总体上进行课程思政建设的良好机遇。

1　专业方向课向作战运用课转变的基本原则

人才培养方案中规定的专业方向课，是指在专业基础课之后开设的，是与学员毕业后任职工作紧密相关的专业方向对应的课程。例如我校雷达工程（航空）专业的"机载预警探测系统与运用"课程，就是承接前序"雷达原理"等专业基础课，为"航空设备维护与使用相关首次任职岗位任职"服务的专业方向课。

1.1　在保证课程知识体系基础上延伸作战运用内容

专业方向课本身的作用属性，决定了课程应当具有完整的知识体系。在某一方向的系统性知识不能因为课程是否体现作战运用性质而产生削减，专业课程向作战运用类转型不能丢掉专业知识，缺乏专业知识支撑的作战运用研究如同空中楼阁。

1.2　课程转型服务于"为战育人"引领下的人才培养

当前本科学历教育专业类课程"技术"含量较多，"战术"含量较少。当学员毕业面向第一任职时，往往不需要深入具体的“设计技术”，而是需要保证装备完好运行的“使用维护技术”，以及保证作战任务完成的“技战术结合技术”。从课程教学的设计者和使用者角度看，树立“为战育人”导向，为培养“战、技、政”融合的新型军事人才服务，需要整合教学内容，完成课程转型。

1.3 选取适合的转型课程服务于构建人才培养知识体系

并非所有的专业方向课程都适合转型成为作战运用类课程。图 1 是“机载预警探测系统与运用”课程的主要内容。从中可以看到，课程内容既包括预警机的发展历程、预警机的系统功能、预警机的部署及战斗活动的方法、预警机的装备维护与保障等与作战运用紧密相关的方向；也包括系统概述、系统关键技术等需要研究深入理论的方向。这门课程是学员了解预警机与现代空战的窗口课，是“为战育人”导向下需重点建设的重要课程。如果还按照技术主导的思路将其在专业方向上推向深入，侧重点将会是机载预警雷达的技术和使用特点。专业课的知识内容作为学习基础不可偏废，但若以预警机作战运用为主线，将该课程打造为作战运用课，采用合理的课程建设和教学实践，在不缩减专业知识深度的情况下，将课堂学习的主调通向战场运用，建立院校学习与任职需求更直接的连接关系。

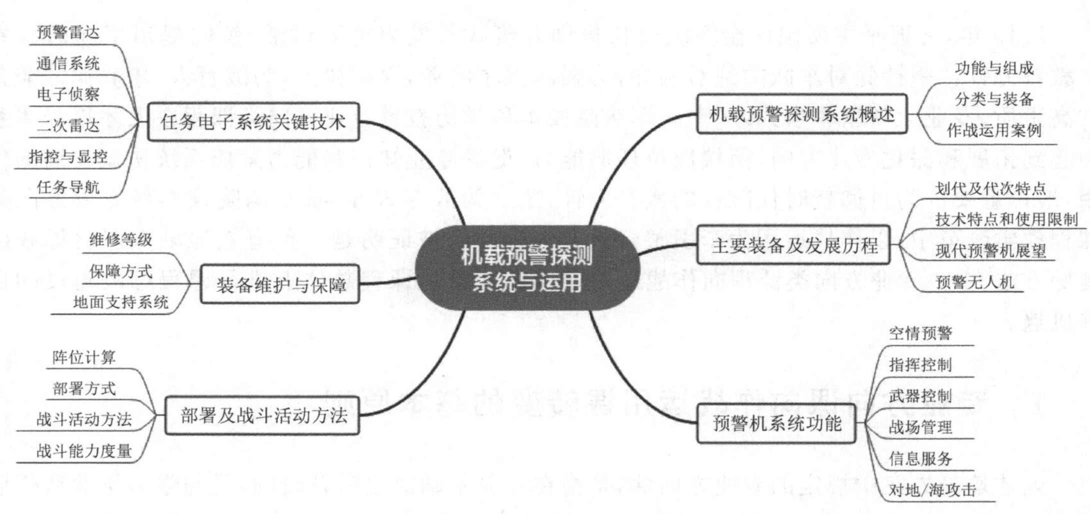

图 1 “机载预警探测系统与运用”课程内容图谱

1.4 采用现代教育理念和方法重构教学内容

学员需要厚实的专业基础才能思考如何作战运用。因此，以作战运用为核心改进教学内容，首先需要奠定良好的知识基础[5-6]。考虑到本专业学员的学情，前序课程学习以机载火控雷达为主要研究对象，包括“雷达原理”“敌我识别/二次雷达原理”“综合火力与瞄准显示控制原理”“机载雷达系统与技术”等课程，与本文所述课程同期开设的还有“机载雷达装备原理”课程。针对学员任职方向拓展的现实情况，在“雷达原理”“机载雷达系统与技术”等基础课程中，教学内容已经转变为兼顾了机载预警雷达知识。但预警机是一个复杂信息系统，包括通信、电子侦察、任务导航、载机系统、地面支持系统等方面的知识，学员没有系统性的学习机会。缺乏知识的积累是无法完成关于运用的讨论的。为此,采用线上课程支持的方式辅助完成课前知识的积累与学习,课上以作战运用为主题,通过研讨式主动学习强化知识运用,课后进行总结反思,建立知识基础与作战运用的关系。为达成这样的教学设计,课程建设团队需详细设计线上课程,精心选取研讨内容,合理设计教学过程,时刻把握作战运用课程的核心,重构教学内容。

2 作战运用类课程思政设计与实施

专业方向课向作战运用课转变需要进行大量的实践工作,本节主要介绍课程思政的设计与实施。

2.1 根据课程特点确定思政整体架构

“机载预警探测系统与运用”课程内容与预警机装备技术与作战运用密切相关,有大量的研制、试飞、验证过程中鲜活的案例和作战运用、使用维护过程中的宝贵经验。可以利用这些宝贵的素材激发学员学习专业知识兴趣、弘扬大国工匠精神、训练科学思维能力、培养创新意识和爱国情怀、历练“不畏强敌、敢打必胜”的战斗精神。尤其是“自力更生、创新图强、协同作战、顽强拼搏”的预警机精神,具有时代意义,是继“两弹一星”精神、航天精神、载人航天精神之后,进一步发展与延伸了中国军工精神的内涵[7]。丰富的案例为课程思政建设提供了良好的资源,课题组深入挖掘相关元素,结合课程内容确定了课程思政“点、线、面”的设计构成。

“机载预警探测系统与运用”课程思政内涵服务于人才培养目标。我们培养的人,应当成为:一个高水平的专业人才;一个社会主义的建设者;一个新时代的革命军人。课程思政朝向3个方面,每一个方面的思政涵盖了4条主线。专业层面包括:科学思维、工程素养、创新意识、思辨能力;理想层面包括:家国情怀、社会责任、理想塑造、价值取向;军人层面包括:战斗精神、装备运用、机务精神、意志品格。各条主线的构成包括分布在各课程内容中的思政点。课程思政体系如图2所示。

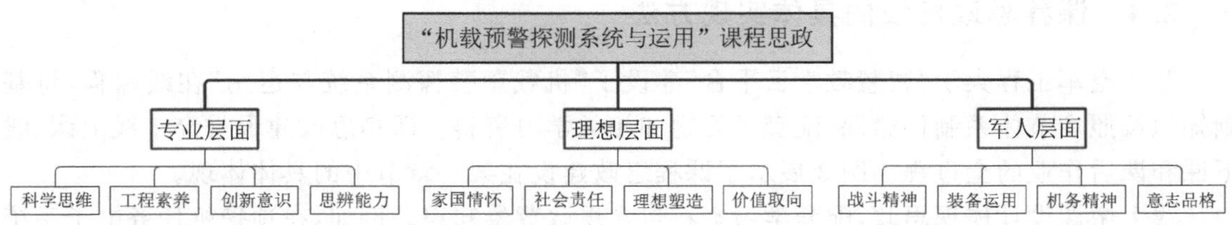

图2 “机载预警探测系统与运用”课程思政体系

2.2 根据课程内容确定每节课的课程思政点

课程教学内容是具体而丰富的,按照前述课程思政体系,从教学内容中抽取课程思政点,借鉴北航突出情感教学的经验[8],将该点教学内容进行情感设计,采用情感教学的方式达到课程思政的目的。课程思政点的设计,不是寻找内容的“加入”教学,而是从教学内容中“抽取”课程思政点,采用情感教学方法更好地达成思政教育目的。

诚然,课程思政的案例可能是多个思政面或多条思政线的集合,但与课程知识内容和情感激发最贴切的往往是能够定位清楚的点。思政点定位越精准,思政教育越确切。传递情感的人越有明确的情感表达,接收人就会越容易获得情感的共鸣,尤其是在课堂快速有效的氛围中时。

从整个课程的角度看,课程思政点的设计需要综合考虑课程思政体系各要点的覆盖完成度和比重问题,力求做到每个面、线全覆盖,且比重分布差距不能过大。比如“预警机精神”,其中包含有大量与教学内容有关的研制历程和感人故事,但若是每节课都用这一方面,整门课下来学生就会觉得过于单一。再比如“极端负责、精心维修”的机务精神。学员将来要从事机务工作,专业课教员通过课程思政的方式传承这种精神,这本身是非常好的课程思政点,但如果堂堂课、门门课都以这方面作为主要的思政点,学员也会觉得枯燥。所以,从课程知识体系乃至专业知识体系的角度设计课程思政点,课程建设者更应该去关注那些不太容易挖掘出来的思政线,做好课程思政建设,达到更好的水平。

2.3 将课程思政建设作为课程建设的重要方面

专业方向课转变为作战运用课程需要从教学内容重构、教学模式改革、教学资源建设、教学方法运用等方面开展课程建设。教学内容重构与教学模式改革服务于人才培养目标,是首先需要确定的。教学资源建设和教学方法的选择服务于教学内容和教学模式,是为达成更好的教学效果。课程思政建设的总目标是立足于解决培养什么人、怎样培养人、为谁培养人的根本问题。综上可以看到,课程思政建设应当与教学内容重构和教学模式改革通盘考虑,共同达成育人总目标。教学资源建设和教学方法的选择过程中需要把服务于课程思政作为重要目标加以实现。

“机载预警探测系统与运用”课程是由“机载预警探测系统”课程演变发展来的,在由专业方向课转变为作战运用课过程中,已经注重加强了预警机部署与战斗活动方法和装备维护保障方面的内容,完成了课程知识体系的转型设计,如图 1 所示。基于课程作战运用特点,采用“线上+线下”的混合式学习模式开展教学。

2.4 课程思政建设的具体实现方法

基于空军工程大学“智慧教学云平台”建设了“机载预警探测系统与运用”在线课程,将基础知识按照章节体系制作微课,配套了习题和相关学习资料。课程思政建设贯穿于线上课、线下课和课后作业的全过程。图 3 展示了课程思政建设在某一章节中的具体体现。

线上微课设计体现思政,配套学习资料包含思政背景知识。例如,在预警机任务电子系统通信分系统章节下的第一节微课中,开篇就以徐向前元帅为通信兵的题词:“胜由信息通”,体现通信系统在作战过程中的重要性,微课中加入了相关素材,培育学员的战斗精神。在配套学习资料中介绍了徐向前元帅题词时代的国内、国际背景,为学员提供了情感共鸣的基础。为线下课采用情感教学达成思政目标奠定了基础。

线下课以解决作战运用问题为牵引,进行重难点知识的强化学习,贯穿思政教育线,通过适当的教学方法达成教学目标。以“胜由信息通”为问题讨论的核心,将学员情感拉回到看微课和阅读背景知识时的基础,并在线下课中讨论“通”的技战术方法,在重难点知识的深化学习的过程中,强化了战斗精神培育。基于情感教学方法调度思政教学资源,思政教学资源辅助情

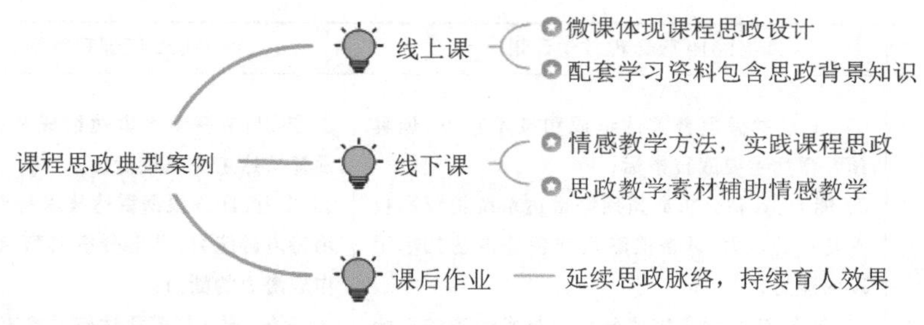

图 3 课程思政建设的典型实现方法

感教学。

课后作业延续思政脉络，达到持续育人的效果。以演习中的专项验证为背景，通过构建有效、可靠、安全的通信方案，并与演习中采用的方案对比，分析其差异和优缺点。通过课后习题再次强化“胜由信息通”的作战运用理念，今后学员在岗位任职中遇到通信系统相关问题时，会回想起课堂讨论的重点，研究作战运用的技战术解决方案时，有目标、有方法、能实践。

3 作战运用类课程思政教育的优势分析

自 2018 版人才培养方案起，“机载预警探测系统与运用”课程作为专业方向课开设，2020 年，该课程获批大学作战运用类重点课程建设，后又相继完成了大学重点教材建设和重点线上课建设，开展了一期混合式学习的教学模式改革，学员反馈教学效果好。表 1 反应了分别执行 2019 版(专业方向课)和 2022 版(作战运用课)课程教学计划时的教学内容、教学目标、教学组织方式和课程思政设计等方面的比较。

通过同一教学内容在两种课程类型教学内容与组织上的差异分析可以看出：

① 通过“线上+线下”的混合式学习，将教为主导转变为学为主导，线上课介绍基础知识，线下课注重知识的运用，培养学员具备高阶的思维能力。

② 以作战运用为牵引组织教学内容的整合并没有荒废基础知识的学习，反而通过知识的运用促进了知识的掌握。同时，将作战运用理念深入人心，以后学员在学习其他知识的时候也会首先关注它对作战运用有什么影响，或者反过来分析作战运用遇到的问题，改进哪些关键技术可以解决问题。

③ 以作战运用为育人主线，采用混合式学习方法，通过“线上+线下”的课程思政设计，同一内容再次复现，挖掘不同纬度的思政线，也将课程思政培育推向深入。

表 1 执行两类课程教学计划时教学设计的对比

项 目	2019 版课程教学计划	2022 版课程教学计划
教学内容	预警机任务电子系统 ——预警雷达分系统	预警机任务电子系统 ——预警雷达分系统

续表 1

项　目	2019 版课程教学计划	2022 版课程教学计划
教学目标	① 知识：掌握预警雷达组成和技术特点；理解预警雷达主要战技指标； ② 能力：具备分析典型预警雷达系统组成和技术特点的能力，具备前瞻机载预警雷达技术手段的能力； ③ 素质：建立预警雷达分析与技术实现的系统工程思维，提升预警机使用与维护的专业素养	① 知识：掌握预警雷达组成和技术特点；理解预警雷达主要战技指标； ② 能力：**具备根据雷达技术特点分析其作战运用特点的能力，具备分析典型预警雷达升级后作战潜力的能力；** ③ 素质：**建立预警雷达技战术统一的系统思维，提升预警机作战运用与装备保障的专业素养**
教学组织	**4 学时** 课堂总体采用**问题牵引**教学法串联教学内容，重难点问题采用对比教学法，教学重难点是预警雷达 PD 处理、有源相控阵雷达、STAP 处理等。课后作业是 E－3G 预警机雷达技术特点	**4 学时＋线上微课学习与测试 30 分钟** 线上课达成基础知识目标，线下课完成知识运用，提升高阶思维能力。线下课堂教学总体采用**研讨式**教学法，围绕预警雷达如何探测复杂目标为主题，重点针对雷达综合探测能力、波束调度策略、抗干扰方法等作战运用问题，主动寻找技术解决方案。课后作业是 E－3G 预警机 Block40/45 升级后与空警－2000 在探测复杂目标时还存在哪些差异
课程思政	我国预警机创造性地采用圆盘 3 面阵，解决了有源相控阵雷达 360°均匀覆盖的问题，科研人员的创新精神和责任担当是值得每一位同学学习发扬的精神财富	**线上微课思政：**我国预警机创造性地采用圆盘 3 面阵，解决了有源相控阵雷达 360°均匀覆盖的问题，科研人员的创新精神和责任担当是值得每一位同学学习发扬的精神财富 **线下课堂思政：**虽然 E－3 预警机机械扫描雷达不如空警－2000 圆盘三面阵技术先进，但 E－3 预警雷达扇区划分、工作模式等仍然值得借鉴。如何用好手中先进装备，回答主席"胜战之问"是每一位军人应当具备的战斗精神 **课后作业：**延续线上课内容，通过知识运用深化教学目标和思政目标达成

4 结束语

根据课程特点，将专业方向课打造为作战运用课是遵循为战育人导向，建设专业课课程思政的良好机遇。本文首先分析了专业方向课向作战运用课转变过程中知识体系的保证，课程转型的目标、教学模式的选择问题。然后以"机载预警探测系统与运用"课程为例，建立了该课程思政体系的 3 个方面，12 条主线，并举例说明了在教学实践中通过线上微课、线下教学和课后作业全过程进行课程思政的具体做法。通过对课程转型前后教学内容、教学目标、教学组织方式和课程思政设计等方面的比较，分析了作战运用类课程转型后，通过本文方法建设后在课程思政教育上的优势。课程教学改革永远在路上，为使培养的军学员能够面向部队、面向战场、面向未来，仍需一线教学人员戮力前行，持续开展课程建设与实践中课程思政方面的研究与建设，为培养德才兼备的高素质、专业化新型军事人才贡献更多智慧与力量。

参考文献

[1] 中华人民共和国中央人民政府. 习近平出席全军院校长集训开班式并发表重要讲话[EB/OL]. (2019-11-28). http://www.gov.cn/xinwen/2019-11/27/content_5456389.html.

[2] 郭金林，汤俊，老松杨，等. 为党育人，为战育才——"武器装备系统概论"课程思政教学设计[J]. 高等教育研究学报，2022，03：96-100 .

[3] 陈玲，蒋立志，张永发，等. 作战需求牵引的动力装置类课程教学改革实践[J]. 高等教育研究学报，2022，04：78-81 .

[4] 潘磊磊，蔡懿灵，王俊骎，等. 新域新质作战医学保障需求牵引下"海军特种伤病学"精品课程建设[J]. 医学教育研究与实践，2023，06.

[5] 唐翥，彭思勇，邹君华，等. 基于案例的雷达兵战术课程"翻转-研讨"式教学[J]. 空天预警研究学报，2022，01.

[6] 王强，贺星，刘永葆，等. 基于装备性能的实战化教学研究[J]. 大学教育，2022，12：27-29.

[7] 中国电子科技集团公司党组. 预警机精神：伟大精神照亮新的征程[J]. 国防科技工业，2013，08：25-27.

[8] 覃粒子，徐旭，方杰. 加深情感教学，培育航空航天专业情怀[C]. 第一届全国高等学校航空航天类专业教育教学研讨会论文集，2019，10.

航天强国背景下专业课程思政元素挖掘与探索*

唐天琪　何玉荣　胡彦伟　王天宇

（哈尔滨工业大学 能源科学与工程学院，哈尔滨　150001）

摘　要：习近平总书记在中共二十大报告中对加快建设航天强国作出重要战略部署，为我国航天科技实现高水平自立自强指明了前进方向。哈尔滨工业大学始终面向国家重大需求，形成了"立足航天、服务国防、长于工程"的优势特色，为航天领域输送了大批人才。如何在培养学生专业能力和创新能力的同时，建立"航天报国之志"的思政育人模式，是促进思政与专业协同育人的方法之一。本文以相关专业基础课程为例，围绕专业能力和创新能力培养目标深入挖掘思政元素（如专业理论知识在航天领域中关键结构设计和优化中的应用、我国科学家在航天领域突破国外技术封锁以及新能源在航天领域应用等实际案例），在潜移默化中实现专业知识和思政元素的协同育人。采用丰富的教学手段和灵活授课模式，建立思政元素育人体系，为国家航天领域输送具有科研报国家国情怀的拔尖创新人才。

关键词：协同育人；思政元素；专业基础课程

引　言

党的十八大以来，党中央在领导推进新时代中国特色社会主义事业进程中，高度重视航天事业发展，作出了建设航天强国的重大战略部署[1]。随着我国航天事业的飞速发展，在培养学生专业能力和创新能力的同时，需要融入思政教学，强化学生服务国家战略以及使命担当，将个人与国家紧密联系起来。

本文以航天强国为背景，以相关专业基础课程为例，灵活教学手段，深入挖掘课堂教学中的思政元素，将思政元素与专业知识教育融入，为国家航天领域输送具有科研报国家国情怀的拔尖创新人才，为航天强国背景下思政育人提供方法和参考。

1　思政教育素材发掘

1.1　专业理论知识思政元素发掘

立足课堂，通过课堂教学培养学生具备扎实的专业理论知识是为我国航天领域输送拔尖创新人才的重要一环。在专业课的授课过程中，将专业知识与航天器设计和运行相结合，挖掘思政案例，培养学生通过加强自身专业理论知识学习，将自己所学应用于航天领域发展，强化思政元素教学及建设。

* 基金项目：2021年高等学校能源动力类教学研究与实践项目（NO. NDJZW2021Z－02）

元素一:航天器设计中的“传热学”

在航天器设计过程中,“传热”过程优化是必不可少的环节,包括航天器外部换热涂层设计及优化、航天器发动机设计及换热过程优化等[2]。通过介绍航天器不同结构在不同运行过程中涉及到的热对流、热传导以及热辐射等换热过程,帮助学生理解“传热学”在航天领域起到的重要作用。

元素二:航天器设计中的“空气动力学”

空气动力学是航天专业的专业课程之一[3]。航天器设计需要考虑到空气阻力的影响,以确保航天器能够在大气层内稳定运行。空气动力学研究为航天器的设计提供了数据支持,并在优化航天器性能方面发挥了重要作用。例如,航天器发射过程中不同分离阶段涉及到的空气动力学问题、返回舱返回地面时降落伞通过增大阻力为返回舱提供保护作用。通过这些实际案例的引入和介绍提升教学效果,同时还可以加强学生对专业知识学习的热情,将自己所学与国家航天事业发展紧密相连。

1.2 航天领域“大师”案例思政元素发掘

随着我国科学技术的飞速发展,航空航天领域飞速发展,哈尔滨工业大学自 1920 年建校以来,也逐步形成立足国防、航空航天的育人特色,在中国航空航天领域的发展做出突出贡献。无论是我国航天领域深空探索,还是哈尔滨工业大学在人才培养过程中,都涌现出了一大批德才兼备的“大师”榜样案例。

元素一:“中国航天之父”钱学森

钱学森被誉为“中国航天之父”,是我国近代力学和系统工程理论与应用研究的奠基人和倡导者[4]。

通过在课堂中引入民族脊梁、中国航天之父钱学森的事迹作为课程思政案例,介绍钱学森突破国外技术封锁,克服层层阻挠远渡重洋回到祖国,培养学生在逆境中不畏艰难、树立科研报国的家国情怀。联系当下,鼓励学生科学研究中面向国家重大需求,解决“卡脖子”问题,突破国外技术封锁,为我国航天事业发展贡献力量。

元素二:“北斗之父”孙家栋

孙家栋院士作为中国航天事业的院士杰出科学家和工程师,被誉为“北斗之父”,为中国航天奉献了整整 53 年[5]。

此外,孙家栋院士是哈尔滨工业大学的杰出校友,是我们身边的“大师”案例。通过“北斗之父”孙家栋这一思政元素的发掘,介绍孙家栋院士在我国航天领域的报国之志,进一步激发同学们向大师科学家学习,在当前科学技术飞速发展的今天,培养学生科研报国、服务国家航天强国的战略目标和使命。

2 思政元素与专业课融合方法及教学设计

如何在课堂教学中融入思政元素,将思政育人与课程专业教学自然融入,是提高思政育人效果不可忽视的环节之一。因此,进行合理的思政元素融入和教学设计非常重要。

2.1 背景案例引入

在课堂教学中,以当前航天热点新闻作为切入点,作为背景自然引入课堂的教学内容。例如，以“空气动力学”授课为例，以“神舟”十六号、神舟十七号返回为背景，通过播放新闻片段，为同学讲解“神舟”飞船在飞行过程中设计到的空气动力学问题。同时，通过介绍我国航天事业发展过程中遇到的困难和瓶颈，增强同学们的学习热情。

2.2　专业内容中的思政元素剖析

专业授课过程中，需要合理设置课堂教学知识点。在知识点讲解过程中，将思政案例与专业知识点相结合，抓住各个知识点涉及到的思政元素，将思政育人与专业知识育人自然融合。例如，航天返回舱返回过程中，需要打开降落伞，通过这一案例为同学们讲解阻力系数、空气阻力、返回舱形状对空气阻力的影响等。通过将专业知识点与思政元素相结合，活跃课堂气氛，使学生有更强的参与感。

2.3　多样化教学模式促进思政教学效果

目前的课堂教学采用多样化教学模式。例如，多媒体教学、翻转式课堂以及互动式教学等。在课堂教学过程中，同样可以采用多样化的教学方法进一步促进思政教学效果。例如，在每章结束之后，设置“翻转式课堂”环节，鼓励同学们挖掘和介绍我国航天事业发展中各章专业知识的应用，提升学生的参与感，进一步加强思政育人效果。

3　结　论

本文通过分析航天强国背景下专业课程思政元素，从航天领域“大师”案例挖掘、专业理论知识应用思政元素发掘，阐述了如何挖掘和探索航天专业课中的思政元素。通过探索融入方法和教学设计，将思政元素与专业知识紧密融合，提升思政育人效果。

参 考 文 献

[1] 代中杰. 航天精神融入新时代大学生思想政治教育的三维审视[J]. 河南工业大学学报（社会科学版），2022，38(04)：78-83.

[2] 谭晓茗，张靖周. 在专业课教学改革中感悟思政教育——以“传热学”课程为例[J]. 工业和信息化教育，2021(06)：44-47.

[3] 周越，吕浩宇，潘翀，等. 北航空气动力学专业科研课堂试与思考[C]//教育部高等学校航空航天类专业教学指导委员会. 第三届全国高等学校航空航天类专业教育教学研讨会论文集. 北京航空航天大学出版社，2022：5.

[4] 卢胜军，顾吉环，，李明，等. 钱学森科学家精神的内涵与时代价值[J]. 科技导报，2023，41(17)：40-46.

[5] 储舒婷，姜澎. 让科学家精神融入“大思政课”引航成长[N]. 文汇报，2022-08-31(001).

不忘初“芯”　勇担使命
——“微电子工艺”课程思政建设与体会*

田丽[1]　刘金龙[2]　金海燕[1]　付强[1]

(1. 哈尔滨工业大学 航天学院，哈尔滨　150001

2. 哈尔滨工业大学 电信学院，哈尔滨　150001)

摘　要：由真空管时代发展到半导体时代，集成电路作为一种最能体现知识经济特征的典型产品，已成为当代信息技术发展的基石。“微电子工艺”作为电子信息领域讲解集成电路制造技术的专业核心课程，承担着技术基础掌握与技术传承两个任务。在该门课程思政建设的过程中，围绕“为什么学习这门课程?”核心问题，引入课程思政元素，建立课程学习背景，通晓课程学习目的、意义，发掘该课程在行业内的价值。在课堂实现课程的知识传授、能力培养等基本功能的基础上，发扬课程思政对学生的人生价值引领功能，进一步激发学生学习兴趣。

关键词：集成电路；微电子工艺；课程思政；核心课程

由真空管时代发展到半导体时代，集成电路作为一种最能体现知识经济特征的典型产品，已成为当代信息技术发展的基石。长期以来，我国集成电路每年从海外进口超过 2 000 亿美元的芯片，大约是石油年进口金额的 2 倍。比巨额进口费更令人担忧的是芯片严重依赖西方发达国家。2018 年爆发的“中兴事件”的惨痛教训，实则反映了中国高端芯片技术上的整体缺失。

“微电子工艺”是电子信息领域介绍半导体集成电路制造技术的专业核心课程。涉及面广，单项工艺内容繁杂，信息量大，是一门实践性和理论性均较强的技术类专业核心课程。学生在进入专业学习的前期开设，为后续其他专业课程的学习打下良好的基础，承担着技术基础掌握与技术传承两个任务。在长期微电子工艺课堂教学体验上，体会到课程教授过程中重视了“知识传授和专业能力提升”，而缺乏人生价值引领这一灵魂核心，致使学生对这该类课程的学习兴趣不大，学习目标不明确，难以建立起来专业理论知识、职业道德和素质、创新意识与社会责任感、竞争与合作的关系。

习近平总书记在全国高校思想政治工作会议上强调，要用好课堂教学这个主渠道，课程与思想政治理论同向同行，形成协同效应[1-2]。实施“课程思政”教育教学改革，正是在尊重课程自身建设规律的前提下，在实现课程的知识传授、能力培养等基本功能的基础上，挖掘并凸显其价值引领功能[3-5]。

1　“微电子工艺”课程思政建设内容、方案

课程思政的内容主要体现在所建设课程的背景之上，因此在课程实践中，首先梳理“为什

* 基金项目：哈尔滨工业大学校课程思政资助项目(225043)

么学习这门课程?”如何围绕这一核心问题,引入课程思政元素,建立课程学习背景,通晓课程学习目的、意义? 以及发掘该课程在行业内的价值,吸引学生学习兴趣。可以从以下几个方面入手:

1.1 集成电路产业发展背景——找差距,看不足

集成电路领域换代节奏快、技术含量高,从处理器芯片诞生以来,该领域的高精尖技术就一直掌握在苹果、高通等国外通信巨头的手中。一颗小小的芯片,工业附加值极高。然而,能否掌握芯片的核心技术,不仅涉及产业的未来,也影响着国家安全。因此,由国家芯片战略入手,围绕集成电路产业发展史,人物志进行解析,简短介绍,提炼出可持续发展的设计理念,引导学生不忘初“芯”,勇担使命的学习理念,如图 1 所示。

芯片产业涵盖设计、制作、封装、测试等多个环节,其中制造领域由于资金、设备、技术的门槛高,更新换代快,一直是国内芯片产业的短板。“微电子工艺”课程思政首要坚持不忘初“芯”的教学理念,在产业发展背景需求的基础上,全面系统地介绍了微电子工艺基础知识,重点阐述了半导体芯片制造单项工艺以及所依托的物理基础知识,并涵盖金属互连、典型工艺集成、关键工艺设备以及微电子工艺未来发展趋势。课堂上既要讲解技术原理,又讲技术问题,在技术对比中找差距,在技术进展中探讨技术解决途径。

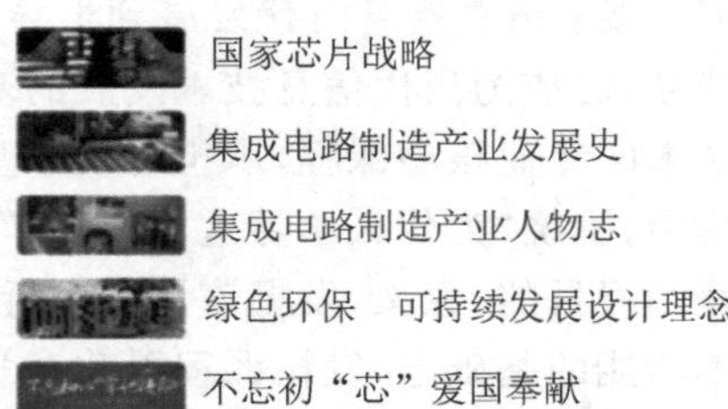

图 1 微电子工艺思政课建设内容

习近平总书记在全国高校思想政治工作会议上强调,要用好课堂教学这个主渠道,各类课程都要与思想政治理论课同向同行,形成协同效应[6-7]。然而集成电路产业的迅猛发展,工艺水平和技术更新换代很快。而一代技术依赖于一代工艺,一代工艺依赖一代设备和材料来实现,因此“微电子工艺”课程涉及面广,单项工艺内容繁杂,信息量大;而且新技术、新工艺、新设备不断涌现,学习起来有难度,有广度,是一门实践性和理论性均较强的技术类课程。所以我们在课程建设过程中,从基本工艺入手,在技术的更新换代基础上,“找差距,看不足”,强化学生学习过程中“创新创造”能力的引领;

1.2 典型的爱岗敬业人物案例——树信心,强信念

集成电路作为信息产业的基础和核心,是关系国民经济和社会发展全局的基础性、先导性和战略性产业。人才呈现稀缺状态,专业人才培养力度有待提高。我国集成电路产业人才缺口较大,年均人才需求数约 10 万人左右。而我国高校集成电路专业领域每年的毕业生人数在 20 万人左右,而其中仅有不到 3 万人成为集成电路行业从业者,本专业的从业率约 12%。这与集成电路产业技术门槛高,行业发展快的背景密切相关。

因此,为把学生留下来,必须发挥课堂育人主战场的作用。“立德树人是高校立身之本”,在课程教学中应始终秉承“德育为先导,聚人心、强信心,扎根行业”的育人理念。因此,在“微电子工艺”课程思政建设过程中,推崇“爱岗敬业、创新奉献”的育人宗旨,引入行业内顶级专家事迹。如,“谁说中国芯片不行”,不服输的尹志尧放弃美国百万高薪,毅然带领团队回国。尹志尧说:“一个人的成就不管多大,都不要忘记自己的初心,更要懂得感恩和回报社会,只有懂

得贡献社会的人，他的人生价值才算真的有价值。"让学生了解他们爱岗敬业，爱国奉献的小故事，使学生了解课程学习与专业技能的掌握必定是一个艰苦的学习过程，学好、学精、学透，坚定学习信心，增强学习主动性。

在本门课程中，穿插设计与课程内容相关的思政元素及典型案例，如图 2 所示。

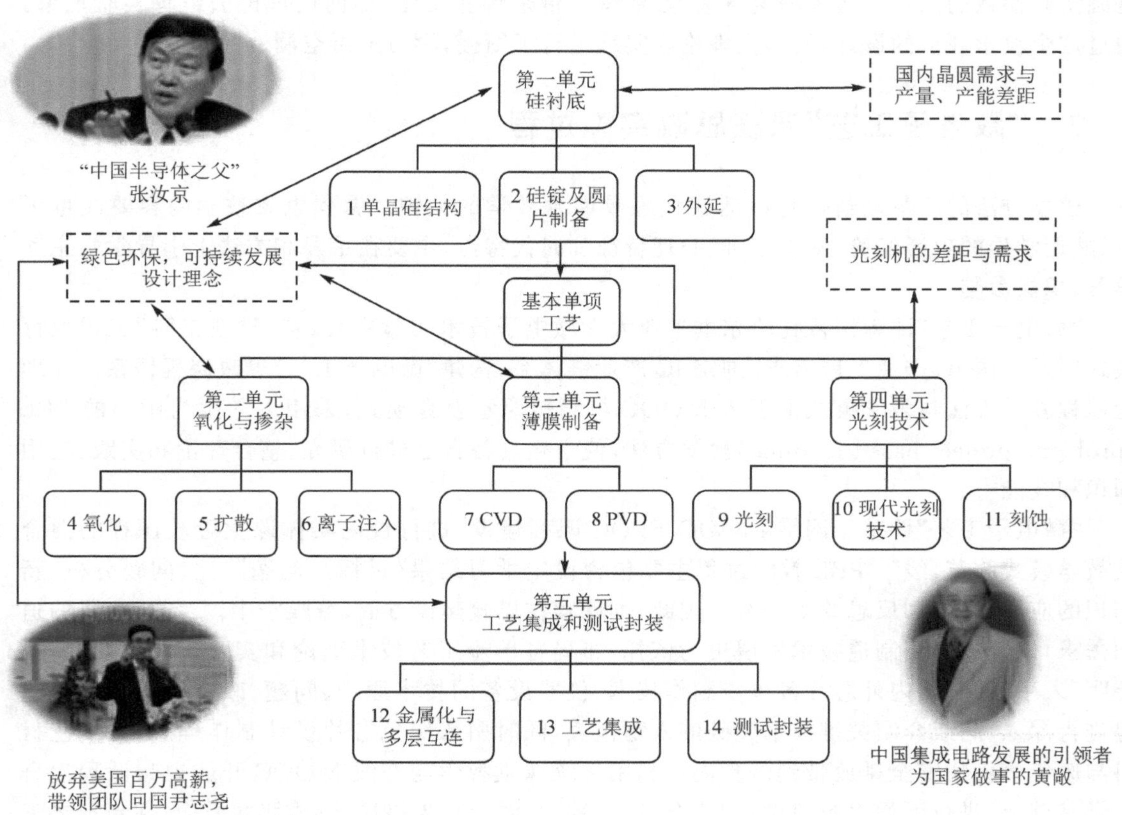

图 2 "微电子工艺"课程教学内容以及思政体系建设

由于"微电子工艺"课程涉及面广，因此在每单步工艺线下课程设计的基础上，巧妙穿插思政内容，包括国内外技术发展史，技术进展与差距，IC 创新创业人物故事等，从典型人物事迹中体验吃苦耐劳、严谨求真的职业精神；感受爱国奉献、勇于担当的责任意识。思政资源和思政内容易于穿插，不生硬，也易于激发学生学习兴趣。考虑到学生实际差异，教师不仅要引导到位，充分调动学生的学习积极性，而且要有意识地指导学生进行自主探究相应的知识，教师的"教"与学生的"学"互为前提、双向促动，在和谐、平等、互动的情境中不断增强课程思政课的吸引力、感染力，实现了"知识传授"和"价值引领"的统一。

1.3 由"规格严格功夫到家"校训，增耐心，厚基础

"微电子工艺"课堂教学采用"MOOC＋翻转课堂＋实践"的教学模式，10 周理论课程内容涵盖 5 个单元约 14 种单步工艺原理、方法、技术要点，每一步都是制作芯片不可缺少的环节，涉及的学科分布非常广泛，内容多、杂，初学者由于没有实践经验，抓不到重点和主线，容易产

生厌学心理，需要一定的价值观引导，把这门理论和实践性都很强的课程学好、学精、学透。

在工艺课程的学习中，重点讲解各单项工艺原理，在掌握原理的基础上，针对主要影响因素进行重点讨论，进而引申，探讨工艺改进方法和技术特点。使学生在学习过程中解决为什么学，学什么，革新和改进在哪方面进行突破。技术要点思路捋清楚，然后进行创新性实践环节，基础实验参数的测定方法和测定意义，参数调整带来哪些变化，如何用理论去解释实验现象。通过这个教学环节的设计，使学生理论和实践进行了衔接，学习不再空洞。

2 “微电子工艺”课程思政实施过程

教学方法的改革创新也是激活课程思政课堂教学的关键。课程思政教学内容要注重了解、贴近学生的生活经验、知识基础、心理特征和时代特点，主要在手段和方法上引导学生主动学习、积极参与。

“微电子工艺”课程组依托哈尔滨工业大学微电子技术实验中心，基于“新工科”工程教育模式以及中国 IC 产业发展需求，围绕 IC 产业链体系，构建“微电子工艺”思政课程体系。在理论课程教学方法与教学模式上引入 MOOC 与翻转课堂教育模式，采用以学生为中心的 PBL (problem/project based learning)教学方法，使学生具备自己进行研究、整合理论和实践、应用知识和技能[8]。

“微电子工艺”课基于网络 MOOC、SPOC 课程建设，进行校内实体课堂思政课程的混合式教学模式改革，线下 PBL 教学过程主要包含设定学习结果(目标)、问题陈述、问题分析、新知识的应用、评价和反思 5 个环节。因此，本课程在思政建设方面，着眼于中国“芯”发展的迫切需求，以集成电路制造技术发展史为依托，布局各单步工艺技术理论和实践，从“识现状，找差距”入手，针对国内外芯片各单步制作技术、仪器设备的技术原理、问题、改进措施与发展趋势进行深入，间或介绍关键技术突破的人物代表，同时引入绿色芯片设计制作理念，将工艺材料与废气污染物安全排放带到课堂内。利用传统课堂教学与在线 MOOC 开放视频课程混合教学基础上，进行课程思政建设，构建全员、全程、全课程育人格局，形成协同效应，在新形势下创新思政教育模式，潜移默化地引导学生把个人的理想追求与国家和民族事业相统一，在积极投身中国特色社会主义伟大实践中勇于担当，乐于奉献，实现人生价值；不忘初“芯”，培养爱岗敬业、创新奉献新一代微电子领域工程领军人才。

我国旨在发展高新技术产业，与国内外的外国竞争对手竞争，并最终取代它们，强化了中国对本国技术的迫切需求。在中兴通讯陷入困境之际，中国领导人表示：“我们应该把创新发展牢牢掌握在自己手中。”中国长期在芯片制作工艺和核心技术方面受制于外国公司，导致国内企业很难在芯片领域获得真正的话语权。作为仍在持续增长的全球第一大集成电路市场，我国集成电路自给能力低下，“缺芯之痛”亟待解决。

“集成电路产业是一个国家工业实力的象征。”在“微电子工艺”课程思政实践中，我们首先梳理“为什么学习这门课程?”围绕这一核心问题，引入课程思政元素，建立课程学习背景，通晓课程学习目的，意义和该课程在行业内的价值，解决学生学习目标，建立学习兴趣。把握好“课程思政”和“思政课程”两者之间的关系，重点说明了专业知识与育人元素的融合及课堂教学设计，实现。

3 结 论

高等院校是培养中国特色社会主义建设者和接班人的主要阵地。要把立德树人作为思想政治教育的根本任务。"知识传授、能力提升和价值引领"没有好的"思政"教育功能，课程教学就会失去"灵魂"，迷失"方向"，从而导致课程教学中知识传授、能力培养与价值引领之间的割裂甚至冲突。

"微电子工艺"在课程思政建设过程中，注重了在平时授课过程中融入对学生价值引导的内容，在建设过程中挖掘出 20 多个思政素材全部都是为课程内容服务。每一节专业相关的内容上，通过几张 PPT、几句简单的相关内容介绍，与课程内容有机融合，作为课程内容的补充或延伸，自然引入，潜移默化。既没有占据太多课堂教学时间，又易于让学生接受，进一步激发起爱国情怀以及责任和担当意识。

通过思政元素的引入，教师作为教学第一线的主力军，在课堂上强化育人职责，课程的育人功。同时配合"以学生为中心、以学生的学习产出为导向"的新型育人理念要求，充分挖掘课程的育德功能，不断优化课程建设。在课堂实践中，真正实现了让"各类课程与思政课同向同行、形成协同效应"，利用平时课堂教学去调动学生学习的积极性主动性，让有意义的课程思政在调动学生学习热情和提高课堂效果中不断提升思政课的亲和力、针对性，将思政课"立德树人"的总目标落到实处。

参考文献

[1] 陆道坤. 课程思政推行中若干核心问题及解决思路——基于专业课程思政的探讨[J]. 思想理论教育，2018(03)：64-69. DOI：10.16075/j.cnki.cn31-1220/g4.2018.03.011.

[2] 朱广琴. 基于立德树人的"课程思政"教学要素及机制探析[J]. 南京理工大学学报（社会科学版），2019，32(06)：84-87.

[3] 闵辉. 课程思政与高校哲学社会科学育人功能[J]. 思想理论教育，2017(07)：21-25. DOI：10.16075/j.cnki.cn31-1220/g4.2017.07.004.

[4] 蔡小春，刘英翠，顾希垚，等. 工科研究生培养中"课程思政"教学路径的探索与实践[J]. 学位与研究生教育，2019(10)：7-13. DOI：10.16750/j.adge.2019.10.002.

[5] 刘奕琳. 推进专业课程开展思政教育的探索与思考[J]. 学校党建与思想教育，2021(02)：81-83. DOI：10.19865/j.cnki.xxdj.2021.02.029.

[6] 蒲清平，黄媛媛. 党的二十大精神融入课程思政的价值意蕴与实践路径[J]. 重庆大学学报（社会科学版），2022，28(06)：286-298.

[7] 谭红岩，郭源源，王娟娟. 高校课程思政评估指标体系的构建与改进[J]. 教师教育研究，2020，32(05)：11-15. DOI：10.13445/j.cnki.t.e.r.2020.05.002.

[8] 孔翔，吴栋. 以混合式教学改革服务课程思政建设的路径初探[J]. 中国大学教学，2021(Z1)：59-62.

计算力学双语研究生课程的思政教学实践*

王彬　曾捷　李鹏　钱征华

（南京航空航天大学 航空学院，南京　210016）

摘　要：研究生双语课程是培养具有国际化视野的学科领军人才的重要手段。与相应的传统中文专业课相比，引入英文教材，采用双语教学，有利于学生了解科研前沿动态，锻炼学术写作技能，培养科学思辨能力。然而对我国学生而言，在学习过程中尤应注意以本国视角为主体，因此有必要在国际化课程中引入课程思政环节。本文从课程理念与目标、课程体系建设、课程教学实践等方面阐述了课程思政在本校计算力学相关课程中的教学情况，探讨适合国内工科研究生的课堂思政教学模式，以期符合我国力学学科及航空航天工程界的人才需求。

关键词：计算力学；研究生课程；双语教学；课程思政

引　言

作为一门既有基础学科地位又兼具引领性及普适性的工程学科，力学在国民经济的诸多行业内占据核心与主导地位[1]，特别是为航空航天制造业的发展起着重要的技术支持与理论指引作用。

其中，随着计算机技术的不断发展，力学模拟与仿真不仅在结构设计过程中不可或缺，而且正逐渐为制造过程控制与分析、工况与载荷分析、结构健康监测、全周期寿命评估等一系列生产与服役环节提供必要的理论与数据支持。相应地，计算力学方向的教学设计与人才培养也日益受到重视。

为了使计算力学方向的研究生提高专业英语能力，关注并跟进国际最新研究前沿进展，为国家行业需求提供符合要求的人才。在相关专业课中，有针对性地选择1～2门课程进行双语或全英文教学非常重要。近年来，南京航空航天大学航空学院已陆续开设了3门计算力学相关的双语或全英文教学课程。

在专业教育之余，课程思政成为时代对高校教育工作者提出的新要求。当前，全国高校正全面贯彻落实高校思想政治工作会议精神，努力加强思想政治教育工作，构建德智体美劳全面培养的教育体系。作为高级科研人才后备军的研究生，在精进专业的同时，也需要坚定政治信仰，坚持文化自信，以国家与时代的要求作为自己求学工作的动力。

1　计算力学方向双语研究生课程现状

自2017年起，教育部正式推出“新工科”建设计划，遂成为全国工科院校学科建设与人才

* 基金项目：南京航空航天大学研究生教育教学改革研究项目（2020YJXGG06，2023YJXGG05）；南京航空航天大学研究生教育教学改革专项（优质教学资源建设）项目（2023YJXGG－C02）

培养的共识与行动纲领。教育专家指出，新工科建设的主要目标可以表述为："主动布局、设置和建设服务国家战略、满足产业需求、面向未来发展的工程学科与专业，培养造就一批具有创新创业能力、跨界整合能力、高素质的各类交叉复合型卓越工程科技人才"[2]。

我国于 2016 年正式加入"华盛顿协议"。通过工程教育认证体系和工程教育标准的互认，实现签约国工程学位互认和工程技术人才的国际流动。目前已成为最具国际影响力的教育互认协议。根据《工程教育认证标准》，培养"具备一定的国际视野，能够在跨文化背景下进行沟通和交流"的工程技术人才是毕业要求中的重要组成部分。而教育部在《推进共建"一带一路"教育行动》中也明确了教育的基础性和先导性地位。工程教育作为其中的重要组成部分，可促进我国工程技术人才参与项目建设，助推"一带一路"建设。在此背景下，如何培养高素质国际化工程技术人才、推进我国工程教育与国际接轨，成为当前高等教育面临的重大挑战之一[3]。

南京航空航天大学的力学专业作为本校龙头专业，入选第一轮及第二轮"双一流"建设学科。南航力学专业的建设目标紧密锚定航空、航天、民航的"三航"特色，瞄准"四个面向"，服务国家制造强国、网络强国建设的重大需求，聚焦直升机、无人机、发动机等重大急需，与航空宇航科学与技术、控制科学与工程等学科交叉共融，组合学科群高地；构建"一流工科、卓越理科、精品文科、特色交叉"的高标准学科布局和学科体系。

针对应力学学科地位与服务对象，南航计算力学主要牵涉到流体力学与固体力学两大类研究方向。前者主要面向飞行器飞行过程及状态控制，后者主要服务飞行器结构设计与后期运维及健康监测。

目前，航空学院在计算力学方向共开设课程约 10 门。其中包括(i)通用基础类课程：如"结构有限元分析""变分原理与有限元法""工程中的数值方法与应用""计算流体力学"等；(ii)特定方向类课程：如"固体力学方法前沿""非线性连续介质力学""复合材料多尺度分析""动态冲击分析""应用计算空气动力学""气动优化"等。

南航力学学科的国际化课程建设，按照课程国际化程度不同分为三个层次。三个层次均采用英文教材，使用英文板书课件，布置英文作业或考试。A、B 和 C 级别分别对应英语讲授课时占据总课时的 85%、50%以及 30%以上。一般采用国外原版最新教材，部分课程采用自编讲义。由于专业课内容紧，难度大，加上语言非母语，在这类课程中贯彻课程思政并非易事，笔者为此进行了初步的探索。

2 双语研究生课程思政基本思路

2.1 课程思政要符合研究生阶段教学特点

长期以来，我国高校主要以本科生为思想政治教育工作研究与实践的主要对象，对研究生的思想政治教育与课程思政的相关理论研究、制度设计与课堂实践的相关活动较少见报道，相应的权责归属也较不明确[4,5]。

与本科生相比，研究生在人生阅历、专业积累与认知水平上都有所提高；人生观与价值观等方面趋于成熟，甚至较以往发生了转变。与此同时，研究生的学习方式也与本科生有较大差别，工作重心从课堂学习逐渐转向了实验室日常科研活动；不少研究生，尤其是推免生，从入学起甚至入学前就已然加入了导师的科研团队，承担科研项目任务。另一方面，研究生课程专业性程度高，知识体系宏大而深入，且与科研或产业前沿联系紧密。因此，对于教师而言授课本身就已具有挑战性，要有效地将思政元素融入教学内容，更是考验教师的功力。

为此，应当针对研究生阶段教学特点与学生心理状态，研究和探索符合研究生阶段教学特点的课程思政方法。忌将思政元素生硬植入到专业课中，甚至压缩专业知识讲授时长和内容；忌将课程思政变成思政课程，将讲授重点由专业知识变成时事讨论。宜将课程思政与知识传授、能力培养结合起来，在专业学习与实践中“润物细无声”地实现思想引领和价值导向。宜深入挖掘与行业相关的老一辈科技工作者先进事迹，发挥学生的主观能动性，充分发挥研究生导师为主，任课教师为辅的模范引领作用，将课程思政内化到学生的科技探索实践活动。

2.2 课程思政在双语教学中的特别意义

如前文所述，双语教学对于学习国外名家经典著作，跟踪国际研究前沿，锻炼学生外语阅读与写作能力，拓宽学生国际化视野，培养国际合作意识等诸多方面具有积极的意义。然而，语言不仅是传播知识和信息的工具，也是国家与民族文化和价值观的载体。开设专业双语课程，如果使得学生产生“英文比中文高级，外国月亮比中国圆”的潜意识，这就适得其反了。

有鉴于此，双语课程或国际化课程尤其要注意课程思政元素的介入，在用外语施教的同时，时刻牢记以本国为主视角，引用中国事例，讲好中国故事，培养学生的爱国主义情操。

目前，双语课使用的外文教材基本仅限专业内容，工程案例也是本国为主，不可能包含符合中国国情的思政类内容[6]。研究自主撰写符合双语课程要求并结合思政教学内容的教材，或者制作专业课中渗透有思政教学内容的课件，是应有之义，也是作者正在探索和实践的内容。

3 计算力学课程思政实施着眼点

3.1 爱国主义情怀

我国力学工作者为现代计算力学方法的早期发展做出了许多贡献。其中最著名的成果之一是胡海昌院士的广义变分原理，他在 1954 年便在最小势能原理变分格式基础之上，构造出一类新的泛函，将材料变形几何关系、应力应变本构关系引入该泛函的变分形式；其适用范围较之普通变分原理更为广阔，能处理材料各向异性、大变形问题，消除应力不连续，求解不可压缩流体相关问题，系计算力学的重大突破。广义变分原理为我国力学学科理论建设的重大成就，并以 Hu－Washizu（胡-鹫津）变分原理之名为世界公认。我国另一计算力学巨擘是冯康院士，他于 1965 年发表的《基于变分原理的差分格式》，在广泛的条件下证明了收敛性和稳定性，由此建立了有限元方法的严格数学理论基础，这篇论文的发表是我国学者独立于西方创始有限元方法的标志。即使在困难时期，冯院士仍以他的团队仍应用他的科研成果解决了我国国防和经济建设中的数十个重大课题[7,8]。

在双语研究生课中以外语讲述中国老一辈科学工作者的先进事迹之时，可以引述国外专家对他们成果的积极评价原文，让学生们切实感受前辈们的国际声誉。

综上，计算力学在我国的发展历史具有深刻的教育意义，一方面可以号召学生学习前辈科学家的科学精神、爱国主义精神;另一方面引导学生将前辈科学家的精神融入自己的日常研究工作,做好工作,把优秀的论文贡献给祖国。

3.2 科学思想与创新精神

习近平总书记强调,“在基础研究领域,包括一些应用科技领域,要尊重科学研究灵感瞬间性、方式随意性、路径不确定性的特点,允许科学家自由畅想、大胆假设、认真求证。”[9]

好的课程思政,不应被条条框框所限定,更不能成为学生的负担;应当与学生科学精神、创新精神的培育融会贯通,是学生的世界观、方法论导引,是学生在学术上攻坚克难的思想武器。如作为力学领域常用计算方法的“加权残数法”的提出,就是当微分方程求导次数太高,难以找到逐点满足方程的近似解的情况下,通过引入任意满足边界条件的权函数,在积分意义上满足微分方程,降低对近似解的可导性要求。这类思想,与罚函数优化问题、泛函分析中的广义函数概念、反问题的层析投影公式都有相通之处。教师宜充分挖掘本课程知识与其他课程的结合点,在讲述这部分,引导学生触类而旁通。

综上,工科研究生教育阶段的课程思政建设,应站在马克思主义立场观点方法的基础上,将思政与科学精神的培养结合起来,有效地提升学生的辩证思维能力和人文素养,提高学生正确认识问题、分析问题和解决问题的能力。

3.3 面向国家重大战略需求

随着我国航空航天科技及产业快速发展,面临的国际竞争愈来愈激烈,工程规模向着大型化和复杂化方向发展,这对于工程计算软件提出了更高的要求。然而,目前业界及学界常用的商用力学分析软件、计算机辅助设计软件,核心技术均为欧美发达国家所持有。随着国际竞争的加剧,工程软件已成为制约我国科技发展的 35 项“卡脖子”问题之一。开发并推广具有我国自主知识产权的工程计算软件,对突破欧美发达国家的技术封锁,具有重大的现实意义。

研究生学习计算力学课程的一大愿景,就是为我国国产化工程计算软件的研发提供后备力量。在双语课授课时,可以结合国外成熟商用软件的说明文档,向学生讲解其研发思路与研发模块。

4 结 论

课程思政建设指向“培养什么人、怎样培养人、为谁培养人”的教育根本问题。作为工科专业承担双语或国际化课程教师,有必要探讨特殊课程模式下课程思政的恰当模式。本文介绍了南京航空航天大学计算力学方向的双语课程开设情况,指出了课程思政与专业内容的有效结合点。作者希望后续能进一步研究和挖掘研究生双语课程的思政教育规律,为培养我国力学学科及航空航天工程界的人才做出贡献。

参 考 文 献

[1] 胡海岩.对力学教育的若干思考[J].力学与实践,2009,31(1):70-72.

[2] 林健.面向未来的中国新工科建设[J].清华大学教育研究,2017,2017 (2):26-35.

[3] 缪海波,庞建勇,邹久群.工程教育认证和课程思政背景下“边坡工程”双语教学实践探索[J].安徽理工大

学学报(社会科学版),2023,25(5):96-103.

[4] 高德毅,宗爱东.从思政课程到课程思政 :从战略高度构建高校思想政治教育课程体系[J].中国高等教育,2017,2017(1):43-46.

[5] 缪小进,武美萍,马成龙,等.基于课程思政的研究生教育教学新业态探索[J].教育教学论坛,2022,2022(49):82-85.

[6] 王冉冉,刘瀚晖,张稳,等.基于行动导向的双语课程思政教学改革方法研究[J].中国多媒体与网络教学学报(上旬刊),2022,2022(1):37-40.

[7] 刘彦华.力学大家胡海昌[J].小康,2023,2023(25):16-17.

[8] 朱亚宗.冯康精神——一种值得尊崇的科学家精神[J].高等教育研究学报,2021,44(2):51-58.

[9] 习近平.习近平谈治国理政:第二卷[M].北京:外文出版社,2017:274-276.

“电子封装与社会”课程思政教育改革与实践*

王尚　冯佳运　刘威　张威　田艳红

（哈尔滨工业大学 材料科学与工程学院，哈尔滨　150001）

摘　要：哈尔滨工业大学电子封装技术专业是国防特色专业，重点解决包括航空航天电子器件在内的电子产品封装技术与可靠性问题。“电子封装与社会”是电子封装技术专业的选修课程，主要介绍集成电路技术发展脉络及我国在相关领域面临的困难、挑战及发展机遇。作为面向工程与社会培养目标的重要课程，其课程性质使其非常适合进行课程思政教学改革实践的探索。文中主要介绍围绕该课程进行的一些课程改革尝试，以及学生培养综合效果。从课程顶层教学目标上增加了相应的德育目标，课程内容上以国内外技术发展史为脉络突出人文与社会因素，从而自然地将思政元素融入知识点中；在授课形式上也进行了改革，结合雨课堂问答、投票和小组讨论引发学生思考，提升思政素养；通过设置题目式翻转课堂，让学生在资料收集整理、报告写作和口头汇报中主动了解相关知识，厚植爱国情怀。

关键词：电子封装；课程思政；教学目标；教学案例

习近平总书记在2023年5月29日中共中央政治局第五次集体学习时强调[1]：“培养什么人、怎样培养人、为谁培养人是教育的根本问题，也是建设教育强国的核心课题。”“要坚持改革创新，推进大中小学思想政治教育一体化建设，提高思政课的针对性和吸引力。”大学阶段的课程思政工作既站在思想政治教育一体化建设的顶端，又是学生进入社会的最后一道关口。因此，在大学阶段课程思政教育与改革实践效果是事关“培养担当民族复兴大任的时代新人，培养德智体美劳全面发展的社会主义建设者和接班人[2]”的关键一环。

“电子封装与社会”课程是电子封装技术专业的选修课程，讲述本学科在社会发展中的重要作用，通过封装技术发展与环境治理关系的探讨，介绍绿色制造的理念。并基于社会热点问题和现象展开讨论，旨在培养学生科学素养、人文素质、可持续发展理念和运用系统工程思维解决问题的意识[3-4]。以该课程为基础，进行课程思政教学改革，探索专业课程和思想政治教育相融合的新方法，提升整体专业课程思想政治教育，提高课堂教学效果和教学质量，具有重要的理论与实践意义。

1　课程讲授内容与问题分析

本课程共有16学时，5个章节的内容，包括：第1章绪论；第2章电子封装与法规政策；第3章电子封装与职业；第4章电子封装与环境保护；第5章电子封装与新技术。内容包括法律规定、职业规范、环境保护、新兴技术等。虽然从授课的完成度上看，能够满足工程教育专业认

* 基金项目：哈尔滨工业大学研究生教育教学改革研究项目（22MS015）

证的标准，但教学内容设置以概念性的知识讲授为主，与思政教育内容相对独立，讲到思政相关话题时学生的注意力往往会下降。因而需要在课程设计上重新发掘专业内容与思政元素的结合点，做到润物无声地德育育人。

从学生的角度而言，网络、媒体信息正在迅速膨胀，其获取知识的途径越来越丰富，传统的概念讲授和知识学习已经完全无法满足其学习的需求。同时，由于信息的繁杂，学生对人生道路选择、职业方向规划也十分迷茫，对本学科专业课学习的专注度与动力降低，对学习专业课所承担的历史使命认识度也在降低。

而从电子封装技术专业的课程体系设置角度出发，“电子封装与社会”课程承担着专业内涵和课程体系建设逻辑的构建任务，通过课程授课使学生能够对专业知识内容有更清晰的认识，同时明确专业在国民经济体系中的重要地位。但目前课程的授课内容难以满足这一需求，需要对课程内容逻辑进行重新调整规划。

此外，本课程为专业选修课程，课程学习是为了增强学生发现问题和解决问题的实际能力培养。在评估手段上不应该局限在理论考试或课堂测验，而应从学生对专业认识和自主学习能力出发，将评估手段作为学习的一环而不是学习的重点，既有能够巩固教学效果，同时能够让学生学以致用，提升未来的行业竞争力[5]。

综上所述，必须针对本课程内涵探索新的授课方式和逻辑体系，并探索课程思政融入课堂的方法，也为其他课程的思政建设提供参考与借鉴。

2 教学设计优化与思政元素分析

哈尔滨工业大学在2022版培养方案修订意见中提出，专业对学生的培养目标应面向学术大师、工程巨匠、业界领袖和治国栋梁四个方向。因此，在课程目标的顶层设计上，除了专业课程目标外，还应树立相应的德育目标。当前课程目标对学生的能力要求如下：

课程目标1：具备从事微电子制造与封装学研究、技术开发、设计与制造和生产管理的能力；

课程目标2：优良的思想品质、科学素养和人文素质；

课程目标3：较强的学习能力与交流能力，具备可持续发展理念和国际化视野。

上述课程目标与工程认证毕业要求的对应关系见表1。可见课程目标中包含着一定的德育目标，但并不够具体。因而在此基础上，针对课程思政教育的新要求，设定了课程更加具有哈工大特色的德育目标：

① 传承哈工大“八百壮士”精神；

② 培养科学精神和自主创新能力；

③ 增强自主发展使命感和责任感。

以上3项德育目标作为课程目标的补充，进一步明确了课程思政环节与教学内容的融合方向。同时针对教学目标和德育目标，在教学内容上也进行了相应调整，以使教学内容更好地与思政内容相结合：将原有的16学时内容精简至14学时，增加了2学时的学生专题报告环节作为考核评价的一部分。

表 1　课程目标与毕业要求对应关系

毕业要求	课程目标
能够针对微电子制造与封装过程中的复杂工程问题，提出解决方案，体现创新意识；在方案设计中能够考虑社会、健康、安全、法律、文化以及环境等因素	目标 1
能分析和评价专业工程实践和复杂微电子封装设计与制造工程问题解决方案对社会、健康、安全、法律、文化的影响以及这些制约因素对项目实施的影响，并理解应承担的责任	目标 2
能够理解和评价针对微电子封装设计与制造相关的复杂工程问题的工程实践对环境和社会可持续发展的影响	目标 3

考虑到本课程在专业教学进度中处于中间位置，将课程的第 1 章设置为：电子封装的内涵，阐述电子封装的基本概念、电子封装关键材料与主要技术和电子封装中的可靠性。这部分内容与上学期的课程内容相衔接，并对本学期的专业课程进行一定的梳理，既帮助同学回顾课程内容，又介绍了封装专业的整体课程设计。使同学们能够更加清晰明确地了解专业课程体系设置的背景、由来和专业规划，使学生能够更好地把握未来个人发展的方向。

为了更好地挖掘专业相关的思政元素，对第 2、3 章内容进行了重新的梳理与规划。改革前课程章节见表 2。主要内容的变化为，在第 2 章增加了电子封装技术发展史的介绍，从集成电路与封装技术发展历史的讲述，进入到国内电子与封装技术的发展历程，引出哈尔滨工业大学（以下简称哈工大）的电子封装技术专业发展与变革过程，并将原来第 3 章的职业规划内容并入电子封装技术发展现状的讲解中。按照国际-国内-哈工大-个人的思路进行课程内容设计让同学们通过技术的变迁感受到其中社会、政策、经济带来的影响，进而思考个人在其中的作用，引发其对未来职业规划的思考。在这其中，思政元素将自然地引入其中。如从国际到国内中美围绕芯片的贸易摩擦，老一辈科学家在集成电路技术中攻关的事迹等（相关案例将在下一节中具体展开介绍）。

表 2　改革前后教学内容对比

改革前	改革后
第 2 章　电子封装与法规政策	第 2 章　电子封装技术发展史
第 3 章　电子封装与职业	第 3 章　电子封装技术与国民经济

另一个变化是将原来的第 2、3 章进行了合并优化，从电子封装技术与国民经济的角度出发，引出科技发展对社会的推动作用，介绍电子封装技术与日常生活的关系，最后明确电子封装工程师应具备的基本素养。改革后的课程内容更加地生活化，在课程内容上具备承上启下的作用。而且从手机、平板等现今学生几乎人手一台的设备入手，讲解电子器件的核心地位，能够进一步加深学生对电子封装技术这一专业对日常生活的影响的理解，并且将更好地引出第 4 章的内容。

第 4 章内容与改革前的课程基本一致，仍以电子封装与环境保护这一话题展开，介绍现代化带来的全球环境危机、电子制造业的环境问题，并给出电子封装技术中的解决方案：无铅焊料技术。进而引出第 5 章内容：电子封装技术未来发展趋势。相较于改革前，新的课程内容不仅介绍专业领域内最新的技术热点，还从本专业学科交叉的特点出发，介绍相关交叉学科在国内外的最新研究方向,如先进封装技术与人工智能、封装技术与生物传感、柔性电子与脑机接口等,进一步拓展学生的视野和科研思路,并讨论其中的科学伦理问题,引发其自主思考。

3 授课方法改革实践

3.1 技术发展史与人文与社会背景的结合

集成电路的发展不过百年,但其中涌现了大批的知名科学家和背后的故事,还包含着国际形势的变化、社会背景的影响。因此,在第 2 章电子封装技术发展史课程内容设计中首先以国际背景展开,通过介绍三极管的发明到美国硅谷的崛起,明确集成电路的出现在人类历史中的重要地位,并介绍了集成电路出现的社会因素,即服务于国防,如世界上第一台晶体管计算机(Transistor Digital Computer,TRADIC)的诞生就是为了服务于美国空军;仙童半导体的第一笔订单是来自美军 XB-70 轰炸机的研制需要。

然后以英特尔公司的发展为例,介绍了集成电路技术民用化后对个人生活的影响。在学生们了解相关技术发展脉络后,向同学们展示国际国内的重大历史节点,让学生们进一步意识到集成电路出现的历史背景,课程相关内容见图 1。接着介绍在此背景下国内涌现的标志性人物,如中国龙芯之母”黄令仪,在长达半个多世纪的时间里,一直在研发一线,参与了从分立器件、大规模集成电路,到通用龙芯 CPU 芯片的研发过程,为我国计算机核心器件的发展做出了突出贡献[6]。

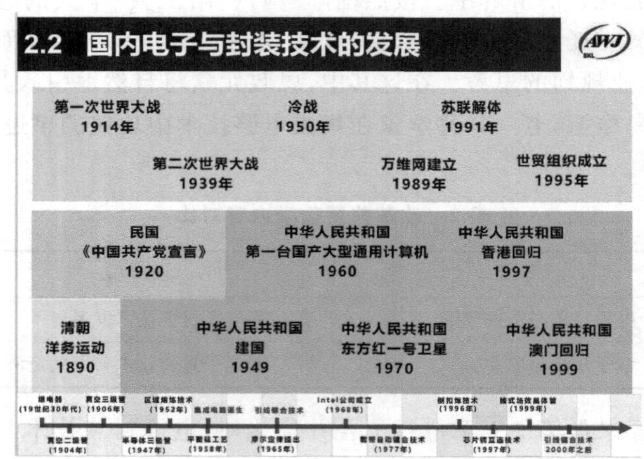

图 1 集成电路发展史与国际重大历史节点

通过对社会背景的介绍将同学带入到相关人物的研究环境中,引起学生的共鸣,引发学生思考自己在当时的条件下要如何攻克技术难关。同时引出我校先辈在集成电路发展过程中的做出的杰出贡献,将哈工大“八百壮士”精神融入课堂之中,通过案例的学习了解“八百壮士”精神的内涵,并对电子封装技术专业在我校的发展历程具有一定的认识和了解

3.2 互动教学与案例教学中的思政学习

由于目前电子产品的丰富,学生很大程度上依赖于手机、平板等设备,课上“抬头率”不高,

而强制的点名或者提醒等方式往往收效甚微。针对学生的这一特点,本课程结合雨课堂软件设计了问答、投票和小组讨论等环节,基于手机、平板的回答方式符合现今学生的操作习惯,能够很好地消除抵触情绪,而且占用了学生手里的"小屏",促使其抬头观看教师的"大屏"。这样的方式一方面完成了课堂签到和课上作业环节,另一方面也能够控制课堂节奏,根据回答情况及时调整课程内容。

而且基于这一互动教学方式,更容易调动起学生的学习热情。如在第4章电子封装与环境保护内容的授课过程中,以贵屿镇的电子垃圾回收造成环境污染问题为背景,设计了相应的投票环节,投票内容见图2。在投票前的课程内容已经介绍了相关的背景,介绍了电子垃圾的价值、危害、当地居民的生活现状等。

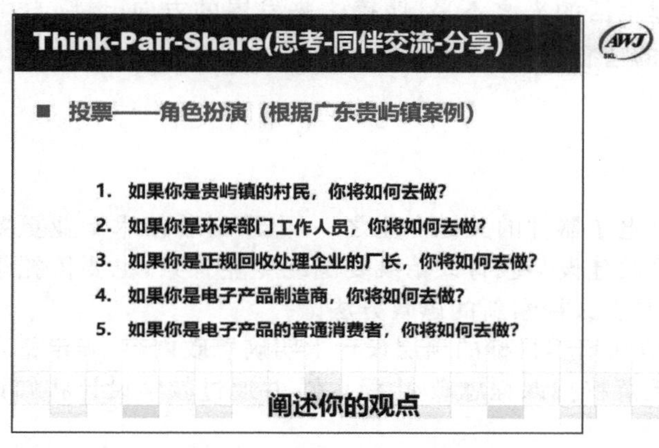

图2 互动教学:投票环节设计

在投票结束后,根据投票结果邀请每一选项的同学阐述进行相关选择的理由和原因,引导不同观点的同学展开辩论。通过带入不同的角色引发学生思考其中的技术、社会因素,培养科学精神和自主学习能力。在辩论结束后,结合习近平总书记"绿水青山就是金山银山[7]"的理念,讲解政府通过疏堵结合等方式成功实现贵屿镇的转型,介绍经过国家综合治理当地的新风貌,并且与同学一起分析总结之前辩论与国家政策相近的内容,鼓励学生们独立思考,勇于提问的科学精神,提升学生思政素养。

3.3 在专题研究中厚植爱国情怀

为了提高学生对专业认识和自主学习能力,改革后的课程考核环节增加了学生专题报告内容,通过设置研究报告题目方向,引导学生调研专业热点话题、主动了解学校相关历史、调研封装相关市场,让学生在资料收集整理、报告写作和口头汇报中主动了解相关知识、明确未来发展目标,同时厚植爱国情怀。如在2023年夏季学期的课程中,共设置了三个选题:

① 我国集成电路制造技术面临的困难、挑战及发展机遇。该选题要求以中美贸易战、华为与"中兴事件"为背景,根据摩尔定律和后摩尔定律发展方向与趋势,利用中国特色体制的优势,借鉴"两弹一星"的发展经验,用马列主义、毛泽东思想和习近平新时代中国特色社会主义思想分析、阐述中国集成电路发展的道路和举措。

② 调研在集成电路发展的过程中哈工大发挥了哪些作用。该选题要求学生调研我校建校百余年来一直围绕国家重大战略需求开展的科研攻关工作,根据公开的文献资料、新闻报道

等，收集整理我校在集成电路领域中发挥的重要作用，并以其中一项案例，详细讲述具体的背景，关键技术难题，解决办法等。

③ 市场调研：电子封装技术相关的科技公司及其运营模式。该选题要求学生选择电子封装技术中的一项关键技术展开调研，对比国内外主要公司的发展运营模式，及其中的技术优势。查阅一篇或者一系列文献，根据其中的技术内容阐述如果由调研的同学开设一家公司，应该在哪些方面能够开拓新的市场，并进行市场可行性分析，明确用户对象和竞争优势。

事实上，以上三个选题内容对应的是我校学术大师、工程巨匠、业界领袖和治国栋梁四个培养方向所需要的人才应该具备的相应能力。在上述任意课题的调研过程中学生们均会发现专业技术的发展总要面临各种各样的困难，也总有前辈克服重重困难实现技术的突破。从而让学生认识到现在优越生活的来之不易，明确未来发展的方向，增强自主发展使命感和责任感，也坚定其爱党爱国的情感。

4 结 论

作为支撑航空航天电子器件的关键专业之一，电子封装技术专业更要注重对学生德育的培养。而高校的课程思政建设与教育改革既要围绕专业背景，也要依托学校特色和发展理念展开，通过不断地创新与实践探索新的思政方法。

① 课程思政首先应在培养目标的顶层设计上明确思政内容，确定德育目标。

② 通过教学内容提炼挖掘课程思政相关元素，并通过教学设计将知识点与思政元素进行融合。

③ 以学生为中心，教师作为引领者，通过启发式、讨论式、互动式等教学方法引导学生积极主动思考课程相关内容，从而潜移默化地完成思政内容的讲授。

④ 通过非标准化的开放式考核方法，增加课程的挑战性，调动学生的学习热情，提高学习的积极性，从被动学习到主动调查了解，提升思政学习的效果。

参 考 文 献

[1] 习近平. 扎实推动教育强国建设[J]. 求是，2023(18)：4-9.

[2] 施雨岑，周玮，白瀛. 努力培养担当民族复兴大任的时代新人[N]. 人民日报，2019-03-19(004).

[3] 张威，郑振，刘威，等. 高校课程思政的探索与实践——以“电子封装与社会”为例[C]//黑龙江省高等教育学会. 高等教育现代化的实证研究(一). 黑龙江教育出版社，2019：7.

[4] 王尚，冯佳运，张贺，等. 集成电路学科建设背景下电子封装技术专业人才培养探索与实践[J]. 电子与封装，2023，23(7)：070206.

[5] 刘东静，周福，刘利孙. 项目导向型教学在电子封装技术专业课程教学中的应用[J]. 学园，2022，15(18)：12-14.

[6] 澎湃新闻. 陈左宁、黄令仪获中国计算机学会女性科技工作者夏培肃奖[EB/OL]. (2020-01-06)[2023-12-06]. https://www.thepaper.cn/newsDetail_forward_5444644.

[7] 习近平. 在习近平新时代中国特色社会主义思想指引下—绿水青山就是金山银山[J]. 新湘评论，2020(20)：20.

[8] 生态环境部. 习疏堵结合“电子垃圾之都”转型跨越——广东汕头市贵屿镇“散乱污”综合整治实践[J]. 资源再生，2019(09)：18-22.

航空航天类实践课程中空天报国精神传承的路径探索*

王晓璐　陈昌宁　邹秉辰　张项博

（郑州航空工业管理学院航空宇航学院，郑州　450046）

摘　要：空天报国精神是中国共产党人精神谱系的组成部分，也是航空航天类专业教学中思政元素的重要来源。在航空航天类课程中融入空天报国精神，对于落实立德树人根本任务具有重要意义。本文以实践课程为切入点，从航天精神、航空报国精神和民航精神三个方面讨论了空天报国精神的案例，并结合郑州航空工业管理学院教学实践，提出“立足省情、学生中心、横向汇集、纵向聚焦”的空天报国精神传承路径，可为航空航天实践课程的课程思政教学提供参考。

关键词：航空航天课程；实践课程；空天报国精神；课程思政

引　言

立德树人是教育的根本任务，习近平总书记指出：要坚持把立德树人作为中心环节，把思想政治工作贯穿教育教学全过程，实现全程育人、全方位育人，努力开创我国高等教育事业发展新局面。2020 年 5 月，教育部印发《高等学校课程思政建设指导纲要》[1]，文件中指出要把思想政治教育贯穿人才培养体系，发挥好每门课程的育人作用。对于专业教育课程，要深度挖掘提炼专业知识体系中所蕴含的思想价值和精神内涵；对于专业实践课程，要增强学生勇于探索的创新精神、善于解决问题的实践能力。

实践课程包括课程设计、生产实习实践和毕业实习等，是本科人才培养的重要着力点，对于应用型和创新型人才的培养具有重要意义。与理论课程相比，航空航天类实践课程更注重对实际工程问题的复现，并要求学生具有更强的积极性和主动性，通过亲身参与的形式来探索和验证理论知识。罗明强等以飞机总体设计课程为背景，提出了以共研一架飞机为牵引的跨学科创新人才培养模式[2-3]。王鼎杰等针对航天导航应用项目课程，按照以能力产出为核心、以自主解决工程问题为目标，对教学内容和教学方法等进行了改革[4]。王晓璐等针对应用型人才培养特点，提出以学生为中心，通过“三个引导”和“三高三拓”机制，提升了学生实践能力和教师教学积极性[5-6]。这些改革举措主要围绕专业知识，重点在课程内容、组织形式、教学方法和考核标准等，并未详细讨论课程思政的融入情况。

课程思政要求教师在教育教学中，既要注重在精神传播中凝聚知识底蕴，又要注重在知识

---

* 基金项目：河南省高等教育教学改革研究与实践项目：面向航空航天产业的实践平台建设和创新创业人才培养路径的探索与实践（编号 2021SJGLX471）；河南省专创融合特色示范课程：飞行器总体设计（编号 2022－97）

传播中强调价值引领，突出显性教育和隐性教育相融合，实现课程思政的创造性转化[7]。高宁等积极探索思政课程与课程思政融合发展的特色路径，结合北京航空航天大学校史和马克思主义基本原理推进教育改革[8]。陈艳红等将航天精神融入思政课程教学，将航天文化融入基地建设和展示活动，通过不断发掘航天精神的深层内涵以丰富高校育人机制[9]。王晓璐等通过分析历史中的空战数据，探索了从飞机设计的角度解读政治理论并落实课程思政的举措[10]。

本文在上述研究的基础上，以郑州航空工业管理学院（以下简称郑州航院）为例，讨论在航空航天类实践课程中，落实和传承空天报国精神的若干理念，并初步探索了具体的传承路径。

1 传承空天报国精神的特色案例

作为地方应用型高校，立足省情，汇集挖掘具有本地特色的空天报国案例，不仅可提升学生的接受度，也可强化学生服务地方经济社会发展的意识。河南省是人口大省，与河南人民有关的航空航天人物和事迹是宝贵的精神财富，也是课程思政案例库的重要素材。

1.1 航天精神

新中国成立以来，一代代中国航天人接续奋斗，不断刷新中国探索太空的新高度，同时铸就了以“两弹一星”精神、载人航天精神、探月精神和新时代北斗精神为代表的伟大航天精神。2023 年 10 月 24 日，“神州”十七号载人飞船发射成功，截至目前共有 3 位河南籍航天员进入太空（详见表 1），除此之外还有很多像“北京明白”报告人高健一样的地面工作人员，他们都见证了中国航天从弱到强的转变，将个人理想融入祖国的现代化建设，这是航天精神最美的传承方式。

表 1 河南籍航天员概览

航天员	执行飞船	任务特点
刘洋	“神舟”九号	中国首次载人交会对接任务
	“神州”十四号	中国空间站建设阶段首次载人飞行任务
陈冬	“神州”十一号	中国载人航天在轨飞行时间突破新纪录
	“神州”十四号	中国空间站建设阶段首次载人飞行任务
江新林	“神州”十七号	空间站应用与发展

2023 年 4 月 24 日是我国第八个“中国航天日”，纪念日主题为“格物致知、叩问苍穹”，旨在深入探究事物与问题的本质，潜心钻研学问知识。郑州航院举办了航空航天科技文化节，以激发大学生和青少年积极投身祖国航空航天事业的热情，培养空天报国的爱国情怀。在活动开幕式上，中国首位进入太空的女航天员刘洋寄语学子：“要敢于追梦，勤于圆梦，用智慧和汗水打造梦想飞船。”文化节主要活动涵盖科技成果展示、趣味活动体验、科普问答竞赛、实验室参观等，2 个中小学研学营和 1 个企业实习团参加活动，受众达 1 200 余人。除了结合特殊节日开展实践学习以外，郑州航院还组织了“航空航天大讲堂”系列报告。中国工程院院士龙乐豪应邀为师生作题为“中国火箭与航天”的学术报告，长征火箭传承“长征精神”的观点重温了

中国共产党人的奋斗史，共有300余位师生积极参加。从院士的视角讲述航天发展历程，为弘扬航天精神、传承空天文化注入了新活力。

1.2 航空报国精神

“忠诚奉献，逐梦蓝天”是航空报国精神的核心内涵，这凝聚着数十万航空人不忘初心、铭记嘱托、感恩奋进、建设世界航空强国的强大精神力量。近现代以来，有无数英雄用生命诠释航空报国精神。高志航烈士是第一个击落日机的中国空军飞行员，被誉为“空战之神”。1937年，他奉命经河南周家口机场接收苏联援华战机时，遇日军轰炸牺牲。河南三门峡的王天保在抗美援朝战争中击落了4架美军战机，为祖国争得了荣誉。在中国航空事业发展史上做出贡献的不只有战斗英雄，“人民艺术家”豫剧演员常香玉为支援抗美援朝志愿军，曾在半年时间内组织178场义演，观众数量达到了31万余人，筹款约15.2亿旧币(为15.2万人民币)，之后还将房子和金银首饰卖掉为志愿军捐赠了一架米格-15战斗机。她甚至还到抗美援朝前线慰问演出，激励着无数战士直到战争胜利。

新时代航空报国精神主要体现在科技创新和航空装备研制、加快实现高水平科技自立自强和航空强国。2021年10月下旬，黄河中下游防汛形势严峻，郑州航院使用“郑航”一号和“郑航”二号两型无人机开展沿黄秋汛应急勘测演练任务。其中，“郑航”一号无人机在3 000米高度飞行3小时，对面积约400平方千米的任务区域进行了勘测；“郑航”二号无人机则在450米低空飞行1小时，对16平方千米的黄河河道区域拍摄1万余张高清图片。除此之外，“郑航”三号无人机也曾在郑州“7·20”特大暴雨期间助力上街区五云山灾后应急勘测。目前，电动垂直起降飞行器是航空领域的新兴热点之一，郑州航院也积极谋划该类无人机的设计研发，用科技创新传承和发扬航空报国精神。

1.3 民航精神

民航精神的精神内涵是“忠诚担当的政治品格、严谨科学的专业精神、团结协作的工作作风、敬业奉献的职业操守”。郑州作为国际性综合交通枢纽，拥有中部地区首个双航站楼、双跑道的郑州新郑国际机场，其连接高速公路、铁路、地铁等多种交通方式，实现了无缝衔接的运输策略，构建起了全国唯一的国家级航空港经济综合实验区。

郑州新郑国际机场的货运航线已通达全球主要的货运集散中心，郑州航空港横跨欧、美、亚三大经济区，建成了郑州-卢森堡“空中丝绸之路”，从开航到2023年9月，卢森堡货航的郑州航线已累计执飞航班6 062班，贡献货运量超过100万吨，已成为河南融入“一带一路”建设的特色品牌。2022年6月，郑州制造的中国国产大型航空仿真模拟设备首次出口海外。2023年11月，郑州制造、国产首台B737-800机型D级商用飞行模拟机获民航D级认证，不仅体现了河南制造业的最新成果，对于深化拓展“空中丝绸之路”建设也具有重要意义。

2 航空航天类实践课程的思政改革

2.1 实践课程的思政改革理念框架

习近平总书记指出：“要坚持以学生为中心，加大对学生的认知规律和接受特点的研究，发挥学生主体性作用”。以学生为中心,不仅可激发学生的学习兴趣,也是在工程教育领域落实成果导向理念的重要举措[11]。基于此,郑州航院教师积极探索实践课程的思政改革方式,提出“立足省情、学生中心、横向汇集、纵向聚焦”的空天报国精神传承路径(详见图1)。步骤1:教师传道授业,做好精神引领,落实立德树人根本任务。教师在专业课程设计阶段,结合专业知识介绍空天报国精神及案例,学生主动学习相关知识,并加深对项目背景的理解。在企业实习实践中,教师邀请企业人员参与互动,并结合工程问题展示思政案例,使专业知识与空天报国精神有机融合。步骤2:高校学生启迪筑梦,做好榜样示范,展示新时代青年正能量。高校学生将专业知识和空天报国意识总结凝练,并通过志愿活动传递给中小学生。在“三下乡”等支教志愿活动中,以中小学生感兴趣的水火箭、模型表演、知识问答等实践方式进行互动,通过“以教促学”的方式,巩固了自身的专业知识,也能充分调动中小学生的学习积极性、播撒下空天报国的种子。

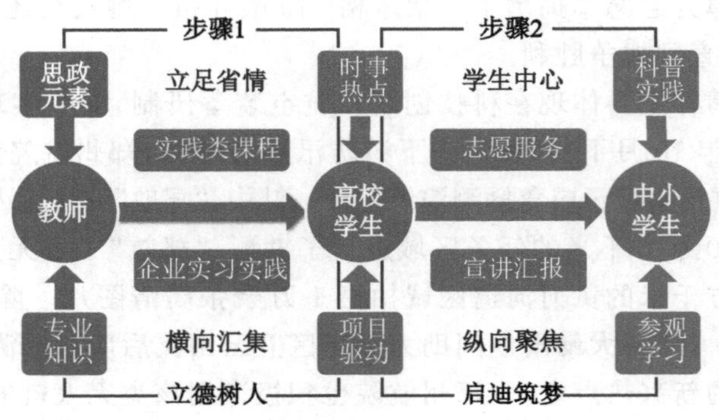

图1 实践课程思政改革的路径

2.2 航空航天实践课程的思政改革示例

步骤1:教师至高校学生——立德树人

课程设计是工科类专业实践课程的主要开展形式,航空航天类专业培养体系中的特色实践课程有飞行器总体设计课程设计、小型无人机制作实践课程设计和专业实习等(详见图2)。在实践中将项目目标与红色事例相结合,不仅将思政元素无声融入专业教学,还拓展了实践的思想深度和空间广度。

高校学生带着实践任务来到河南省信阳市的鄂豫皖革命纪念馆,看到中国红军的第一架飞机“列宁号”。在了解过“列宁号”的历史背景之后,学生开始思考教师的问题:这是一架采用双翼布局的轻型侦察轰炸机,双翼布局有哪些优点?如果采用可变三翼布局,是否可缩短飞机的起降距离甚至实现垂直起降?对于货物派送是否可行?学生随后使用工程估算方法和商业软件,对相似布局无人机的气动特性和机翼结构开展研究,并将相关技术成果应用于小型物流无人机设计,并申报大学生创新创业训练项目,把对革命先辈的崇敬落实到乡村振兴活动中。在第十二届挑战杯全国决赛中,“云燕——可变翼运输无人机”项目获得了全国银奖,航空宇航学院本科生杨浩男设计物流无人机以助力乡村振兴的事迹也被河南共青团、澎湃新闻等主流媒体报道。

中印加勒万河谷冲突事件爆发时,4名中国军人为捍卫我国的领土主权而英勇献身。学

图 2 教师至高校学生的实践步骤

生分析冲突事件过程后，提出设计一款小型战术无人机，用于维护边境地区的和平稳定。在设计阶段，学生调查统计了我国边境地区的地理特征，提出了基于变掠翼的无人机设计方案，可根据飞行需求使用前掠翼或三角翼。

学生们在完成无人机设计后，制作了验证机模型，并带着模型给中小学生讲述了设计背景，不仅通过独特的外形展示了飞机设计的创新思维，还将空天报国精神传承给了中小学生。

步骤 2:高校学生至中小学生——启迪筑梦

课程思政改革的主要受益者为高校学生，但其影响可延伸到中小学阶段。高校学生学习到的理论知识应用到航空科普志愿活动中(详见图 3)，为中小学生科普航空航天知识，不仅可以开阔受众的视野，而且可以巩固自己的理论知识。

图 3 高校学生至中小学生的实践步骤

学生之间的实践教学，其效果可能优于传统的师生教学模式。一是高校学生尤其是低年级本科生，与中学生的年龄差距不明显，更容易起到朋辈带动作用。二是高校学生更熟悉中小学生的语言和知识结构，实践活动中的示范效果更显著。

郑州航院航空宇航学院的学生，在暑假积极组织“三下乡”志愿活动，地点涉及河南省多个县城(详见表 2)，在航模飞行表演阶段会遇到飞行空域、天气条件等可能影响飞行效果与飞行安全的问题。为了不影响中小学生的期望，高校学生学习借鉴了航天员邓清明“宁可备而无用，绝不用而无备”的思路，准备了多种室内室外方案，培养了一定的项目协调能力。在学生和教师的齐心努力下，郑州航院的"蓝天绘梦师"航空科普社会实践项目荣获全国暑期"三下乡"社会实践活动优秀品牌项目，参与项目的学生获得第四届"航空强国中国心"教育基金创新奖。郑州航院援建的平顶山市宝丰县张旗营小学航空科普馆成功入选2023年全国大学生暑期实践成果TOP100，这是郑州航院援建的河南第6所、平顶山市第1所航空科普馆，相关事迹受到中国青年网、大象网等10余家媒体的报道。

表2 航空科普志愿服务地区

时 间	地 点
2019年	新乡市封丘县
	周口市西华县
	漯河市舞阳县
2021年	开封市杞县
	濮阳市范县
	信阳市固始县
2023年	河南省荥阳市
	焦作市修武县
	洛阳市栾川县

此外，学生还可参考教师做学术报告的形式，整理相关专业知识素材，采用宣讲或接受采访的方式，现身说法进行展示。得益于社交媒体传播速度快、受众多、空间限制少的特点，也是宣传和传承空天报国精神的一种举措。例如，大河网以党的二十大胜利召开为背景，推出"二十大豫出彩 复兴有我"系列报道，采访了飞行器设计与工程学生祝顺顺。河南手机报曾做题为"航天青年说"的专栏，报道了郑州航院飞行器设计与工程专业本科生彭丽凡和邹秉辰对于"空中丝绸之路"思考的采访。河南省教育厅也通过"出彩河南人"最美大学生宣传推介活动，以舞台剧的形式向社会公众展示新时代青年空天报国的典型事例。

3 结 论

本文立足于地方应用型高校教学实际，以航空航天类实践课程为对象，凝练了空天报国精神的特色案例，提出"立足省情、学生中心、横向汇集、纵向聚焦"的空天报国精神传承路径。通过介绍郑州航院的若干实践活动和举措，论证了该路径具有一定现实意义，可为航空航天实践课程的课程思政教学提供参考。

参考文献

[1] 教育部. 教育部关于印发《高等学校课程思政建设指导纲要》的通知[EB/OL]. (2020-05-28) [2023-12-5]. http://www.moe.gov.cn/srcsite/A08/s7056/202006/ t20200603_462437.html

[2] 罗明强. 以共研一架飞机为牵引的跨学科创新人才培养模式探索[J]. 高等工程教育研究，2023，(2)：38-44.

[3] 罗明强，张祥林. 航空航天发展新阶段创新型人才培养模式改革与实践[J]. 高教学刊，2023，9(20)：16-19.

[4] 王鼎杰，张洪波，吴杰. 航空航天类专业课程实践教学改革研究——以航天导航应用项目课程为例[C]//

教育部高等学校航空航天类专业教学指导委员会.第三届全国高等学校航空航天类专业教育教学研讨会论文集,北京:北京航空航天大学出版社,2022:701-707.

[5] 王晓璐,吴振坤,霍帅.需求引领,学生中心,内涵发展——培养实践能力突出的航空航天类创新型人才[J].河南教育(高等教育),2023,(9):17-19.

[6] 王晓璐,张昕喆,赵良玉.面向航空航天产业的实践平台建设和创新创业人才培养的探索与实践[J].河南教育,2023,(11):52-54.

[7] 高德毅,宗爱东.从思政课程到课程思政:从战略高度构建高校思想政治教育课程体系[J].中国高等教育,2017,(1):43-46.

[8] 高宁.思政课程与课程思政融合发展——北京航空航天大学的历史传承与新时代经验[J].北京航空航天大学学报,2022,35(5):28-34.

[9] 陈艳红,尹迎春.北华航天工业学院以航天精神引领大学生成才成长机制研究[J].北华航天工业学院学报,2023,33(2):45-47.

[10] 王晓璐,孟宣成,赵海,等.空战背后的博弈——"飞机总体设计"课程思政初探[C]//第三届全国航空航天类课程思政教学改革论坛论文集,北京:北京航空航天大学出版社,2022:419-423.

[11] 李志义,朱泓,刘志军,等.用成果导向教育理念引导高等工程教育教学改革[J].高等工程教育研究,2014,(2):29-34+70.

混合式教学背景下"多维融合式"课程思政一体化设计

王晓彤　韩强　孙靖杰

(海军航空大学青岛校区,山东青岛　266041)

摘　要: 在教育数字化转型背景下,混合式教学模式逐渐成为军队院校教育的主流。而作为混合式教学的重要组成,课程思政建设也面临新的挑战。通过对课程目标、思政资源、思政融入和考核评价等四个维度的细致分析,构建了全面而系统的课程思政一体化设计框架,力求解决传统课程思政建设中的痛点问题,也为混合式教学模式下的课程思政建设提供了理论指导。以"航空弹药储运管理"课程为例,详细探讨了如何根据上述四个维度进行具体的课程思政改革实践,提出了课程思政一体化设计的具体方法,使思政元素能够更为自然、贴切地与课程内容相结合,确保学员在专业学习的过程中能够同时得到价值观的引领和思想的启迪。通过设计与实践,不仅为其他专业教员进行课程思政系统建设提供理论指导和实践参考,更有助于推动军队院校课程思政建设的创新发展。

关键词: 混合式教学;课程思政;课程目标;思政资源;思政融入;考核评价

引　言

习近平总书记在党的二十大报告中对加快建设教育强国做出了一系列重要部署,强调"推进教育数字化,建设全民终身学习的学习型社会、学习型大国"[1]。人才培养模式及需求的转变,使得推动教育实现数字化转型成为当前教育领域改革发展的首要任务。军队院校教育作为支撑军队人才队伍建设发展的强大引擎和重要基础,面临教育数字化转型的大背景,需要准确识变、主动求变、积极应变,把握数字化转型契机,加快推动现代军队院校教育高质量发展。

混合式教学作为数字时代教育新形态的显著特征,能够将传统的面授教学与线上教学相结合,为培养学员的高阶思维和创新能力提供重要支撑。这符合当前军队学历教育"宽口径、厚基础、全素质"的迫切要求,有助于提升军队院校教育的质量和效益。

作为开展混合式教学的重要环节,课程思政建设是军队院校人才培养的应有之义,是贯彻落实新时代军事教育方针的内在要求。2020 年 9 月颁布的《军队院校教育条例》中要求:军队院校必须把政治建军要求落实到办学治校各方面和全过程,注重各类课程的思想政治教育,突出政治能力培养,加强军魂教育、弘扬光荣传统、培育优良校风,为培养"四有"新时代革命军人提供坚强保证。

近年来,课程思政在军地高校得到了全面推进,取得了显著的建设成效,包括一批示范课程、教学名师及团队以及教学研究示范中心的涌现。然而,在这一进程中,一些问题也逐渐显露出来。具体来说,专业课程的课程思政建设存在"各自为战"的现象,缺乏科学统筹和系统性、整体性设计,导致了一定的重复性和盲目性。同时,课程思政建设过于重视设计而忽视评价,课程考核方式与思政目标脱节较为严重。这些问题都在一定程度上阻碍了课程思政建设发展,影响了育人目标的有效达成。

为了解决这些问题,本文在梳理相关文献的基础上,结合教育数字化转型的背景,对混合式教学与课程思政研究理论进行了分析。在此基础上,提出了"多维融合式"课程思政设计思路,从课程目标、思政资源、思政融入与考核评价等四个维度对课程思政进行一体化设计,为引领和贯通混合式教学全过程、全要素的多维度发展开拓有效路径,也为专业教员正确地认知、理解和把握军队院校课程思政教学改革提供学理支撑。

1 "多维融合式"课程思政一体化设计内涵分析

在教育数字化转型的浪潮下,军队院校期望在教学主战场取得显著突破,就必须紧密围绕教学创新团队的建设,推进数字化时代"以学习为中心"的军队院校教育教学革命。每个教员应当主动求变,不能停步于传统教学模式的温床,必须不断进行自我革命,不断创新混合式教学模式。课程思政一体化设计正是混合式教学模式中不可或缺的内容,从课程目标、思政资源、思政融入与考核评价等四个维度开展课程思政一体化设计的探索和实践,能够将知识传授、能力培养和价值塑造紧密结合,为军队院校的全面数字化转型和混合式教学的发展提供强大动力[2]。

1.1 课程目标设计

课程教学目标是课程教学改革的根本和前提。在分析不同专业课程特点,把握思政教育与专业知识无缝对接的前提下,确定各个课程的教学目标,并将思政元素融入到素质目标当中,从而凸显价值塑造在课程培养中的地位,为课程思政一体化设计指明发展方向。

课程目标设计应当立足于专业核心素养,而这也是当前教育发展的一大趋势。我国教育部早在 2014 年就强调了核心素养的概念,将其视为适应个人和社会发展所需的必备品格和关键能力。核心素养围绕人的全面发展,提出了具有基础性、导向性和稳定性等关键品质和能力。它不仅是教育方针、育人目标和社会需求的实际反映,更为个体实现全面和终身的发展提供了坚实的保障。

1.2 思政资源设计

丰富的课程思政资源是推动课程思政建设的重要动力,这不仅关系到专业课程的教学质量,更影响到学员的价值观塑造和未来的职业发展。因此,必须要深度挖掘和整合各类思政教育资源,确保每位学员在专业知识的学习过程中,都能得到全面的思政教育。

深度挖掘思政教育资源,意味着需要从不同的角度、层次和领域去寻找和发掘与课程相关的思政元素,找出能够触动学员思想、引导其正确行为的思政元素。整合思政教育资源,则要将这些挖掘出来的思政元素进行有机地结合,确保思政元素之间能够相互补充、相互支持,共同为课程思政建设服务。还应建设数字化思政教育资源平台,实现资源的共享和优化配置[3]。

1.3 思政融入设计

课程思政融入教学内容,既是课程思政建设的"最后一公里",更是关乎教育目标实现、学员品格塑造的关键环节。如何将思政元素自然、贴切地融入专业教学内容，让学员在无形中受到价值观的引领和思想的启迪，这是融入设计的核心内涵，也更加需要教员既对课程内容有深入、全面的了解，更能够深刻洞察课程背后所蕴含的价值观。

因此，课程思政融入设计是一项复杂而又关键的工作。教员需要在对课程内容的深入了解的基础上，运用巧妙的方法和策略，选择针对性和实效性强的思政元素，以高度的责任感和使命感将其融入专业教学内容中。只有这样，才能真正实现"如盐入水、盐水相融"的教育效果。

1.4 考核评价设计

推进课程思政建设，除了精心策划思政元素与课程内容的结合，还需要对考核评价机制进行优化。课程思政考核评价设计作为整个教学过程中的重要环节，其科学性和公正性直接影响到学员的学习积极性和思政教育的实效性。

首先，课程思政考核评价设计应坚持目标导向，考核指标和方法的制定都应以课程思政建设的总体目标为依据，确保评价的针对性和导向性。其次，评价方法应多元化。评价主体应具有多样性。单一的考核方式很难全面、准确地评价学员的学习情况和思政素养。最后，评价结果应及时反馈并合理运用，帮助学员认识自己的优点和不足，明确改进方向。

综上所述，课程思政考核评价设计是推进课程思政建设的重要一环。需要在目标导向下，注重学员的综合素质，采用多元化的评价方法和主体，并及时反馈和运用评价结果。只有这样，才能建立起科学、公正的考核评价机制，为课程思政建设的深入推进提供有力保障[4]。

2 "多维融合式"课程思政一体化设计

"航空弹药储运管理"课程是依据航空弹药专业人才培养方案设置的一门主干必修课程，是理论与实践相结合的任职岗位课程，使学员掌握弹药储运的基本规律，形成弹药储运管理能力，培养弹药保障作风具有重要支撑作用。

对标人才培养方案对学员在知识、能力、素养三个维度的培养目标，面向弹药保障工作对岗位任职的实际需求，立足军校航空航天类专业课程教学特色和学员的具体学情，从课程目标、思政资源、思政融入与考核评价等四个维度开展课程思政一体化设计，最终实现提升课堂教学质量、增强课堂教学效果的改革目标。

2.1 以"专业核心素养"为依据，聚焦实战，修订课程教学目标

基于对核心素养的认识和人才培养方案"能力标准"要求，充分考量航空弹药保障工作特点和任职岗位需求，从融入部队、胜任工作和发展自我等三方面构建航空弹药专业核心素养。每个维度不仅是在"价值观"方面的体现，而且从知识学习、技能掌握、能力构建到最终价值观形成的全方位的关联。针对每一个维度，分解对应具体的知识、技能和综合能力以及正确的职业价值观，可以得到航空弹药专业构建的核心素养基本模型，如图 1 所示。

对照专业核心素养，依据课程在整个专业培养体系中的定位，经过课程团队研讨分析，依照以下三条原则对教学目标进行修订，最终得到课程新的教学目标如表 1 所列。

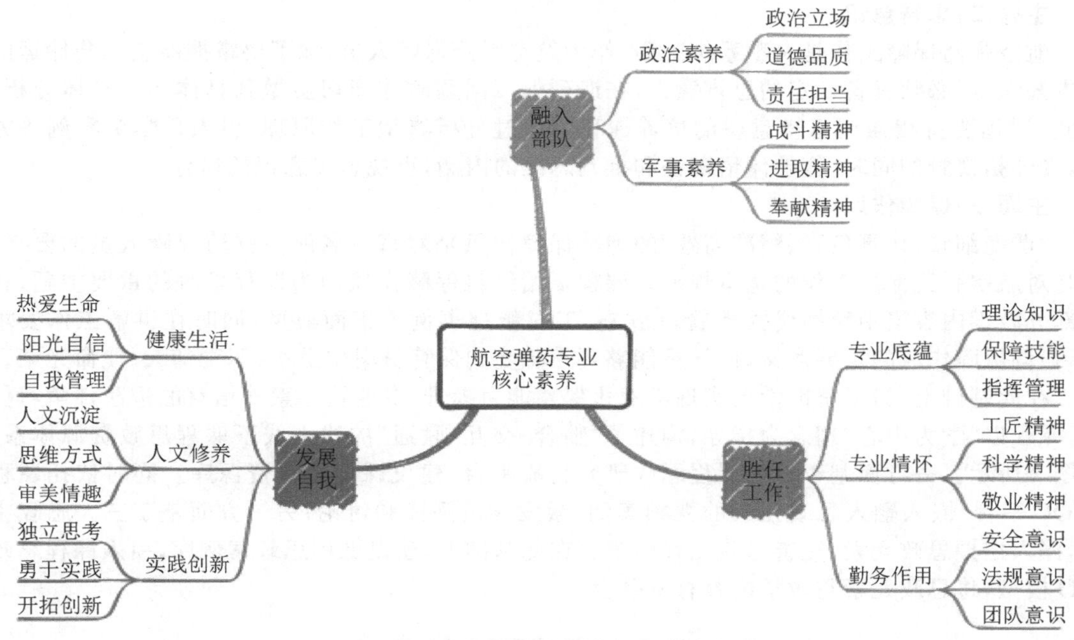

图 1　航空弹药专业核心素养图谱

表 1　“航空弹药储运管理”课程修订后教学目标

航空弹药储运管理课程教学目标	知识目标	基础目标	拓宽航空弹药储运保障基础知识面，区分不同弹药储运业务活动的主要内容
		进阶目标	描述弹药储运业务活动的工作流程，分析典型弹药储运业务活动的安全要求
	能力目标	基础目标	练就熟练完成各项弹药储运业务活动的能力，提升自主学习能力和逻辑表达能力
		进阶目标	具备解决弹药储运业务活动疑难问题的能力，形成保管员业务活动教学和组训能力
	素质目标	基础目标	培养安全与责任意识，强化科学管理理念，认同保管员岗位价值
		进阶目标	形成辩证与批判思维，发扬弹药保障作风，热爱弹药保管员岗位

2.2　以“学为中心理论”为宗旨，凝练主题，构建思政资源体系

参照课程的素质目标，对“航空弹药储运管理”课程思政主题进行了高度凝练，确定“安全素养、思辨意识、保障作风”为课程的三大思政主题。这三个主题以任职岗位为切入点，辐射弹药保管员岗位职责需求，能够切实指导课程思政教学实践。

主题一：安全素养

安全是航空弹药的生命线，也是航空弹药保障人员的工作底线。因此，安全素养正是每一名航空弹药保障人员必备的素质。因此，课程要在各个内容模块中重视安全素养潜移默化的引导。通过引入部队发生的安全事故案例，分析事故发生的原因、总结经验教训，在理解相关知识的基础上，意识到安全的重要性，加强安全素养的培养与塑造。

主题二:思辨意识

航空弹药保障工作是一项系统工程,作为航空弹药保障人员,除了要掌握航空弹药储运的基本知识,还必须具备一定的思辨意识,在遇到保障问题时才能切实做到具体问题具体分析。因此,课程要持续强调思辨意识的培养深化。通过分析典型工作原理、引入科学史案例等方式,在开拓视野的同时,能够体悟辩证和批判思维的内涵,重视思辨意识的培育。

主题三:保障作风

"严谨细致、认真负责、精准高效"的弹药保障作风是对每一名航空弹药保障人员的要求,也是对航空弹药保障工作的基本规范。课程要始终将保障作风作为课程思政的重要主题,在各部分教学内容当中穿插优秀保管员事迹、工匠精神事例等正面典型,同时在讲解工作要求时,强调保障作风的重要意义,使学员能够真正感受到保管员岗位虽小、职责却大、使命光荣。

在此基础上,为了帮助学员实现实战化保障能力提升、专业核心素养培育的进阶性学习任务,课程以"学为中心"理念为指导,构建了"整合-交互-联通"的线上线下课程思政资源体系,如图 2 所示。一方面基于校内课程思政研究交流平台,建设课程思政资源库。同时依托课程 SPOC 平台,嵌入融入思政元素的视频案例,激发学员阅读和讨论;另一方面基于三大思政主题,深入挖掘思政元素,完善思政元素图谱。在此基础上,建设课程思政案例库,引入课程思政 IPO 模型,将思政元素与教学内容有机融合。

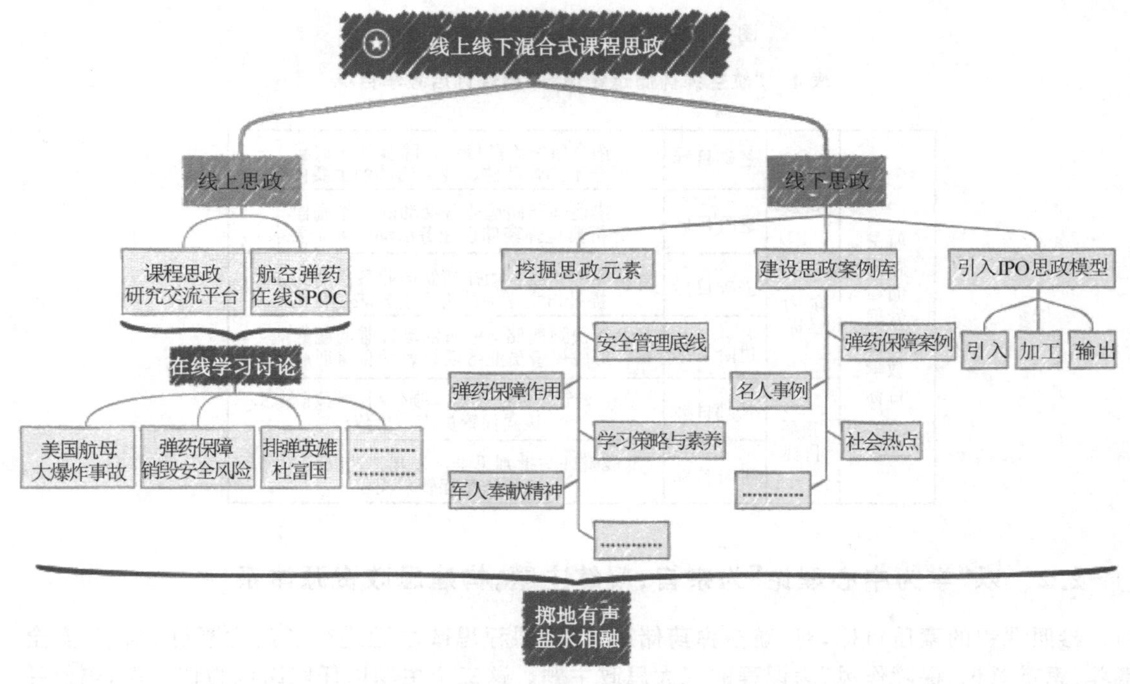

图 2 "航空弹药储运管理"课程思政资源体系

2.3 以"IPO 教学模型"为手段,围绕主线,深化思政融入效果

在课程思政资源体系的基础上,结合课程思政目标,甄选与课程思政目标相契合的思政元素和教学方法手段,有效融入每节课的教学设计。同时,对课程思政融入课程教学梳理归纳了三条主要实现途径。

(1) 情境强代入，强化弹药保障安全教学氛围

超脱于具体工作任务之上的安全教育，是无本之木。由于弹药保障安全要求本身的枯燥和高度概括，单纯依赖于理论灌输，难以真正进入学员的内心视界。有效的教学需要依托于具体的载体，注重情境的创设。通过对弹药保障事故进行深入分析，自然是课程思政与安全教育的重要结合点，可以完美地诠释事故内因与外因的辩证关系。

(2) 案例为支架，内化安全知识的根植和生长

安全管理法规作为弹药储运学员学习的主体内容，虽然条理清晰，但是也存在高度概括、数理逻辑不强等局限性。通过挖掘“案例背后的故事”，对弹药动作与事故的联系、弹药设计改进、管理规章的适应性调整等，进行“前伸后延”，拉宽案例的视界，并引导学员以任务参与者的视角进入案例的背景环境，审视弹药保障的整个过程，突出弹药安全的管理性内容[5]。

(3) 运用为核心，拓展对理论知识的理解深度

从课程思政的角度来讲，人的安全行为才是保障安全到位的关键。根据保障安全教学内容特点，在部分内容的讲授中可以使用想定作业教学法。例如，设计某单位的“弹药运输汽车装载”想定任务，学员分组编制“汽车运输装载方案”“安全风险因素预想”“安全风险评估报告”，对编制情况进行讨论优化。学员作为主体，在实践过程中强化思辨意识和保障作风[6]。

按照上述途径，分别对“安全素养、思辨意识、保障作风” 三个思政主题进行主线式融入设计，按照“形成、进阶、内化”的主线将同一思政主题在不同教学内容的融入方式串联起来，并选择 IPO 模型作为思政元素融入的手段，形成了课程思政融合方案。“安全素养”思政主题的主线式融入设计如表 2 所列。

表 2 “安全素养”思政主题的主线式融入设计

思政元素	课程章节	教学方法	思政目标	思政设计(IPO模型)		预期思政效果
安全素养形成	第二章第二节航空弹药保管	教员讲授	初步形成保安全就是保胜利的安全观念	1引入	低空炸弹的一个检查重点:尾部减速伞连接器的灵活性是否正常，一旦出现故障，就会导致减速伞无法在投弹后正常打开，造成炸弹早炸，危及飞机和飞行员安全	帮助学员初步养成安全素养
				P加工	联系到“马蹄铁的故事”——即因为马蹄铁上一个铁钉的损坏，最终导致一场战争的失利，两个案例虽然内容不同，但都反应了细节对安全乃至战争造成的影响	
				0输出	战场上，任何一个影响安全的细节都会对战争走向造成影响。作为保障人员，就要具备安全观念，做好弹药保障中的每一个环节，对战友安全负责、对战斗胜利负责	
安全素养进阶	第三章第三节航空弹药运输	案例研讨	强化进阶弹药保障首重安全的安全意识	1引入	在安装航引口引信时，应当首先安装电源，然后完成引信对接。其中必须是在炸弹挂机后进行对接。一旦未按要求操作，会导致严重后果	帮助学员实现安全素养的进阶，强化安全意识
				P加工	联系到某部实弹保障训练时未按规程安装航引口的事故案例，对案例的过程、原因和危善进行详细分析	
				0输出	结合“海思法则”再次强调安全意识的重要性，任何保障过程中的失误都可能导致安全隐患酸成严重的安全事故，作为保障人员，培养法规意识，杜绝违规操作	
安全素养内化	第五章第三节舰基航空弹药储运	课前:线上观看案例课上:翻转课堂	筑牢内化安全第一预防为主的安全底线	1引入	课前安排学员观看“航母大爆炸”视频，课上在讲解火箭弹的供应保障要求时，重点强调火箭弹的安全防范要求，此时联系到课前的视频观看任务，让学员开展翻转课堂，谈一谈对安全要求的看法	帮助学员铸车安全管理底线，将安全意识内化于心，外化于行
				P加工	评价学员的汇报情况，进一步联系到“扁鹊论医”的典故，通过典故的讲解与弹药保障工作实际联系起来，阐述“事后控制不如事中控制、事中控制不如事前控制”的道理	
				0输出	在安全管理当中，应当贯彻“预防为主，防治结合”的原则，要将重点从“事后把关”转移到“事先预防”上来，从“管结果”变为“管因素”，实行“预防为主”的方针，作为保障人员，必须要将“安全第一，预防为主”的安全底线内化于心，外化于行	

2.4 以“全面质量管理”为指导，明确指标，构建考核评价机制

引入管理学的“全面质量管理”理念，遵循全过程管理、用户第一的管理原则，结合教学内容融入思政元素作为一级指标，结合教学模式和教学方法设置二级指标，并合理设计指标权重，最终形成以二级指标为具体切入点，将思政考核点与知识考核点相结合，最终形成了覆盖线上、线下，贯穿课前、课中及课后的“多维度全过程”评价反馈机制，如表3所列。

为了确保评价的准确性，引入学员作为考评主体，实现由教员和学员共同参与的教学全过程考核评价。教员对学员的听课状态、活动参与度、回答准确度、课堂纪律等方面对标考核点给出评价，并对学习过程中存在的问题和实际表现做出及时反馈和正确引导。平台对学员课前和课后学习情况、学习任务完成情况、线上测试和互动情况等方面进行客观评价[7]。同时，让学员参与到评价过程中，通过同伴互评、学员自评的方式对每次课堂自己和他人的学习表现进行客观评价，充分展现学员的主体地位，不断提升学员的思辨能力，发挥学员的主观能动性，并在倾听、思考、互评的过程中，进一步增强团队合作意识和专业归属感[8]。

表3 “航空弹药储运管理”多维度全过程考核机制

评价类型	二级指标及权重	具体观测点	思政考核点
形成性评价(50%)	教员评价(20%)	听课状态	1. 培养思辨意识，锻炼科学思维，形成对航空弹药保障工作的系统认知； 2. 培树保障作风，具备综合分析、解决弹药保障实际问题和自我拓展的能力，培养专业归属感和岗位使命感
		活动参与度	
		回答准确度	
		课堂纪律	
	平台评价(15%)	课前和课后学习情况	1. 坚定中华民族伟大复兴发展信念，树立“四个自信”，贯彻新发展理念，培养科学历史观和真理观； 2. 培育理性思维和安全素养，贯彻新发展理念，发挥主观能动性，具备实践创新能力
		学习任务完成情况	
		线上测试成绩	
		线上互动情况	
	学员互评(10%)	学习态度	1. 树立团队合作意识，在协作任务中勇于担责，主动为同伴服务，帮助同伴解决问题； 2. 培养公平和服务意识，能够客观真实的评价他人表现，肯定同伴的付出
		能力表现	
		团队合作	
		品德素养	
	学员自评(5%)	学习态度	1. 提升自我认知，能够客观真实的对自己的表现进行评价； 2. 培养公平意识和诚信品德，将诚实自觉、公平为先内化于心、外化于行
		知识掌握	
		学习成果	
终结性评价(50%)	结课考试(50%)		培养诚信品德和法规意识，将安全素养内化于心，遵守考试纪律，拒绝作弊行为

3 总 结

从学员学习表现来看，“多维融合式”课程思政一体化设计充分发挥了混合式教学的持续教学效益，能够充分提升学员参与课前课中课后全过程学习的参与度，学习动机得到了充分激发。从与学员的交流中，能够切身体会学员思想意识的变化，真正做到将弹药安全保障作风、

岗位责任心与使命感、军人奉献精神等内化于心，外化于行。

本文聚焦于混合式教学背景下的课程思政建设，创新性地提出了"多维融合式"课程思政一体化设计的理念。该理念强调从课程目标、思政资源、思政融入和考核评价等四个维度进行全面而深入的设计，以确保在混合式教学环境中，课程思政能够得以有效实施和融合。通过以"航空弹药储运管理"课程为例的具体实践，验证了该设计的可行性和有效性。这一设计理念有助于提升学员的学习效果和思政素养，也为其他教育者的研究实践提供了新的视角和方向，能够为军队院校课程思政教学改革提供有力支撑。

当然，在课程思政建设发展过程中，仍有许多问题值得进一步探讨。例如，如何更好地结合学员的个体特征和学习环境来优化课程思政设计，如何将更多创新的思政元素融入课程设计等。我们期待未来能有更多教育者和研究者加入这一行列，共同推动课程思政建设的持续创新与发展。

参考文献

[1] 习近平总书记.在党的二十大报告中的讲话[R].北京：中国共产党中央委员会，2022.

[2] 张忠华，谢园园."互联网＋"背景下的高校课程思政建设研究[J].中国电化教育，2020(5)：78-83.

[3] 王学俭，石岩.新时代课程思政的内涵、特点、难点及应对策略[J].新疆师范大学学报，2020，41(02)：50-58.

[4] 卢慧芳，龚主前.混合式教学模式下课程思政考核评价的探索与实践[J].广东开放大学学报，2023，32(01)：94-98.

[5] 熊晓轶，姚洋.基于课程思政的应用型财经高校金融学专业考核评价体系的构建研究[J].高教学刊，2021(02)：43-46.

[6] 高德毅，宗爱东.高校课程思政建设的理论逻辑与实践路径研究[J].思想理论教育，2020(1)：60-65.

[7] 刘淑慧."课程思政"视阈下高校思政课程与专业课程协同育人研究[J].中国成人教育，2021(15)：45-48.

[8] 郑永廷.新时代高校"课程思政"建设的路径与方法探究[J].思想教育研究，2021(7)：120-124.

工程硕博士人才培养思政教育模式与考察方式的探索

王昕炜　刘欢　张天航　张希萌　毛佩锦
（北京航空航天大学 沈元学院，北京　100083）

摘　要：工程硕博士人才培养以培养造就国家重大战略急需关键核心领域高层次卓越工程师后备人才为主要目标，学生的思想政治素养是保证培养质量的根基，思政教育在整个培养环节中是举足轻重的一环。本文以工程硕博士培养全流程为载体，探索改革创新传统思政教育的模式和方法，尝试将思政教育"润物细无声"式融入工程硕博士人才培养的各个环节；依次对选拔、考核、录取、培养、实践、毕业各个环节的思政教育方法和模式进行分析，对现有的思政考察方式和考核标准进行探讨，结合北京航空航天大学工程硕博士培养改革专项试点的实际案例，为相关高校和企业开展工程硕博士人才培养的思政教育提供借鉴和参考，以期与各高校和企业共同探索创新工程硕博士思政考察方式和考核标准，为推动国家卓越工程师学院建设和强化国家卓越工程师人才培养改革提出建议，探索如何培养出厚植家国情怀，砥砺强国之志，实践报国之行的卓越工程师人才。

关键词：工程硕博士；人才培养；思政教育；思政考察

1　工程硕博士人才培养的目标和现状

1.1　目　标

习近平总书记在中央人才工作会议上强调："要培养大批卓越工程师，努力建设一支爱党报国、敬业奉献、具有突出技术创新能力、善于解决复杂工程问题的工程师队伍。"清华大学、北京航空航天大学、哈尔滨工业大学、西北工业大学、南京航空航天大学等高校陆续成立国家卓越工程师学院，标志着我国国家卓越工程师学院建设和人才培养进入新阶段。

工程硕博士培养总体目标应该是："面向国家重大战略急需关键核心领域，培养在相关工程领域掌握坚实宽广的基础理论和系统深入的专门知识，具备全球战略视野、突出工程技术创新能力、动态适应能力，善于解决复杂工程技术问题和'卡脖子'问题的高素质、高层次、交叉复合型卓越工程师。"[1]。

1.2　现状及问题

据 2020 年美国国家科学基金会组织调研发现，留美博士中只有三成左右愿意回来为国效力[2]。这说明家国情怀培养在目前的工程硕博士培养过程中不到位，"思政教育"明显落后于"专业教育"，部分学生未能完全达成德育素质和专业能力全面发展的双重目标[3]。此外，工程硕博士在招生选拔阶段思政考核机制不健全，考察方式不规范、标准不明晰，造成思政考察环节形式化、流程化现象严重，不能实质性考察学生的思想政治水平；在学生培养和实践阶段顶层设计不完善，课程思政体系难以形成线、面、体的立体结构[4]，针对工程硕博士的工程实践教育思政课程体系建设仍处于探索阶段，特别是学生在其实践过程中的思政教育，缺乏统一的课程体系，没有明晰的考核方式和量化标准，思政教育“蜻蜓点水”，思政考察“流于表面”，难以真正培养出具有家国情怀、能够勇担大任的卓越工程师人才；在毕业阶段，大部分培养工程硕博士的高校疏于对毕业生思政素养的考察，或者考察形式单一，从而造成卓越工程师人才流失的可能性。基于以上工程硕博士人才培养各环节的现状和问题，本文将聚焦工程硕博士人才培养的不同阶段，探索思政教育的模式和考察方式。

2 严把德育关，提高思政准入门槛

2.1 多维度思政选拔标准

通过工程硕博士人才培养选拔出的人才，旨在服务于国家重大工程项目，对学生的思想道德素养和政治站位要求更高，因此在选拔阶段就要对学生的人生规划和家国情怀进行考量，对于志在海外、追求个人名利、家国情怀淡薄的学生，应在选拔阶段就予以排除，避免造成后续教育教学资源的浪费。

2.2 多元化思政考察方式

目前，在选拔阶段对于工程硕博士的思政考察，各高校普遍沿用推免研究生的考察方式，考察内容流于表面，不够深入和具体。对此，建议在考核阶段，多元化考察方式，不拘泥于传统的笔试、口试等形式，充分利用各高校自主举办的夏令营、暑期学校、开放日以及各类科创竞赛等活动，将对学生的思政考察融入到团建、研学、演讲、小组讨论、实践等各类活动中，从而达到全方位、立体化考察学生思想道德素养、个人规划和家国情怀的目的。

2.3 严把关思政准入门槛

在录取阶段，应明确告知学生工程硕博士人才培养的模式、职业发展路径以及对于思政素养的高要求，让学生自愿选择是否进入工程硕博士人才培养专项。北京航空航天大学工程硕博士培养改革专项试点对于通过面试考核的学生，在正式录取前会让学生签订诚信承诺书，承诺知晓工程硕博士人才培养专项的特点，志愿加入工程硕博士人才培养专项。以此作为选拔录取的思政准入门槛，进一步筛选出思政素养过硬、将个人理想根植于国家需要的优秀人才。

3 优化思政课程建设，创新思政教育模式

3.1 突出建设思政特色课程

根据工程硕博士在培养阶段理论与实践并重的特点，优化思政课程建设的顶层设计，突出建设一批符合工程硕博士人才培养需求的特色思政课程。

习近平总书记在全国高校思想政治工作会议上强调，“要用好课堂教学这个主渠道，思想

政治理论课要坚持在改进中加强，提升思想政治教育的亲和力和针对性，满足学生发展需求，其他各门课都要收好一段渠、种好责任田，使各类课程与思想政治理论并驾齐驱，形成协同效应”[5]。北京航空航天大学工程硕博士培养改革专项试点为打造工程硕博士培养改革的“样板间”，创新建设“新时代中国特色社会主义理论与实践”课程，通过校企联合案例式教学，邀请航空航天领域内知名企业参与授课，以动人案例讲述中国航天的辉煌成就，将赴企参观实践活动作为必修环节，组织学生前往领域内多家重点企业单位进行参观，让学生在实践中践行矢志空天报国的誓言。

3.2 产教融合思政教育实践

目前，工程硕博士人才培养处于试点改革阶段，对学生在企业实践阶段的思政课程建设和教育模式仍在探索中。企业相对于高校拥有更多的资源(训练中心、技术中心、实验室等)和平台优势，学生能够突破课堂教学的空间局限，在真实的工程项目中，通过现场教学的方式，引导学生学以致用、知行合一。同时，思政课程内容的选择可以紧跟国际国内行业动态，借助业界热点，增强学生学习的“新鲜感”和“时代感”[6]。引导学生了解国内外行业发展现状，直观认识我国在重点领域被“卡脖子”的危急形势，从而提高学生学习的积极性，树立正确的价值观、职业观和责任观，培养出厚植家国情怀，砥砺强国之志，实践报国之行的卓越工程师人才。

4 形成思政教育与考察的闭环

4.1 多维度考察思政教学成果

工程硕博士人才培养的思政教育应从选拔、考核、录取、培养、实践到毕业环节形成闭环。当前各高校对于工程硕博士的毕业考核，存在重专业知识、轻思政素养的情况，思政教学模块缺乏明确的准出标准。

在毕业阶段对学生的思政素养进行全方位多维度的考察，不仅是对思政教学成果的检验，同时也是为工程硕博士人才培养把好最后一道关。建议工程硕博士人才培养在思政教育模块的毕业标准，重点从家国情怀、责任担当、个人素养、科学精神、工程师精神、创新精神六个维度进行考量，通过量化各维度的学习内容和时长，细化考察标准和方法，真正做到将思政教育全方位地覆盖专业教育教学的全过程，从而规避人才外流、成果外泄的风险。

4.2 多样化融入课程思政元素

对于工程硕博士专业成果的考察，正在探索让毕业成果的呈现方式更加多元化，更具可行性，不拘泥于传统的毕业设计或学位论文，鼓励学生根据企业工程技术实践项目、针对国家关键领域“卡脖子”技术难题开展毕业设计或论文选题。在毕业成果的呈现中融入课程思政的元素，在开题、年度工作进展报告、中期考核、论文或报告撰写、预答辩、学术规范检查、成果认定、毕业设计或学位论文的评阅和答辩等全部环节，融入对学生思政素养的考察。考察方式应符合工程硕博士人才培养的特点，引导学生在完成毕业成果的过程中，将自身鸿鹄之志与国家发展需求相结合，让学生成为德才兼备、能担大任的卓越工程师人才。

5 结束语

习近平总书记在全国高校思想政治工作会议上强调，把思想政治工作贯穿教育教学全过程，开创我国高等教育事业发展新局面。

工程硕博士人才培养不仅要注重学生在学校期间的思政教育和引导，还应提前对接企业用人时对“德”的要求，从广义的角度将思政课程多维度、立体化、浸润式地覆盖工程硕博士教育教学的全过程，改革创新传统思政教育模式，润物细无声般引导学生在校的课程学习过程中独立思考和自主探究，从自我认同、家国情怀、创新意识和职业素养四个维度逐渐树立起正确的价值观和工程观，在企业实践过程中将家国情怀、个人素养、责任担当、工程师精神和创新精神逐步运用到实际工作中，在思想和能力双方面都做到与企业用人要求和国家发展需求的无缝对接。

通过突出建设一批符合工程硕博士人才培养需求的特色思政课程，创新产教融合思政教育模式，转变学生对思政课程的刻板印象，让学生自觉将个人发展与国家需求相结合，在潜移默化中实现思政教育的目标。全方位深挖思政课程资源，多维度创新思政考察方式，培养出一批德才兼备、厚植家国情怀、砥砺报国之志、实践报国之行的卓越工程师人才。

参考文献

[1] 林健.国家卓越工程师学院建设:校企全方位深度合作培养高层次卓越工程师[J].高等工程教育研究，2023,05:7-17.

[2] 邹金锋，杜银飞，赵炼恒.“卓越工程师 2.0”培养方案中的课程思政建设实践研究[J].大学，2021,530(36):128-130.

[3] 徐国胜，田永军.“大思政”格局下工程实践教育教学课程思政探索与实践——以“机械制造工程师”课程为例[J].职业教育研究，2022,04:72-77.

[4] 陈璐，詹忠根.工匠精神培育视域下高职专业课“课程思政”的诉求、困境与对策[J].职教通讯，2020,09:100-106.

[5] 中华人民共和国教育部官网.教育部关于印发《高等学校课程思政建设指导纲要》的通知:教高〔2020〕3号[EB/OL],(2020-05-28)[2023-12-05]. http://www. moe. gov. cn/srcsite/A08/s7056/202006/t20200603_462437.html.

[6] 林超.“卓越工程师教育培养计划”下的大学生思想政治教育[J].集美大学学报，2014,15(1):100-104.

[7] 白晓辉，刘存良，刘海涌.工科研究生课程思政元素探讨[J].产业与科技论坛，2022,21(21):121-122.

[8] 欧笛声，周雄新.工程训练在卓越工程师培养中的“课程思政”探索[J].文教资料，2019,22:167-168.

[9] 张蓉，文劲宇，李红斌.新工科背景下课程思政系统设计与实施[J].电工技术学报，2023,38(11):3094-3100.

[10] 赵京鹤，张学忱，张翠翠.以工程师启蒙教育、思政教育为目标的机械制图课程教学模式创新研究[J]. Equipment Manufacturing Technology,2020,08:202-204.

[11] 孙巍.“卓越工程师”视角下高校思政工作开展的新思考[J].黑龙江教师发展学院学报，2022,41(09):116-118.

[12] 曹柳星，贺曦鸣，窦吉芳.“新工科”视角下的“课程思政”实践——面向理工科专业本科生的主题式通识写作课设计[J].高等工程教育研究，2021,01:24-30.

[13] 梁斌远.运用企业案例打造面向工科的立体思政“金课”[J].教书育人(高教论坛),2022,09:67-69.

课程思政助力下的自驱型成长探索与实践*

王俨剀[1]　罗潇[1]　赵轲[2]

(1. 西北工业大学 动力与能源学院,西安　710129

2. 长安大学 工程机械学院,西安　710054)

摘　要: 航空航天的军工特色专业,对学生强军报国情怀和协作奉献精神具有很高的要求。教学团队以陕西省一流课程和陕西省课程思政示范课"故障诊断"课程建设为抓手,尝试在专业知识学习的同时深化思政教育,以工科知识点借喻人生的道理。引导工科学生"自觉"利用熟知的思维观和科学观深入思考,形成积极向上的人生观、乐于奉献的价值观、爱岗敬业的职业观。实践学生"专业知识-创新能力-家国素质"三位一体的自驱型成长教育模式,期望学生将实现人生理想与国家需求相结合,获得个人价值与国家战略相统一。

关键词: 航空航天类;课程思政;自驱型成长;卓越工程师;新工科

教育部公布全国首批国家卓越工程师学院建设单位,共有 10 所高校入选,我校是其中之一。作为航空航天特色高等学校,长期定位为国家战略需要培养卓越工程师,期望培养的学生具有:①军工报国的价值观;②建设中国式现代化的科研能力;③实践和创新习惯。在人才培养的道路上,出现一些新的问题:

① 价值多元化时代,学生个性体现与行业共性发展的辩证统一问题。个性发展是社会文明进步的表现,有助于个体创新能力的释放。但军工类专业又往往要求协作和奉献精神,先大家再小家、先集体再个人。个性和共性的辩证统一需要在思想层面上讨论。

② 信息时代背景下,知识爆炸与有限课时之间的辩证统一问题。互联网等新技术介入教育以后,学生面对爆炸的信息常常感到知识焦虑。在有限的时间内,学什么、怎么学、为什么学,需要在思想层面上明确。

③ 新工科视域下,传统培养方法与卓越工程师需求的辩证统一问题。作为军工特色院校,在传承特色的同时也固化了培养方法。而卓越工程师要求"面向工业界、面向世界、面向未来,主动应对新一轮科技革命和产业变革挑战,持续深化工程教育改革"。改革与传承之间的度,需要从思想层面上统一。

为此,教学团队以陕西省一流课程和陕西省课程思政示范课"故障诊断"课程为抓手,践行自驱型成长的培养模式,并在课程建设的过程中不断尝试和实践。

1　自驱型成长是卓越工程师培养的要求和趋势

人才兴则民族兴,人才强则国家强。卓越工程师的教育培养,已被列为高等教育高质量发

* 基金资助:西工大教育教学改革研究项目(ST2023JGG02)

展的重点。两轮卓越工程师教育培养计划的实施，为我国战略性新兴产业的快速发展和制造业的转型升级提供了人才支撑。目前，中国工程教育规模居世界第一，培养了数以千万计的工程技术人才，涌现了一大批行业领军人才，支撑了第一制造大国的建设发展。

此次教育部将10所985高校作为首批卓越工程师学院建设高校，主要依托这些高校优势学科专业，实施特色人才培养专项，使校企共同确定培养目标、设计培养方案、建立教学团队、开展课题研究等。校企联合培养，培养出来的人才再推动行业的发展。如此良性循环的前提是学生坚定的专业决心以及军工报国的职业观。

航空航天等军工专业对学生强军报国情怀和协作奉献精神具有很高的要求。“发动机故障诊断”是从理论过渡到实践的专业课程，需要思政融合开展：① 故障诊断学习难，需要坚定信念支撑；② 故障诊断科研苦，需要正确价值观和人生观指引；③ 故障诊断技术新、变革快，需要改革魄力与攻坚克难的思想准备。

为此，教学团队尝试一种“自驱型成才”的学生培养理念。让学生充分了解行业需求，认识“德”和“才”的标准和要求，掌握提高自身竞争力的学习方法，养成自律的学习习惯，升级自主学习的平台和条件，开展自驱型的主动成长。以课程理论知识为基础，以学生的思想成熟度为着力点，以多元评价与过程考核为抓手，帮助学生完成“瞄准方向-动力十足-奋斗奉献-幸福一生”。在专业知识学习的同时深化思政教育，以工科知识点借喻人生的道理，引导工科学生利用熟知的思维观和科学观深入思考，形成积极向上的人生观、乐于奉献的价值观、爱岗敬业的职业观和为国家、人民服务的社会观。

高校是培养人才的地方，思想政治教育对象是学生。在校大学生作为一支最活跃、最敏感的社会力量，既具有理性的思考能力，也具有感性的热情和冲动。高校思想政治教育应该坚持以学生的视角设置思政议题；用学生的思维分析思政观点；借学生的语言讲授思政道理。这是高校思想政治建设的最特殊之处。

2 课程思政是自驱型成长的推动力

2.1 组成思想进步的共同体

挖掘教育资源：将博士课程“旋转机械故障诊断技术”和硕士课程“航空发动机故障诊断”形成朋辈共进。硕士生感受军工报国气息，博士生更加坚定了理想和信念。

以学生为中心：通过思考、辩论和分析，最终获得符合主流价值观的结论。以期获得更好的思政教育效果，其课程思政设计如图1所示。

2.2 在科研育人中，落实专业知识和报国情怀的融合传承

面对“思想进步共同体”，知识和思想传播实践的关键词是“传承”。技术传承在发动机研制中发挥了重要作用，军工报国情怀代代传承。老带新、博带硕，促进学生形成积极向上的人生观、乐于奉献的价值观、爱岗敬业的职业观和为国家、人民服务的社会观。在科研育人过程中，思政悄然融入全过程，潜移默化地影响学生价值观。

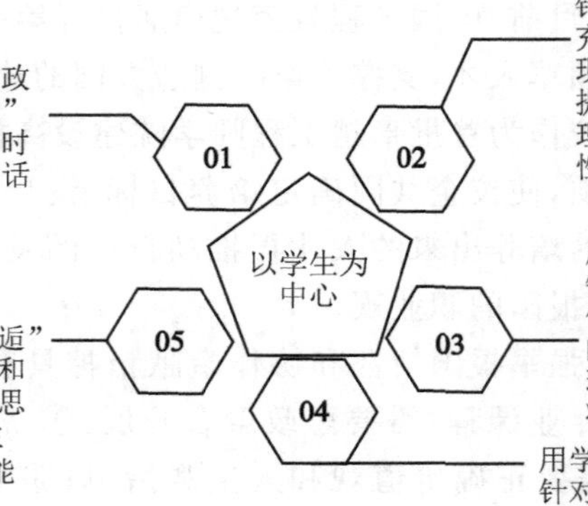

图 1　以学生为中心的课程思政设计

2.3　课程教材既是专业书，也是思政读本

以“思想进步共同体”为中心，开展专著、教材、数字化资源建设。将最新科研理论和思政元素融入教材，传播爱党、爱国、爱社会主义、爱人民、爱集体的正能量。形成行业技术高地、营造“红色情怀”的成长氛围。

2.4　线上 & 线下，思政不间断

利用各种可用技术手段，开展“思想进步共同体”的思政教育。例如，去年疫情封城期间，组建了跨校（4 高校）、跨专业（工学＋心理学）的在线团队，开展了“以学生情绪疏导为切入点的课程思政”攻坚战。

2.5　在劳动中，提升社会主义接班人的能力

弘扬劳模精神，奋进铸“心”事业。把劳模请回教室，以劳模精神激励学生：好好学习、早日学成、军工报国，为我国发动机事业贡献自己的力量。

在授课的过程中，着力强调必备的劳动技能，培养需要的 8 种科研能力：① 编写代码；② 分析数据；③ 数据挖掘；④ 仿真计算；⑤ 实验分析；⑥ 批量操作；⑦ 数据获取；⑧ 结构 CAE 的劳动能力。

3　实践是自驱型成长的主战场

实践能够帮助学生将理论知识与实际问题相结合，是将知识转化为能力最直接的方法。同时，实践可以帮助学生将抽象的概念具象化，使学习更加生动有趣，提高学习效果。在实践过程中，学生接触到真实的问题和挑战，因此提高了抗压能力和创新能力。丰富新颖的实践环节可以帮助学生找到奋斗的目标，获得成长驱动力。因此需要关注“实践”这个学生成长主战场，以课程思政助力，在实践中塑造学生品格。

3.1 实践环节的课程思政定位

实践环节的设计应满足未来动力机械设计的实践性要求,提高学生独立思考与大胆创新的能力。在此基础上,依靠西北工业大学动力与能源学院数字化教学资源,提出针对动力机械的设计过程,并开展线下流程化设计与线上演示的新工科实践环节。通过带领学生参与该实践环节,将思政与知识点相融合,引导学生在动手创新中发现问题、分析问题、解决问题,从而掌握理论、形成观点、提高能力。力图推动培养模式改革,促进思政与实践的有机融合。

实践环节的设计指导原则是"面向需求,分段设计,数据驱动,情景实练"。据此,规划建立的新工科实践环节包括总体设计、部件选型、力学仿真和状态检测等几个部分,模拟动力机械全寿命环节。学生可在实践项目中亲身体验设计工程中常用软件和算法,实践典型动力机械建模设计的全过程。以此帮助学生掌握力学建模与仿真的相关知识点,初步建立数字化设计的素养,同时为顺应"碳达峰、碳中和"的新工科需求,进一步培养学生低碳设计的理念。

实践环节紧扣"以学生为中心"的思想,借助数字化发展浪潮,通过"数据—工具—知识"的培养过程,将理论与实践紧密结合,实现对学生"知识-能力-素质"全面发展的培养效果,让学生在实践中找到人生目标(见图2)。

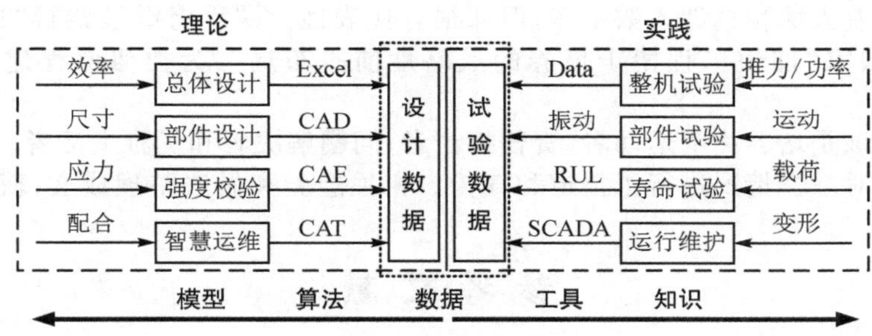

图2 总体目标与思路

3.2 实践环节的课程思政设计

实践是将理论知识转化为实际应用的重要手段。通过实践,学生可以亲自动手、实地操作,深入了解和体验所学内容,从而加深对知识的理解和记忆。

常规课程中已经讲授了动力机械的工作原理、结构组成和控制原理。但是,学生仅仅记忆了这些知识点,还缺乏设计动力机械的经验,甚至基本概念。因为理论和实践上的脱节在于:课本上的知识点是静态的,实际运转中的动力机械是动态的。

为此,开设动力机械流程化设计与力学仿真实践环节(见表1),强化锻炼学生在设计过程中的实操能力,使学生亲身参与动力机械静强度校核、动力学计算、运维数据分析和双碳经济等设计环节,推动学生向行业需求的方向发展。

表1 拟完善的实践环节

名　称	知识传授	能力培养	价值塑造
任务选择	—	地理基本素养	热爱幅员辽阔的祖国河山
机敏设计	工作原理、结构组成	总体设计能力	实践是检验理论的标准
平面制图	总装图	机械制图能力	团队协作的精神

续表 1

名　称	知识传授	能力培养	价值塑造
三维建模	三维制图	三维建模能力	劳动育人
应力校核	强度理论	网格划分能力	精益求精的习惯
振动仿真	模态理论	仿真计算能力	迭代优化的理念
运维监测	故障诊断理论	数据分析能力	基于数据的方法论
碳经济分析	碳达峰、碳中和	碳经济分析能力	绿色的发展观

在实践环节执行中，穿插有“航空报国”历史实例讲述，通过聆听行业专家亲身经历，培养学生的责任感、使命感和爱国情怀，让学生明白“知识为什么而学”“科技为什么而创新”激励学生将个人的理想与国家的发展目标相结合，为国家的繁荣和发展做出贡献。

4　推广应用

思政环节之后、课程结课之前，学生需要书写“课程思政心得体会”，以进一步巩固思想进步的成果。航空航天课程选课人数不多，但却很有代表性。课程将继续践行“自驱型学生”的培养理念，领会国家“加快工程博士培养的战略性前瞻布局”，为类似课程建设提供借鉴和参考。

好的教育应该是培养终身运动者、责任担当者、问题解决者和优雅生活者。凤凰陕西和干部培训网等媒体对教学情况进行了报道和宣传。相关经验和做法整理成文，获得人才培养大讨论优秀论文奖。

参考文献

[1] 曹建国. 中国航发召开 2021 年人才工作会[N/OL]，中国航空报，(2021-04-13)[2023-12-05]，http://www.cannews.com.cn/2021/04/13/99324091.html.

[2] 中华人民共和国教育部官网. 教育部关于实施卓越工程师教育培养计划的若干意见[Z/OL].(2011-11-08)[2021-12-05]. http://www.moe.gov.cn/srcsite/A08/moe_742/s3860/201101/t20110108_115066.html

[3] 王伛凯，廖明夫，丁小飞，等. 航空发动机故障诊断[M]. 科学出版社，2020.

[4] 郑中华，秦惠民. 工程类学科学生导师校企循环流动的机制设计[J]. 学位与学生教育，2020(04)：35-39.

[5] 杨金龙. 责任、使命、作为：新时代一流大学建设的探索与实践[J]. 学位与学生教育，2018(09)：1-5.

[6] 梁传杰. 深刻领会发展思路内涵引领学生教育高质量发展[J]. 学位与学生教育，2020(11)：7-11.

[7] 付鸿飞，李明磊. 全球化、信息化背景下学生教育改革与发展——第二届学生教育学国际会议综述[J]. 学位与学生教育，2020(03)：60-65.

[8] 杨小丽，雷庆. 跨学科发展及演变探讨[J]. 学位与学生教育，2018(04)：54-59.

[9] 李占华，朱艳，姚霞，等. “双一流”建设背景下交叉学科学生培养的探索与启示[J]. 学位与学生教育，2020(04)：17-23.

[10] 赵小丽，蔡国春. 试论学生科研兴趣的培养：以“解放兴趣”为旨归[J]. 学位与学生教育，2020(08)：52-57.

[11] 赵士发，李春晓. 新时代语境下理想学生师生关系的构建[J]. 学生教育研究，2020(01)：27-32.

[12] 张炜，汪劲松. 行业特色高校的发展历程与辩证分析[J]. 中国高教研究，2020(08)：1-5.

[13] 汪劲松，张炜. “双一流”建设背景下国防军工高校转型发展的探索与实践[J]. 高等教育研究，2021，42(03)：50-53.

[14] 陈彬，温才妃. 全国人大代表、西北工业大学党委书记李言荣：有组织科研的关键在于培养“总师”型人才[J]. 科学新闻，2023，25(02)：16-17.

依托虚拟教研室的课程思政共建探索*

尉洋　于锦禄　张小博　赵兵兵　曾昊

（空军工程大学 航空工程学院，西安　710038）

摘　要：课程思政建设是落实立德树人任务的重要途径。基于虚拟教研室平台开展课程思政建设是解决当前思政建设问题的有益尝试，以教育部航空发动机原理课程虚拟教研室为平台保障，以合理的运行组织章程为制度保障推动程思政共建、共享、共进。通过开展教师专题培训、思政资源共享、思政主题教改项目立项等手段推动虚拟教研室课程思政建设水平的提升，推动课程思政的落实落地。下一步还将从课程思政与课程质量协同建设，课程思政评价体系构建两方面入手，基于虚拟教研室平台持续推动课程思政建设，为促进高校课程思政与思政课程协同育人和实现新时代高等教育高质量发展背景下人才培养目标提供可行方案与参考。

关键词：课程思政；虚拟教研室；共建；航空发动机原理

2020 年 5 月，教育部印发《高等学校课程思政建设指导纲要》[1]，明确全面推进高校课程思政建设是落实立德树人根本任务的战略举措，力求将课程思政隐形教育与思政课堂显性教育统一起来，形成合力，破解长期以来高校思想政治教育的“孤岛”困境，打破思政教育与专业教学“两张皮”现象，真正实现全员、全程、全方位育人的大格局。课程思政迅速成为高等教育研究的热点问题，众多高等教育工作者纷纷就课程思政问题开展研究[2-3]，但大多数研究都是针对某一门课程来进行研究，在总体策略、内容设计、实施路径、评价体系、保障机制等方面的建设不够规范，制度支撑上也相对薄弱，导致教学改革动力不足，学生对课程的认同度和获得感不均[4]。同时由于专业背景、工作经历与教研环境，同一学校同一专业的课程思政案例常常有相似之处[5]，一项课程思政素材在多门课中重复出现，造成学生很强的“说教”感受，思政教育效果大打折扣，更何况在教学过程中达到润物细无声的效果，带来很严重的专业课程思政协同问题。

当前信息技术的不断发展为信息化注入了新活力，给现代化提供了新动力。以信息化全面推动现代化成为世界各国教育改革、创新与发展的重大战略抉择。高等教育应顺势而为，紧跟现代教育信息教学技术发展，持续提升课程建设和教学水平，正如吴岩副部长在“国家智慧教育平台建设和应用进展成效”新闻发布会上指出“着力构建以数字化为特征的高等教育新形态”。而虚拟教研室建设正是在这一背景下提出的新型基层教学组织形态构建模式。2021 年教育部下发了《关于开展虚拟教研室试点建设工作的通知》，启动了虚拟教研室试点建设工作，推动信息化时代高等教育新型基层教学组织建设，实现了校际协作教研和区域智慧交流共享，拓展了教育资源的使用范围，成为破解教师专业发展困局的一种有效方式。而基于虚拟教研室开展课程思政共建共享成为解决当前思政建设问题的有益尝试，通过突破院校壁垒，开门办

---

* 基金项目：2023 年空军工程大学教学理论专项课题（2023－3）

学、借智育才，充分吸收其他院校的课程思政建设成功经验，实现优势互补，从而提升课程思政效果，强化育人成效。

1 建设基础

1.1 获批国家级虚拟教研室

“航空发动机原理”课程是我校飞行器动力工程专业的主干核心课程，自 1962 年起历代“原理人”始终坚持聚焦培养高素质新型军事人才，持续加强课程建设，课程 2007 年被评为军队优质课程，2008 年被评为国家精品课程，2013 年被立项为国家精品资源共享课。进入新时代，随着空军航空装备加速升级换代，部队实战化训练深入推进，机务保障模式深刻变化，对专业人才培养提出新的更高要求，课程组紧跟现代教育信息技术的发展，顺应国家高等教育课程建设最新要求，2020 年评为国家线上一流课程和虚拟仿真实验教学一流课程，2021 年借助教育部推出的虚拟教研室建设计划，课程组联合在陕多所航空类院校获评获批陕西省虚拟教研室建设项目，2022 年又在陕西省虚拟教研室建设项目的基础上联合北京航空航天大学、浙江大学、清华大学、上海交通大学、海军航空大学、空军航空大学等 28 所国内高校申报教育部航空发动机原理课程虚拟教研室建设项目，并于 10 月份成功获批，为虚拟教研室成员单位开展课程思政资源共建共享提供了平台保障。

1.2 制定虚拟教研室运行机制

教育部航空发动机原理课程虚拟教研室在组织架构上包括专家委员会和管理委员会，根据成员单位地理分布情况划分 4 个召集小组，分别为北方组、西北组、西南组、华东华南组，每组设召集人 1 名，负责组内成员单位沟通协调以及活动组织安排，召集人任期 2 年，任期满后由组内成员单位推荐并报管理委员会批准后确认。根据各学校教学内容及人才培养特点分为 4 个课程建设小组，分别为设计类课程组、应用类课程组、通识类课程组、飞行实践类课程组，各负责人 1 名由牵头单位指定，牵头单位任期 2 年，任期满后由组内成员单位推荐并报管理委员会批准后确认。虚拟教研室组织架构图，如图 1 所示。

专家委员会是虚拟教研室管理运行的咨询建议机构，委员由教育部航空航天类专业教学指导委员会委员、具有行业影响力的中国航发领域资深专家及开设“航空发动机原理”课程高校的相关知名教师/学者担任。专家委员会 4 年一届，委员由虚拟教研室成员单位推荐，人数不固定，但原则上不超过 10 人。管理委员会是虚拟教研室管理运行的决策机构，管理委员会委员由各成员单位申请推荐，原则上各成员单位推荐人数不超过 2 人，管理委员会 4 年一届，任期内委员因工作或职务变动，由成员单位重新推荐人选；管理委员会会议须有全体委员的二分之一以上参会，重大事项须由参会委员的三分之二以上表决方可通过。

通过建立合理组织运行机制，为虚拟教研室成员单位开展课程思政资源共建共享提供了制度保障。

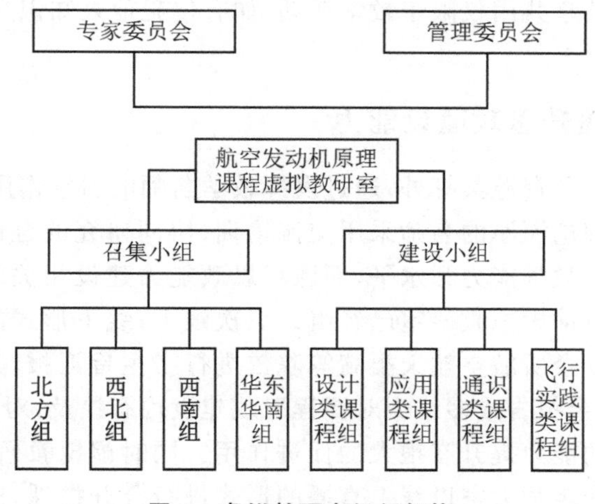

图1 虚拟教研室组织架构

2 建设举措

根据教育部航空发动机原理课程虚拟教研室工作计划，集合虚拟教研室力量共建优质教学资源，包括在线开放课程、微课视频、题库、工程案例、虚拟仿真实验、课程思政案例、航空发动机数字化资源系统、知识图谱、实验项目、合编教材等是教育部航空发动机原理课程虚拟教研室主要工作规划之一，其中课程思政建设是其中的一项重要工作内容。为此虚拟教研室就课程思政建设制定了建设。

2.1 多措并举，调动资源共享主动性

《高等学校课程思政建设指导纲要》明确指出：全面推进思政建设，教师是关键。教师是开展课程思政建设的主力军，必须充分调动虚拟教研室参与教师的主动性与积极性，这样才能形成共建、共享、共用、共进的良好局面。虚拟教研室是建设初衷之一就是利用现代信息技术进行教学成果共享，服务教学实践[7]，虚拟教研室核心的运行制度是共建共享机制（如关于成果发布与使用的机制）和参与教师的教研协同机制（如协同任务的发布、响应、提交与管理机制）[8]，通过虚拟教研室平台旨将教师最新教学理念及研究成果进行系统化整合，形成可复制可推广的示范经验，给更多高校和教师提供教学借鉴，带动课程建设与教学方法中更多新理念、新技术延伸和落实到教学实践中，实现教学成果高质量产出。但是一方面教师会对自己知识产权的共享存在一定的顾虑，另一方面成果共享有可能存在成果滥用、利用他人成果谋求私利等问题。为了打消教师顾虑、鼓励更多的教师将自己的课程思政建设成果共享出来，我校航空发动机原理课程组作为虚拟教研室建设的牵头方，率先进行优质课程资源共享，包括课程组自行制作的课程视频、教材、虚拟仿真实验、培训交流课件等教研资料予以共享，以开放的姿态欢迎虚拟教研室成员单位使用，在课程组的带领下诸多成员单位也共享了95项教学资源，在教育部批准建设的600余个虚拟教研室当中，资源共享数量排名36位，位居前列。此外，在虚拟教研室资料共享过程中，虚拟教研室对于教学资源的归属者、上传者均有明确的标注，并通过微信群、虚拟教研室客户端等向资源共享者提出感谢，给予原创教师充分的尊重，同时虚拟

教研室也要求教研资料共享共用仅限于教学活动，如有侵犯他人知识产权问题，一经发现必定严肃处理。

2.2 名师引领，提升思政建设能力

虚拟教研室的作用除了资源共享外，通过发挥教学名师的引领作用，通过邀请教学能力出众、教学经验丰富、教育理论深厚的名师采用交流培训、协同研究的合作模式提高相关院校航空发动机原理课程教师的教学能力和水平，而课程思政能力建设相关问题则是历次培训活动的重要议题之一。截至目前虚拟教研室已经组织三次线上/线下形式的全国性教研交流活动及教师培训，来自国内10余所航空航天类高等院校进行了主旨汇报，其中以课程思政建设为主题的报告就有2次，其余报告或多或少对课程思政建设均有提及，对参会教师在教学方面特别是课程思政建设方面的能力提升有很大的促进作用。同时虚拟教研室还连续2年开展“共上一堂课活动”，邀请业内名师大家以线上直播的形式进行公开授课，通过这种开门办学的新型教学形式打破了传统教学活动时间、空间的限制，促进不同院校间教师经验交流、共享，为虚拟教研室内的军地院校进行交流互促的平台搭建提供了思路与参考，为形成活力迸发、人才涌流的生动局面奠定了坚实的活动基础。

2.3 项目牵引，营造思政建设浓厚氛围

基于虚拟教研室的课程思政建设不能仅依靠少数人的推动，更需要广大一线教师的积极参与。为贯彻落实立德树人的任务，广泛开展教育教学研究交流活动，全面提高教书育人能力，协同打造教学资源，推动互联互通、共建共享，航空发动机原理虚拟教研室开展了以课程思政案例库、工程案例库建设为研究目标的教改项目立项工作，并于2023年5月面向国内航空航天类院校公开发布。众多行业内教师积极申报，经专家评审，共评选出立项项目61项，项目组来自24家军地高等院校及训练机构，成员人数超过200人，覆盖面广、参与人数众多，其中思政案例库建设项目33项。而根据教改立项要求，教改项目完成后，在不涉密的情况下，所有成果均上传至虚拟教研室客户端，向虚拟教研室内成员共享，通过这种项目牵引式的课程思政建设模式，使得虚拟教研室内大部分一线教师亲身参与课程思政的建设中来，形成了开展课程思政建设的浓厚氛围，同时多元化的思政案例碰撞交流也开阔了课程思政建设的思路，提升了课程思政素材应用的多样性与课程思政素材来源的广泛性，对于课程思政建设水平以及教师课程思政能力都有很大的提升效果。

3 未来工作构想

课程思政建设永远在路上，只有进行时，没有完成时。如何发挥虚拟教研室现代信息技术优势作用，提升课程思政建设水平，在教学工作中如何充分发挥所有课程的育人价值，将价值塑造、知识传授和能力培养三者融为一体，寓价值观引导于知识传授和能力培养之中，帮助学生塑造正确的世界观、人生观、价值观仍是需要虚拟教研室项目参与者亟需解决的重要问题。

3.1 将课程思政与课程质量协同建设

课程思政建设是当前高等教育工作的重要组成部分，但并不是唯一的建设目标；无论是课

程思政建设还是虚拟教研室建设实际上都是服务于提高人才培养质量这一核心目的，以人为本，全方位、全流程、全覆盖聚力提升高校人才培养质量，为国储才[9]。在课程思政建设时不能将课程思政与课程质量建设及虚拟割裂开来，而要协同建设，共同提升。虚拟教研室建设、课程思政与一流课程建设并不是简单的“加法”运行，彼此存在密切的内在关联，三者相互促进、相互影响，具有相互整合建设的内在关系与现实需求。在实际课程建设当中，一流课程质量建设是基础，课程思政建设是引领，虚拟教研室建设则是提质增效的重要方法手段。在进行课程建设时要充分认识到三者的协调统一关系，协调共建，整合推进，在解决培养什么人、怎样培养人、为谁培养人这一教育的根本问题上守好自己的一段渠，种好自己的一亩田。

3.2 开展课程思政评价标准研究

课程思政的成效检验是教育教学活动的重要环节，但是从目前高校的实施情况来看，课程思政教学和考核还是“两张皮”，绩效评估工作相对滞后[10]。对课程思政效果的评价还未形成科学有效的系统评价，往往仅从数量上予以刚性要求，而对于课程思政与教学内容是否契合、思政教学效果是否良好、不同课程之间的思政协同作用是否形成均鲜有提及，造成在当前的教学实际中出现了“硬思政”的现象，即为了思政而思政，效果不但大打折扣，更容易造成学生的抵触与反感，形成负面效应。为此一些教育工作者就课程思政评价标准开展了深入研究[11,12]，但是如何落地落实，形成一套行之有效，科学可靠的评价体系仍需深入研究，为此虚拟教研室计划通过专题研讨，互动交流，专家咨询，调研总结等多种方式进行专题研究。

4 总　结

课程思政建设是落实立德树人任务的重要途径。在信息化时代背景下基于虚拟教研室平台，开展课程思政建设是快速提升思政建设效果、推动广大教师群体开展思政建设、提升思政建设参与度的重要手段。空军工程大学航空发动机原理课程组牵头获批教育部航空发动机原理课程虚拟教研室，制定合理的运行组织章程，为通过虚拟教研室平台开展课程思政共建、共享、共进提供了平台保障与制度保障。通过开展教师专题培训、思政资源共享、思政主题教改项目立项等手段推动虚拟教研室课程思政建设水平的提升，推动课程思政的落实落地，下一步虚拟教研室还将从课程思政与课程质量协同建设，课程思政评价体系构建两方面入手，进一步利用虚拟教研室平台推动课程思政建设水平，为促进高校课程思政与思政课程协同育人和实现新时代高等教育高质量发展背景下人才培养目标提供可行方案与参考。

参 考 文 献

[1] 中国教育部.《高等学校课程思政建设指导纲要》[Z].2020-05-28.

[2] 王建华，崔澂，李忠红，等.卫生士官专业课程思政教育改革研究[J].白求恩医学杂志，2020(3)：274-276.

[3] 柳叶，胡佳杰，张胜威.自然科学课程思政的教学探索——以微生物学为例[J].微生物学通报，2020，47(4)：1168-1177.

[4] 冯艳、卫红，李琪曼，等.基于虚拟教研室的风景园林专业课程协同思政教学路径研究[J]风景园林，2023(228)23，259-260.

[5] 褚清华，付稳.地方高校行政管理专业课程思政协同的路径思考[J].教育观察，2021(12)：49-52.

[6] 杨宗凯.以信息化全面推动教育现代化：教育技术学专业的历史担当[J].电化教育研究，2018(1)：5-11.

[7] 严笑. 大学本科虚拟教研室建设探析[J]. 高教论坛，2022(5)：58-61.

[8] 战德臣，聂兰顺，唐德凯，等. 虚拟教研室：协同教研新形态[J]. 现代教育技术，2022，32(03)：23-31.

[9] 张冰，张晓朦，林志健，等. 中药学一流课程、课程思政与虚拟教研室的整合建设路径探讨[J]. 中医教育ECM，2023，42(3)：54-57.

[10] 王华，殷旭辉. 高校课程思政的核心思想、实践误区与教学策略[J]. 中国农业教育，2020，21(156)：48-53.

[11] 王静，王雪玲. 多模态理论视角下英语专业思政教学实践与教学效果评价体系研究[J]. 湖北开放职业学院学报，2023，16(350)：101-103.

[12] 赵瑾婷，邹祥. 基于情感、态度、价值观的课程思政教学质量评价体系构建[J]. 职业技术，2023，22 (10)：34-40.

贺信精神引领环境工程卓越人才培养思政实践*

魏亮亮　南军　齐晶瑶　孙怿飞　丁晶

（哈尔滨工业大学 环境学院，哈尔滨　150090）

摘　要：在建设美丽中国和教育强国的时代背景下，如何培养“德智体美劳”全面发展的杰出人才是新时代教育工作者的重要工作。本文结合我校环境工程人才培养中课程思政实践为研究案例，首先梳理了环境工程本科专业培养课程思政总体设计情况；在此基础上结合疫情防控常态下本科教学质量保障工作，重点介绍了习近平总书记致哈尔滨工业大学百年校庆的贺信精神以来，环境工程人才培养在贺信精神学习、贺信精神践行两个层面上的深入推进举措及其成效；最后本文以环境工程系实习实践课程思政为案例，对教学过程中立德树人出发点、课程内涵提升的改革创新举措、疫情云端实习开展等追求卓越行动等进行了概述。相关内容可为新时代环境工程卓越人才培养的课程思政体系构建提供理论依据。

关键词：贺信精神；环境工程；课程思政；全覆盖；实习实践教学

引　言

习近平总书记在全国高校思想政治工作会议和全国学校思想政治理论课教师座谈会讲话指出，思想政治教育是加快推进教育现代化、建设教育强国、办好人民满意的教育，培养担当民族复兴大任的时代新人，培养德智体美劳全面发展的社会主义建设者和接班人的重要举措[1]。对于“培养什么人、怎样培养人、为谁培养人”这一关乎中华民族千秋伟业的根本问题上，必须旗帜鲜明、毫不含糊[2]。高等学府作为人才培养的重要阵地，对“懵懂少年”成才为“中国特色社会主义事业奋斗终身的有用人才”的教育作用不言而喻。

哈尔滨工业大学作为我国高等教育特别是工程教育的高校典范，是享誉国内外的中国航天第一校“尖兵”。在哈尔滨工业大学百年校庆之际，习近平总书记代表党中央，向全校师生员工和校友发来贺信。习近平总书记的贺信高度肯定了我校百年办学的非凡成就，充分肯定了学校为党和人民做出的重要贡献。环境工程系全体教师在贺信精神引领下，通过将贺信精神与课程思政的有机融合，全面将哈工大人的爱国情、强国志、报国行自觉融入专业教育，以期在新百年为祖国培养“又红又专”的生态文明建设接班人谋篇布局。

---

* 基金项目：黑龙江省高等教育教学改革点委托项目“美丽乡村建设背景下环境工程专业涉农方向人才培养体系构建与探索”（SJGZ20200055）；教育部新农科研究与改革实践项目“美丽乡村建设背景下环境工程专业涉农方向人才培养体系构建与探索”（教高厅函〔2020〕20 号）；哈尔滨工业大学专业学位研究生人才培养改革专项项目“新时期卓越工程师人才多元主体培养模式探索与实践”（ZYHX0005）

1 环境工程专业简介及课程体系特色

哈尔滨工业大学环境工程专业成立于1985年,是享誉国内外的国家级特色专业,专业于2019年获批国家首批一流专业。专业以培养尊重自然规律和工程伦理,具有多维知识结构、创新思维和国际视野,具备沟通协作、科技创新、解决复杂工程问题和终身学习能力,具有优良品德、执着信念和家国情怀,能够在生态文明建设等领域引领未来发展的拔尖创新人才为目标[3]。在院士带队,杰出青年、长江学者等为核心的高端师资队伍带领下,环境工程专业在人才培养方面特色如下:① 形成了理论-案例-课程设计体系完备的水、气、固、环评、城镇给排水系统等核心课程体系,突出复杂工程问题求解能力的培养;② 通过传统工程设计与专题设计的有效结合,一年制毕业设计保障工程能力培养的系统性与创新性;③ 国家精品课程/国家一流课程示范效果显著,环境决策支持系统、环境统计学、小城镇及农村环境治理、特种废水处理、排水工程设计规范与计算、循环经济与产业生态学方法等与时代需求相衔接的新工科类课程全面建成。

2 贺信精神引领下的环境工程本科教学课程思政改革与实践

2.1 传统课程思政改革与实践

(1) 传统课程思政元素挖掘与实践

在2019—2020年,环境工程专业组织了面向全体授课教师的课程思政建设,2年间约50门课程完成了课程教学过程思政元素的有效挖掘,实现了环境工程专业学生培养基础核心课思政的全覆盖。在此基础上,结合美丽中国建设的实际需求,让习近平生态文明思想全方位落实到实际教学中。上述课程在爱国主义/家国情怀、大国工匠/科学探索精神、社会主义核心价值观、命运共同体、学科价值认同、仁爱之心与人文精神、习近平生态文明思想等方面均有不同特色的思政元素的布置,相关举措保障了课程体系的方向正确和价值引领。根据对不同课程涉及的200余个思政元素/案例的统计,在上述方向上思政特色主要如下:

在爱国精神/家国情怀思政方面,相关教师通过对居里夫人对钋元素命名的故事、我国城镇给排水系统工程发展历程、“双碳”目标、我校教授对“松花江水污染”事件第一时间应对案例、我国治污强国形象宣传案例、北京和天津为中心的“2+26”城市大气污染联防联控行动、“华为”广告牌树立在巴塞罗那广场案例、哈尔滨空气污染治理案例、居民排水定额变化及给排水设计规范发展历程等相关具体案例的讲解,对我国从站起来、富起来到强起来的发展历程中负责任大国形象的建立过程、我国在污染防治中的决心和诚意、“科学没有国界,但科学家有自己的祖国”等进行了系统的思政。

在大国工匠/科学探索精神思政元素挖掘方面,诸如门捷列夫元素周期表的艰辛发明过程、屠呦呦发明青蒿素、汤飞凡先生分离鉴定衣原体、冒着患病风险喝下幽门螺杆菌的澳大利亚科学家巴里马歇尔和罗宾沃伦、主编了行业经典教材《排水工程(下册)》的学科创始人张自杰教授、第一届优秀教工李昌奖获得者周定教授、我国首位世界水科院院士王宝贞教授等案例的讲授,结合爱因斯坦的相对论,波尔、薛定谔和海森堡对量子力学的贡献,沃森、克里克和威尔金斯以及富兰克林发现DNA的经过,中国最大的污水处理厂建造案例,港珠澳大桥修建等案例,让科学家的探索精神和大国工匠精神渗入学生的培养当中。

在人类命运共同体/安全操作思政元素挖掘方面,新型冠状病毒暴发下的防疫与污水治理、氢氟酸和高氯酸安全使用的重要性、实验室废液/废物处理、生物毒性/生态安全与全人类健康息息相关、生态环境对缺乏社会责任感的人类的惩戒案例等的讲授,结合诸如"如果有人利用细菌、真菌、病毒进行实验,此实验并非出于人类健康和环境改善目的,如果你是一名实验室研究人员应如何看待?""在未来的求职中如果有无良企业向你抛出橄榄枝,以牺牲环境为代价来获取高额的工资,你会如何抉择"等讨论案例,全面强化学生的安全操作以及命运共同体的深入思考。

(2)习近平生态文明思想课程思政元素挖掘与实践

生态文明是人类通过对经济社会粗放型发展过程中生态环境危机的清晰剖析,基于反思传统发展而提出的绿色可持续发展策略[4]。把生态建设上升到文明的高度,是我们党对人类文明趋势认识的不断深化[5,6]。我国历来重视生态文明建设,党的十八大报告将生态文明独立成篇,单独论述,列入统筹推进"五位一体"总体布局,"十九大"报告更是将生态文明定为基本国策、千年大计[7,8]。在我校环境工程培养目标定位上,将"面向生态文明建设的国家战略"作为学生培养的重要牵引,将"具有优良品德、执着信念和家国情怀,能够在生态文明建设等领域引领未来发展的拔尖创新人才"作为人才培养目标。由此可以看出,生态文明思想的深入贯彻和相关实践案例的讲授在新时代环境工程学生培养中至关重要。在推动生态文明思想生根发芽方面,专业具体举措如下:

如"景观生态学"讲授中通过我国濒危物种自然保护区设置、大兴安岭绿色屏障建设行动、唐山南湖景区生态恢复项目收益计算、海绵城市建设案例的讲授,对习近平生态文明思想中科学自然观进行了很好的展示;"特种废水处理"课程通过中央环保督察制度的建立,结合皮革小作坊污染整治行动,对绿色发展观进行了思政;"大气污染控制工程"通过蓝天保卫战实施三年以来我国城市大气污染防治成效的展示,将习近平生态文明思想中基本民生观进行了阐述;"工业生态学"课程通过对手机、小家电等产品使用及回收过程中的LCA方法分析,结合全民参与下的效果分析对全民行动观进行了案例教学。此外,环境工程系青年教师魏亮亮与学院孙怿飞书记共同建设了"习近平生态文明思想及地方实践"思政课程,以文化素质课的形式在哈尔滨工业大学首次开设"习课",对习近平生态文明思想进行了系统讲授,思政效果显著。相关课程思政元素/案例的挖掘及讲授,将习近平生态文明思想核心要义及最新实践进行了全方位地展示,对生态文明思想中的"八观"进行了全方位讲授,让习近平生态文明思想的有机融入课堂,让同学们服务美丽中国建设的初心更加坚定。

2.2 习近平总书记贺信精神引领下的课程思政升级与拓展

2020年6月7日,习近平总书记代表党中央向百年华诞的哈尔滨工业大学发来贺信,盛赞哈尔滨工业大学在党的领导下,扎根东北、爱国奉献、艰苦创业,打造了一大批国之重器,培养了一大批杰出人才,为党和人民作出了重要贡献。同时,习近平总书记希望哈尔滨工业大学在新的起点上,坚持社会主义办学方向,紧扣立德树人根本任务,在教书育人、科研攻关等工作中,不断改革创新、奋发作为、追求卓越,努力为实现"两个一百年"的奋斗目标和中华民族伟大复兴的中国梦作出新的更大贡献[9]。贺信给我专业育人进一步指明了方向,我专业在习近平总书记贺信精神的牵引下，制订了面向新百年的杰出人才培养提升计划。

(1) 贺信精神在教学思政改革中的渗透及践行

1) 学习贺信精神，举旗定向全系谋划新百年立德树人新局面

习近平总书记致哈尔滨工业大学建校百年的贺信既高度肯定我校百年树人及科学研究的杰出成就，也对未来发展提出了更高要求。自收到贺信伊始，环境工程系组织全体教师进行了如何在新百年“打造国之重器，培养了杰出人才”的大讨论，对新时代如何紧扣立德树人根本任务进行了思考，对如何做到“改革创新、奋发作为、追求卓越”进行了思辨，讨论过程中结合美丽中国和生态文明建设的使命，对未来学生培养体系、课程设置、专业定位进行了全面的探索，起到了举旗定向的作用。

2) 践行贺信嘱托，磨砻淬砺全系开展全员参与的讲党课活动

为深入贯彻习近平总书记百年贺信精神，扎实推进课程思政工作，环境工程系以党史学习教育为契机，通过新老党员结帮对、一老带一新的形式，开展了党史集中学习及讲授活动。本次活动中党龄较长的“大先生”们纷纷带头，带领年轻一代集中备课，通过讲授大纲确定、重点内容部署、自身体会拓展等确定讲授内容，通过联合制作 PPT，实现了党史学习和课程思政的双重目标。

3) 践行贺信嘱托，见贤思齐协助开展“八百壮士”宣讲工作

为深入学习宣传贯彻习近平总书记贺信精神，梳理环境学科发展过程中的大国重器、杰出人才，环境工程系协助学院党委组织了环境学院“八百壮士”精神宣讲工作。我系相关教师协助老教师完成张自杰同志、周定同志等老一辈学科创始人事迹整理及 PPT 的制作工作。学科创始人的事迹宣讲使老一辈学科创始人的爱国情怀、高尚品德入脑入心，让习近平总书记谈及的“一大批杰出人才”跃然纸上，形成了同心同向、同频共振的育人新局面。

(2) 以环境工程实习实践教学为例的案例教学展示

环境工程系近年来依托于哈尔滨工业大学教学发展基金项目，以习近平贺信精神为牵引，以新时代实习实践课程升级换代为抓手，通过思政资源挖掘、新时代实习实践体系的构建特别是疫情期间云端实习的开展，形成了思政＋实践特色鲜明的教育教学体系，成效显著。在此对其作为案例进行展示：

1) 以立德树人为根本目的，深入挖掘思想政治教育资源并形成了案例库

实习实践课程改革紧扣习近平总书记贺信中的“立德树人根本任务”，围绕习近平生态文明思想的实践和探索，建设的重点举措如下：① 梳理了我国改革开放四十年来生态文明领域建设大数据并形成了系列课件，展现了我国负责任的大国形象；② 调研整理了中国水业焦点、痛点、难点问题，形成了相关讲义，使学生具有环保使命感；③ 初步搜集习近平新时代生态文明建设方面实践的重要案例，形成了系列习近平生态文明思想地方实践案例库；④ 2020 年初以来，新冠疫情给正常的教育教学带来了严重的挑战，环境工程系第一时间组织召开了如何在疫情下做好教学与思政的大讨论，包括长江学者等在内的近 20 位教师先后发言并形成共识，大家通过对疫情期间如何激发点燃 90、00 后孩子们的爱国热诚、如何进行有温度的授课等多方面进行了思考，形成了共识。

2) 以不断改革创新为内在动力，全面升级实习实践类课程内容

教学改革中以习近平总书记贺信重点的“不断改革创新”为指导，重点举措如下：① 进行了与习近平新时代重点生态环境任务接轨的毕业设计改革，通过四增（增专题设计、增行业调

研、增集中培训、增企业导师)三减(减低技术含量图纸、减图纸总数、减传统排水工程设计工作量)二严(严过程管理、严校优毕设竞争者门槛)一提升(提升行业焦点难点关注度)等举措,进行了毕业设计的全面改革,实现了国优毕业设计的四连中;② 疫情期间形成了"毕业设计过程材料盲审函评—意见返回修改—集中在线答辩"模式,方法学的创新实现了学习成效的大提升;③ 建设了包括哈尔滨城市供水展览馆等在内的实习基地十余家,拓展了学生实习的渠道;④ 环境工程系针对疫情期间实习实践教学难以有效开展的问题,制定了"毕业设计过程材料盲审函评——意见返回修改——集中在线答辩"模式,创新性地提出了云端课程+专业知识视频制作+专业知识小电影制作的实习实训模式,均取得了良好的思政成效。

3) 以奋发作为、追求卓越为目标,构建了面向全国的云端实习课程体系

新冠疫情给高校的实践教学带来了严重的挑战[10],为响应习近平总书记和党中央、国务院关于坚决打赢新冠肺炎防控阻击战的号召,深入贯彻落实教育部关于"停课不停学""停课不停教"等有关政策,以我校牵头的中国水协青年委为依托,建设了面向环境工程、给水排水科学与工程等专业的学生,涵盖了污水处理、给水处理、水源地保护、排水管网、流域治理、黑臭河道、建筑给排水、地下污水厂、海绵城市等的云端课程 30 门,形成了完整的课程体系。上述课程在哈尔滨工业大学、清华大学、同济大学、重庆大学、华中科技大学、吉林大学、南开大学等高校成功讲授 240 余节,受众师生超 22 000 人次。云端课程对前沿工程问题的关注、对案例的深度剖析、对工程成效的关注及成功讲授,特别是通过案例对课程思政问题的关注,得到了行业龙头高校的高度认可,育人和课程思政效果显著。

结 论

① 以贺信精神为牵引,坚持党的领导,形成有组织的环境工程专业课程思政机制:基于目前课程思政元素分布分析,面向国家和行业需求,全面落实贺信精神,实现推进课程体系改革和课程思政内容的升级,通过系统设计,实现环境工程课程体系重构下有组织的思政,实现思政的春风化雨和润物无声。

② 以服务生态文明建设为导向,面向新百年,形成体系优化下的杰出人才培养体系。面向"两个一百年"奋斗目标和中华民族伟大复兴的历史机遇,面向哈尔滨工业大学新百年发展,全面优化环境工程人才培养,培育能够打造国之重器、提出国之重策的杰出人才。

③ 以立德树人为根本任务,奋发作为,在教书育人科研工作中求成绩。面向学校新百年发展,以全面提升环境工程专任教师水平和思政能力为出发点,奋发作为,实现教书育人和科研育人的双向奔赴。

参考文献

[1] 习近平. 用新时代中国特色社会主义思想铸魂育人贯彻党的教育方针落实立德树人根本任务[J]. 旗帜,2019,(04):5-7.

[2] 臧小林,周廷勇. 高校用习近平新时代中国特色社会主义思想铸魂育人的四重维度[J]. 重庆大学学报,2021,27(06):250-261.

[3] 魏亮亮,冯玉杰,张照韩,等."工工"结合下环境工程拔尖创新型人才培养体系构建与课程支撑[J]. 高教学刊,2021,7(S1):1-6.

[4] 王雨辰,彭奕为.十八大以来党领导生态文明建设的理论创新和实践创新及其当代价值[J].兰州大学学报,2022,50(02):1-14.

[5] 姜珺秋,王广智,赵庆良.基于“课程思政”背景下的环境工程类专业课程教学改革探索[J].黑龙江教师发展学院学报,2021,40(12):43-47.

[6] 贾秀飞,王芳.新时代生态文明关系层次的廓清与体认——基于生态马克思主义的视角[J].哈尔滨工业大学学报,2022,24(01):137-144.

[7] 姚厦瑗.全球视域下的习近平生态文明思想研究[J].生态经济,2022,38(04):217-222.

[8] 王晓青.中国共产党探索中国式现代化道路的百年历程及经验启示[J].贵州省党校学报,2022,(02):21-28.

[9] 习近平.习近平致信祝贺哈尔滨工业大学建校100周年贺信[J].国防科技工业,2020,(06):10.

[10] 黄廷林,王俊萍,梁恒,等.新冠肺炎疫情背景下在线教学的探索实践与改革思考——以高校给排水科学与工程专业教学为例[J].给水排水,2020,56(09):149-155.

课程思政体系建设与融入机制研究*

吴昌聚　张文普　陈丽华

（浙江大学 航空航天学院，杭州　310027）

摘　要：最近几年，课程思政教学在全国各地的高校开展得热火朝天，教师们也逐渐总结出了诸多经验，但课程思政教学依然存在诸多误区。针对这些误区，开展了课程思政体系建设和融入机制的探索。从家国、行业、个人三个维度建立了课程思政体系，提出了"课程到思政"与"思政到课程"相结合的双途径教学方法，开展了"单点式－专题式－讨论式－实践式"四模式思政元素融入方法探索，并实现了从"课程思政"到"教材思政"的嬗变。几轮实践结果表明，上述措施取得了良好的教学效果。

关键词：课程思政体系；思政元素；融入机制；教材思政

自从 2016 年习近平总书记在全国高校思想政治工作会议上指出"各门课都要守好一段渠、种好责任田，使各类课程与思想政治理论课同向同行，形成协同效应"[1]，全国各高校积极响应号召，开展了热火朝天的课程思政教育大讨论并深入实践[2-8]。通过几年的实践，教师们也逐渐总结出了诸多经验，但课程思政教学依然存在诸多需要探索的地方。具体表现如下：① 思政元素不成体系，课程知识是成体系的，但思政元素比较碎片化，没有明显的体系；② 思政元素切入途径比较单一，即每次融入都是从课程知识点切换到思政点；③ 融入模式缺少多样性，通常都是通过课堂讲述引出思政点；④ 课堂思政教学开展较多，教材思政探索较少。

针对这些问题，从家国、行业、个人三个维度，多个思政要素，建立了课程思政体系，提出了"课程到思政"与"思政到课程"相结合的双途径教学方法，开展了四种不同模式的思政元素融入方法探索，并提出了"教材思政"的概念。

1　"知识点-思政元素"融合到"课程知识体系-思政体系"融合的跃升

课程思政不但要和知识点无缝对接，而且所有的思政元素也是需要成体系的，包括课程思政想达到什么样的教学目的、思政元素什么时候融入、讲述多久、以什么样的形式融入都是事先设计过，而且自成体系。思政元素就像一颗颗珍珠，是零散的，要想成为一串精美的珍珠项链，还需要一根绳子。这根绳子就是思政体系。

课程思政体系的建立可以从 1 个育人目标、3 个育人维度、10 大育人要素着手。作为国家一流本科专业课程体系中的重点课程，以培养创新型人才为己任，秉持浙江大学基础研究和工程实践并驾齐驱的人才培养特色，围绕国家一流本科课程建设目标，通过专业课的课程思政，将知识传授与价值引领相结合，实现思政元素与专业课程内容的有机融合，促进学生专业素

* 基金项目：2022 年浙江省课程思政教学研究项目

养、专业技能与职业道德修养的提高，引导学生树立正确的世界观、人生观、价值观，实现全程育人、全方位育人目的。

为了实现上述的育人目标，可以从家国层面、行业层面、个人层面三个维度进行课程思政体系的设计。育人要素都是紧紧围绕这三个维度进行设计。如：科学家们的家国情怀、“四个自信”等属于家国层面，责任意识、职业操守等属于行业层面，浙大精神、辩证思维、方法论、奋斗精神、团队合作、个人修养等属于个人层面。以“工程力学”为例，育人要素和课程知识点结合如表 1 所列。通过育人目标、育人维度、育人要素的梳理，实现从“知识点-思政元素”融合到“课程知识体系-思政体系”融合的跃升。

表 1　育人要素和课程知识的融合

案例编号	课程章节	课程内容	思政元素	育人维度	育人要素
1	绪论	上课原则和要求	竺校长两个问题，浙大校训——求是	个人层面	浙大精神
2		“考工记”	关于力和变形的关系描述，比胡克定律的描述早 1 500 年	家国层面	文化自信
3		都江堰的高超力学设计	是全世界年代最久、唯一留存、仍在一直使用、以无坝引水为特征的宏大水利工程	家国层面	文化自信
4		中国现代力学辉煌成就	力学家们的爱国情怀	家国层面	家国情怀、制度自信
5	力向一点简化	单桨划船为什么会打转	家校合力推进教育	个人层面 行业层面	责任意识
6	静力学专题	摩擦自锁	《我和我的祖国》里面登高脚扣的力学原理	家国层面 个人层面	家国情怀、工匠精神
7		重心	拔河中的力学原理——不能躺平	个人层面	奋斗精神
8			欹器(虚则欹，中则正，满则覆)——座右铭的来源	个人层面	个人修养
9	材料力学基础	各向异性	庖丁解牛——遵循客观规律	个人层面	个人修养
10	弯曲应力	抗弯截面系数	十根筷子的故事——19 省市支援湖北 16 市，团结力量大	家国层面	制度自信
11			李诫的“营造法式”——900 多年前就提出了造房子所用梁的最佳高宽比	家国层面	文化自信
12		梁合理强度设计	贝聿铭的仿竹子杰作——中银大厦	家国层面	文化自信
13			华为科技——南泥湾精神	家国层面	家国情怀、责任意识
14			浙大校训——创新	个人层面	浙大精神

续表 1

案例编号	课程章节	课程内容	思政元素	育人维度	育人要素
15	强度条件	强度不足需要重新设计	航天技术归零五原则——航天精神、航天行业规范	行业层面 个人层面	职业操守、奋斗精神、方法论
16	结构设计实践	利用所学理论知识开展实践活动	安全性和经济性辩证统一、理论联系实际	个人层面	方法论、辩证思维、团队合作、奋斗精神、个人修养

2 “课程-思政”单一途径融入到“课程-思政、思政-课程”双途径融入的转变

课程思政应该是“润物细无声”,在多数情况下,思政元素都是紧跟着知识点,在讲课程知识点过程中光滑过渡到思政元素,然后及时抽身。学生甚至都还没反应过来这是思政元素,但确实已经完成了思政教育。

但也有一些场合,直接上思政元素,然后切入到课程知识点。这种模式往往是最近一周甚至最近一两天发生的热点时政新闻,而这个新闻恰好和课程紧密相关。如:2020 年新冠疫情集中暴发时,19 个省市对口支援湖北 16 个市。当时正好在讲述抗弯截面系数和哪些参量有关,10 根筷子捆在一起的时候,抗弯截面系数按照高度平方的速度增加。直接将此新闻搬到课堂里,只需一页 PPT 讲述 1 分钟就可充分说明举国体制的优越性,即制度自信。又如,每年的 4 月 1 日、5 月 8 日,就会出现大量的纪念王伟烈士、纪念我国驻南斯拉夫大使馆被北约轰炸时牺牲的三位烈士的推文。每年的 5 月 12 日,全国各地都会拉响防空防灾警报试鸣以纪念汶川地震。上课时,先直接花几分钟介绍当年事情发生时的情况,包括在事情发生时,国家和人民所采取的一些措施,完成思政育人的目的。这种时效性很强的时政新闻的融入非常受学生欢迎。只要时刻关注热点新闻,多建立和课程的联系,这种教学途径很容易实现。

3 “单点式”融入到“单点式-专题式-讨论式-实践式”多模式融合的蜕变

一般思政元素的融入是在教学过程中,随着知识点的讲述,无缝对接地进行思政元素传递,即用一两个充满思政元素的案例进一步解释课程知识点,加深对知识点的理解。这种融入模式时间极短,阐述思政元素的时间往往只需两三分钟。这种模式在课程教学过程中最常见,量也最多。这种融入可称为“单点式光滑融入”。

除了这种融入模式外,本文还探索了“专题式集中融入”“讨论式互动融入”“实践式锻炼融入”等多种思政元素融入模式。

“专题式集中融入”,是指在讲述某个知识点时,开展与这个知识点密切相关的思政元素专题讲述,这种融入模式需要的时间会更长些。如:在讲述强度不足导致构件失效时,以专题形

式引入“航天技术归零五原则”。航天技术归零五原则包括:定位准确、机理清晰、问题复现、措施有效、举一反三。其目的是防止质量问题的重复发生,杜绝人为责任事故的出现,实现产品质量和工作质量的不断改进。将介绍本人参与国内第一颗皮卫星研制的经过和归零经历,并将这归零五原则进行延伸,拓展到同学们的学习和生活中,指导同学们的学习和生活。这种将航天精神、方法与学生研究工作、学习和生活相结合,势必会大大提高学生的学习兴趣,也提高其分析问题和解决问题的能力,同时也加强对国家高科技领域的了解,从而增加民族自豪感,对今后的工作也会有较强的促进作用。“专题式集中融入”计划在课程中安排 1～2 个。

“讨论式互动融入”指的是将与课程知识紧密结合的一些案例放在 SPOC 上,让学生参加在线讨论,教师在 SPOC 上进行极引导。在讨论中不知不觉地完成思政育人。如:李诫在“营造法式”里提到“凡梁之大小,各随其广分为三分,以二分为厚”,即梁的高宽比为 3:2 最佳。让学生利用所学弯曲应力和弯曲变形的知识去解释这一结论。通过在线讨论,深入了解中国古代力学的辉煌成就,提升文化自信。这种融入案例数量仅次于单点式光滑融入。

“实践式锻炼融入”指的是在实践过程中完成育人。在讲述抗弯截面系数时,指出在横截面相同的前提下,空心结构的抗弯截面系数要比实心结构的大,并且空心度越大,抗弯截面系数也越大。为了深入探讨空心植物的空心度和抗弯截面系数间的关系,课前事先给班里同学们布置一道题:在校园里找空心的植物,拿到课堂里实测其空心度。同时,为了进一步研究空心度和植物品种的关系,带着班里的同学,去校园里进行现场测量,并且为了减小误差,同一个品种进行多次测量。通过实测数据寻找其中的规律。调查结果发现,空心植物的空心度不但与品种有关,还和其生活环境有关。通过这个活动,同学们充分理解了“实践出真知”的道理。此外,还布置另外一个实践环节,即通过所学的理论知识开展观光塔模型的搭建并进行加载试验。这项实践内容充分传递结构设计的方法论、安全性和经济性辩证统一的哲学思想,以及在模型制作过程中的团队合作和奋斗精神等。

4 “课程思政”到“教材思政”的嬗变

传统的教材缺乏思想性,很少涉及思想教育。而近些年,国家不断推进各类网络课程资源建设。2019 年底国家教材委员会《普通高等学校教材管理办法》第三章第十条提到“继续推进规划教材建设,采取编选结合方式,重点组织编写和遴选公共基础课程教材、专业核心课程教材以及适应国家发展战略需求的相关学科紧缺教材,组织建设信息技术与教育教学深度融合、多种介质综合运用、表现力丰富的新形态教材。”可以利用新形态教材建设,有机融入中华优秀传统文化、革命传统、法治意识和国家安全、民族团结以及生态文明教育,努力构建中国特色、融通中外的概念范畴、理论范式和话语体系,防范错误政治观点和思潮的影响。

具体的实现模式可以是在教材里面直接融入思政元素,如:所举的案例、所列的思考题、讨论题都是富含育人要素的。也可以是以二维码形式放置与课程知识紧密结合而又有育人要素的纪录片、新闻等。从而实现从“课程思政”到“教材思政”的嬗变。

5 结 论

① 从育人目标、育人维度、育人要素着手,建立了课程思政体系;

② 实现了从“课程-思政”单一途径融入到“课程-思政、思政-课程”双途径融入的转变;

③ 提出了“单点式光滑融入”“专题式集中融入”“讨论式互动融入”“实践式锻炼融入”多模式思政元素融入方法,实现了从“课程思政”到“教材思政”的嬗变。

参考文献

[1] 习近平.习近平在全国高校思想政治工作会议上强调:把思想政治工作贯穿教育教学全过程 开创我国高等教育事业发展新局面[N].人民日报,2016-12-09.

[2] 山美娟,税国双.“工程力学”课程思政的探索与实践[J].教育教学论坛,2023,36:86-90.

[3] 许峙峰,吴玉顺.“结构力学”教学中思政元素融合的实践与探索[J].教育教学论坛,2023,35,113-116.

[4] 江守燕,金蓉,杨海霞,等.基于混合式教学与课程思政教育的结构力学课程教学设计[J].高教学刊,2023,33:102-105.

[5] 曹阳,马军,王旭,等.思政教育和流体力学与流体传动课程教学的融合路径[J].高教学刊,2023,27:186-189.

[6] 吴美平,徐婉莹,耿丽娜,等.新工科专业课程思政建设探讨—以飞行力学课程为例[J].高教学刊,2023,31:50-53.

[7] 李霄琳,周立明,于莉,等.注重基础、立足工程、强化实践、融入模拟、激励创新——“材料力学”教学改革探索[J/OL].力学与实践,(2023-11-14).https://link.cnki.net/urlid/11.2064.O3.20231112.2050.002.

[8] 金阿芳,热依汗古丽·木沙,富荣昌.基于思政理念的流体力学课程教学目标探究[J].教育教学论坛,2023,35,153-156.

课程思政在“电路基础”教学中的探索和应用*

吴玮　何晨光　吴宣利　高玉龙

（哈尔滨工业大学 电子与信息工程学院，哈尔滨　150000）

摘　要：电子通信系统是航空、航天系统中的重要组成部分。而电路基础课程是电子信息类本科专业第一门专业基础课，在学生培养过程起着奠定基础的重要作用。本文阐述了“引申法”“类比法”等深挖“电路基础”课程的思政元素和案例的方法，探讨如何将“电路基础”课程的知识点与思政元素、案例相结合，将思想方法和价值理念融入到教学实践中，优化课程教学设计方案，使学生在掌握学习内容的同时，了解电路分析和实际电路之间的科学的辩证关系，启发学生的创新思维，发现科学技术发展的客观规律，树立正确的人生观、价值观和科学观，从而达到立德树人的根本目标。

关键词：课程思政；电路基础；思政案例；立德树人

引　言

2016年12月，习近平总书记在全国高校思想政治工作会议上，指出“高校思想政治工作关系高校培养什么样的人、如何培养人以及为谁培养人这个根本问题。要坚持把立德树人作为中心环节，把思想政治工作贯穿教育教学全过程”[1]。这明确地阐述了课程思政工作目标和深刻内涵。课程思政，就是要把将思想政治教育的理论知识、价值理念以及精神追求等思想政治教育元素融入到各门课程中去，潜移默化地对学生的思想意识、行为举止产生影响[2]。作为“中国航天第一校”的哈尔滨工业大学，立足航天、服务国防，肩负着助推我国航天事业发展的重要使命。怎样为我国航天事业培养知识广博、科研能力扎实，思想政治过硬的杰出人才，是我校新时代的课程建设的重要课题。

1　“电路基础”课程思政的重要性与难点

电子通信系统是是我国载人航天工程的重要组成部分，参与此系统设计的研发人员多为高校电子信息类学生。针对电子信息类学生的培养方案中，“电路基础”课程是通常都是第一门专业基础课，起到了承前启下的重要作用。该课程承接了“微积分”“大学物理”等公共基础课程中的数学、物理相关理论，将这些数理理论应用于电路模型之中，进而将电路模型向实际电路应用进行转化，并为后续“电子线路基础”“数字逻辑电路与系统”“信号与系统”“通信电子

* 基金项目：哈尔滨工业大学教学发展基金项目（课程思政类）第十批立项“电路基础”（项目编号：XSZ2023006）；黑龙江省高等教育教学改革项目“从传授范式向学习范式转变的教学模式研究与实践”（项目编号：SJGY20200191）；哈尔滨工业大学混合式教学模式改革项目（项目编号：XHG2021A001）；黑龙江省高等教育教学改革研究重点委托项目（项目编号：SJGZ20220003）；第三批黑龙江省高等学校课程思政示范课程和教学团队培育项目

线路”等课程起着奠定基础的重要作用[3]。因此，如何使学生学好、学懂这门课，对学生后续的学习有很大的益处。更值得关注的是，如何通过这门课的学习，使学生理解电路理论和实际电路之间的科学的辩证关系，发现科学技术发展的规律，启发学生的创新思维，树立正确的人生观、价值观和科学观[4-5]。

然而“电路基础”课程的特点和现状，导致课程思政工作存在一定的难点：“电路基础”课程的知识点是基于电路理论等自然认知的普遍性上，没有直接的人文社会科学的立场导向[6]，如何将思想政治教育润物细无声地融入其中，是一个难点问题；另一个难点问题是“电路基础”课程注重利用电路基础理论对电路进行分析，学生重点掌握相关理论的实际运用，在教学过程中通常缺少价值上的引领[7]。因此如何挖掘电路基础理论值的思政元素和案例、如何将知识点和价值引领有机地结合起来，如何让社会主义核心价值观贯穿于整个课程中，是“电路基础”课程思政建设的需要解决的问题。

2 “电路基础”课程思政案例挖掘方法

通过多年的“电路基础”课程教学实践，归纳总结了以下几种挖掘思政元素及案例的方法：

归纳法：将若干相关知识点进行归纳总结，画出思维导图，形成知识点体系，启发学生发现其间的客观科学规律。例如，在讲解完电路定律和定理后，与学生一起进行总结，引发学生对定理、定律成立条件的思考，使学生认识到任何理论都有其适用范围或前提条件，对科学的研究必须有严谨的态度，明确实验条件，利用科学的研究方法，得到准确的结论。

引申法：“电路基础”课程中的知识点较多，并且其中部分知识点难以理解掌握，那么可以采用引申法。从知识点的关键字词，进行引申，挖掘关键字词的内在含义，搭建关键字词与思政元素之间的联系。通过这种关系既可以加深学生对知识点的理解，又可以将思政元素有机地融合在一起。

类比法：将“电路基础”课程的一些数学模型与其他课程的模型，甚至是社会现象、事物客观规律等进行类比，发现其中的相似之处和不同的地方。与学生共同思考和讨论存在相似之处的原因，使学生对“电路基础”与其他相关课程的知识融会贯通，建立相关课程的知识图谱；分析比较不同之处，探讨存在差异的原因，可同时加深对两方面的理解。

历史扩展法：“电路基础”的知识点相对枯燥单调，但和电路相关的历史事件却异彩纷呈，将相应历史事件与知识点相结合，使学生通过历史事件了解电路理论的发展，激发学生对科学技术的向往。通过历史事件中的人物，触动学生对自己人生、对国家命运的深入思考。

在实际教学中，通常需要多种方法相结合，才能达到较好的教学效果。因此，教师需要具有广博的知识，并通过深入思考和挖掘，建立丰富课程思政案例库。

3 “电路基础”课程案例举例

“电路基础”课程中有很多案例可以自然而然进入课程思政教育的知识点，下面将以具体举例说明。

实例 1：电力传输方式——揭示科技发展的客观规律

正弦电流电路和三相电路是“电路基础”课程的重要教学内容。特别是其在电力传输方面的应用是我们在实际生产生活中不可或缺的。因此,在此处通过历史扩展法,将电路传输方式的历史事件进行展开,可以使学生更深切地了解科学技术发展的客观规律。19 世纪末的电力之争是一场关于采用何种电力系统传输方式的交战,参与到这场争斗中的有大力推行直流输电方式的托马斯·爱迪生,还有坚决推广交流输电方式的乔治·威斯汀豪斯和尼古拉·特斯拉。由于当时的技术限制,直流发电机体积巨大、直流电力传输的距离很短,必须采用较高的电压进行传输,而当时直流升压的技术不成熟;反观交流电具有易于升压、传输距离远、传输成本低等特点,最终赢得了当时的这场电力之争,成为电力传输的主要方式。然而随着直流升压、断路器等技术的发展,特高压直流电力传输成为现实,而且具备输送灵活、损耗小、能够实现快速控制等优点以及点对点、超远距离、大容量送电和能力。“特高压±800kV 直流输电工程”还获得过 2017 年国家科技进步奖特等奖。由此可见,一项科技的发展,有时会受到相关技术发展的制约,使得该技术停滞不前,但当相关技术得到发展时,制约因素获得突破,那么该技术就会迅速发展起来。这就是科技的螺旋式发展模式。与此类似的还有当前火热的人工智能技术和 OFDM 技术等,这些技术都是在 20 世纪五六十年代就提出了,但受到当时硬件的计算能力的制约,直到 20 世纪末才因为硬件能力的提升,这两项技术才得到实际的应用和发展。通过这些例子,在让学生了解到科技历史的同时,使同学深入思考当前有哪些技术有相同的情况,受到其他因素的制约,那么这些制约因素如何突破,可能就会成为某些同学未来的研究课题。

实例 2:谐振电路——社会主义核心价值观

电路的谐振从定义上讲是在特定条件下出现端口电压、电流同相位的现象时,称电路发生了谐振。从现象讲当电路中激励的频率等于电路的固有频率时,电路端口的电流或电压振幅也将达到峰值,电路的电磁振荡幅度最大。此处可以利用引申法,从字词的含义引申,建立知识点与思政元素之间的联系。这里从谐振的“谐”字展开。“谐”的本义:和谐,配合得当。电路当中的谐振是电路中激励的频率和电路的固有频率“配合得当”。而在“社会主义核心价值观”中“和谐”一词就是其中之一,也是我国社会主义现代化国家的建设目标之一。“和谐”这一社会主义核心价值观可以理解为社会各部分配合得当,才能发挥各自的作用,整个社会就会形成最大的、向前的推动力。从人类社会开始以来,人们就对和谐社会充满了追求和向往。和谐是世界上所有事物共存的一种最根本的方式,也是其一种辩证关系的积极展现。和谐自古就是中华文明遵循的核心价值理念之一,中国传统文化对和谐的阐述体现在人与自然、人与人、人与社会等多个层面。而当今的中国特色社会主义和谐社会建设,正是实现和谐这一价值目标的伟大实践,也是中国共产党执政兴国的一贯诉求,更是人类世界的发展方向。和谐社会应是一个安定有序的社会,要建立协调社会矛盾的各种机制,整合社会管理资源,建立新的社会治理机制,维护社会稳定;和谐社会应是一个人与自然和谐相处的社会,要严格遵循科学发展观的要求,建设资源节约型、环境友好型社会,统筹人与自然的关系,促进可持续发展[8]。通过这样的引申方法,一方面可以加深学生对电路中谐振概念的理解,另一方面可以使学生对和谐这一社会主义核心价值观进行深入的思考,探索如何通过科学技术促进人与人、人与自然、人与社会的可持续性发展,并在今后的学习和科研工作中,如何与党和国家“同频共振”,共同进步、共同发展。

实例 3:动态电路的暂态过程——关于人生目标与奋斗

动态电路的暂态过程从物理现象看,是电路起初处在一个稳定状态,当电路发生换路时,电路量从初始值起步开始按照指数规律变化，最终达到新的稳定状态。那么产生这种现象的原因是什么？是电路发生了换路，电路的结构、参数以及激励发生了变化。而从初始值到最终稳态的变化快慢取决于时间常数，这个时间常数和电路的自身固有参数有关。

这里可以采用类比法。将动态电路的暂态过程与人生、学业、科研工作的过程相互类比。引导学生思考自己的人生、学业和科研工作都是从一个起点开始，逐渐发展最终达到我们的目标，如图 1 所示。这个起点就可以类比暂态过程中第一个平稳状态，而我们的目标则是暂态过程中新的平稳的状态。固然，每个人的起点高度不尽相同，但这并不影响我们最终的目标。当每个人的目标已确定，那么达到目标的快慢，取决于每个人自身的努力奋斗以及投入的精力，这也就是我们自身固有的“时间常数”。在我们奋斗的过程中，起步阶段往往是进展很快的，当我们越接近目标时往往进展越缓慢，这和暂态过程变化规律是一致的。在这个阶段，我们必须持续努力，保持积极的态度，不能放弃，不能功亏一篑。

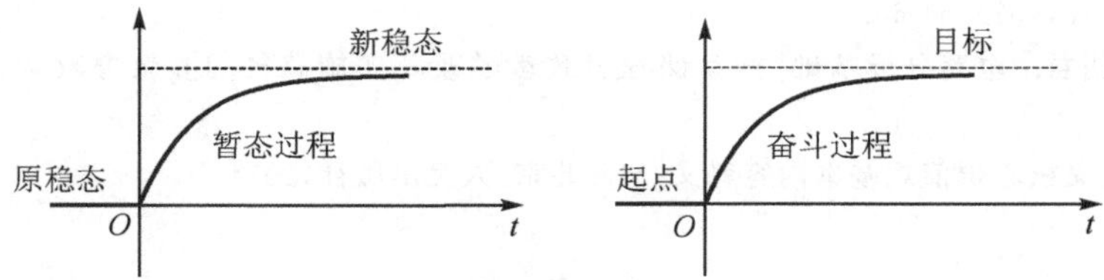

图 1　动态电路暂态过程与人生奋斗的类比

暂态过程也存在二次换路。当二次换路的时候，最终的稳态以及时间常数都可能发生变化。而我们的人生、学习和科研工作过程中也会出现一些契机和变故(见图 2)。如果我们利用新的契机设定更高的目标，并且为之更加努力地奋斗，那我们就会最终站上新的高峰；而如果因为遇到一些变故而颓废，丧失奋斗的动力，可能就会跌入谷底。

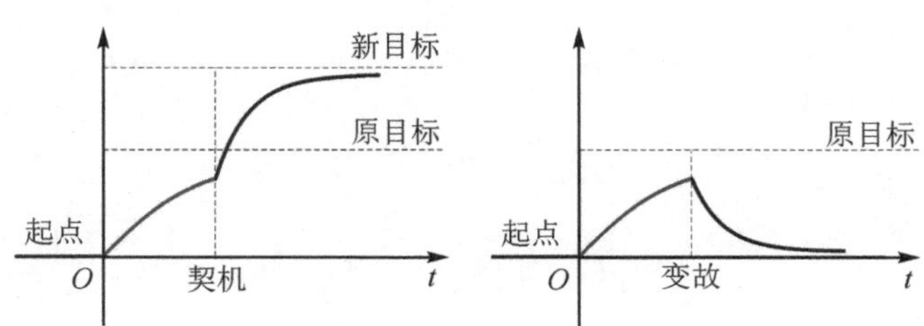

图 2　二次换路与人生奋斗的类比

由此，引导学生正确地设定好自己的目标，并为之不懈奋斗。

4　结　论

“电路基础”课程是电子信息类本科生的第一门专业基础课，在整个培养体系中起到承上启下的重要作用。在“电路基础”课程中开展思政教育意义重大，但也存在难点。本文从总结归纳挖掘思政元素和案例的方法入手，通过思政案例的实例阐述了在“电路基础”课程中如何通过归纳、引申、类比的方法和实例，在促进学生对知识点学习和理解的同时，潜移默化地树立学生的人生观、价值观和科学观。通过课程教学和课程思政，为我国航空航天事业培养有理想、有思想、有能力的创新型人才。

参考文献

[1] 黄超,丁雅诵.培养担当民族复兴大任的时代新人[N].人民日报,2021-12-10(001).

[2] 王学俭,石岩.新时代课程思政的内涵、特点、难点及应对策略[J].新疆师范大学学报,2020,41(02):50-58.

[3] 侯成宇,赵雅琴,刘金龙,等.谈通信电子线路的课程思政建设方法[J].当代教育实践与教学研究,2020,(11):198-199.

[4] 汪玲,陈客松,钟洪声."电路"基础课程思政教学内容改革[J].电气电子教学学报,2022,44(03):84-87.

[5] 杨玉照."电路分析基础"课程思政教学探索与实践——"一体三教"模式培养学生正确的科学观[J].教育教学论坛,2021,(14):77-80.

[6] 余江涛,王文起,徐晏清.专业教师实践"课程思政"的逻辑及其要领——以理工科课程为例[J].学校党建与思想教育,2018,(01):64-66.

[7] 刘婵梓,陈琼,胡君."电路分析基础"推动课程思政教学改革实施路径[J].教育教学论坛,2023,(24):61-64.

[8] 郭建宁.社会主义核心价值观基本内容释义[M].北京:人民出版社,2014.

数字赋能混合式教学中的课程思政建设方法*

吴宣利　赵雅琴　吴玮

（哈尔滨工业大学 电子与信息工程学院，哈尔滨　150001）

摘　要：课程思政近年来受到了广泛的关注，而数字赋能的线上线下混合式课程也是未来高等教育发展的必然趋势。本文针对数字赋能混合式教学中的课程思政建设方法展开研究，首先分析了混合式课程中的课程思政建设特点，然后以一门具体的课程为例，从混合式课程的课程目标和思政目标入手，提出了“双平台四融合”的课程思政建设方法以及“教学内容－研讨问题－思政案例－教材建设”一体化的课程思政教学资源建设方法，最后，分别从显式思政和隐式思政两个方面，讨论了两个具体的案例以说明如何在数字赋能混合式教学中进行课程思政建设。

关键词：混合式教学改革；课程思政；双平台四融合；课程思政资源建设

习近平总书记2016年在全国高校思想政治工作会议上指出，“要使各类课程与思想政治理论课同向同行，形成协同效应”[1]。为深入贯彻落实习近平总书记关于教育的重要论述和全国教育大会精神，教育部2020年印发《高等学校课程思政建设指导纲要》，明确指出要寓价值观引导于知识传授和能力培养之中，帮助学生塑造正确的世界观、人生观、价值观[2]。

古往今来，教师对学生的思想道德引领始终贯穿教育的始终，在韩愈的《师说》中，“传道、授业、解惑”中的传道，即教师对学生的思想引领，被放在了第一的位置，可见古人对其的重视程度。随着教育的不断发展，“思政育人”这项系统性工程被分为了三个层次[3]：第一个层次是构建立德树人共同体；第二个层次是巩固思政课程的核心地位；第三个层次是挖掘专业课程的思政教育资源。其中，前两个层次近年来已经受到了广泛的关注，也取得了一系列成果，但对第三个层次，即课程思政的研究则仍然需要进一步深化。

近年来，国内高校均在积极开展课程思政建设。湘潭大学刘建平副校长分析了高校课程思政的内涵和特征，研究了高校课程思政的基本规律，给出了推进高校课程思政建设的具体路径，并指出要在思政教学中要充分调动和发挥学生的积极性和主动性”[4]。陕西省委教育工作委员会原书记首先分析了理工类大学课程思政建设的意义，然后讨论了理工类大学课程思政建设的改进方向，最后给出了对理工类大学进行课程思政建设具体实践举措的建议[5]。天津商业大学孙云山等提出了坚持“思政教育”一条主线，完善两个“红色”教案，通过“传统课堂＋实验课堂＋互动课堂＋网络课堂”四个课堂实现人才培养目标的课程思政创新教学模式[6]。上海市教育科学研究院副院长从更加宏观的角度分析了课程思政的演进，指出更高级别的课程思政建设应从边界扩展等四个方向上寻求新的突破[7]。

＊　基金项目：高校教师教学组织和教学发展体系建设研究项目（国防航天类高校教师教研和教学方法体系研究）；黑龙江省高等教育教学改革研究重点委托项目（SJGZ20220003）；哈尔滨工业大学混合式教学模式改革项目（XHG2021A001）

而随着教学模式和教学方法改革的推进,线上线下混合式教学受到越来越多的关注,通过数字赋能的线上课程和教学资源,以及更加深入的自主学习和线下研讨,可以有效提升学生的自主学习能力,加强学生对课程的理解,从低阶学习转向高阶学习,强化分析、讨论和设计等高阶能力的培养。因此,数字赋能的混合式教学这种新型教学模式下的课程思政建设也成为了研究的热点。陈岚等以“数字电路与逻辑设计”课程为例,首先分析了传统教学中存在的问题,然后给出了数字赋能混合式教学模式下基于具体课程进行课程思政教学改革的思路及具体实践。杨晶等以“微观经济学”课程为例,分析了课程思政混合式教学的内涵,研究了融合课程思政的混合式教学模式的必要性,并以具体的课程介绍了课程思政混合式教学模式应用的教学理念、教学过程、教学内容和学习评价,最后分析了实际的课程效果。郭金林等人进一步从教学团队建设、课程思政数字教学资源构建和课程思政教学渠道建设三方面形成了全方位的线上线下混合式思政教学模式[10]。侯蕴慧则从混合式教学模式、线上数字资源建设内容、课程思政开展形式、思政学习收获等方面讨论了混合式教学模式下课程思政认同维度的体系设计,为课程思政的实际评价给出了一些有意义的指导[11]。但不可否认,目前课程思政视域下的混合式教学仍然存在一定的不足,张淑辉等分析了高校课程思政混合式教学面临专业教师教学胜任力不够、学生与数字化/信息化的学习环境交互作用发挥不足、评价体系不完善、整体融合力度不够等一系列问题,并给出了具体的改进策略和方法[12]。

通过上述文献可以发现,思政教育正在从思想政治理论课和专业课两方面同步推进,但需要指出的是这两类课程的功能定位并不一致,需要从思想深化、课程目标建设、思政元素挖掘、教学方法改革等多个途径推进教学改革,实现专业课同思想政治理论课的有机协同,体现对应的思想政治教育映射点,充分发挥课程育人功能。但是,如何真正切实有效地在数字赋能的混合式教学这种新型教学模式下更为有效地实现课程思政建设,仍然是专家学者们讨论的焦点问题之一。本文将针对这一问题,以具体课程——“移动改变生活——5G 的前世今生”为例,探讨进行混合式教学时的课程思政建设思路和方案,力争实现高等教育知识探究、能力建设和人格塑造三位一体的教学目标。

1 混合式课程中的课程思政建设特点

课程思政是思政育人的一个重要方面,是思政课程的有效补充,但需要指出的是“思政”元素仅仅是课程的一个有机组成部分,课程本身的知识探究和能力建设要求仍然是课程建设的主要目标。就像炒菜中的盐一样,放得太少食客会觉得味道不够,放得太多又会让人无法品尝;课程思政也存在这样的问题,既要在潜移默化中起到思政教育的目的,同时又不能太过于明显和刻意,让学生感到反感。

实际上,课程思政并不是要求老师们在课堂上仅仅进行思想政治教育,而是应在授课过程中,通过课程教学内容有机融入思政元素,从而培养学生具有正确的世界观、人生观和价值观,同时也可以通过技术的发展路径、科技发展规律以及学科发展的历史脉络去启迪学生的心灵,让学生能够深入地思考自己与国家、社会发展之间的关联性,理解国家和个人的对立与统一,培养学生为国家富强、人民的幸福安康和社会的不断发展而贡献自己力量的家国情怀,真正意义上培养合格的社会主义建设者和接班人。

而混合式课程的课程思政途径除了传统的线下方式外,还增加了一个线上的方式,也就是说通过线上资源数字赋能的方式，利用隐式课程思政和显式课程思政两种方式均可以有效地实现课程思政，蕴含思政元素的数字化课程以及相关的数字化资源可以被学生多次学习，大大拓展了传统线下课程的思政建设方式，因此需要采用新型的课程思政建设方法。

2 “双平台四融合”的课程思政建设方法

2.1 课程目标与思政目标

“移动改变生活——5G的前世今生”这门课程要求学生了解移动通信的发展历史、趋势以及系统的基本组成部分，理解第五代移动通信系统(5G)的电波传播与信道模型，信源编解码、调制解调、信道编解码以及分集接收等关键模块，能够阐述未来移动通信系统的发展方向，并能在系统分析和设计的过程中考虑经济、社会、健康、安全、法律、文化以及环境等因素。

这门课程同社会生活息息相关。众所周知，由于中国5G的创新发展，中国的中兴、华为等通信行业的公司均不同程度受到了国外部分国家和地区的限制，而中国的芯片行业也处于比较艰难的状态，这些内容都较好地体现了课程思政的要素。实际上，中国蜂窝移动通信技术的发展经历了2G受制于人、3G参与标准竞争、4G同国际主流竞争对手并跑、5G领先于世界上绝大部分国家的过程，在整个过程中并不是一帆风顺的，也经历过国外势力的打压以及各种其他事件的影响，这些都将成为本门课程的思政要素，能够更好地激励学生以推动中国移动通信技术发展为己任，以科技创新引领未来世界发展的信心和决心。

课程在凝练总结民用移动通信领域思政元素的基础上，立足国防、航天深入挖掘思政元素，强化能力建设和人格塑造，依托布鲁姆教育目标分类理论，确立了“人格塑造－知识探究－能力建设”三位一体的课程目标，充分融入了课程思政的需求，如图1所示。并设计了本课程的课程思政建设目标：立足国防航天，结合中国移动通信的发展历程，树立学生的民族自豪感，提升学生面向国家重大需求，投身祖国社会经济建设的理想信念，强化学生的逻辑思维，培养学生求真务实和追求卓越的科学精神以及大国工匠精神。

2.2 课程思政建设方法

课程组坚持面向科技前沿、面向5G带来的万亿级经济增加值、面向中国5G技术全球领先带来的挑战、面向移动通信为社会生活带来的改变，针对以5G发展前沿和未来发展方向，将课程建设目标融入课程教学过程，构建了“双平台四融合”的课程思政教学实践方法，利用“雨课堂”和“智慧树”两个平台的数字化资源，从“思政元素与专业知识融合、线上思政资源与线下思政资源融合、能力培养与科学素养融合、知识能力与人格塑造融合”四方面展开课程融合思政建设及应用，如图2所示。这四个方面具体包括：① 建设课程思政案例库并在授课过程中融入思政元素，实现思政元素与专业知识融合的育人模式，践行立德树人；② 建设数字化慕课视频70个和其他数字化资源10个，并持续进行课程教学内容和慕课资源中思政元素的更新，实现了线上资源与线下资源思政融合的教学方法，增强课程创新性；③ 建设了面向学生能力培养的实践平台并融入了科技发展历程，实现了能力培养与科学素养融合的实践设计，增强课程高阶性；④ 通过雨课堂数字化测试和研讨题目，培养学生求真务实和追求卓越的科学精神，实现了知识能力与人格塑造融合的考核方式，增强课程挑战度。

3 课程思政教学资源建设方法

在课堂教学过程中，将思政元素融入移动通信知识、课堂研讨问题、具体思政案例以及教材思政建设，实现了“教学内容-研讨问题-思政案例-教材建设”一体化的课程思政教学资源建设方法，使得人格塑造、知识探究和能力建设有机融合在一起，凸显课程思政的建设目标，如图3所示。

教学内容思政建设：在知识传授过程中融合思政元素，润物无声。本门课程涵盖电波传播、信源与信道编码、调制技术等关键技术相关内容，同时也介绍了蜂窝移动通信系统的演进。在本课程中，基于课程组相关科研成果，新建5G关键技术知识点6个、航天关键技术点2个，全部进行课程思政设计，同时新建5G系统演进及6G愿景等知识点5个，体现最新科技发展前沿并通过实际案例实现了对学生的思政教育。

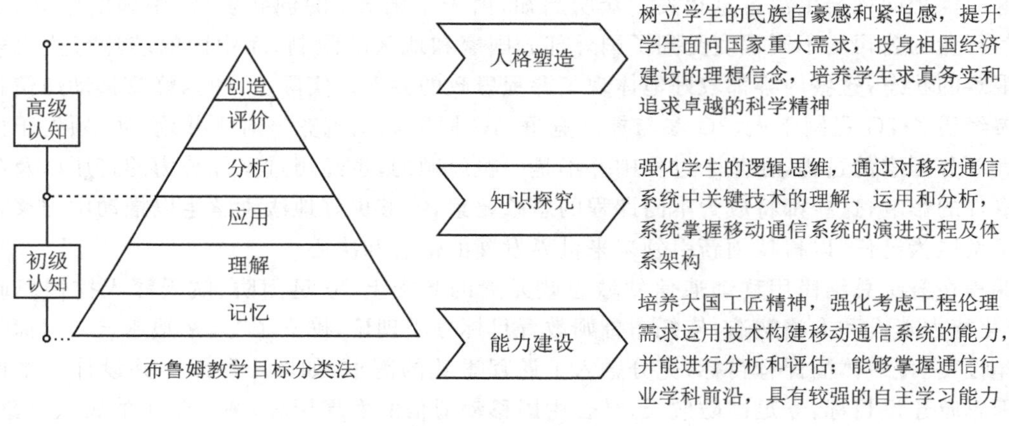

图1 融入思政的课程目标

图2 课程思政教学实践方法

研讨题目库思政建设：在课堂研讨过程中引入思政元素，引发思考。构建雨课堂研讨题目

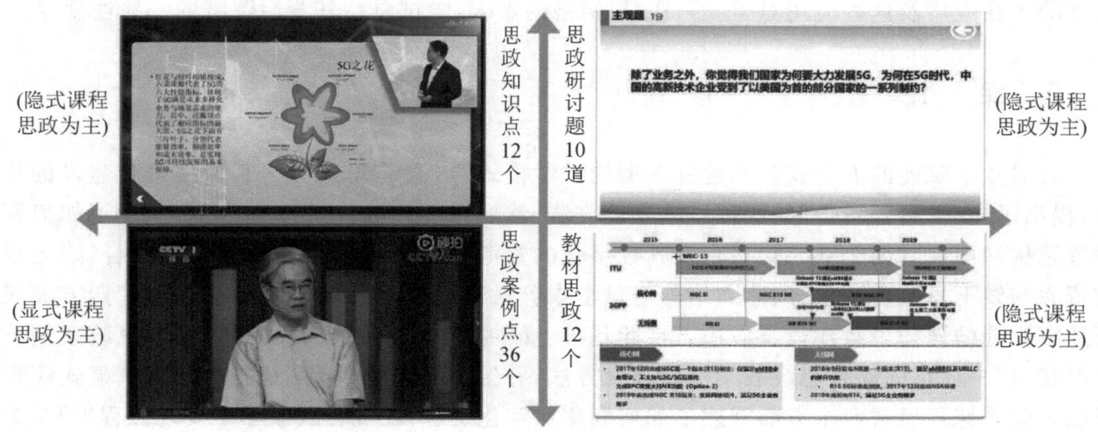

图 3　课程思政教学资源建设方法

库，在题目中引入思政建设相关题目，以隐式课程思政的形式引导学生深入思考国家、企业与个人的关系，引导学生爱党、爱国、爱家。

课程思政案例库建设：在历史演进过程中凸显思政元素，立心铸魂。针对中国移动通信发展历程，结合目前移动通信发展遇到的困境，建设了课程思政案例 36 个，其中 24 个案例体现在数字化的线上资源中，以显式课程思政的形式强化学生的理想信念。

教材思政元素建设：在教材建设过程中通过对中国移动通信行业“1G 空白，2G 跟随、3G 突破、4G 同行、5G 引领”相关内容的介绍，以隐式课程思政的形式将思政元素融入到教材中，潜移默化引导学生具有良好的科学素养。

4　具体的思政案例

在授课过程中，针对学生对隐式课程思政蕴藏内容可能理解不深刻的问题，又分别针对混合式课程的特点，设计了显式课程思政和隐式课程思政两种不同类型的数字化赋能思政方法。

① **显式课程思政：**以坚定理想信念，爱党、爱国为主线，通过明确的实例让学生明白现在这个时代带来的机遇和挑战。例如：第一章线上慕课视频教学内容中加入了“为何要发展 5G”这一节，在给出“2G 跟随→3G 突破→4G 同步→5G 引领”发展的基础上，分析并讨论中国移动通信演进过程及发展 5G 的必要性和必然性。而在线下授课过程中，以中国工程院原副院长邬贺铨院士和金一南将军的两段视频，从“大专家”的层面，引导学生深刻剖析中国现阶段遇到挑战的原因，分析我们国家应对这些挑战的底气和动力来源于哪里，增强学生投身中国式现代化建设的信心，凸显中国的科技创新实力。

② **隐式课程思政：**盐溶于水，润物无声，强化工程伦理、哲学辩证、逻辑思维教育，提高学生正确认识问题、分析问题和解决问题的能力。例如，线上慕课视频教学内容中加入了“5G(B5G)在 to B 和 to C 两个方向的创新应用”这一节，给出 5G 和后 5G(Beyond 5G，B5G)时代新的应用对 5G 的需求及其市场潜力，从 to B 和 to C 两个方向给出 5G 对行业科技创新的引领性作用。而在线下授课过程中，以华为、中兴等公司在 5G 行业领域和民用领域的创新应用为具体实例，总结 5G 网络对于行业领域科技创新带来的助力，引导同学们头脑风暴 5G(B5G)

其他的潜在应用及这些应用对于5G(B5G)网络的需求,尝试总结其背后蕴藏的一般性规律。

5 结 论

针对数字赋能的混合式教学这种新型的教学模式,本文首先分析了其课程思政建设的特点,提出了“双平台四融合”的课程思政建设方法,然后以一门具体的课程为例,阐述了如何利用智慧树和雨课堂两个数字化平台及其数字化的资源,从“思政元素与专业知识融合、线上思政资源与线下思政资源融合、能力培养与科学素养融合、知识能力与人格塑造融合”四方面展开数字赋能的课程思政建设及应用。在此基础上研究了“教学内容－研讨问题－思政案例－教材建设”一体化的课程思政教学资源建设方法,并给出了具体的两个案例,分别从显式课程思政和隐式课程思政两个方面阐述了如何利用数字化资源,在混合式教学中实现课程思政,为混合式教学中的课程思政建设给出了具有较好可实现性的建议。

参考文献

[1] 新华网. 习近平:把思想政治工作贯穿教育教学全过程[EB/OL]. (2016-12-8)[2023-06-01]. http://www.xinhuanet.com//politics/2016-12/08/c_ 1120 082577.htm.

[2] 教育部. 教育部关于印发《高等学校课程思政建设指导纲要》的通知:教高〔2020〕3号[EB/OL]. (2020-06-01)[2023-06-01]. http://www.moe.gov.cn/srcsite/A08/ s7056/202006/t20200603_462437.html

[3] 贺武华,张云霞,杨小芳. "课程思政"育人方式转变应处理好三对关系[J]. 杭州电子科技大学学报(社会科学版),2018,14(06):60-64

[4] 刘建平,周耀杭,莫丹华. 深入把握高校课程思政的基本规律[J]. 中国高等教育,2020,(23):36-38.

[5] 董小龙,王若斯. 理工类大学课程思政建设的路径研究[J]. 中国高等教育,2021,(07):25-27.

[6] 孙云山,张立毅,耿艳香,等. 工科专业课思政教育“一线二红四维”创新教学模式探索[J]. 大学教育,2020,(08):113-115

[7] 沙军. “课程思政”的版本升级与系统化思考[J]. 毛泽东邓小平理论研究,2018(10):81-85.

[8] 陈岚,李晓辉. 基于混合式教学的“数字电路与逻辑设计”课程思政教学研究[J]. 中国新通信,2023,25(20):143-145+133.

[9] 杨晶,沈千钰,陶文婕,等. “金课”目标下课程思政混合式教学模式的构建及应用——以微观经济学课程为例[J]. 高教学刊,2023,9(30):99-102.

[10] 郭金林,老松杨,彭娟等. 混合式教学模式下“课程思政”立体化教学资源构建[J]. 高等教育研究学报,2023,46(02):56-61.

[11] 侯蕴慧. 混合式教学模式下课程思政认同维度体系设计与评价[J]. 高教学刊,2023,9(S1):193-196

[12] 张淑辉,高雷虹,杨洋. 高校课程思政混合式教学困境及改进策略[J]. 教育理论与实践,2023,43(03):57-60.

航空类高校专业课程思政教学方法改革的探索

邢丽　陈榕　孙守福　宋树成
（海军航空大学，烟台　264001）

摘　要：航空类高校专业课教学内容大多偏工程技术原理，现有教学实施中课程思政融入方法简单，实效性较低，难以达到预期的教学目标和要求。课程思政需要复杂的认知过程，是"知行合一"的高度统一，灵活多样的教学方法可以破开教学困境，提高教学成效。将激励理论在教学方法中加以应用，可以满足学生的内心需求，激发学生的未知欲望、学习动机和成就动机；将贝尔宾团队角色理论用于课堂教学过程中，有助于学生对自身能力发展有一个更为准确的定位，同时激发学生的积极性和创造力，进而提高课程思政的实效性，从真正意义上提高学生的综合素养能力。

关键词：专业课；课程思政；教学方法；激励理论

当前航空类专业课的思政方向主要有两个，一是从讲述历史发展及突出人物的贡献出发，大多以章节概论课部分内容为重点，启发学生的感悟；二是深化学生对科学技术的理解，通过原理的推导过程，从教学内容入手，传递勤于钻研，精于计算的学术价值观。基本上大部分专业课程思政都沿用此种方式，传统且单一，学生由于对传统上课结构内容惯性使然，容易丧失个人主动代入历史的兴趣，思政效果不明显。

对概论历史部分，随着课程思政教学改革创新的不断深入，涌现出越来越多的教学方法，比如使用 VR、AI 授课，课件充实绚丽，教学方式也采用混合式教学，"互联网＋"等手段，通常为增加学生参与度及对思政点的认同感，首先由学生进行互联网线上自学进行预习准备工作，通过对课程提及的科学家事迹及行业技术发展的过程了解，期望达到思政的预先效果，虽然这些方式都极大地丰富了教学方法及手段，但思政效果并不突出，主要原因在于方法使用上的形式主义，也就是流于形而忽视神，内容决定形式，如果教学中更重视自己用了什么样的教学方法和手段，没有深度挖掘思政点及思政的融入的方法，这种流于形式的课程思政必然达不到教学目标的要求。

经过调查研究，润物无声的思政方式更能深入学生内心，引起共鸣，因此不因思政而思政才是最好的思政方式。教学实施效果跟教学方法、手段有密切的关系，要将课程内容与教学方法等真正如盐入水化为一体。比如为提高学生参与度实施研讨式教学法时，不能任由学生随意表述，没有引导的讨论和分享只是形式上的研讨，并不能深入学生内心，达到对思政点的真正认同。教师可以利用 VR 等技术，实施"浸润型"课程思政教学，以航空航天类思政元素为素材营造氛围，教师在此环境中进行专业教学，学生既能学习专业知识，身临其境的同时，又能达到润物细无声的感化，也可以通过深入航空航天类博物馆或者科研院所进行现地教学，也可达到"浸润型"思政教学的目的，又能引起学生对课程的兴趣。对于专业课教学而言，要从故事中点拨，直接阐明思政点，结合专业教学讲故事，而不是简单地介绍名人贡献，达到价值观教育的目的。在授课过程中，“感染型”也是一种非常好的思政教学方法，教师可以利用自己的人格魅力，结合自己的切身经历，还可以通过讲述身边人、身边事，适时地根据课堂内容需要，进行潜移默化的思政教育，阐述本课堂内容中蕴含的思政元素，既拉近了与学生的距离，又增强了学生的代入感，可以很好地引起学生共鸣，达到教育的目的。

在专业课实施上，由于课程内容的技术性，知识的传授往往采用灌输式，但尽管教育改革一直倡导以学生为主体，这并不意味着我们应该完全否定这种以教师为主导的教学方式，相反，我们应该努力寻求一种更加有效的灌输方式。首先，在灌输的内容上，虽然科学原理本身具有重要的意义，但是它们往往来自日常生活中实践，这也是科学之美，科学来源于生活，又正反馈于生活。然而，目前的教学方式往往会忽视追溯的步骤，只是站在巨人的肩膀上享受学术成果，这样的做法会让原理变得无聊乏味。因此，我们应该多与生活中的热点话题相结合，以提高灌输的实效性和针对性，尽量避免为了更好地传授知识而采用传统权威的教学方式。相反，我们应该采用启发性、探究性和情感交融的方法，并将这些方法与理论教学结合起来。此外，我们还可以利用现代多媒体技术来提高传授的效果。

课程思政是教学里难度很大的一个部分，对”知行合一”的要求非常高，而“知行合一”所涉及的概念和技巧都非常具有挑战性。因此，在大学里，我们应该积极探索新型教育模式，以期达成最佳思政效果。同时，我们还应该重视与学生沟通和交流，让我们了解如何通过互动、合作等形式来激励和引导学生从而达成我们共同的理想和抱负。研究表明，学生渴望被自己所处的社会环境所尊重和认同，这就要求我们要帮助学生更好地挖掘自己的潜能，并且接受学生的所思所想，培养他们的自信心和创新能力。团队合作可以起到很好的作用[1]。贝尔宾团队角色理论强调的是个人在团队中进行角色切分，个人会根据自己的角色履行相应的职责，进而激发个人的积极性和创造性，教师可以将贝尔宾团队角色理论运用到课程教学中，进行小组教学，由学生对小组内角色根据自身特点进行自由选择，当这种贝尔宾式小组教学多次应用到教学中，学生对小组内身份多次尝试总结后，对自己的认识会有更准确的定位，增强自身的认同感。随着时代的发展，传统的教育模式也在慢慢地与时俱进，尤其是在高校，在宽松自由的教学环境里开展贝尔宾式角色理论教学，能够更好地激发学生的工作热情，增强学生的社会责任感和合作精神，从而更好地帮助学生实现自身价值，夯实职场发展的根基。另外，随着社会的进步及经验的积累，越来越多的教师开始意识到了激励式教育对教学效果的影响。我们国家的教育一直都是采用相对严厉的教育手段，正所谓“严师出高徒”，这是由于我们特殊的社会背景造成的，但这种方式也不全然是错的，它可以激发学生的潜力，增强孩子的自控能力，但若过度也有可能收起学生的逆反心理。当前，从心理学的角度研究，激励式教育也已被越来越多的调查研究论证。激励式教育能让学生得到积极的导向，培养学生的自信心，从而引导他们形成正确的价值观，可以积极地面对学习和未来的生活。因此，在将贝尔宾角色理论应用到教学的同时，教师还可以从激励角度出发，设置多种不同的奖惩手段，以奖为主，可以最大限度地唤醒和激发学生的积极性，帮助学生积极地探索自我。

作为提升大学课程思政氛围的一线专业课教师，从课程教学内容和教学方式两方面入手，调动学生学习思政专业知识、激发未知兴趣的主要动力。就课堂教学而言，教师要将课堂上的教材与社会热点或现实社会生活联系起来，尽量避免将思政知识点单一地呈现在学习者眼前，这既不利于学生对专业知识的理解，也不利于他们建立认知网络系统，因此教师要注意思政专业知识与其他学科知识之间的转换，引导学生打破思维定势，从思想上、思想把思政知识教师交给学生充分的空间和机会，为学生搭建一个实践的网络平台，培养学生动手、动脑的能力，促进学生能力的提升，从而使学生具备特定的逻辑思维，进而达到完善知识结构的总体目的。

思政不仅是培养学生的爱国情操、社会责任感及宏观的三观等，还应根据学生的需求，从心理上帮助引导，以更加积极的心态面对各种各样的问题。当前高校学生就业压力大，毕业后能找到适合自己的工作是最大的目标[2]，面对严峻的就业形势，学生很容易产生焦虑情绪，因此如果把“就业”作为课程思政的一个切入点，通过共情学生心理，必然会快速的吸引学生上课的专注度，也可以达到很好的思政教育的效果。教师在课程思政研究中可以从学生的就业心理、职业技能等多个方面着手，结合课程教学内容进行全方位的研究，包括当前的就业市场，结合国家的相关政策和规定，指导毕业生建立良好的职业道德和价值取向，并让他们有更强的社会责任感，同时要积极开拓自身的潜能，不断提升能力，增强学习的热情，最终实现职场的成功。

综上所述，为更好地培养人才，对航空类专业课教师来说，课程思政是一个巨大的挑战，结合教学内容对教学方法进行创新改革是教育发展的需要，教师可以将“浸润型”“感染型”思政讲授方式应用到课程，同时大力发展团队教育，将贝尔宾团队角色理论应用到课堂小组教学中，并将激励理论与团队教育巧妙结合，多角度多维度地激发学生学习兴趣，挖掘学生潜能，增强学生对自我的认同感，达到思政的教学目标。

参考文献

[1] 韩宪洲. 在专业思政框架下深化课程思政建设. 中国教育报，2022-10-31：第6版.

[2] 李晓云. 大学生职业生涯规划与思想政治教育有效结合的探索与实践[J]. 中外企业家，2014(26).

固体火箭发动机设计课程思政教学实践探索

徐珂靖　刘平安　郜冶
（哈尔滨工程大学 航天与建筑工程学院，哈尔滨　150001）

摘　要： 随着全球航天技术竞争愈发激烈，教育的创新已然成为培养未来航天精英的关键。针对“新工科”背景下的“固体火箭发动机设计”课程，分析了课程特点与教学难点，对过去教学过程中存在问题进行了总结，提出了教学创新方案，并挖掘哈尔滨工程大学的课程思政要素，提出了一种四位一体、相互协调、层层递进的“固体火箭发动机设计”课程思政引入方式，并通过教学创新实践对方案进行了探索。方案包括明确教学目标、更新教学内容、改进教学方法、设计丰富教学活动、实施多元化评价方式及满足学生个性化需求。课程采用多元化评价方式，引入课程思政，关注学生情感、态度和价值观培养。方案实施后，收集学生反馈，评估了教学效果，进一步改进了教学方法。

关键词： 课程思政；教学改革；实践教学；思政元素挖掘

哈尔滨工程大学航天与建筑工程学院前身是1958创立的“中国人民解放军军事工程学院（哈军工）”导弹工程系，目前已经成为我国海洋工程、航空航天、土木工程领域科学研究和人才培养的重要基地。其中，学院的飞行器动力工程为国家级一流本科专业建设点。习近平总书记在哈尔滨工程大学考察期间强调，哈尔滨工程大学要发扬“哈军工”优良传统，紧贴强国强军需要，抓好教育、科技、人才工作，为建设教育强国、科技强国、人才强国再立新功。高校作为党的意识形态工作的前沿阵地，具有独特的战略地位，应在教育培养过程中，坚持落实立德树人的根本任务，致力于培养德智体美劳全面发展的社会主义建设者和接班人[1]。航空航天人才培养的核心是培养人的德才兼备，其中立德是根本[2]。因此，要建设一支高素质的教师队伍，必须注重政治素质和业务能力的提升，同时注重育人水平的提高。其中，“课程思政”是一种新的思想政治工作理念，它强调在课程中融入思政元素，同时注重在价值传播中凝聚知识底蕴，在知识传播中强调价值引领[3]。这种理念旨在通过课程教育来推动思想政治教育，帮助学生树立正确的世界观、人生观和价值观[4]。课程思政是大学建设的基础性工作之一，也是实现人才培养目标的重要保障[5]。

航空航天技术是现代科学技术高度综合的一门学科，它不仅是衡量一个国家科学技术水平、国防力量和综合国力的重要指标，也在推动全球科技进步和提升国家竞争力方面发挥着重要作用[6]。航空航天技术不断发展，让航空航天工业在飞行器设计、动力、结构、控制、材料、制造以及学科交叉等方面，都形成了具有自己鲜明特色的学科体系[7]。这一体系不仅涵盖了众多领域的专业知识，也反映了航空航天技术的不断进步和不断创新的精神[7]。通过航空航天专业技能知识的传授，加强大学生思想政治教育的效果，具有显著的说服力和感染力，有助于最大化发挥课堂主渠道的作用，扭转专业课程教学中重智轻德的现象，展现出其他教育方式无法替代的优势[8]。

在科技浪潮汹涌而至的今天，全球人才竞争愈发激烈，教育的创新已然成为培养未来精英的关键。尤其在航空航天领域，传统的教育模式在传授诸如固体火箭发动机设计这样的复杂工程知识时已显得力不从心。本报告旨在深入探讨“新工科”背景下的融合切入课程思政的“固体火箭发动机设计”教学创新实践探索，将通过分析课堂教学中的真实问题，以“学生发展为中心”的理念为基础，提出解决问题的思路与方案。

1 课程特点和教学难点

“固体火箭发动机设计”是一门涉及广泛学科的课程，具有较高的复杂性和综合性。该课程特点主要体现在以下几个方面：

① 知识点密集：该课程涉及火箭发动机的各个方面，包括推进剂配方、燃烧室设计、喷管构型、推力控制机制等。这些知识点之间联系紧密，需要学生系统掌握。

② 理论与实践并重：该课程不仅涉及大量的理论知识，还要求学生具备实际设计的能力。学生需要理解并掌握各种设计原则和方法，同时能够根据实际需求进行有效的设计。

③ 学科交叉：固体火箭发动机设计涉及到多个学科领域，包括化学、材料科学、机械工程、控制工程等。这给课程带来了一定的难度。

④ 更新迅速：火箭发动机技术不断发展和更新，新的材料、新的设计理念和方法不断涌现，这要求课程内容和教学方式不断更新和改进。

针对以上 4 项课程特点“固体火箭发动机设计”的教学难点可归结为：

① 知识点多而复杂：该课程涉及的知识点较多，而且每个知识点都有其自身的复杂性和深度。如何系统地组织教学内容，使学生能够全面理解和掌握，是教学的一大难点。

② 实践设计难：虽然理论知识是学习的基础，但如何将理论知识应用到实际设计中，是教学的另一个难点。学生需要具备综合运用知识的能力，以及一定的创新能力和实践能力。

③ 学科交叉带来的学习压力：由于该课程涉及到多个学科领域，学生需要消化和理解不同学科的知识。这对于学生的综合素质和学习能力提出了较高的要求，也给教学带来了一定的难度。

④ 更新迅速带来的挑战：由于火箭发动机技术更新迅速，教师需要随时关注最新的研究动态和技术进展，并能够将这些新知识融入到教学中。这不仅要求教师不断更新自己的知识储备，还要求教师能够灵活地调整教学内容和方式以适应新变化。因此，更新迅速给教师带来了很大的挑战。

⑤ 教学质量难以保障：由于该课程的复杂性和综合性，教学质量难以得到有效的保障。如何确保学生对每个知识点都能够理解掌握并能够应用到实践中，是教学中需要解决的一个重要问题。

2 教学创新方案

“固体火箭发动机设计”是一门知识点密集、理论与实践并重、学科交叉、更新迅速的课程。教学难点主要体现在如何系统地组织教学内容、如何将理论知识应用到实际设计中、如何帮助学生消化和理解不同学科的知识、如何随时关注最新的研究动态和技术进展并将这些新知识融入到教学中以及如何确保教学质量等方面。本小节对过去的“固体火箭发动机设计”课程的教学过程中存在的 6 个问题做了分析，并点对点地给出了创新方案。

2.1　教学问题分析

以“学生发展为中心”的理念，分析过去“固体火箭发动机设计”课程的教学过程中存在的问题如下：

① 教学目标不明确：只关注火箭发动机理论知识的传授，实践能力培养环节的比重较少，导致学生缺乏实际操作和解决问题的能力，导致学生在未来的学习和工作中难以适应和应对新的挑战。

② 教学内容单一：“固体火箭发动机设计”教材内容相对陈旧，无法涵盖最新的科研成果和技术进展，无法满足学生的学习需求，导致学生缺乏对最新科技的了解和掌握，影响其未来的职业发展。

③ 教学方法呆板：上课采用“填鸭式”的教学方法，缺乏与学生的互动和交流，导致学生学习积极性不高，打击学生的学习热情和主动性，使其失去对课程的兴趣和参与度。

④ 活动设计不足：课堂活动只设计了习题问答，缺乏实际操作和实践环节，无法培养学生的动手能力，导致学生缺乏实践经验和技能，影响其未来的职业竞争力。

⑤ 评价方式不合理：评价方式单一，缺乏过程性评价和综合性评价，无法全面反映学生的学习情况和能力水平，导致学生失去对自身学习进度的了解和控制，影响其整体学习效果。

⑥ 忽略学生的个性化需求：忽略了不同的学生在固体火箭发动机设计过程中，针对发动机总体、装药设计、燃烧室结构设计、喷管设计等有不同的学习需求和特点，导致学生感到缺乏兴趣和动力，对学习感到枯燥无味，影响学习效果。

2.2　创新方案分析

针对以上问题，我们提出教学创新方案如下：

① 明确教学目标：将教学目标设定为培养学生的实际操作能力和解决问题的能力，同时提高学生的综合素质和就业竞争力。“新工科”背景下的“固体火箭发动机设计”教学创新注重实践操作，指导学生组队完成教学火箭的设计，使学生能够通过实践深入理解理论知识，并把课程思政融合切入，使学生感受航天文化，厚植爱国主义精神。

② 更新教学内容：由于火箭发动机技术不断发展和进步，教材内容往往存在一定的滞后性。为了让学生所学的知识跟上时代的步伐，满足实际工作的需要，我们将利用本校的学科优势，引入学术团队最新的科研成果和技术进展，更新教材内容，使学生能够学到最新的、实用的知识。

③ 改进教学方法：课前、课中和课后采用以学生为中心的教学方式，加强与学生的互动和交流，激发学生的学习兴趣。通过互动式教学、探究式教学等手段，以激发学生的学习主动性，培养学生的创新能力和独立思考能力。

④ 设计丰富的教学活动：为了提高教学效果，采用多元化的教学方式，如案例分析、小组讨论、实验教学等，以帮助学生更好地理解和掌握课程内容。同时，积极引导学生进行自主学习和思考，培养学生的创新能力和实践能力也是至关重要的，因此将设计一系列生动有趣的课堂活动和实践环节，旨在培养学生的动手能力和团队协作能力。

⑤ 实施多元化的评价方式：在学生的学习过程中，采用过程性评价和综合性评价相结合的评价方式，不仅关注学生的考试成绩，还重视他们在学习过程中的表现，包括他们的学习态度、学习方法、合作精神、创新能力等多个方面。这种多元化的评价方式可以更加客观、全面地评估学生的学习成果，帮助学生发现自己的优点和不足，从而更好地提高自己的学习能力和综合素质。

⑥ 满足学生的个性化需求：根据学生对研究方向的兴趣和未来职业的规划，制定个性化的教学计划，确保每个学生都能得到充分的关注和指导，发挥出自己的潜力。同时，建立良好的师生互动关系，以便能够更好地满足学生的个性化需求，提高教学质量和效果。

2.3 课程思政的融合切入

其中，在教学过程中，为了适应"新工科"建设对"固体火箭发动机设计"课程的教改需求，设计了一种四位一体、相互协调、层层递进的课程思政融合切入方式：

① 航天精神教育：介绍中国航天事业的发展历程和成就，培养学生的爱国情怀和民族自豪感。介绍"中国人民解放军军事工程学院（哈军工）"导弹工程系创立的历史，在继承和发扬学院已有优秀传统的基础上，不断开拓创新，保持与时俱进。同时，可以引导学生探讨航天精神的内核，如勇于探索、精益求精等。

② 工程伦理教育：根植校园文化，结合"大学至真，大工至善"校训，通过讨论火箭发动机设计中的伦理问题，如安全、环保等，培养学生的工程伦理意识和责任感。

③ 创新思维教育：引导学生探讨火箭发动机设计中的创新思路和方法，培养学生的创新意识和能力。同时，可以引入一些成功的创新案例，让学生了解创新的重要性和实现途径。

④ 团队协作教育：组织小组讨论、合作项目等方式，培养学生的团队协作能力和合作精神。同时，可以引导学生探讨团队协作在科研和工程实践中的重要性。

2.4 创新实施计划

针对 2.3 小节的 6 项实施方案，具体实施计划如下：

① 重新制定教学大纲：根据新的教学目标和教学内容，重新制定教学大纲，明确各章节的重点和难点。

② 更新教学资源：搜集最新的科研成果和技术进展，制作多媒体课件和在线课程资源。

③ 改进教学方法：采用问题导向学习（PBL）、反转课堂等以学生为中心的教学方式，加强与学生的互动和交流。

④ 设计实践活动：组织学生进行实践活动，如模型制作、实验操作等，培养学生的动手能力和团队协作能力。

⑤ 实施多元化的评价方式：采用过程性评价和综合性评价相结合的评价方式，全面反映学生的学习情况和能力水平。

⑥ 满足学生的个性化需求：允许学生根据自身的情况和职业规划来制定学习计划，加强教师与学生的沟通和交流，了解学生的需求和问题。

3 方案实施效果

经过一段时间的实施后，对“固体火箭发动机设计”教学创新效果进行评估和分析。评估指标包括学生的学习积极性、学习成绩、动手能力、解决问题的能力等。通过对比实施前后的数据，分析教学创新的有效性和可行性。同时，我们也将收集学生和学院其他部门的反馈意见和建议，进一步改进教学方法和活动设计。通过教学创新方案的实施，我们解决了过去“固体火箭发动机设计”课程教学中存在的问题，提高了教学质量和效果。同时，我们也将继续关注新时代下学生的学习特点和学习需求变化，不断调整和完善教学方案，以适应未来的教育发展趋势。

其中，学生和学院其他部门的反馈内容如下：

① 学生反馈：对“固体火箭发动机设计”表示满意，学习效果较上一届提高。

② 飞行器创新实验室反馈：“固体火箭发动机设计”以培养卓越工程师、大国工匠、高技能人才为目标，使学生的练就了突出的创新能力和解决科技创新中复杂工程技术问题的能力，这些学生在今年的大学生飞行器创新比赛中获得了两项一等奖。

③ 课题组党支部书记反馈：“固体火箭发动机设计”根植哈尔滨工程大学的校园文化背景，培养了学生的爱国主义情怀，学生们在党组生活会中表达了对航天报国的热情。

④ 学生辅导员反馈：“固体火箭发动机设计”培养了学生的团队协作能力和合作精神。

4 结 论

通过固体火箭发动机设计课程的思政教学实践探索，我们成功地制定了一套适应“新工科”建设的教学创新方案。

① 方案注重培养学生的爱国主义精神、创新意识和实践能力，通过思政教育与实践环节的有机结合，学生更好地掌握了相关知识和技能。

② 方案实现了“新工科”人才培养目标，这一实践探索为我国的航空航天事业培养了一批优秀的专业人才。

参 考 文 献

[1] 李均，钱程屹，袁承勋. 中国航天工程视角下的大学物理课程思政建设探索与实践[J]. 物理与工程，2023，33(3)：28-33.

[2] 高燕. 课程思政建设的关键问题与解决路径[J]. 中国高等教育，2017，(Z3)：11-14.

[3] 邱伟光. 课程思政的价值意蕴与生成路径[J]. 思想理论教育，2017，(07)：10-14.

[4] 李国娟. 课程思政建设必须牢牢把握五个关键环节，中国高等教育，2017，(Z3)：28-29.

[5] 陈雪芹，叶东，刘明. 航空宇航类课程思政实践——以“小卫星系统设计”课程为例[J]. 黑龙江教育(高教研究与评估)，2023，(01)：68-70.

[6] 陈龙胜. “航空航天概论”通识教育和课程思政协同[J]. 电气电子教学学报，2023，45(04)：122-128.

[7] 刘战合，王菁，田秋丽，等. 航空航天技术基础课程与思政教育融合切入方法研究[J]. 西安航空学院学报，2020，38(04)：79-83.

[8] 高德毅，宗爱东. 从思政课程到课程思政：从战略高度构建高校思想政治教育课程体系[J]. 中国高等教育，2017，(01)：43-46.

以贺信精神指导化工化学高质量课程思政建设实践*

徐平　王宇

（哈尔滨工业大学化工与化学学院，哈尔滨　150001）

摘　要：在哈尔滨工业大学建校100周年之际，习近平总书记的贺信进一步为我校课程思政建设指明了方向，极大地鼓舞了全校师生教学的积极性。哈尔滨工业大学化工与化学学院全体教师力争将改革创新、奋发作为、追求卓越等优秀课程思政案例融入到教学工作中，以学校“立足航天、服务国防、长于工程”的办学特色和宗旨为指引，在教书育人中为我校基于航天特色的创新人才培养做出贡献，形成了各类课程融入贺信精神的四个“润入”方法和途径，以课程教学为新时期杰出人才培养提供基础创新动力。

关键词：贺信精神；课程思政；课程建设；人才培养

在哈尔滨工业大学（下文简称哈工大）建校100周年之际，习近平总书记代表党中央，向全校师生员工和校友致以热烈的祝贺和诚挚的问候，充分体现了习近平总书记和党中央对哈工大的高度重视、亲切关怀和极大肯定，也激励着全校师生继续砥砺前行。原校党委书记吴林教授在谈到哈工大对于自己最大影响时曾说过，一个是做人，一个是做事，这可以说是哈工大校训的另外一种体现，用最朴实的话语总结了哈工大人才培养的定位。习近平总书记的贺信是对于哈工大人做人做事的肯定以及深切期望，对我们所坚持的办学模式和发展道路给予高度褒奖，指明了“紧扣立德树人根本任务”的根本要求和“改革创新、奋发作为、追求卓越”的根本路径，这就需要全校教师，在创新人才培养过程中，紧扣要求和路径主题，将改革创新、奋发作为、追求卓越等优秀课程思政案例融入到教学工作中，为我校特色的创新人才培养在教书育人中做出贡献，才能让学生在科研攻关中为中华民族伟大复兴的中国梦作出新的更大贡献[1-4]。

课程思政是隐性的，同时不应该是孤立的，因此在教学中，贺信精神融入教学中应尽量在知识点中穿插引入思政、过渡思政、升华思政、凝练思政方式构建一条完整的课程思政教学主线，与专业知识点主线交叉融合，强化知识的同时强化素质培养和人文关怀，达到1＋1＞2的效果。结合贺信精神中紧扣立德树人任务，教学中将改革创新、奋发作为、追求卓越的各种典型案例与知识点内容融合，以课程教学为新时期杰出人才培养提供基础创新动力[5-6]。

1　案例展示

以“无机化学”课程碳单质及其化合物知识点作为典型案例，案例符合国家大力发展航空航天的时代背景，在设计过程中希望能引导学生以服务国家需求材料为导向，让学生在学习过

* 基金项目：黑龙江省教育科学规划2022年度重点课题（批准号：GJB1422051）研究成果

程中爱学、会学、肯学以及学会应用，培养学生在复合材料领域创新能力。

1.1 教学目标

① 知识目标：让学生掌握碳的单质、化合物性质、制备等基础知识。

② 能力目标：让学生结合面包能做碳泡沫新闻，自行开展设计及现场展示，提升解决问题能力。

③ 素质目标：用身边人、身边事激发学生创新热情及创新动力。

1.2 育人案例设计

育人案例设计如表1所列。

表1 育人案例设计

教学要点	教学内容	贺信精神
引入部分-思政教学	从身边事，以我校航天学院师生用面包制备碳泡沫在科研、航天领域中特色应用，让学生感受知识和科技创新的趣味性和研究的广泛性，既生活也是一种科研，体会科研乐趣，并培养学生提出问题、分析问题、解决问题能力	改革创新
碳单质介绍	介绍三种碳的同素异形体，给学生讲解相关结构中碳的杂化方式	教书育人
过渡部分-思政教学	讲完书本上碳单质的 sp^3 和 sp^2 杂化后，引出思考有没有 sp 杂化碳单质内容，自然引出李玉良院士发现石墨炔的中国贡献	改革创新 奋发作为 追求卓越
碳单质扩展介绍	介绍其他的生活中常见的碳单质，以及炭黑、活性炭、碳纤维及其应用，并说明其结构特点	教书育人
升华部分-思政教学	介绍其他碳材料过程中，碳纤维具有高强度、高模量、导电、导热和远红外辐射、热膨胀系数小、密度低、耐腐蚀等诸多优异性能，让学生思考碳纤维可能应用的方向，结合学生回答自然引出我国碳纤维复合材料开拓者杜善义院士个人事迹，讲解我校老一辈科学家对知识的渴求、家国的情怀、开拓的精神、严谨的作风等内容，从身边人、身边事角度让学生感受榜样的力量，激发学生科技报国情怀和使命担当。同时视频可以作为线上推送学习内容让学生课下学习	培养了一大批杰出人才 改革创新 奋发作为 追求卓越
过渡部分-思政教学	在材料介绍及讲解过程中，让学生主动设计碳泡沫材料，并结合互动问题，在学生回答及文献讲解过程中，与科学家科研发现对比，学生想法很多会与科学家不谋而合，增强学生科研自信心，鼓励学生善于利用基础知识进行科研攻关，探索未知、追求真理、勇攀科学高峰。并现场以趣味法老之蛇制备碳泡沫，以趣味让学生喜爱化学，并可结合蔗糖和小苏打碳酸氢钠原料及作用，自然讲解碳的氧化物内容	科研攻关 改革创新
碳的氧化物	结合法老之蛇中小苏打碳酸氢钠分解产生二氧化碳，进一步介绍一氧化碳和二氧化碳的性质及结构特点	教书育人

续表 1

教学要点	教学内容	贺信精神
过渡部分-思政教学	引出古诗《石灰吟》介绍明代民族英雄于谦借碳酸钙高温煅烧生成氧化钙的托物言志诗，简单介绍其抒发自己应具有的坚强不屈洁身自好品质。结合趣味实验中碳的含氧酸盐小苏打易分解，而碳酸钙却要高温煅烧，自然引出碳的含氧酸盐讲解及结构稳定性内容分析	立德树人
碳的含氧酸及其盐	介绍碳酸、碳酸盐的结构特点及中心碳原子杂化方式内容，并结合极化理论，介绍碳酸、碳酸氢盐、碳酸盐相关稳定性内容比较	教书育人
凝练部分-思政教学	以歌曲“夜空中最亮的星”为背景音乐，以打油诗“年级不是问题，生活也能学习，善于提出问题，时时充实自己，科研不是难题，终能成就自己，科研要靠实力”结束本节课程教学，并且背景音乐歌词“每当我找不到存在的意义，每当我迷失在黑夜里，夜空中最亮的星，请指引我靠近你”，可以很好的鼓舞同学奋发作为	立德树人 奋发作为 为实现“两个一百年”奋斗目标和中华民族伟大复兴的中国梦作出新的更大贡献

1.3 育人成效

通过该案例的课堂教学，学生学习成效显著，大一学生结合碳二维材料和零维材料创新性，已在化学高等教育顶级期刊《大学化学》杂志发表科普及教学内容改革论文（一作）2 篇[7-8]，课堂上引入的法老之蛇趣味实验，学生进一步制备碳点材料获得全国大学生化学实验创新设计大赛东北赛区二等奖。

2 学院各类课程融入贺信精神的方法和途径

学院有良好的思政教育氛围，学院党委为全国标杆院系，高分子支部是全国“双带头人”教师党支部书记工作室，特种化学电源研究所师生联合党支部是全国样板支部，院内这些优秀的党建资源，可以为任课教师将贺信精神融入教学给予充分的指导，逐渐形成了一定的教学方式和途径。

以贺信精神指导课程思政贯通式“润入”：要想在科研攻关中继续突破，就需要打造本研课程体系，形成贯通人才培养。通过课程思政的本研贯通式培养，加强本科生和硕士专业课程的衔接，探索课程思政的贯通式培养规律，践行全程育人理念。

以贺信精神指导课程思政延展式“润入”：“紧扣立德树人根本任务”，各类课程就需要同向同行，因此应做到立德树人在三大类课程的全面覆盖。通过公共基础课、专业课和实践课等课程的典型示范课的全面覆盖引领，逐步影响覆盖院内所有开设课程，践行全方位育人理念。

以贺信精神指导课程思政切身式“润入”：“新中国成立以来，在党的领导下，学校扎根东北、爱国奉献、艰苦创业，打造了一大批国之重器”，这是我校宝贵的财富和传统，因此应深入挖掘学校、学院内的思政元素，形成身边的教学案例，增强学生切身感受，培养学生的家国情怀，增强集体荣誉感，提升科技强国自信心。

以贺信精神指导课程思政榜样式“润入”：正如贺信中所说我校“培养了一大批杰出人才”，

这正是身边人的榜样力量，也是开展企业院所协作育人的一种方式，通过设立明德讲堂方式将国内外杰出校友请进来，开阔学生视野，在课堂内外对大学生实施榜样精神教育，为课程思政建设提供丰沃的实践教学土壤。

3 贺信精神融入课程思政建设实施成效评价

（1）以思促教——贺信精神鼓舞教师在教学中创优争先

教师获全国高等学校化工类专业优秀课程思政案例一等奖1项，首届全国高校化工类教师课程思政能力大赛一等奖1项，哈工大课程思政教学比赛特等奖一项、一等奖2项，校首批课程思政优秀案例奖，校课程思政示范课3门。

（2）以思促学——以贺信精神鼓励学生参与教学积极性

近三年，学生学习投入度提升，本科生撰写4篇一作教改论文在教育核心期刊《化学教育》和国家级高等化学顶级期刊《大学化学》杂志发表，本科生发表SCI论文10余篇，在全国大学生实验竞赛、卓越杯实验竞赛等获特等奖及一、二等奖等20余项。

（3）以思促研——贺信精神鼓舞了教师教学研究积极性

基于学院本科生、研究生基础化学化工课程实践教学，10余项课程思政研究获国家级及省级课题资助，30余门课程获校课程思政教学研究资助，撰写发表思政相关教学改革内容10余篇。

4 结 语

习近平总书记的贺信内涵深刻、意义重大，增强了全院教师的责任感和使命感，我们要以此为新起点，学习、贯彻、落实好贺信精神，紧扣立德树人根本任务，切实把习近平总书记的殷切希望转化为教学中的实际行动，百尺竿头，更进一步，为实现“两个一百年”奋斗目标和中华民族伟大复兴的中国梦作出新的更大贡献。

参 考 文 献

[1] 习近平．习近平致哈尔滨工业大学建校100周年的贺信[N]．新华网，2020-06-07.
[2] 吴岩．新工科：高等工程教育的未来——对高等教育未来的战略思考[J]．高等工程教育研究，2018(6)：1-3.
[3] 王宇，吴亚东，王艳芳，等．新工科背景下思政教育融入化学化工课程建设的探索与实践[J]．化工高等教育，2021，38(06)：17-20.
[4] 颜美，徐平，果崇申．物理化学中电化学部分的教学思政设计——以锂离子电池为例[J]．当代化工研究，2021，(04)：132-134.
[5] 杜新帅，王宇，李海秋．无机化学教学中以金课标准提升学生创新思维——以形状记忆合金材料教学为例[J]．化学教育，2022，43(02)：36-39.
[6] 徐克难，陈子康，张云骐，等．砒霜——亦敌亦友，千年情仇[J]．大学化学，2019，34(08)：128-131.
[7] 杜宣锐，蒯汉邦，林泽炜，等．从碳到氮——以“金课”标准在碳基材料转化设计中提升学生创新思维培养[J]．大学化学，2021，36(01)：99-102.
[8] 张绮彤，刘天行，王宇．小身材大光芒——碳量子点的荧光应用[J]．大学化学，2021，36(10)：165-169.

航空航天背景下工程热力学课程思政建设研究*

徐文峰　赵欢　刘爱虢　曾文

（沈阳航空航天大学 航空发动机学院，沈阳　110136）

摘　要：航空航天技术是我国“十四五”规划发展的战略重点，对于提升我国国防力量和国际地位具有重要意义。“工程热力学”作为航空航天类专业的基础课程，理论教学质量和课程思政教育对于培养具有高素质的航空航天类技术人才具有重要意义。本文以航空航天背景下工程热力学课程思政建设为研究对象，结合课程特点以及思政教育理念，分析了课程思政建设在“工程热力学”教学过程中的必要性，提出将航空航天背景及思政元素融入课堂教学，利用航空航天工程案例丰富教学内容，同时完善师资队伍的建设和课程评价机制，使思政教育融入到课堂讲授中。从而激发学生爱国主义情怀和献身国防建设的使命担当，助力航空强国和航天强国建设。

关键词：航空航天；工程热力学；思政教育；课程改革

新时代高等教育肩负着为党育人、为国育才，培养“德智体美劳”全面发展的社会主义建设者和接班人的重要责任[1]。因此，为深入学习贯彻党的二十大精神，巩固深化学习贯彻习近平新时代中国特色社会主义思想主题教育成果，培养具有良好思想道德素养和专业能力的航空航天人才，必须将思政教育工作贯穿高等教育的全过程[2]。

随着航空航天技术的飞速发展，“工程热力学”作为航空航天工程中的重要基础学科，是流体力学、传热学以及航空发动原理的先修课程，在航空航天领域中的应用越来越重要。因此“工程热力学”课程的思政建设成为当前航空航天背景下的重要课题[3]。通过深入研究如何将思政教育融入到工程热力学课程中，可以促进学生积极主动地思考和探索工程热力学理论的发展趋势，增强学生对工程热力学的深入理解和应用能力，提高学生的工程实践能力和创新精神。教师在“工程热力学”课程的教学中，不仅需要传授学生热力学的基本理论和计算方法，更应该引导学生将热力学理论与航空航天工程中的实际问题相结合，培养学生的工程实践能力和创新思维[4]。同时，教师在课程思政中不仅是知识的传授者，还是价值观念的引导者，通过自身的言传身教来影响学生。随着社会发展的变革和人才培养理念的转变，高等教育已经不再满足于传授专业知识，更需要培养学生的综合素质和思想道德素养[5]。特别是在航空航天领域这样高度复杂和敏感的领域中，工程师的思想道德素养对于工程决策和安全保障具有重要的影响[6]。课程思政不仅仅局限于专门的思政课程，而是将思想政治教育的内容和方法扩展到各个学科和专业领域中，其核心思想是在传授专业知识的同时，引导学生树立正确的价值观、世界观和人生观，培养社会责任感、国家意识和全球视野。

综上所述，课程思政与理论课程的有机融合不仅有助于实现德才兼备的人才培养目标，还能够促进航空航天事业的发展。因此，本文基于航空航天背景，结合多年来课程团队在沈阳航

* 基金项目：沈阳航空航天大学引进人才科研启动基金（23YB20）

空航天大学飞行器动力工程专业的教学经验，分析了“工程热力学”课程思政建设的意义和重要性，提出了利用航空航天工程案例丰富理论教学内容，利用实践教学优势丰富教学手段，使思政教育有机融入到课堂理论教学过程中。进而为培养航空航天类德才兼备的技术人才提供理论指导和支持，为航空航天类课程思政建设提供案例借鉴，为航空航天事业的发展做出积极的贡献。

1 “工程热力学”课程特点

“工程热力学”作为航空航天类专业的专业基础课，是既有很强的理论性又有很强的工程实际意义，属于承上启下的课程类型，在很多工程领域中均有着广泛的应用。课程涉及热力学基本概念、热力过程分析与计算、能量转换与利用等多方面知识，学生既需要掌握热力学的基本原理和公式，又需要学习一些具体的热力学应用案例和工程实践[7]。

“工程热力学”作为航空航天领域的一门融合课程，与流体力学、传热学和大学物理课程知识密切相关[8]。在培养方案中，“工程热力学”也作为航空发动机/燃气轮机原理以及叶片及原理等课程的先修课程，要求学生扎实地掌握课程理论知识，为后续课程理论知识学习打好基础。同时，需要教师在课程教学的过程中着眼于航空航天领域的专业知识，结合新兴工程技术和科研发展方向，需要培养学生利用理论课程所学的定理、定律以及公式解决工程实际问题，强化学生对抽象理论知识的理解，提升学生解决实际工程问题的能力。

因此，在航空航天背景下的“工程热力学”课程，不仅要求学生掌握坚实的热力学基础知识，还要求他们能够将这些知识应用于解决实际的航空航天工程问题，为未来的工程实践打下坚实的基础。

2 课程思政教学理念

课程思政的教学理念是将思想政治教育融入理论课程教学中，实现提高学生思想政治素质和价值观念的目标，培养其社会责任感和爱国主义情怀。因此，在高等教育的过程中需要将思政教育有机融合到各学科的理论课程中，在保证专业课程教学的同时，实现思想政治素质和价值观念的提高。

航空航天类专科课程中的思政教育不但要求学生要有扎实的专业基础，同时需要培养学生具有较强的社会责任感与国家意识，以适应航空航天事业的发展和挑战。鼓励学生勇于探索航空航天科技发展新思路，培养学生在追求科技进步的同时，提升自身责任意识和家国情怀。

3 “工程热力学”课程思政建设的必要性

“工程热力学”是航空航天类专业的重要基础课程，要求学生掌握工程热力学的基本原理，提升学生的实践能力，而理论课程教学的过程中缺乏思想政治教育的培养，因此将思政教育融入到工程热力学的教学过程尤为重要。

首先，航空航天技术迅速发展，高性能飞行器更新迭代，各国科研人员在动力设备研发过程中，需要攻克技术瓶颈并研发新型技术，为各国国防发展以及工业革新添砖加瓦。而“工程热力学”是用来解决能量转换、提高燃料利用率，将爱国主义情怀融入课程教学中，有助于培养学生的航空强国和空天报国情怀。其次，思政教育可以帮助学生将工程热力学理论知识与工程实际相结合，提高学生的实践能力和社会责任感，成为德才兼备的专业技术人才。同时，思政教育与课程实践教学结合，能够培养学生的团队合作和责任意识，提高其综合实践能力和道德水平。

因此，将思政教育与课程教育有机融合能够培养学生的思想觉悟和道德情操，增强他们的家国意识和报国情怀，使其成为一名具有理论知识、实践能力和社会责任感的优秀专业技术人员，为国防和社会的发展做出贡献。

4 课程思政建设措施

课程团队总结多年来对"工程热力学"的教学经验，结合课程特征与航空航天专业特色，将"工程热力学"课程的理论知识讲授与思政教育有机融合，主要包括如下几个方面。

4.1 课程内容设计

在课程内容设计方面，需要将思政教育融入到"工程热力学"的理论教学和实践教学中，深入挖掘"工程热力学"相关的思政元素，使课程教学和思想政治教育相辅相成。

在讲授内燃机和燃气轮机热力学过程时，融入燃气轮机和航空发动机研发过程中的具体案例，介绍我国在该领域研发起步晚，关键技术被封锁，技术瓶颈难突破，使学生在掌握提升燃机性能的理论知识同时，充分认识到我国航空航天技术与世界一流水平之间的差距，增加学生对我国基本国情的了解，激发其作为中国人的爱国主义情怀和航空报国的使命感，从而端正学习态度和人生价值观，利用所学的理论知识为祖国做贡献。在讲授蒸汽动力装置循环过程时，通过介绍蒸汽动力装置由最初的蒸汽机发展到如今的热电联产的发展过程，让学生掌握提高蒸汽动力循环的技术和手段，同时让学生认识到现有技术并不是一成不变，也不是无法突破，应该与时俱新与不断创新，培养学生开拓进取的创新精神。

4.2 丰富教学手段

围绕"科教兴国、人才强国"战略，在"工程热力学"教学课程中，应结合课程特点增加实践教学和案例分析环节，让学生参与到工程实践中，利用试验设备和仿真软件模拟航空航天设备的实际工作过程，使学生更直观地理解热力学原理，增强学生理论和实践相结合的能力，提高学生实践操作能力。另外，组织学生参与航空航天相关的科技创新项目，如设计低能耗高性能的航空发动机，或者分析火箭发动机尾喷管的热力学过程，激发学生的创新精神和解决实际问题的能力，并培养学生的创新思维能力。同时，通过实践教学和案例分析还可以引导学生思考航空航天技术发展对社会、经济和环境等方面的影响，让学生在解决航空航天技术问题时，理解工程实际背后的社会和政治问题，培养学生的社会责任感。

4.3 加强师资队伍建设

在"工程热力学"课程思政教育建设的开展过程中，课程团队积极开展思政教学专题研究，提高教师的思政教育理论水平和教学能力。通过组织教师参与既包括专业知识又涵盖思政教育内容的培训，帮助教师更好地理解如何将思政元素融入专业教学中。同时，鼓励教师参与航空航天类的生产实习和科研项目，增强教师对该专业知识的理解，确保课程理论知识与思政教育理念与时俱进，助力航空航天高素质人才培养。同时还要加强师德师风建设，引导教师坚定理想信念、陶冶道德情操、涵养扎实学识，树立“躬耕教坛、强国有我”的志向和抱负，进而通过教师的示范和引领，影响学生的思想和行为，引导学生树立正确的人生观、价值观和世界观。

4.4 完善课程评价体系

为了完善航空航天背景下的“工程热力学”课程评价体系，可以采用多元化的评价方式，不仅考核学生的理论知识水平，也要评估他们的实践能力、创新思维和工程伦理。比如在课程的过程性考核环节增加一些与航空航天相关的案例分析，考察学生对案例的理解和分析能力。增加分组讨论、课内研讨等评价方式，让学生共同分析一些与专业课相关的国际时事问题，增强学生的民族自豪感和家国情怀。此外，在考试题型的设计当中，增加主观题考核的比例，考察学生在解决工程实际问题的同时，也要考虑解决方案对自然环境、社会环境、人文环境等的影响，进而增强学生的社会责任感。

综上所述，“工程热力学”课程思政建设需要完善课程内容设计、丰富教学手段、优化师资队伍和完善课程评价体系，将“工程热力学”课程与思想政治教育有机融合，培养学生的思想道德素养和专业能力，为培养具有社会责任感和创新能力的航空航天类技术人才做出贡献。

5 结 论

“工程热力学”作为航空航天领域重要的专业基础课程，在航空航天领域中发挥着重要的作用。为学习习近平新时代中国特色社会主义思想主题教育，培养具有良好思想道德素养和专业能力的航空航天人才。本文结合航空航天背景，分析了“工程热力学”课程的特点，讨论了其思政建设的必要性，并通过探索和研究，提出了优化课程内容设计、加强师资队伍建设和完善课程评价体系的课程思政建设措施，为航空航天领域的教育教学改革提供借鉴，为培养具有良好思想道德素养和专业能力的航空航天人才做出贡献。

参考文献

[1] 邢继攀.“习近平总书记关于教育的重要论述与高校思政课教学改革论坛学术研讨会”综述 [J]. 思想政治课研究，2020，(01)：122-126.

[2] 石静，王晓飞，张坤. 新工科背景下课程思政建设探索——以工程造价类专业课程教学为例 [J]. 砖瓦，2023，(07)：163-166.

[3] 刘红姣，王小雨，晋梅. 新工科背景下工程热力学课程思政建设探索 [J]. 高教学刊，2023，9 (21)：153-156.

[4] 石静，王晓飞，张坤. 新工科背景下课程思政建设探索——以工程造价类专业课程教学为例 [J]. 砖瓦，2023，(07)：163-166.

[5] 石尔，赵斌，姜昌伟等. 能源动力类专业“工程热力学”一流课程建设探索与实践 [J]. 高等工程教育研究，2023，(S1)：114-117.

[6] 马小晶，崔春华，孙明，等. 课程思政在工科专业课程教学中的融入探究——以“工程热力学”为例 [J]. 产业与科技论坛，2023，22 (10)：161-162.

[7] 李朋，张赟，于向财，等. 在航空人才培养中气动热力学课程思政的内涵和实践 [J]. 现代职业教育，2023，(02)：177-180.

[8] 蒋润花，曲万军，王文豪. 新工科建设背景下“工程热力学”课程建设改革与探索[J]. 广东化工. 2021，48 (21)：213-214.

课程思政在航空航天类教学中的实践探索

杨海威　王革　关奔　杨泽南

（哈尔滨工程大学 航天与建筑工程学院，哈尔滨　150001）

摘　要：课程思政是新时代背景下党中央加强高校思想政治工作的新要求，课程思政建设是涉及党建、思政、教学等多方面的多维系统工程。推进“课程思政”建设是高校教学改革的重要内容，也是贯彻立德树人根本任务的关键举措。航空航天类专业的课程思政教学实践中，深入挖掘专业课程思政教育的内涵与外延，构建专业课程融入思政工作的多元化教学方法，拓宽思政内容融入途径，利用数字赋能给课程思政教学资源、教学手段与方法等带来新模式，形成思想政治教育与知识体系教育的有机统一。

关键词：课程思政；实践研究；协同共建；数字赋能

2023 年 9 月习近平总书记到哈尔滨工程大学考察时指出：“哈尔滨工程大学要发扬哈军工优良传统，紧贴强国强军需要，抓好教育、科技、人才工作，为建设教育强国、科技强国、人才强国再立新功。青年学子要树牢科技报国志、刻苦学习钻研，勇攀科学高峰”。习近平总书记的讲话中蕴含了高校课程思政教育的重要任务。全面推进课程思政建设是提高人才培养质量的重要任务。“立德树人”作为现阶段高校教育的根本任务，既是高校人才培养面临的挑战，又是新时期教育发展对高校人才培养提出的新要求。我校飞行器动力工程专业本科生和航空宇航科学与技术学科研究生等具有航天背景的航空航天类专业课授课教师在教学实践中积极探索，与此同时学院与党组充分发挥引领作用，共同开发课程思政教育新思想、创设新途径[1-3]。

1　新时代背景下课程思政目标

新时代背景下，传统思政教育已很难满足经济社会发展对思政教育提出的新要求。培养德、智、体、美、劳全面发展的社会主义建设者是新时期我国教育发展提出的总目标。为实现这一目标，必须结合人才培养目标要求，将课程思政融入人才培养中，与思政课程协同发展。新形势下课程思政教育旨在提高学生的思想道德修养、人文素质、科学精神和认知能力。课程着重培养科学思维方法，特别强调科技伦理教育，旨在塑造学生的勇于探索未知、积极追求真理的精神，以及对科学领域高度责任感和使命感的塑造。全面推进课程思政建设，就是要寓价值观引导于知识传授和能力培养之中，帮助学生塑造正确的世界观、人生观、价值观，这是人才培养的应有之义，更是必备内容。需要遵从“学生中心、产出导向、持续改进的先进理念”，把思想政治教育贯穿人才培养全过程。使各类课程与思政课程同向同行，将显性教育和隐性教育相统一，形成协同效应，构建全员全程全方位育人大格局。

2　解读课程思政内涵

教育部要求各高校所有课程全面覆盖课程思政内容，要做到课程思政与专业内容的有机融入，而不生搬硬套强行切入，必须明确课程思政教育的内涵与外延。

教育部《高等学校课程思政建设指导纲要》指出：课程思政要在课程教学中把马克思主义立场观点方法的教育与科学精神的培养结合起来，提高学生正确认识问题、分析问题和解决问题的能力。理学类专业课程，要注重科学思维方法训练和科学伦理教育，培养学生探索未知、追求真理、勇攀科学高峰的责任感和使命感。工学类专业课程，要注重强化学生工程伦理教育，培养学生精益求精的大国工匠精神，激发学生科技报国的家国情怀和使命担当。因此凡是能够激发学生学习的内在动力，促进学生对专业课程知识的理解掌握、拓展和深化的活动都属于专业课程思政的范畴。针对航空航天类工学专业课程，课程思政教育要充分挖掘课程的思政育人资源，把马克思主义立场观点方法的教育与航天科学精神的培养结合起来，多层面多角度开展课程思政教育，实现将价值塑造、知识传授和能力培养紧密融合。

3　课程思政建设实践

根据教育部对高校课程思政教育的任务要求，近几年在教学素材优化、实施路径拓展、教育模式改革方面开展了课程思政建设和实践探索工作。

3.1　优化课程思政教学素材

充分理解课程思政教育内涵后，教学素材可从道德情操、专业精神、家国情怀三方面内容进行优化。

在学生道德情操方面，从社会道德、个人道德、职业道德、人文素养和正确的三观培养入手，提升学生个人品格，坚持以学生发展为中心的教育理念，激发学生学习的内驱力和学习兴趣，突出培养学生的创新思维和创新能力。

在培养学生正确的科学观方面，从认识论和方法论入手，培养学生求真务实、开拓进取，建立批判性思维与创新意识；通过对专业知识问题的解决培养辩证思维、系统思维和创新思维[4]。

在激发学生航天报国的家国情怀和使命担当方面，从党和国家意识、航天精神入手，落实到职业精神；通过航空航天科学家事迹、航空航天事业发展历程激发航天报国的家国情怀。

通过航天技术难点与技术创新趋势学习训练科学观、团队协作精神；通过航天重大工程事故案例建立社会责任意识。

3.2　拓宽课程思政实施途径

从“课程思政”入手，构建由课程知识点集成平台、课程思政元素集成平台和课程教学方法集成平台组成的三平台课程体系框架，实现课程理论和知识与育人目标的无缝衔接，互为助力。拓展教学时间与空间，实现三个结合：课堂内外相结合，学校内外相结合，线上线下相结合。充分利用社会实践、学科竞赛、大学生科创、科研项目实践等活动拓宽思政教育渠道[5-6]。

遵循既有课程知识体系，在这个体系范围内找准思政元素并有机嵌入。讲好专业课中学术体系的逻辑关系，科学探索中的问题来源，实践理论实践的认识论、实践论，科学技术的伦理取向、系统思维、创新思维、批判思维等。注重点亮专业学习的专注度，激发学生的学习兴趣和内生动力。

以学生为中心，重视学生的情感体验、重视课堂的参与性，让学生能够自我感悟。在基本层面，将思政点和课程的知识重点、难点直接关联；在情感层面，通过思政点引起学生对这堂专业知识学习的兴趣和学生的情感共鸣；在体验层面，有效地激发学生产生学习内动力，促进学生对课程知识的理解、掌握、拓展和深化。

不拘泥于显性或者隐性的思政教育。根据课程内容的育人要求，可进行旗帜鲜明的思想政治教育，也可潜移默化，形成润物无声的效果。

3.3 改革课程思政教育模式

利用数字赋能给课程思政教学资源、教学手段与方法、评价方式等带来新模式。落实国家教育数字化战略行动，通过课程“知识图谱”推进课程专业教育和课程思政教育数字转型，重构教学方式，实现大数据、智能技术与教育教学的深度融合。通过智慧平台“智慧树”“超星学习通”将信息技术与课堂教学设计有机融合，使得线上线下结合形成立体化教学资源以及课程的可追溯管理，使教学时间和空间得到延伸，提升人才培养成效。将虚拟仿真实验平台纳入课程教学，实现教学实验虚拟操作，并通过课上虚拟实验演示和课下学生虚拟实验操作，开启新型教学途径，激发学生的创新精神和动手实践能力。

课程“知识图谱”是近来被应用的课程教学手段，知识图谱通过应用数学、图形学、信息可视化技术、信息科学等学科的理论与方法，利用可视化的图谱形象地展示学科的核心结构、发展历史、前沿领域以及整体知识架构达到多学科融合目的的现代理论。基于课程知识图谱，为课程思政内每个思政点制定可视化、个性化的教学内容，让思政点不再抽象、枯燥，从而激发学生的学习兴趣，便于学生理解掌握。基于思政知识点教学认知目标，开发知识点层面的教学资源、教学活动，强化教学设计的内在逻辑。知识图谱的应用主要集中在搜索和推荐领域。教学使用过程中知识图谱可以通过推理技术，根据已有的知识和规则，自动地推断出一些学生没有直接问到但相关的课程思政信息，从而扩大课程思政外延，极大提升课程思政教育成效[7-8]。

4 结 论

全面推进课程思政建设是提高人才培养质量的重要任务。结合新时代特征，高校授课教师要创新教学方法，构建生态多样化的教学环境，多方位多渠道探索“课程思政”的途径，持续不断地充分挖掘专业课程蕴含的思政资源，并进行全方位、多维度、贯穿教学全过程的教学实践，提升课程思政教学成效。

参 考 文 献

[1] 李有桂，吴祥，朱成峰，等．“课程思政”视域下高校教师人文素养的培育[J]．高教学刊，2020(31)：169-171+176．

[2] 董慧，杜君．课程思政推进的难点及其解决对策[J]．思想理论教育，2021(05)：70-74．

[3] 仲计水.简析新时代课程思政建设应坚持的五项原则[J].北京教育,2020(1):90-92.

[4] 陈丁丁,刘钧.专业课程与思政互融互促教学模式的探索[J].高教论坛.2021,10(10):57-59.

[5] 林倩."以学生为中心"的新工科专业课程建设改革探究[J].高教学刊.2023,23:144-147.

[6] 黄泽文."新工科"课程思政的时代蕴涵与发展路径[J].西南大学学报(社会科学版),2021,47(03):162-168.

[7] 蔡路.数字赋能高校精准思政研究[J].学校党建与思想教育,2022(21):67-70.

[8] 豆素勤,王强.数字赋能高校思政教育的主要特征、现实困境及突破路径[J].学术探索,2023(02):149-156.

“自动控制原理”课程思政建设的探索与实践*

杨彦霞[1] 于春淼[1] 王丽芬[1] 任元[2] 王卫杰[1] 刘政良[1]

(1.航天工程大学 宇航科学与技术系,北京 101416
2.航天工程大学 基础部,北京 101416)

摘 要:“自动控制原理”是控制专业的一门重要基础课程。学习该课程对于学生后续的学习以及工程实践都有着至关重要的意义,也为学生养成良好的职业道德和专业价值观奠定了基础。因此,该课程的思政建设已然是大势所趋。然而,现有“自动控制原理”课程的思政教育内容较少,学生缺乏对技术与社会关系的认识,且当前课程未能引导学生通过“自动控制原理”课程来思考技术对社会的影响,缺乏对社会责任感的培养。针对该问题,提出了教学内容更新、教学案例更新、教学方法更新三位一体的教学体系。最后,通过课堂教学进行检验和实践,取得了“知识传授”与“价值引领”并重的良好效果。

关键词:自动控制原理;课程;思政;教学改革

引 言

习近平总书记在2018年全国教育大会上特别强调:坚持将“立德树人”作为根本任务[1]。同年,原陈宝生部长在新时代全国高等学校本科教育工作会议上特别强调要将专业思政提升到中国特色高等教育制度层面来认识[2]。这要求高等教育院校需明确每门课程的育人要素和责任,推动老师们及时开展“课程思政”教学设计,保证课程有思政,教师讲育人[3-4]。

全国高等教育工作者在深入学习该重要讲话后,积极思考应如何结合专业课自身的教学特点实施教学改革,将思想政治教育贯穿教育教学全过程[5]。“自动控制原理”作为自动化类专业的核心基础课,对学生的大学阶段学习起到了承上启下的作用。通过系统学习该课程,学生可掌握反馈控制理论的基本概念,基本理论、分析和设计方法,还可培养学生灵活运用基本理论解决工程实际问题的能力,并树立正确的世界观、人生观、价值观。

基于此,课程组教师积极探索改革,以坚持“立德树人”为根本任务,通过深入挖掘课程中所蕴含的德育元素,切实提高具有工匠精神的培养质量,在知识传授时注意价值传导。从更新优化教学大纲、教学内容、教学手段和考核方式等方面对该课程进行了教学改革[6],以期使学生达到潜移默化的效果。

本文结合成果导向、以学生为中心和持续改进三大教学理念,探索“自动控制原理”的课程思政建设问题。重新梳理“自动控制原理”课程的教学内容、教学过程,深度挖掘课程中蕴含的爱国情怀、价值观内涵和具体案例,将思政教育融入课程教学,在知识传授的同时进行价值熏陶,实现“三全”育人的目的。该文的工作不仅是让学生体会自动控制原理在现实生活的应用,

* 基金项目:国家自然科学基金(52075545)

增强自主学习的动力,也为“自动控制原理”课程提供课程思政建设思路和途径,具有重要的教育和现实意义。

1 课程思政教学现状

“自动控制原理”作为专业基础课,在自动化专业本科生的教育体系中占有不可替代的地位[7]。在传统教学模式下,学校的“自动控制原理”课程思政建设主要存在如下问题:

1.1 课程思政教育探索不全面

自动控制原理知识点内容涉及甚广,传统的自动控制原理课程教学模式以课堂讲授为主,课后作业为辅的模式,传授方式和手段较为单一,缺少人文社会知识、国家科技前沿等思政因素的引入,无法切实提高学生的思想品德修养、爱国情怀和社会责任感。因此,学生在学习该课程知识时存在掌握不够灵活和深入等问题,不易运用所学知识解决实际生活中的问题,应试性目的较强。同时,该课程目前的考核方式也较单一,通过平时成绩+期末成绩进行评定,偏重于理论知识考核,缺乏对学生知识运用、解决实际问题的能力考核。

1.2 线上工程案例利用不充分

“自动控制原理”课程内容包括控制系统的基本原理、稳态性能、动态性能等,理论性强,部分内容理解较为抽象,往往需要具体的工程实际案例作为牵引。目前基本上是在有限的学时内,任课教师在进行概念原理和少量案例的单一输出,缺乏与时代发展和社会需求紧密结合的工程实际案例和教学内容,容易引起学生对技术知识与社会责任之间的联系认识不足。如何通过工程实际案例建设并利用线上资源,是当前亟需思考的问题。

1.3 课程思政资源库素材不成体系

传统教学模式中,教材内容不能满足“新工科”背景下的人才培养目标和需求,需要进一步加强资源库的建设。教育部大力倡导整合课程思政资源,利用数字化教学平台,将线上精品课程与线下课程有机结合,不仅让学生掌握技术知识,还要提高他们的社会责任感和思政素养,实现课程思政与课程内容的深度融合。因此,亟需开展并加强推进课程思政资源库建设。

2 课程思政的教学改革

针对目前“自动控制原理”教学过程中存在的课程思政问题,从应用型人才培养出发,结合新时代对工科专业学生素养和能力的要求,以“立德树人”为根本,围绕优化教学内容、更新教学案例、改进教学手段、改变考核方式等方面进行了教学改革[3],以增强学生的参与度和学习积极性,提高国内“自动控制原理”课程思政教育水平,流程图如图 1 所示。

2.1 优化教学内容,渗透思政元素

针对“自动控制原理”课程的涵盖范围,我们将依据教学大纲和课程思政建设目标,对教材内容进行全面的优化。该文从思政教育角度挖掘各知识点与所要求价值体系之间的关系,以

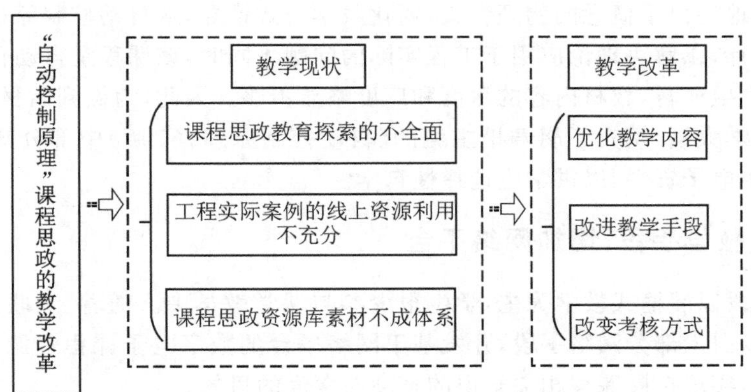

图1 "自动控制原理"课程思政教育改革流程图

便在进行专业知识传授的同时,潜移默化地渗透思政教育。

① 通过引入最新技术和实际案例中的自动控制最新成果,结合当前社会热点问题,在课程导入阶段就激发学生的学习兴趣和民族自豪感。例如:新的工业革命浪潮已经席卷而来,我国紧抓历史机遇,在人工智能、互联网等高新技术领域取得了骄人成就,这些大多与自动控制密切相关。由此,让学生深入了解技术与社会的关系。而在讲解控制系统的基本要求时,通过控制系统基本要求,传播所涉及关键技术,提高学生对科学的兴趣与理解,促进其全面发展。

② 梳理自动控制理论从古至今的发展历程,引导学生树立"自强不息、为国奉献"的价值理念[8]。比如:古代的"指南车"、现代的医疗设备控制、智能交通、环境监测等领域案例,让学生深入理解技术知识对社会的重要性,并引发他们的思考。

③ 通过分析自动控制系统性能,引导学生从系统角度重新认识社会,并学会客观定位自己。在"自动控制原理"的课程中,动态性能是一个非常重要的知识点,它是指控制系统对于输入信号的响应速度。在讲解动态性能知识点时,可以引入医疗设备控制系统案例。医疗设备控制系统是一种高度精密的自动控制系统,用于控制医疗设备的运行,如果该系统出现故障,将会对患者的安全产生极大的影响。因此,在讲解动态性能时,可以强调医疗设备控制系统对于社会的重要性,让学生意识到他们所学习的知识不仅仅是为了技术本身,更是为了服务于人类的健康和生命。而稳定性是系统能够正常运行的前提,只有系统稳定才能进一步分析各项"性能指标"并采取对应的"控制"策略。因此,当讲解控制系统稳定性时,可以引入自动驾驶汽车的案例并进行讨论。自动驾驶汽车作为自动控制技术在智能交通领域的典型应用,其稳定性直接关系到交通安全和人身财产安全。或者从社会角度出发,强调只有社会稳定,人民才能安居乐业,国家才能发展强大。从而启发学生从我做起,从小事做起,担负时代责任,为实现中华民族伟大复兴做出自己应有的贡献。

④ 系统性能指标是矛盾的辩证统一,以此启发学生感悟取舍之道。自动控制系统的动态性能和稳态性能之间常常存在矛盾。例如:二阶系统,若减小其阻尼比,易导致响应变快,超调量增大的结果,并降低系统稳定性,甚至会导致系统失去稳定性。基于此,在进行理论授课时可以启发学生:任何事情都存在两面性,要学会抓主要矛盾和主要问题,进一步培养学生发现问题、分析问题和解决问题的能力。

⑤ 精选课程教材,因材施教。我校选择了高教社出版黄坚主编的《自动控制原理及其应

用》，该教材较好地突出了概念的物理含义，弱化数学公式推导，从自动控制原理的角度对工程实例进行分析设计，以解决理论应用于工程实际的问题。同时，该课程是自动化方向考研的初试科目，对考研学生而言，教材内容的深度和广度略显不够。因此，为做到因材施教，课程组教师根据修订的教学大纲，填充了胡寿松主编的《自动控制原理》(5 版)中部分知识点作为拓展内容，提供给学生电子资料，以供学生选择性自学。

2.2 改进教学手段，增加网络平台

传统教学手段以灌输式教学为主，学生很少参与课堂教学中。随着“互联网＋”技术的日益发展，教学可以引入部分网络手段，开发基于网络平台的数字电子课程资源，从而弥补传统教学课时的不足，实现扩展课程相关知识的宽度与深度的目的。

(1) 互动式教学方法

设计小组讨论、角色扮演等形式，提高学生的参与度和学习积极性。通过现代化教学手段，如雨课堂、观影推荐、仿真实验等，增强学生的学习体验感。也可由学生自行选择主题内容，彼此分享具有代表性的国内外自动控制应用案例，开展思政内容为主的讨论学习，培养其团队合作精神。线上线下相互配合的立体化教学环境，打破了思政教育的时空限制，增强了学生的政治自信、文化自信，实现了思政教育和技能传授有机融合，初步达到了课程思政育人的目标。

(2) 教学效果评估

教学结束后，对教学效果进行评估。通过问卷调查、学生作业等方式，了解学生对思政教育内容的理解和反馈，评估教学效果。通过借鉴和总结线上线下教学的优秀经验，反复打磨课程内容和授课过程，提高课堂教学效率。此外，教师还可以通过线上平台分享与课程相关的最新科研成果，从而多层次、多角度进行专业知识传递和思想价值引领。

2.3 改变考核方式，重视过程评价

有效的考核方法可以培养学生的主动性，并促进师生互动。因此，新的考核方式采取理论考试＋出勤成绩＋学科竞赛＋网络学习（10%）＋思政研讨的方式进行，其中的分量按照10:3:2:3进行分配。理论考试可分为阶段性期中测试和期末考试，关键考查学生对基本概念及理论、系统分析设计等知识的掌握能力；出勤成绩包括课堂出勤、课上互动和课后作业，作为评价学生的学习态度和表达能力的手段；学科竞赛包括学生参加的大学生数学建模竞赛、大学生物理竞赛等组成，鼓励学生要勇于创新、不畏困难、勇攀高峰；网络学习通过在线精品课视频学习时长评估；思政研讨包含课堂思政内容小组感悟分享和前沿科技讨论与分析，促进学生参与思政内容学习的积极性，树立正确的价值观。

3 结 语

“新工科”背景下“自动控制原理”课程教学改革及思政建设，是高等院校教学改革的一种新尝试。通过优化教学内容、改进教学手段、改变考核方式，潜移默化地实现了对学生的思想政治教育，促进了学生知识与能力、过程与方法、情感与价值观三维教学目标的统一，起到潜移默化的教育效果，提高了全方位育人质量。本论文的研究思路不仅对于“自动控制原理”课程，

同时对于其他工科专业课程的思政建设,也具有一定的借鉴意义。

参考文献

[1] 习近平.把思想政治工作贯穿教育教学全过程,开创我国高等教育事业发展新局面[N].人民日报,2016-12-09(1).

[2] 陈宝生.在新时代全国高等学校本科教育工作会议上的讲话[J].中国高等教育,2018(Z3):4-10.

[3] 臧强,周颖.自动化专业控制类课程体系改革研究[J].科技创新导报,2019(20):197-198.

[4] 何谐.工程技术人才产学合作的专业建设研究[J].科技创新导报,2020(20):199-201.

[5] 邱微,南军,刘冰峰.课程思政与在线教学的隐性融合——以"水工程施工"课程为例[J].高等工程教育研究,2020(6):57-61.

[6] 吴小娟,郝家琪."自动控制原理"课程思政建设的思考[J].产业与科技论坛,2020,19(3):243-244.

[7] 白圣建,于瑞航,徐婉莹.关注学生学习体验,提升线上教学质量—"自动控制原理"课程线上教学设计与实践[J].电气电子教学学报,2021,43(2):101-103.

[8] 戴先中,马旭东.自动化学科概论[M].2版.北京:高等教育出版社,2016.

AI 知识图谱赋能“气体动力学”课程思政

杨泽南　王革　杨海威　关奔

（哈尔滨工程大学 航天与建筑工程学院，哈尔滨　150000）

摘　要：随着数字化时代的到来，AI 技术日新月异，将 AI 技术应用于教学科研符合二十大报告中“科教兴国”战略的进一步实施。基于 AI 技术开发的智能知识图谱将有效服务于课前预习、课堂教学及课后测验等过程。通过将知识点与课程目标、历史故事及时事政治紧密结合，使课程思政能够以全新的形式进行展开。以气体动力学课程为例，“气体动力学”课程是哈尔滨工程大学航天与建筑工程学院开设的一门航天类本科生学科基础课程，其课程目的是使学生能够掌握高速流动气体的流动规律、特点及基本方程，对气体动力学的发展方向有较为全面的了解，为学生今后从事航空航天领域的理论研究和工程实际工作打下坚实的基础。AI 知识图谱能够将传统的“气体动力学”课程教学转换为针对不同学生知识掌握情况的知识图谱教学，并充分利用 AI 技术的思维拓展能力，将课程思政紧密结合于理论知识教学，为航空航天领域培养优秀人才。

关键词：AI 知识图谱；课程思政；气体动力学；航空航天

引　言

在信息化时代，人工智能、大数据、元宇宙、物联网等技术得到了极大发展，其中，以人工智能技术（AI）为核心的新一代信息技术开启了新一轮智能化产业变革，智能化已经成为工业化、自动化、信息化、现代化发展的新特征。伴随人工智能、物联网、大数据、云计算等技术的迅猛发展，出现了诸如智能手机、智能驾驶、智能机器人、智能家居、智能工厂、智能超市、智能酒店等产品与设备，这给人们的生产、生活带来极大的便利，在一定程度上，智能化延伸了社会产业部门生态链，加快了社会各部门的生产效率，也革新了传统的工业社会固有的生产方式。人工智能技术的不断发展，为各行各业的变革提供了强大的驱动力，且对不同行业的发展产生了至关重要的影响。

2017 年国务院印发《新一代人工智能发展规划》，明确提出需要围绕教育的迫切民生需求，加快人工智能创新应用，并将智能教育纳入智能服务范畴作为建设安全便捷的智能社会这一重点任务的组成部分。2022 年，二十大报告也明确提出要“推进教育数字化，建设全民终身学习的学习型社会、学习型大国”。人工智能技术的高速发展，为推进教育数字化提供了新思路、新方法，对教师的教学水平也提出了新的要求及挑战，也为课程思政建设指明了新的时代方向。

本文针对人工智能技术的特点，提出了 AI 知识图谱的概念，并以“气体动力学”课程为例，介绍并说明了基于 AI 技术开发的智能知识图谱在课堂教学及自主学习等过程中发挥的重要作用，同时通过此 AI 知识图谱将课程知识点与课程目标、历史故事及时事政治等紧密结合,使课程思政能够以全新的形式进行展开。

1 AI知识图谱构建

1.1 理论背景

以人工智能技术为核心的新一代信息技术掀起了第四次工业革命的浪潮,人工智能发展在新理论、新技术和新需求的驱动下已经进入新阶段,呈现出深度学习、跨界融合、人机协同、群智开放、自主操控等新特征。从严格意义上讲,今日的人工智能技术(AI)是在信息化社会的基础上所发展的另一种形式的高端自动化技术,准确说它是"信息自动化"。随着超级计算机技术不断刷新运算速率、不断更新数学模型,更适宜人类社会生产、更能够替代人类体力和脑力工作的智能生产模式将在社会的各个领域应用,人类开始进入智能社会、智能时代。

到目前为止,人工智能技术已从理论走向了实践,各种人工智能应用模型层出不穷。其中最著名的人工智能模型ChatGPT(Chat Generative Pre - trained Transformer),目前已发展到第四代。ChatGPT以优化的自然语言模型为基础,为用户提供即时、定制化回复,用户以通用语言发出指令或提出问题,即可实现人机互动,完成信息检索、文本提炼、文案撰写、文艺创作、多语言翻译、代码编辑等。作为人工反馈强化学习模型,ChatGPT已拥有自我纠错、正误判别、拒绝不合理的内容等功能。高自我拓展能力,逼近人类信息解读输出的极限,是人类信息解读输出的飞跃。

ChatGPT凭借人类的认知、生成和创造能力引发了人工智能领域的思维革命,一种不同于以往的认知框架正在建立。在教育方面,ChatGPT将通过高密度信息的即时输出,强调聚焦问题的自组织学习。通过关注学习过程中的知识迁移和理解生成来实现对学习起点、学习形态和学习路径的重塑。同时,该过程中潜在的逻辑张力也给学习结果带来了不确定性,集中体现为知识高效生产与学习者思维替代、深度学习生成与学术伦理越界、海量数据训练与特定意识形态偏向三重矛盾。

为了解决当前人工智能技术应用在教育及自主学习方面的难题,本文提出了AI知识图谱的概念,将传统的传授型教学转化为基于AI技术,针对不同学生进行个性化教学及提高主观学习能动能力的半自主化教学,并为传统的传授型课程思政提供了一种半自主化的新型教学思路。

1.2 应用前景

在早期的教学中,课程培养目标强调知识与技能,即学生获取、收集、处理、运用信息的能力。以此为目标的教学模式偏向于传授型教学,由教师讲授剖析知识点,学生记忆、理解再加以一定程度的运用;即便加入了教师与学生的课堂互动,其本质仍是检验知识点是否被掌握。这与早期教育的目标是一致的,即培养某一领域的专业型人才。

随着社会的发展,对人才创新能力与解决问题能力的要求越来越高,因此教学课程的培养目标亟需做出转变,从传统的传授型教学演变为在除传授知识与技能之外,同时强调过程与方法及培养情感态度与价值观。其中情感态度与价值观,不仅包括学习兴趣、求知欲望、解决难题的态度,也包括表达观点、接受建议、与人交流探讨与协作完成工作等能力。

但是，当前的教学课程培养目标对教师的教学能力及学生的学习能力都提出了巨大的挑战。将传统的单一的知识传授型教学模式转变为知识与技能、过程与方法、情感态度与价值观培养的三维教学模式，需要教师及学生付出远大于课程教学及学习本身所付出的努力。

而本文提出的基于 AI 技术的智能知识图谱概念将能够有效解决这样的问题。基于 AI 技术信息自动化的特点，AI 可以从大量的课程数据中学习规律，构建完整的知识图谱，并完成知识拓展内容的填充。

其自动识别模式可以很好地对学生的日常行为、学习表现和以前课程成绩进行识别并判断预测，通过比对大量数据进行预测从而进一步反馈纠正并提供学习方向与学习方法的意见。教师可通过该知识图谱掌握每个学生的课程兴趣点及知识掌握情况，在 AI 知识图谱的辅助下更为有的放矢地促进和改善学生的学习状况。

而且 AI 知识图谱在数据学习过程中处理的数据越多，预测学生情绪、学习状态、技能水平等指标也就越精准，并以此提供最适合各个学生的学习方法，并提供对应学习阶段学生所需的知识技能。它还可以有效提高教师在个性化教育、精准化教育方面的掌控力，以实现对学生学习成绩、学习行为的智能改善。如自然语言处理，包括对人类语言、知识文本的分析、检索和整理，如基于语言的问答系统、基于文本的机器批阅。这不仅可以实现教育领域人与“知识专家库”的答疑互动，还能够提升学生自主练习时的反馈效率。如模式识别技术，通过采集学习者的语音、情感、图像等体征数据，在一些技能实训课程中，AI 知识图谱可以自动将学生的技能动作与标准的模式动作进行对比，可以有效对学生的技能动作进行引导、提示、指导、纠正、帮助、鼓励，从而增强学生的技能训练水平并节省相应的师资力量，用于其他创造性活动。

2 AI 知识图谱赋能气体动力学课程思政

2017 年国务院印发《关于深化教育体制机制改革的意见》，明确指出要健全“全员育人、全方位育人”的体制机制，充分发掘各门课程中的德育内涵，加强德育课程、思政课程、注重学科德育、课程思政，第一次将课程思政写入中央文件。到目前为止，课程思政已成为全国各高校专业课教学都在探索的重要课题。

课程思政的目的在于落实习近平总书记提出的培养什么样的人以及为谁培养人的根本问题，即必须把培养社会主义建设者和接班人作为根本任务，培养一代又一代拥护中国共产党领导和我国社会主义制度、立志为中国特色社会主义奋斗终身的有用人才。

课程思政目的在于思政，依托在于课程。以“气体动力学”课程为例。“气体动力学”课程是哈尔滨工程大学航天与建筑工程学院开设的一门航天类本科生学科基础课程，其课程目的是使学生能够掌握高速流动气体的流动规律、特点及基本方程，对气体动力学的发展方向有较为全面的了解，为学生今后从事航空航天领域的理论研究和工程实际工作打下坚实的基础，为航空航天领域培养优秀人才。

对于“气体动力学”课程来说，其教学目的为教授学生高速流体流动的自然规律，并利用其规律，进行工程实践活动，或在此基础上进行更深入的机理研究，发现更多的高速流体自然规律。而其课程思政的根本目的，就在于为中国共产党培养具有航空航天领域知识储备能力的社会主义建设者和接班人，培养一代又一代拥护中国共产党领导和我国社会主义制度、立志为中国特色社会主义奋斗终身的航空航天领域人才。

人才除了有思想觉悟，还需要有扎实的专业知识。课程思政其实对专业课授课质量提出了更高的要求，要求授课教师必须在高质量完成知识传授、能力培养的基本教学任务的基础上，平滑链接课程思政教学，让课程知识传授与课程思政教学紧密结合。习近平总书记在全国高校思想政治工作会议上指出，各类课程要与思想政治理论课同向同行，形成协同效应。在此基础上，目前的研究已建立了一套课程与思政互融互促的教学理念，即：专业课程挖掘、融合思政元素，达成思政建设目标；思政元素结合专业知识的基本规律，促进专业教学，更好达成专业知识目标。

目前的研究已形成一套较为完整的形成了课程思政模式。

首先，结合马克思主义哲学基本原理，深化课程内容。通过深入分析、研究专业课程各章节、各知识点中蕴含的马克思主义哲学原理，对马克思主义哲学原理的普遍性如何与具体课程的特殊性相结合进行总结，厘清马克思主义哲学原理对课程知识学习和掌握的指导性作用，从而利用马克思主义哲学原理指导专业课程知识的教学与学习。

其次，针对情感态度与价值观维度目标，建立素材资料库。首先，根据课程特点合理制定与思政有机结合的情感态度与价值观维度的目标。然后，有针对性地广泛搜集与课程知识相关联的生产生活和科学发展中的热点事件，以支撑培养专业认同感的需求；深度挖掘了有机化学知识体系中的中国元素，以支撑激发学生社会责任感的需求。

再次，着眼润物无声，探索方法创新。立德树人是润物无声、潜移默化的过程，需要在教学方式方法上进行创新，从一开始就确立巧妙、自然、富于感染力的授课形式，将有意搜集的思政元素，在授课过程中与专业知识融合在一起传授给学生。

最后，支撑课程思政需求，提高授课能力与理论修养。为了保证课程思政有效执行，必须提高教员的授课能力水平，并加强政治理论的学习，提高授课教员的理论修养。

在目前广泛存在的知识传授型教学模式下，该课程思政教学模式已展现出良好的应用价值。对于“气体动力学”课程，该课程思政教学模式也同时符合本课程的教学目的及课程思政目的。在此基础上，将AI知识图谱同时应用于“气体动力学”课程教学及课程思政教学可大大降低教学时间成本，同时提高教学成果。运用AI知识图谱能够快速处理信息并解决已知问题的优势，根据每个学生的生活、学习习惯定制相应的知识图谱及思政拓展，如根据学生日常能够接触到的流体流动现象联系相应知识点，并加入实践内容，再从相应知识点引申出历史故事、时事政治等思政内容，从而达到理论知识与课程思政协同促进的结果，同时实现理论课程与课程思政目标。基于AI图谱赋能气体动力学课程思政，可满足课程与思政互融互促的要求，提高教学效率，并帮助学生寻找自己的学习方向甚至人生方向，同时减少教师的工作量，将更多精力放在能够发挥主观能动性的创造性工作上。

3 结 论

随着数字化时代的到来，AI技术日新月异，将AI技术应用于教学科研符合二十大报告中“科教兴国”战略的进一步实施。以“气体动力学”课程为例，基于AI技术开发的智能知识图谱将有效服务于该课程的教学过程及课程思政，通过对不同学生日常生活、学习方式的识别，将知识点与学生的日常所见所闻、历史故事及时事政治紧密结合，使课程理论教学及课程思政能够以全新的形式进行展开。AI知识图谱能够将传统的气体动力学知识传授型课程教学转换为针对不同学生知识掌握情况的知识图谱教学，并充分利用AI技术的思维拓展能力，将课程思政紧密结合于理论知识教学，培养一代又一代拥护中国共产党领导和我国社会主义制度、立志为中国特色社会主义奋斗终身的航空航天领域人才。

参考文献

[1] 陈丁丁，刘钧，邢素丽. 专业课程与思政互融互促教学模式的探索[J]. 高教论坛，2021，(10)：57-59.

[2] 冯薇，吴哲宇，李怡为. "人工智能＋教育"深度融合的理论探索与创新启示——基于文献计量学的研究[J]. 中国成人教育，2023，(22)：3-10.

[3] 郑琳. 基于人工智能的教育领域变革与路径探析[J]. 继续教育研究，2024，(01)：38-41.

[4] 张嘉宁，宋西贵. ChatGPT与图书馆的领域动向[J/OL]. 农业图书情报学报，2023，(08)：19-29[2023-12-02].

[5] 吴虑，杨磊. ChatGPT赋能学习何以可能[J/OL]. 电化教育研究，2023，(12)：28-34[2023-12-02].

[6] 余晓京，施永强，杨青真，等. 气体动力学基础课程教学反思与实践[J]. 高等工程教育研究，2019，(S1)：105-107.

基于 MATLAB 的线性定常系统时域分析教学方法研究*

于春淼[1]　蔡远文[1]　杨彦霞[1]　任元[2]　王丽芬[1]　王卫杰[1]　刘政良[1]

（1. 航天工程大学 宇航科学与技术系，北京　101416

2. 航天工程大学 基础部，北京　101416）

摘　要：时域分析法是“自动控制原理”课程中从时域角度分析线性定常系统稳定性、快速性以及准确性等性能的常用方法。针对时域分析法具有理论性和工程应用性强的特点，有必要研究基于 MATLAB 的时域分析仿真实验教学法。本文分析了“自动控制原理”课程的内容和教学特点，并对时域分析法中常用的性能指标：超调量、阻尼比、调节时间、稳态误差等基本概念和物理意义进行了详细介绍；针对上述指标理解困难、计算难度大问题，创建 MATLAB 函数，以此实现对线性定常系统各项常用跟随性能指标的高效计算，并通过实例分析增强学生对时域分析法的理解。此外，本文还强调了在教学过程中融入思政元素的重要性，通过工程实例引导学生理解科技为国家和人民服务的使命与担当。

关键词：自动控制原理；时域分析法；MATLAB；稳态误差；思政教育

引　言

自动控制原理是控制科学和工程的基础学科，是自动化、测控技术与仪器，电子信息工程等专业的重要基础课程[1-2]。自动控制原理学科的基础知识涵盖数学、物理学、电工电子等，概念抽象，不易掌握。该学科研究的核心内容包括建模、信息控制、系统工程等，相关内容还涉及网络通信、执行驱动、信息处理等。其中心问题是控制系统的分析与综合，主要包括控制理论的基本概念与原理、控制系统的性质分析和控制系统的综合设计[3-4]。其理论课程主要包括理论知识和习题作业，没有足够的时间和充分的条件研究实际控制对象，不能适应自动控制原理的综合性和实践性特点。因此，将实验教学融合贯穿在整个课程教学中，非常重要。

MATLAB 是一种高效且易学习的语言，同时也是一个计算平台，为数据分析可视化、算法和应用程序的开发提供了各种工具[5-6]。根据其提供的工程函数，人们可以在它的集成环境中交互或编程以完成各自的计算。目前，在国内外很多高等院校里，MATLAB 已经成为大学生、硕士生、博士生必须掌握的基本技能。在研究单位和工业部门，MATLAB 已经成为研究和解决各种具体工程问题的一种标准软件[7-8]。

根据 MATLAB 软件的特点，可以将其用于自动控制系统的数学分析、模型建立、时域响应分析、根轨迹图解分析及频域分析等，可以在加深学生理解理论知识的基础上，调动其学习积极性，开发创造性思维，也能激励学生运用所学控制理论去分析、解决实际工程问题[9]。本

* 基金项目：国家自然科学基金（52075545）

文在自动控制原理课程教学中应用 MATLAB 仿真技术，课上在讲授课程理论的时候结合 MATLAB 仿真实例，通过修改参数分析仿真结果，以验证所学知识。通过课前共享 MATLAB 仿真实例，学生可以自由进行仿真操作，并通过灵活设置参数和输入，对所学知识有个直观的理解分析。

1 时域分析法中的常用性能指标

时域分析法是指控制系统在一定的输入下，根据输出量的时域表达式来分析系统性能的研究方法。基于时域分析的常用性能指标主要有超调量、阻尼比、调节时间、稳态误差等，为了创建以上指标的 MATLAB 函数，首先介绍一下每个指标的内涵和物理意义。

1.1 超调量

超调量指系统控制的最大偏差，即自动控制系统在阶跃输入作用下，被调量的瞬时最大偏差值与稳态值之比。超调量越小，表明系统动态响应比较平稳，即系统平稳性较好。超调量的值可通过以下表达式计算得出

$$\sigma\% = \frac{c(t_{\mathrm{p}}) - c(\infty)}{c(\infty)} \times 100\% \tag{1}$$

式中：$\sigma\%$表示系统超调量；t_{p} 表示系统输出后第一次到达峰值的时间，即峰值时间；$c(t_{\mathrm{p}})$表示被调量的瞬时最大偏差值；$c(\infty)$表示被调量的稳态值。

1.2 阻尼比

阻尼比表示系统在受激振后振动的衰减形式。在分析系统特性时，可将阻尼比分为等于1、等于0、大于1和0～1之间4种，阻尼比为0表示不考虑阻尼系统，常见的结构其阻尼比都在0～1之间。阻尼比一般用符号 ξ 表示。

1.3 调节时间

调节时间，即从零时刻开始，系统的输出响应进入并保持在±5%(±2%)误差带(Δ 范围内)所需的时间。调节时间越小，表明系统动态响应过程短，快速性好。对于二阶系统，调节时间的值可通过以下表达式计算得出，即

$$t_{\mathrm{s}} \approx \begin{cases} \dfrac{3}{\xi\omega_{\mathrm{n}}}, & \pm 5\%\ \text{误差带} \\ \dfrac{4}{\xi\omega_{\mathrm{n}}} & \pm 2\%\ \text{误差带} \end{cases} \tag{2}$$

式中：t_{s} 表示系统调节时间；ξ 表示系统阻尼比；ω_{n} 表示无阻尼自然振荡频率，一般 $\omega_{\mathrm{n}} \geqslant 0$。

1.4 稳态误差

稳态误差是系统进入稳态后的误差值。稳态误差记作 e_{ss}，该指标的物理意义可用如下公式表达，即

$$e_{\mathrm{ss}} = \lim_{t\to\infty} e(t) \tag{3}$$

稳态误差表征了系统的控制精度，可以分为由给定信号引起的误差和由扰动信号引起的误差两种。

1.5 思政元素的融入

在介绍这些性能指标的同时，还应注重对学生的思政教育。如，在介绍超调量时，通过引导学生思考如何通过优化系统参数来减小超调量，提高系统的平稳性和可靠性，体现对工程质量和安全的责任。在介绍阻尼比时，通过强调阻尼比对系统振动衰减的影响，引导学生思考如何通过合理设计来减小系统振动，提高系统的使用寿命和安全性，以追求环保和可持续发展，体现对环境和社会的责任。

2 常用性能指标的 MATLAB 函数实现

时域分析法中的常用性能指标在实际工程应用中具有较强的应用性，但同时也存在着计算量大的问题。基于此，本文以超调量、调节时间和稳态误差为例，相应构建了 MATLAB 函数，用于快速解算。在对 MATLAB 函数进行讲解的同时，还可以加深学生对时域分析法的理解。下面建立几个常用 MATLAB 函数用于分析和计算上述的性能指标。

2.1 关于时域分析法的常用 MATLAB 函数

impulse 函数可直接绘制用于控制系统的单位脉冲响应曲线，该函数的输入为系统传递函数的分子、分母多项式系数和仿真时间向量，输出即为系统输入为单位阶跃时的输出时域值。一般使用格式为 y＝impulse(num，den，t)，式中：num 为系统闭环传递函数的分子多项式系数；den 为系统闭环传递函数的分子多项式系数；t 为仿真时间向量，一般设定格式为 t＝0：step：end，式中 step 为步长，end 为时间最大值，y 为系统输入为单位阶跃时的输出时域值。

step 函数可直接绘制用于控制系统的单位阶跃响应曲线，函数的输入和输出可参考 impulse 函数，其一般使用格式为 y＝step(num，den，t)。

更一般的，可以使用 lsim 函数绘制可用于控制系统的任意输入的响应曲线，其一般使用格式为 y＝lsim(num，den，u，t)，式中，u 为由给定输入序列构成的矩阵，其每列对应一个输入，每行对应一个新的时间点，其行数与 t 的长度相等，其他用法与 step 函数相同。

当系统为单位反馈系统时，可通过 cloop 函数将开环传递函数转换为系统闭环传递函数；当系统不是单位反馈系统时，常用的求系统闭环传递函数还有 series，parallel，feedback 等，三个函数分别表示两个系统以串联、并联和反馈连接后的闭环传递函数。一般使用格式分别为 sys＝series (sys1，sys2)，sys＝parallel(sys1，sys2)，sys＝feedback (sys1，sys2，g)，其中 sys1 和 sys2 表示两个子系统的传递函数，sys 表示两个子系统经指定连接方式连接后的系统传递函数。对于变量 g，当 sys2 以负反馈方式与 sys1 连接时，则 g＝－1；当 sys2 以正反馈方式与 sys1 连接时，则 g＝1，缺省值为负反馈。

2.2 超调时间、调节时间的 MATLAB 函数构建

当系统闭环传递函数的分子多项式系数为 num、分母多项式系数为 den、仿真时间向量为 t 时，系统的超调量、峰值时间和调整时间可以通过构建如下 MATLAB 函数进行计算：

```
function [pos,tp,ts] = f1(t,num,den)
[y,~,t] = step(num,den,t);
ymax = max(y);
yss  = y(length(t));
pos  = (ymax - yss)/yss;
for n  =  1:length(t)
    if y(n) == ymax;
        tp = n;
    end
end
tp = (tp - 1)/100;
n = length(t);
y1 = 1.02 * yss;
y2 = 0.98 * yss;
while n>0
    n = n - 1;
    if y(n)<= y1||y(n)>= y2;
    ts = n;
    break
    end
end
ts = (ts - 1) * (max(t) - min(t))/(length(t) - 1);
```

以上代码中,pos 为超调量输出值;tp 为峰值时间输出值;ts 为调整时间输出值。

3 MATLAB 在时域分析法中的具体应用

为了进一步明晰本文介绍的 MATLAB 函数的实用性,接下来将以一般的自动控制系统为例,对该系统的各项常用性能指标进行 MATLAB 计算。

首先给出前向通道函数 $G(s)$和负反馈通道传递函数 $H(s)$,即

$$\begin{cases} G(s)=\dfrac{s+1}{s^2+8s+20} \\ H(s)=\dfrac{1}{s+2} \end{cases} \tag{4}$$

对该自动控制系统各项性能进行计算和分析的 MATLAB 代码如下:

```
num1 = [1 1];den1 = [1 8 20];
sys1 = tf(num1,den1);
num2 = [1];den2 = [1 2];
sys2 = tf(num2,den2);
sys = feedback(sys1,sys2);
[num,den] = tfdata(sys); % % %
t = 0:0.001:20;
[pos,tp,ts] = f1(t,num,den);
y1 = impulse(num,den,t);
```

```
er1 = 0 - y1(length(t));
subplot(121);plot(t,y1)
y2 = step(num,den,t);
er2 = 0 - y2(length(t));
subplot(122);plot(t,y2)
```

根据上述代码，得到该系统的单位脉冲响应和单位阶跃响应如图 1 所示。

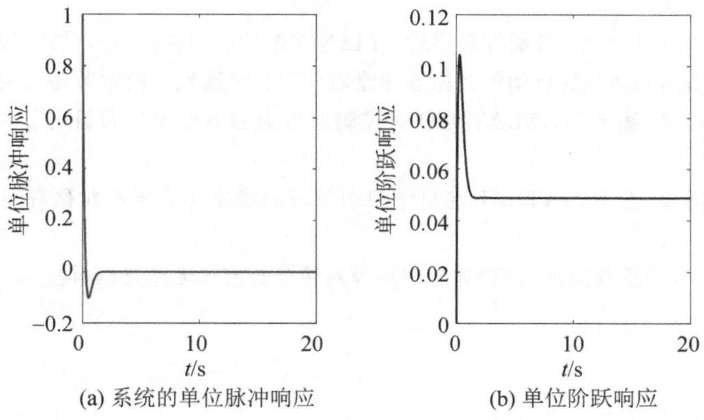

(a) 系统的单位脉冲响应　　(b) 单位阶跃响应

图 1　阶跃响应

根据 num 和 den 的值，可以得到该系统的闭环传递函数为

$$\phi(s)=\frac{s^2+3s+2}{s^3+10s^2+37s+41} \tag{5}$$

再根据 pos，tp，ts 的值可分别得到该系统的常用性能指标，即

$$\begin{cases}\sigma\%=114\% \\ t_p=2.87\text{s} \\ t_s=20\ \text{s}\end{cases} \tag{6}$$

再根据 e1 和 e2 的值可分别得到该系统的单位脉冲响应和单位阶跃响应为 3.39×10^{-19}，-0.05。

在“自动控制原理”课程的仿真教学中，通过在课堂上展示 MATLAB 仿真实例，引导学生修改参数并分析仿真结果，从而验证所学知识。此外，还通过课前共享 MATLAB 仿真实例的方式，让学生自由进行仿真操作并通过灵活设置参数和输入，对所学知识进行直观的理解和分析。这种教学方式不仅提高了学生的实践能力，还激发了学生的学习兴趣和创新思维。

4　结　论

本文首先介绍了“自动控制原理”课程的内容和教学特点，然后分析时域分析法中常用性能指标进行了基本概念和物理意义；其次，创建了常用的 MATLAB 函数，实现了对线性定常系统各项常用跟随性能指标的高效计算；最后，还注重思政教育的融入，引导学生树立正确的价值观和使命感。在未来的教学中，我们将继续探索和实践更多的教学方法和手段，为培养更多具有创新精神和实践能力的优秀人才而不懈努力。

参考文献

[1] 石玉秋，蒋文慧，刘瑞琪，等. 自动控制原理课程形成性评价实践[J]. 教育观察，2023，12(26)：65-68＋80.

[2] 郑玲玲，张金，刘芳，等. 自动控制原理课程教学改革探索与实践[J]. 高教学刊，2023，9(22)：133-136.

[3] 杨羚，徐凤霞，朱玲，等. 自动控制原理的根轨迹仿真教学[J]. 高师理科学刊，2023，43(06)：91-94.

[4] 时伟，陈溅来，杨德贵，等. 航空航天背景下自动控制原理课程思政教学设计与实践[J]. 高教学刊，2023，9(11)：5-8.

[5] 武秀琪. MATLAB/Simulink 在“自动控制原理”课程教学中的应用探讨[J]. 科技视界，2023(17)：44-46.

[6] 夏华凤，许胜. 基于 MATLAB 的自动控制原理课堂教学[J]. 中国教育技术装备，2023(14)：49-52.

[7] 李房云，胡文奕，温小龙. 基于 MATLAB 的自动控制原理课程教学系统设计[J]. 信息与电脑（理论版），2022，34(22)：244-246.

[8] 徐露兵，叶杨飞，陈国泉. 基于 MATLAB 与自动控制原理的稳定性分析教学研究[J]. 科技风，2021(28)：102-104.

[9] 吴志刚，陈敏. 高校“自动控制原理”课程教学问题及对策分析[J]. 无线互联科技，2021，18(18)：158-159.

航空航天光纤传感技术实验课程思政教学探索*

曾捷　邵敏强　王彬　陶翀骢

（南京航空航天大学 航空学院，南京　210016）

摘　要："课程思政"育人体系建设是当前推进高校思想政治教育工作的重要途径，在航空航天类专业课程中融入思政教育对于提升新时代工科研究生政治素养、创新意识以及专业技能均至关重要。光纤传感技术不仅是航空航天先进测试领域的重要方向，也是培养国防军工领域专业技术人员的核心专业课程。本文以光纤传感技术实验课程为例，分析了融入课程思政理念的重要性和迫切性，针对相关课程思政教学建设现状、存在问题及有利条件，结合航空航天科技生产单位型号研制需求，分别从面向课程思政的教学目标与教学大纲设计、潜移默化的思政教学元素内涵凝练与重构、专职教师的专业知识与思政教学模式融合能力提升、课程思政教学效果评价等维度，探索"光纤传感技术实验"课程思政教学体系建设策略，以期在讲授专业课程知识的同时实现立德树人重要目标。

关键词：课程思政；光纤传感技术实验；思政元素凝练；教学模式融合

习近平总书记在2016年全国高校思想政治工作会议上强调："各类课程都要与思想政治理论课同向同行，形成协同效应"[1]。课程思政就是思想观念、政治观点、道德规范等思想政治教育融入大学专业课教学，引导学生树立正确的世界观、人生观和价值观[2-3]。

依据教育部《高等学校课程思政建设指导纲要》精神，结合新时代高素质专业人才培养目标，迫切需求将专业课程教育与思想政治教育有机结合，培养学生学会用正确的立场、观点和方法分析问题，激发航空报国的使命理想。"光纤传感技术实验"课程是我校面向全校研究生开设的一门，以航空航天需求为背景，先进光纤传感技术理论讲授与实践应用相结合的专业课程。该门课程具有较好的专业建设基础、较厚重的思政特色待挖掘以及专业覆盖面广等特点，因此开展"光纤传感技术实验"课程思政教学体系建设工作，能够起到积极的探索意义和示范作用。

1　课程思政教学意义及现状

我国教育教学的最终目标和根本任务是"培养社会主义建设者和接班人"，因此急需在传授专业知识、培养综合能力基础上，同步实现对于学生的正确价值观的塑造，实现教书与育人的有机统一[2]。

学生是课程思政教学的对象，新时代青年学生具有观念新、个性鲜明、易受新鲜事物和思

---

* 基金项目：南京航空航天大学研究生教育教学改革研究项目(2023YJXGG05)；南京航空航天大学研究生教育教学改革专项(优质教学资源建设)项目(2023YJXGG－C02)；南京航空航天大学本科教学建设项目(1－2"项目式课程")

潮影响等特点，正处于独立人格塑造的关键时期。一方面，部分学生缺乏自我约束能力与抵御外界诱惑能力，不知道“为谁学、如何学、怎么用”。另一方面，部分进入研究生阶段的学生，仍然对于创新精神和团队协作意识缺乏理解体会。此外，在面对学业和科研过程中的困难和挫折时，部分学生的抗压能力和解决问题的攻关能力也不强。因此，迫切需要将理想信念教育、工匠精神、革命传统教育、国防教育等多种思政元素巧妙融入专业课教学。

教师是开展课程教学和思政教学的主体，不仅需要传授专业知识技能，还需要让学生于潜移默化中接受主流价值观念的熏陶[4]，培养合格的社会主义建设接班人。如何将思想政治教育同步纳入课程教学，这对于广大专业课程教师提出较高要求。一方面，相较于文史类教师，理工科教师在对专业知识中蕴含的深刻哲理提炼和展现形式方面还需进一步提高。另一方面，专业课程教师自身也需进一步提升政治理论修养，自觉将理想信念、职业道德、奉献社会等思想政治教育核心元素融入到专业课程体系[5]。

思政元素是有效关联专业知识与思想政治教育理念的重要载体，从专业课程出发，挖掘相关知识点背后蕴含的思政元素，是提升思政教育质量的重要环节。目前完全依靠教师个人力量很难构建完善且与时俱进的思政元素体系，如何高品质建立相吻合的思政元素体系，需要分别从专业课程类型、授课内容、教学方式以及专业课程历史沿革和时代背景等多维度加以挖掘整理。

2 课程思政元素内涵与挖掘

2.1 光纤传感技术实验课程思政元素内涵

航空航天器对于保障国家安全和促进国民经济发展具有特别重大的意义，探索具备高可靠性、高机动性、高维护性、多功能化和长航时特点的新一代智能化航空航天器已成为保卫国家安全与和平利用空天环境的一个战略性制高点。

光纤传感器技术已实现70多种物理量测量，具有质量轻、直径细、柔韧性好、耐腐蚀、集信号传感与传输于一体，易于构成空分/波分复用型多通道监测网络等属性，被国内外研究者公认为最适合于构成分布式智能监测网络的理想传感技术。因此非常适用于实现针对航空航天极端服役环境和载荷工况下多种物理参量的分布式协同感知，有助于解决目前我国在航空发动机、大型商用飞机、载人航天以及深空探测等型号测试领域面临的诸多难题[6]。

“光纤传感技术实验”是一门基础理论和工程实践紧密结合的专业课程，在教学实践环节承载有丰富的思政元素，因此需要通过抽象、凝练构建与课程教学大纲相匹配的思政元素体系。将信念、知识、文化以润物细无声的方式融入到专业知识传授与实践教学中，实现全方位协同育人[7]。

2.2 课程思政元素挖掘与思政教学资源库构建

“光纤传感技术实验”课程开设的目的，是为航空航天领域所急需的专业工程测试人才培养提供相关专业知识和工程实践平台。

首先，需要加强与相关航空航天领域主机厂所测试部门实时沟通交流，了解工业部门亟待解决的关键技术问题以及攻坚克难的感人故事，以接地气暖人心的方式，从中挖掘出形象生动的思政教育微元素。

其次，需要加强与思政课程教师交流研讨，结合教学大纲具体内容，从光纤发明、低成本低损耗制作、传感机理探索、创新实验设计以及攻坚克难等多个维度，共同协作完成“光纤传感技术实验”课程相关思政元素挖掘与凝练[8]。

再次，需要加强线上/线下资源与“学习强国”等平台资源挖掘，与时俱进地凝练光纤传感技术研究与工程应用相关的思政元素。探索青年学生易于接纳的思政教学模式如思政微语，总结归纳具有鲜明时代特色的思政创新元素如微视频、动画、访谈等[9]。

此外，还需要探索构建“光纤传感技术实验”课程思政教学元素资源库，分别加强与光学测量类相关专业课程以及兄弟高校在思政教学资源的共建和共享，探索有机关联光纤传感技术发展最新趋势与社会主义核心价值体系的课程思政教学元素资源库建设及其动态更新模式。

3 课程思政教学大纲设计

为深入践行“立德树人，把培育和践行社会主义核心价值观融入教书育人全过程”科学理念，需要重新设计“植入课程思政内容的光纤传感技术实验教学大纲”。此过程需要根据课程思政教学目标，对以往以知识点讲授为主的教学大纲进行改革[10-12]。具体如下：

首先，需要从知识传授角度，重新划分光纤传感技术基础知识点并强化内在逻辑联系。在培养学生专业知识应用能力的同时，将科学素养、民族自豪感以及航空报国情怀等植入学生内心(见表1)，如“光纤之父”诺贝尔奖获得者高锟的故事。

其次，需要从能力培养角度，借鉴项目式教学理念，结合与航空、航天以及船舶领域光纤智能监测科研项目，将创新能力、沟通协调能力、逻辑表达能力等思政元素分解到项目方案论证与实施环节。

再次，需要从素质塑造角度，通过设计相关团队协作型实验单元，将学生发现和解决问题能力、心理素质与抗压品质、协作精神、工匠意识、系统思维、保密意识等思政教育目标编入大纲。

表1 专业知识要点与思政教育目标[13-14]

实验类别	专业知识要点	思政教育目标
光纤传感 基础型实验 (从知识传授角度)	光纤结构与冷热接续法	专业知识掌握 灵活应用能力 科学素养养成 航空报国情怀 民族自豪感 安全意识 职业素养
	光纤光栅传感器特性	
	分布式光纤传感器特性	
	光纤荧光传感器特性	
	非接触光纤传感器特性	
	光谱分析仪、光功率计	
创新型实验 (从能力培养角度)	分布式光纤监测网络构建	创新能力 沟通协调能力 逻辑表达能力
	0方位光纤触发系统设计	
	光纤光栅气压传感器设计	

续表 1

实验类别	专业知识要点	思政教育目标
团队协作型实验（从素质塑造角度）	旋翼桨叶分布式光纤动力学参数监测与辨识实验	良好心理素质 协作精神 工匠意识 系统思维 保密意识
	航空壁板多物理场光纤监测与反演实验	
	复合材料结构损伤分布式光纤监测实验	

4 课程思政教学实施方案规划

如何将植入思政元素的光纤传感技术实验教学内容，以易于吸纳，潜移默化地传递给青年学生，需要针对课程思政教学实施方案，开展专项规划（见图 1）。

一方面，探索建立校企联合教学模式，邀请航空航天领域专家以专题报告和专项指导形式，直接参与课程教学。通过设计面向工程实际的典型案例教学，使学生以身临其境的形式，模拟参与型号攻关，提升其责任感、主人翁意识以及科技攻关能力。在此基础上，如果条件允许，还可以联系参观工程测试现场，以提高学生的生产安全意识、保密意识。

另一方面，探索建立“课程思政教师＋思政课程教师＋专职辅导员”的三位一体思政教学模式，邀请专职思政课程教师和专职辅导员共同参与思政元素、教学目标、教学方法以及教学内容打磨。

依托上述教学模式创新，通过实验案例设计、情境教学、分组研讨、课程思政微课等互动教学方式[9,15]，提高学生主观参与感和思辨能力。

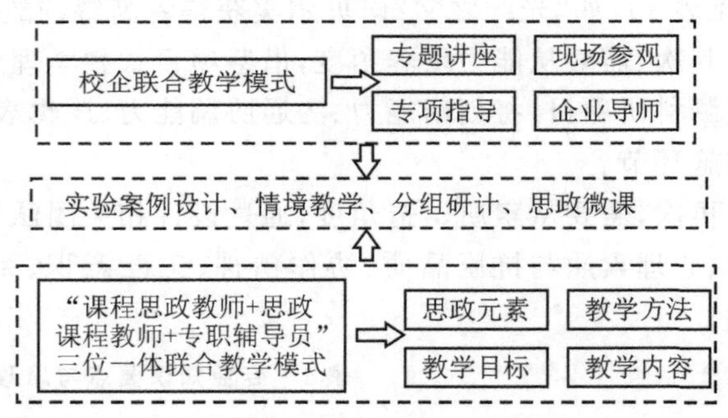

图 1 课程思政教学实施方案规划

5 课程思政教学综合评价体系构建

为实现知识传授、能力培养、素质塑造三位一体的教学目标，还需要建立专业教学与思政教育相结合的“光纤传感技术实验”一体化综合评价体系（见图 2），不仅可用于专业和思政教学效果评估[2,12]，还可为后续课程思政教学模式迭代优化提供科学指导。合评价体系构建，可从三个方面考虑：

首先，需要通过设计多维度立体化考核单元，从专业知识掌握与应用、创新能力、团队协作能力、科学素养养成、爱国情怀等多个维度评估课程思政教学效果。

其次，需要建立全课程周期考核方式，将过程性评价贯穿整个教学实践，分别从课堂讨论参与度、创新实验方案设计、课程论文或报告撰写质量等多个环节加以量化评估。

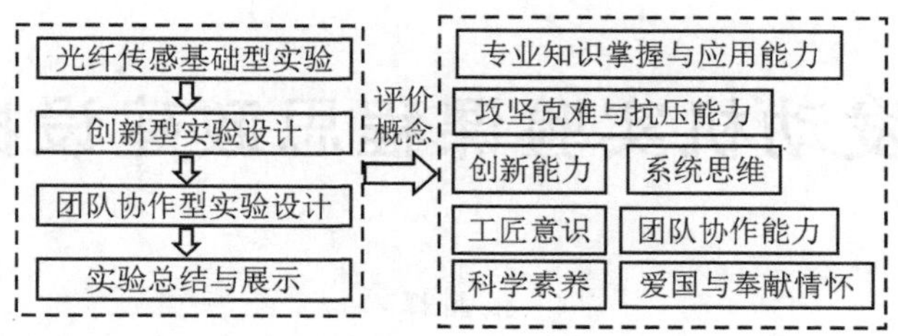

图 2 “光纤传感技术实验”课程思政教学综合评价体系

再次，需要建立面向专业教师个体的思政教学评价指标，用于反映教师对于思政教学重视程度与综合运用思政教学方法的熟练程度，为教师岗位评聘和评优评奖提供参考依据。

6 结束语

本文针对如何将思政教育有机融入“光纤传感技术实验”课程开展研究，分别探讨了思政教学元素内涵凝练与挖掘、教学目标与教学大纲设计、课程思政教学实施方案规划、课程思政教学综合评价体系构建等内容。

对于专业知识要点与思政教育目标关系进行了专项设计，提出了“校企联合”与“课程思政教师＋思政课程教师＋专职辅导员”三位一体的思政教学模式，以期培养又红又专的社会主义事业建设者和接班人，实现“立德树人”目标。

参考文献

[1] 习近平. 把思想政治工作贯穿教育教学全过程 开创我国高等教育事业发展新局面[N]. 人民日报，2016-12-09(1).

[2] 宋翔，汪静，蒋慧琳，等. 多维思政元素融入的“传感器”课程改革探索[J]. 电气电子教学学报，2021，43(05)：73-77.

[3] 洪慧慧，叶勇. 传感器与检测技术课程思政教学改革[J]. 国际公关，2020(01)：64＋66. .

[4] 陈会方，秦桂秀. “课程思政”与“思政课程”同向同行的理论与实践[J]. 中国高等教育，2019(09) ：53-55.

[5] 李骏，党波涛. 公共艺术课程融入高校“大思政”教育创新体系研究[J]. 中国高等教育，2018，(01)：30-32.

[6] 张博明，郭艳丽. 基于光纤传感网络的航空航天复合材料结构健康监测技术研究现状[J]. 上海大学学报，2014，20(01)：33-42.

[7] 方从富，李远. “机械工程测试技术”课程思政教学改革探索[J]. 黑龙江教育，2022，1384(4)：78-80.

[8] 王贵. 传感器与检测技术课程思政的实践策略探索[J]. 造纸装备及材料，2022，51(04)：225-227.

[9] 张华，董骁. 传感器原理课程中思政教学的路径初探[J]. 福建电脑，2019，35(09)：50-52.

[10] 叶挺聪，许艳萍，张桦，等. 传感器与传感网课程教学中的课程思政建设[J]. 计算机教育，2021(05)：158-161.

[11] 吕德深，梁承权. 传感器与检测技术课程思政教学改革研究[J]. 才智，2023(13)：65-68.

[12] 符气叶，王赟，刘伟. “传感器与检测技术”课程思政建设与实施策略研究[J]. 广东农工商职业技术学院学报，2023，39(02)：70-73.

[13] 杨文志. 机械工程测试技术“课程思政”教学改革探索[J]. 科技风，2019(21)：74＋93.

[14] 程丽娟，潘江如，胡兵，等. 《传感器及检测技术》“课程思政”教学改革与设计[J]. 电子元器件与信息技术，2020，4(12)：161-163.

[15] 老盛林，何式健. 传感器技术课程融入思政元素的教学探索[J]. 轻工科技，2020，36(02)：147-148.

航空发动机实验课程思政建设探索*

张晶辉

（西安航空学院 飞行器学院，西安　710077）

摘　要：航空发动机被誉为工业“皇冠上的明珠”，要求从业人员具有极端负责、团结协作、刻苦耐劳、精心维护等与社会主义核心价值观高度一致的作风。课程思政建设是落实立德树人、全面提高人才培养质量的重要举措。为推进专业教学育人功能和人才培养目标，以“航空发动机实验”课程为例，将思政元素融入教学设计，坚持教学过程“显性”与价值塑造“隐性”的融合，在寓教于乐的氛围中强调价值引领，提升德才兼备的高素质、专业化应用型本科人才的培养质量。结合实验课程的特点，采用启发式、探究式教学方法，培养学生刨根问底的严谨精神，激发学生学以致用的务实精神，提升学生应用理论知识解决实际问题并体验实践是检验真理标准的哲学道理，提高学生的航空报国热情。

关键词：航空发动机；专业实验课；课程思政；高等教育

要坚持把立德树人作为教学的中心环节，把思想政治工作贯穿教育教学全过程，实现全程育人、全方位育人，努力开创我国高等教育事业发展新局面[1]。落实立德树人根本任务，必须将价值塑造、知识传授和能力培养三者融为一体、不可割裂。

随着航空工业的迅速发展，航空发动机作为工业皇冠上的明珠，是飞机的心脏。为了培养德才兼备的高素质、专业化应用型航空发动机人才，航空发动机实验课程日益受到关注。然而，仅仅依靠专业知识的传授已不能满足航空工业对应用型人才的需求，思政教育在航空发动机实验课程中的建设也成为了一项重要的探索和挑战。

航空发动机实验作为一门实践性强的课程，通常涉及叶轮机械、喷气式发动机等领域。除了传授技术知识和实验操作技能外，更需要注重学生思想政治素质的培养。通过航空发动机实验课程的思政教育，可以引导学生树立正确的世界观、人生观和价值观，增强学生的使命感和责任感，培养学生勇于创新、敢于担当的精神。

教师可以通过相关案例分析、教学设计等方式，引导学生认识航空发动机技术对国家发展和社会进步的重要意义，使学生在学习技术的同时，思考科技发展与社会责任的关系。

实验课程也是培养学生团队合作精神和社会责任感的重要途径。在实验过程中，学生需要相互配合、协作完成任务，这有助于培养学生的团队意识和沟通能力。引导学生关注国家和世界科技前沿动态，使学生对科技发展和人类社会进步的历史、现状以及未来趋势有更深入的思考，将技术发展与社会责任相结合，注重可持续发展理念，培养学生的社会责任感。这不仅符合高等教育的人才培育趋势，也为航空工程领域的人才培育提供更为有力的支撑[2]。

* 基金项目：西安航空学院2022年课程思政示范课程建设项目（22KCSZ12），西安航空学院2023年新工科研究与实践项目（23XGK2001）

1 传统实验课在思政育人方面的不足

传统专业课往往只注重理论知识的"传输",而忽略了学生思想水平的提升与道德情操的培育,使得专业课的育人功能并没有在课堂中充分发挥,造成高校思政教育的"孤岛"效应[3]。传统专业实验课通常注重学生对技术操作和理论知识应用的掌握,但往往忽视了思政教育的渗透。实验课程内容缺乏思想内涵,很少涉及伦理道德、社会责任等方面的内容。传统实验课程的评价体系主要以专业知识和技术能力为核心,而对于学生的思想品德和社会责任感的关注较少。这限制了思政教育在实验课程中的发挥。

部分教师对思政教育的重要性认识不足,较多采用传统的讲授式教学,缺乏多样化和互动性,知识结构不全面,对于跨学科内容了解不够全面,难以将思政教育有效融入到课程中去,未能充分理解和尊重学生的个体差异,导致教学方法无法针对不同学生的特点进行调整,难以激发学生的积极性和主动性。

2 航空发动机实验课程概况

航空发动机实验课程是飞行器动力工程专业的专业课,在工程热力学、气体动力学、航空发动机结构、航空发动机原理、航空发动机测试技术以及相关物理电子基础实验课程学习的基础上,对专业知识的综合运用过程。

使学生了解回流式低速风洞实验原理及方法、了解气动探针的标定及使用实验、掌握压气机/涡轮平面叶栅风洞实验原理及方法、涡轮喷气式发动机热力性能的实验原理及方法;对压气机/涡轮平面叶栅流场测试数据、微型燃气涡轮喷气发动机的试车数据进行处理,获得压气机/涡轮平面叶栅的损失特性、涡喷发动机的总体性能参数。使学生更深刻地理解航空发动机的结构和工作原理、航空发动机部件及整机热力实验的方法,不仅对专业理论知识进行验证,同时对航空发动机有直观的感性认识,并具备航空发动机实验的实践能力和拓展创新能力。

3 融入课程思政的教学目标

依据人才培养方案制定本课程的教学目标。

(1) 能够利用系统思维的能力,将工程知识用于飞行器动力专业工程问题解决方案的比较与综合,并体现飞行器动力工程专业领域先进的技术;树立科技发展与社会责任相统一的观念。

(2) 掌握航空发动机结构和航空发动机系统的特点与工作原理,能够对典型航空发动机结构和系统等进行分析;鼓励学生独立思考、勇于创新,培养创新精神和解决问题的能力。

(3) 根据实验目的进行实验设计,能够正确地采集数据,对实验结果进行分析和解释,并通过信息综合得到合理有效的结论;让学生意识到技术发展应与安全和环境保护相结合,培养他们的环保责任感。

(4) 能够融合发动机专业知识、电气测控、芯片软件等多学科知识,在动力机械领域设计开发方案的过程中,运用工程管理与经济决策方法。激发学生的爱国情怀和责任感,培养他们为国家科技进步贡献力量的意识。

4 融入课程思政的教学设计

实验课程的内容见图1，先讲授实验基础知识，主要包括风洞实验原理及方法、流场测试常用的五孔气动探针的标定实验，然后进行航空发动机部件实验，包括压气机平面叶栅实验和涡轮平面叶栅实验，由学生分组进行选做，最后进行微型涡轮喷气发动机的整机试车实验。实验内容层次分明、逻辑清晰，学习策略科学。

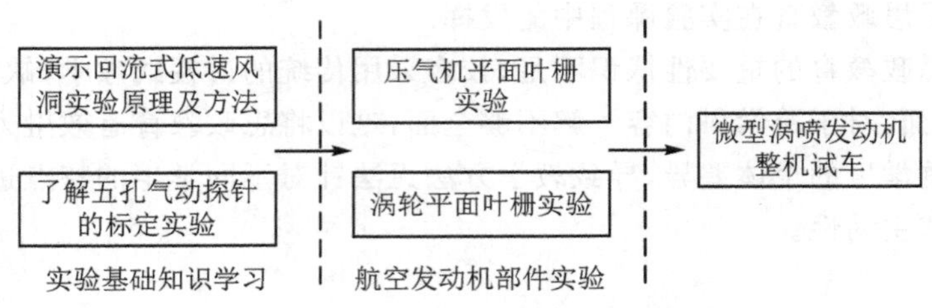

图1 航空发动机实验课程内容

在讲解风洞实验的时候，引入刘大响院士的自主创新精神，刘院士1962年从北京航空学院毕业之后到606所工作，8年时间将理论与实践相结合，之后支援三线建设到大山深处的绵阳，在研制发动机高空台的过程中，为了突破美苏的封锁，硬生生从无到有自主设计，填补了我国航空发动机高空台的空白。老一辈科研工作者在过去艰苦的岁月中，任劳任怨，一心为国的爱国热情值得年轻学子学习。

在讲解流场的测试时，讲解身边的故事，西航学生利用大学生创新创业项目，自己设计并建设了五孔气动探针的标定风洞、设计制作了五孔气动探针、购买压力传感器芯片并设计电路进行集成、购买伺服电机及旋转台并编程实现对电机的控制及压力的测量(见图2)。在活动中，采用启发式、探究式教学方法，培养学生刨根问底的严谨精神，激发学生学以致用的务实精神。学生不仅学到了专业知识，也拓展了电子电路知识、编程知识和动手能力，培养了团队合作精神和协作能力。

在进行微型涡轮喷气发动机试车时，强调航空发动机实验中的安全操作规范，提升学生应用理论知识解决实际问题并体验实践是检验真理标准的哲学道理。借助试车振聋发聩的噪声及喷出的蓝色火焰，给学生以视觉震撼，极大地激发学生的兴趣和热情，把教学过程"显性"与价值塑造"隐性"相融合，在寓教于乐的氛围中强调价值引领(见图3)。

在教学中讲解067基地(航天六院旧址)在秦岭深处研制姿轨控发动机的历史，1970年，在试验条件不具备而研制任务又迫在眉睫的情况下，当时的科研人员将废弃的厕所改造成实验室，研制出了我国首台单组元姿态控制发动机。这座在艰苦环境中诞生的实验室被大家亲切地称为"厕所试验室"，研制出的姿态控制发动机则被称为"厕所发动机"。

5 专业实验课程思政的改革探索

在实验课上对课程内容进行重构，调整实验项目，使学习策略更加科学，探索多样化的教

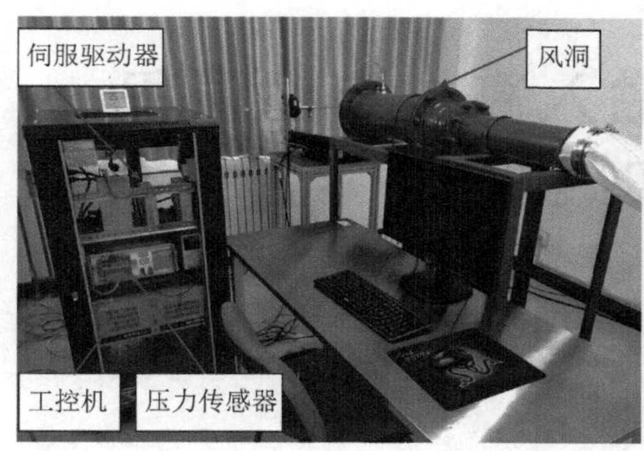

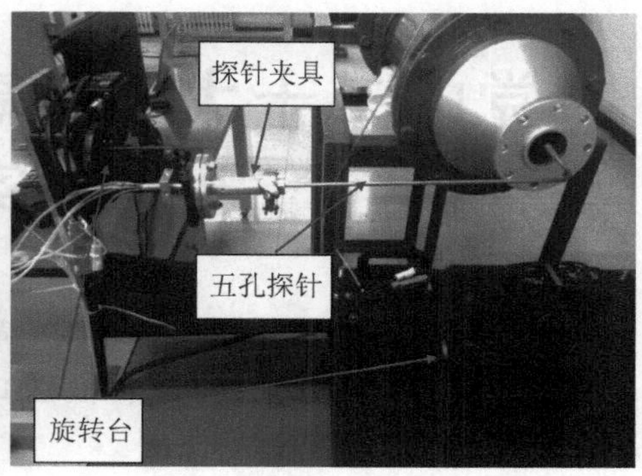

图 2 大学生创新创业项目成果

学方法，如案例教学、讨论式教学、实践探究等，引导学生在实验过程中积极思考，培养学生的批判性思维和问题解决能力。培养教师的思政教育意识，提升其教学水平和跨学科教学能力。从传统的技术能力评价体系转变到更全面的评价体系，包括对学生社会责任感、创新能力、团队协作能力等方面的评价。引导学生从更广阔的角度去思考和认识实验课程。积极探索适合自身教学特点的路径，不断优化课程结构和教学方法。通过有趣的教学方式和案例，增加学生的参与度和学习兴趣。

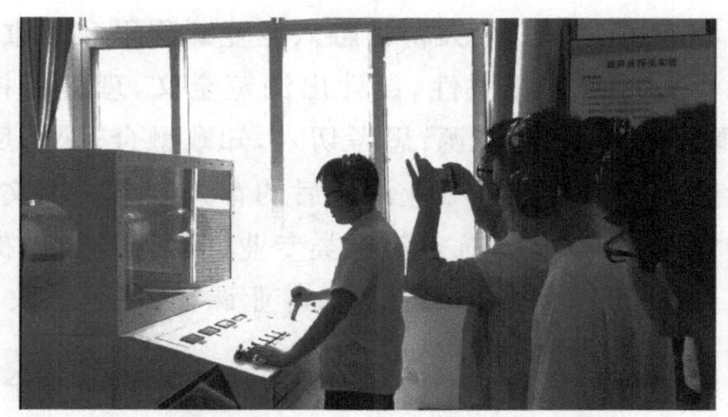

图 3 微型涡轮喷气发动机试车

6 结 论

航空发动机实验课程是培养应用型、高水平、综合性、创新型航空人才的有效途径，通过整合教学资源，有效组织教学实验内容，在课程中融入思政元素，用高年级同学的大创经历激励学生，用涡轮喷气发动机试车提高学生的兴趣和积极性，利用理论知识和编程语言对试验数据进行处理，提升学生综合各学科知识解决问题的能力。实践效果表明，学生学习的主观能动性得到增强，专业知识得到巩固，应用型能力素质得到提升，求知欲得到激发。

参 考 文 献

[1] 习近平. 把思想政治工作贯穿教育教学全过程开创我国高等教育事业发展新局面[N]. 人民日报，2016-12-09.

[2] 陈志英，徐斌. 航空动力系统课程思政的教案设计与实践[J]. 中国多媒体与网络教学学报，2021(4)：171-173.

[3] 邢达，郝红勋. “飞机动力装置”课程思政建设与改革探索[J]. 教育教学论坛，2022(52)：58-61.

党的二十大精神融入高校专业课程思政的实践探索*

张铁军　苏新兵　周章文　张驭　张晓露

（空军工程大学 航空工程学院，西安　710038）

摘　要：把党的二十大精神融入专业课程思政对实现立德树人总目标具有重要意义。本文以航空机械检测技术专业课程为例进行了探索。首先从政治要求、与时俱进和培育人才等方面明确了党的二十大精神融入专业课程思政的重要意义。然后根据专业课程思政目标和党的二十大报告的相关性，设计出浏览全文，理解精神；查阅目录，选择章节；研读内容，标注要点；围绕要点，丰富资源；思考切入，知政融合；课后反思，优化效果的六步实践路径。最后介绍了党的二十大精神进专业课堂后的育人效果。本文研究成果属于实践探索，具有较强的复制性和实用性，以期为航空航天类专业课程思政建设提供有益借鉴。

关键词：党的二十大精神；专业课程；课程思政；实践路径

中国共产党第二十次全国代表大会是在全党全国各族人民迈上全面建设社会主义现代化国家新征程、向第二个百年奋斗目标进军的关键时刻召开的一次十分重要的大会。习近平总书记代表第十九届中央委员会向大会作了题为《高举中国特色社会主义伟大旗帜为全面建设社会主义现代化国家而团结奋斗》的报告（简称党的二十大报告）。党的二十大报告深刻阐释了新时代坚持和发展中国特色社会主义的一系列重大理论和实践问题，描绘了全面建设社会主义现代化国家、全面推进中华民族伟大复兴的宏伟蓝图，为新时代新征程党和国家事业发展、实现第二个百年奋斗目标指明了前进方向、确立了行动指南[1]。可以说，党的二十大报告是对党的二十大精神的解读和阐述，也是对党的二十大精神的贯彻和落实。

为了学习、宣传和贯彻党的二十大精神，各高校积极推进党的二十大精神进教材、进课堂、进头脑，各高校教师也广泛探索党的二十大精神融入高校思政课程和专业课程思政建设。蒲清平[2]提出要在遵循系统性原则、有机性原则、实践性原则的基础上，融入课程体系，融入教学体系，融入实践体系。李亚楠[3]在充分分析党的二十大精神融入课程思政的前提、条件、应遵循的原则基础上，探索党的二十大精神融入课程思政的具体思路、做法。马文慧[4]提出广大高校数学教师要认真学习党的二十大报告，把握其亮点内容；多措并举，增强数学课程思政实效。吴淑娴[5]指出高校课程思政要高质量地落实党的二十大精神，建强教师队伍“主力军”，重视教师专业知识与政治素养的提高和培养，提升教学的知识性与价值性。

以上研究从理论、价值和实践维度探讨了党的二十大精神如何进课堂，本文聚焦实践维度，以“航空机械检测技术”课程为例，分析党的二十大精神如何高效融入专业课程思政建设，

---

* 基金项目：2023年空军工程大学教学成果培育项目（立足“铸魂·为战”的飞行器动力工程专业课程思政建设与实践）全国教育科学XX学科规划课题，项目编号：JYKY－C2023016，2023年

并给出具体可行的实践路径。

1 党的二十大精神融入专业课程思政的重要意义

1.1 贯彻党的二十大精神的政治要求

党的二十大闭幕之后，为让全国各族人民深入学习贯彻党的二十大精神，中共中央发文强调学习、宣传和贯彻党的二十大精神是目前乃至未来很长一段时期内党和国家的主要政治任务，事关党和国家事业继往开来，事关中国特色社会主义前途命运，事关中华民族伟大复兴[6]。作为高等教育学校的任课教师，我们要主动担负起这项政治任务，除了自己要认真学习党的二十大精神，还要与思政课程相配合，结合专业课程的特点，积极推进党的二十大精神进教材、进课堂、进头脑。

1.2 推动专业课程思政与时俱进

课程思政建设是一项长期而艰巨的任务，必须久久为功和与时俱进，才能保持先进性和永久活力。党的二十大报告内容丰富，充分阐述了新时代十年来中国特色社会主义所取得的成果，明确了新时期我国发展中所面临的新问题，同时也表明了新时代中国共产党的新使命。这些内容可以极大丰富课程思政的元素和内容，引领课程思政育人理念及实践导向。在课程思政建设中，如何用好党的二十大报告推动专业课程思政与时俱进，既是推进高校课程思政的内在要求，也是高校教师必须考虑的重大课题。

1.3 落实立德树人理念培育人才

立德树人是学校的根本任务，大学生是党和国家赓续发展的永生力量。学校既要履行传授知识的责任，也要不断提高学生的思想道德素质[7]。将党的二十大精神有机融入专业课，用党的初心使命感召青年，用党和国家的发展需求激发学生的学习进取动力，让学生在潜移默化中接受教育。只有这样，才能培养出德才兼备的优秀人才，才能帮助学生在实现自身价值的同时，推动社会的全面发展。

2 党的二十大精神融入专业课程思政的实践路径

落实党的二十大精神的首要工作是研读党的二十大报告，只有熟悉报告内容，才能结合专业课程特点，对照报告要求有的放矢地开展思政工作；然后，针对本专业课程特色和目标体系，在党的二十大报告中找寻理论依据和融入要点，并丰富相关思政资源，最后，通过课堂实践和课后反思，不断优化效果。具体流程如图 1 所示。下面以我校“航空机械检测技术”专业课程为例，给出具体的实践路径。

2.1 浏览全文，理解精神

浏览党的二十大报告全文，总体上把握会议精神。该报告共 15 章，3 万多字，主要内容包括：回顾总结了过去 5 年的工作和新时代 10 年的伟大变革，阐述了开辟马克思主义中国化时代化新境界、中国式现代化的中国特色和本质要求等重大问题，对全面建设社会主义现代化国家、全面推进中华民族伟大复兴进行了战略谋划，对统筹推进“五位一体”总体布局、协调推进“四个全面”战略布局作出了全面部署。

通过浏览全文，从实践、理论以及价值维度思考党的二十大精神赋能课程思政建设，明确其中丰富的内涵与重要意义，搞清楚“为什么融入”这个问题。

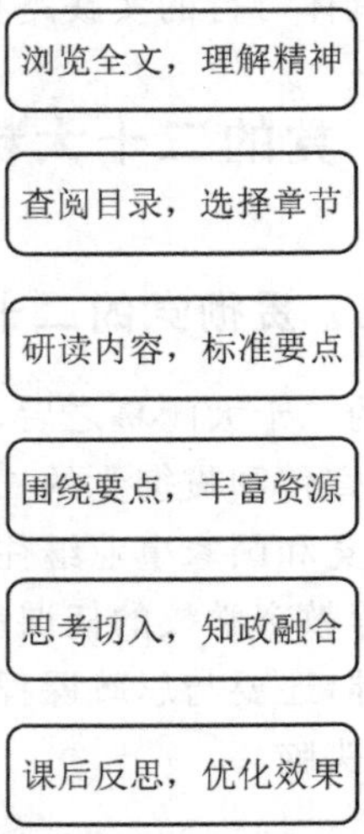

2.2 查阅目录，选择章节

党的二十大报告内容丰富，涉及党和国家发展的方方面面，对于一门专业课，很难做到全部融入，必须与专业课程实际相结合，找到内容相关、融入自然的思政要点。通过浏览报告目录，找到与本专业课程相关的章节。由于“航空机械检测技术”这门课，属于工科类，那么可以从第五章实施科教兴国战略、强化现代化建设人才支撑找依据；由于课程思政目标体系包含培养学员按章操作的良好习惯[8]，那么可以从第七章坚持全面依法治国，推进法治中国建设找依据；由于专业课程与部队密切相关，具有鲜明的军事特色，那么可以从第十二节实现建军一百年奋斗目标，开创国防和军队现代化新局面找依据。在选择章节的过程中，逐渐明晰“融入什么”这个问题。

浏览全文，理解精神

查阅目录，选择章节

研读内容，标准要点

围绕要点，丰富资源

思考切入，知政融合

课后反思，优化效果

图1 党的二十大精神融入专业课程思政实践流程

2.3 研读内容，标注要点

研读相关章节内容，结合专业课程特点，标注思政要点，标注的要点应与本专业课程的思政目标相关，确保融入时更加贴合、自然。对于“航空机械检测技术”这门课，标注的思政要点如表1所列。

表1 航空机械检测技术课程思政要点

课程思政目标	对应报告章节	思政要点
激发学生科技报国的热情	第五章　实施科教兴国战略、强化现代化建设人才支撑	加快建设教育强国、科技强国、人才强国
具有精益求精的工匠精神	第五章　实施科教兴国战略、强化现代化建设人才支撑	努力培养卓越工程师、大国工匠、高技能人才
养成按章操作的良好习惯	第七章　坚持全面依法治国，推进法治中国	全面推进科学立法、严格执法、公正司法、全民守法
树立思战谋战意识	第十二章　实现建军一百年奋斗目标，开创国防和军队现代化新局面	强化战斗精神培育 全民加强练兵备战

2.4 围绕要点，丰富资源

围绕标注的思政要点，创建内容丰富、种类多样的思政资源，这些资源既要着眼于达成具体思政目标,也要与课堂教学内容密切相关和无缝融合。一是提高思政内容多样性,充分挖掘人物、事件、技术和作风4类思政案例;二是丰富思政表现形式,广泛收集多媒体素材,形成文字、图画、照片、音频、视频等多类型思政元素;三是突出信息化技术与课堂教学的深度融合与应用,在MOOC平台开辟二十大相关思政教育专栏、发布思政讨论话题。

2.5 思考切入,知政融合

由于标注的思政要点很多,有必要结合本堂课的知识点,选取适合本堂课的思政元素,并思考思政切入点。比如,在讲光谱分析技术时,强调了该技术比较复杂,国产设备还不成熟,而国内在用设备基本都是美国制造,但是依赖进口危害很大,通过数据对比激发学员努力学习科学知识,实现光谱分析领域的自立自强。再比如,讲解渗透检测的工艺流程时,将不按章操作的错误结果与正确结果进行比较,提醒学员按章操作的重要性,进而延伸到工作生活中要遵纪守法以及遵守学校的管理规定。

2.6 课后反思,优化效果

课后反思是课堂教学必不可少的一个环节,除了反思专业知识是否达到预期教学目标,也应反思思政是否达到预期效果。若思政效果不理想,则应思考思政点和知识点是否相关、融入过程是否生硬、学生积极情绪是否被调动,针对以上问题采取针对性改进措施:不相关的思政点应剔除,融入过程应注重顺畅,避免说教而应加强情感共鸣。

3 党的二十大精神融入专业课程思政的育人成效

3.1 提升教师队伍政治素养

高等教育中,教师是学生的引路人,这要求教师既要有扎实的专业基础,又要有过硬政治素质。课程组教师课前除了钻研专业知识,还主动学习党的二十大相关政治理论,自觉做共产主义远大理想和中国特色社会主义共同理想的坚定信仰者和忠实实践者;课中将思政点巧妙地融入知识点进行传授,引导学生成长为有担当,有理想,有情怀的好青年。通过党的二十大精神融入专业课程思政的实践探索,教师队伍的政治素养不断提升,育人和育己实现倍增效果。

3.2 丰富专业课程思政资源

以党的二十大精神进专业课堂为任务驱动,课程组对已有思政资源进行了扩充和整合。扩充了课程思政案例库,加入党的二十大精神相关元素,增加了英模、历史事件、先进技术和工作作风等案例,对于每一种案例都收集了大量文字(5000字)、图画(20张)、照片(50张)、音频(10个)、视频(20个)等素材,方便授课老师共享和取用。不断更新的思政资源既体现了思政元素的时效性和新颖性,也给学生带来新鲜感,从而增强思政效果。

3.3 培育学生良好双学学风

通过党的二十大精神融入高校专业课程思政的实践,学生对专业课的认知发生改变,从原来的冰冷变为现在的有温度、有内涵,直接激发了对专业课的学习兴趣,也间接激发了对思政课的学习兴趣,形成了“学专业、学思政”的良好双学学风。座谈发现,学生对党的二十大精神的认知、理解、领悟和落实情况以及思政素质的整体有所提升。

4 小 结

党的二十大报告是党和国家未来一个时期开展各项工作的纲领性文件,专业课程思政工作也应以此为纲,坚定不移地落实,着力解决好“为什么融入”“融入什么”“怎样融入”三个问题,课程组将继续在本领域进行深耕,进一步提高思政元素与专业知识的有机融入度。师生勠力同心,踔厉奋发,为实现中华民族伟大复兴贡献自己力量。

参考文献

[1] 中华人民共和国商务部.中共中央关于认真学习宣传贯彻党的二十大精神的决定[N].人民日报,2022-10-31(1).

[2] 蒲清平,黄媛媛.党的二十大精神融入高校思政课教学的价值意蕴和实践进路[J].学校党建与思想教育,2023,(11):68-71.

[3] 李亚楠,孙娟;高岳.党的二十大精神融入职业教育课程思政路径探究[J].天津职业院校联合学报,2023,25(02):3-7.

[4] 马文慧.党的二十大精神进入高职高等数学课的思考[J].天津职业院校联合学报,2023,25(08):3-8.

[5] 吴淑娴,阮炜婷.党的二十大精神赋能高校课程思政建设三维思考[J].三峡大学学报(人文社会科学版),2023,45(05):20-24.

[6] 王庆昌,许珊珊.党的二十大精神融入课程思政的科学内涵、时代价值与实践路径[J].产业与科技论坛,2023,22(17):137-140.

[7] 韩晓磊,韩宏博.党的二十大精神融入高职医学类专业课程思政探索[J].西部素质教育,2023,9(16):47-50.

[8] 张铁军,冯宇,张登成,等.高校专业课程思政目标体系构建与实施——以“航空机械检测技术”课程为例[C]//第三届全国航空航天类课程思政教学改革论坛论文集.西安:西北工业大学,2022:6.

“航空发动机构造学”课程思政教学改革与实践*

张小博　陈卫　陈煊　张斐　金涛

（空军工程大学 航空工程学院，西安　710038）

摘　要：加强课程思政建设是落实新时代立德树人任务的重要方法，也是实现为党育人、为国育才的重要途径。针对“航空发动机构造学”课程特点，通过凝练思政教学融入理念、挖掘凝练思政素材、拓宽思政育人途径、丰富思政教学形式等，在启智润心中使显性教育和隐性教育统一，逐步提升学员的航空机务工程素养和专业素质。基于“盐溶于水、润物无声”的课程思政教学理念，将与课程知识点密切相关的5类（人物、装备、事件、技术和精神类）、4种（家国情怀、创新意识、机务作风和战斗精神）思政案例纳入课程教学环节，通过课内教学与课外实践相结合的方式，促进育才与育人的有机统一，实现知识传授与价值塑造统一，使专业教学与思政课程同向同行。

关键词：课程思政；教学改革；实践；航空发动机构造学

2016年12月，习近平总书记在全国高校思想政治工作会议上明确指出，各门课都要守好一段渠、种好责任田，使各类课程与思想政治理论课同向同行，形成协同效应[1]。2018年9月，习近平总书记在全国教育大会上进一步指出，要把立德树人融入思想道德教育、文化知识教育、社会实践教育各环节，贯穿基础教育、职业教育、高等教育各领域[2]。2020年5月，教育部印发的《高等学校课程思政建设指导纲要》[3]明确指出，全面部署高等学校课程思政建设，优化课程内容、完善教学设计、系统梳理挖掘思政元素，力求将课程思政隐形教育与思政课堂显性教育统一起来，形成合力，破解长期以来高校思想政治教育的“孤岛”困境，打破思政教育与专业教学“两张皮”现象，真正实现全员全程全方位育人大格局[4-5]。课程思政迅速成为高等教育研究的热点问题，众多高等教育工作者纷纷就课程思政问题开展研究。

针对“航空发动机构造学”课程特点，以及军校学员的培养目标，课程组通过挖掘凝练思政素材、拓宽思政育人途径、丰富思政教学形式等，达到逐步提升学员的航空机务工程素养和专业素质的目的。

1　“航空发动机构造学”课程概况

“航空发动机构造学”课程是飞行器动力工程专业和机械工程专业的一门任职专业平台专业方向模块的必修课。自我院建院以来，一直作为重要核心课程开设，也是本专业的主干课程之一，同时也是一门应用性、实践性很强的课程。

该课程立足我军航空装备实际，着眼作战未来发展，从装备使用维护出发，主要讲述航空

* 基金项目：2023年教育部航空发动机原理课程虚拟教研室教改项目“‘航空发动机构造学’课程思政案例库建设探索与实践”

发动机的一般结构、工作系统及其主要部/附件的功用、组成、结构、工作、使用维护特点以及主要故障形式等，还介绍了航空发动机在结构设计、安装、材料和工艺过程等方面的知识和最新发展动态。为学员适应部队发展要求，具备从事航空装备维修实践、指挥与管理基本能力。

2　课程思政融入理念

本课程以习近平强军思想为指引，贯彻落实新时代军事教育方针“立德树人、为战育人”的要求，构建出知识传授、能力培养、价值塑造、作风养成的四位一体人才培养模式。通过自主学习、分组共学、学术交流、案例式教学、观看与航空发动机专业相关的先进人物和典型事迹视频/纪录片等多样化的教学方式，讲解和介绍我国目前主要的典型航空发动机结构中常见的案例、故障现象和检查方法，宣传航空发动机专业领域先进人物、英模及其典型事迹等，激发学员的学习兴趣和内在动力，使学员的学习过程成为在教员引导下的知识和技能的掌握过程、强军爱国的家国情怀的培育过程、严谨细致的机务作风和敢打必胜的战斗精神的养成过程。

发挥课程“主战场”和课堂“主阵地”的职能作用，通过不断拓宽、优化课堂组织方法，在小处、细处、精处下功夫，真正践行专业课程思政教育“盐溶于水、润物无声”的课程思政教学理念，促进育才与育人的有机统一，实现知识传授与价值塑造统一，使专业教学与思政课程同向同行。

3　课程思政探索实践

3.1　课程思政素材挖掘

思政元素是实施课程思政教学的着力点。汇聚集体智慧，深入挖掘了“航空发动机构造学”课程的思政元素，这些思政元素和素材是经过筛选和甄别，后期经过处理和加工，注重“盐溶于水”，提高思政案例与课堂教学内容贴合度和统一性，将与课程知识点密切相关的5类（人物、装备、事件、技术和精神类）、4种（家国情怀、创新意识、机务作风和战斗精神）思政案例以嵌入、补充和挖掘的方式融入课程教学环节，为开展课程思政教学提供依据，最终制定了既能保证一体化实施、又能体现教学特色的“课程思政教学案例”。

例如，在介绍航空燃气涡轮发动机的发展历程的内容中，通过介绍我国自主研发、拥有完全自主知识产权的发动机，激发学员从事航空发动机相关专业的使命感、自豪感，从而提高学习热情（属于精神类，培养家国情怀）；在介绍进气道的检查维护的内容中，通过介绍外场出现的进气道吸人安全事故案例以及某型发动机工作人员遗忘手电筒导致发动机打伤的责任事故，从而培养学员“极端负责、精心维修”的机务维护作风（属于装备类，培养机务作风）；在介绍压气机的外场维护的内容中，通过观看央视纪录片“军旅人生一窦树军”，激发学员对航空机务专业的认同感、自豪感（属于人物类，培养机务作风和创新意识）；在介绍加力燃烧室的火焰稳定器内容中，通过介绍北航高歌教授发明沙丘驻涡火焰稳定器，培塑学员热爱专业、热爱科学、积极探索、求真务实的专业素养（属于技术类，培养创新精神）；在介绍排气装置的反推装置内容中，通过观看《中国机长》中反推失效产生严重后果的视频，使学员学习飞行员冷静沉着、时刻将人民生命和财产牢记心中的战斗精神（属于事件类，培养战斗精神）。

针对"航空发动机构造学"课程教学计划中的知识点，通过挖掘凝练思政素材、拓宽思政育人途径、丰富思政教学形式和加强思政育人考核等，真正地做到了堂堂有思政、节节有思政，在启智润心中使显性教育和隐性教育统一。

3.2 课程思政课堂组织

(1) 坚持以学生为中心的教学理念开展课程思政课堂组织

开展课程思政建设和教育的根本目的就是形成育才与育人的有机协同，即一方面培养学员的专业知识和能力，另一方面还要培训学员正确的人生观、价值观和世界观[6-7]。而育人育才的对象是学员，所以在开展课程思政的课堂组织中必须坚持以学生为中心的教学理念。

本课程以"学为主体、教为主导、打牢基础、突出能力"的教学理念为指导开展教学设计。针对这一阶段的学员学习积极性普遍较高、学习能力较强、求知欲旺盛、对新事物比较敏感，特别是对未来岗位的关注度越来越高的特点，在教学过程中着眼学员对航空发动机构造学的知识、能力、素质发展的基本要求，落实素质教育、创新教育思想。具体在课堂教学组织中：一是坚持以学生为中心，充分发挥学员学习的主动性、积极性，不断提升课堂教学效果。例如，针对学员想要了解部队、了解装备、了解未来职业规划的迫切希望，课程组在课堂组织中通过邀请部队人员通过现身说法的形式为学员答疑解惑，及时了解部队最新的战法、训法和装备技术状态，激发学员对所从事岗位的热情，培塑学员对所从事岗位的认同感，在课程组织实践中通过点滴培养实现学员思想品德的升华。

同时，在"航空发动机构造学"课堂教学中，加强与学员的交流探讨，提倡和鼓励学员自主学习、创新学习，针对课程中存在的进气道斜板控制系统工作原理、防冰系统工作原理、涡轮冷却控制系统工作原理、尾喷管喉道面积控制过程、滑油系统工作原理等内容，由于其属于外场维护的重点，也是多发、易发性故障的重要系统，因此通过引入部队外场维护中最鲜活的故障案例开展学员自主研讨。在故障研讨过程中，引导学员自主分析故障原因、总结排故流程，在解疑释惑的过程中培塑学员勤于思考、善于思考、勇于思考的素质，同时将机务文化和机务作风融入学员的血液中去，养成他们"对战斗胜利负责，对战友安全负责，对国家财产负责"的"三负责"精神。最终，实现学员将社会主义核心价值观内化于心、外化于行。

(2) 运用多样先进的哲学理论开展课程思政课堂组织

"航空发动机构造学"课程的授课对象为大三学员，该阶段的学员正处于世界观、人生观、价值观培养和形成的关键时期。因此，在专业课程的学习过程中，不仅需要传授知识、提高能力，还需要对学员的素质进行培塑、思想进行引领，不断加强军校学员的当代革命军人的社会主义核心价值观的培育，提升学员的爱国主义情操、尚武必胜的信念。

"航空发动机构造学"作为一门专业核心课程，其蕴含的思政营养有利于培养学员的科学思维方式和工程实践能力。在具体的课程组织中，课程组以三代、四代航空发动机装备构造为基础，兼顾大、中、小涵道比涡扇发动机和涡轴、涡桨发动机，灵活运用马克思主义哲学理论，打造通识教育课程体系，不断提升学员的综合素质。在重点和难点知识的学习和突破过程中，课程组灵活运用马克思主义哲学中的辩证唯物论、认识论等哲学理论[8]，将航空发动机的具体结构形式与航空发动机抽象的工作原理相结合、将航空发动机陈列室中静止的发动机整机和部件与其不同工作状态下的结构运动方式相结合、将航空发动机中性能或安全需求与结构设计实现过程中的矛盾、约束相结合、将航空燃气涡轮发动机的通用规律与特殊发动机的结构设计特点相结合、将航空发动机中的功用、原理、结构组成、工作过程等理论知识与外场维护实际相结合。例如，在整门课程讲述过程中，课程组一直向学员传递一个思想，即“世界上没有性能好、安全性高、可靠性佳的发动机，所有的发动机都是结合本国的工业体系实际设计和制造的。就如同中国革命一样，坚持实事求是、立足本国实际，才能真正摘得这颗工业皇冠上的明珠”。

还需注意的是，无论是课程思政的素材挖掘，还是课程思政的融入方法，都要与时俱进，这样才能吸引学员的注意力、激发学员的学习兴趣，也符合马克思唯物史观中的动态变化、动态发展的基本原理。例如，对于压气机防冰系统思政案例的选取，最初选取的是机械部件的故障案例，随后选取的是空军新闻发言人申进科大校在新闻发布会上所讲的“双20迎接志愿军英灵归国”中战机穿破冰雾的事迹，现在由于针对该部分内容所选取的发动机型号出现改进，选取的是数控系统因判断逻辑问题导致的误报案例。

通过在课程教学组织过程中灵活运用哲学理论，有效提高了学员对航空发动机构造相关问题的分析和解决能力，让学员能够举一反三，做到“眼前一棵树木，脑中一片森林”。

(3) 采用丰富多样的教学手段和方法开展课程思政课堂组织

针对“航空发动机构造学”课程中发动机结构故障多、可靠性低、可视性差以及与装备保障结合极为紧密的特点，为了进一步提升学员排除故障的能力，培养学员严谨、细致的专业素养。课程组汲取信息化手段的最新成果，制作了实景VR发动机和大量二维、三维动画素材，拍摄了部队装备实操教学视频，建设完成了典型发动机构造虚拟仿真软件和模拟训练设备，丰富了教学手段，并运用到教学实践中，极大地提高了教学效果。例如，构建的滑油系统工作原理演示及典型故障模拟系统深受学员欢迎，学员通过自己摸索和研究，可有效掌握发动机滑油系统的工作原理，以及外场滑油系统典型故障的特征及排除方法，极大激发了学员的学习兴趣，增强了学员的职业认同感。

同时，及时地将航空兵部队的最新战例战法、典型故障案例、经典维护方法、先进工作经验、感人先进事迹等课程思政素材进行梳理、统计，构建案例库、战例库、想定库、思政库等。在传授航空发动机构造相关知识的同时，引入鲜活的课程思政案例，培养学员敢打必胜的“战狼”精神，为成为一名优秀的军校学员奠定坚实的基础。

最后，课程组通过小游戏、翻转课堂、学生3D打印发动机等多种方式，将课程思政融入教学的细微环节，真正做到小处、细处、微处见思政。例如，以接龙的形式组织学员对国产发动机的名称、性能参数、装配飞机等进行比赛，在寓教于乐使学员感悟我国航空发动机的发展历史，体味作为一名航空人、一名军校学员的平凡与伟大；而在转子平衡和临界转速的相关内容学习中，由于内容相对比较抽象，组织学员通过观察轮胎配平、滚筒洗衣机的甩干过程等生活细节，促使学员更好地理解相关内容，培养学员善于观察、善于发现的习惯。最终，达到实现课程的理论知识与实践实验的有机结合、专业能力培塑与国家和军队需求的有机结合、小组协同工作与外场维护作风养成的有机结合的目的。

3.3 课程思政课外延拓

对于本门课程，在课外还采用“走出去、请进来”的开门式办学方式。例如，利用学院培养部队在职干部的机会，邀请部队技术骨干讲授外场维护保障经验及故障案例；定期举办发动机大视野讲座，邀请院所专家讲授发动机构造相关的发展趋势、关键技术、研究成果等；安排学员赴中航发430厂、113厂等厂所参观见学，了解发动机主体结构的设计、制造、组装和调试相关程序操作，强化理论授课效果。

另外，受习近平主席“讲好中国故事，传播好中国声音，展示真实、立体、全面的中国，是加强我国国际传播能力建设的重要任务”和“打造融通中外的新概念、新范畴、新表述，更加充分、更加鲜明地展现中国故事及其背后的思想力量和精神力量”的启发[9]，课程组于2023年出版了《航空发动机发展中的故事》一书。本书选取了莱特兄弟发明飞机以后航空发动机发展中的30个典型故事，包括开启航空时代序幕莱特兄弟的故事、人类首位航空机械师的故事、惠特尔发明涡喷发动机的故事、奥海因发明涡喷发动机的故事、活塞发动机飞机挑战音障的故事、大推力军用涡扇发动机大战的故事以及旧中国航空发动机诞生的故事、九小孔空心涡轮叶片诞生的故事等等。试图通过选取航空发动机发展过程中一些典型故事，向读者展示航空发动机发展中经历了什么，有哪些技术引领了发动机的发展，以及又因为哪些人、哪些事影响了发动机的发展进程轨迹，目的是使读者了解航空发动机技术发展背后的故事，给人以启迪。另外，通过我国航空发动机发展史中5个非常具有典型意义的故事，反映了我国航空发动机发展中所付出的艰辛和取得的成就，以引导读者增强中国特色社会主义的道路自信、理论自信、制度自信、文化自信。

4 结 论

课程思政建设是一项系统性、全局性工程，是落实立德树人任务的重要途径，“航空发动机构造学”课程通过持续开展课程思政建设的探索与实践，可得如下结论：

① 深入挖掘与本课程教学内容相关的思政元素，形成5类4种的课程思政案例体系；

② 基于课堂优化组织和课外延伸拓展，将思政元素有机地融入专业教学中，不断激发学员的自我感悟和内化；

③ 通过课程的思政育人功能，养成学员“极端负责 精心维修”的机务维护作风、培塑学员当代革命军人的社会主义核心价值观、树立学员献身国防和军队的崇高理想。

参考文献

[1] 习近平. 习近平在全国高校思想政治工作会议上强调：把思想政治工作贯穿教育教学全过程 开创我国高等教育事业发展新局面[N]. 人民日报，2016-12-09.

[2] 习近平. 习近平在全国教育大会上强调：坚持中国特色社会主义教育发展道路 培养德智体美劳全面发展的社会主义建设者和接班人[N]. 中国教育报，2018-9-10.

[3] 中国教育部. 高等学校课程思政建设指导纲要[Z]. 2020-05-28.

[4] 许涛. 构建课程思政的育人大格局[N]. 光明日报，2019-10-18.

[5] 王新军，张文军，左寅，等. 航空发动机构造与维护课思政教学改革与实践[J]. 教育教学论坛，2020，(25)：82-84.

[6] 李淑艳，杨世钊. “课程思政”与“发动机原理”专业课结合的探索实践[J]. 教育教学论坛，2020，(5)：210-211.

[7] 宁超，刘君，韦素媛，等. 火箭发动机原理课程思政教学实践[J]. 西部素质教育，2022，8(3)：69-71.

[8] 全静，翟旭升，刘昕晨. “航空发动机原理”课程思政的探索与实施[J]. 教育教学论坛，2022，(42)：96-99.

[9] 陈卫，程礼，于锦禄，等. 航空发动机发展中的故事[M]. 西安：西北工业大学出版社，2023：1-2.

专业核心课程思政建设探索与实践*

张兴娟[1] 杨春信[1] 杨涵[1] 柯鹏[2] 朱磊[1] 王超[1] 高慧[1]

(1. 北京航空航天大学 航空科学与工程学院，北京 100191

2. 北京航空航天大学 交通科学与工程学院，北京 100191)

摘　要：北京航空航天大学飞行器环境与生命保障工程专业于2021年入选国家一流本科专业建设点，《飞行器环境控制》一直是该专业的核心专业课程。本文主要围绕课程凝练的“罗阳精神、鲲龙精神、歼十精神和英雄精神”四个精神，介绍教学团队在课程思政建设方面取得的建设成效。实践表明：①通过挖掘教学内容中关联的思政元素，培养了学生的创新精神和担当意识。同时亦激发了学生学习兴趣，有效提升课堂抬头率；②在课程教学内容中有机融入思政元素，穿插生动的“环控故事”，以解决工程实际问题为导向，使得思政元素与背景型号有效融合，培养了学生应用系统科学方法解决工程实际问题的能力；③课程获批2021年度校级首批课程思政示范课，践行了教学团队“不忘初心、与时俱进”的课程教学理念和“以人为本、追求卓越”的课程设计理念。本文内容亦可为相关课程的思政建设提供参考。

关键词：飞行器环境控制；课程思政；罗阳精神；歼十精神

引　言

北京航空航天大学飞行器环境与生命保障工程专业隶属于航空科学与工程学院的人机与环境工程系，2021年入选国家一流本科专业建设点。“飞行器环境控制”课程自1984年开设以来，一直是该专业的核心专业课程，亦是特色课程之一。课程主要讲述飞行器微环境舱内的温度、湿度和压力控制系统原理及方法，亦涉及环控系统热力计算及飞行器性能代偿损失评估等，注重典型机型环控技术的工程应用[1]。课程涵盖的知识点多，学科交叉性强。课程培养目标主要包括两方面：(1)支撑毕业要求指标点的达成；(2)体现以知识为基础，开展能力、素质和价值观培养为导向的育人要求。

为深入贯彻落实习近平总书记关于教育的重要论述和全国教育大会精神，贯彻落实中共中央办公厅、国务院办公厅《关于深化新时代学校思想政治理论课改革创新的若干意见》，围绕北航“中国特色世界一流大学”的办学定位，结合校级“两性一度”一流课程建设新要求，在课程教学过程中贯彻立德树人的根本要求，突出课程思政的导向作用，培养德才兼备的专业人才。教学团队自2018年在校级凡舟基金建设项目资助下成立以来，针对课程建设就开始了课程思政建设的探索[2]。本文主要介绍：①课程挖掘的思政元素；②教学中如何进行思政建设；③思政建设的效果。

---

* 基金项目：2021年度北京航空航天大学校级一流课程建设项目；2020年度北京航空航天大学航空科学与工程学院院级一流课程建设项目

2 课程凝练的主要思政元素

一批批航空科技工作者们边“闯”边“创”，永不放弃，实现了环控技术自主研制的技术突破和我国飞行器环境控制技术的发展。教学团队结合课程内容，不断探索实践，从课程涵盖的温度控制、湿度控制和压力控制三个主系统的专业知识内容梳理，将课程蕴含的思政元素凝练为四个精神，它们分别是：航空报国的罗阳精神（舰载机环控）、勇于创新的鲲龙精神（水陆两栖飞机环控）、知行合一的歼十精神（高压除水技术）和临危不惧的英雄精神（座舱压力控制技术），如图1所示。具体如下[3,4]：

① 课程蕴含的第一个思政元素是：引入北航本专业1982届毕业生——歼15舰载机研制现场总指挥罗阳故事。罗阳在51年的人生历程中书写了生命传奇，为了航母舰载机起降成功的那一刻，他倾注了全部心血。围绕舰载机环控系统功能、海洋气候大气条件及舰载机舱内设计条件、航母舰载机环控原理等，引导学生思考舰载机环控系统设计中的关键技术及解决难点。因此，在讲述舰载机环控知识内容时引入罗阳事迹，可以激发学生学习罗阳学长“航空报国，追求卓越”的航空情怀。

② 本课程蕴含的第二个思政元素是：邀请杰出校友（“鲲龙”AG600水陆两栖飞机第三次海上首飞时的副总指挥——熊贤鹏总师）讲解“敬业诚信、创新超越”的中航工业理念，以及中国水陆两栖大飞机“鲲龙”AG600环控系统中的创新精神。“鲲龙”AG600水陆两栖飞机的环控系统采用了三轮升压式空气循环制冷系统，启发学生思考高湿/高温/高盐雾环境下环控系统的特殊性，并增强学生对“中国制造”的自豪感和使命感。

③ 课程蕴含的第三个思政元素是：北航袁修干教授研究团队在承担歼十飞机高压除水环控系统科研任务期间“严谨求实、勇于创新”的北航歼十精神。歼十飞机被称为中国人的争气机，在型号研制过程中面临国防需求迫切、技术基础薄弱、经费投入不足以及西方国家制裁等诸多困难，以宋文骢总师为代表的中国航空人，面对挑战，勇于创新，实现了国产歼击机的技术跨越。北航袁修干教授带领研究团队建立了国内第一个高压除水环控系统地面验证试验测试平台，并发挥北航在基础研究和系统试验方面的优势，圆满完成了高压除水制冷系统的地面试验验证任务。教学团队中有三位老师（杨春信、赵竞全和张兴娟）曾是袁修干教授团队成员，均参加了歼十环控系统地面试验验证项目的科研工作。在高压除水知识点教学和试验环节中，引入北航歼十故事，对学生而言有亲切感，亦有震撼力。

④ 课程蕴含的第四个思政元素是：川航3U8633航班刘传健机长在处置紧急情况时表现的“临危不惧，沉着冷静”的英雄精神，该事迹已被拍成电影《中国机长》。在讲述旅客机座舱压力制度和爆炸减压等知识点时，融入英雄精神，有助于学生掌握低气压效应及工程防护技术。通过典型事例与课程内容的有机结合，启发学生思考如何将非凡的英雄精神体现在平凡的工作岗位上。

3 课程思政建设目标

课程思政建设目标主要包括4个方面。

① 形成课程思政理念：培养学生精益求精的大国工匠精神，激发学生科技报国的航空情

图 1 课程蕴含的主要思政元素

怀和使命担当。通过思政元素与背景型号的有效融合，培养学生的创新精神和担当意识，形成“不忘初心，与时俱进”的课程教学理念。通过讲述飞行器环境控制的专业知识，培养学生“以人为本，追求卓越”的环控设计理念，提升学生的系统思维与工程能力。

② 促进人才培养成效：针对当代大学生的心理特征和学习特点，在本课程专业知识的讲授中有效融入思政元素，通过穿插生动的“环控故事”，增强学习过程中的代入感，同时提升课堂抬头率。飞行器环境控制课程以解决工程实际问题为导向，注重培养学生应用系统科学方法解决工程实际问题的能力，使学生具备未来领军人才的基本素质。

③ 提升团队教学水平：飞行器环境控制课程提炼的思政元素与工程实际结合紧密，可使教学团队的青年教师更深入地了解背景型号和研发过程，实现教学与科研的深度融合，进而全面提升课程教学水平，争取在立德树人方面做出突出成绩，为创建国家级一流课程打下基础。

④ 带动课程辐射作用：作为专业核心课程，飞行器环境控制课程内容具有“多学科、多维度、多领域”的特点，通过思政元素的有效融入，使教学团队在更深远的科研背景和更宽广的专业知识中，探索具有时代特点的教学规律，进一步突出“高阶性、创新性、挑战度”，为本专业本科生和研究生等相关课程提供借鉴。

4 课程思政实践方法及效果

4.1 实践方法

有效利用课程知识内容与工程型号结合紧密的特点（见图 2），在讲述环控技术在实际机载中的应用时，可以自然融入课程思政元素，达到了专业课中讲述思政情，润物细无声的课堂教学境界，本文以歼十精神为例讲解（见图 3）。在讲述课程高压除水知识点时，通过启发式教学，引导学生思考水出现在哪里？水怎么去除？从而构建和理解高压除水系统的原理及特点。讲述该系统的工程应用案例时，可以引入歼十飞机环控系统。再融入北航袁修干教授团队承担歼十环控系统地面试验验证时的科研工作，结合播放袁修干教授的视频录课（见图 4），使学生了解袁老师团队承担歼十环控系统研发任务背景、关键技术和取得的成果，激发学生学习

"知行合一"的歼十精神[5,6]。

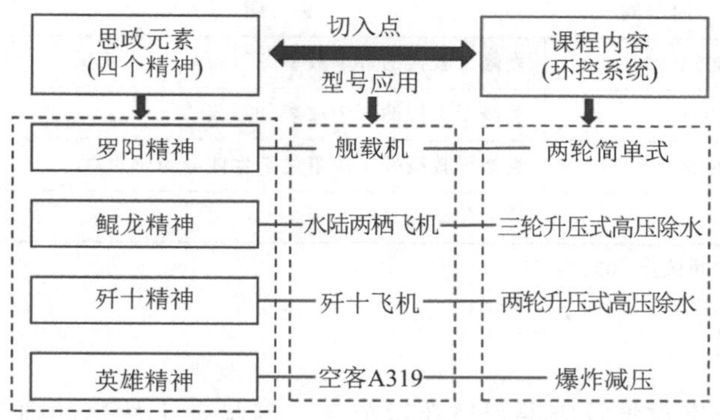

图 2　知识内容与思政元素切入示意图

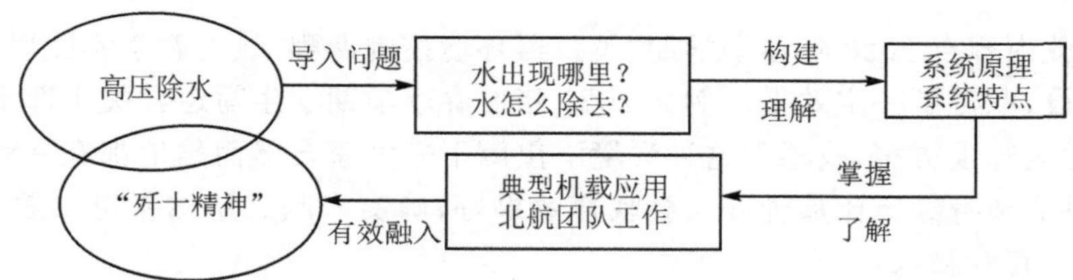

图 3　"歼十精神"技术路线图

同时，袁修干教授的歼十故事系列帖亦发表在"飞行器环境控制"课程公众号中，便于学生课后进一步学习。目前歼十故事系列贴的总阅读数达 2000 人以上（表 1），实现了课内到课外的延伸。

图 4　袁修干教授视频录课

表 1　袁修干教授歼十故事系列帖

序　号	时　间	标　题	阅读量
1	2021－03－23	歼十首飞纪念日，袁修干教授的十号故事（一）	620
2	2021－04－22	袁修干教授的歼十故事（二）	348

续表 1

序　号	时　间	标　题	阅读量
3	2021-04-30	袁修干教授的歼十故事(三)	334
4	2021-05-14	袁修干教授的歼十故事(四)	267
5	2021-06-01	袁修干教授歼十故事之学生体会与感想	419
合计			2101

备注：数据时间截止 2023 年 11 月 28 日

4.2 实践效果

课程获批 2021 年度首批校级课程思政示范课。围绕歼十故事的典型思政案例已被选入校级思政案例库，并被推至“新华思政”教学服务平台。

(1) 学生评价

本课程思政内容自 2020 年春季学期“飞行器环境控制课程”线上教学实践以来，经过 4 年的课程思政建设，取得了一定效果。例如 2020 年度春季学期学生写道：“关于歼十环控设计相关的事儿，感觉老师很厉害，我感觉这种环境下熏陶下来大家自然而然地都有一种航空报国的情结，听教授讲的亲身经历比那种开大会教育效果好，确实入脑。”从结果可以看出，本课程中思政元素得到了有效融入。

在 2021 年春季“飞行器环境控制”课程教学中，针对罗阳精神和歼十精神，学生们都写下了自己的真实感悟。例如，针对罗阳精神，学生感悟到：要脚踏实地，一点一点辛勤工作，为祖国航空事业的发展贡献自己的一份力量，同时还要有创新精神；社会上有三百六十行，行行都要求从业者有敬业精神，航空领域尤其如此。2021 年度学生钱春颖写道：听袁修干教授讲解的过程中，有两个点给我留下了比较深刻的印象。第一点是北航因为在前期做好了充分的技术理论以及试验设备准备，被选定为十号环境控制系统试验研究/验证协作点，验证了“机会总是留给有准备的人”。第二点是针对环境控制系统中引入高压除水技术和理论提出了四个需要解决的问题。这些问题都和硕士、博士研究生的培养结合了起来。从中我感受到即使是学生也可以尽自己的努力为国家航空工业的发展作出自己的贡献。

2022 年度春季学期“飞行器环境控制”教学环节中，采取匿名评价，通过调查问卷收集了学生对“你觉得课程授课环节中有无体现课程思政?”问题的反馈，学生都给予了肯定，部分学生写道：袁老师的歼十故事很精彩，将理论与实践结合，演绎了不怕困难的钻研精神和老科学家为国奉献的高尚情操。虽然课堂没有刻意讲思政，但学生有所悟。

2023 年度春季学期沿袭了不记名电子问卷反馈课程思政的融入效果，同样得到了学生们的认可。有学生写道：在观看袁修干教授讲述承担歼十飞机环控系统地面验证实验科研项目的录课视频中，我体会到了我国航空人顽强拼搏的进取精神和甘于奉献的爱国精神。

(2) 校内外同行评价

围绕课程思政建设成果编写的教学论文在第一至三届全国航空航天课程思政教学论坛会议中均获得优秀论文二等奖。同行专家给出的评价是：课程思政建设亮点突出，内容完整，典型案例设计完美。

(3) 课程示范辐射

本成果的思政建设经验已推广应用于本科生课程“救生与防护技术”和研究生课程“环境

人机工程”的思政建设,这两门课分别获批 2021 年度校级教改项目和 2021 年度“研究生教育与发展研究专项基金”项目。

5 结 论

通过飞行器环境控制课程思政建设 4 年多来的实践,实现了课程思政建设目标,凝练了“两个理念”,即教学团队层面“不忘初心,与时俱进”的课程教学理念以及培养学生层面“以人为本,追求卓越”的环控设计理念。使得两性一度和思政目标有机结合,实现本课程的一流课程建设和思政示范建设的相互促进。

课程思政建设是长期不断探索的过程,教学团队将继续开展并完善课程思政建设,注重长期实践效果,将课程思政进一步落地落实,从而有效提升专业核心课教学的精气神!

参 考 文 献

[1] 北京航空航天大学. 2020 春季飞行器环境控制:课程大纲[EB/OL]. (2019-11-11) [2020-08-31]. http://course. buaa. edu. cn/x/ybHbbs.

[2] 杨春信,张兴娟,杨涵,等. 专业核心课建设现状分析[C]//第二届全国高等学校航空航天类专业教育教学研讨会论文集. 北京:北京航空航天大学出版社. 2020. 11.

[3] 杨春信,张兴娟,杨涵,等. “飞行器环境控制”课程思政建设初探[J]. 南京航空航天大学学报,2020. S1.

[4] 寿荣中,何慧姗. 飞行器环境控制[M]. 北京航空航天大学出版社,2005.

[5] 张兴娟,杨春信,杨涵,等. “飞行器环境控制”一流课程实践及思考[C]//第三届全国高等学校航空航天类专业教育教学研讨会,论文集,北京航空航天大学出版社,2022. 11.

[6] 张兴娟,杨春信,王超,等. “飞行器环境控制”课程典型教学思政案例[C]//第三届全国航空航天类课程思政教学改革论坛,论文集,2022.

以军校特色为依托的航空类课程思政教育探索——以空军工程大学航空发动机控制课程为例

张驭　彭靖波　曾昊　王磊　王志多　吴兴

（空军工程大学 航空工程学院，西安　710038）

摘　要：课程思政教育是军队院校航空类课程教学中的关键环节，也是落实“立德树人、为战育人”根本任务的主要途径。该文阐述了军队院校航空类专业课程思政教育的特点，分析了当前课程思政教育中存在的普遍问题，结合空军工程大学航空发动机控制课程的教学探索与实践，提出了军队院校航空类专业课程在思政体系建设、思政策略设计、思政元素挖掘以及思政教学实施方面的创新举措。实际教学效果表明，所提出的举措在促进课程思政体系建设、提升课程思政教学效果方面作用明显，对军队院校装备类专业课程思政教学改革具有一定的引导作用。

关键词：课程思政；军队院校教育；航空航天；航空发动机控制；教学实践

引　言

新时代军事教育方针特别强调了“立德树人、为战育人”的军事教育根本任务，军队院校作为军事人才培养主阵地、主渠道，是军事教育体系中重要的一环，具有基础性、先导性、全局性作用，而思政教育是军校教育中落实“立德”要求，强化“为战”导向的重要抓手。军队院校高等学历教育初级阶段，正值青年学员“兵之初”“官之初”，在能力素质的培养过程中，科学地引导其树立正确的人生观、价值观，不仅是帮助其快速融入新环境、适应新角色，而且也是学员“扣好人生和军旅第一颗扣子”的关键[1]。

航空航天技术是高度综合的现代科学技术，是衡量一个国家科学技术水平、国防力量和综合国力的重要标志[2]。我国作为航空航天大国，经过几代航空航天人七十多年来的艰苦奋斗，取得了举世瞩目的成绩，也孕育出了伟大的、具有中国特色的航空航天精神。航空航天类专业课程的思政教育，同其他专业类课程的思政教育一样，应是在专业教育的基础上，揭示课程知识与技能中所蕴含的思想价值和精神内涵，是对课程的进一步挖掘，对专业教育起到反哺作用[3]。军队院校的航空航天类专业课程相比于地方院校，在课程思政设计与实施上拥有得天独厚的优势，专业课程的思政教育完全有条件开展得更加充分、更加巧妙、更加有效。但从目前军队院校航空航天类专业课程的思政教育情况来看，还存在“课程”与“思政”的“两张皮”问题，以及教学实施过程灵活性、趣味性、多样性不足的问题，导致军队院校的课程思政教育往往更加生硬，不但有可能影响课程专业知识的传授，甚至还会引起学员对相关思政教育内容的反感，对教育目标施反力、做负功。因此，针对军校教育与军校学员的特点，探索具有军队院校特色的航空航天类专业课程思政教育显得十分必要。

“航空发动机控制”课程是空军工程大学对飞行器动力工程专业大学四年级学员开设的一

门任职专业平台专业方向必修课，是专业主干课程之一，同时也是一门面向岗位、应用性、实践性很强的课程。课程内容定位是在航空发动机原理、航空发动机构造学等课程的基础上，进一步深化拓展，主要解决控制理论在航空发动机具体对象上的运用、航空发动机控制原理与性能故障分析对实际维护工作的指导问题。该课程的开设阶段以及作用定位，决定了其课程思政教育的重要性。因此，非常有必要在该课程教学设计中，围绕"立德树人，为战育人"的根本任务，探究其课程思政体系建设、课程思政策略设计、课程思政元素挖掘以及课程思政教学实施等方面的问题。

1 军校航空航天专业类课程思政教育特点

1.1 任职方向确定，思政教育目标直接对接部队岗位需求

军队院校与地方院校的最突出区别体现在任职方向方面，军队院校学员在入学伊始，即确定毕业后将留在部队工作，且所学专业与毕业后任职的岗位、从事的工作基本完全对应，即便装备在更新换代，但专业方向与需培养的能力素质基本不变。因此，学员毕业后第一任职岗位的能力需求是明确的，对专业类课程思政的教育目标要求也是明确的。以笔者所教授的航空发动机控制课程为例，该课程开设在学员大学四年级阶段，此时学员对将来要从事的工作——航空机务技术与指挥，已经有了较为清晰的认识，因此，课程的思政教育目标直接对接其毕业分配岗位，目的是通过教学与实践，培养学员的指挥领导能力、团队和合作交流意识，养成"极端负责，精心维修"的机务工作作风，树立"对国家财产负责、对战友安全负责、对战斗胜利负责"的使命责任意识。

1.2 保密管理严格，思政教育素材直接来源国产最新装备

由于军校学员的毕业分配去向限制在部队内部，且学员学习过程中，有完善的保密教育、保密管理机制，因此军队院校航空航天类专业课程教学过程中受保密要求的限制比地方院校相对宽松，能够在知识讲解中，最大限度地引用最新型国产装备作为教学案例、以实装为对象进行应用实践，因此，可以挖掘的思政元素也更加丰富。以笔者所教授的航空发动机控制课程为例，该课程即以国产某新型战机所使用的某最新型号的航空发动机作为主要对象，在控制系统结构组成、工作原理以及性能和故障分析等内容的教学过程中，均以该型发动机为例，使学员在学习过程中近距离接触装备、了解装备原理，并通过实际发生的故障案例培养学员的专业精神与工作作风。

1.3 政治教育丰富，思政教育基础直接依托学员已有知识

相比与地方院校，军校学员在院校学习期间除与地方院校相同开设的"马克思主义基本原理概论""毛泽东思想和中国特色社会主义理论体系概论""中国近现代史纲要"等必修思政课程外，军队院校还开设了非常丰富的政治理论、军事基础、人文科学课程，且每周都有固定的时间进行专门的思政教育，因此学员的思政知识储备足、思政素养高，在课程思政实施过程中可以充分利用上述特点开展课程思政教育。同样以笔者所教授的航空发动机控制课程为例，本专业学员在学习该课程之前，已经学习过"军事历史""空军概论""人民军队历史与优良传统"

等多门政治理论课程，对我军优良传统以及空军成长历史已经有了较为深入的了解，因此在课程思政点设计过程中，不再需要进行历史背景的详细讲解，仅通过介绍现役装备的优良性能与快速发展，就能使学员自然而然地产生生在当代的自豪感与使命感，使课程思政达到事半功倍的效果。

2 军校航空航天专业类课程思政教育存在的问题

2.1 顶层设计缺失，课程思政目标提炼缺乏系统性

目前，绝大多数军队院校专业类课程的思政元素还是根据教材具体章节或每堂课授课的具体内容进行挖掘，教材上有什么，上课讲什么，就试着从相关知识中发掘对应的思政内容，"就近"提炼思政目标，此方法虽然能够在形式上和数量上迅速获得一些必要的思政点，但这种缺乏顶层设计的思政目标拟定方式，必然会造成课程思政元素散、乱、牵强附会，缺乏应有的系统性，导致课程思政教育目标不明确，重点不突出，效果不理想，入脑入心不深入，无法满足军校学员人才培养需求与部队岗位任职需求。

2.2 学情分析不足，课程思政策略设计缺乏针对性

在军队院校专业类课程的学情分析过程中，大多数课程组或授课教员只在专业知识层面关心学员的前置课程和专业基础，却忽略了对学员政治理论基础或思政学情的调研分析。例如笔者所教授的航空发动机控制课程，以往课程组在进行学员的学情分析时，一般只关注学员的数学、物理基础，以及本课程前置的航空发动机原理、航空发动机构造学、自动控制原理等专业基础课程的学习情况，却未曾了解学员在政治理论、军事基础和人文科学方面的前置课程与知识积淀，造成课程思政策略设计缺乏抓手，缺乏根基，难以有效落地。

2.3 优势体现不充分，思政元素挖掘缺乏专属性

军队院校相比于地方院校，其航空航天类专业课程思政教育拥有更好的土壤和条件，能够更好地联系国产装备型号、联系最新科研成果、联系实际战例案例，但由于担任专业课程教学的院校教员在任职经历、专业方向、任教时间等方面的问题，造成在课程思政元素挖掘上，没有充分体现出军队院校教育的上述优势，部分课程还是以互联网上能够方便获取素材的航空装备历史、故事、案例为主要元素开展课程思政教育，舍弃了军队院校的优势特色，导致思政元素缺乏专属性，无法在教学中引起学员的广泛共鸣。

2.4 融入形式生硬，思政教学实施缺乏创新性

由于军队院校在教学管理上较为严格，强调规范的教学组织与课堂纪律性，学员的行为也受到更多的约束，这种管理方式相比于地方院校自由散漫的课堂组织方式，能够良好地保证学员学习效果，但同时也在一定程度上增加了课堂氛围的严肃性，在这种条件下，军队院校专业课程的课程思政教育更应该避免简单粗暴地"喊口号"式思政教育。但从目前情况来看，多数课程在思政教育实施过程中，方式方法还是略显单一和生硬，特别是在军队院校严肃的环境氛围下，课程思政的实施如果不够巧妙或缺乏合适的形式载体，则很有可能在效果上以类似上级

命令或指令要求的形式呈现，并不符合“润物无声”的课程思政融入要求，不利于学员的吸收和转化。

3 军校航空航天专业类课程思政教育探索实践

3.1 以部队岗位能力需求为导向的课程思政体系建设

由于军队院校学员毕业去向基本固定，毕业后从事的专业基本确定，因此在学历教育阶段岗位能力需求也更加明确，在思政体系设计上，应以岗位能力需求为牵引进行顶层设计，对全课程教学内容进行系统梳理，对照毕业岗位分层、分级、分类建设完善课程思政体系，并以此为基础挖掘教学内容中的思政点作为支撑。以笔者教授的航空发动机控制课程为例，该课程开设对象是大学四年级的本科学员，教学内容直接对接部队实际工作。因此，课程组在建设该课程的课程思政体系时，对军事训练大纲、军校人才培养方案进行了深入研究，并对多个本专业学员毕业分配单位进行了调研，详细了解了本专业学员的岗位能力需求，形成了“双线三层六模块”的课程思政体系，在此基础上对课程教学内容进行了梳理分析，提炼出能够有力支撑学员岗位能力需求的课程思政点，如图 1 所示。

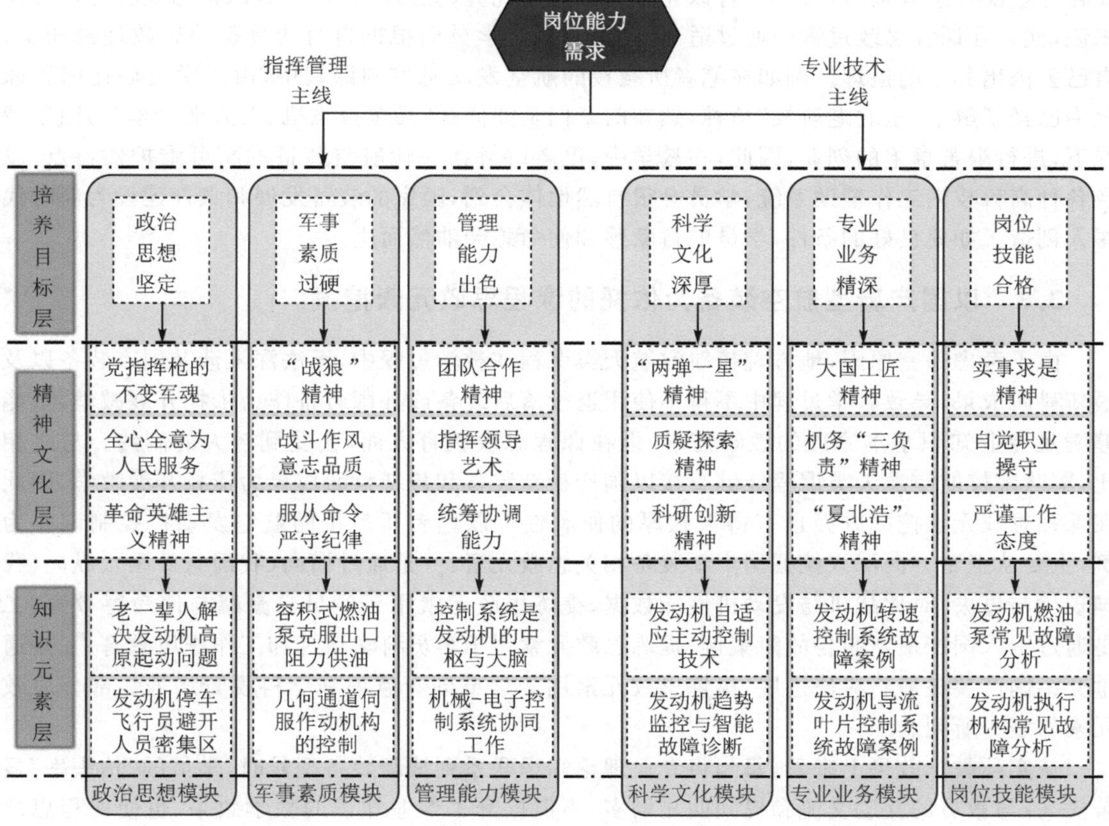

图 1　航空发动机控制课程思政体系

本专业旨在培养政治思想坚定、军事素质过硬、管理能力出色、科学文化深厚、专业业务精深、岗位技能合格，具有持续发展潜力的指技融合的新时代军人。因此，航空发动机控制课程从指挥管理与专业技能两条主线出发，基于知识元素—精神品质—培养目标三个层级建设了课程思政体系，形成了与上述六个方面岗位能力需求相对应的思政目标模块，重点解决“培养什么人、怎样培养人、为谁培养人”的根本问题[4]。

3.2 以军校思政理论知识为基础的课程思政策略设计

在某视频平台上，有一位拥有八百万粉丝的视频博主，叫做“小约翰可汗”，他的视频作品有一个重要系列，叫做“奇葩小国”，讲述世界上许多在霸权主义夹缝中生存自强的弱小国家。由于视频观者基本都熟知中国近现代历史，因此对这些小国人民所经受的一切苦难都能够感同身受，所以即便视频中没有提及中国，但我们却会为祖国能够冲破殖民者的压迫实现独立富强而感到由衷的自豪。因此有人评价他的视频作品是“没有讲中国的故事，却讲好了中国故事”，这是因为当文学作品把留白留给读者时，才真正开始演绎无数种精彩。课程思政教育亦是如此，如果不容学生思考体会，就将所有的思政点都明明白白地讲出来，就极容易变成令人逆反的说教。对于军校学员而言，在进入到装备专业课程学习阶段之前，不仅完成了所需的专业基础课程学习，还广泛接受了各类历史、政治、军事教育，具有良好的思政理论知识基础，因此在专业课程思政策略设计上，可以充分利用上述优势，更为巧妙地开展课程思政教育。具体来说，就是在课程思政过程中通过适当的“留白”，让学员们根据自身所具备的思政理论知识，自己去悟出其中的道理。例如在笔者所教授的航空发动机控制课程中，由于学员们在前置课程中已经了解了“东北老航校”精神，熟知前辈们是如何在“马车拉飞机、人力推火车”的困难情况下，进行艰苦卓绝的创业，因此，在教学中，仅需讲解新一代航空装备的高可维护性特点，以及各种高科技的工作辅助系统，学员会很自然地体会到，国家的装备发展和条件建设为新时代军人创造了如此良好的条件，学员的自豪感和使命感会油然而生。

3.3 以国产新型航空装备为依托的课程思政元素挖掘

由于考虑保密原因，地方院校航空航天类课程在教学过程中，无法深入涉及国产装备以及最新科研成果，导致教学过程中不得不使用退役落后装备或外国装备作为依托开展教学，虽能够满足专业知识基本原理的教学需求，但在课程思政教育方面，会受到较大的制约。与之相比，军队院校航空航天类课程能够直接以国产最新装备和最新科研成果为依托开展教学，因此在课程思政元素挖掘方面也有得天独厚的便利性。以笔者所教授的航空发动机控制课程为例，主要从三个方向深入挖掘国产新装备相关思政元素：一是通过横向（我国与外国）、纵向（我国现代与过去）对比战机与发动机性能数据，提炼思政元素用于学员自豪感与使命感教育；二是通过引入国产最新装备故障案例，提炼思政元素用于学员科学精神和工作作风教育；三是通过介绍国产装备最新科研进展，提炼思政元素用于学员创新意识和学科视野培养。部分思政元素如表 1 所列。

从实际教学效果上来看，每当将专业理论知识联系到最新装备型号时，学员的“抬头率”显著提高，与教员的互动交流和提问明显增多，不但提升了专业知识的教学效果，也使课程思政教育更加深入人心。

表 1　航空发动机课程部分思政元素

专业知识	装备案例	思政元素
航空发动机控制系统的发展	国产新型 XX 发动机控制系统	对国产装备性能的自信心与自豪感
发动机燃油泵	XX 型发动机主燃油泵由 XX 泵改为 XX 泵	为减轻每一克重量而奋斗、精益求精永不止步的航空人精神
发动机压力比敏感元件	XX 型发动机压力比敏感元件测量原理	对复杂难以实现问题的转化体现工程中创新思维的重要价值
发动机压差控制	XX 型发动机压差控制器故障	极端负责的机务精神
发动机起动控制	XX 型发动机起动控制最新科研成果应用	XX 型发动机起动控制最新科研成果应用

3.4　以学员关注热点问题为载体的课程思政教学实施

课程思政教育的具体课堂实施，作为关系到教育成功与否的最后关键“一公里”，同样具有非常重要的意义与研究价值。由于课程思政教育本质上是需要使学员在思想上与教育内容产生共鸣，因此在具体实施时，笔者认为，应该通过“三个贴近”实现高效的课程思政教育，即贴近时事热点、贴近学员兴趣、贴近生活语言。在实际教学实践中，有时我们发现，老教员在进行课程思政教育时，效果反而不如年轻教员，就是因为相比于年轻教员，老教员对网络热点、网络趣闻、网络热词不关注不了解，这种代沟与隔阂，导致教员难以真正从受教育者的视角，研究恰当的课程思政实施方法。针对该问题，笔者所在的航空发动机控制课程组采用集体备课的形式，定期对时事热点、学员兴趣、趣闻趣语进行交流总结并将其引入课堂教学与思政设计中。例如，在讲解航空发动机动态模型章节内容时，由于教学内容中含有大量公式推导，传统课堂教学中学员接受起来缺乏兴趣，教学效果不佳。因此课程组经过交流研究，决定将手机游戏“王者荣耀”作为例子引入，将游戏中角色的“装备”“技能”“走位”等作为模型的输入量，将角色的攻击效果作为模型输出量，则玩家对角色建模的精度就决定了玩家是否能更有效地使用该角色。在公式推导时，联系到游戏背景，能够调动学员学习兴趣，也会让学员对知识内容有更深的认识，再由此引申出思政内容，即整个人类的发展过程就是对客观世界的建模过程，人的一生也是不断对自身所处外部世界建模的过程，因此要保持对知识的渴望、不断学习，才能不断提升模型精度，使人生达到新的高度。另一方面，由于军校课程教学内容并不是完全价值中立的纯科学，打开这一思路后，思政元素在课程上的表现形式便可灵活多样[5]。在军校教育中，可以引入热点时事政治热点事件作为案例，引发学员思考，进而激发学员献身国防事业的决心。

4　结　论

本文以落实“立德树人、为战与人”要求为根本目标，基于对军队院校思政教育特点以及存在问题的分析，对空军工程大学航空发动机控制课程的思政教育建设与实施进行了探索，并结合教学实践提出了军队院校航空航天类专业课程思政教育改革思路，从最近三届学员的反馈来看，本文所提出的思政建设与实施策略能够增强学员对课程思政内容的认同感，与毕业后第一任职岗位的能力需求充分衔接，教育增效作用明。同时，本文所提出的方法对军队院校其他装备类课程也有一定的借鉴意义。

参考文献

[1] 李祁，王凤芹，杜晶，等.“立德树人，为战育人”背景下军校大学计算机基础课程思政建设[J]. 计算机教育，2023(09)：55-59.

[2] 陈龙胜.“航空航天概论”通识教育和课程思政协同[J]. 电气电子教学学报，2023，45(04)：122-128.

[3] 史珂，马曾，王博伦. 军队院校计算机程序设计思政教学探索[J]. 计算机教育，2023(09)：35-38.

[4] 侯宇戬，张开富，程晖. 飞行器制造工程专业实验课程思政建设与教学实践[J]. 高教学刊，2023，9(16)：5-8＋12.

[5] 卢静栋.“思政元素”的内涵以及“思政元素”在军校课程构成要素中所处的位置辨析 [J]. 中国军转民，2021，(17)：61-62.

数据科学类课程混合式思政教学改革实践*

赵语[1]　牛海燕[2]　刘文洋[1]　许晓强[1]　郑文斌[3]

(1. 东北农业大学 电气与信息学院，哈尔滨　150030

2. 东北农业大学 教务处，哈尔滨　150030

3. 哈尔滨工业大学电子与信息工程学院，哈尔滨　150001)

摘　要：为了解决数据科学类专业课授课与思政教育之间脱节的问题，弥补思政教学的薄弱之处，以“数据结构”和“数据挖掘技术”课程为例探索并实践了在课程中融入思政教育的教学改革方法。以培养学生的综合素质和思想品德为目标，提出了融合思政元素的混合式教学模式总体设计。通过改进教学目标，重构教学内容，重组教学活动，将思政元素与数据科学的实际应用相结合，使学生学习专业知识的同时，了解并思考其在社会发展和伦理道德中的作用。采用多样化的教学手段，提高课程的互动性和趣味性，提升学生创新能力和团队协作意识。通过综合评价体系，对学生的专业知识、思政素养及创新能力进行全面评估。

关键词：课程思政；数据结构；数据挖掘技术

引　言

2014 年，教育部印发《关于全面深化课程改革落实立德树人根本任务的意见》，强调了任务的重要性和紧迫性[1]。2020 年教育部在多所高校开展“三全育人”综合改革试点工作，印发《高等学校课程思政建设指导纲要》，给出了建设课程思政的目标和内容，结合不同专业课程，深入挖掘课程思政元素，有机融入专业教学体系，关注大学生思想道德修养，促进培养全面发展的人才[2]。经过近几年的发展，高校数据科学与大数据类专业课程思政的教学改革逐渐形成体系，创新了课程思政教学模式和教学方法[3]、构建了课程思政案例分析[4]、提高了教师思政素养能力[5]等。数据科学类课程理论性强，知识点多，难于理解，学生容易产生畏难的心理。数据结构是大数据技术的基础，在推进该课程思政育人实践中还存在一些阻滞，思政元素与知识点的融入比较生硬[6]，没有关注学生的兴趣点，缺少具体化的思政评价方案[7,8]等。数据挖掘技术涵盖多种数据挖掘经典算法，学生需要具备跟上领域前沿动态的能力，掌握运用数据挖掘技术解决实际问题和进行科研探索的技能。因此既要讲通算法的基本原理，又要有机有趣地结合思政元素，科学系统地设计数据科学类课程的教与学。

1　融合思政元素的混合式教学总体设计

在专业基础课中融入思政教育的内容和要素，需要提高教师的思想政治水平、教学设计能

*　基金项目：黑龙江省高等教育教学改革项目“基于云计算平台的《数据挖掘技术》混合式教学模式构建与实践”(SJGY20210093)

力、专业知识水平。首先要明确课程与思政如何结合的理念。以“两条主线”贯穿整体教学设计，一条主线是专业角度，一条主线是思政角度，从教学目标、教学内容、教学活动、教学评价中拓展融合的思路。从专业角度培养学生严谨细致、实事求是、勇于探索、精益求精、创新的精神，具备辩证思维、团结协作的能力。从思政角度将社会主义核心价值观、道德修养、工程伦理、家国情怀、中华传统文化自信、马克思主义哲学观与专业知识不断地紧密结合。将混合式教学模式应用到思政教学中，线上教师充分挖掘思政元素的慕课，线下针对学生兴趣点，开展讨论和交流。总体设计如图 1 所示。

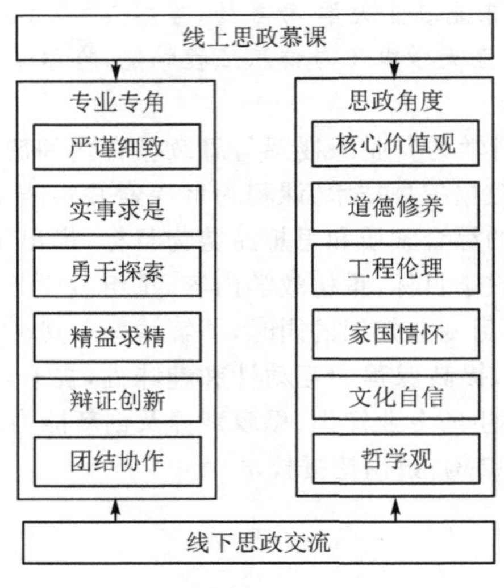

图 1　教学总体设计图

2　教学内容融合

根据课程的教学目标，拓展融合的思路。以数据结构与数据挖掘技术两门课程为例，具体说明实施的方法。

数据结构课程主要介绍用计算机解决信息处理问题时所使用的各种组织数据的方法、存储结构的方法以及针对这些数据结构的处理算法。通过本课程的学习，要求学生能够理解并掌握各种数据结构的特点，存储方法以及相应的处理方法，掌握算法的时间分析和空间分析技术，培养学生选用合适的数据结构编写高质量应用程序的能力，培养学生分析问题、解决问题的能力，并为后续课程的学习打下坚实的基础。

针对“算法时间复杂度”这一知识单元，教会学生理解算法思维，算法设计要求满足算法的正确性、可读性、健壮性、效率与低存储量需求。“阿丽亚娜”5 型运载火箭是 20 世纪 90 年代由欧洲率先研制成功的世界上第一个“少级数、大直径”的大型运载火箭，服役 27 年，但是 1996 年其首次发射失败，升空 37 秒就爆炸了，原因是导航软件的校准系统存在程序错误，由此引出保证算法的四个特性非常重要。引导学生需要具备严谨细致的专业和职业精神，培养学生的工匠精神。

针对“线性表”这一知识单元，提出建立一个图书信息管理系统的教学设计，记录图书的信息，包括书名、作者、出版社、ISBN 号、借阅状态等，并能高效地管理图书的借阅和归还。如果使用顺序表来存储图书的信息,通过书名、ISBN号等关键信息进行查找时,可以快速地定位到对应的图书记录。当需要频繁地进行图书信息的插入和删除操作时,可以使用链表来实现。通过建立和完善图书信息管理系统,图书馆工作人员能更好地为读者提供服务,体现了他们的职业责任感和服务意识,引导学生在未来的工作中要具备高度的责任感,时刻关注用户需求,提供优质的服务。在图书信息管理系统的开发过程中,需要图书馆工作人员、技术人员、管理人员等多方协作,体现了团队合作精神的重要性,引导学生要学会与他人合作,共同完成任务。

针对"栈与队列"这一单元,从专业角度讲解,在航天飞行过程中,栈与队列可以用于控制指令的执行顺序和处理传入数据。队列可用于缓冲传感器数据,而栈可以用于指令执行的后进先出原则。从思政角度,引入中国航天事业的发展历程和成就,让学生感受到科技创新对于国家发展的重要性,培养他们的爱国情怀和社会责任感。

针对"树"这一知识单元,讲解哈夫曼树及哈夫曼编码时,引导学生了解如何利用这些算法实现卫星通信中的数据压缩。在讲解中,介绍中国卫星通信技术的发展是科技创新的体现,需要科学家们的探索和创新。通过介绍通信卫星技术的研发过程和技术难题的解决,可以培养学生的科学精神和探索精神,提高他们的创新意识和能力。讨论如何利用加密算法、数据压缩等技术手段保障太空通信系统的安全性,引导学生思考在信息传输中的伦理问题,如隐私保护和信息泄露风险。

针对"图"这一知识单元,讲解最短路径算法时,引导学生了解图的算法在交通路网规划中的应用。介绍中国交通路网规划的发展历程和成就,可以引导学生探讨交通发展对于人类发展的影响,培养他们的环保意识和可持续发展的理念。举例讲解图在网络安全领域的应用,介绍中国网络安全技术的发展,引导学生探讨网络安全对于人类发展的影响,培养他们的网络道德和信息安全素养。

数据挖掘技术讲解数据挖掘的核心概念、技术和工具,并指导学生如何运用这些技术解决实际应用场景。针对数据分类这一知识单元,通过讲解决策树分类、随机森林分类、支持向量机、K-近邻分类方法,引导学生体会不同的应用场景选用不同的分类算法,而且需要考虑不同分类算法的优化方法,养成学生的严谨细致、精益求精和勇于探索的科学家精神。

针对"关联规则算法"这一知识单元,讲解Apriori和FP-growth算法,由于数据的海量性和复杂性,数据之间的关联性更加复杂。如何看待事物内部的内在协调和一致性,以及事物与外部环境或其他事物之间的合作度,进而引申到国与国之间的关联,体会不同国家之间在政策、科技、文化等领域的交流与合作趋势,以及人类命运共同体的构建和发展。

将各个知识单元汇总为一个知识导图,凝练出每一个单元与思政元素的结合点,契合学生的兴趣点,润物细无声地引导学生注重理论知识学习与思想道德意识的提高。

3 教学活动融合

结合教学整体设计中蕴含的思政元素,开展多方面多角度的教学活动,促进学生能力的培养。

3.1 案例分析与小组讨论

根据教学设计中的教学目标,设计各个专题的讨论。推荐相关书籍、论文及慕课,要求学生进行阅读、观看并参与研讨。让学生围绕数据科学在社会中的应用进行讨论，如数据隐私、人工智能的伦理问题、科技发展对社会的影响、家国情怀、大科学家工匠精神等。通过小组讨论及展示，学生可以分享不同的观点和思考。通过学生的研讨分享，拓展思政教育的广度和深度。

3.2 基于 PBL 的实践项目

首先，编写代码实现和应用课程内容中的算法。在此基础上，综合利用各种算法，设计实践项目，要求学生结合所学的知识，探索解决社会问题的方法。

基于 PBL 的实践项目使学生能够在解决实际问题的过程中，自主探索和学习，培养他们解决问题的能力、团队合作能力以及实践应用能力。同时，教师在项目中担任引导者和评估者的角色，促进学生的综合素质发展。通过评估学生的成果，了解他们的学习成果和实际能力的提升情况，并帮助学生进行反思和总结。通过项目实践，学生思考如何合理应用技术解决问题，并思考其中的伦理和社会影响。强调技术的发展与社会进步之间的关系，引导学生思考数据科学知识对社会的贡献以及可能带来的影响，从而激发学生对于技术与社会之间相互关系的关注。

4 教学评价融合

制定与教学目标对应的评价标准，涵盖学生在专业角度与思政角度的表现。课程考核包含过程性考核及期末试卷，期末试卷占 60%，过程性考核占 40%。过程性考核主要体现在教学活动中学生的表现，包括出勤、实验报告、实践项目、小组讨论。教师提供及时有效的反馈，帮助学生了解自身的优点和需要改进的地方。为学生提供个性化的指导，鼓励他们在专业技术和思政元素上不断提升和发展。

鼓励学生进行自我评价，让学生反思自己在技术和思政意识方面的发展和进步。引导学生进行同伴评价，让他们从其他同学的反馈中获取更多启发和改进建议。教师对评价结果进行总结和分析，反思教学效果和学生表现以及思政元素的融合情况。并根据评价结果，调整和改进教学方法和评价策略，不断完善教学过程。

5 结　论

在数据科学类课程中，以数据结构和数据挖掘技术为例，融合思政元素的教学设计、教学内容、教学活动和教学评价的教学改革是为了培养学生的专业技术能力同时关注其社会责任感、伦理道德意识、价值观、道德修养、家国情怀等方面的认知。

通过教学活动和评价方法的多元化，可以更全面地考查学生的综合素质和思想品德的培养。结合思政元素的综合性的教学方式有助于培养更具有社会责任感和综合素养的优秀人才，并可以将案例推广至其他数据科学与大数据专业课程中，培养具备优秀思想道德修养的专业人才。

参考文献

[1] 容中逵. 近十余年来中国教育发展特点管窥[J]. 山西大学学报(哲学社会科学版), 2023, 46(06): 108-117.

[2] 吴宁,何宁宁. 新时代大学生价值取向状况透视及其引[J]. 学校党建与思想教育, 2023(22):39-41.

[3] 姜丹,张宾. 基于情感引导式的计算机课程思政教学[J]. 计算机教育, 2023(10):67-71.25.

[4] 苏小红,李东. 高级语言程序设计课程思政教学案例设计[J]. 计算机教育, 2023(09):49-54.

[5] 田华."UI设计"类课程思政建设要义及实践策略[J].教育理论与实践, 2023,43(24):35-38.

[6] 刘晴晴,韩慧慧,吴锦华. 应用型本科课程思政实践探索—以数据结构与算法课程为例[J]. 高教学刊, 2023,9(S1):189-192.

[7] 侯丽敏,傅继彬,胡海涛."大思政课"背景下高校"数据结构"课程思政建设路径研究[J]. 黑龙江教育(高教研究与评估), 2023(05):86-89.

[8] 柳巧玲."数据结构"课程思政教学探索与实践[J]. 中国信息技术教育, 2023(14):106-108.

实践类课程中的课程思政教学改革实践*

郑文斌　凤雷　尹洪涛　乔家庆　刘冰

(哈尔滨工业大学 电子与信息工程学院,哈尔滨　150001)

摘　要: 工程实践能力是一个国家未来核心竞争能力的体现,创新创业激励着一批批才华横溢的年轻人投身创业的热潮,实践教育也驱动当代高等教育体系必须调整出全新的人才培养模式。实践兴邦不只对能力有要求,对个人素养、思想意志都有较高的要求。课程思政可以在实践教育与传统的专业教育的有机融合基础上,强化培养学生坚定的创新精神、独到的创业意识,浓重的家国情怀、宽广的国际视野、敏锐的决断力等。如何建设高质量地融入课程思政的实践类课程成为了研究热点,同时如何培养一批能够潜移默化融入思政元素深入专业课的教师也成为焦点问题。从上述问题出发,探讨国内外情况并总结分析实践类课程思政教学改革实践方法。

关键词: 实践类课程;课程思政;教学改革;精准思政

引　言

实践类课程与思政教育的结合是当前教育领域的重大课题。在全球化的背景下,国内外许多学者已经开始研究如何在实践课程中融入思政教育,以培养具有社会责任感和创新精神的青年一代。本文将在此基础上,进一步探讨实践类课程思政教学改革的策略与方法,旨在推动高校教育的全面发展[1-3]。

随着社会对人才需求的转变,单纯技能型的人才已经无法满足社会的需求,更需要具备良好价值观和道德品质的综合性人才[4]。因此,结合实践类课程与思政教育,不仅是对学生技能的培养,更是对其价值观的塑造。本文的创新之处在于深入研究具体的教学策略与方法并提出针对性的改革方案。

近年来,实践课程的思政教育已经得到了广泛的关注。在其研究中详细分析了实践课程思政教育的必要性和可行性,提出了初步的改革方案。从全球化角度出发,认为实践课程思政教育是培养学生全球视野的重要途径[5-6]。国外高校中实践课程中如何培养学生的社会责任感。尽管已有丰富的研究,但大多数研究侧重于理论层面,对具体操作层面的研究仍显不足[7]。本文将在前人研究的基础上,进一步深入到实践层面,提出具体的改革策略和方法。

通过本文的研究,希望能够为高校实践课程思政教育改革提供具体的操作方案,推动思政教育的落地生根。引发更多教育者对实践课程思政教育的关注和研究,共同推动教育的进步。

---

* 基金项目:2022 年度黑龙江省教育厅黑龙江高等教育教学改革项目“大规模因材施教理念下辅修专业“机器学习”课程教学模式创新与实践”(SJGY20220017);2022 年度哈尔滨工业大学研究生课程思政教改项目“《嵌入式智能计算》课程思政教改”(XYSZ2023005)

1 实践类课程的课程目前建设情况

实践类课程强调实际操作和应用，通过实地考察、实验、实习等形式，帮助学生将理论知识转化为实际技能和经验。以提高学生在特定领域或者环境下的实际动手、动脑、操作的实际应用能力。这类课程具有以下作用和积极意义：

① 实践课程注重学生能力的培养，学生通过实际操作掌握实用技能，为将来的职业发展打下基础。

② 实践课程培养学生解决实际问题的能力和创新思维，通过面对挑战，培养分析问题和提出解决方案的能力。一般通过以小组项目或实习为基础，培养学生团队协作、沟通和合作的能力。从而为后续的就业或者进一步深造做准备，帮助学生理解知识在实际工作中的应用，提高职业素养，增强就业竞争力。通过给学生提供在实际情境中积累动手和动脑经验的机会，增加求职时的竞争力。如果可以在课程中设置提高跨学科综合能力的内容，由于涉及多个学科领域，可以进一步培养学生综合能力，提高全面性和灵活性。总体而言，实践类课程对学生全面发展和未来职业发展有积极意义。

虽然实践类课程在培养学生实际操作能力和应用技能方面发挥了积极作用，但在实践过程中也存在一些问题。以下是一些可能存在的问题：

① 课程设计不合理：有些实践类课程的设计可能不够科学合理，缺乏实际案例分析或与实际职业需求的紧密结合，缺乏课程思政内容，使得学生无法真实地应用所学知识并提高思想层次。

② 教师培训不足：教师在指导实践类课程时需要具备丰富的实际经验和操作技能。然而，一些教师可能缺乏相关培训，难以有效地引导学生进行实际操作及课程思政的引导。

③ 评估体系不完善：实践类课程的评估常常侧重于理论知识的考核，而缺乏对实际操作能力和思想建设的全面评估，这可能导致学生重视理论学习而忽视实践操作，并且忽视思政的作用。

解决这些问题需要学校加强对实践类课程的规划和管理，提供足够的资源支持，加强教师培训，设计科学合理的课程思政内容，建立完善的评估体系，并与行业建立更紧密的联系，以确保实践类课程更好地发挥教育作用。

2 现有实践类课程中课程思政建设的问题

2.1 实践类课程思政体系不完善

课程思政主要是将思想政治教育元素（包括基本思想、价值理念以及精神层面的一些思维等）融入到各门课程中去，通过潜移默化地对学生的想法、行为产生影响。实践教育与思政结合部分还没能达到这种突出自身特色的，课程内容完备的课程体系，更多还是单打独斗，依靠教师、团队自身擅长的完成课程构建，体系不够分明，内容过于牵强和明显。

2.2 课程思政的脱节化

一般传统的课堂教学方式是教师在讲台上讲授，学生在课堂下被灌输的单一模式，随着新的教学模式的引入，尤其是疫情原因，线上线下结合，翻转课堂引入，MOOC模式的使用，百花齐放的教学模式已经呈现出多种多样的姿态，各类新体系教材也都形成，但是发现课程思政的内容仍显浅显，易于被学生一眼看穿，学生有一种在专业课上政治课的感受，同时造成知识和思政脱节，引起学生的极端逆反心理，对专业课、对教师失去信任等问题。

2.3 课程思政内容无趣且陈旧

实践课的课程思政旨在引导学生在实践内容中树立正确的世界观、人生观和价值观。然而，有些内容可能过于浅显且缺乏趣味，导致学生对其兴趣不足。一些课程思政的内容可能过于理论化，缺乏与实际生活和学生经验的紧密结合。这使得学生很难将理论知识应用到实际中，感到课程与自身关系较远。一些思政课的内容可能使用较为抽象、晦涩难懂的语言，难以引起学生的浓厚兴趣。有些思政课程可能过于依赖单一教材和资源，导致学生对内容的新鲜度和多样性感到不足。

2.4 实践类课程思政教师能力有待加强

目前承担实践类课程的教师在课程思政方面的能力往往不足，课程思政时，可能更加倾向于理论性的灌输而较少涉及实际操作。这使得学生难以将所学理论与实际生活相结合，降低了课程思政的实效性。

一些教师在课程思政中可能过于强调自己的观点，而忽略了引导学生独立思考的重要性。有些教师在课程思政中未能充分关注学生的个体差异，采用一刀切的教学方式。部分教师在课程思政中未能及时关注社会热点问题，使得课程内容显得相对滞后。

3 实践类课程思政改革实践

课程思政提出的目的就是为了实现非思政课程与思想政治理论课的同向同行，最终完成协同育人。针对实践类课程的课程思政建设就更加尤为重要，一方面这类课程的目标就是培养未来经济发展的核心动力人才，需要他们对时事、政治有一个理性的正确的判断和理解；另一方面作为未来各行各业的领军人才，他们的一举一动也会影响他们所带领的团队的、企业的所有人的意志，牵一发而动全身。

3.1 实践内容与课程思政的关系

实践课程强调学生在实际操作中获取经验和技能，而课程思政旨在引导学生树立正确的思想观念和价值观念。用辩证唯物主义和历史唯物主义的思维方式去看待事物，不能被唯心和唯物主义困扰。老师要用马克思主义观念去教书育人，协助学生构筑起牢固的思想防线，避免各种错误思潮、言论对学生造成任何危害。实践课程强调解决实际问题的能力，而课程思政可以引导学生在解决问题的过程中思考伦理、社会公正等价值观念。通过对问题解决的伦理层面的思考，培养学生具备更全面的社会责任感和敏感性。实践课程不仅仅是技能的培养，更是学生个人成长的过程。课程思政可以通过引导学生反思自己在实践中的行为、决策，促使学生在实践中更好地理解自己的价值观和人生观。

3.2 实践内容与家国情怀的方案

古人云“修身齐家治国平天下”，最终的目的都是希望通过利用自己的知识和才华能够对国家对人民做一些有意义的事儿，希望国家发展，民族昌盛，人民富裕。那么这种想法就是一种对祖国和人民的深情大爱，航空航天类、电子信息类的实践课程如何在授课内容上引入家国情怀元素呢？

首先，介绍我国在电子领域的科技发展历程，让学生了解我国电子技术的发展成就和贡献。安排专业人士分享国内电子领域的创新成果，激发学生对国家科技发展的兴趣。

其次，可以引入智能科技在国家安全领域的应用案例，介绍智能安防、监控系统等方面的发展，让学生认识到电子技术对国家安全的重要性。设计相关实践项目，使学生通过实践了解电子技术在国家安全领域的实际应用，培养对国家安全的责任感。

最后，可以引导学生关注电子废弃物处理问题，介绍国家在电子废弃物处理方面的政策和举措。也可以介绍智能家居技术在国内的发展状况，以及智慧城市建设的实际案例，让学生了解电子技术对城市发展的影响。设计实践项目，鼓励学生参与智能家居和智慧城市的设计和建设，促使他们关注城市可持续发展问题。

通过培养他们的家国情怀，这些都是可以融入和开展的思政元素，而实践与创新背后有大量的“新”的事和“新”的人，就更不乏思政内容。

3.3 实践内容与国际视野的关联

实践类课程在国际视野的课程思政可以理解为对国际社会的状态的关注程度以及见解，是人们能从世界的高度理解世界历史和分析判断当今的国际社会，从而客观地评价本国的国际地位和作用，

引入国际研究项目，使学生深入了解国际电子信息领域的最新研究成果和前沿技术。鼓励学生参与国际性的合作项目，与国际团队合作解决实际问题，培养国际化的团队合作能力。

安排国际学者讲座，介绍国际电子信息领域的前沿科研动态，扩大学生的国际视野。鼓励学生参与国际学术会议，发表研究成果，与国际同行进行深入交流。

偏设计类的实践课程内容，深入分析全球电子产业链的发展状况，了解各国在电子信息领域的专业特长和发展方向。引导学生思考不同国家在电子产业中的地位、优势以及面临的挑战，培养跨文化视野。

引入国际电子信息标准和规范，培训学生熟悉国际通用的技术标准，提高他们在国际市场的竞争力。鼓励学生参与国际标准的制定过程，提高他们对国际标准的理解和影响。

跨文化交流与沟通技能培养，设计课程活动，鼓励学生进行跨文化交流，了解不同文化背景下的工作习惯、沟通方式等。培养学生在国际团队中的跨文化沟通能力，使其更好地适应国际工作环境。

设计实践项目，让学生通过电子信息技术解决国际社会问题，培养社会责任感。鼓励学生参与国际合作项目，通过技术手段为解决全球性问题做出贡献。

通过这些项目的设计，电子信息类实践课程不仅可以培养学生的专业技能，还能够引导学

生形成更加国际化的视野，提高他们在国际舞台上的竞争力和综合素养。

3.4 挖掘中的思政元素热点时事

通过挖掘实事热点提高学生对实践内容的兴趣，提升其民族自豪感，提升其热情和思想境界。

① 5G技术与社会发展：引导学生分析5G技术在社会发展中的应用，深入了解其在工业、医疗、交通等领域的影响。

② 数字隐私与信息安全引入最新的数字隐私和信息安全事件，让学生了解现代社会中数字信息泄露和隐私保护的问题。鼓励学生探讨信息安全技术的创新，思考如何在技术发展的同时保护用户的隐私权。

③ 人工智能与就业影响：探讨人工智能技术对不同行业就业岗位的影响，让学生了解人工智能的发展对就业市场的影响。引导学生思考在人工智能时代，如何培养适应性强、创新能力强的专业技能，应对未来就业的挑战。

④ 网络安全与社会稳定：分析网络安全事件对社会稳定的影响，让学生认识到网络安全与社会治理的紧密关系。引导学生思考在数字时代，如何平衡网络安全和信息自由的关系，推动网络治理的发展。

⑤ 全球半导体供应链与国际关系：关注全球半导体供应链的变化，让学生了解半导体产业对国际关系和国际贸易的重要性。引导学生思考在国际竞争激烈的半导体产业中，我国应该如何提升自身技术实力和竞争力。

4 实践类课程教师思政能力培养实践

4.1 师资的来源策略

通过校内选拔的方式找到一群既懂得创新创业理论，又有创新创业实践经验的教师。同时充分利用校友、学校的社会地位等社会资源，邀请创业成功的企业家、创业失败的经验者、政府工作人员、企业技术人员、人力资源、公关翘楚、金融才俊等作为兼职教师。

4.2 师资的思政素养

实践内容与思政结合要求教师本身就具备足够丰富的或者相当水平的思政素养，定期对教师开展思政的培训，讲座。调研兄弟院校的情况，参加教学论坛等活动培养师资的思政素养也是尤为重要的。

4.3 师资的心理素养

授课教师需要对心理学有一定了解，让心理学专业教师对其他专业教师进行培训，或者组建小组，让所有专业老师对心理学有一定的理解，避免一些学情问题，尤其是思想上的学情问题。

5 结 论

① 实践课程教育课程思政建设亟需解决，通过目前课程建设体系的漏洞的总结剖析，提出一些创新创业课程内容和课程思政的建设思路。

② 通过课程思政建设说举例为航空航天及信息处理领域的实践类课程思政建设提供参考，希望我国可以走出具有社会主特色的创新创业课程思政体系。

参考文献

[1] 肖华锋，程明，花为. 电力电子类课程思政建设路径探讨与实践[J]. 中国电机工程学报，2022，42(10)：3864-3870.

[2] 高洁，于健，刘志强. 程序设计类课程思政教学改革探索与实践[J]. 软件导刊，2023，22(4)：186-190.

[3] 李擎，崔家瑞，杨旭. 自动化专业实践类课程思政育人教学模式的构建与实施[J]. 实验室研究与探索，2023，42(5)：197-203.

[4] 叶回春，张世武，倪向贵. 工程实践类课程中课程思政教学实践探索[J]. 实验室研究与探索，2023，42(4)：246-249.

[5] 田华. "UI设计"类课程思政建设要义及实践策略[J]. 教育理论与实践，2023，43(24)：35-38.

[6] 刘艳军，万忠杰，罗代忠 . 问题讨论式课程思政教学探索——以"程序设计基础"课程为例[J]. 工业和信息化教育，2022(5)：66-68.

[7] ZHENG W B，LIU B，FENG L. Online and Offline Mixed Teaching Reform in the Practical Course of Artificial Intelligence and Application [C]，2022 International Conference on Sensing，Measurement & Data Analytics in the Era of Artificial Intelligence (ICSMD 2022)，Harbin，China.

研究生课程思政的特点与实施方法研究*

钟伟 吕宏强 王婧

(南京航空航天大学 航空学院，南京 210016)

摘 要：研究生课程思政教育与本科生课程思政教育相比存在显著差异性，如果局限于课堂和狭义的课程，将导致研究生课程思政教育的场景过于狭窄。本文分析研究生课程思政在对象、载体和施教者等方面的特点，将课程思政的方法论延伸扩展到研究生培养全过程，探索覆盖研究生培养全过程的课程思政实施途径。一方面探讨了研究生培养全过程的课程思政典型场景，将狭义的课程概念扩展到广义的课程概念，形成与场景相适应的课程思政实施策略；另一方面探讨了导师在研究生课程思政教育中应当发挥的作用，提出相应的策略，促进导师在研究生培养全过程有成效地开展课程思政。

关键词：课程思政；研究生教育；研究生导师；教学改革

研究生课程思政，是研究生思想政治工作和“三全育人”机制的重要组成部分[1,2]。教育部、国家发展改革委、财政部于2020年发布的《关于加快新时代研究生教育改革发展的意见》指出，要加强思想政治工作、健全“三全育人”机制，具体举措包括：完善思想政治教育体系，提升研究生思想政治教育水平；发挥导师言传身教作用，激励导师做研究生成长成才的引路人；提高研究生党建工作水平，强化党组织战斗堡垒作用。加强课程思政建设，是以上第一个举措的重要内容，与后两个举措也有一定的内在联系。相比于本科生课程思政，研究生课程思政的施教条件有其自身的特点[3]，导致独特的施教难点，主要在于：课堂教学形式的研究生课程体系施教周期仅占研究生培养全周期中不到一半的时间，课程学时普遍少，教材选用和授课内容也较为零散，导致研究生课程思政的开展受到很大的局限。本文探讨研究生课程思政的特点，提出将课程思政方法论延伸覆盖研究生培养全过程。

1 研究生课程思政对象的特点

研究生课程思政的对象是硕士和博士研究生，他们已经经历了本科阶段的学习和思想成长，这决定了研究生课程思政需要站在更高的起点上开展。此外，研究生的学习和生活状态与本科生有着显著差异，课程思政需要考虑到这样的差异性。

在学习方面，研究生一般要经历课程学习和课题研究两个阶段。在课程学习阶段，其学习的课程内容普遍具有强专业性，强专业性意味着与科技前沿和产业实际的联系更紧密，所能关联的课程思政元素也就更多，这对于课程思政的开展较为有利。此外，研究生对于课程考试或考核的高绩点追求没有本科生那么强烈，也有利于他们以更轻松一些的心态接受课程思政的

* 基金项目：南京航空航天大学研究生教育教学改革研究项目(2022YJXGG02)

思想熏陶。在课题研究阶段,研究生的思政教育很大程度上取决于导师的言传身教[4]。

在生活方面,研究生需要面临和处理比本科生更繁杂的事务,在家庭、经济、恋爱、婚姻、人际关系、择业等多个方面面临的问题更复杂、深刻,也更贴近社会现实。在处理这些事务的过程中,一方面他们在本科阶段已有的价值观会体现出重要影响,另一方面这些更复杂、深刻和现实的事务也会对他们的思想观念形成与本科阶段不同的影响。此外,不同课题组对研究生日常作息的要求有强有弱。总体上来看,相比本科阶段有大量课程约束的作息安排,研究生日常作息的规律性比本科生明显弱,晚睡晚起是较为常见的情况。当这样弱约束的生活方式持续较长时间,也会改变研究生对个人生活准则的看法,以及对勤劳与懈怠的认知,进而影响其价值观。研究生的以上生活相关状况,对思想政治教育的内容和形式提出了新需求和新要求。

2 研究生课程思政载体的特点

研究生的课堂学习阶段一般仅一年左右,大部分时间是在导师指导下从事课题研究和论文写作等。如果仅仅将课程思政的载体局限于课堂教学,那么课程思政就只能覆盖研究生教育全周期的小部分。从课程不等同于课堂的理念出发,可以将研究生课题研究阶段理解为非课堂教学形式的一种课程。因此,研究生课程思政的载体可以不局限于课堂教学,而是将研究生学习期间的各个主要环节都看作广义课程,从而成为课程思政的载体。

除了课堂学习,可以被看作研究生广义课程的学习场景是比较丰富的,这些场景可以成为融入课程思政元素的载体。比较典型的场景包括课题组组会场景、学术会议场景,学术报告场景、工程实践场景、师生谈心谈话场景、论文写作指导场景、开题答辩场景等。例如,在课题组组会场景,讨论先进技术时很容易联系到国家需求或社会需要,引导研究生从为国家和社会做贡献的高度来认识研究工作;在出国参加国际学术会议的场景,可以引导研究生体会国内外学者在研究态度和学术文化等方面的异同,思考什么样的思维和精神是自己欠缺的。

由此可见,相比于本科生课程思政,研究生课程思政的载体是显著更多元的。课堂只是研究生课程思政可用载体的一部分,必须充分认识和利用多元载体,才能为研究生课程思政的充分开展创造条件。

3 研究生课程思政施教者的特点

从广义课程的视角看,研究生课程思政的施教者主要是导师和各课程的授课教师,其中导师发挥的作用是贯穿研究生全培养周期的,因此应当被认为是首要的研究生课程思政施教者。这与本科生课程思政的主要施教者(各课程的授课教师)是有显著区别的。

从高校的实际情况来看,课程思政正处于从研究探索到稳步推广的阶段,本科生课程思政的理论框架基本建立,参与实践的教师逐渐增多。研究生课程思政的理论研究和实践探索,相比本科生课程思政起步稍晚。在研究生的课程学习阶段,其课程思政可以借鉴本科生课程思政的成果和经验。这个阶段的研究生课程思政施教者是授课教师,他们中有相当部分同时承担着本科生的课程教学任务,如果在本科生教学中已有课程思政经验,可以针对研究生课程特点进行迁移。

在课题研究阶段,导师作为研究生课程思政首要施教者的角色更加凸显。考虑到大学教授必须给本科生上课的规定，以及多数高校在聘期考核和职称评审等方面对教师提出了从事本科生教学工作要求，可以认为高校的研究生导师多数承担着本科生课程教学任务。如果导师们在本科生教学中已经注重开展课程思政，那么他们在指导研究生的过程中开展研究生课程思政就是有一定基础的。因此，本科生课程思政对研究生课程思政具有借鉴和促进作用，不仅体现在方法论上，还体现在研究生课程思政施教者的培育上。

4 将课程思政贯穿研究生培养全过程

研究生课程思政不能局限于课堂形式的课程，否则只能覆盖研究生培养过程的一小部分。研究生培养全过程的各个主要环节，例如课堂教学、课题研究、实习实践、论文撰写等，都应当融入思政教育，这是“三全育人”要求决定的。已经有一些学者指出了研究生课程思政局限于课堂形式课程的狭隘性，提出应将课程思政融入研究生的科研过程，甚至学习生活各个环节[5]。

研究生课程教学过程中的课程思政由授课教师开展，在课程教学之外对研究生的思政育人工作由导师和辅导员等学生工作人员共同承担，其中导师的作用是首要的。为落实立德树人根本任务和“三全育人”要求，将思政育人贯穿于研究生培养全过程是完全必要的。然而，针对研究生培养过程的特点，在实施策略上可以有两种选择。一种选择是，在课程教学中充分发挥课程思政作用，而在课程教学以外的培养环节形成相对独立的思政育人体系，进而形成以课程环节的研究生课程思政体系加非课程环节的思政育人体系，两个体系互为补充。另一种选择是，将研究生培养全过程的各个主要环节全部视为广义的课程，将课程思政的方法论延伸扩展至广义课程，从而形成覆盖研究生培养全过程的课程思政体系。

相比于建立相对独立的两个体系，建立覆盖研究生培养全过程的课程思政体系具有优势，主要体现在：① 在高等教育普及化背景下研究生教育发展的特点来看，研究生教育将更加体现体系化，一个贯穿整个培养过程的研究生课程思政体系更能与研究生教育的体系化相适应；② 一个体系比两个体系更有利于集中统一地建设与管理；③ 如前文所述，高校研究生导师多数承担着本科生课程教学，一个体系有利于导师形成融会贯通的思政育人策略。因此，应当积极探索将课程思政贯穿研究生培养全过程的理论与实践。

5 探索促进研究生课程思政的有效举措

促进研究生课程思政建设，关键在于提高施教者的主观意愿和施教能力[6-8]。在覆盖研究生培养全过程的课程思政体系中，导师是首要的课程思政施教者，其次是课程的授课教师，所以应当探索系统性的举措提高导师和授课教师开展研究生课程思政的意愿和能力，本文提出两方面的举措供参考。

举措一：改革研究生导师评价指标体系，增加思政育人的指标权重。目前，高校研究生导师评价指标中权重最大的是研究生的学术成果和竞赛获奖，属于专业性指标，思政育人的指标权重偏低。然而，增加思政育人的指标权重也是有难度的，因为思政育人的成效难以量化评价。对于课堂形式的课程教学，多数高校已有的评教体系中可以增加课程思政相关指标。而研究生导师的思政育人成效则难以被监测到，因为导师指导研究生的过程在课题组内进行，很多时候还是一对一地进行，具有零散性和隐秘性，区别于课堂教学的集中性和公开性。因此，如何建立有效的研究生导师思政育人成效指标体系有待深入研究。增加研究生对导师的评价渠道是一个思路，但因为研究生培养所基于的师徒制文化中没有徒弟评价师傅的传统，可能会招致导师的不满情绪，给师生关系带来副作用，只能谨慎探索。

举措二：着力增强研究生导师群体的思政育人意识。与课堂教学相比，导师带研究生既是教学，又交织着现实利益。研究生的研究课题，多数是导师承担的科研项目的一部分，这是面向实践做研究的内在要求决定的。研究生的课题研究过程，既是一个培养人的过程，客观上又是为导师课题组做贡献的过程，这个贡献还常与导师本人利益的相关。这带来一个问题：导师到底是把培养研究生放在首位，还是把用研究生完成项目工作放在首位？从落实立德树人根本任务出发，导师必须把培养研究生放在首位，研究生为课题组做出学术和经济贡献的过程首先应当是培养人的过程。好的导师着眼于培养人，差的导师只看重用人，着眼点在事而不在人，把研究生当廉价劳动力甚至创造经济效益的工具。研究生导师群体的育人思想不明确，就谈不上言传身教，也谈不上思政育人。因此，增强研究生导师群体的思政育人意识是一项具有基础性作用的重要工作。

6 结论

本文探讨了研究生课程思政在对象、载体和施教者三个方面的特点，剖析了研究生课程思政与本科生课程思政存在的差异性。针对研究生课程思政的特点，提出建立贯穿研究生培养全过程的课程思政体系，充分发挥导师在该体系内的思政育人作用。还进一步提出两方面的举措促进研究生课程思政有成效地开展，一是增加思政育人成效在研究生导师评价体系的指标权重，二是着力增强研究生导师群体的思政育人意识。

参考文献

[1] 别墩荣.高等教育普及化背景下研究生教育发展的特点、要求和战略重点[J].学位与研究生教育，2022(2)：15-27.

[2] 刘永帆，周仕德.新时代研究生课程思政研究：进展、问题与展望[J].高教论坛，2023(8)：98-100.

[3] 王轶，何晓琼.新形势下工科类研究生的特点分析及班级建设探索[J].文教资料，2009(17)：174-175.

[4] 邢文利，裴丽梅.圈层式协同育人：研究生课程思政新模式[J].教育科学，2021(5)：29-35.

[5] 郑斌，李波，蔡清吉，等.融入研究生培养全过程的课程思政培养体系探究[J].科学咨询，2023(15)：216-218.

[6] 曹镇玺，孙志伟.研究生课程思政的核心要素与实践逻辑[J].学位与研究生教育，2022(6)：54-60.

[7] 叶飞，尹珺瑶，田鹏.研究生课程思政建设要素模型建构及实证分析[J].研究生教育，2022(4)：29-34.

[8] 王茜."课程思政"融入研究生课程体系初探[J].研究生教育研究，2019(4)：64-68.